"一带一路"生态环境蓝皮书 2017

沿线区域环保合作和国家生态环境状况报告

中国—东盟环境保护合作中心
中国—上海合作组织环境保护合作中心　　编著

U0323448

中国环境出版社·北京

图书在版编目（CIP）数据

　　"一带一路"生态环境蓝皮书2017：沿线区域环保合作和国家生态环境状况报告 / 中国—东盟环境保护合作中心，中国—上海合作组织环境保护合作中心编著 . -- 北京 ： 中国环境出版社，2016.12

　　ISBN 978-7-5111-3025-9

　　Ⅰ．①一… Ⅱ．①中… ②中… Ⅲ．①区域环境－环境保护－国际合作－研究－中国 Ⅳ．① X321.2

　　中国版本图书馆 CIP 数据核字（2016）第 311945 号

　　审图号：GS（2017）159 号

出 版 人　王新程
责任编辑　曲　婷
责任校对　尹　芳
装帧设计　宋　瑞

出版发行　中国环境出版社
　　　　　（100062　北京市东城区广渠门内大街 16 号）
　　　　　网　　　址：http://www.cesp.com.cn
　　　　　电子邮箱：bjgl@cesp.com.cn
　　　　　联系电话：010-67112765（编辑管理部）
　　　　　发行热线：010-67125803，010-67113405（传真）
　　　　　印装质量热线：010-67113404
印　　刷　北京中科印刷有限公司
经　　销　各地新华书店
版　　次　2017 年 5 月第 1 版
印　　次　2017 年 5 月第 1 次印刷
开　　本　787×1092　1 / 16
印　　张　41
字　　数　790 千字
定　　价　240.00 元

专家顾问组

郭　敬　宋小智　涂瑞和

李永红　贾海平　崔丹丹　沈　钢　禚　壮　夏应显　孙雪峰　卢雪云

主　编

周国梅　张洁清　国冬梅

副主编

彭　宾　李　霞　石　峰　周　军　段飞舟　刘　婷　尚会君

编委会成员

涂莹燕　闫　枫　王语懿　丁士能　王玉娟　刘　婷　郑　军　李　博

王聃同　解　然　刘　平　张　宁　庞　骁　范纹嘉　张　扬　谢　静

张　楠　李　菲　郭　凯　奚　旺　侯立鹏　卢笛音　朱鑫鑫　张　立

丁　宇　何小雷　莫　莉　徐向梅　杨　昆

"一带一路"是党中央和国务院从战略高度审视国际发展潮流，统筹国内国际两个大局做出的重大战略决策。"一带一路"建设高举和平、发展、合作、共赢的旗帜，秉持"亲、诚、惠、容"的理念，以政策沟通、设施联通、贸易畅通、资金融通、民心相通（简称"五通"）为主要内容，与沿线各国共同打造政治互信、经济融合、文化包容的利益共同体、责任共同体和命运共同体。

　　2016 年 8 月 17 日在推进"一带一路"建设工作座谈会上习近平主席提出要聚焦携手打造绿色丝绸之路、健康丝绸之路、智力丝绸之路、和平丝绸之路，让"一带一路"建设造福沿线各国人民。绿色发展和生态环境保护成为各国共同追求的目标和全球治理的重要内容，是"一带一路"愿景和行动计划中的优先领域之一，要求在投资贸易中突出生态文明理念，加强生态环境合作，共建绿色丝绸之路。

　　建设绿色丝绸之路有利于促进沿线国家和地区共同实现 2030 年可持续发展目标，有利于增进沿线各国政府、企业和公众的相互理解和支持，有利于推动"五通"目标实现，是增强经济持续健康发展动力的有效途径，是顺应和引领绿色、低碳、循环发展国际潮流的必然选择。推进绿色丝绸之路建设，要求将生态环境保护融入"一带一路"建设的各方面和全过程，与沿线国家分享我国生态文明和绿色发展理念与实践。

　　2016 年出台的《"十三五"生态环境保护规划》明确要求，推进绿色"一带一路"建设，分享中国生态文明、绿色发展理念与实践经验。环境保护部制定系统工作方案，明确提出具体任务：一是建立完善沟通交流平台与对话机制，分享生态文明与绿色发展理念，构建生态环保交流合作体系；二是构建生态环保信息支撑平台，强化环境管理与评估，推动和践行绿色发展标准，构建生态环境风险防范体系；三是打造与沿线国家的环保技术和产业合作平台，促进环保技术与产业合作，构建生态环保服务支撑体系。目前，"一带一路"生态环保相关工作取得积极进展，下一步工作将继续围绕创新、协调、绿色、开放、共享的发展理念，进一步强化生态环保的服务、支撑和保障作用，共享生态文明理念，引领绿色发展。

为更好地提供决策支持，本书系统梳理了"一带一路"沿线重要区域环保合作机制现状和发展趋势以及部分国家生态环境状况，围绕生态环保大数据服务平台、区域环保合作、环保"走出去"等问题提出研究建议，与此前出版的《"一带一路"生态环境蓝皮书——沿线重点国家生态环境状况报告》成为姊妹篇。希望大家为绿色丝绸之路建设做出积极贡献！

2017 年 3 月于北京

上篇 "一带一路"区域环保合作 /5

第一章 "一带一路"区域环保合作总览

周国梅 解然 莫莉 石峰 /8

第一节 "一带一路"区域总览 /9

第二节 "一带一路"沿线地区主要环境问题 /12

第三节 绿色"一带一路"建设的必要性 /14

第四节 绿色"一带一路"建设的内涵 /21

第五节 绿色"一带一路"建设的相关建议 /23

第二章 东盟环保合作

彭宾 李博 /28

第一节 合作机制概况 /28

第二节 环保合作 /33

第三章　上海合作组织环保合作

王玉娟　国冬梅 /44

第一节　合作机制概况 /44
第二节　环保合作 /57

第四章　澜沧江—湄公河环保合作

朱鑫鑫　李霞　闫枫 /72

第一节　次区域环境合作 /72
第二节　环境合作机制 /74

第五章　亚太经合组织环保合作

范纹嘉 /80

第一节　合作机制概况 /80
第二节　环保合作 /86

第六章　中非环保合作

卢笛音　李霞 /98

第一节　中非环境合作发展的背景 /98
第二节　中非环境合作的现状与挑战 /101
第三节　中非环境合作发展战略及政策建议 /105

第七章　东北亚次区域环保合作

张楠 /108

第一节　合作机制概况 /108
第二节　环保合作 /110

第八章 大图们江区域环保合作

刘平 /122

第一节 合作机制概况 /122
第二节 环保合作 /126

中篇 沿线国家环境保护状况 /139

第九章 土库曼斯坦环境概况

王聘同 张宁 /142

第一节 国家概况 /142
第二节 环境状况 /162
第三节 环境管理 /172
第四节 环保国际合作 /179

第十章 乌克兰环境概况

李菲 /184

第一节 国家概况 /184
第二节 环境状况 /201
第三节 环境管理 /229
第四节 环保国际合作 /235

第十一章 以色列环境概况

张扬 /240

第一节 国家概况 /240
第二节 环境状况 /243
第三节 环境管理 /273

第四节　环保国际合作 /280

第十二章　亚美尼亚环境概况

王玉娟　张宁　徐向梅 /286

第一节　国家概况 /286
第二节　环境状况 /301
第三节　环境管理 /314
第四节　环保国际合作 /317

第十三章　阿塞拜疆环境概况

张宁　王玉娟　徐向梅 /324

第一节　国家概况 /324
第二节　环境状况 /344
第三节　环境管理 /354
第四节　环保国际合作 /358

第十四章　格鲁吉亚环境概况

谢静　张耀东 /366

第一节　国家概况 /366
第二节　环境状况 /369
第三节　环境管理 /398
第四节　环保国际合作 /402

第十五章　尼泊尔环境概况

刘婷　丁宇 /408

第一节　国家概况 /408
第二节　环境状况 /410
第三节　环境管理 /413

第四节　环保国际合作 /415

第十六章　中东欧国家环境概况

何小雷 /420

第一节　国家概况 /420
第二节　环境状况 /430
第三节　环境管理 /450
第四节　环保国际合作 /459

下篇　加强生态环境保护
　　　建设绿色丝绸之路 /476

加强生态环保，共建绿色"一带一路"

周国梅　周军　解然 /477

"一带一路"环境信息共享与决策平台建设的总体思路

国冬梅　王玉娟　王聃同 /483

"一带一路"建设要引领绿色国际标准

解然　石峰　杨昆 /490

"一带一路"中蒙俄经济走廊生态敏感区分析

王玉娟　国冬梅　俞乐 /501

发达国家技术转移经验对"一带一路"环保技术国际合作研究

郭凯　段飞舟 /510

"一带一路"应加强中国—东盟可持续城市合作

　　　　　　　　　　　　　　王语懿　张洁清 /524

丝绸之路经济带新型城镇化与绿色发展研究

　　　　　　　——以西安浐灞生态区为例

　　　　　　　　　　　涂莹燕　张洁清　国冬梅 /532

"一带一路"中国—中亚绿色产业合作分析及建议

　　　　　　　　　　　　　　奚旺　段飞舟 /546

"一带一路"背景下东北亚环境合作战略分析

　　　　　　　　　　　　　　张楠　彭宾 /552

中国—东盟生物多样性保护与合作

　　　　　　　　　　　庞骁　彭宾　张洁清 /570

加强上海合作组织环保合作，服务绿色丝绸之路建设

　　　　　　　　　　　王玉娟　国冬梅　侯立鹏 /582

大图们次区域环境合作战略分析

　　　　　　　　　　　　　　刘平　彭宾 /599

"走出去"战略可持续发展分析

　　　　　　　　　　　刘婷　卢笛音　李霞 /617

泛美开发银行可持续基础设施战略与实践及其启示

　　　　　　　　　　　　　　卢笛音　李霞 /625

附录 /635

关于推进绿色"一带一路"建设的指导意见 /635

"一带一路"倡议示意图

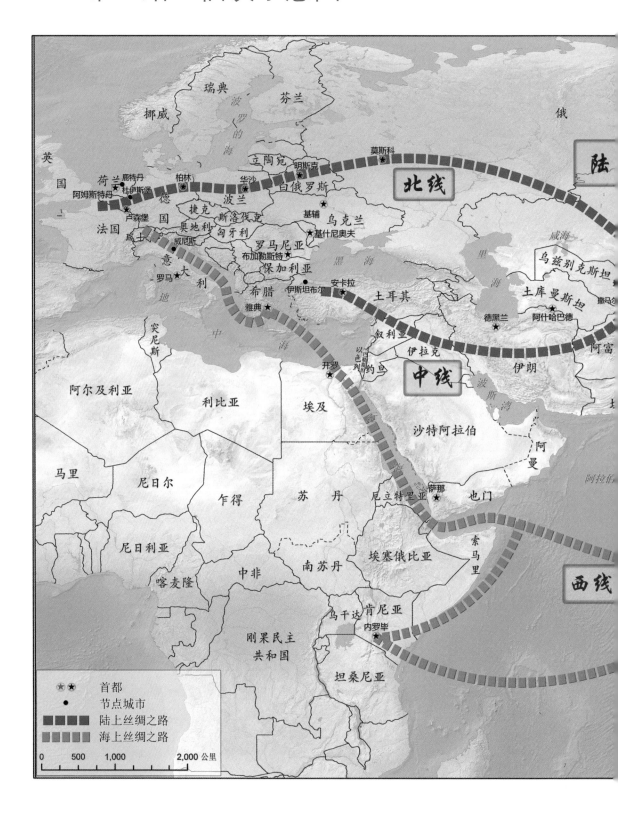

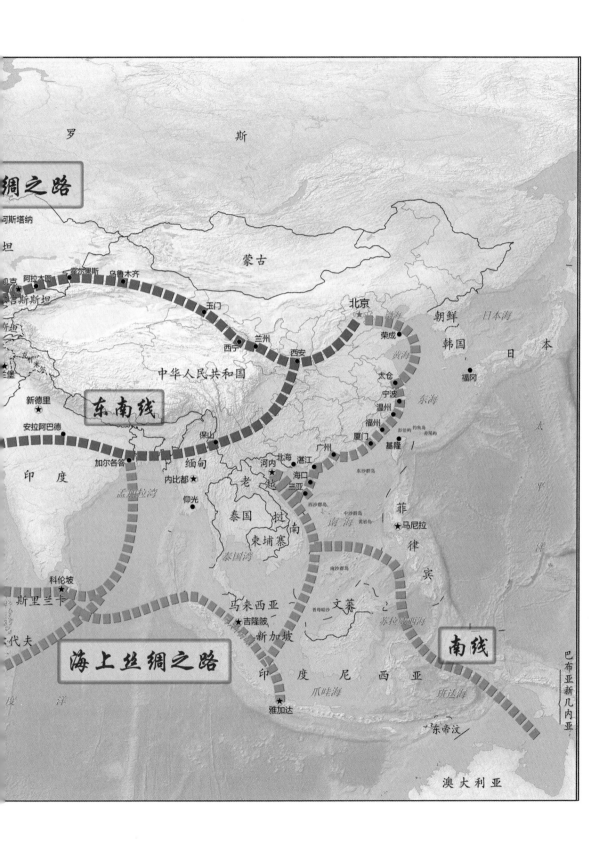

"一带一路"沿线重点国家区位总览图

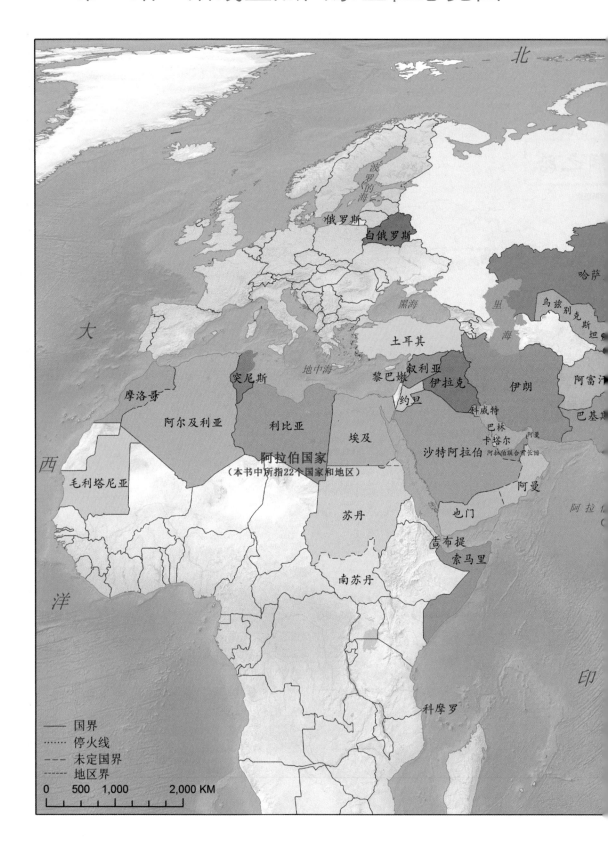

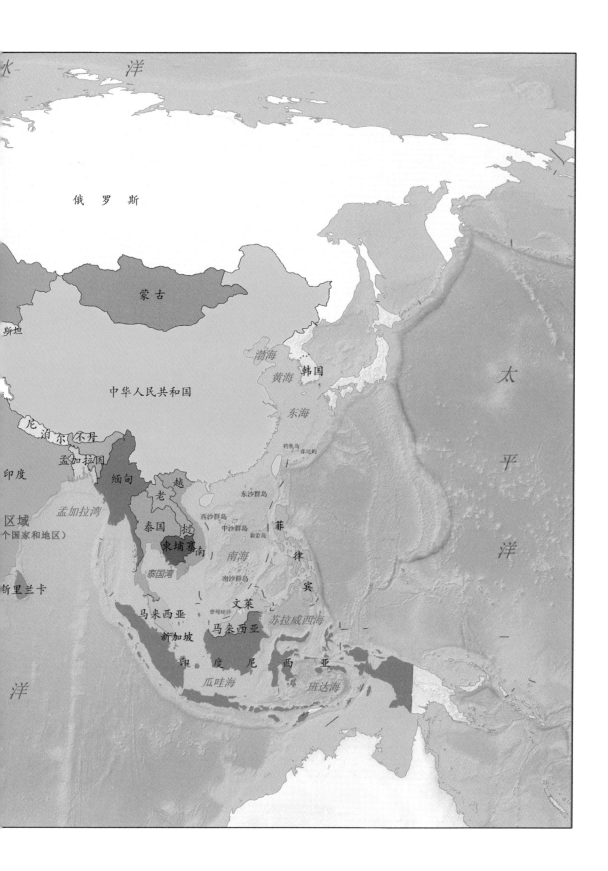

上篇

"一带一路"区域环保合作

本篇国别报告涉及国家及地区总览图

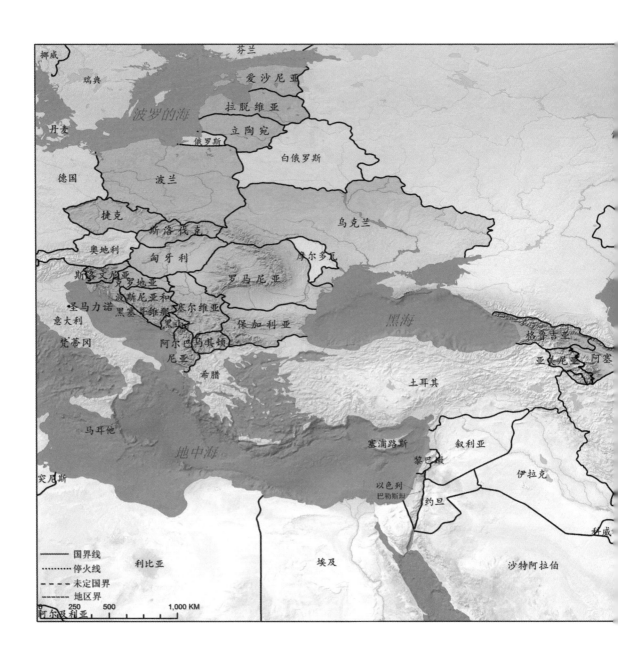

丝绸之路经济带和 21 世纪海上丝绸之路（以下简称"一带一路"）建设，是党中央、国务院着力构建更全面、更深入、更多元的对外开放格局，审时度势提出的重大倡议，对于我国加快形成崇尚创新、注重协调、倡导绿色、厚植开放、推进共享的机制和环境具有重要意义。"一带一路"建设应坚持绿色、可持续的原则，有效服务"五通"，促进区域各国经济效益与环境效益的双赢。为推进绿色"一带一路"建设，建议加强区域生态环保顶层设计；围绕"一带一路"生态环保开展项目及研究合作，加强区域环境保护能力建设；提高企业环境保护意识；利用现有多（双）边环境保护合作机制，加强"一带一路"生态环保对话交流；遵循绿色投资、绿色贸易规则，提升绿色优质产能合作；提高生态环保工作能力建设，支撑绿色发展。

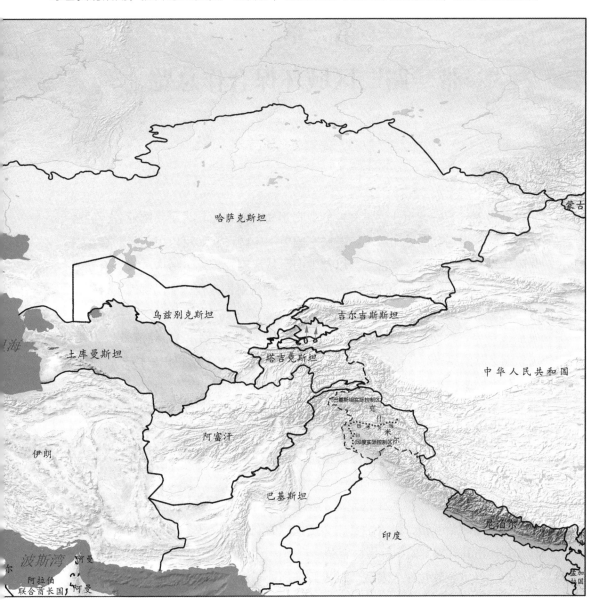

第一章
"一带一路"区域环保合作总览①

2013 年 9 月 5 日，习近平主席在哈萨克斯坦访问时提出，为了使欧亚各国经济联系更加紧密、相互合作更加深入、发展空间更加广阔，我们可以用创新的合作模式，共同建设"丝绸之路经济带"，以点带面，从线到片，逐步形成区域大合作。2013 年 10 月，习近平主席出访东盟国家时提出，中国愿同东盟国家加强海上合作，发展海洋合作伙伴关系，共同建设 21 世纪"海上丝绸之路"。2015 年 3 月 28 日，国家发展改革委、外交部、商务部联合发布了《推动共建丝绸之路经济带和 21 世纪海上丝绸之路的愿景与行动》（以下简称《愿景与行动》），提出坚持开放合作、坚持和谐包容、坚持市场运作、坚持互利共赢的原则，加强在政策沟通、设施联通、贸易畅通、资金融通和民心相通（五通）方面的合作，重点围绕基础设施建设、经济贸易、产业投资、能源资源、金融、人文、生态及海洋八个方面推进建设，重点推动铁路、公路、水路、空路、管路及信息高速路建设，着力推进与沿线国家的基础设施互联互通、加大能源资源合作。

"丝绸之路经济带"和"21 世纪海上丝绸之路"（简称"一带一路"）重大倡议提出共同打造政治互信、经济融合、文化包容的利益共同体、命运共同体和责任共同体。其提出具有深刻的国际国内背景。当前，国际形势继续发生深刻复杂变化，世界多极化、经济全球化深入发展，世界经济仍处于深度调整期，地缘政治因素更加突出，国际格局和国际秩序加速调整演变；国内方面，我国已成为世界第二大经

---

① 本章由周国梅、解然、莫莉、石峰编写。

济体，并为实现两个百年目标加快"四个全面"的战略部署。在此背景下，党中央、国务院根据全球形势深刻变化，统筹国内国际两个大局，从战略高度审视国际发展潮流，做出实施"一带一路"建设重大决策，开创了我国全方位对外开放的新格局，以创新的合作模式，促进区域的大合作，提供了一个包容性巨大的发展平台，把快速发展的中国经济同沿线国家的利益结合起来。"一带一路"倡议提出后，习近平主席在国内外各类场合多达150次以上提及和阐释"一带一路"，向全球表明了中国国家战略的重大调整及新时期中国深化改革开放的重大举措与时代内涵。

第一节 "一带一路"区域总览

一、区域范围

"一带一路"借用古代丝绸之路的历史符号，结合历史渊源与现实基础，积极与沿线国家发展经济合作伙伴关系。从区域范围上看，"一带一路"贯穿亚欧非大陆，一头是活跃的东亚经济圈，一头是发达的欧洲经济圈，中间广大腹地国家经济发展潜力巨大。其基本走向为："丝绸之路经济带"和"21世纪海上丝绸之路"两个大方向。

"丝绸之路经济带"包括三个基本走向：一是从我国西北、东北经中亚、俄罗斯至欧洲（波罗的海）；二是从我国西北经中亚、西亚至波斯湾、地中海；三是分别从我国西南经东南亚和我国西北经南亚至印度洋。该走向以中亚5国、南亚部分国家和俄罗斯为重点，通达西亚、中东和中欧各国。

"21世纪海上丝绸之路"包括两个基本走向：一是从我国沿海过南海，经马六甲海峡到印度洋，延伸至欧洲；二是从我国沿海港口过南海，经印尼抵达南太平洋。该走向以东盟10国以及印度、巴基斯坦、孟加拉国、斯里兰卡等南亚国家为重点。

陆上"丝绸之路经济带"依托国际大通道，以沿线中心城市为支撑，以重点经贸产业园区为合作平台，共同打造新亚欧大陆桥、中蒙俄、中国—中亚—西亚、中国—中南半岛等国际经济合作走廊；海上"21世纪海上丝绸之路"以重点港口为节点，共同建设通畅安全高效的运输大通道，重要航线包括，中国—东南亚航线、中国—南亚—波斯湾航线、中国—印度洋西岸—红海—地中海航线以及中国—澳洲航线。

六大经济走廊包含区域分别为：

（1）中蒙俄经济走廊：分为三条线路，一是从"京津冀"经二连浩特到蒙古和俄罗斯；二是从符拉迪沃斯托克、绥芬河、哈尔滨经满洲里到俄罗斯的赤塔，与欧亚大陆桥相接；三是从符拉迪沃斯托克到布拉戈维申斯克，沿欧亚大陆桥向西延伸。

（2）新亚欧大陆桥：从连云港出发，经西安在新疆阿拉山口出境，穿越哈萨克斯坦阿斯塔纳、俄罗斯、白俄罗斯、波兰和德国，到达荷兰鹿特丹，全长超过 10 000 km，辐射 30 多个国家，是连接亚欧大陆的又一条国际化铁路交通干线。

（3）中国—中亚—西亚经济走廊：自中国新疆乌鲁木齐出发纵贯中亚的哈萨克斯坦、吉尔吉斯斯坦、乌兹别克斯坦和土库曼斯坦，穿过伊朗直达土耳其伊斯坦布尔。

（4）中国—中南半岛经济走廊：依托泛亚铁路，自中国云南昆明和广西南宁出发，纵贯越南、老挝、柬埔寨、泰国，穿越马来半岛直抵新加坡，跨越中国云贵高原、中南半岛三角洲平原和马来半岛。

（5）中巴经济走廊：自中国喀什起，终点在巴基斯坦的瓜达尔港，全长约 3 000 km，穿越青藏高原西部、印度河平原和巴基斯坦南部沙漠。

（6）孟中印缅经济走廊：自中国云南昆明经缅甸、孟加拉国、印度连通印度洋，全长近 4 000 km。

从涵盖国别看，"一带一路"涉及 65 个国家，总人口约 44 亿，生产总值 21 万亿美元，分别占全球的 62.5% 和 28.6%。"一带一路"沿线国家名单见表 1-1。

表 1-1 　"一带一路"沿线国家名单 [①]

区域	国家数量	具体国家
东南亚	11	印度尼西亚、泰国、马来西亚、越南、新加坡、菲律宾、缅甸、柬埔寨、老挝、文莱、东帝汶
东亚	1	蒙古
南亚	7	印度、巴基斯坦、孟加拉国、斯里兰卡、尼泊尔、马尔代夫、不丹
中亚	5	哈萨克斯坦、乌兹别克斯坦、土库曼斯坦、吉尔吉斯斯坦、塔吉克斯坦
西亚	20	阿富汗、沙特阿拉伯、阿联酋、阿曼、伊朗、土耳其、以色列、科威特、伊拉克、卡塔尔、约旦、黎巴嫩、巴林、也门、叙利亚、巴勒斯坦、阿塞拜疆、格鲁吉亚、亚美尼亚、塞浦路斯
中东欧	16	阿尔巴尼亚、波兰、罗马尼亚、捷克、斯洛伐克、保加利亚、匈牙利、拉脱维亚、立陶宛、斯洛文尼亚、爱沙尼亚、克罗地亚、塞尔维亚、马其顿、波黑、黑山
东欧	4	白俄罗斯、俄罗斯、摩尔多瓦、乌克兰
北非	1	埃及

① 王义桅. 世界是通的——"一带一路"的逻辑 [M]. 北京：商务印书馆,2016:106.

二、区域经济发展特征

（一）整体发展水平滞后，各国工业化水平差距较大

"一带一路"沿线地区在过去二十多年里保持快速的增长势态，其GDP年均增长率约为世界平均增长率的两倍左右，是世界上经济较有活力的地区。然而整体上地区经济发展水平依然落后。虽然沿线区域GDP总量约占世界的1/3，但人均GDP只有世界水平的一半，经济结构中农业和工业增加值比重明显高于世界平均水平，服务业增加值比重较低。[①]

此外，"一带一路"沿线65个国家之间工业化水平差距较大，涵盖了工业化进程的各个阶段。总体上看，"一带一路"沿线国家总体上仍处于工业化进程中，且大多数国家处于工业化中后期阶段，大体呈现"倒梯形"的结构特征。

（二）发展方式较为粗放，可持续发展面临严峻形势

"一带一路"沿线大部分国家经济发展方式比较粗放，能源、资源消耗比重大，单位能效低，沿线国家总体上还处于经济增长与资源消耗和污染物排放的挂钩阶段，资源消耗和污染物排放依旧保持快速增长的势头，资源环境压力仍在不断加大。地区单位GDP能耗、原木消耗、物质消费和二氧化碳排放高出世界平均水平的一半以上，单位GDP钢材消耗、水泥消耗、有色金属消耗、水耗、臭氧层消耗物质是世界平均水平的两倍或两倍以上。[②]

（三）既是自然资源的集中生产区，又是集中消费区 [③]

"一带一路"沿线地区是世界矿产资源的集中生产地区，也是世界矿产资源的集中消费区。该地区总体上矿产资源比较丰富，互补性较强。就能源供应和消费而言，该地区提供了世界57.9%的石油、54.2%的天然气、70.5%的煤炭以及47.9%的发电量。蕴藏的铁矿、铜矿、铝土矿资源丰富。如中东地区是世界的石油宝库，中亚、俄罗斯和北非油气资源丰富。同时，"一带一路"沿线地区消费了世界50.8%的一次能源，包括41.1%的原油、47.1%的天然气、72.2%的煤炭和40.1%的水电。就水资源而言，该地区年境内水资源量只有世界的35.7%，但年水资源开采量占世界的66.5%。就钢铁而言，该地区生产了世界71.1%的粗钢，但消费了世界70.7%的

---

① 王毅. 2015中国可持续发展报告——重塑生态环境治理体系 [M]. 北京：科学出版社, 2015:293-294.
② 王毅. 2015中国可持续发展报告——重塑生态环境治理体系 [M]. 北京：科学出版社, 2015:293-294.
③ 王毅. 2015中国可持续发展报告——重塑生态环境治理体系 [M]. 北京：科学出版社, 2015:293-294.

粗钢和 70.3% 的成品钢材。就水泥而言，该地区生产量占世界的 81.8%，而消费量占世界的 83.2%。就有色金属而言，该地区生产了世界 71.1% 的精炼铝、62.8% 的精炼铜、59.4% 的精炼铅、54.7% 的精炼镍、81.4% 的精炼锡和 63.8% 的精炼镉，与之对应的消费比例分别为 65.2%、63.2%、59.9%、61.5%、61.8% 和 36.3%。另外，该地区分别生产和消费了世界 40.3% 和 43.6% 的纸和纸板，50.9% 和 52.4% 的原木。

第二节 "一带一路"沿线地区主要环境问题

"一带一路"沿线区域十分广阔，沿线大部分地区位于全球气候变化的敏感地带，自然环境十分复杂，生态环境多样而脆弱，既有高原山地，又包括平原海域；既有森林草原，又覆盖了荒漠沙漠等复杂地形。不少沿线国家土壤贫瘠，处于干旱、半干旱地区，沙漠化和荒漠化问题严重，森林覆盖率低于世界平均水平。许多沿线地区是生态环境脆弱区，又是人类活动强烈区。该地区土地面积虽然不到世界的40%，人口却占世界的 70% 以上，人口密度比世界平均水平高出一半以上。科技部和国家遥感中心发布的 2015 年全球生态环境遥感监测显示，"一带一路"区域裸地及人工活动强度较大的面积明显高于全球平均水平，而森林、草地和灌丛所占比例明显低于全球平均水平，区域生态系统较为脆弱，有世界 39.1% 的哺乳类物种、32.3% 的鸟类、28.9% 的鱼类和 27.8% 的植物受到威胁。[1]

从经济发展对环境的影响来看，"一带一路"沿线大部分地区是经济水平较落后的发展中国家，城市化进程总体呈加快趋势。许多国家经济发展较为依赖水、油气、矿产资源的开采利用，进一步导致生态环境脆弱性加大，空气污染、水污染、土地退化、生物多样性丧失、海洋资源过度利用、陆源污染过度排放造成海洋污染等各类生态环境问题不断显现，严重影响地区可持续发展。

从具体区域来看，"一带一路"各沿线重点区域生态环境特征差异明显。东南亚尤其是东盟地区受热带季风影响，降水较多，是世界生物多样性最为丰富的地区之一，森林、淡水、沿海及海洋、泥炭、农业和自然保护区繁多。地区面临的环境问题主要包括：①森林锐减。由于人口增长、农业生产增加以及伐木和采矿，原有环境破坏严重，2000—2007 年森林面积以年均 1.11% 的速度减少[2]。②水和大气污

---

① 王毅 . 2015 中国可持续发展报告——重塑生态环境治理体系 [M]. 北京：科学出版社 ,2015:294.
② 彭宾 . 东盟的资源环境状况及合作潜力 [M]. 北京：社会科学文献出版社 , 2013:131.

染。城市扩张、工业生产、交通发展致使东盟地区面临着严重的水和大气污染问题，印度尼西亚、马来西亚、泰国等水环境质量逐年下降。③生物多样性锐减。本地区是世界生物多样性较为丰富的地区，但由于气候变化、野生物种入侵、非法偷猎和走私，大量物种处于濒危状态，其中马来西亚有1 092种濒危物种，印度尼西亚有976种，菲律宾有944种[1]。此外，东盟还面临工业污染排放、垃圾成灾、有毒化学品污染等环境问题的侵害。

中亚地区远离海岸，地处干旱和半干旱地区，是全球性生态问题突出的地区之一。该地区受人类活动影响剧烈，生态环境发生改变的现象尤为显著，部分区域生态环境恶化明显。主要环境问题包括：①受降水影响沙漠化和荒漠化严重。②水资源短缺及水污染问题。中亚水资源面临来自农业、工业、采矿业和城市及农村生活用水的严重污染，咸海问题成为困扰中亚乃至全球的生态危机。③大气污染问题。由于资源能源丰富，地区电力、采矿业、石油天然气等工矿企业发展，加上交通运输、非法燃烧和沙尘等导致地区大气污染严重。同时，中亚地区还面临土地退化、生物多样性损失、土壤污染及核污染等环境问题。

南亚地区水污染严重，印度遭受生活污水、工业排放废水、化学药品和固体废弃物的严重污染；中东地区不但水资源短缺还遭受两伊战争和海湾战争带来的"环境后遗症"，还由于汽车和重工业发展，空气污染严重；西亚面临土地荒漠化和森林进一步锐减问题；蒙俄地区由于人为过度放牧、无节制使用草地和矿产资源开发导致严重的草地荒漠化，沙尘暴和空气污染严重。"一带一路"沿线区域生态状况见表1-2。

表 1-2 "一带一路"沿线区域生态状况[2]

类别	主要指标	"一带一路"沿线国家统计	世界	"一带一路"国家占比 /%
生态承载力	总生物生产力 / 百万全球公顷（2011）	4 607.4	12 008.3	38.4
	人均生物生产力 / 百万全球公顷（2011）	1.05	1.72	61.0
受威胁动植物种类	受威胁哺乳类物种 / 种（2014）	1 269	3 246	39.1
	受威胁鸟类 / 种（2014）	1 167	3 625	32.2
	受威胁鱼类 / 种（2014）	1 983	6 870	28.9
	受威胁高等植物 / 种（2014）	3 778	13 583	27.8
土地覆被	土地面积 /km²	50 083 198	129 733 917	38.6
	森林面积 /km²（2012）	14 414 350.6	39 430 117	36.6
	森林覆盖率 /%（2012）	28.78	30.98	94.7

[1] 彭宾. 东盟的资源环境状况及合作潜力 [M]. 北京：社会科学文献出版社，2013:153.
[2] 王毅. 2015中国可持续发展报告——重塑生态环境治理体系 [M]. 北京：科学出版社，2015:292-293.

第三节　绿色"一带一路"建设的必要性

生态环保与绿色发展是当前国际发展领域的核心议题。在"一带一路"建设过程中加强生态环保相关工作，建设绿色"一带一路"，与国际绿色发展的趋势相适应，与中国大力推进生态文明建设的内在要求相契合，同时也顺应了发展中国家要求绿色发展、保护环境的现实。

一、全球可持续发展成为主流与共识

当前全球经济形势复杂，世界经济总体下行，中国经济进入新常态。在此背景下，可持续发展和绿色发展的要求与趋势愈加凸显，且呈现以下几个方面的特征。

（一）2030 年可持续发展议程中，绿色、包容、关注消除贫困和公众健康成为国际社会共识

2008 年国际金融危机爆发后，全球经济陷入衰退，联合国环境规划署以"经济的绿化不是增长的负担，而是增长的引擎"为宗旨，发起"绿色经济"和"绿色新政"，全球范围内掀起了经济绿色转型的浪潮。2012 年，"里约 +20"峰会将绿色经济纳入了全球政治议程，确立了绿色经济在全球环境治理中的地位，使其成为今后全球经济发展的重要趋势。到 2014 年，全球已经有 65 个国家在绿色经济方面开展了相关的工作，其中 49 个国家已经开始实施国家级绿色经济发展战略[1]。2015 年9 月联合国发展峰会通过的 2030 年可持续发展议程再次强调资源、环境带来的生存、生活方面的挑战，要求从经济、社会、健康、生态系统不同维度的 17 个目标、169 个指标实现全球可持续发展，[2] 其中环境目标几乎直接或间接体现在所有指标中，表明绿色发展已经成为全球发展的主流。可持续发展议程中的环境相关目标见表 1-3。

---

① 新华网 . 联合国环境规划署：将积极推动"一带一路"绿色经济增长 [EB/OL].2015-09-11.
http://news.xinhuanet.com/world/2015-09/11/c_1116539652.htm.
② 周国梅 ."一带一路"建设的绿色化战略 [N]. 中国环境报 ,2016-01-19(2002).

表 1-3 可持续发展议程中的环境相关目标

可持续发展议程中的环境相关目标	所涉及环境问题	子目标数量
目标 6. 为所有人提供水和环境卫生并对其进行可持续管理	水和环境卫生	8
目标 12. 采用可持续的消费和生产模式	可持续消费和生产	11
目标 13. 采取紧急行动应对气候变化及其影响	气候变化与灾害	5
目标 14. 养护和可持续利用海洋和海洋资源以促进可持续发展	海洋和海洋资源	10
目标 15. 保护、恢复和促进可持续利用陆地生态系统，可持续地管理森林，防治荒漠化，制止和扭转土地退化，阻止生物多样性的丧失	陆地生态系统、森林、荒漠化、土地退化、生物多样性	12

（二）全球环境治理体系进一步完善

现有国际环境条约已超过 500 个，其中濒危野生动植物物种国际贸易、控制危险废物越境转移及处置、生物多样性保护、化学品管理、气候变化、消耗臭氧层物质等多个国际环境条约均涉及防范污染跨界转移问题。与此同时，当前全球环境保护行动提高了世界经济贸易中对于环境保护与损害诉讼的意识，环境规则和议题成为多（双）边协定中的重要规则和标准程序，重要多（双）边贸易规则中环境规制趋于严格。相关环境贸易投资规则和标准体系，对资本、商品和服务的贸易流动提出了很高的环境规则和标准，反映了国际投资贸易规则愈加重视生态环保的发展趋势。

（三）全球产业转移趋于绿色

当前，国际产业转移方式逐渐表现出绿色化的特征，资源环境问题正逐渐成为产业转移中受关注的重点问题。一方面，严峻的资源环境形势及全球范围内环保意识的提升进一步约束了高耗能、高污染的产业转移，以往由发达国家向发展中国家进行高能耗、高污染行业转移的国际通道正逐步收窄；另一方面，随着国际资源能源竞争加剧，各国均将低碳、绿色产业作为产业结构升级的重要组成部分，积极发展资源节约型、环境友好型的产业。同时，绿色金融、绿色信贷在全球范围内方兴未艾，世界银行、亚洲开发银行等国际金融机构不断加大对绿色转型的支持力度，制定绿色投资指南引导国际投资发展方向，强调建立全球绿色供应链，助推国际投资的绿色化发展。在此背景下，国际环保产业、循环经济市场业已成型，绿色产业转移机制逐步形成，并成为今后国际产业转移的重要趋势，这些都要求未来全球产业转移应更加绿色。

二、沿线国家高度重视绿色发展与环境保护

"一带一路"沿线大多是新兴经济体和发展中国家，普遍面临工业化和全球产业转移带来的环境污染、生态退化等多重挑战。各国要求绿色发展、保护环境的现实意愿不断提高，绿色转型步伐不断加快。

（一）中亚国家高度重视绿色经济及生态安全，推动能源与环境政策相协调

自 2003 年开始，中亚国家经济呈现强劲复苏和增长，经济增长速度高于同期世界经济的 2.5%。但在特殊的地理环境下，中亚过度依赖自然资源、能源开采及农牧业产品出口的经济发展体系，在国际市场能源价格等因素的波动影响下，其出口型经济发展的不稳定性不断加剧。为摆脱对能源资源的经济依赖，进一步融入世界经济和全球化进程，中亚国家既希望加快本国工业化和现代化的步伐，又希望保持稳定的、绿色的可持续发展，并逐步开始向绿色经济过渡。

哈萨克斯坦：2012 年提出"绿色桥梁"倡议及全球能源环境战略，2013 年颁布实施了向绿色经济过渡的行动纲要。2014 年哈萨克斯坦总统纳扎尔巴耶夫在国情咨文中提出"绿色经济是哈萨克斯坦通往未来发展必经之路"，强调哈萨克斯坦要大力发展新型投资，向绿色经济过渡，加强绿色技术研发，开展绿色能源合作，促进绿色交通网络建设。

乌兹别克斯坦：希望改变落后的制造业和加工业这一单一经济结构给环境造成严重污染的经济发展局面，继续保持经济高速增长的态势。2013 年通过了"2013—2017 年保护环境行动计划"，将环境可持续发展作为支柱行业，制定了"绿色经济原则的经济行业发展机制"。

吉尔吉斯斯坦：由于特殊的山地环境，注重自然资源的合理利用，注重维护生态安全，用生态安全统筹国家环保领域和合理利用自然资源政策。

塔吉克斯坦：经济发展面临能源瓶颈，在国家全面转型期，坚持环境保护的大方向，强调可持续健康的环境对于其经济增长的重要意义，2008 年与乌兹别克斯坦、吉尔吉斯斯坦、哈萨克斯坦和白俄罗斯签署了《建立绿色走廊协议》。

（二）东南亚各国明确绿色发展目标，推进绿色产业发展

国际产业转移推进了东南亚国家的工业化进程，使该地区成为当前亚太经济乃至全球经济的重要增长极和国际生产网络的重要节点。但长期以来东南亚地区高度

依赖投资和出口拉动的外向型经济，在全球金融危机的冲击下，经济发展出现萎靡。东南亚地区忽视经济、社会和环境可持续发展的经济发展模式导致其发展受资源环境的约束越来越明显，资源过度开发和环境污染矛盾日益突出，要求各国必须加快推动绿色转型，实现可持续发展。

柬埔寨：制定"绿色增长路线图"，将绿色发展的理念和项目整合到国家发展战略中，全方位、多层次地开展绿色经济建设，通过建立部长级国家绿色增长委员会，将能源利用效率和循环经济写入国家发展战略规划，发展产业绿色化国家战略等。

印度尼西亚：在《2005—2025年国家长期发展规划》中提出"绿色印尼，永续印尼"的目标，践行可持续发展理念，促进企业低碳化生产，进一步完善节能政策。

新加坡：2009年发布了可持续发展蓝图，2012年出台了《2012绿色计划》和《国家再循环计划》等，通过完善绿色经济的法制体系，将经济、社会全面"绿化"。

越南：推进国家各个领域的可持续消费和生产，发展生态产品市场、绿色产品、绿色采购等，有效推进整体经济模式的绿色转型。

马来西亚：加大绿色发展的全民参与力度，组建内阁、国家机关以及非政府组织和研究机构共同参与的发展体制。

缅甸：将绿色发展纳入国家发展战略规划，推进经济制度改革，促进环境保护体制建设，将经济发展与环境因素结合考虑，促进发展绿色经济。

菲律宾：加快制定绿色产业政策，通过一系列激励机制，加强绿色经济的建设和推进，努力通过绿色经济实现能源自给。

泰国：大力推进为期15年的绿色能源生产计划，努力打造绿色能源大国。

老挝：重视生物质燃料，将发展和推广生物质燃料作为带动绿色经济发展的重要途径。

（三）南亚国家印度创建"绿色经济"大国，发展低碳经济

2008年国际金融危机爆发后，南亚国家印度经济发展出现回落。国际能源价格动荡，不仅加重了印度能源负担，也严重影响了印度经济的长期发展。印度国内能源短缺特别是油气缺口巨大，成为制约其经济发展的瓶颈。为降低能源短缺给本国经济发展造成影响，印度极力发展低碳经济。2006年印度计划委员会起草了《能源综合政策报告》，明确新能源技术路线，提高能源生产和利用效率；2007年印度成立总理任主席的"总理气候变化委员会"，协调与气候变化评估；2008年推出《国家应对气候变化计划》，强调提高资源能源效率计划、绿色印度计划、应对气候变化问题，同年推出新的国家能源安全政策，倡导使用清洁、可再生资源。从2008

年开始，印度开始从政府措施和市场机制着手发展低碳经济，创造未来"绿色经济"大国。

（四）俄罗斯发展清洁能源，有效转变消费结构

　　长期以来，俄罗斯经济严重依赖石油、天然气出口，经济结构严重失衡，且不合理的资源开发给俄罗斯带来了较为严重的环境污染问题。随着世界能源环境的变化，俄罗斯经济出现低速增长甚至一度停滞，为减少传统能源型经济的负面环境影响，促进经济稳定持续增长，俄罗斯开始注重向绿色经济转型，积极发展清洁能源技术，优化能源消费结构。俄罗斯在其《2008—2020 年国家社会生态发展长期规划》中将提高能源效率作为本国发展绿色经济的首要目标。2008 年俄罗斯颁布"关于提高能源及生态效率"联邦总统令，以法律的形式提出绿色经济发展的优先目标是能源、水资源和土地资源。2009 年俄罗斯通过了《俄罗斯联邦 2030 年前能源战略》，明确新能源发展的具体目标和扶持政策。

三、"一带一路"建设重视生态环境保护

（一）高度重视"一带一路"沿线投资生态环境保护

　　21 世纪初，中国实行"走出去"战略。2015 年，中国对外直接投资达 1 456.7 亿美元，占全球流量份额的 9.9%，同比增长 18.3%，金额仅次于美国（2 999.6 亿美元），首次位列世界第二，并超过同期中国实际使用外资，实现资本项下净输出。2002—2015 年中国对外直接投资年均增幅高达 35.9%，"十二五"期间中国对外直接投资 5 390.8 亿美元，是"十一五"的 2.4 倍。截至 2015 年年底，中国 2.02 万家境内投资者在国（境）外设立 3.08 万家对外直接投资企业，分布在全球 188 个国家（地区）。2015 年，中国对"一带一路"相关国家投资占当年流量总额的 13%，达 189.3 亿美元，同比增长 38.6%，是全球投资增幅的 2 倍。2015 年年末中国对外直接投资存量的八成以上分布在发展中经济体。[①] 总体上看，中国对外投资逐年增长，并呈现行业广泛、多元化增强的趋势，但资源导向型投资仍然较强，主要集中在油气等重要资源开采、加工组装类制造业及劳动密集型的建筑与服务行业，能源矿产、制造业等高耗能、高排放行业和产能"走出去"仍占较大比重。

　　就"一带一路"投资建设而言，"一带一路"沿线多为资源丰富的发展中国家，中国对"一带一路"沿线的投资项目主要包括能源、资源开发、交通基础设施建设、

① 商务部 . 2015 年度中国对外直接投资统计公报 [M]. 北京：中国统计出版社 ,2015.

经济廊道建设等大型项目和经济开发活动。2014 年中国对"一带一路"投资流量为 136.6 亿美元,年末存量达到 924.6 亿美元。截至 2015 年 5 月,中国对"一带一路"64 个国家(地区)累计实现各类投资 1 612 亿美元,约占中国对外直接投资总额的 20%,其投资增速显著高于对世界其他地区的投资[①]。

从投资区位看,东南亚是中国"一带一路"投资规模最大的地区,中亚、西亚是投资的大规模地区。2014 年,中国对东盟投资流量为 78.09 亿美元,年末存量为 476.33 亿美元,分别占"一带一路"投资流量和年末存量的 57.1% 和 51.5%,占流量总额的 6.3% 和存量总额的 5.4%;对中亚和西亚投资流量分别为 5.5 亿美元和 19.86 亿美元,年末存量为 101 亿美元和 112.7 亿美元,投资存量分别占"一带一路"年末存量的 10.9% 和 12.2%;蒙古、俄罗斯资源丰富,是中国"一带一路"投资的重要地区,2014 年投资流量分别为 5.0 亿美元和 6.3 亿美元,年末存量为 37.6 亿美元和 86.9 亿美元,投资存量分别占"一带一路"年末存量的 4% 和 5%;中国对南亚国家的投资规模较低,2014 年投资流量为 4.7 亿美元,年末投资存量为 78.0 亿美元[②]。"一带一路"部分国家投资情况见图 1-1。

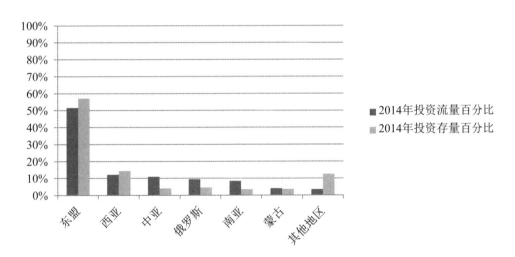

图 1-1 2014 年"一带一路"部分国家(地区)投资情况

从投资行业看,2013—2014 年中国对东南亚的投资主要流向了电力、矿业资源和制造业等行业,对中亚和西亚的投资主要流向能源、基础设施和制造业等行业,

① 中国新闻网. 中国对"一带一路"沿线投资占对外投资总额两成 [EB/OL].2015-07-07. http://www.chinanews.com/cj/2015/07-07/7390174.shtml.
② 商务部. 2014 年度中国对外直接投资统计公报 [M]. 北京:中国统计出版社 ,2014.

蒙古和俄罗斯是矿业开采、能源开采和加工制造业的主要投资地区，南亚是机械设备制造、纺织、能源开采和基础设施建设的重要投资地区。单就生态环境保护看，由于贸易和投资力度不断提升，资源、能源等要素流动性加大，将带来土地占用、水土流失、水环境污染、大气环境污染等传统环境问题，增加人流、物流等对自然资源的需求，生物多样性保护，生态廊道保护等将面临压力。

海外项目环境管理已成为中国可持续、绿色化投资的短板。部分投资项目因生态环保问题曾遭遇停工搁置。造成对外投资环境绩效欠佳的原因是多方面的：从企业自身的角度看，部分中资"走出去"企业普遍缺乏社会环境和社会风险意识和管控能力，环境保护和社会责任意识不高，环境管理能力不足，缺乏系统的企业环境和社会责任政策、制度和工具，不重视了解投资目的国经济发展、地缘政治、人文风俗和生态环境等情况，忽略当地环保公众的环境咨询、监督和审查。当发生环境违法的投资行为时，企业与公众、环保非政府组织和媒体沟通不当，加剧了当地民众、国际社会对中国企业环保方面的指责和批评。

从国家政府的监管角度看，一是中国对外投资环境监管相关法律法规不健全，境外投资环境保护缺乏系统性、整体性的约束与指导，导致企业在境外投资环境行为的法律约束性不高。二是尚未建立对外投资企业的环保信用评估体系、绿色投资评价体系、项目工程的环评体系、信息公开体系和后端环保监察体系。

（二）"一带一路"重点廊道沿线分布较多自然保护区

"一带一路"建设重点涉及六大经济走廊和海岸港口建设，陆上区域生态系统整体比较脆弱，经济走廊建设除面临地形、地貌、荒漠等自然因素限制外，还需注意保护众多世界级和国家级自然保护区如国家公园、自然保护区、自然遗迹、资源保护区等。根据科技部和国家遥感中心发布的全球生态环境遥感监测 2015 年度报告，"一带一路"沿线主要自然保护区分布状况如下：

中蒙俄经济走廊缓冲区：涵盖 4 个国家级自然保护区（陆地和海洋景观保护区）、7 个国际重要湿地区和贝加尔湖世界遗产自然保护区，大部分自然保护区和国际重要湿地保护区分布在廊道东部地区，被保护的动物和植物分别超过 300 种和 80 种，其中 25 个物种被列入《濒危物种红皮书》。

新亚欧大陆桥沿线：自然保护区数量和种类繁多，陆地和海洋景观保护区数量最多，面临欧洲生态环境质量标准高的挑战。

中国—中亚—西亚经济走廊：涵盖乌兹别克斯坦的卡特卡尔自然保护区，南线走廊缓冲区内保护区有 42 个，面积为 2 631.95km^2。

中国—中南半岛经济走廊缓冲区：区内自然保护区广布，主要有生境/物种管制区、国家公园、自然保护区、资源保护区和自然遗迹等，涵盖保护区共 259 个，主要集中分布在廊道南段，廊道内国家公园主要分布于走廊中线南部的泰国段和缅甸段，生境物种管制区主要分布在走廊中线和东线，以老挝、越南、泰国、马来西亚和柬埔寨境内为主；自然遗迹、资源保护区及其他类型的保护区分布较少。

中巴经济走廊沿线：分布大量国家公园和野生动物保护区，例如巴基斯坦的拉甫国家公园、科里斯坦野生动物保护区和塔尔野生动物保护区等。

孟中印缅经济走廊：沿线有大量国家公园、物种/生境保护区和资源可持续利用保护区，例如西姆里帕尔物种保护区、吉尔卡动植物保护区、松达班森林保护区等。

第四节 绿色"一带一路"建设的内涵

"一带一路"沿线多为发展中国家和新兴经济体，经济发展对资源的依赖程度较高，普遍面临着工业化、城市化带来的发展与保护的矛盾。在推进"一带一路"建设过程中，中国政府高度重视沿线地区的生态环境保护，并将绿色发展作为"一带一路"建设的一项重要内容。《推动共建丝绸之路经济带和 21 世纪海上丝绸之路的愿景与行动》文件已明确提出了加强生态环境合作、共建绿色"一带一路"的主张，提出要在投资贸易中突出生态文明理念，加强在生态环境、生物多样性和应对气候变化合作，鼓励企业在参与沿线国家基础设施建设和产业投资中，要主动承担社会责任，严格保护生物多样性和生态环境[①]。2016 年 8 月 17 日，习近平总书记在推进"一带一路"建设工作座谈会上又进一步强调要携手打造绿色丝绸之路。作为"一带一路"总体建设的重点合作领域之一，绿色"一带一路"有助于沟通民心，凝聚共识，助力沿线国家的绿色转型和可持续发展，将成为今后一段时期中国环境保护国际合作工作的首要任务。

一、绿色"一带一路"建设的主要原则

一是构建绿色"一带一路"综合决策机制，确保生态文明与绿色发展的理念和

[①]发改委,外交部,商务部.推动共建丝绸之路经济带和 21 世纪海上丝绸之路的愿景与行动计划[EB/OL].新华网,2015-03-28.http://news.xinhuanet.com/finance/2015-03/28/c_1114793986.htm.

要求贯穿"一带一路"的整体设计与全过程。

二是遵循资源节约和环境友好的原则。"一带一路"相关经济活动、项目设计等充分考虑资源节约和环境友好的原则，经济贸易、基础设施建设等活动应该绿色化、生态化，发展应该是绿色、低碳的发展模式。

三是坚持积极主动防范生态环境风险，生态环保为"一带一路"提供服务支撑，为此需要制定相关的区域环境保护准则或指南，成为丝绸之路经济带建设的环境保护指导准则。

四是坚持合作共享，互利共赢原则，加强与"一带一路"沿线国家在环境与发展领域的合作，促进环境与经济和谐发展，实现共同绿色发展。

二、生态环保工作是"一带一路"建设的有机组成和重要支撑

一是作为切入点和润滑剂，增进与沿线国家的政策沟通。生态环保事关民生，公益属性强，易达成共识，促进政策沟通。

二是防控生态环境风险，保障与沿线国家的设施联通。在"一带一路"建设中评估与预测"一带一路"生态环境风险，确保重点大项目建设选点布局避开环境敏感区，保障投资安全和国家利益，服务设施联通。

三是提高产能合作的绿色化水平，促进与沿线国家的贸易畅通。推动优势环保装备和服务"走出去"，助力智能电网、高铁、核电、汽车等优势产能的绿色国际转移通道构建，促进节能减排、循环经济、能源清洁利用、新能源可再生能源开发利用、应对全球气候变化、绿色建筑等环保相关产业合作，拓展"一带一路"绿色贸易市场，提高"一带一路"产能合作的绿色化水平。

四是完善绿色投融资机制，服务于沿线国家的资金融通。加大对"一带一路"沿线地区环保基础设施的投融资力度，设计推出环保"一带一路"的绿色信贷金融产品，以国家资金为引导，激励商业性股权投资基金和社会资金共同参与"一带一路"绿色融资，与沿线国家共同探索建立绿色投融资机制，服务"一带一路"资金融通。

五是加强环保国际合作与援助，促进与沿线国家民心相通。生态环保惠及人人，直系民生。推进绿色"一带一路"建设，推动生态文明理念与实践"走出去"，同时为沿线地区提供环保能力建设培训、援助，促进沿线国家生态环保和环境质量改善，夯实民意基础，增进民心相通。

第五节 绿色"一带一路"建设的相关建议

生态环保是服务、支撑、保障"一带一路"建设可持续推进的重要环节。在开展"一带一路"生态环保合作、推进绿色"一带一路"建设的过程中，需要突出生态文明理念，确立总体的战略规划，加强政策统筹，明确实施路径。具体建议做好以下几方面工作。

一、加强区域生态环保顶层设计，制定区域环境保护合作引导性政策和相关指南

"一带一路"建设涉及政治、经济、环境、国际关系、地理等多个因素，是一项长期促进各国乃至世界经济发展的大战略、新举措，更是一项重大的系统工程，加强区域生态环境保护合作要全面考虑各种因素的影响，加强顶层设计。应从国际绿色发展的角度，分享生态文明建设、促进实现联合国 2030 年可持续发展议程，引领区域生态环境保护合作，促进各类工程项目的绿色化，防范建设项目环境风险；推进区域环境与发展的综合决策机制，推动出台区域绿色化引导政策和相关可操作指南，为绿色"一带一路"建设提供制度保障。

二、围绕"一带一路"生态环保开展项目及研究合作，加强区域环境保护能力建设

"一带一路"建设应当以不破坏周边区域生态环境、保护与维护区域生态系统为最基本原则开展建设，充分考虑沿线区域既有的脆弱生态环境因素，提高各国环境保护能力建设，帮助、援助沿线国家提高地区环境治理。深化支持产能合作的区域环境承载力研究，加强重点行业"三废"污染防治技术研究，提高污染防治措施。应强化对"一带一路"沿线国家生态环境问题的科学技术合作，利用环境遥感等手段加强区域生态本底调查。针对可能破坏地区生态系统的项目工程，建立区域生态系统保护预警和保障系统。加强与中亚、蒙古在沙尘治理、核污染治理方面的合作，加强与东盟在生态多样性保护、水、大气污染防治等方面合作，构建生态友好城市

伙伴关系。

三、提高企业环境保护意识，倡导绿色发展

"一带一路"建设的主体是企业，责任在国家，成果为区域全民所享。企业的环境保护行为在很大程度上决定了绿色"一带一路"建设的成败。"走出去"企业必须提高环境保护意识，强化企业社会环境责任。促进区域生态环境保护合作，加强企业投资环境行为，要从以下几个方面管理好企业、保护好企业：一是全面摸清中国企业的对外投资和境外企业的环境行为状况，谋划对境外投资企业的环境监管措施，完善对外投资的环境法律体系和管理制度；二是进一步加强对企业开展环境保护的引导、教育和宣传，提升中国企业环保意识，熟悉并运用相关环境保护国际标准和准则，服务支持境外投资企业履行环保义务，严格遵守项目所在国环保要求；三是开展对外投资工程项目在建设、运营期间对沿线国家水资源、生态资源等方面的影响研究，构建企业对外投资环境风险管理平台，加强环保部对境外投资企业的指导、服务和咨询职能，提高整体防范水平，预防个别企业环境事件影响整体建设大局。

四、利用现有多双边环境保护合作机制，加强"一带一路"生态环保对话交流

应促进在现有国际合作机制下绿色"一带一路"相关合作，提高在建设绿色"一带一路"中生态环保合作的主动性、主导性。如可在中国—东盟环境合作机制下，重点研究绿色海上丝绸之路的合作内容，加强与东盟国家在环境保护政策交流与技术产业方面的合作，加强海洋环境保护合作；在上海合作组织框架下，结合欧亚经济论坛，促进区域绿色标准对接；在亚太经合组织框架下，以亚太绿色供应链建设为合作重点，促进环境产品与服务的贸易与投资。

五、遵循绿色投资、绿色贸易规则，提升绿色优质产能合作

"一带一路"建设要摒弃以往依靠牺牲资源环境带来经济红利发展方式，坚持绿色、低碳发展理念，推进绿色"一带一路"建设，提高绿色环保的经济效益。在全球大力推进基础设施建设、加大国际经贸合作、深化能源资源等领域合作的背景

下，"一带一路"生态环境保护合作应更重视协调经贸合作拓展与环境标准之间的关系，适应国际贸易中绿色环保标准的要求，加快推进制定绿色产能合作政策与规则，完善绿色标准体系；结合区域和沿线国家实际发展需求，契合发展中国家工业化与发达国家再工业化的要求，推广环境标志理念，推进环境标准制度和环境认证；推进和创新绿色金融机制合作，谋划建立区域绿色投资金融体制，加强相关金融机构与国际金融机构在生态环境保护保障政策、绿色金融等方面的合作，借鉴"赤道原则"等绿色银行规则，推动绿色信贷准则，投融资项目采取与国际接轨的环境标准；推进境外环保产业技术转移交流合作示范基地、环保产业园区建设，共同培育发展"一带一路"建设项目工程实施的绿色低碳技术；以建设 APEC 绿色供应链合作网络为契机，加强绿色化产业链与价值链合作，建设绿色供应链体系，加强与区域沿线国家和其他经济体的联络，总结绿色供应链的最佳实践与政策工具，促进"一带一路"产业链条与服务产品的绿色化。

六、加强能力建设，支撑绿色发展

提高"一带一路"建设生态环境保护能力建设，一是要加强对区域生态环境保护方面的基础科学研究，提高生态环境保护工作的专业化、信息化和公开化，以上海合作组织环保信息平台为先导，建设"一带一路"环保信息共享平台，加强与各国的环境保护信息交流，加强生态环境基础数据研究与分析，提供数据信息产品，为绿色化基础设施投资项目提供支持，通过信息共享和环境评估，使得重大项目选址布点避开生态保护敏感区，服务绿色"一带一路"建设；二是加强复合型人才队伍建设和生态环保智库建设，培养识政治、懂法律、会专业的国际环境保护人才，加强与"一带一路"沿线国家环境保护智库间的政策研究合作与交流，提高研究支撑能力和环保国际合作专业素养，凝聚共建绿色"一带一路"共识，共建共享"一带一路"绿色低碳环保共同体；三是加大对"一带一路"生态环境保护的资金支持，建立绿色"一带一路"基金等，务实推进绿色"一带一路"建设；四是充分发挥环保 NGO 在开展生态环保交流的作用，促进中国环保 NGO "走出去"，宣传中国环保成就和绿色"一带一路"建设成果。

东盟区域区位示意图

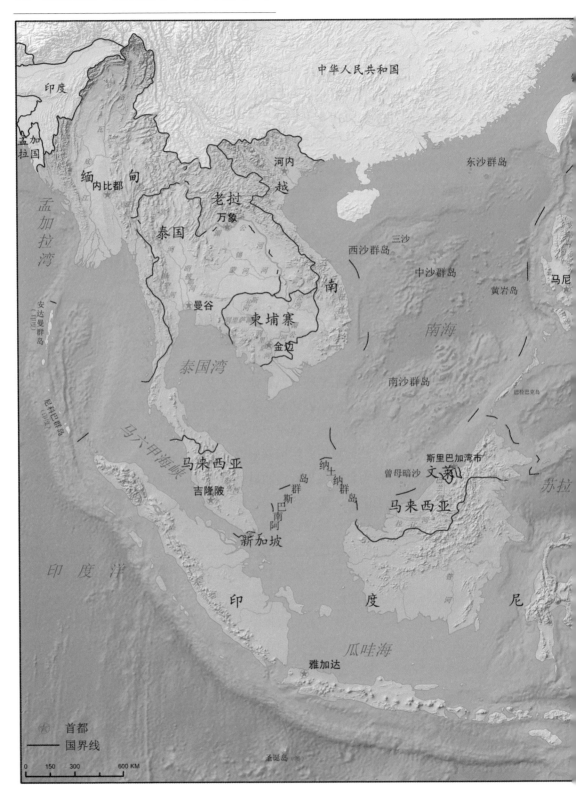

中华人民共和国

印度

孟加拉国

东沙群岛

缅甸
内比都

河内
越

老挝
万象

孟加拉湾

泰国

西沙群岛
三沙

中沙群岛

黄岩岛

马尼

安达曼群岛
（印度）

曼谷

柬埔寨

南

南海

尼科巴群岛
（印度）

泰国湾

金边

马六甲海峡

南沙群岛

巴拉巴克岛

马来西亚

纳土纳群岛

曾母暗沙

斯里巴加湾市

文莱

苏拉

吉隆陂

岛巴斯群南阿

马来西亚

新加坡

印

度

尼

印 度 洋

瓜哇海

雅加达

首都

国界线

圣诞岛（澳）

0   150   300   600 KM

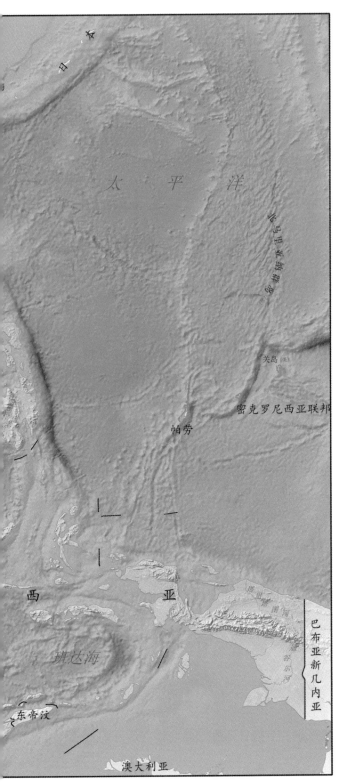

东盟是我国重要的周边，在我国的外交战略中具有重要的地位，加强与东盟各国的环境合作具有十分重要的政治、经济和环境意义。自 1991 年中国与东盟建立正式对话关系以来，双方的关系发展十分迅速，在中国和东盟各国领导人的重视和关心下，环境保护合作已成为双方越来越重要的合作领域。东南亚是我国重要的环境资源带和战略安全带，加强与东南亚各国的合作具有重要的经济、安全和外交战略意义，开展中国—东盟环境合作符合我国周边战略需要，是我国"安邻、睦邻、富邻"周边外交战略的重要实践。中国与东盟在环境领域的合作以中国—东盟（"10+1"）环境合作为重点，并依托东盟—中日韩环境部长会议（"10+3"）和东亚环境部长会议等区域环境合作机制开展对话、交流和合作活动。

第二章　东盟环保合作①

第一节　合作机制概况

东盟地区拥有丰富的自然资源，为地区和世界提供了可持续发展的必要支持。除了提供水、食物和能源外，这些自然资源在维持广泛的经济活动和生计方面发挥了重要的作用。然而，人口的增加，经济的快速增长，社会不平等现象对该地区的自然资源产生了越来越大的压力，带来了各种常见或跨界的环境问题，如空气、水和土地的污染，城市环境恶化，越境烟雾污染，自然资源消耗，尤其是生物多样性。它也导致了资源消耗和浪费的增加，导致不可持续的发展。因此，尽管有丰富的自然资源，东盟和其他地区一样，也面临着一个巨大的挑战——保持环境的可持续性和经济发展适当的平衡。认识到环境合作的重要性，为实现可持续发展和区域一体化目标，东盟自 1977 年以来，开始注重加强其成员国之间的环境合作。

一、东盟社会文化共同体（ASCC 蓝图）2009—2015 年

目前，东盟环境合作主要集中在 11 个反映区域社会文化重要性的优先领域，共同体蓝图（ASCC 蓝图）内容如下：

（一）解决全球环境问题

战略目标：基于公平性原则、灵活性原则、有效性原则、共同但有区别的责任

①本章由彭宾、李博编写。

范围，以及各自的能力和不同的社会和经济条件，在不影响竞争力或社会和经济发展的基础上有效解决全球环境问题。

（二）管理和防止跨界环境污染

战略目标：实施措施，加强国际和区域合作，打击跨界环境污染，包括雾霾污染，危险废物越境转移，能力建设，增强公众意识，加强执法，促进环境可持续发展的做法以及落实东盟关于跨界雾霾污染的协议。

（三）通过环境教育和公众参与促进可持续发展

战略目标：建立一个清洁和绿色的东盟，丰富人们经过价值观更迭和实践积累下来的与自然和谐一致的丰富传统文化，与公民一起为培养环境素养、环境伦理以及能够保证区域可持续发展的环境教育和公众意愿而努力。

（四）促进环境无害化技术（科技）

战略目标：利用环境无害化技术实现可持续发展的，以保证对环境的影响降到最小。

（五）促进东盟城市地区的生活水平质量

战略目标：确保在东盟的地区环境是可持续发展，同时满足人民的社会和经济需求。

（六）协调环境政策和数据库

战略目标：努力促进和协调逐步发展的基础环境政策以及相关的数据库，考虑成员国的情况下，以支持环保一体化进展和区域的社会和经济目标。

（七）促进沿海和海洋环境的可持续利用

战略目标：确保东盟的沿海和海洋环境的可持续管理；具有代表性的生态系统、原始的地区和物种受到保护；经济活动可持续发展的管理；关于沿海和海洋环境影响的意识培养。

（八）促进自然资源和生物多样性的可持续管理

战略目标：确保东盟丰富的生物多样性是保守的和可持续发展的，从而促进社会、经济和环境的福祉。

（九）促进淡水资源的可持续性

战略目标：促进水资源的可持续性，以确保东盟人民对于足量达标水源的公平使用的要求。

（十）应对及解决气候变化的影响

战略目标：加强区域和国际合作，基于公平性原则、灵活性原则、有效性原则、共同但有区别的责任范围，以及各自的能力和不同的社会和经济条件，通过东盟成员国的缓解和适应措施，解决气候变化问题及其对社会经济发展，健康和环境的影响。

（十一）促进可持续森林管理（SFM）

战略目标：促进东盟地区森林资源可持续管理的实施，消除不可持续发展的做法，包括打击非法采伐和其相关的贸易，通过能力建设，技术转移，提高公众意识，加强执法和治理力度。

二、环境可持续城市（ESC）

（一）东盟倡议关于环境可持续发展的城市

2005 年，东盟提出了这一倡议，到目前为止，已有 25 个城市参与。

（二）清洁空气、清洁水和清洁用地的主要指标的发展

关于制定关键环境指标和奖励促进东盟城市环境可持续性的研讨会是于 2005 年 12 月在雅加达召开。指标清单是由文莱达鲁萨兰国 2006 年 6 月第四次 AWGESC 会议批准。以印度尼西亚、马来西亚、泰国为试点，测试和报告指标的问题与挑战，2010 年第八次 AWGESC 重新审视和改进的指标。2011 年 4 月，于雅加达召开的研讨会改善了清洁空气、清洁用地和清洁水的关键指标。

（三）东盟环境可持续城市奖（ESC）

东盟 ESC 奖进一步实施和促进东盟可持续环保城市的倡议，并促进东盟成员国（AMS）清洁空气、水和土地及兴建 ESC。第一次颁奖于 2008 年在越南举行。

（四）东盟生态示范城市计划

日本政府通过东盟—日本综合管理基金（JAIF）对该项目进行资助。该项目对在东盟国家设计和实施以国家为基础的"模范城市"提供了有力帮助，支持当地政府官员的培训和能力建设，并提供了一个平台与其他支持组织一起进行相互学习和合作。

（五）东盟地区小城市的清洁空气行动

该项目以东盟—德国技术合作的框架为标准，由 GIZ 执行，旨在与利益相关者一道在小城市开展和实施"清洁空气行动计划"。它举行相关活动以支持行动计划的制订和实施，包括准备国家概况、全国研讨会和会议的城市经验的传播。

三、东盟关于越境烟雾污染的协议

该协议是由十个东盟成员国政府于 2002 年 6 月 10 日在马来西亚吉隆坡签署。该协议是世界上第一个结合一组连续的国家，以解决由土地和森林火灾造成的跨界阴霾污染的地区性协议。它也被认为是一个解决跨界问题的全球性的协议模板。

它的目的是防止、监测和减轻土地和森林火灾，控制跨界阴霾污染。其方式为：通过国家间协调一致的努力和区域国际合作，利用国家和联合区域应急响应、技术和科学合作以及对公众的意识影响，对火灾进行监测、评估、预防、准备。

四、东盟遗产公园（层次分析法）计划

东盟遗产公园（AHP）是东盟响应美国的千禧年发展目标，就减少生物多样性损失率进行的计划。该计划以国家之力对东盟地区森林保护进行支持和补充。

五、东盟国家环境报告

曾有四个东盟国家的环境报告。第一份报告发表在 1997 年，此后这一系列的报告每三年发布跟踪区域内环境管理的现状与发展。

报告根据一个全面的方法，从而提出在一定的社会经济条件和不同的环境领域的现状和发展趋势下，东盟如何在保证经济社会发展优先权的基础上进行环境可持续发展。以"绿色东盟"为主题，该报告的重点是东盟绿色经济，强调在天然资源丰富的地区建立可持续和弹性经济的基地，同时保证社会和环境的可持续发展。

六、东盟环境教育合作

东盟环境教育行动计划（AEEAP）包含三个阶段：2000—2005 年，2008—2012 年，2014—2018 年。环境教育被定义为帮助人类的过程，通过正规教育和非正规教育获得理解、技能和价值观，因为这将使他们能够以一个具有生命力且不可或缺的公民身份参与生态的可持续发展和社会公正的公民社会的发展进程。东盟环境教育行动计划通过提高公众意识和对环境管理的可持续发展的框架，作为一个达成地区可持续发展的关键集成部件，从而加速环境教育的发展和进步。

东盟生态学校的指导方针敲定于 2011 年 6 月 26—28 日在马来西亚亚庇举办的东盟生态学校发展研讨会，2011 年 10 月 18 日通过柬埔寨举办的第十三届东盟部长非正式环境会议上进行签署。该指南是作为在东盟生态学校奖 2012 生态学校提名的参考，其目的是褒奖 AMS 生态学校在教育他们的学生和周边社区的环境意识而付出的努力。

七、东盟海洋环境合作

东盟海洋水质管理指南和监测手册：东盟海洋水质的第一版：管理指南和监测手册发表在 2008 年，承认有效管理在东盟地区的海洋水域的重要性。在广泛意义上，该项目的目的是加强东盟能力，以解决区域发展的挑战（比如，海洋水质）使东盟地区内的活动更大的一体化和加强参与全球经济。

八、东盟泥炭地管理合作

东盟对泥炭地的可持续管理战略和行动计划 [或东盟泥炭地管理策略（APMS）]已由东盟成员国（AMS）执行，并以此对 2006—2020 年区域泥炭地森林资源的保护行动进行指导。由于迫切需要得到当地和国际社区的泥炭地的合理利用和可持续管理以及新兴威胁的泥炭火灾及其相关的阴霾，在东盟的泥炭地管理倡议框架开发（新加坡亚太管理学院）和越境烟雾污染的东盟协定下，该系统已做好应对地区的经济健康发展及应对气候变化等问题。

九、东盟水资源管理合作

东盟水资源管理行动战略计划包含四个关键问题的行动，即：①供应；需求和分配；②水质和卫生；③气候变化和极端事件；④治理和能力建设。四个关键问题已被翻译成十个项目概念，即：

（1）需求管理学习论坛；

（2）东盟的国家战略方针；

（3）河流分类系统；

（4）东盟水资源数据管理和报告系统的设计；

（5）来自东盟成员国的极端事件的风险和影响；

（6）知识的共享和交换；

（7）交换信息；

（8）综合土地利用规划；

（9）提高长期意识；

（10）水资源综合管理、卫生和污染教育知识和社区参与。

第二节　环保合作

中国与东盟相关的环境合作机制主要包括三个，即中国—东盟"10+1"环境合作、东盟—中日韩"10+3"环境合作和东亚"10+8"环境合作机制。

一、中国—东盟（"10+1"）环境合作

中国与东盟国家山水相连，有着十分密切的自然地理和生态环境联系。双方都面临经济发展和绿色转型的共同挑战和机遇，加强环保合作，有利于改善本地区环境状况，降低经济发展的自然资源和生态环境成本，落实联合国 2030 年可持续发展议程，实现互利共赢。

进入 21 世纪之后，中国与东盟在环境领域的合作得到双方的高度重视，进入快速发展轨道，已成为区域环境合作的重要平台和"南南"环境合作的典范。2007 年，中国领导人在第十一次中国—东盟领导人会议上提议成立中国—东盟环保合作中心

并制订合作战略。这一年，环境保护被列为中国—东盟领导人会议机制下第十一个重点合作领域。2009 年，中国与东盟通过了《中国—东盟环境保护合作战略（2009—2015）》，作为双方开展环境合作的指导文件。2010 年，中国环境保护部成立了中国—东盟环境保护合作中心，负责处理东盟框架下的环境保护合作事务。在战略框架下，2011 年和 2013 年，双方先后通过了《中国—东盟环境保护合作行动计划（2011—2013）》和《中国—东盟环境保护合作行动计划（2014—2015）》。2016 年，双方通过了第二期合作战略，即《中国—东盟环境保护合作战略（2016—2020）》。目前，双方正在联合制定《中国—东盟环境保护合作行动计划（2016—2020）》。新一期行动计划也有望于 2017 年获得通过。

中国与东盟在环境领域的合作主要围绕落实领导人合作倡议，实施《中国—东盟环境保护合作战略》和《中国—东盟环境保护合作行动计划》展开。具体进展和重要合作内容如下：

（一）举办中国—东盟环境合作论坛，开展环境政策对话与交流

论坛是中国和东盟之间开展环境政策高层对话、促进交流和推动务实合作的重要平台，主要围绕中国—东盟环境合作具体领域，邀请中国和东盟成员国、其他国家以及国际机构、非政府组织、企业界、科研机构等的决策者、企业家、专家学者等，开展对话和交流。自 2011 年首届中国—东盟环境合作论坛举办以来，已连续举办 6 届，约 1 000 人次参加活动。2016 年中国—东盟环境合作论坛：绿色发展与城市可持续转型于 9 月 10—11 日在广西南宁举办。中国—东盟环境合作论坛活动统计见表2-1。

表 2-1   中国—东盟环境合作论坛活动统计表

序号	时间	活动名称
1	2011 年 10 月	中国—东盟环境合作论坛：创新与绿色发展
2	2012 年 9 月	中国—东盟环境合作论坛：生物多样性与区域绿色发展
3	2013 年 9 月	中国—东盟环境合作论坛：区域绿色发展转型和建立伙伴关系
4	2014 年 9 月	中国—东盟环境合作论坛：可持续发展的国家战略和区域合作
5	2015 年 9 月	中国—东盟环境合作论坛：环境可持续发展政策对话与研修
6	2016 年 9 月	中国—东盟环境合作论坛：绿色发展与城市可持续转型

（二）生物多样性和生态保护合作

中国—东盟环境保护合作中心和东盟生物多样性中心共同制定并合作实施了"中国—东盟生物多样性与生态保护合作计划"。该合作计划的一期和二期项目分别于 2012 年和 2015 年成功实施。双方开展了人员交流，联合编写和出版了《中国—东盟生物多样性和生态保护案例研究》报告，举办了"中国—东盟生物多样性保护合作研讨会"等活动。

中国—东盟环境保护合作中心还与联合国环境规划署 (UNEP) 亚太办公室合作开发了"加强东南亚国家制定和实施 2011—2020 年生物多样性保护战略和实现爱知目标能力项目"，2013 年在昆明举办了"中国—东盟实施生物多样性保护战略和爱知目标能力建设研讨会"和"中国—东盟生物多样性保护实践研讨会"，共同编写了《中国—东盟生物多样性规划编制与实施优秀经验案例报告》。

在滨海湿地生态保护方面，中国于 2016 年 3 月召开"中国—东盟滨海湿地生态保护与修复技术合作论坛"，会议通过了《关于加强中国—东盟海岸带生态系统保护合作的建议》，共同推动滨海湿地保护进程。

此外，根据东盟方面的要求，中国积极推进与东盟在泥炭地管理方面的合作。中国编制了"中国—东盟泥炭地保护合作"项目并申请中国—东盟合作基金支持，该项目已通过初步审核，将通过交流研讨等形式推动双方在泥炭地保护经验与技术领域的交流合作。

（三）中国—东盟生态友好城市发展伙伴关系

2015 年，在第 18 届中国—东盟领导人会议上，中国国务院总理李克强提出"探讨建立中国—东盟生态友好城市发展伙伴关系，携手实现绿色发展"合作倡议。2015 年 11 月，在北京召开了"中国—东盟生态友好城市发展伙伴关系研讨会"，会议通过了《建立中国—东盟生态友好城市伙伴关系的建议》，提出 7 条具体合作建议。双方计划于 2016 年论坛期间正式启动"中国—东盟生态友好城市发展伙伴关系"。未来，双方将积极利用各方资金在此领域开展合作，主要合作内容包括生态城市政策与经验交流、低碳环保产业与技术合作、公众参与与环境宣传、建立中国—东盟生态城市联盟等。

（四）环境技术与产业合作

中方加强推进中国—东盟环保技术和产业合作示范基地建设，推动双方在《中国—东盟环境技术与产业合作框架》下的合作。2014 年 5 月在中国宜兴召开了"中国—东盟环保产业合作研讨会"。会议正式发布了《中国—东盟环保技术和产业合作框架》并启动了中国—东盟环保技术和产业合作示范基地（宜兴）。此外，中方计划在广西梧州粤桂合作特别试验区建立中国—东盟环保技术和产业合作交流示范基地，在深圳建设"一带一路"环境技术交流与转移中心，在四川建立环保产业国际示范合作基地。

（五）中国—东盟绿色使者计划

中国—东盟绿色使者计划是中国与东盟国家在公众环境意识和教育领域的旗舰项目。自 2011 年项目启动以来，共举办了 13 次活动，内容涉及生态创新、绿色经济政策、城市环境管理、工业污染防治等内容，已有超过 500 名包括东盟国家环境官员、学者和青年在内的代表参加了相关活动，有力地促进了区域环境管理能力的提升。2016 年，中国—东盟绿色使者计划"升级版"——海上丝绸之路绿色使者计划启动实施，见表 2-2。

表 2-2　中国—东盟绿色使者计划活动统计表（2011—2016 年）

序号	时间	活动名称
1	2011 年 4 月	中国—东盟环境执法能力建设研讨班
2	2011 年 10 月	中国—东盟绿色使者计划启动仪式
3	2012 年 5 月	中国—东盟绿色发展青年研讨会
4	2012 年 6 月	亚洲绿色经济政策研修班一期
5	2012 年 7 月	中国—东盟绿色经济与环境管理研讨班
6	2012 年 9 月	中国—东盟绿色经济与生态创新青年研讨会
7	2012 年 12 月	亚洲绿色经济政策研修班二期
8	2013 年 4 月	中国—东盟绿色经济与城市环境管理研讨班
9	2013 年 7 月	中国—东盟绿色大学青年研讨班
10	2014 年 5 月	中国—东盟环境影响评价能力建设研讨班
11	2015 年 5 月	中国—东盟水污染防治能力建设研讨班
12	2015 年 6 月	中国—柬埔寨工业污染防治能力建设研讨班
13	2016 年 4 月	中国—东盟城市水环境治理能力建设研讨班
14	2016 年 5 月	中国—老挝环境管理研讨班
15	2016 年 7 月	中国—东盟可持续发展与实践高级研讨班

（六）开展环境管理和环境执法能力建设合作

中国—东盟环境保护合作中心与联合国环境规划署（UNEP）亚太办公室合作开发了"通过南南合作加强非洲、亚洲国家环境立法和执法能力项目"，该项目的一期和二期项目分别于 2014 年和 2015 年成功实施，举办了两期"南南合作框架下亚洲—非洲环境执法研讨会"、联合编写并出版了《非洲、中亚及东盟国家环境执法最佳实践》等。

（七）开展联合政策研究

中国和东盟正在合作编写以"共同迈向绿色发展"为主题的《中国—东盟环境展望》报告。2016 年论坛期间，将发布《中国—东盟环境展望》报告，此报告将作为中国与东盟地区环境状况及发展前景的旗舰报告，为区域环保提供有力的支撑。

（八）建设中国—东盟环保信息共享平台

"启动建设中国—东盟环保信息共享平台"是李克强总理在第十八次中国—东盟（"10+1"）领导人会议上提出的合作倡议。该领域合作将提高区域国家间的环境协同和综合应对区域环境问题的能力，探索中国与东盟国家"互联网＋环保合作"新模式。2016 年 10 月在北京召开"中国—东盟环保信息共享平台研讨会"，与东盟及国际专家交流环境信息技术管理经验与实践，讨论中国—东盟环保信息共享平台建设方案等。

目前，双方的第二个五年合作战略《中国—东盟环境保护合作战略（2016—2020）》获得通过。新一期合作战略将围绕政策对话与交流、环境数据与信息共享、环境影响评价、生物多样性和生态保护、环保产业和技术、环境可持续城市、公众意识和环境教育、机构和人员能力建设、联合研究 9 个重点合作领域开展活动。站在中国—东盟环境合作的新起点上，我们相信双方的环境合作将会取得更加丰硕的成果，并为促进本地区可持续发展与繁荣作出更大贡献。

二、东盟—中日韩（"10+3"）环境合作

东盟与中日韩（"10+3"）领导人会议，是指东盟 10 国领导人与中国、日本、韩国 3 国领导人举行的会议。会议是东盟于 1997 年成立 30 周年时发起的。"10+3"合作机制以经济合作为重点，逐渐向政治、安全、文化等领域拓展，在 24 个领域建立了 66 个不同级别的对话机制，其中包括外交、经济、财政、农林、劳动、旅游、环境、文化、打击跨国犯罪、卫生、能源、信息通信、社会福利与发展、科技、青年、新闻及教育共 17 个部长级会议机制。在"10+3"合作机制下，每年均召开首脑会议、部长会议、高官会议和工作层会议。

2002 年 11 月，为加强环境领域的合作，在东盟与中日韩领导人会议上，东盟

方面提出召开"10+3"环境部长会议的倡议,并希望在自然资源、土地利用、水资源保护等方面开展区域合作。倡议得到领导人会议的响应,环境部长会议成为领导人会议机制下的一个重要组成部分。"10+3"环境部长会议机制下设高官会议,负责筹备部长会议,并作为"10+3"机制的具体决策实施机构,为推动"10+3"合作提供支持。

"10+3"环境部长会议主要围绕 10 项优先领域开展对话和合作:①全球环境问题;②陆地与森林火灾和跨边界烟雾污染;③海岸与海洋环境;④可持续森林管理;⑤自然公园和保护区的可持续管理;⑥淡水资源管理;⑦公众意识和环境教育;⑧促进环境无害化技术与清洁生产;⑨城市环境管理和治理;⑩可持续发展的监测、报告与数据协调。

自 2002 年第一次"10+3"环境部长会议在老挝举办以来,至 2015 年已达 14 次。第 14 次"10+3"环境部长会议决定将该会议机制改为两年一次,第 15 次"10+3"环境部长会议将于 2017 年在文莱举行。我国在历次会议上阐述了国内环境政策,并与东盟和日本、韩国交流共同关注的东亚区域环境问题,探讨和审议项目合作情况。通过参与该机制,促进我国与东盟及日本、韩国在环境保护和可持续发展领域的对话和交流,落实我国与周边国家"安邻、睦邻"的外交政策,见表 2-3。

表 2-3   历届东盟—中日韩环境部长会议情况

序号	时间	地点
第一届	2002 年 11 月 21 日	老挝万象
第二届	2003 年 12 月 19 日	缅甸仰光
第三届	2004 年 10 月 14 日	新加坡
第四届	2005 年 9 月 28 日	菲律宾马尼拉
第五届	2006 年 11 月 11 日	菲律宾宿务
第六届	2007 年 9 月 7 日	泰国曼谷
第七届	2008 年 10 月 9 日	越南河内
第八届	2009 年 10 月 30 日	新加坡
第九届	2010 年 10 月 14 日	文莱斯里巴加湾
第十届	2011 年 10 月 19 日	柬埔寨金边
第十一届	2012 年 9 月 27 日	泰国曼谷
第十二届	2013 年 9 月 26 日	印度尼西亚泗水
第十三届	2014 年 10 月 31 日	老挝万象
第十四届	2015 年 10 月 29 日	越南河内

三、东亚峰会（"10+8"）框架下的环境合作

东亚峰会的概念最早是由马来西亚前总理马哈蒂尔于 2000 年提出的，在东盟的推动下，首届东亚峰会于 2005 年 12 月 14 在吉隆坡举行。与会领导人提出了 17 项具体领域合作倡议，签署了《东亚峰会吉隆坡宣言》。东亚峰会作为东亚地区一个新的合作形式，致力于推动东亚一体化进程、实现东亚共同体目标。峰会为年度领导人会议机制，由当年的东盟轮值主席国主办，峰会议题由所有参与国共同审议。东亚峰会目前有 18 个参与国，即东盟 10 国和中国、日本、韩国、印度、澳大利亚、新西兰、美国和俄罗斯 8 国，因此峰会也被称为"10+8"峰会。目前，峰会已初步形成经贸、能源、环境部长的定期会晤机制，但仍主要通过外长工作午餐会或非正式磋商以及高官特别磋商，就峰会后续行动以及未来发展方向交换意见。

2007 年在第三届东亚峰会上，与会领导人签署了《气候变化、能源和环境新加坡宣言》，支持召开东亚环境部长会议推动实现东亚各国领导人达成的开展环境保护的共识。东亚环境部长会议机制下设高官会议，负责筹备部长会议并作为东亚环境机制的具体决策实施机构，为推动东亚环境合作提供支持。自 2008 年举办首届会议以来，截至目前，已成功举办 4 次，见表 2-4。

表 2-4　历届东亚环境部长会议情况

序号	时间	地点
第 1 次	2008 年 10 月 9 日	越南河内
第 2 次	2010 年 10 月 15 日	文莱斯里巴加湾
第 3 次	2012 年 9 月 27 日	泰国曼谷
第 4 次	2014 年 10 月 31 日	老挝万象

2008 年，首届东亚环境部长会议发表了《首届东亚环境部长会议部长声明》，呼吁建设"环境可持续发展型城市"。

2010 年，第二届东亚环境部长会议在文莱与东盟环境部长非正式会议、"10+3"环境部长会议背靠背召开。会议形成了《第二届东亚环境部长会议纪要》，以加强区域国家环境对话为导向。

2012 年，第三届东亚环境部长会议在泰国曼谷与东盟环境部长非正式会议、"10+3"环境部长会议背靠背召开。会议形成了《第三届东亚环境部长会议纪要》，强调亚洲的合作与共赢。

　　2014 年，第四届东亚环境部长会议在老挝万象与"10+3"环境部长会议背靠背召开。会议形成了《第四届东亚环境部长会议纪要》。

　　东亚环境领域的合作依托东亚环境部长会议机制（包括下设的高官会）为平台，以政策对话、经验交流、能力建设为重点而展开。主要活动和合作内容包括环境可持续城市高级别研讨会、东盟环境友好城市模范城市项目、东亚低碳增长伙伴关系对话、气候变化适应能力建设。

上海合作组织区域区位示意图

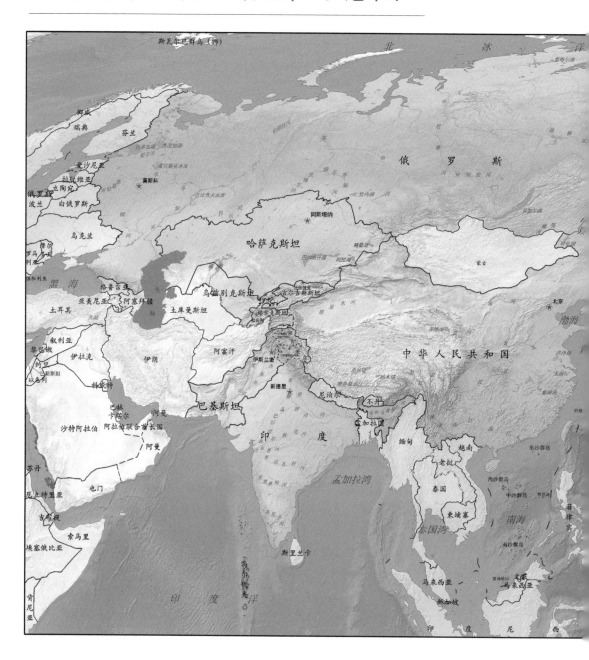

上海合作组织于 2001 年在中国上海成立至今，已涵盖 18 个国家。人口占世界人口总数近一半，地域涉及中亚、西亚、南亚、东亚、欧洲。自成立至今，上合组织的成员国不断扩大，合作领域不断扩展，国际影响力不断加强，在政治、安全、经济、人文等领域发挥了重要作用。环保合作是上合框架下的重要合作内容，当前各国根据自身特点和重点环境问题，逐步拓展环境保护合作，并对双边和多边环保国际合作表现了极大的关注，其中跨界水合作，倍受各方关注。

第三章　上海合作组织环保合作 [①]

第一节　合作机制概况

一、基本情况

2001 年 6 月 15 日，哈萨克斯坦共和国、中华人民共和国、吉尔吉斯共和国、俄罗斯联邦、塔吉克斯坦共和国、乌兹别克斯坦共和国在上海宣布成立上海合作组织（Шанхайская организация сотрудничества, Shanghai Cooperation Organization，简称上合组织），使该组织成为永久性政府间国际组织，它是第一个在中国境内宣布成立、以中国城市命名的国际组织。工作语言为汉语和俄语。自成立之日起，上合组织便以"上海五国"会晤机制原有的边境合作、裁军成果为基点，努力向合作目标明确化、对象多元化、项目广泛化、方式多样化迈进，进一步完善自身组织结构设置的同时在政治、安全、经济、人文等合作领域取得了举世瞩目的成就。

（一）成员

从目前来看，与上海合作组织息息相关的国家主要分为四类：

其一，8 个成员国，中华人民共和国、俄罗斯联邦、哈萨克斯坦共和国、塔吉克斯坦共和国、吉尔吉斯共和国、乌兹别克斯坦共和国、印度（正在启动加入成员国程序）、巴基斯坦（正在启动加入成员国程序），其中前五个国家为原"上海五国"

---

① 本章由王玉娟、国冬梅编写。

会晤机制成员。

其二，4个观察员国①，包括蒙古、伊朗、阿富汗、白俄罗斯。

其三，6个对话伙伴国②，即阿塞拜疆、亚美尼亚、柬埔寨、尼泊尔、斯里兰卡、土耳其。

其四，经常参与上合组织峰会的轮值主席国客人，包括独立国家联合体（独联体）、土库曼斯坦、东南亚国家联盟。

（二）会徽

上海合作组织会徽呈圆形，主体是中国、俄罗斯、哈萨克斯坦、吉尔吉斯斯坦、塔吉克斯坦和乌兹别克斯坦六个成员国的版图、左右环抱的橄榄枝和两条飘带，象征成员国为地区和世界和平与发展所起的积极推动作用，并寓意上海合作组织广阔的合作领域和巨大的发展前景。会徽上部和下部分别用中文、俄文标注"上海合作组织"字样。会徽选用绿色和蓝色，象征该组织和平、友谊、进步、发展的宗旨（见图3-1）。

图3-1 上合组织会徽

（三）宗旨与原则

2001年6月15日通过的《上海合作组织成立宣言》和2001年6月7日通过的《上

①指那些尚未加入上合组织，但因希望加入或与上合组织有较多的领域合作而正在接受组织相关考察的国家。

②有关上合组织对话伙伴国地位的申请、终止、权利、义务等详见《上海合作组织对话伙伴条例》。

海合作组织宪章》对该组织的宗旨与原则进行了详细规定。

1. 上海合作组织的宗旨和任务

（1）加强成员国相互信任与睦邻友好；

（2）维护和加强地区和平、安全与稳定，共同打击恐怖主义、分裂主义和极端主义、毒品走私、非法贩运武器和其他跨国犯罪；

（3）开展经贸、环保、文化、科技、教育、能源、交通、金融等领域的合作，促进地区经济、社会、文化的全面均衡发展，不断提高成员国人民的生活水平；

（4）推动建立民主、公正、合理的国际政治经济新秩序。

2. 上海合作组织遵循的主要原则

（1）恪守《联合国宣言》的宗旨和原则；

（2）相互尊重独立、主权和领土完整，互不干涉内政，互不使用或威胁使用武力，所有成员国一律平等；

（3）平等互利，通过相互协商解决所有问题；

（4）奉行不结盟、不针对其他国家和组织及对外开放原则。

总而言之，上合组织的宗旨与原则集中表现为以"互信、互利、平等、协商、尊重多样文明、谋求共同发展"为核心的"上海精神"，该精神现已载入《上海合作组织成立宣言》当中。

（四）组织结构

1. 常设和非常设机构

上合组织成立后的常设机构有两个，分别是设在北京的秘书处和设在乌兹别克斯坦首都塔什干的地区反恐机构。

秘书处是上合组织常设行政与管理机构，2004 年 1 月在北京成立。其主要职能是：为组织活动提供组织、技术保障；参与组织各机构文件的研究和落实；就编制组织年度预算提出建议。秘书长由元首会议任命，由各成员国按国名的俄文字母顺序轮流担任，任期三年，不得连任。

地区反恐怖机构是上合组织另一个常设机构，总部设在乌兹别克斯坦首都塔什干，2004 年 6 月正式启动。关于成立地区反恐机构的协定是 2002 年 6 月在上海合作组织圣彼得堡峰会上签署的。该机构主要任务和职能包括：准备有关打击恐怖主义、分裂主义和极端主义的建议和意见；协助成员国打击"三股势力"；收集、分析并向成员国提供有关"三股势力"的信息；建立关于"三股势力"组织、成员、活动等信息的资料库；协助准备和举行反恐演习；协助对"三股势力"活动进行侦查并对相关嫌疑人员采取措施；参与准备与打击"三股势力"有关的法律文件；协助培训反恐专家及相关人员；开展反恐学术交流；与其他国际组织如联合国等开展反恐合作。它具有独立的法人地位，拥有签订协议、开设银行账户、拥有动产和不动产等权利。地区反恐怖机构由理事会和执委会组成。理事会由成员国主管机关领导人组成，是反恐机构的决策和领导机关。执行委员会是常设执行机关，编制 30 人。最高行政官员为执委会主任，由元首会议任命，任期 3 年。

上合组织的非常设机构（可以称为上合组织的会议机制）可划分为四个层次：元首理事会；政府首脑（总理）理事会；各部门领导人理事会：外长理事会、总检察长、国防部长、经贸部长、交通部长、文化部长、救灾等部门领导人会议；国家协调员理事会。

（1）元首理事会：是上海合作组织的最高决策机构，每年举行一次会议，通常由成员国按国名俄文字母顺序轮流举办。举行例行会议的国家为本组织主席国。此会议负责研究、确定上海合作组织合作与活动的战略、优先领域和基本方向，通过重要文件，就组织内所有重大问题做出决定和指示。上海合作组织迄今共举行了 13 次元首会议，分别于 2001 年 6 月在上海、2002 年 6 月在圣彼得堡、2003 年 5 月在莫斯科、2004 年 6 月在塔什干、2005 年 7 月在阿斯塔纳、2006 年 6 月在上海、2007 年 8 月在比什凯克、2008 年 8 月在杜尚别、2009 年 6 月在叶卡捷琳堡、2010 年 6 月在塔什干、2011 年在阿斯塔纳、2012 年 6 月在北京、2013 年 9 月在比什凯克举行。

（2）政府首脑理事会：每年举行一次例会，重点研究组织框架内多边合作的战略与优先方向，解决经济合作等领域的原则和迫切问题，并批准组织年度预算。

（3）各部门领导人理事会：成员由各成员国不同领域的国家主管部门的领导人组成，以会议的形式开展工作。其职能包括：为元首会议和政府首脑（总理）会议准备关于在上海合作组织宪章规定的有关领域开展合作的建议；组织落实元首会议和政府首脑（总理）会议有关建立和发展上海合作组织框架内各领域合作的决议；制订有关领域合作的计划和项目；协调和监督上述计划和项目的实施，确保成员国相关部门之间进行切实合作；促进经验和信息的交流，以解决发展合作的具体和长远问题；协调成员国有关非政府机构建立互利合作；就具体问题与上海合作组织秘书处相互协作，并在自身职权范围内，与除元首会议和政府首脑（总理）会议之外的上海合作组织其他机构相互协作。

现在上合组织在国家政府系统、安全系统、立法系统和司法系统已经形成了 18 个部门领导人会议机制，主要包括：议长会议、最高法院院长会议、总检察长会议、审计部门领导人会议、外交部长会议、国防部长会议、公安内务部长会议、紧急救灾部门领导人会议、安全会议秘书会议、文化部长会议、卫生部长会议、教育部长会议、科技部长会议、经贸部长会议、农业部长会议、交通部长会议、财政部长和央行行长会议、边境地区领导人会议等。其中外交部长理事会是部门领导人会议机制中非常重要的一个部门，其成员为各成员国的外交部长，以会议的形式开展工作。其主要职能包括：研究上海合作组织的当前活动问题；保障上海合作组织各机构决议的总协调和落实；提请元首会议和政府首脑（总理）会议审议关于完善和发展上海合作组织框架内各方面合作以及改善上海合作组织各机构活动的建议，包括在上海合作组织框架内缔结有关的多边条约问题；用上海合作组织的名义就国际问题发表声明；提请国家元首会议审议关于上海合作组织吸收新成员、中止新成员资格和开除成员的建议；提请元首会议审议关于上海合作组织与其他国际组织和国家相互协作，包括提供对话伙伴国或观察员地位的建议；提请元首会议批准上海合作组织秘书长、副秘书长人选；研究上海合作组织成员国外交部相互协作问题。外长会议主席可以代表上海合作组织开展对外交往。

在安全系统，安全会议秘书理事会为上海合作组织框架内安全领域合作的协调和磋商机制，以会议的形式开展工作。由成员国的安全会议秘书组成，中国则由职能相当的高级官员出任（主要是公安部的领导）。主要任务是分析判断安全形势，确定安全领域的合作方向；协调成员国的安全合作；向元首理事会提出合作建议等。

在立法系统，有成员国议长会议机制，由成员国的议会负责人参加，是上海合作组织成员国在立法领域的交流合作机制。主要职能有三个：一是及时批准并督促各成员国政府认真落实达成的有关协议，为上海合作组织的交流与合作提供有力的法律保障；二是根据上海合作组织的需要，及时修改国内相应的法律和有关规定，为各领域的合作创造良好的法治环境；三是发挥议会作为民意代表机构的优势（如联系广泛、人才荟萃、信息密集等），为区域经贸合作献计献策，为国家、地方和企业间的合作牵线搭桥、提供服务。

在司法系统，有总检察长会议和最高法院院长会议两个会议机制。总检察长会议由成员国检察机关的负责人组成。每年一次，轮流在各成员国举行。主要职能是：为落实上海合作组织打击"三股势力"、跨国犯罪、非法移民等有关安全合作的决议而加强司法合作；促进成员国在司法领域的合作交流，建立信息交流机制；加强司法协助，比如在涉境外案件的调查取证、缉捕和引渡罪犯、涉案款物移送等领域，发展成员国边境地区检察机关的直接合作机制；培训检察人员等。最高法院院长会议由各成员国的最高法院院长参加，是成员国在司法审判领域的交流合作机制。目前其职能主要集中在解决法律争议和落实已签署的司法文件两个方面，具体是：一是根据本国的安排，落实《上海合作组织宪章》《打击恐怖主义、分裂主义和极端主义上海公约》和已批准的《联合国打击跨国有组织犯罪公约》《联合国反腐败公约》及其他有关法律文件规定，促进成员国之间在安全等领域的经常性司法合作与协调，并按照已批准的有关条约或在个案互惠的基础上，加强在引渡、遣返、调查取证以及犯罪资产的查封、扣押、冻结、返还等方面的合作。二是根据本国的安排，落实本国所参加的解决刑事、民商事、执行等法律争议的国际公约及其他相关法律文件规定，并按照已批准的有关国际条约或在个案互惠的基础上，进一步加强在法院裁判、仲裁裁决承认和执行方面的合作。

（4）成员国国家协调员理事会：上合组织的基层协调机制，主管日常活动的协调和管理。理事会会议每年至少举行三次。理事会主席由元首会议例会举办国国家协调员担任，经外长会议主席授权，可对外代表组织。

2. 民间机构

为了扩大合作范围，调动民间积极性，上海合作组织组建了三个民间合作机构，即实业家委员会、银行联合体和上海合作组织论坛，分别代表工商实业界、金融界和科研智囊界。这三个机构密切合作，积极帮助上海合作组织落实各项决议，扩大了该组织的影响力。

（1）实业家委员会

2006年6月15日成立，主要目的是让民间了解上合组织的决议和发展动向，同时让上合组织了解民间的意见和想法，通过充分调动民间力量，促使民间广泛参与上合组织的经济活动，以便为执行《多边经贸合作纲要》及其《落实措施计划》提供有效协助。除能源、交通、电信、银行信贷、农业等领域外，实业家委员会还很关注上海合作组织成员国在教育、科技、卫生等人文领域的合作。

（2）银行联合体

2005年11月16日成立，由各成员国指定的开发性或商业性银行组成。目前的6个成员均是上合组织成员国政府指定的金融机构，即中国国家开发银行、哈萨克斯坦开发银行、吉尔吉斯斯坦结算储蓄公司、俄罗斯对外经济银行、塔吉克斯坦国民银行、乌兹别克斯坦国家对外经济银行。成立银联体的目的是要对上合组织各成员国政府支持的项目建立一个能够提供融资及相关金融服务的良好机制，以金融合作取代过去的财政和捐赠的方式，扩大融资渠道，以便合理有效地利用各国资源，促进各成员国经济和社会顺利发展。

（3）上海合作组织论坛

2006年5月22日成立，是成员国建立的一个多边学术机制和非政府专家咨询机构，由各成员国具有上海合作组织国家研究中心地位的权威研究机构组成。目前，各国家研究中心分别是：哈萨克斯坦当代国际政治研究所（原为哈萨克斯坦总统战略研究所）、中国国际问题研究所、吉尔吉斯斯坦总统战略分析与评估研究所（曾先后为：吉尔吉斯斯坦科学院、吉尔吉斯斯坦总统战略研究所）、俄罗斯莫斯科国际关系学院、塔吉克斯坦总统战略研究所和乌兹别克斯坦总统战略研究所。上海合作组织论坛的领导机构是"论坛协调委员会"，由各成员国的国家中心负责人组成，主席由论坛例行会议主办国的国家中心负责人担任，以协商一致方式通过决议。论坛每年至少举行一次，可接受上海合作组织常设机构的委托，对该组织框架内的迫切问题进行调研，举行学术会议、圆桌会议及其他活动。

（五）合作领域

根据《上海合作组织成立宣言》，上海合作组织鼓励各成员国在政治、经贸、科技、文化、教育、能源、交通、环保及其他领域的友好合作。上合组织成立 12 年来，从成立之初紧紧围绕政治和安全合作，扩大到目前的政治、安全、经济和人文等多领域、多层次的合作。

1. 安全合作

安全合作是上海合作组织框架内多边合作的重要领域，以组织内的政治合作与对外交往为基础。在大力解决边界问题，巩固成员国政治互信和睦邻友好前提下，上合组织不仅重点打击恐怖主义、分裂主义和极端主义"三股势力"，还要应对突发性灾难以及贩毒、武器走私等非传统安全领域的威胁。与此同时，它还在反恐领域开展对外合作，派代表参加了联合国反恐委员会组织的活动。上海合作组织与东盟和独联体签署的合作文件中，均规定要在反恐领域开展合作。作为以维护地区和平为宗旨的国际组织，上海合作组织对化解地区矛盾、预防地区冲突责无旁贷。

通过各成员国的努力，政治上各成员国已签署了《睦邻友好条约》，为区域政治稳定和互信奠定法律基础。组织内各成员国在共同关心的地区和国际问题上，政治立场基本一致，多次发表共同看法，成为国际社会重要的共同声音之一。

在安全上，各成员国除在边境地区军事领域相互信任和相互裁减军事力量外，联合军演已成常态，反恐、禁毒等非传统安全合作进展顺利。同时中国加强了与各成员国的安全合作，并已与其他五个成员国签署了双边民事和刑事司法互助条约、引渡条约等司法协助协议。

2. 经济合作

上海合作组织在地区安全合作领域中开创的局面，为实现经济合作提供了广阔的舞台。而各成员国产业结构上的差异性和国内市场间的互补性，为在上海合作组织框架下实现有效的经济合作提供了可能。随之，经济合作成为上海合作组织的另一重要职能，合作涵盖贸易投资、海关、金融、税收、交通、能源、农业、科技、电信、环保、卫生、教育等领域，到目前为止收效显著。该职能不仅有助于促进区域经济共同协调发展，提高人民生活水平；加速建立公正合理的国际经济新秩序；最终还能通过经济合作，发展人民间的友好关系，增进参与国政府间乃至民间的合作广度与深度，从而推动各国在人文等其他领域的相互交流、共同进步。

自上合组织内开展区域经济合作以来，成员国从贸易投资便利化起步，大力推进了海关、商品检验检疫、电子商务、投资促进、交通运输、通讯及人力资源培训等领域的合作，为创造区域内公开、透明及可预见的贸易与投资环境做了大量工作，取得一定成效。《上海合作组织多边经贸纲要》的签署，组织内经济合作逐渐务实深入合作。6 个成员国的 GDP 总量从 2001 年的 1.67 万亿美元，到 2012 年达 10.49 万亿美元。中国加大了对上合组织其他成员国的直接投资和贸易往来，截至 2010 年年底累计达 50.5 亿美元，比 2001 年增长 50 倍，中国与其他五个成员的对外贸易总值从 2001 年的 129 亿美元增加到 2012 年的 1 185 亿美元，其中出口从 34 亿美元增加到 585 亿美元，进口从 96 亿美元增加到 600 亿美元。贸易总值 12 年间增长了 8.2 倍，这一增速快于同期中美、中欧、中日、中韩贸易增长率，但慢于中国与东盟的贸易增长率（双方于 2001 年建立自由贸易区）。这种现象在一定程度上说明，区域多边合作可以更好地促进双边合作，上合组织未来若能建成自由贸易区，必将极大地提升合作效率和水平。

3. 文化合作

目前上合组织下的文化合作方面，已建立各成员国部长会议、成员国艺术节、《孩子笔下的童话》儿童绘画巡回展等合作机制。

文化部长会议每年一次，由成员国轮流举办。2002 年首次文化部长会议后，起初由成员国根据自愿承办，2005 年起改为每年轮流在成员国举办，2012 年起由上合峰会轮值主席国举办。按照惯例，每次文化部长例会后均要签署《会议纪要》《联合声明》和《文化合作协定执行计划》等文件。迄今为止，上海合作组织已举行 9 次文化部长会议，第 9 次会晤于 2012 年 6 月 6 日在北京举行。

上海合作组织艺术节源于 2004 年 6 月，为配合上合元首塔什干峰会，由乌兹别克斯坦文化体育部主办，受到各方好评。于是成员国文化部长在 2005 年第二次会晤期间达成共识，在峰会期间举办上合成员国艺术节，由轮值主席国承办，以配合元首峰会，营造气氛。

《孩子笔下的童话》儿童绘画巡回展体现不同地域文化背景下的孩子在与童话故事心灵沟通的过程中，对不同民族文化的理解和对真、善、美的认识。先从成员国儿童绘画作品中精选若干作品，然后在各成员国轮流展出。虽然没有明确规定，但成员国间通过协商，已经形成轮流举办的惯例。

4. 紧急救灾合作

目前主要是紧急救灾部门领导人会议，紧急救灾中心仍处商讨进程中，另外，成员国边境地区领导人会议的主要议题也是关于边境地区的紧急救灾合作。

中国努力推动上海合作组织成员国政府间救灾协作。2008年9月，中方在乌鲁木齐主办上海合作组织成员国边境地区领导人首次会议。会议就开展成员国边境地区救灾合作，推动建立边境地区联合救灾行动机制以及开展有关信息交流、人员培训等问题达成共识。

5. 教育合作

目前已建立教育部长会议、上海合作组织大学、"教育无国界"教育周和大学校长论坛等合作机制。

教育部长会议每两年举行一次，由成员国轮流举行。首次教育部长会议于2006年10月18日在北京举行。第三次会议2010年9月23日在俄罗斯新西伯利亚市举行。

上海合作组织大学是由各成员国指定的高校组成，按照统一的教学大纲和教学计划组织教学工作，学生毕业后颁发各成员国均认可的上海合作组织大学文凭。目前参与上海合作组织大学项目的院校共62所，其中俄16所、中15所、哈13所、塔10所、吉8所。

"教育无国界"教育周和大学校长论坛一般同时举行，由成员国教育部门的官员、大学校长和一些社会团体的代表参加，目的是相互交流意见，扩大学术交流，增进了解和友谊，推动上合组织空间内的联合教育项目和计划。另外，孔子学院在上合组织成员国各国的建立，也是上合组织开展教育合作的重要内容，对于相关成员国了解中华文化传统具有重大意义。

6. 卫生合作

目前已建立了卫生部长会议机制。

首届卫生部长会议于2010年11月18日在哈萨克斯坦首都阿斯塔纳举行，通过《卫生专家工作组工作条例》，批准《卫生领域重点合作计划》。《卫生合作协定》原计划提交第二次卫生部长会议签署，但受2012年俄罗斯机构改革影响而推迟。

7. 环保合作

环保合作也是上合组织成立宣言和宪章中规定的重要领域之一。随着上合组织各成员国经济的快速发展和人类活动加剧，地区环境污染和破坏加重，加上上合组织特别是中亚国家所处地区生态环境相对恶劣，使该地区成为世界上生态环境恶化最为严重的地区之一。各国越来越重视上合组织框架下的环保合作，以此摆脱环境污染和破坏带来的巨大损失。上合组织环保合作最初在 2003 年俄罗斯的倡议下开展，2005 年召开了 6 国首届环境部长会议，同时各国成立了政府工作小组先后举行了 5 次环保专家会议，商讨上合组织框架下的环保合作问题，重点磋商《上海合作组织环境保护合作构想草案》。2012 年上合组织峰会前，各国之间进行了双边会谈，发表了涉及环保合作的双边声明或宣言，如：中俄联合声明提到"开展国际合作，利用创新技术走可持续增长的道路，实现人与自然和谐共存"，中哈联合声明提到"双方将遵循互利和照顾对方利益的原则，继续完善法律基础，致力于公平合理利用中哈跨界合理水资源并保护其生态环境"。2012 年 12 月 5 日，吉尔吉斯斯坦比什凯克举行的上海合作组织成员国总理第十一次会议发表的上海合作组织政府首脑（总理）理事会会议联合公报再次提出"必须继续为进一步加强上合组织框架内环保领域合作而共同开展工作"。中国领导人在此次会上提出"成立'中国—上海合作组织环境保护合作中心'，中方愿依托该中心同成员国开展环保政策研究和技术交流、生态恢复与生物多样性保护合作，协助制定本组织环保合作战略，加强环保能力建设。"这些都表明各成员国间开展环保合作的决心，环保合作将作为上合组织框架下的新合作领域润滑剂并促进其他领域的深入合作。

二、发展历程

（一）"上海五国"双边阶段

1991 年年底苏联解体，当时加盟的 15 个共和国成为了独立主权国家，中国有了西部的新邻居，原有的中苏历史遗留问题转变为中国与多国双边关系的重要问题，由此引发的中、俄、哈、塔、吉 5 个国家间的边境谈判成为"上海五国"机制的起源。在 1992 年中国同俄、哈、塔、吉全部建立正式外交关系后，俄、哈、塔、吉开始与中国就边境地区相互削减武装力量、在军事领域加强信任等问题进行了联合谈判。

（二）"上海五国"阶段

在苏联解体后，中国与俄、哈、吉、塔的谈判模式逐渐发展成为"上海五国"机制。1996 年 4 月，中、俄、哈、吉、塔五国在上海签订了《关于在边境地区加强军事领域信息的协定》（简称《上海协定》），接着又于 1997 年在莫斯科签署了《关于在边境地区相互裁减军事力量的协定》。此后，元首的这种年度会议形式被固定下来，轮流在五国举行，这也标志着"上海五国"机制的诞生。"上海五国"机制的诞生，对世界和平与稳定产生了积极而深远的影响，它彻底改变了"冷战"时期遗留下来的军事对峙，从此五国开始不同于冷战思维新安全合作模式的探索，成为上合组织的雏形。

1996—2000 年，"上海五国"元首会议共召开了五次会议，在维护边境安全与稳定、打击"三股势力"等方面重点开展合作，对于维护地区和平起到了至关重要的作用，同时也为上合组织的成立奠定了基础。"上海五国"成立之初是为了解决苏联解体后中国同其他四国的边界问题，然而，随着该机制工作重点逐渐从解决邻国间的边界问题转到地区安全合作上来，许多具体的合作事宜就越来越多地涉及五国以外的其他国家。同时，鉴于"上海五国"在安全领域的合作日见成效，五国以外的国家，特别是乌兹别克斯坦越来越表现出参与"上海五国"机制的兴趣和愿望。1998 年乌兹别克斯坦提出了加入"上海五国"机制的要求。基于机制目标的不断扩大及乌兹别克斯坦与其他中亚国家相邻的地理位置，其在中亚地区的安全稳定具有重要的意义，五国同意乌兹别克斯坦加入该合作机制，并于 2001 年 6 国元首会晤时正式通过了《中俄哈吉塔乌联合声明》，接受乌兹别克斯坦以平等身份加入"上海五国"，最终乌兹别克斯坦成为上合组织的创始成员之一。

（三）"上海合作组织"成立和"上合多国"阶段

2001 年 6 月 15 日，哈萨克斯坦共和国、中华人民共和国、吉尔吉斯共和国、俄罗斯联邦、塔吉克斯坦共和国、乌兹别克斯坦共和国 6 国元首在中国上海共同发表了《上海合作组织成立宣言》，决定一致将"上海五国"机制提升为一个永久性政府间国际组织，由此宣告了上海合作组织的成立。该组织是一个高层次和水平的区域性组织，各成员国地理位置上相邻，疆域广阔，横跨欧亚两大洲，总面积涉及 3 000 多万 km^2，约占欧亚地区大陆的 3/5。所有成员国的人口约为 14.89 亿，约占世界人口的 1/4，是欧亚地区最大的地区合作组织。

自上合组织成立到目前发展的历程，大致可以分为三个时期：

1. 上海合作组织机制化建设初创期

从 2001 年 6 月组织成立到 2004 年 6 月塔什干峰会前夕，可以说是上合组织的机制化建设初创期。在这期间，上合组织 6 个成员国从加强睦邻互信和互利友好、维护地区稳定、谋求共同发展的愿望出发，积极实践新安全观，签署了一系列法律文件，建立本组织常设机构，启动多领域磋商机制，在打击"三股势力"及跨国犯罪活动等方面为本组织的安全及其他领域的合作逐步建立了比较完善的结构体系和法律基础。

在上合组织的初创期，在该组织机制化建设的同时，安全领域的合作被确定为上合组织的首要合作方向与重点工作内容，初创期在安全领域的一系列工作，为此后上合组织非传统安全领域的合作打下了务实稳健的基础。

2. 上海合作组织从"初创期"向"稳定发展期"的过渡

从 2004 年上合组织元首塔什干峰会到 2006 年 6 国元首再聚上海，实现了由上合组织机制化建设的初创期向务实合作的稳定发展期的顺利过渡。此后上合组织在前一阶段的基础上，进入一个"团结更加巩固、合作更加务实、行动更加有效"的时期。

在上合组织的过渡期，上合组织国家虽然主要开展的合作是强化打击"三股势力"，举办联合反恐军事演习和遏制跨国毒品犯罪，但在 2004 年塔什干峰会上，胡锦涛主席讲话强调"上海合作组织已经进入新的发展时期，从现在起，组织应该将工作重点转到扩大和深化各领域的合作上来。要本着务实精神，确立具体目标，采取有效措施，把巨大的合作潜力转变为现实的合作成果，给成员国人民带来切实的利益，这是上海合作组织持续健康发展的必由之路"。从此，上合组织全面开启了能源国际合作，并促使国家间的能源关系从"冷战"后的"零和博弈"模式逐渐向"相互依赖和合作"的模式转换。上合组织成员国对于能源合作和对话的愿望日益剧增，各成员国之间形成了既竞争又协调的国际能源战略格局，并将能源合作作为上合组织的非传统安全合作与经济合作的契合点，深化了上合组织成员国之间的政治互信和经济互赖。

上合组织在此过渡期，鉴于中亚生态环境问题已成为制约该地区可持续发展的重要障碍，特别是中亚各国高度重视生态环境问题，把它提高到国家安全的层次，上合组织提出了推进上合地区生态环境合作治理。特别是把中亚水资源和生态环境问题，作为上合组织促进各成员国在重大国际和地区问题相互支持和密切合作的重要使命。

3. 上海合作组织深化合作领域，全面发展阶段

上合组织自成立即开始围绕政治领域、安全领域开展合作。随着世界形势和中亚地区稳定局势的改变，上合组织开始意识到并加强了除上述两个领域外其他非传统领域的合作，特别是加强成员国间的区域经济合作、能源合作和人文领域的合作，以适应新时代的变化和要求。

早在 2001 年 9 月，上合组织六国总理签署了《上海合作组织成员国政府间关于区域经济合作的基本目标和方向及启动贸易和投资便利化进程的备忘录》，标志着上合组织区域经济合作的正式启动。2003 年 5 月莫斯科峰会期间，六国政府首脑签署了《上海合作组织多边经贸合作纲要》，标志着上合组织区域经济合作开始步入机制化轨道。2004 年六方代表批准了《〈多边经贸合作纲要〉落实措施计划》，确定了多边经贸合作的优先领域，涵盖了能源、交通、电信等基础设施建设 120 多个项目。2006 年，中国倡议并推出了多方参与、共同受益、互联互通的大型网络性项目，重点推动成员国之间的公路网、电力网和电信网的建设。为促进成员国之间的经贸合作，推进贸易投资便利化进程，推动落实具体项目的实施，上合组织框架内搭建了经贸部长会议、高官委员会会议等定期会晤机制，成立了银联体和实业家委员会。此外，还成立了海关、质检、电子商务、促进投资与发展过境潜力、能源、信息和电信七个重点合作领域的专业工作组。

早在 2002 年《上海合作组织宪章》就确定了该组织的合作方向，指出在科技、教育、卫生、文化、体育及旅游领域的相互协作，至今，人文领域的合作已成为上合组织成员国合作的第四大重要领域。

2005 年 7 月，上合组织六个成员国文化部长签署了《成员国 2005—2006 年多边文化合作计划》，同年 9 月召开了成员国首次环保专家会议，正式启动了环保合作。此后 10 月，六国成员国政府又签署了《上海合作组织成员国政府间救灾互助协定》，揭开了上合组织人文领域合作的新篇章。

2006 年至今，上合组织在人文等全方位领域合作得到进一步的深化，司法、教育、文化、环保等多领域的合作增进了各国人民之间的相互理解和尊重，为推进上合组织的全方位合作创造了重要的前提，也进一步增强了上合组织的凝聚力，扩大了该组织的国际影响力。

总之，目前上合组织框架内合作的主要领域包括四个方面：政治领域合作，维护地区和平，加强地区安全与信任；安全领域合作，共同打击恐怖主义，就裁军和军控问题进行协商；区域经济合作领域，支持和鼓励各种形式的区域经济合作；人文领域合作，保障合理利用自然资源，扩大科技、教育、卫生、文化、体育、环保及旅游的相互协作。

4. 上海合作组织成员发展

从上合组织自身要求来看，随着上合组织的成功运行，周边国家感受到该组织带给成员国的切实利益，尤其在安全和经济方面，希望提出能够加入上合组织的请求。考虑到其他国家和上合组织自身发展的需求，2004 年上合组织塔什干峰会上批准了《观察员条例》。蒙古在此次峰会上被赋予观察员地位，印度、巴基斯坦、伊朗在 2005 年阿斯塔纳峰会上，获得观察员地位。2008 年六国元首在塔吉克斯坦首都杜尚别通过《对话伙伴条例》，为上合组织加强与有关国家合作制定了规范性文件。2009 年斯里兰卡和白俄罗斯获得对话伙伴地位。2010 年 6 月，上合组织成员国领导人在乌兹别克斯坦首都塔什干批准了《上海合作组织接受新成员条例》和《上海合作组织程序规则》等重要文件，标志着组织机制建设全面走向成熟。2012 年 6 月 6—7 日，北京峰会上合组织继续扩容，成员国决定吸收阿富汗为观察员，土耳其为对话伙伴。至此，上合组织已经涵盖 14 个国家，除 6 个成员国外，还有 5 个观察员，即伊朗、印度、巴基斯坦、蒙古和阿富汗，3 个对话伙伴，即白俄罗斯、斯里兰卡和土耳其。2015 年 7 月 10 日，上合组织成员国元首理事会第十五次会议上，启动了接收印度和巴基斯坦加入上合组织成员国的程序，并同意接纳白俄罗斯成为观察员国，阿塞拜疆、亚美尼亚、柬埔寨、尼泊尔成为对话伙伴国，即上合组织将拥有 8 个成员国（哈萨克斯坦、中国、吉尔吉斯斯坦、俄罗斯、塔吉克斯坦、乌兹别克斯坦、印度、巴基斯坦）、4 个观察员国（阿富汗、白俄罗斯、伊朗、蒙古）、6 个对话伙伴国（阿塞拜疆、亚美尼亚、柬埔寨、尼泊尔、土耳其、斯里兰卡），共涵盖 18 个国家。届时，上合组织仅成员国人口总数就将占到世界人口总数的近一半，所涵盖地域范围将拓展到西亚、南亚，上合组织的国际影响力将进一步提升。

面对"扩员"压力，上合组织在政治、安全、经济领域的合作已满足不了组织今后的需求，组织内合作领域遭遇瓶颈、合作资金融资难度较大等问题，成为上合组织需要改进和调整的基础。但正是这些因素的存在，上合组织积极寻求更宽领域和更深层次的合作，必将给组织内的合作提供新的发展机遇。

第二节 环保合作

一、上合组织环境保护合作进程

上合组织成立之初就将环境保护作为组织内重要的合作领域，并在历年来的各种文件，包括其组织宪章、元首宣言与联合公报、总理联合公报、合作纲要、合作备忘录等几乎都提及了环境保护与生态恢复问题。上合组织框架内环保合作的具体磋商是在 2003 年由俄罗斯率先倡议提出。

2003 年，根据组织宪章，上合组织成员国政府首脑（总理）理事会重申在环保等领域采取措施促进多边合作，制定并实施共同感兴趣的项目。各成员国已就加强在自然资源开发和环境保护领域的合作达成了基本共识，将利用自然和环境保护合作等在内的多个领域作为六国总理批准的《上海合作组织成员国多边经贸合作纲要》的优先合作方向。我国主张在上合组织框架内的环保合作应在平等互利的基础上，采取多样化方式加以推进。

2004 年，塔什干峰会通过了《塔什干宣言》，提出"将环境保护及合理、有效利用水资源问题提上本组织框架内的合作议程，相关部门和科研机构可开始共同制定本组织在该领域的工作战略"等有关内容。同年举行的上合组织成员国政府首脑（总理）理事会议，再次讨论了环境保护、维护地区生态平衡、合理有效利用水电资源、防治土地沙漠化及其他环境问题恶化现象，并就加强在自然资源开发和环境保护领域的合作达成共识。

2005 年，为进一步响应《塔什干宣言》，推动上合组织在环境领域的合作，六国环境部门决定于适当的时候召开首届环境部长会议，促进相互间的理解与对话。正是在高层积极推动的背景下，上合组织六国于 2005 年启动了环境合作工作层面的交流活动。2005 年 9 月，各成员国组成了政府工作小组，在俄罗斯召开第一次环保专家会议，开始联合制定《上海合作组织环境保护合作构想草案》（以下简称《草案》），确立了俄方牵头汇总《草案》，并在俄罗斯举办第一次上合组织环境部长会议的基调。《草案》具体合作内容包括：①建立信息交流渠道，加强协调；②提高环境监测水平；③开展环境保护和国际环保合作人才的交流与培训；④采取有效措施，保障生态安全；⑤保护生物多样性，防治土地荒漠化，并减缓其他环境恶化趋势；⑥采取有效措施防治水污染；⑦促进加大环境保护领域的投资力度；⑧对放射性尾矿聚集场所进行生态恢复，防止环境污染和损害人体健康；⑨研究在上合组织框架内建立环保产品服务和技术市场的可能性；⑩开展环保科学技术合作；⑪ 促进各方均参与的多边环境协议履约问题进行交流。

2006 年 11 月，上合组织秘书处在北京召开了第 2 次环保专家会议，由于中方与俄、哈等国在水资源保护与利用等问题上的分歧较大，会议未取得实质性成果。

2007 年 5 月，第 3 次环保专家会议继续在北京上合组织秘书处召开，谈判过程中删除了有关开展环境联合监测、联合预警、建立统一区域环境标准以及水资源一体化管理和跨界水资源利用等表述，构想草案初步达成一致。

2008 年 3 月，第 4 次环保专家会议在北京召开，乌兹别克斯坦代表在会上全力突出跨界水资源利用、维护下游国家用水权益等敏感问题，坚持水资源合理利用是开展上合环保合作的先决条件，谈判陷入僵局，后提交协调员会议审议，乌方仍坚持本国立场，遵照"协商一致"原则，协调员会议请环保专家会议继续协调。

2008 年 11 月，俄罗斯为了能在其作为上合组织轮值主席国期间取得更多政治成果，在与其他 5 国协商的情况下，直接要求上合组织秘书处召开第 5 次环保专家会议，要求直接讨论部长会议文件，但未获其他国家同意。会议就构想草案进行了讨论，但由于乌方仍坚持要将跨界水资源利用放入文件，会议最终未达成共识。

由于构想草案谈判迟迟未取得实质性进展，各国立场差异较大，上合组织环保合作陷入停滞阶段，2009—2010 年上合组织未召开环保专家会议协商构想和推动上合组织环保部长会议，但考虑到在区域内开展环保合作的重要意义，在 2010 年 11 月召开的政府首脑（总理）理事会上指出"将继续商谈本组织相关构想草案"，这标志着上合组织将重启构想草案的谈判工作。

2008 年，在组织框架内各成员国磋商《草案》的同时，召开了上合组织成员国政府首脑（总理）理事会，批准通过了《上海合作组织成员国多边经贸合作纲要》的落实计划，提出了上合组织框架下利用自然和环境保护领域的具体内容，包括：①实施"中亚跨境沉积盆地和褶皱层的地质和地壳运动"项目；②在环境保护和改善咸海流域生态状况方面扩大和深化合作；建立地质生态监控系统，为进行地质生态绘图制订地质信息系统，建立咸海地区的地质生态监控体系；③就建立信息保障网络、通报边境地区的紧急状态制订建议，并为完善上合组织成员国专业部门和机构的机制能力举办培训班；④在防止跨界河流污染扩大领域的合作；⑤各方在保障生态安全领域相互协作，包括上合组织成员国自然保护部门间就国家环保和合理利用自然方面的政策问题交流信息和经验。

2012 年 6 月 6—7 日，上海合作组织在北京召开了第十二次元首峰会。为促进会议关于环境保护方面的成果，显示中国诚意，我国在会议之前，与上合组织各国进行了双边会谈，并发表了相应的双边声明或宣言。在中国与俄罗斯的联合声明中提到"本着睦邻友好、彼此理解、相互信任、平等互利的精神深化两国边境地区的合作，包括对国界线进行联合检查，落实边境地区军事领域相互信任和裁减军事力量的措施，界河航行，对界河进行必要治理，保护环境，促进边境地区协调发展，推进跨境基础设施和边境口岸建设；在环保领域，开展国际合作，利用创新技术走可持续增长的道路，实现人与自然和谐共存"。在中国与哈萨克斯坦的联合宣言中提到："双方高度评价中哈利用和保护跨界河流联合委员会的工作成效。双方认为，在共同利用中哈跨界河流以及保护水质方面的互利合作对双边关系进一步发展具有重要意义。双方将在《中华人民共和国政府和哈萨克斯坦共和国政府跨界河流水质保护协定》《中华人民共和国政府和哈萨克斯坦共和国政府环境保护合作协定》的基础上，加强对两国跨界河流水质的监测，预防污染。双方愿积极推动落实《中华人民共和国政府和哈萨克斯坦共和国政府跨界河流水量分配技术工作重点实施计划》。双方将遵循互利和照顾对方利益的原则，继续完善法律基础，致力于公平合理地利用中哈跨界河流水资源并保护其生态环境。"中国与乌兹别克斯坦在关于建立战略伙伴关系的联合宣言中提到："双方将继续在保护和改善环境、合理利用自然资源方面进行合作。"中国与吉尔吉斯斯坦的联合宣言中提到："双方将开展环保领域的合作，以采取必要措施防止污染，确保包括跨界水等自然资源保护和合理利用。"

2012 年 12 月 5 日，在吉尔吉斯斯坦比什凯克举行的上海合作组织成员国总理第十一次会议上，中国国务院总理温家宝提出成立"中国—上海合作组织环境保护合作中心"，中方愿依托该中心同成员国开展环保政策研究和技术交流、生态恢复与生物多样性保护合作，协助制定本组织环保合作战略，加强环保能力建设。此次会议发表的上海合作组织政府首脑（总理）理事会会议联合公报再次提出"必须继续为进一步加强上合组织框架内环保领域合作而共同开展工作"。

2013 年 11 月 29 日，上合组织成员国政府首脑（总理）会议第十二次会议联合公报中再次重申，"必须继续为加强环保合作而共同开展工作"。

同时，在各国领导人的高度重视下，2003—2008 年连续召开 5 次上合环保专家会议，共同讨论《上合组织环境保护合作构想草案》，但一直未取得实质性进展。2014 年 3 月，上合环保专家会再次重启，对《上合组织环境保护合作构想草案》进一步进行磋商。2015 年 7 月，上合环保专家第七次会议在北京召开，继续对《上合组织环境保护合作构想草案》进行磋商。会议取得积极进展，但构想草案还有待最终达成一致。

二、上合组织环境保护合作现状

为推动上合组织环保务实合作，全体成员国共同制定了《〈上合组织成员国多边经贸合作纲要〉落实措施计划》《2017—2021 年上合组织进一步推动项目合作的措施清单》《上海合作组织至 2025 年发展战略》等文件。《上海合作组织至 2025 年发展战略》中明确指出："成员国重视环保、生态安全、应对气候变化消极后果等领域的合作，将继续制定上合组织成员国环保合作构想及行动计划草案，举办成员国环境部长会议，为交流环保信息、经验与成果创造条件"，为上合组织环保合作领域未来发展提供了依据。

我国领导人高度重视上合组织生态环保合作，加强了机构和能力建设，逐渐呈现引领态势。2012 年 12 月 5 日，在吉尔吉斯斯坦比什凯克举行的上海合作组织成员国总理第十一次会议上，时任国务院总理温家宝提出成立"中国—上海合作组织环境保护合作中心，依托该中心同各成员国开展环保政策研究和技术交流、生态恢复与生物多样性保护合作，协助制定本组织环保合作战略，加强环保能力建设"。为此，2013 年中国政府根据领导人在上海合作组织峰会上提出的要求，批准成立了"中国—上海合作组织环境保护合作中心"。在 2013 年 11 月 28—29 日召开的上海合作组织成员国总理第十二次会议中，中国国务院总理李克强提出"推进生态和能源合作。各方应共同制定上合组织环境保护合作战略，依托中国—上海合作组织环境保护中心，建立信息共享平台。"在 2014 年 9 月 13 日召开的上海合作组织成员国元首理事会第 14 次会议上，习近平主席建议"借助中国—上海合作组织环保合作中心，加快环保信息共享平台建设"。在 2015 年 7 月 9 日召开的上海合作组织成员国元首理事会第十五次会议中，习近平主席强调"加快推动环保信息平台建设，实施好丝绸之路经济带同欧亚经济联盟对接，促进欧亚地区平衡发展。"2015 年 12 月 15 日在上海合作组织成员国总理第十四次会议上李克强总理提出，"上合组织环保信息平台将正式投入运营，我们愿同各方共同推进'绿色丝路使者计划'的制订和实施"。

可见，中国正在成为上合组织的积极推动者和主要成员，希望在坚持"上海精神"（即"互信、互利、平等、协商、尊重多样文明、谋求共同发展"）的原则下，在推动地区经济平稳增长的同时，维护地区可持续性发展，积极推进上合组织框架下的生态环境保护合作，旨在改善和保护本地区人类生存的生态环境，促进地区经济、社会和环境全面均衡发展，不断提高各国人民的生活水平，改善人民的生活条件。

三、上合组织成员国环境关注

考虑到上合组织的环境安全和可持续发展，本部分针对中亚地区重点环境问题（水资源优化配置和管理、治理土地退化、控制环境污染、保护生物多样性等方面）分别阐述了各成员国不同的环境关注点和已经开展的工作，并对上合组织成员国环保立场进行解析。

（一）应对水资源短缺

中亚国家的经济发展与繁荣与水生态系统密切相关，水资源短缺及过度开发利用已造成整个中亚生态环境的劣变，伴随着经济增长和农业生产，一些环境安全问题也不断增加。

中亚各国甚至国际社会都表示了极大关注，长期以来也开展了大量工作，虽然没有切实解决，但是在开源节流、加强水资源管理、加强跨境水资源管理合作等方面也取得了一定的进展，并开展了大量的工作和双多边等国际合作，共同应对这一区域的水资源问题。在如何应对气候变化和经济快速发展下的水资源短缺问题，各国因为其经济发展战略不同，所采取的措施也有所不同，但总体上分为以下几种方式：

1. 加强开源节流，间接提高水资源量

（1）节水

拯救咸海国际基金会和世界银行最早于 1995—1996 年在制定咸海流域水资源管理战略的基本原则和有关国家水战略的基本原则时，就已提出节约用水的基本方针，要求咸海地区内所有国家各个部门，特别是农业灌溉要采取一些与现代技术、经济所达到的用水水平相适应的措施，节约用水。此外，介入咸海拯救计划的其他一些国际机构还提出，节水措施的组织与实施原则上靠所有国家。

中亚地区节水的潜力很大，中亚五国特别是哈萨克斯坦、乌兹别克斯坦和土库曼斯坦三国把节水作为国家的长期战略任务，他们采取的节水措施主要有：工业方面，从耗水大户做起，建立严格的节约用水制度，并监督执行；推广水的重复使用和循环使用的经验。农业方面，大面积采用喷灌、滴灌和膜下灌溉以及在计算机控制下的定时定量供水等。目前由于中亚国家还是过多地依赖农业生产，所以控制和减少农业灌溉用水量对于缓解和扭转水危机及生态危机具有重要意义。当然，在中亚区域还有一些其他改善节水措施的尝试正在进行之中，但因需要开展实质性和综合性项目的费用极高，对于经济社会发展水平较低的中亚国家来说，本身无法承受灌区改造的高额投入，而且还需面对来自政府和公众团体的反对。

（2）优化作物品种

当前中亚地区国家意识到以前实施的战略性措施，无法真正做到理想中的节水效果，特别是在农业灌溉用水上，要从根本上长远解决水资源短缺问题，最有效的途径之一应是改变现有的农业经济发展模式和进行农业结构调整，控制和减少棉花、水稻等高耗水农作物的种植规模，发展能适应该地区气候和水土条件的有利于生态的耗水较低的传统农牧业。改种用水少的作物（即将棉花和水稻改种为谷物、大豆、水果和蔬菜）并减少灌溉面积是明显减少灌溉用水量的其他途径。然而，此类项目在主要灌溉国家（乌兹别克斯坦和土库曼斯坦）受到限制，这两个国家仍将棉花作为主要种植作物以赚取外汇。减小灌溉面积在未来短期到中期未必能够实现。

（3）进一步开发地下水

在中亚地区，与地表气候干旱缺水、降水量稀少的情况相反，其地下水的储量却非常丰富。尤其是哈萨克斯坦、乌兹别克斯坦和土库曼斯坦三国都储藏有大量的地下水。据有关部门估算，仅哈萨克斯坦的地下水储量就有数万亿立方米。因此，在应对水资源短缺问题上哈萨克斯坦目前正在实施"引里济咸"工程和"北水南调"工程，中亚国家开始注意到开展和继续利用地下水的开发利用。

2. 完善境内水资源管理模式，加强跨境水资源管理合作

中亚国家水资源开发利用过程与社会经济发展紧密相关且受水资源分布影响较大，中亚国家都是典型的灌溉农业国家，农业在国民经济中占到很大的比重。由于蒸发量大和灌溉工程效率低下，中亚地区的水资源无效损耗巨大，仅咸海流域年无效损耗量就超过其流量的1/3，同时，水资源不合理开发利用造成区域生态环境恶化。因此有联合国专家认为，有效提高该地区水资源的使用率是中亚各国必须研究的主要课题。中亚各国针对水资源管理也开展了大量工作，例如建立专门的水资源管理机构，制定水资源规划，增强水利设施维修等措施，从水资源管理模式上提高水资源管理水平，提高境内水资源利用率。

除境内农业灌溉用水造成水资源的浪费外，因中亚五国水资源中跨境水资源比例较大，各自独立后，需要从苏联统一管理到独立后各自为政的管理体制的转变，导致在水资源管理上存在很大问题，也是造成目前水资源局势紧张的主要原因。针对中亚跨境水资源管理问题，中亚各国做出了大量努力，国际社会也不断推动和督促中亚各国区域水源的开发和合作。在改善水资源管理，中亚国家在水利设施维护、健全水资源信息体系、跨境水资源合作等方面也开展了一些工作。

（1）水利设施维护

苏联时期修建了一些水利设施，解体后，成为跨境水利设施，在管理、利用上也存在许多问题。每一个国家对其境内的大型水利设施及其所存蓄的水资源的所有权问题持有不同意见，在跨境水利工程（特别是输水渠道）的管理上也存在大量的问题和矛盾，主要表现为各国都只想着使用，不愿意管理和掏钱维修。

但另一方面，针对中亚地区跨国河流水资源的调节、合理利用和保护，中亚五国制定和通过了国家间水协调机构，并签署了相关协定，使一些必不可少的工程得以开工建设，防止在国际水利分配方面可能产生的冲突局势，部分解决了远景发展问题。但由于各国都存在水利设施老化问题，需要进行修复，加上跨境水利设施需要巨大的资金投入，使经济相对拮据的国家在跨境渠道的维修计划上无法真正得到

落实。如哈萨克斯坦、乌兹别克斯坦两国之间的紧张关系是因为双方没有采取一定的预防渠道以防止发生危险事故的措施、没有保障国家间共用水利设施的正常运转等问题而造成的。要修复哈萨克斯坦境内的水渠需要大量资金，初期修复工程最少也要投入数百万美元。由于缺少资金，乌兹别克斯坦、哈萨克斯坦、土库曼斯坦三国出资维修跨境渠道的计划目前无法落实，乌兹别克斯坦现在已决定减少其境内跨境渠道的供水量。中亚国家之间还有一些跨境水利设施，在维护、管理和使用方面存在的问题也亟待解决。

（2）健全水资源信息体系

关于健全中亚水资源信息体系，主要是联合国欧洲经济委员会（UNECE）开展的支持中亚改善水信息管理项目，该项目于 2012 年 7 月举办了"加强综合、自适应水资源管理分析"研讨会，目的是在咸海流域开展水数据管理以及水流和水资源利用的模拟等。该研讨会由世界银行、瑞士开发公司和 UNECE 主办，参会者包括来自阿富汗、哈萨克斯坦、吉尔吉斯斯坦、塔吉克斯坦、土库曼斯坦、乌兹别克斯坦以及一些区域组织和资助方的约 50 名政府代表和专家。对未来而言，可用数据的融合将成为一个挑战，如公开获取的卫星图与国家和地方数据的融合。此外，如何改善中亚国家间参照数据的交换也是各方关注的焦点。会议还达成共识，决定为咸海流域开发一系列关联模型，以便进行不同层次的分析：咸海流域、个别支流、子流域和国家层面。这些模型既应该服务于短期运作目的，如防洪、分水，也辅助长期规划，包括经济和社会问题等。与会者还指出应该在制定国家和区域气候变化适应性战略方面开展进一步分析和模拟。与会者强调了信息是否易于理解对于决策和公众都非常重要，同时有必要为信息管理的区域合作制定统一的法律基础。

（3）区域内国家间合作

中亚各国独立后联合签署共同协议，旨在协作管理中亚五国间水资源的使用和保护，建立了拯救咸海国际基金组织（IFAS），及其隶属的中亚国家间水资源协调管理委员会（ICWC）等机构，在一定程度上延续了前苏联中亚国家间的长期协调关系，成功地维持了该地区的局势，防止了各国之间可能出现的分水冲突。有关国家还分别在 1998 年和 1999 年签订了关于锡尔河流域水能资源利用的多个协定，另外，中国与哈萨克斯坦于 2001 年签订《中哈利用和保护跨界河流协定》，并建立了联委会合作机制；俄罗斯与哈萨克斯坦于 1992 年签订《俄哈有关跨界水域联合利用与保护的协定》。许多国际组织以及西方国家对中亚地区水事务的参与程度较高，援助开展了不少合作项目。

（4）借助上合组织开展跨境水资源合作

在上合组织框架下，中亚水资源问题的解决有相关法律条文作为依据。围绕水资源危机问题，中亚国家也有合作的诚意。就具体的合作方式来看，虽然上合组织成立以来陆续发布的文件并没有对上海合作组织框架下中亚水资源合作的基本方式做出明确表述，但根据上合组织以往的经验及其他国家相关治理方面的经验，在上合组织框架下展开与水资源相关的法律制度建设、科技合作将会是重点。目前，俄罗斯自然资源部与莫斯科市政府为了制定"上海合作组织成员国在现代政治经济条件下合理利用水资源的构想"，组建了一个联合工作小组。这是向保障中亚地区水资源可持续利用这一任务的完成迈出的重要一步。俄罗斯自然资源部向普京总统递交题为《为确保俄今后的地缘政治和社会经济利益在中亚地区水资源利用领域开展合作的主要方向》的报告，提议在亚洲经济共同体范围内组建水能调节机构（水资源调度公司），以调节跨界水利设施的水资源利用机制，并且在 2004 年，塔什干峰会元首宣言也提到，有效利用水资源问题提上本组织框架内的合作议程，并提议相关部门和科研机构可在 2004 年内开始共同制定本组织在该领域的工作战略。

此外，针对咸海和里海问题，中亚各国和国际社会也开展了大量工作。为减缓或解决"咸海危机"，中亚国家成立了国家间水协调委员会和拯救咸海国际基金会，做了大量的工作，也取得了一定的成效。特别是在咸海地区实施的国际项目、技术性项目和科研项目的实施取得了一定的成功，然而在针对区域合作和公众意识而开发的制度性框架的"软性"部分则常常不成功。由于各国认识到治理里海问题已经刻不容缓，加强对于里海问题的治理，开始逐渐提上日程。里海环境保护的区域和国内合作与协调机构建设始于 1998 年，主要是在全球环境基金（GEF）资助和联合国环境规划署（UNEP）负责组织的里海环境计划（CEP）的框架下具体实施的。这要求里海沿岸国家都应对国际社会承担起保持里海生物资源优良状态及种群多样化的责任。积极参与制订切实可行的计划与措施，加强里海水质共同监测方面合作，建立预警机制及合作机制。同时，各国还应开展里海水体联合监测，在公共水域建立完整的监测监控体系以及应对突发性污染事件的预警和应急监测监控设备，对污染进行严密的监督和控制。针对里海问题，沿岸各国还成立了协调工作组和技术专家组，建立定期会晤机制，开展学术交流和科学研究，开拓环境保护的更深层次的合作。

（二）治理土地退化

对于治理土地退化，是中亚国家关注的一个重要问题，同时也是上合组织重要任务之一。但就今后如何开展治理土地退化的合作，中亚国家也在积极参与相关机制和建立伙伴关系，如建立各种水平上的互相依赖关系，制定并实施自然资源可持续管理的国家政策，开展意识教育活动，根据当地实际，实施国家与区域行动方案，充分发挥政府、当地社会、土地使用者和资金的作用等，建立荒漠化监控机制，建立环境退化早期预警系统，为可持续的土地利用管理提出建议和对策，提升当地居民和社会团体防止土壤退化和土壤荒漠化的意识，共同治理土地退化等一系列问题。

中亚各国根据本国土地退化情况，开展了相应的治理措施。哈萨克斯坦属干旱缺水地区，沙漠、荒漠和半荒漠占国土面积的 90% 以上。土地荒漠化的根本原因是干旱缺水，因此，哈萨克斯坦治理土地退化的思路是从解决水资源问题入手，除了"北水南调"和"引里济咸"两大水利工程外，采取的措施还包括人工降雨、增雨，培养培育种植耐干旱，耐盐碱的植物；乌兹别克斯坦的土地退化主要集中在咸海环境问题导致的土壤盐碱化，乌兹别克斯坦水管理生态中心着手进行土地和水资源的综合性研究，选取最佳的管理措施，提高农业生产率，开发节水技术，并运用到不同的土壤－气候条件下的实践中；塔吉克斯坦试图建立荒漠化监控机制，为可持续的土地利用管理提出建议和对策，提升当地居民和社会团体防止土壤荒漠化的意识，并根据当地实际，建立环境荒漠化早期预警系统，制定并实施自然资源可持续管理的国家政策，开展意识教育活动，扶持农民组织参与决策过程，加强农业基础设施建设，加强生态工程治理等。要促使当地人民关爱其土地，掌握必要的防治技术与技巧。

（三）保护生物多样性

上合组织中亚各国对于目前生物多样性丧失所受到的严重威胁给予了极大的关注，采取了积极措施，并在双边合作中加强对于区域生物多样性保护的内容。

如哈萨克斯坦为治理林木的滥伐盗伐林木和偷猎滥捕动物，采取了积极措施，如严格执行森林法，严格执行动物界保护法和植物界保护法，加强环保教育以及发展林下产业和护林业务等；吉尔吉斯斯坦为了保护自然物种多样性，建立了国家公园和自然保护区，尽可能覆盖其重要的生态系统和生物地理区域，2006 年，吉尔吉斯斯坦总统库尔曼别克·巴基耶夫签署命令，决定对国家林场内生长的特别珍贵树种实行为期 3 年的禁止砍伐、加工和销售措施，吉尔吉斯斯坦南部拥有非常可观的森林资源，为使南部地区走出困境，吉尔吉斯斯坦政府和瑞士专家们共同对该地区的阿基特、阿伏罗顿斯和阿克西司等森林的管理进行规划，瑞士有关部门专门就森林经济的发展提供扶持和帮助；塔吉克斯坦针对生物多样性问题建立了保护生物多样性的管理中心、促进现存保护区的管理并建立新的保护区、建立生物多样性保护监控系统、进行数据的记录与分析、恢复遭受破坏的生态系统的结构和功能、采用一些传统的方法和技术对生物多样性进行保护。

此外，中亚各国还在加强生物多样性保护的区域与国际合作上做了大量工作。加大信息宣传的力度以及建立人事培训系统。提高公众对生物多样性保护决策的参与性，并对民众进行保护环境的教育进行评估，同时对于资金的利用进行评估和预算，并对资金的使用进行详细记录。公共环境保护组织在环境保护和教育方面也起着重要的作用，各个组织和机构应相互合作、相互支持，共同致力于生物多样性保护工作的开展和完成。

（四）控制环境污染

1. 水污染

中亚地区在水问题上，不仅存在水资源短缺的问题，同时由于各国独立后，在环境保护和经济发展上，倾向于发展经济的政策导向，导致地区水污染的问题也日趋严重。水资源状况的恶化已成为中亚社会经济持续发展的现实和潜在阻碍。

从各个国家来看，据相关调查，哈萨克斯坦地表水污染较为严重，地下水属中等污染；吉尔吉斯斯坦也存在水体污染严重情况，特别是山区石土堆积和尾矿对地表水污染严重，加上吉尔吉斯斯坦过去曾是铀原料的主要供应者，因此其水资源还面临着氧化铀和钼辐射污染的现实问题，对周边居民造成了威胁，水污染还使该国很多地区的居民无法得到充足、清洁、安全的饮用水，居民健康受到严重威胁；在塔吉克斯坦工业生产和采矿过程中大量有毒物质被排入河流，或者渗入地下，而保护水源的设施又很有限，尤其是工业废物铝、镍的排放严重超标，河流含盐量增加，使土壤盐碱化。

中亚各国在水污染防治方面也开展了大量工作。俄罗斯有关部门制定的"清洁水"国家项目，旨在通过引入水处理创新机制改善饮用水质量，提高供水服务水平；哈萨克斯坦积极推进"五国联合治理里海污染"，对参与里海石油勘探开发的企业提出了严格的要求，凡不符合里海环境保护规定的勘探项目，一律不准开展，每年还派人到英国学习北海油田勘探开发中环境保护的经验，用于指导里海的石油勘探开发；乌兹别克斯坦为了减少工业企业倾倒垃圾对河流的污染，国家自然保护委员会对每个企业污水的最大允许排放量做了具体的规定，从 1992 年起对超标的排放进行收费。2000年 1 月还出台了一项关于限量按标准规范排放污水的补偿办法。

2. 大气污染

中亚地区在苏联时期划分为两个经济区,即哈萨克斯坦经济区(包括哈萨克斯坦全境)和中亚经济区(除哈萨克斯坦以外的四个中亚共和国)。有色金属的开采和冶炼占有重要地位(哈萨克斯坦的黑色冶金也很重要)。如哈萨克斯坦的铝、铅、锌、铜,吉尔吉斯斯坦的锑、汞,乌兹别克斯坦的黄金、多金属,塔吉克斯坦的铝等,由于生产工艺落后,产生大量有害物质,严重污染了空气、土壤和水源。

近年来,中亚五国都将治理环境污染作为主要任务之一。俄罗斯独立后,对前苏联的《大气保护法》进行了修改,并于 1999 年 5 月 4 日正式颁布了新的《俄罗斯联邦大气保护法》,该法确定了保护大气的法律基础。2008 年 6 月 4 日俄罗斯总统发布了第 889 号总统令,提到要建立更加严格的空气质量标准。执行更加严格的汽车尾气排放标准。近些年,俄罗斯已经加大了治理大气污染的投资。

通过立法,治理大气污染。独立前,哈萨克斯坦已制定了《大气环境保护法》。独立后根据新形势修订,以独立国家的新法律颁布实施。2005 年 12 月,哈萨克斯坦实施了新的《环境保护法》,其中就有保护大气环境的内容。还特别规定,在哈萨克斯坦投资的企业必须缴纳环保税;如果对环境造成污染或对居民健康造成危害,企业必须给予赔偿。同时,国家将对温室气体的排放和回收进行法律监督和调控。

乌兹别克斯坦大气管理和大气质量控制是国家环境保护的一个重要部分,早在 1996 年就制定了《大气保护法》,主要目的是防止大气污染对环境以及人类的负面影响。

塔吉克斯坦鼓励工厂安装气体净化系统,并为其提供适合的科技手段来减少有害物质的排放。根据环境条件和污染源的状况,塔吉克斯坦建设了 50～300m 宽度不等的防护绿化带。在交通污染方面,对车辆进行尾气排放检查,对于超过排放标准的进行相应的惩罚。电气化的交通设施对于减少污染很有作用。另外,定期对道路洒水,使道路保持湿润也是减少灰尘形成的方法之一。

澜沧江—湄公河次区域区位示意图

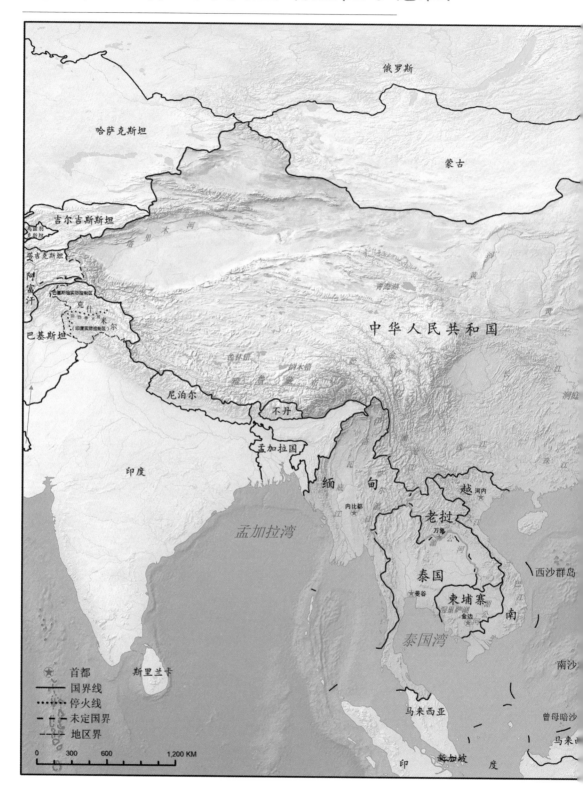

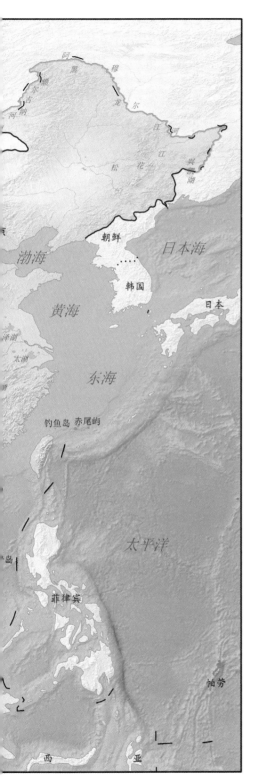

澜沧江—湄公河流域是亚洲生物多样性最丰富的地区之一，国际社会逐渐加强对其环境保护的关注度。作为新构建的机制，目前正处于起步阶段，在政策对话、能力建设等领域开展多个项目并取得了积极的成效。随着项目的深入开展，将在区域环境合作中发挥越来越重要的作用。未来澜沧江—湄公河环境合作将依托于澜沧江—湄公河环境合作中心，通过环境优先领域合作提高沿线国家环境管理能力，推动区域环境可持续发展。

第四章　澜沧江—湄公河环保合作 [①]

第一节　次区域环境合作

澜沧江—湄公河全长 4 880km，流域总面积 81 万 km²，以长度计为世界第六大河流。在中国境内的河段称为澜沧江，长 2 198km。澜沧江—湄公河发源于青藏高原，自北向南流经中国青海、西藏、云南三省区和缅甸、老挝、泰国、柬埔寨、越南五国，于越南胡志明市附近湄公河三角洲注入南中国海，是亚洲一条重要的河流。

澜沧江—湄公河流域自然景观差异明显，涵盖了寒带、温带、热带等多种气候类型，具有雪山冰川、高原草甸、深山峡谷、浅山丘陵、冲积平原和河口三角洲等多种地理特征。而由于流经国家多、自然资源丰富，这条连接中国和东南亚、南亚地区的河流，更被国际社会称为"东方多瑙河"。

近年来，澜沧江—湄公河国家都在进行经济体制改革。加快经济发展力度已成为各国的共同目标。沿线六国均属于发展中国家，整体经济和社会发展程度较为滞后，有些国家更是由于受战乱等多种因素影响，属于联合国划定的最不发达国家行列。根据世界银行 2014 年的数据统计，各国人均国内生产总值分别为：柬埔寨为 1 094 美元、老挝为 1 796 美元、缅甸为 1 203 美元、泰国为 5 977 美元、越南为 2 053 美元。而作为中国直接参与大湄公河次区域经济合作的云南省和广西壮族自治区，2014 年人均国内生产总值则分别为 4 209.5 美元和 3 910.3 美元。

---

① 本章由朱鑫鑫、李霞、闫枫编写。

澜沧江—湄公河各国山水相连，政治、经济、文化和社会体系相似，各国之间形成互为依赖、相互影响的有机整体，加强环境合作亦成为次区域各国实现可持续发展的客观需要。

目前，次区域拥有众多环境合作机制，包括亚洲开发银行发起的大湄公河次区域经济合作机制下的核心环境项目、湄公河委员会、湄公河下游倡议、日本—湄公河环境合作、澜沧江—湄公河环境合作机制等。其中，大湄公河次区域经济合作机制下的核心环境项目与日本—湄公河环境合作机制历经时间较长，相对较为成熟。

一、大湄公河次区域经济合作机制下环保合作

亚洲开发银行（以下简称"亚行"）于 1992 年发起了大湄公河次区域经济合作机制（Great Mekong Sub-region Economic Cooperation，GMS），主要成员国包括柬埔寨、中国[①]、老挝、缅甸、泰国、越南六国。该合作机制由于起步较早，并取得实质性进展，已成为本地区最具影响力和成功的合作机制之一。经过发展，目前 GMS 主要在能源、交通、环境、农业、电信、贸易便利化、投资、旅游、人力资源开发等重点领域开展了合作，取得了积极成果。

1995 年，大湄公河次区域经济合作机制将"环境"确定为主要合作领域之一。目前，环境合作主要分为两个层次：环境工作组会议和部长级会议。其中，环境工作组成立于 1995 年，每年召开年会，具体协调环境项目的开展和执行；工作组会议的推动下，合作机制设立了次区域环境部长会议。2005 年 5 月，中国政府于中国上海成功举办了第一届次区域环境部长会议。特别值得关注的是，环境部长会议成为大湄公河次区域经济合作领域中第一个举办部长级的高层对话机制。

大湄公河次区域环境合作可以简单归纳为三个发展阶段：

第一阶段，1995—2004 年，整合认识阶段（即开展合作、谋求共识的起始与磨合阶段）。大湄公河次区域六国在初期合作的十年时间中，经历了从分散到合作的过程，在亚行框架下，使区域环境合作理念成为各国基本认识，并为后续的机制发展奠定了较好基础。

第二阶段，2005—2011 年，机制快速发展阶段。层次高、关注广成为这一阶段的大湄公河次区域环境合作特色。大湄公河次区域一期核心环境项目 / 生物多样性走廊项目成为具有一定影响力、涉及六国范围政府共同积极参与的区域项目。

---

①中国主要由云南省和广西壮族自治区为代表参与。其中，云南省于 1992 年、广西壮族自治区于 2004 年参与该机制。

第三阶段，2011 年起始，重新定位阶段。2015 年 1 月，第四次大湄公河次区域环境部长会议通过了《第四次大湄公河次区域环境部长会议联合声明》，强调自然资本对大湄公河次区域包容性和可持续发展的重要性，提出共同促进大湄公河次区域自然资本投资的愿景。根据次区域环境合作现状，寻求 GMS 环境合作的重新定位已成为现阶段的主要核心议题。

二、日本—湄公河环境合作

自 2008 年以来，日本逐步建立了与湄公河国家交流对话机制。自 2009 年以来，湄公河—日本领导人峰会逐步机制化。至 2016 年，峰会已召开八届，主要探讨湄公河流域经济等各领域合作，近年来主要关注的环境议题涉及开展"优质基础设施建设"，湄公河流域森林资源保护，互联互通中提出"优质基础设施建设"，实现可持续的环境友好的发展，"建设绿色湄公河"中提出举办"绿色湄公河论坛"及"绿色湄公河十年发展规划"，并在应对气候变化、水资源管理、水生生物保护及可持续利用等方面加强合作等。

日本与湄公河国家在环境方面的合作不局限于日本自身主导和推动的合作机制。日本是美国倡导的下湄公河之友会议的重要参与方，日本积极参与下湄公河之友会议，并借此加强与美国在湄公河流域的战略协调。

第二节　环境合作机制

目前，澜沧江—湄公河流域作为亚洲重要的环境保护区域和已存的众多环境合作机制既互相补充又有所重合。澜沧江—湄公河合作倡议提出之初，便致力于推动区域"绿色、协调、可持续发展"，澜沧江—湄公河环境合作将与现有机制互相协调，倡导区域共同落实联合国 2030 年可持续发展议程，共同推动区域实现可持续发展。

一、发展历程

2014 年 11 月 13 日，在缅甸内比都召开的第 17 次中国—东盟领导人会议发表主席声明，提出："我们支持中国与湄公河流域国家开展更紧密的次区域合作。我们欢迎泰国提出的澜沧江—湄公河次区域可持续发展倡议，该倡议将有助于缩小东盟国家间的发展差距。我们欢迎中国和湄公河次区域国家探索建立相关对话与合作机制的可能性"。为落实领导人的共识，2015年4月6日，首次澜沧江—湄公河合作高官会在北京举行。各方同意启动澜沧江—湄公河成员国磋商进程，以建立澜沧江—湄公河合作机制。

2015年11月12日，首届澜沧江—湄公河对话合作外长会在云南西双版纳州景洪市举行。中国、泰国、柬埔寨、老挝、缅甸、越南等国围绕"同饮一江水，命运紧相连"的主题，就进一步加强澜沧江—湄公河国家合作进行深入探讨，达成广泛共识，一致同意正式启动澜湄合作进程，宣布澜湄合作机制正式建立。

2016年3月23日，李克强总理在澜沧江—湄公河合作首次领导人会议上提出了关于"中方愿与湄公河国家共同设立澜沧江—湄公河环境合作中心，加强技术合作、人才和信息交流，促进绿色、协调、可持续发展"倡议，标志着澜沧江—湄公河环境合作中心（以下简称"澜湄环境合作中心"）建设正式纳入中方倡导的澜湄对话合作机制。

2016年12月23日，澜沧江—湄公河第二次外长会在柬埔寨暹粒举行。会议回顾了澜沧江—湄公河合作首次领导人会议成果的落实情况，并为下一步澜湄合作做出规划。会议审议通过了"澜湄合作第二次外长会联合新闻公报"、"首次领导人会议成果落实进展表"、"优先领域联合工作组筹建原则"三份重要成果文件。

二、澜沧江—湄公河环境合作

为落实领导人倡议，在外交部的支持下，在环境保护部的指导下，中国—东盟环境保护合作中心已经与湄公河国家在环境领域开展多项工作，并将承担澜湄合作框架下环境合作的相关具体工作。

（一）环保合作进展情况

在澜沧江—湄公河合作机制下，相应国际组织、非政府组织也形成了较多良好实践，推动实施了环境领域的诸多项目。从中国参与的地区环境合作情况上，已经与湄公河沿线国家开展了多项环境合作项目，推动了区域环境管理能力建设的相关早期收获项目，组织实施了环境能力建设培训与交流项目。

2016年4月，中国—东盟环境保护合作中心与世界自然基金会在北京共同组织召开了"推动一带一路建设：澜沧江—湄公河可持续基础设施建设投融资研讨会暨项目启动会"，就澜沧江—湄公河基础设施建设与环境风险防范等问题进行了交流与讨论。

2016 年 5 月，中国—东盟环境保护合作中心与云南省西双版纳州环保局合作举办了"海上丝绸之路绿色使者计划——中国—老挝环境管理研讨班"。来自老挝自然资源与环境部、工业与商务部，以及南塔省和琅勃拉邦省的地方环保部门代表参加此次培训。此次研讨班以大气污染防治为议题开展讨论，旨在加强澜沧江—湄公河区域环保技术交流与转移。

2016 年 9 月，中国—东盟环境保护合作中心与联合国环境规划署国际生态系统伙伴计划合作，在北京召开了"澜沧江—湄公河生态系统管理能力建设研讨会"。柬埔寨、老挝、缅甸、泰国和越南环境部门的代表与来自国际组织、非政府组织和智库的与会代表就"澜沧江—湄公河生态系统管理与联合国 2030 可持续发展目标"等四个议题展开讨论。会议发表了《澜沧江—湄公河生态系统管理能力建设倡议》。

2017 年 2 月 26—3 月 15 日，中国—东盟环境保护合作中心举办了"澜沧江—湄公河工业废气排放标准与管理能力建设研讨活动"。活动邀请专家为老挝、柬埔寨和缅甸环境部主管官员讲授中国大气污染治理政策与标准体系等并组织赴地方开展调研和研讨。

2017 年 3 月 30—31 日，在环境保护部与外交部的支持下，中国—东盟环境保护合作中心在北京召开了"澜沧江—湄公河国家水质监测能力建设研讨会暨澜沧江—湄公河环境合作战略编制研讨会"。会议邀请澜沧江—湄公河环境部门主管官员、国际组织、研究机构及企业代表就澜沧江—湄公河水质监测管理体系、技术方法等交流经验。会议讨论了《澜沧江—湄公河环境合作战略框架（草案）》，将继续推动完善该《战略框架》，并计划于 2018 年第三季度发布《澜沧江—湄公河环境合作战略框架》。

（二）未来合作机制展望

澜沧江—湄公河环境合作在定位与发展，具有如下特点：

第一，澜湄环境合作机制是中国协助发展中国家解决环境与发展问题的重要机制；

第二，澜湄环境合作机制不仅关注区域环境议题，而且关注气候变化等区域可持续发展议题。

澜沧江—湄公河环境合作将依托于澜沧江—湄公河环境合作中心，开展《澜沧江—湄公河环境合作战略》编制工作，并围绕政策对话、环境能力建设、城市与农村环境治理等多个领域开展合作，并根据各方实际需求，开展具体领域的示范项目。

　　未来一个时期，澜沧江—湄公河环境合作将以《澜沧江—湄公河环境合作战略框架》的编制为重点，旨在以区域环境治理面临的一系列问题为导向，通过澜沧江—湄公河环境合作中心的运营，开展中长期项目设计，在区域环境合作高层政策对话、能力建设项目、环境政策主流化、地方层面合作等方面，分享中国环保理念和经验，凝聚区域环境与可持续发展的共识，继续开发"绿色澜湄计划"，促进澜沧江—湄公河沿线国家在环境各领域的具体、务实合作。

亚太经合组织区域区位示意图

亚太经合组织诞生于 1989 年，是亚太区内各地区之间促进经济成长、合作、贸易、投资的论坛。目前由 21 个经济体组成，其宗旨是：保持经济的增长和发展；促进成员间经济的相互依存；加强开放的多边贸易体制；减少区域贸易和投资壁垒，维护本地区人民的共同利益。该组织为推动区域贸易投资自由化，加强成员间经济技术合作等方面发挥了不可替代的作用。该机制下的环境保护合作包括多个重点领域：可持续城镇管理、

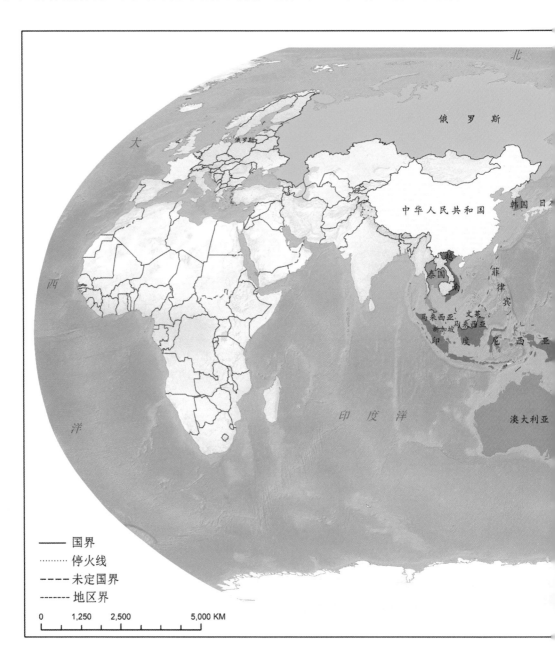

清洁技术与清洁生产、海洋环境可持续性以及环境产品与服务等。1993 年以来，亚太经合组织成员已签署许多环境保护合作协议。2014 年 11 月 11 日，APEC 第二十二次领导人非正式会议在京召开。会议发表了《北京纲领：构建融合、创新、互联的亚太——亚太经合组织第二十二次领导人非正式会议宣言》（简称"北京宣言"），采纳建立 APEC 绿色供应链合作网络的中方倡议，成为中国政府提出的唯一环保成果。

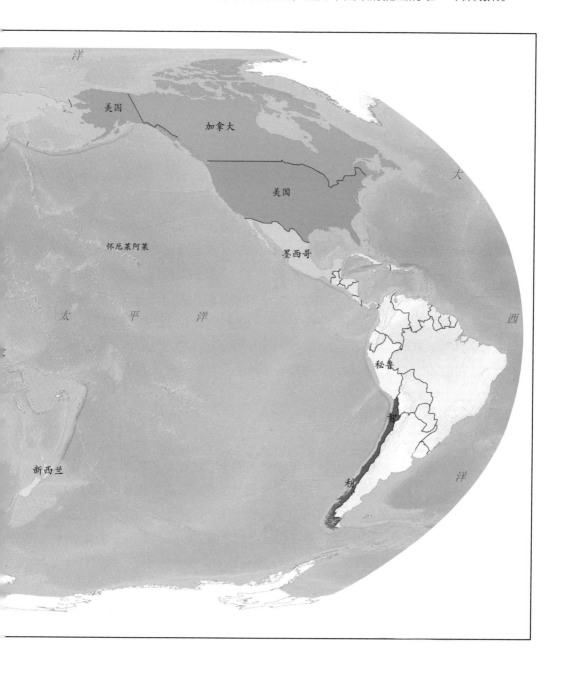

亚太经合组织环保合作 ①

第一节　合作机制概况

一、基本情况

　　亚太经合组织诞生于全球冷战结束的年代。20 世纪 80 年代末，随着冷战的结束，国际形势日趋缓和，经济全球化、贸易投资自由化和区域集团化的趋势逐渐成为潮流。同时，亚洲地区在世界经济中的比重也明显上升。该组织为推动区域贸易投资自由化，加强成员间经济技术合作等方面发挥了不可替代的作用。它是亚太区内各地区之间促进经济成长、合作、贸易、投资的论坛。亚太经合组织总人口达 26 亿，约占世界人口的 40%；国内生产总值之和超过 19 万亿美元，约占世界的 56%；贸易额约占世界总量的 48%。这一组织在全球经济活动中具有举足轻重的地位。

（一）亚太经合组织主要特点

1. 成员国的广泛性

　　亚太经合组织是截止到 2014 年世界上规模最大的多边区域经济集团化组织，亚太经合组织成员国的广泛性是世界上其他经济组织所少有的。亚太经合组织的 21 个成员体，就地理位置来说，遍及北美、南美、东亚和大洋洲；就经济发展水平来说，既有发达的工业国家，又有发展中国家；就社会政治制度而言，既有资本主义国家，又有社会主义国家；就宗教信仰而言，既有基督教国家，又有佛教国家；就文化而言，既有西方文化，又有东方文化。成员的复杂多样性是亚太经合组织存在的基础，也是制定一切纲领所要优先考虑的前提。

---

① 本章由范纹嘉编写。

2. 独特的官方经济性质

亚太经合组织是一个区域性的官方经济论坛，在此合作模式下，不存在超越成员体主权的组织机构，成员体自然也无需向有关机构进行主权让渡。坚持亚太经合组织官方论坛的性质，是符合亚太地区经济体社会政治经济体制多样性、文化传统多元性、利益关系复杂性的现实情况的。它的这种比较松散的"软"合作特征，很容易把成员体之间的共同点汇聚在一起，并抛开分歧和矛盾，来培养和创造相互信任及缓解或消除紧张关系，从而达到通过平等互利的经济合作，共同发展、共同繁荣，同时推动世界经济增长，以实现通过发展促和平的愿望。

3. 开放性

亚太经合组织是一个开放的区域经济组织。亚太经合组织之所以坚持开放性，其中一个重要原因是亚太经合组织大多数成员体在经济发展过程中，采取以加工贸易或出口为导向的经济增长方式及发展战略。这样的发展战略所形成的贸易格局使这一地区对区外经济的依赖程度非常大，而采取开放的政策，不仅可以最大限度地发挥区域内贸易长处，同时也可以避免对区域外的歧视政策而缩小区域外的经济利益。除此之外，亚太经合组织成员体多样性，及其实行的单边自由化计划也客观要求它奉行"开放的地区主义"。

4. 自愿性

由于成员国之间政治经济上的巨大差异，在推动区域经济一体化和投资贸易自由化方面要想取得"协商一致"是非常困难的，亚太经合组织成立之初就决定了其决策程序的软约束力，是一种非制度化的安排。不具有硬性条件，只能在自愿经济合作的前提下，以公开对话为基础。各成员国根据各自经济发展水平、市场开放程度与承受能力对具体产业及部门的贸易和投资自由化进程自行作出灵活、有序的安排，并在符合其国内法规的前提下予以实施，这就是所谓的"单边自主行动（IAPs）"计划。

5. 松散性

亚太经合组织既没有组织首脑也没有常设机构（各成员国轮流举办。2001年7月在中国上海举行非正式首脑会晤，这是自该组织成立以来首次在中国举办，这对让世界了解中国，展示中国20多年来改革开放的成果具有非常积极的意义）。同时，对于成员国的约束力也较小。

（二）成员

亚太经合组织现有21个成员，分别是澳大利亚、文莱、加拿大、智利、中国、中国香港、印度尼西亚、日本、韩国、马来西亚、墨西哥、新西兰、巴布亚新几内亚、秘鲁、菲律宾、俄罗斯、新加坡、中国台北、泰国、美国、越南，1997 年温哥华领导人会议宣布亚太经合组织进入十年巩固期，暂不接纳新成员。2007 年，各国领导人对重新吸纳新成员的问题进行了讨论，但在新成员须满足的标准问题上未达成一致，于是决定将暂停扩容的期限延长 3 年。此外，亚太经合组织还有 3 个观察员，分别是东盟秘书处、太平洋经济合作理事会和太平洋岛国论坛。经济体成员及加入时间见表 5-1。

表 5-1　经济体成员及加入时间

经济体成员	官方名称	加入时间
澳大利亚	Australia	1989 年 11 月
文莱	Brunei Darussalam	1989 年 11 月
加拿大	Canada	1989 年 11 月
智利	Chile	1994 年 11 月
香港	Hong Kong, China	1991 年 11 月
印尼	Indonesia	1989 年 11 月
日本	Japan	1989 年 11 月
韩国	Republic of Korea	1989 年 11 月
马来西亚	Malaysia	1989 年 11 月
墨西哥	Mexico	1993 年 11 月
新西兰	New Zealand	1989 年 11 月
秘鲁	Peru	1998 年 11 月
巴布亚新几内亚	Papua New Guinea	1993 年 11 月
中国	People's Republic of China	1991 年 11 月
菲律宾	The Philippines	1989 年 11 月
俄罗斯	Russia	1998 年 11 月
新加坡	Singapore	1989 年 11 月
中国台北	Chinese Taipei	1991 年 11 月
泰国	Thailand	1989 年 11 月
美国	The United States	1989 年 11 月
越南	Viet Nam	1998 年 11 月

（三）会徽

亚太经合组织会标于 1991 年起开始启用，呈绿、蓝、白三色地球状。会标不仅代表亚太经合组织这一重要地区经济合作组织，也代表着亚太地区的希望和期待。地球用太平洋这一半代表亚太经合组织经济体，绿色和蓝色代表亚太人民期待着繁荣、健康和福利的生活，白色代表着和平与稳定；边缘阴影部分代表亚太地区发展和增长富有活力的前景；中间是白色的亚太经合组织四个英文字母。

（四）宗旨与原则

1. 宗旨

亚太经济合作组织的宗旨是：保持经济的增长和发展；促进成员间经济的相互

依存；加强开放的多边贸易体制；减少区域贸易和投资壁垒，维护本地区人民的共同利益。亚太经合作组织的大家庭精神是在 1993 年西雅图领导人非正式会议宣言中提出的。为该地区人民创造稳定和繁荣的未来，建立亚太经济的大家庭，在这个大家庭中要有深化开放和伙伴精神，为世界经济作出贡献并支持开放的国际贸易体制。在围绕亚太经济合作的基本方针所展开的讨论中，以下 7 个词出现的频率很高，它们是：开放、渐进、自愿、协商、发展、互利与共同利益，被称为反映亚太经合组织精神的 7 个关键词。

2. 原则

亚太经合组织的原则是讨论与全球及区域经济有关的议题，如促进全球多边贸易体制，实施亚太地区贸易投资自由化和便利化，推动金融稳定和改革，开展经济技术合作和能力建设等。在此大前提的基础上，亚太经合作组织也介入一些与经济相关的其他议题，如人类安全（包括反恐、卫生和能源）、反腐败、备灾和文化合作等。

（五）组织结构

组织结构见图 5-1。

1. 领导人非正式会议

自 1993 年起，共举行了二十余次，分别在美国西雅图、印尼茂物、日本大阪、菲律宾苏比克、加拿大温哥华、马来西亚吉隆坡、新西兰奥克兰、文莱斯里巴加湾市、墨西哥洛斯卡沃斯、中国上海、泰国曼谷、智利圣地亚哥、韩国釜山、越南河内、澳大利亚悉尼、秘鲁利马、日本横滨、新加坡新加坡、美国夏威夷和俄罗斯符拉迪沃斯托克。

2. 部长级会议

亚太经合组织的部长会议分为亚太经合作组织部长级会议和亚太经合组织专业部长级会议。部长级会议实际是"双部长"会，即各成员的外交部长（中国香港和中国台北除外）和经济部长（或者外贸部长、商业部长等）会议，每年的领导人非正式会议前举行。始于 1989 年 11 月。专业部长级会议，是指讨论中小企业、旅游、环保、教育、科技、通信等问题的部长会议。

3. 高官会

亚太经合组织高官会议是亚太经合组织的协调机构，每年举行 3～4 次会议，该会议始于 1989 年 11 月。高官会议一般由各成员司局级或大使级官员组成，提出议题、相互交换意见、协调看法、归纳集中，然后提交部长会议讨论。会议主要任务是负责执行领导人和部长会议的决定，并为下次领导人和部长会议做准备。因此，有人把高官会议称为部长会议的"实际工作部门"，高官会对上向部长级会议负责，对下总体协调亚太经合作组织各委员会和工作组的工作，是亚太经合作组织的核心机制。

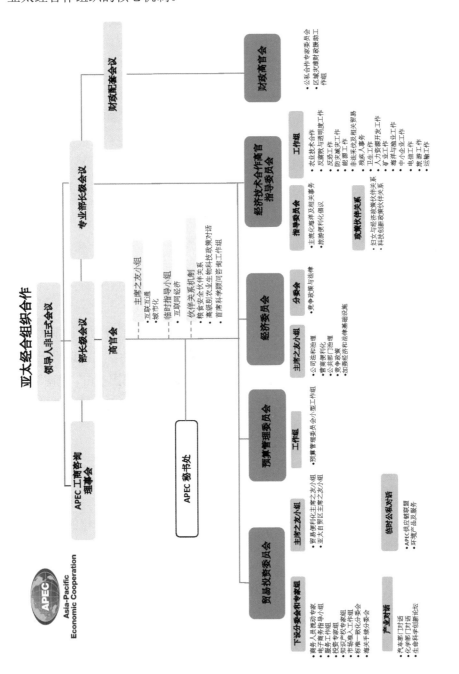

图 5-1 亚太经合组织组织结构

（六）合作领域

1. 贸易投资

贸易投资自由化和便利化是 APEC 的长远目标，但由于 APEC 成员经济发展水平存在巨大差异，在实现自由化目标的具体步骤上，APEC 采取了区别对待的方式，制定了两个时间表，即 1994 年在印尼通过的《茂物宣言》中所确定的，APEC 发达成员和发展中成员分别于 2010 年和 2020 年实现投资自由化。此后 APEC 先后在1995 年和 1996 年通过了实施《茂物宣言》的《大阪行动议程》和《马尼拉行动计划》，开始通过单边行动计划和集体行动计划两种途径，落实各成员对贸易投资自由化的承诺。

1996 年以来，APEC 各成员主要通过执行各自单边行动计划的方式，对实现贸易投资自由化目标做出了一些承诺。1998 年开始的部门自愿提前自由化磋商是APEC 推动贸易投资自由化的又一项重要活动，但因成员立场分歧过大，最后未取得实质成果。总体上，自 1994 年确定贸易投资自由化长远目标以来，APEC 在贸易自由化领域的工作取得了较大的进展，而投资自由化进程则仍以信息交流和政策对话为主。受金融危机影响，1999 年 APEC 推动贸易投资自由化的步伐有所放慢，但成员总体上仍然认同自由化的目标。在单边行动计划中，各成员的改进措施与实现茂物目标的联系更加紧密。2000 年 APEC 各成员决定采用电子版单边行动计划（E-IAP)，通过网络提交和宣传各成员就贸易投资自由化和便利化采取的措施。

2. 经济合作

自 1989 年 APEC 成立起，经济技术合作（E-COTECH) 已经历了一个逐步走向具体化的发展过程。1994 年的茂物会议将 " 加强亚太大家庭内的发展合作 " 正式作为 APEC 的合作目标之一。1995 年的大阪会议将贸易投资自由化和经济技术合作并列为 APEC 的两个车轮，确立了 ECOTECH 的三个基本要素，即政策共识、共同活动和政策对话。制定了 APEC 经济技术合作的行动议程，确定了合作的目的、合作方式及 13 个合作领域。这些都是技术合作领域中迈出的具体的建设性的步伐。合作模式也有别于传统意义上的那种给取关系，而是确立了经济技术合作机制，鼓励私人部门和其他相关机构参加合作，并发挥市场机制的作用。在 ECOTECH 活动得到开展的情况下，1994 年成立了产业科技工作组。1995 年召开了科技部长会议，明确了 APEC 开展技术合作的四个重点主题：科技信息交流、促进研究人员的交往及人力资源开发、增进政策透明度、开展合作研究项目。

1996 年的苏比克会议是经济技术合作的一个里程碑，通过了第一个专门为经济技术合作制订的文件——《APEC 加强经济合作与发展框架宣言》即《马尼拉框架》。该文件为经济技术合作规定了目标和原则，并确定了人力资源开发、基础设施、资本市场、科学技术、环保和中小企业等 6 个优先合作领域。《马尼拉框架》的制定标志着 APEC 经济技术合作进入了新的阶段。此后，1997 年的温哥华会议通过了《加强公共和私营部门在基础设施建设方面伙伴关系的温哥华框架》，并决定成立 APEC 高官会经济技术合作分委会，专门负责管理、协调经济技术合作活动，为其提供了机制上的保证。1998 年的 APEC 主要议题是科技和人力资源开发，吉隆坡会议通过了《走向 21 世纪的 APEC，科技产业合作议程》《吉隆坡技能开发行动计划》等一系列重要的纲领性文件，为以后的合作打下了良好的基础。1999 年的奥克兰会议通过了以上倡议的执行情况报告，确定了经济技术合作项目申请 APEC 中央基金的评估标准，改进了 APEC 秘书处经济技术合作项目数据库。几年来，APEC 经济技术合作取得了较大的发展，并取得了一些具体成果。

3. 面临问题

经济技术合作一直是发展中成员为增强自身发展能力所大力倡导的领域。亚洲金融危机后，APEC 各成员对经济技术合作的重要性和紧迫性有了更深的认识，普遍将经济技术合作视为亚太经济恢复的重要条件，希望通过合作加强能力建设，并为中长期经济发展打下良好基础。然而经济技术合作的发展仍大大滞后于贸易投资自由化。造成这种局面的原因是多方面的。主要有：第一，一些发达成员对经济技术合作态度消极。第二，APEC 成员的多样性特征既为合作提供了前提，另一方面也包含着合作的障碍因素。第三，缺少一个操作性强、切实可行的机制，缺少必要的资金、技术和人员。合作项目缺乏足够的资金启动。

第二节 环保合作

一、亚太经合组织环境保护合作进程

1989 年 11 月 5 日至 7 日，举行亚太经济合作会议首届部长级会议，标志着亚太经济合作会议的成立。1993 年 6 月改名为亚太经济合作组织。1993 年，在美国西雅图布莱克岛通过的 APEC 经济领袖的经济展望声明指出，"我们保护空气、水和绿色空间的质量以及管理能源和可再生资源来改善环境，以确保可持续增长和为人民提供一个更安全的未来"①。这一声明为 APEC 的可持续发展工作进行了授权。在领导人会议上提出的 8 项举措之一是"能源、环境和经济增长 - 发展 APEC 的政策对话和节约能源，改善环境，保持经济增长的行动计划。"②

1994 年，在印度尼西亚茂物举行的非正式领导人会议确定了 APEC 实现贸易和投资自由化的目标，将经济的可持续增长作为加强亚太区域发展合作、提高人力与自然资源效率和改善能源等经济基础设施的目标。③ 此外，第一次 APEC 可持续发展环境部长级会议同年在加拿大温哥华举行。该会议通过了《APEC 环境展望声明》和《APEC 经济与环境结合原则框架》。《AEPC 环境展望声明》确认了 1992 年联合国环境与发展大会《里约宣言》的精神，表示应注意环境恶化对本区域经济持续增长的，强调要将环境保护纳入经济决策过程中，利用市场经济的活力，加强对话与区域合作，把环境技术、政策工具、全球变化研究等作为区域环境合作的优先领域。《APEC 经济与环境结合原则框架》则重申了经济与环境密不可分的关系，强调干预市场以协调经济增长和环境改善目标的必要性，提出了可持续发展、内部化环境成本、生态系统科学研究、技术转让、预防措施、贸易与环境、环境教育与信息、为可持续发展筹资以及 APEC 角色九项原则。④

1995 年，在日本大阪举行的非正式领导人会议通过了大阪行动议程，确定将贸易与投资自由化、便利化及经济技术合作 (ECOTECH) 作为 APEC 的三大支柱，重申要将环境与可持续发展及 APEC 的活动中。在促进广泛的区域合作过程中必然会面临人口和经济增长带来的环境压力和资源紧张，需要将环境与发展的问题纳入长期议程中，承认 APEC 各经济体的多样性和差异性，并共同采取行动保证区域经济繁荣的可持续性。⑤

1996 年，在菲律宾马尼拉举行的可持续发展部长级会议，就可持续城镇管理、清洁技术与清洁生产、海洋环境可持续性三个议题进行了讨论，并通过《APEC 可持续发展部长宣言》和《APEC 可持续发展行动计划》。其中，《APEC 可持续发展部长宣言》重申将可持续发展问题融入 APEC 三大支柱的必要性，指出要在现有的 APEC 机制下用跨领域的方法解决环境问题，强调创新方法共享和能力建设等原

①http://apec.org/Home/Groups/Other-Groups/Sustainable-Development.aspx.
②http://apec.org/Meeting-Papers/Leaders-Declarations/1993/1993_aelm/initiatives_from_the_Meeting.aspx.
③http://apec.org/Meeting-Papers/Leaders-Declarations/1994/1994_aelm.aspx.
④http://apec.org/Meeting-Papers/Sectoral-Ministerial-Meetings/Environment/1994_environment.aspx.
⑤ http://apec.org/Meeting-Papers/Leaders-Declarations/1995/1995_aelm.aspx.

则。《APEC可持续发展行动计划》则分别就三个议题指出APEC经济体的工作方向，并承诺促进可持续发展创新方法的推广，包括环境与自然资源核算、市场工具等。①②

1996年，APEC部长决定APEC高级官员要制定一份APEC可持续发展活动的年度报告，以监督可持续发展计划的发展和实施以及协调和指导APEC论坛。APEC秘书处的任务是编写一份APEC论坛可持续发展工作的年度概览，这份概览更新了每年可持续发展的盘点措施。

1997年，在加拿大通过的经济领袖声明指出“实现可持续发展是APEC使命的核心”，并列出了21世纪展望中的应对气候变化的持续努力。领导人还指示部长们制定具体的举措，实施APEC可持续发展的初步工作计划，包括海洋环境、清洁技术、清洁生产和可持续城镇主题。增强基础设施发展中的公共私营伙伴关系的温哥华框架也得到了领导人的支持，以加强PPP和管理基础设施来实现APEC的经济、环境和社会目标。同年，APEC环境部长批准了海洋环境可持续发展行动计划、APEC可持续城镇行动计划以及APEC清洁生产战略。可持续城镇、清洁生产和海洋环境可持续性的三个子主题被添加进ECOTECH的优先主题。特别是，所有APEC经济体同意采取措施有效应对气候变化的不利影响。③

1998年在马来西亚吉隆坡举行的非正式领导人会议重申要加强经济基础设施能力以实现区域经济可持续增长，并重申要进一步在清洁生产、保护海洋环境和可持续城镇等方面推进可持续发展工作，并基于经济委员会的“经济增长与人口扩张对粮食、能源和环境的影响”研究结果，提出要在有关的粮食、能源和环境领域共同采取行动。会议通过了《APEC应急准备能力建设框架》以促进应对突发自然灾害的长期能力建设合作，并将清洁生产、可持续农业、能源、应急准备与气候预测等技术列入《APEC科技行业合作21世纪议程》中。④围绕上述五个议题，1998年开展了许多可持续发展相关项目。在中国的带领下，经济委员会的“贸易相关环境措施和环境相关贸易措施”研究项目收官。同年，委员会关于APEC成员运用经济工具进行环境保护的调查研究结果出版。环境商品和服务的部门自愿提前自由化：提出环境商品和服务领域的自由化将通过促进市场准入和去除障碍扩大全球贸易，从

---

① http://apec.org/Meeting-Papers/Sectoral-Ministerial-Meetings/Sustainable-Development/1996_sustainabledev.aspx.
② http://apec.org/Home/Groups/Other-Groups/Sustainable-Development.aspx.
③ http://apec.org/Home/Groups/Other-Groups/Sustainable-Development.aspx.
④ http://apec.org/Meeting-Papers/Leaders-Declarations/1998/1998_aelm.aspx.

而协助 APEC 经济体采取环境友好的做法。①

1999—2006 年间，APEC 处于后经济危机阶段，并遭遇以"9·11 事件"为代表的恐怖主义冲击，除了继续在清洁生产、海洋环境、可持续城镇、粮食能源及环境、应急准备、能源技术等方面继续推进上阶段工作外，APEC 的关注焦点转向区域安全、提升透明度、结构改革等议题，区域环保合作内容鲜有增加。②

2007 年在悉尼举办的领导人非正式会议通过了《关于气候变化、能源安全与清洁发展的 APEC 领导人宣言》。该宣言指出，气候变化、能源安全和经济增长是亚太区域面临的相互关联的根本挑战，APEC 需要寻求清洁、可持续的经济增长路径。此外，《宣言》强调低碳能源技术、森林与土地利用、有效适应策略在后 2012 国际气候变化议程中的重要性，并且 APEC 成员承诺共同努力支持后 2012 应对气候变化行动。③ 具体而言，APEC 领导人树立了以下目标：在 2030 年前降低至少 25% 能源强度（相比 2005 年）、在 2020 年前增加森林覆盖面积至少两千万公顷（相比 2005 年）、建立能源技术亚太区域网络、建立可持续森林管理与复原亚太区域网络，以及促进环境产品与服务（EGS）贸易。④ 同时，会议通过了《APEC 领导人行动议程》，包括促进区域经济发展从而进一步减少全球温室气体排放的区域合作和倡议。⑤ 自此，APEC 贸易与投资委员会建立了环境产品与服务工作方案，旨在通过开发的全球贸易与投资体系促进环境产品和服务的传播和利用。

2008 年，各成员国于部长级会议上签署了由 APEC 市场准入工作组建立的《APEC 环境产品与服务项目框架》。该框架从研究与开发、供应、贸易和需求四个方面指导环境产品与服务的传播和利用，包括 EGS 信息交换网络平台建设、发展 EGS 部门能力建设、公共教育和宣传、解决非关税壁垒问题等。⑥

2009 年，全球经济从 2008 年的金融危机中逐渐恢复，在此背景下，APEC 各领导人在《领导人宣言》中确定建立"均衡、包容、可持续"的经济增长新范式。⑦ 为促进可持续增长，APEC 各成员重申应对气候变化承诺，包括资金支持与技术援助以加强适应能力，再次强调 2007 年悉尼宣言的能源强度降低目标和森林面积增加目标，并提出利用环境产品与服务项目进行绿色经济转型，通过经济技术合作和

①OVERVIEW OF APEC ACTIVITIES IN SUSTAINABLE DEVELOPMENT FOR 1998, http://apec.org/Home/Groups/Other-Groups/Sustainable-Development.aspx.
②1999-2006 Leaders' Declarations, SUMMARY: APEC in Sustainable Development 1999, Annex of PROMOTING ENVIRONMENTALLY SUSTAINABLE DEVELOPMENT.
③http://apec.org/Meeting-Papers/Leaders-Declarations/2007/2007_aelm.aspx.
④http://apec.org/Topics/Growth-Strategy.aspx.
⑤ http://apec.org/Meeting-Papers/Leaders-Declarations/2007/2007_aelm/aelm_climatechange.aspx.
⑥http://apec.org/Topics/Growth-Strategy.aspx.
⑦http://apec.org/Topics/Growth-Strategy.aspx.

能力建设促进环境友好技术的推广。针对该经济增长策略，APEC 领导人非正式会议上通过了《APEC 增长策略行动计划》，包括绿色增长的计划、跟进与实施等内容。[①]

2010 年，在日本横滨举行的 APEC 领导人非正式会议更新完善并正式通过 APEC 增长策略，在 2009 年的基础上补充创新增长和安全增长，并明确提出 APEC 促进可持续增长的目标和行动，具体包括：加强能源安全、推动高能效低碳政策；发展低碳能源部门；改善环境产品与服务准入、发展环境产品与服务部门；推动绿色职业教育与培训；推动绿色行业和生产的投资；促进农业和自然资源的保护与可持续管理。[②] 同年，部长级会议通过《供应链连通性框架》。[③]

2011 年，在夏威夷举办的 APEC 领导人非正式会议通过《2011APEC 领导人宣言》，提出促进绿色增长的目标和倡议，包括在 2035 年之前将能源强度降低 45%、于 2012 年建立 APEC 环境产品清单、推动建筑业能效标准和绿色技术的统一、试点低碳模范城镇、禁止森林产品非法贸易等。[④] 特别地，该宣言包括环境产品与服务的投资和贸易附录，决定采取以下行动来促进 EGS 的贸易与投资：建立环境产品清单并在 2015 年以前将应用关税降至 5% 以下，2012 年前消除扭曲 EGS 贸易的非关税壁垒，在自由贸易协定中继续推动 EGS 贸易逐步自由化等。[⑤]

2012 年 APEC 在上阶段基础上继续推进可持续增长工作，建立 APEC 环境产品清单，并在领导人非正式会议上提出建立可靠供应链的行动目标。其中，《APEC 经济领导人会议宣言》首次指出应将建设更绿色的供应链考虑在内。[⑥] 同年，APEC 环境部长会议于俄罗斯哈巴罗夫斯克市召开，就生物多样性保护、自然资源可持续使用、可持续水资源管理和跨界河道、解决跨界空气污染和气候变化以及支持绿色增长的议题展开讨论。[⑦]

2013 年的 APEC 领导人非正式会议以"弹性亚太，全球增长的引擎"为主题在印度尼西亚巴厘召开，通过《巴厘宣言》。《巴厘宣言》指出，为实现茂物目标、支持多边贸易体系，各成员国将实施承诺降低 APEC 环境物品清单的贸易关税，并建立 APEC 环境产品与服务公私伙伴关系（PPEGS）；同时，为促进平等可持续发展，要采取利用公私合营发展清洁可再生能源、打击野生生物非法交易等行动。[⑧] 同年，

①http://www.apec.org/Meeting-Papers/Leaders-Declarations/2009/2009_aelm.aspx.
②http://www.apec.org/Meeting-Papers/Leaders-Declarations/2010/2010_aelm/growth-strategy.aspx.
③http://www.apec.org/Meeting-Papers/Annual-Ministerial-Meetings/Annual/2010/2010_amm.aspx.
④http://apec.org/Meeting-Papers/Leaders-Declarations/2011/2011_aelm.aspx.
⑤http://apec.org/Meeting-Papers/Leaders-Declarations/2011/2011_aelm/2011_aelm_annexC.aspx.
⑥http://apec.org/Meeting-Papers/Leaders-Declarations/2012/2012_aelm.aspx.
⑦http://apec.org/Meeting-Papers/Sectoral-Ministerial-Meetings/Environment/2012_environment.aspx.
⑧http://apec.org/Meeting-Papers/Leaders-Declarations/2013/2013_aelm.aspx.

森林与贸易部长级会议重申其在 2020 年前增加森林覆盖面积 2 000 万 hm² 的承诺，并承诺进行可持续森林管理、加强制度与法律框架、促进本地居民团体参与并打击非法砍伐及相关贸易。① 此外，会议通过了"基于连通性工作促进 APEC 地区全球价值链开发与合作"的协定，各经济体同意建立"促进全球价值链开发与合作策略蓝图"，并采取有效的贸易促进措施，包括推动绿色供应链合作。②

2014 年 APEC 领导人非正式会议在北京举行，将"绿色发展"作为一个子主题纳入"创新发展"的主题中进行讨论。会议通过了《构建融合、创新、互联互通亚太区域的北京纲领》，继续深化全球价值链建设和提高供应链连通性，建立了 APEC 绿色供应链合作网络，并在天津开设第一个绿色供应链合作网络示范中心。会议通过的《APEC 促进全球价值链开发与合作策略蓝图》提出要建立 APEC 供应链联盟，并推动绿色供应链合作。③ 此外，部长会议通过的《北京宣言》提出了在 2030 年前 APEC 区域可再生能源占比翻一倍的目标。④《厦门宣言》确定了海洋合作的四个优先领域，包括海岸及海洋生态系保护与灾难恢复、蓝色经济等。⑤

2015 年在菲律宾马尼拉举行的领导人非正式会议强调构建可持续的、可抗灾的经济体。本次会议重申降低能源强度、提高可再生能源占比、淘汰低效化石能源补贴等目标，赞同提高亚太区域电力基础设施质量、设立 APEC 可持续能源中心等提议，继续加强合作、采取行动打击野生生物非法贸易、保护森林、海洋生态系统。此外，本次会议提出为增长效力的城镇化，用创新方法解决废物管理和水相关的挑战，继续推行低碳模范城市、电动汽车推广等绿色城镇化项目。⑥ 会议通过的《APEC 加强品质增长策略》明确指出包括气候变化在内的环境影响是全球经济增长面临的主要挑战之一，重申 APEC 增长策略中发展资源有效的经济的重要性，并鼓励新的绿色行业和就业。⑦

二、亚太经合组织环境保护合作现状

亚太经合组织是亚太地区级别最高、领域最广、最具影响力的经济合作机制，其宗旨是通过推动自由开放的贸易投资，深化区域经济一体化，加强经济技术合作，

①http://apec.org/Meeting-Papers/Sectoral-Ministerial-Meetings/Forestry/2013_forestry.aspx.
②http://www.apec.org/Meeting-Papers/Leaders-Declarations/2014/2014_aelm/2014_aelm_annexb.aspx.
③http://www.apec.org/Meeting-Papers/Leaders-Declarations/2014/2014_aelm.aspx.
④http://www.apec.org/Meeting-Papers/Sectoral-Ministerial-Meetings/Energy/2014_energy.aspx.
⑤http://apec.org/Meeting-Papers/Sectoral-Ministerial-Meetings/Ocean-related/2014_ocean.aspx.
⑥http://www.apec.org/Meeting-Papers/Leaders-Declarations/2015/2015_aelm.aspx.
⑦http://www.apec.org/Meeting-Papers/Leaders-Declarations/2015/2015_aelm/2015_Annex%20A.aspx.

改善商业环境，建立一个充满活力、和谐共赢的亚太大家庭。

作为经济合作论坛，亚太经合组织主要讨论如贸易和投资自由化便利化、区域经济一体化、全球多边贸易体系、经济技术合作和能力建设、经济结构改革等与全球和区域经济有关的议题。领导人非正式会议作为亚太经合组织固定的高层合作机制，在促进区域贸易和投资自由化便利化、推动全球和地区经济增长方面均发挥了积极作用。APEC 各经济体以推动经济绿色转型和可持续发展、促进区域经济贸易合作与环境保护的"双赢"为目标，逐渐在其议题中增设环境保护和可持续发展的议题，关注区域绿色增长。

APEC 第 19 次领导人非正式会议提出要"深化亚太地区绿色增长合作"。2014年 5 月 8 日，环境保护部在天津组织召开了以"促进亚太地区绿色发展与绿色转型"为主题的 APEC 绿色发展高层圆桌会，为进一步推进 APEC 在绿色发展和绿色转型领域的合作奠定了坚实基础。会议通过了《APEC 绿色发展高层圆桌会议宣言》，与会 APEC 各经济体就促进区域经济绿色增长，构建区域绿色供应链合作网络达成共识。在 2014 年 8 月召开的 APEC 第三次高官会上，与会各国代表一致通过了由中国政府提出的《关于建立 APEC 绿色供应链合作网络的倡议》，决定在 APEC 范围内共同推动绿色供应链管理制度。

2014 年 11 月 11 日，APEC 第 22 次领导人非正式会议在京召开。会议发表了《北京纲领：构建融合、创新、互联的亚太——亚太经合组织第二十二次领导人非正式会议宣言》（简称"北京宣言"）。在环境保护部、商务部、外交部的共同推动下，建立 APEC 绿色供应链合作网络成为本次会议中国提出的唯一环保成果。

在经济日益全球化的今天，各国在全球供应链中扮演不同角色，APEC 绿色供应链合作网络的提出意味着各国可以通过贸易和投资直接响应和落实 APEC 领导人在绿色增长和供应链绩效改善方面所做出的承诺，有利于在亚太区域范围内促进供应链环境、经济绩效的综合提升，推动 APEC 经济体共同实现绿色发展。APEC 绿色供应链合作网络的建立为 APEC 各经济体提供一个交流绿色供应链信息、经验和成功实践，通过带动亚太区域绿色供应链发展，实现绿色增长的目标。

自 APEC 绿色供应链合作网络批准建立以来，在环境保护部、商务部和外交部的指导下，环保部中国—东盟环境保护合作中心和天津示范中心根据工作计划在不同层面有序推动相关工作，成立 APEC 绿色供应链合作网络专家组、建设 APEC 绿色供应链合作门户网站、开展研讨和能力建设活动、推动在其他经济体设立示范中心。

2016 年 7 月，APEC 绿色供应链合作网络专家组正式成立。专家组以提升

APEC 各经济体绿色发展水平、促进互联互通为目标，围绕绿色供应链管理开展前瞻性、战略性研究，提供咨询建议，并推动各经济体间关于绿色供应链、绿色消费与生产、绿色贸易等相关领域的交流与合作。同在 7 月，澳大利亚良好环境选择组织（GECA）和韩国韩国环境产业技术研究院（KEITI）正式加入 APEC 绿色供应链合作网络，并开始建设示范中心。

同时，在 APEC 绿色供应链合作网络框架下，各方积极开展研讨和能力建设活动，从不同层面推动了绿色供应链管理在中国的发展。东盟中心与天津示范中心联合主办的 APEC 绿色供应链合作网络年会暨能力建设研讨会，来自 APEC 各经济体的代表，外交部、商务部、天津市各有关部门，以及国内外相关机构和专家、企业代表等百余人参加会议。东盟中心在江苏宜兴举办的中国—东盟绿色使者计划——中国—东盟可持续发展与实践高级研讨班中，也向来自东盟国家的学员介绍了中国绿色供应链管理方面的政策及实践。在由中国—东盟环境保护合作中心联合美国环保协会等多家单位主办的"可持续发展与商业实践——2016 绿色供应链论坛"活动上，也与来自政府、金融机构、国内外企业的与会各方分享了各自开展绿色供应链管理的实践情况。除此之外，东盟中心还联合国环境规划署共同主办"中国供应链可持续发展贸易与资源效率"培训活动，聚焦中国食品和纺织行业，分享国际贸易政策和可持续商业实践与案例，提升相关行业企业融入全球可持续和进入国际市场的竞争力。

2017 年，APEC 绿色供应链合作网络以专家组为核心探讨在绿色供应链、绿色生产与消费及绿色贸易等领域开展交流与合作，为各经济体提供绿色供应链管理方面的技术支持，并继续邀请更多各经济体提名专家组成员。同时，APEC 绿色供应链合作网络将组织召开年会，介绍工作进展、分享相关研究成果和最佳实践案例，并为各示范中心提供交流与合作平台。APEC 绿色供应链合作网络还鼓励更多经济体增设网络示范中心，探索创新型合作模式。

三、亚太经合组织成员国环境关注

1993 年以来，APEC 成员已签署许多环境保护合作协议。在 1998 年以前，环保合作协议主要在部长级会议中签署，包括《APEC 环境展望声明》《APEC 经济与环境结合原则框架》《APEC 可持续发展部长宣言》及《APEC 可持续发展行动计划》。 2007 年以来，APEC 对环境保护合作的关注上升到经济体领导人非正式会议的高度，签署了《关于气候变化、能源安全与清洁发展的 APEC 领导人宣言》《APEC

增长策略行动计划》《APEC 环境产品与服务项目框架》及《APEC 环境产品清单》等环保合作协议。此外，部长会议也通过了《哈巴罗夫斯克宣言》《北京宣言》和《厦门宣言》等，继续深化重点领域的环境保护合作。

APEC 机制下的环境保护合作包括多个重点领域：可持续城镇管理、清洁技术与清洁生产、海洋环境可持续性以及环境产品与服务。在各个重点领域下开展了一系列的环境保护合作项目。可持续城镇管理方面，APEC 的着力点包括建设低碳示范城镇、推行清洁交通、统一绿色建筑标准、提高通讯技术能效等。清洁技术与生产方面，APEC 重点关注能源技术的低碳化、绿色化，推进能效标准系统的应用和能源技术合作，降低能源强度，鼓励绿色投资。海洋环境保护方面有海岸及海洋生态系保护、灾难恢复和蓝色经济四个优先合作领域。环境产品与服务方面则重点加强环境产品和服务贸易自由化，降低关税，排除非关税壁垒。除此之外，APEC 在规范区域贸易行为、打击非法野生生物或森林产品贸易、应对突发自然灾害的能力建设方面也取得了重要进展。近年来，绿色供应链管理也得到越来越多的关注。

由于政治文化和经济发展水平的差异，APEC 成员对贸易投资自由化、便利化和经济与技术合作三大支柱有不同的侧重，并且对每一支柱下的倡议有不同的态度。APEC 的发达成员在 20 世纪 60 及 70 年代就建立了比较完善的环境法规体系，东亚多数国家直到 20 世纪 90 年代才逐渐增强环境意识。总体上，APEC 成员对贸易、投资自由化达成了共识，但是在自由化的速度和范围以及承诺的约束性上存在较大的分歧，导致在与贸易有关的环境问题上有不同的态度。

美国和加拿大在注重环境保护及能力建设同时，更注重自由贸易；日本则在环境能力建设同时，坚持对某些部门保护；东盟坚持贸易政策的灵活性，贸易开放的速度和范围取决于本国的发展目标，环境能力意识上也是这样。这些因素导致APEC 在环境日程上的分歧，但是随着时间的推移，APEC 成员对环境态度及优先发展领域问题慢慢趋向一致。

非洲区域区位示意图

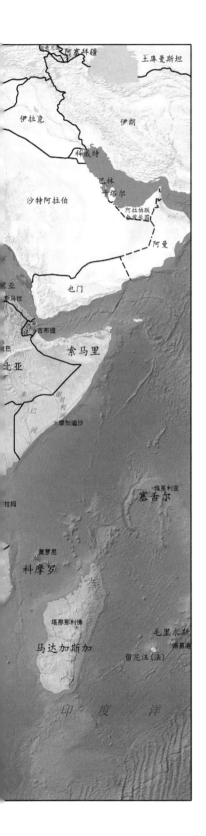

非洲国家是中国的重要外交伙伴，巩固和加强同非洲的友好合作关系对我国参与国际政治、经济以及可持续发展进程都具有重要战略意义。环境问题是非洲未来发展面临的严峻挑战之一，中国与非洲开展环境合作，不仅能够有力推动中非双方的环保事业发展，也可成为配合中国对非洲政治、经济与外交战略的重要组成部分。

第六章　中非环保合作 ①

第一节　中非环境合作发展的背景

一、非洲总体发展形势

21 世纪以来，非洲经济持续快速增长。在过去的 10 年间，非洲很多国家的经济年增长率都超过了 5%。各项经济指标显示，非洲有充足潜力在 2020 年前成为下一个新兴市场。非洲各国领袖与非洲联盟也都雄心勃勃，希望将非洲建设成为未来世界的增长极。

二、非洲环境概况

非洲作为经济上的欠发展地区，却拥有丰富的自然资源和大量原生态的自然环境，环境对经济发展的重要作用在非洲体现得尤为明显。环境对于非洲国家和人民而言，不仅仅是一种物质的环境、一个客观的物理或地理条件，而是与生存环境休戚相关的——既是经济生活与安身立命的物质基础，也是承载文化和精神信仰的多元场域。非洲人甚至将争取环境正义的活动理解为一场新的"解放运动"。然而目前，非洲的可持续发展之路正在面临两难境地：一方面是非洲大陆整体增长的兴旺前景，另一方面由不平等所导致的绝对贫困却有增无减。

---

① 本章由卢笛音、李霞编写。

（一）非洲环境问题综述

联合国环境规划署发布的《全球环境展望（第五版）》针对非洲共提出了如下五个需要优先解决的重大环境问题。

1. 气候变化与大气污染

从 20 世纪 80 年代到 21 世纪初，非洲旱灾的数量上升了 38%，而同时非洲遭受洪涝灾害的风险与 1980 年相比也翻了一番，而且预计海平面上升将会给非洲沿海地区所居住的大量人口带来极大的风险。随着人口增长、城市化以及工业生产的加剧，非洲的大气污染正在加剧。

2. 土地荒漠化

目前，土壤侵蚀在非洲非常普遍，导致生产率降低。由于人口压力、土地所有权不公和土地利用规划不完善，许多非洲农民不得不在一块土地上连续耕种。

3. 水资源与水环境保护

水资源紧缺是非洲面临的一项巨大挑战。非洲大部分居民住在乡村，对农业灌溉依赖程度较高，而农业在所有用水部门当中是耗水最多以及污染较为严重的行业。农药和化肥在农田中的使用所导致的非点源污染，造成了河流的污染和富营养化。在非洲约有 3 500 万人民喝不到经过处理的水，导致一系列的疾病发生。

4. 海洋及海岸带环境

沿海城市扩张带来了更多的家庭污水排放，工业排放，雨水径流，农业和矿业渗漏，被污染的地下水渗流，工业与机动车废气，这些污染物都进入了海洋环境。近海勘探，特别是近海勘探原油，加重了海洋倾倒、无意或有意漏油、引擎泄漏、噪声等造成的污染。

5. 森林和生物多样性

非洲的森林面积损失速度与南美洲接近，毁林率仅次于拉丁美洲和加勒比海地区。同时，非洲森林的减少已使其碳汇量减少 25% ～ 35%。由于生境损失，过度收割，以及各种非法活动导致非洲的生物多样性资源正在快速损失。

（二）非洲选择可持续发展模式的内在动因

对非洲国家的决策者来说，仔细思考和选择自己国家的发展模式是当前面临的重大挑战。有许多充分的理由足以促使非洲国家做出采用可持续发展模式的理性选择。

第一，传统的经济增长模式有着"路径依赖"的特点。这种发展模式一旦建立，随着人口的增加，生活水平不断提高和结构转型，现有的自然环境问题在未来可能加速恶化。如果非洲选择了不可持续的发展模式，尽管目前非洲总体上人均物质消费水平较低，但未来原材料和能源使用的猛烈增加将给环境带来巨大的压力。

第二，从经济角度上看，推迟实施可持续发展模式很可能得不偿失。这是因为基础设施和技术的选择有一个"锁定"效应，由于这些资本投资周期一般较长，一些国家将被困在特定的发展路径中而难以做出改变。如果非洲国家被传统发展模式锁定，未来污染治理成本乃至生产模式转型成本会变得更高。

第三，可持续发展有助于创造一个良性的发展圈。可持续发展概念意味着用更少的资源、最小的污染代价来完成更多的生产，有利于扩大生产多元化以及生产要素最有效使用，提高生产的盈利。

三、中非环境合作的战略意义

非洲国家是中国的重要外交伙伴，巩固和加强同非洲的友好合作关系是中国独立自主和平外交政策的重要组成部分，对我国参与国际政治、经济以及可持续发展进程都具有重要战略意义。

2013 年 3 月 24—30 日，中国国家主席习近平访问非洲，重申了"中非从来都是命运共同体"，强调了中国与非洲"永远做可靠朋友和真诚伙伴"的决心，指出了中非关系发展"没有完成时，只有进行时"。这不仅标志着中非关系发展的新起点，也为推动中非合作向纵深发展、开启中非合作新阶段奠定了重要基础。

2014 年 5 月 4—11 日，中国国务院总理李克强访问非洲，不仅强调了"中非关系是休戚与共的关系，是共同发展的关系，是文明互鉴的关系"，更提出了"平等相待、团结互信、包容发展、创新合作"四项原则，并通过"产业合作、金融合作、减贫合作、生态环保合作、人文交流合作、和平安全合作"六大工程以及中非合作论坛这一平台，力争将中非合作打造成为优势互补、务实高效的典范，得到了非洲国家的积极响应。

环境问题是非洲未来发展面临的严峻挑战之一，非洲国家整体对外开展环境合作的需求也较为强烈。中国与非洲开展环境合作，不仅能够有力推动中非双方的环保事业发展，也可成为配合中国对非洲政治、经济与外交战略的重要组成部分。随着中非关系的不断加强，中非环保合作的议题日显重要，已逐步成为影响中非总体关系的重要因素。

第二节　中非环境合作的现状与挑战

一、中非环境合作的现状

（一）中非合作论坛框架下的环境合作

2000 年 10 月召开的中非合作论坛是中非关系的新起点，也是中非环保合作进入实质性阶段的开端。中非合作论坛文件中涉及环境保护的内容整理如下。

2000 年 10 月，在中非合作论坛第一届部长级会议通过的《中非经济和社会发展合作纲领》中，双方表示信守各种环保公约的主要内容，承诺进一步加强合作，将环境管理与国家发展相结合。

2003 年 12 月，在中非合作论坛第二届部长级会议通过的《亚的斯亚贝巴行动计划》中，双方保证所有合作项目都要遵守环境保护的原则，实施合作项目的企业应制订具体的环保及森林开发计划。

2006 年 11 月，中非合作论坛北京峰会通过了《中非合作论坛北京峰会宣言》和《中非合作论坛——北京行动计划（2007—2009 年）》两个政治文件，为进一步密切中非伙伴关系和中非全面合作注入了新的活力。

2009 年，中非合作论坛第四届部长级会议通过了《中非合作论坛沙姆沙伊赫宣言》和《中非合作论坛——沙姆沙伊赫行动计划（2010—2012 年）》，指明了中非关系的发展方向。

2012 年 7 月，中非合作论坛第五届部长级会议在北京召开。会议以"继往开来，开创中非新型战略伙伴关系新局面"为主题展开讨论，通过了《中非合作论坛第五届部长级会议——北京宣言》和《中非合作论坛——北京行动计划（2013—2015 年）》两个成果文件，全面规划了未来三年中非在各个领域的合作，为中非关系进一步深入发展奠定更加坚实的基础。

2015 年 12 月，中非合作论坛约翰内斯堡峰会暨第六届部长级会议在南非召开，国家主席习近平出席中非合作论坛约翰内斯堡峰会开幕式并发表题为《开启中非合作共赢、共同发展的新时代》的致辞。会议通过了《中非合作论坛——约翰内斯堡行动计划（2016—2018 年）》，提出"设立中非环境合作中心"，以加强中非环境合作，促进非洲国家绿色发展。

（二）签署环境合作双边协议，开拓对非环境合作领域

截至目前，中国已与南非、摩洛哥、埃及、安哥拉、肯尼亚签订了双边环境保护协定，就双方优先合作领域做了详细规定。

1. 中华人民共和国与南非共和国环境管理领域合作谅解备忘录（政府间协议）

2010 年 8 月 24 日，环境保护部部长周生贤和陪同南非总统祖马访华的南非水利和环境事务部部长布耶卢瓦·松吉卡，分别代表两国政府签署了《中华人民共和国与南非共和国环境管理领域合作谅解备忘录》（政府间协议）。在该备忘录框架下，双方的优先领域包括生物多样性保护；环境管理；环境政策执行；环境监测、环境守法与执法；危险、有毒废物管理；双方同意的其他领域。

2. 中华人民共和国政府与摩洛哥王国政府环境合作协定（政府间协议）

2002 年 5 月，中国与摩洛哥签署双边环境合作协议，拟从如下方面开展合作：交换环境机构、法律和法规、计划方面的信息、科技出版物和杂志，以及两国环境状况公报；管理与保护生态敏感区域：湿地、自然保护区、山地生态系统以及沿海海岸带地区；清洁生产，城市废物的管理，回收利用、处置和削减工业废物尤其是危险废物；预防自然灾害和技术事故；评估自然灾害和技术事故；双方同意的其他有关保护和改善环境的领域。

3. 中华人民共和国环境保护总局与阿拉伯埃及共和国环境事务部环境合作谅解备忘录（部门间协议）

2007 年 4 月 2 日，国家环境保护总局周生贤局长与埃及环境事务国务部马吉德·乔治部长举行会谈。双方就饮水安全、保护生物多样性、污染减排、气候变化等环境问题深入交换了意见。马吉德·乔治希望双方能在饮用水保护、新能源、秸秆利用等领域展开更为积极的交流与合作，共同推动环保事业在两国的发展。双方 2003 年 9 月还签署了《中华人民共和国环境保护总局与阿拉伯埃及共和国环境事务部环境合作谅解备忘录》（部门间协议），并计划开展相关领域的合作：固体废弃物管理；环境政策统计指标的制定；气候变化；废物回收利用的环境技术；生态农业的环境技术；双方同意的与保护和改善环境有关的其他领域。

4. 中华人民共和国环境保护部与安哥拉共和国环境部环境合作谅解备忘录（部门间协议）

2010 年 6 月 25 日，环境保护部部长周生贤在北京会见了安哥拉环境部部长玛利亚·雅尔丁女士，双方就共同关心的环保问题交换了意见并签署了《中华人民共

和国环境保护部与安哥拉共和国环境部环境合作谅解备忘录》（部门间协议）。

5. 中华人民共和国环境保护部与肯尼亚共和国环境、水与自然资源部环境合作谅解备忘录（部门间协议）

2013 年 8 月 19 日，在习近平主席与肯尼亚总统肯雅塔见证下，周生贤部长与瓦克洪古部长在人民大会堂共同签署了《中华人民共和国环境保护部和肯尼亚共和国环境、水与自然资源部环境合作谅解备忘录》（部门间协议）。根据该备忘录，中肯双方将通过专家互访、举办专题研讨会等形式，共同推动在生物多样性保护、环境立法与执法、污染防治与环境管理等领域的友好交流与务实合作。

（三）加强环境政策对话，促进区域交流

1. 举办"中非环境合作伙伴关系"主题会议，增进政策对话与相互理解

2015 年 5 月和 11 月，环保部先后支持举办了"中非环境与发展合作"和"中非绿色发展和减贫合作"两次国际研讨会，邀请了中非国家政府官员、研究机构、国际组织、民间组织等代表就环境与发展问题交流各自的经验和教训，探索开发合作途径，配合中非合作论坛后续行动，推动中非在环保领域的交流与合作。

2. 举办环保合作展览，促进高层对话与经验交流

2016 年 5 月，借助第二届联合国环境大会在肯尼亚召开的契机，中国环境保护部在会议期间组织中非环境合作有关展览展示，并与非洲国家相关各方就未来中非环境合作进行了探讨。会议期间，环境保护部部长陈吉宁会见了肯尼亚环境部长瓦克洪古，就中肯双方加强未来在环境保护领域的合作进行了交流和探讨。

（四）中非人力资源环境培训计划

自 2005 年起，在"中非合作论坛"推动下，利用中国政府的援外资金，由中国商务部举办，环保部下属机构承办的涉非环境管理研修班迄今在北京已成功举办 20 多期，主要培训了来自非洲大陆的 400 多位环境高级官员。涉非环境培训主题涉及"水污染和水资源管理""生态环境保护管理""环境管理""城市环境管理"和"环境影响评价管理"等广泛的环境保护领域。

（五）中国对非洲的环境相关援助项目

目前，中非国家间在推动可持续能源领域的双边环保合作项目已逐渐展开。中国已在塞内加尔、马里、尼日尔等国农村推广使用太阳能集热器，取得了较好的经济效益。中国也与突尼斯、几内亚等国家开展了沼气技术合作，为喀麦隆、布隆迪、几内

亚等国援建水力发电设施，与摩洛哥、巴布亚新几内亚等国开展太阳能和风能发电方面的合作。此外，中国还为发展中国家举办清洁能源和应对气候变化相关的培训。

二、中非环境合作面临的挑战

（一）对环境合作在中非合作总体布局中的重要性认识不足

中非环境合作与中非政治经济合作紧密相连，可以对中非政治经济合作起到保驾护航的作用。环境合作与其他领域合作相互配合、发挥合力，能够共同促进我国对非大战略的稳步实施。然而总体来看，目前的中非环保合作仍处于培训为主的初级阶段，重要度排序也处于较为次要位置。这一现状折射出目前我国对环境合作在中非合作总体布局中的重要性未加以足够重视。

（二）未建立稳定的环境合作机制

由于中国和非洲环境合作机制仍不明确，在中非合作论坛下的环境合作机制仍缺乏基本项目支持，仅通过援外资金，举办了涉及非洲人员的多期研修班，也并未将此培训做成一个品牌性质的中非环境合作活动。总体来看，当前中非合作形式相对单一，合作效果有待强化，尚未建立稳定的环境合作机制。

（三）来自非洲与国际社会的外部压力与期望

自"走出去"作为一项重点国家战略被提出以来，中国企业不断加快向海外进军的脚步。然而根据《国际金融报》不完全统计，2008 年至今，中国企业在尼日利亚、印度、伊朗、缅甸和哥斯达黎加等国的项目均有被官方"叫停"的记录，绝大多数涉及基础设施建设和资源开发。纵观近年来中国企业"走出去"的案例，项目"被叫停"已不能用"偶然"来形容。其中因环境风险导致中国企业在海外项目受挫的案例近年来更是屡屡增加，不仅给"中国资源环境威胁论"造成了口实，也已经严重损害了我国的环境声誉和国际形象。而在中国海外投资的诸多地区中，非洲的受关注度尤为显著。

第三节　中非环境合作发展战略及政策建议

一、发挥政府主导作用，统筹中非环境合作整体布局

中非环境合作要充分利用多边环境合作机制合作对象范围广、合作影响大的特点，重点通过中非合作论坛、非洲开发银行以及现有的国际多边环境合作机制深化扩展与非洲的环境合作，摸索适用于中非环境合作特点的合作模式，提升中非环境合作的国际影响。

二、运用市场手段，加强中非环保产业合作，促进中国企业对非投资的绿色转型

加强产业方面的合作，可以通过免费示范、合作开发等方式，为我国环境保护企业的硬件产品推广与示范提供便利。密切与政府、企业、民间配合，建立广泛多层次的中非环境合作体系，从中方主体视角思考中非环境合作战略，除了要针对不同主体的特点谋划其各自在中非环境合作中的功能和作用，还需要注意加强不同主体间的联系，使政府、企业、民间组织密切配合，发挥合力。

三、推动中非民间环保交流

与对外投资、环保产品"走出去"相仿，非洲也是中国环保 NGO 国际化的潜在"市场"。未来中国环保 NGO 走进非洲应当成为中非环保合作的重要组成部分。而中国环保NGO能否顺利在非洲生根发芽，既要求非政府组织自身培养国际化视野，提高自身能力和专业知识技能，扩展组织的资源网络；也需要政府部门在战略上认真思考，给予重视，为环保 NGO 走进非洲创造条件。按照 NGO 受政府政策和资金支持的不同程度，大体可以将我国目前的环保 NGO 分为官办环保 NGO 和草根环保 NGO 两类。在布局中国环保 NGO 走进非洲时，需要依据两类 NGO 之所长分别安排，发挥不同主体优势，充分调动中非民间环保力量推动双方环境合作的深化发展。

东北亚次区域区位示意图

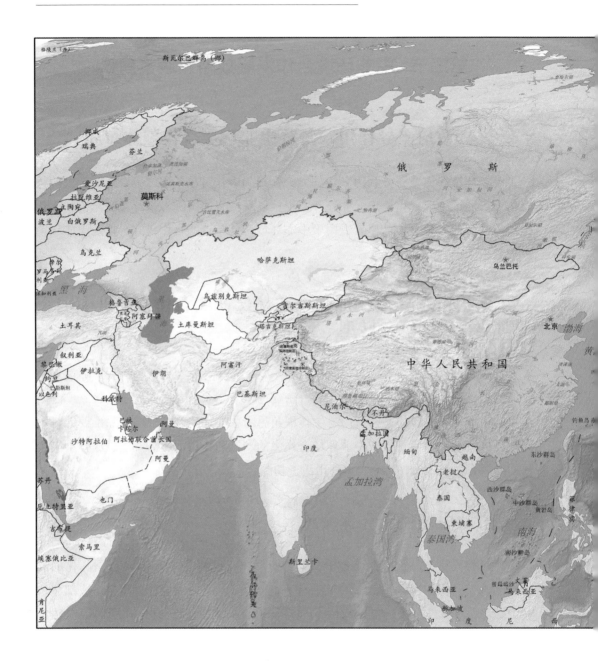

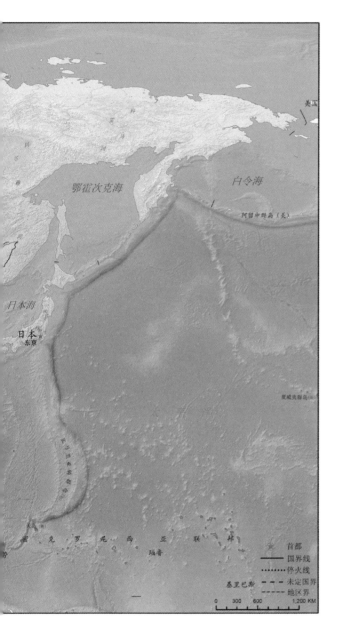

东北亚次区域环境合作计划是于1993年设立的东北亚应对环境挑战的综合性政府间合作机制，包括中国、朝鲜、日本、蒙古、韩国、俄罗斯六个成员国。每年召开一次高官会，主要围绕东北亚地区的环境与发展问题开展交流与合作。该机制为支持区域与各国协调发展，开展成员国交流对话和能力建设活动提供了建设性平台，为解决跨界环境问题提供了合作渠道，在清洁技术合作、区域监测能力、污染控制技术和管理、能力建设等方面均取得合作成果，为区域可持续发展提供了有力支持。

第七章　东北亚次区域环保合作 ①

第一节　合作机制概况

一、基本情况

（一）NEASPEC 的创立

东北亚次区域环境合作计划（North-East Asia Sub-regional Programme for Environment Cooperation，NEASPEC）是东北亚应对环境挑战的综合性政府间合作框架，作为落实 1992 年联合国环境与发展大会的后续，由 1993 年联合国亚太经社理事会（The United Nations Economic and Social Commission for Asia and the Pacific, UNESCAP）倡议下设立，由中国、朝鲜、日本、蒙古、韩国、俄罗斯 6 国参与的区域性环境合作机制。

目前，东北亚次区域环境合作计划是东北亚地区参与程度最高的区域环境合作机制，其他的参与者还包括联合国亚太经社理事会、联合国环境规划署（United Nations Environment Programme，UNEP）、联合国开发计划署（United Nations Development Programme，UNDP）和亚洲开发银行（Asian Development Bank，ADB）。

（二）NEASPEC 的宗旨

（1）以合作共识、能力建设、信息交换、技术转让和融资合作为基础，逐步

① 本章由张楠编写。

推进次区域合作；

（2）为政府、国家、次区域和国际组织、私营部门、民间团体提供多边合作平台，减轻环境影响；

（3）加强国家的技术和管理能力；

（4）识别成员国共同的政策方法和目标与次区域和全球的战略；

（5）定期回顾环境形势，实施优先合作领域的重点项目。

（三）组织结构及运行机制

1. 高官会

作为 NEASPEC 的管理机构，规定总体政策导向和合作项目。NEASPEC 每年召开一次高官会，主要围绕东北亚地区的环境与发展问题开展交流与合作。高官会讨论重要的次区域环境问题，审批预算和工作计划。

2. 国家联络点

每个国家指定的联络点负责协调活动，作为官方沟通渠道，帮助参与机构实施活动。

3. NEASPEC 秘书处

自 1993 年 UNESCAP 为 NEASPEC 提供秘书处服务，2010 年 5 月，UNESCAP 东亚和东北亚办公室（ENEA）在韩国仁川成立，承担了 NEASPEC 秘书处职能。第十六次高官会决议通过秘书处地位由临时转为永久性。

二、发展历程

从合作机制成立以来，NEASPEC 的活动可以分为以下几个阶段：

第一阶段：1993—1995 年，确立活动的优先领域；

第二阶段：1996—2004 年，围绕以外部资源为基础的治理空气污染活动；

第三阶段：2005—2007 年，在自然保护、生态环境领域开展新活动；

第四阶段：2007—2009 年，探讨新的合作领域和新的活动；

第五阶段：2010 年以来，实施关于空气污染、自然保护、沙尘暴和生态环境的新项目与活动。

NEASPEC 框架下的合作在以下五个方面取得了一定成就：

一是在清洁技术选择和可用性上提高了公众和专家的认识；

二是通过排放监测、废气排放标准、政策和立法上分享信息和经验，强化了区域监测能力；

三是污染物控制方面的工程师、决策者技术和管理能力的提升；

四是制定适用于发电厂的排放标准；

五是机构能力建设，如设立东北亚燃煤电厂污染减排培训中心和东北亚环境数据培训中心。

第二节　环保合作

一、环保合作进程

NEASPEC 设立的高级官员会议（Senior Officials Meeting, SOM）是 NEASPEC 的管理机构，而亚太经社会东亚和东北亚次区域办事处（UNESCAP Subregional Office for East and North-East Asia, SRO-ENEA）则行使 NEASPEC 秘书处职能。

NEASPEC 高官会（SOMs）每年举办一次，参与国轮流举办。自 1993 年到 2014 年共举办了 19 次。朝鲜作为 NEASPEC 的参与者，并没有参与全部的 SOM，也没有举办过 SOM。

第一届高官会（SOM-1），于 1993 年 2 月 8—11 日在韩国汉城举行。参加会议的代表包括 UNESCAP 成员国中国、日本、韩国、俄罗斯和蒙古国，以及联合国环境规划署、联合国开发计划署和亚洲开发银行。SOM-1 的主要贡献是确定了三个优先合作领域，包括：①能源和空气污染；②生态系统管理，尤其是森林砍伐和荒漠化；③能力建设。

第二届高官会（SOM-2），于 1994 年 11 月 28—29 日在中国北京举行。朝鲜第一次参加会议。会议通过了东北亚次区域环境合作的整体战略和框架，批准了专家组会议提出的五个项目，即①老热电厂减排 SO_2 方面运行和维护培训；②清洁热电技术示范；③东北亚生物多样性管理计划；④东北亚关于森林和草地的研究和信息基地；⑤环境污染数据收集、相互校准、标准化和分析。会议要求亚洲开发银行和联合国经社理事会对前三个项目予以资金支持。

第三届高官会（SOM-3），于 1996 年 9 月 17—20 日在蒙古国乌兰巴托举行。会议通过了《东北亚次区域环境合作计划框架》（Framework for NEASPEC），详述了地理覆盖范围、计划目标、各国高级官员在推动环保合作的职责和责任、合作的协调、管理和资金机制等问题，作为一个关于东北亚次区域合作的概要性质文件，提交给于 1997 年 3 月召开的可持续发展委员会第五次会议和 1997 年 6 月召开的联合国大会特别会议。

第四届高官会（SOM-4），于 1998 年 1 月 13—16 日在俄罗斯莫斯科举行。会议批准了四个项目并寻求资金支持，包括：项目一，火力发电厂污染减排；项目二，环境监测、数据收集、比较和分析；项目三，现有电厂静电除尘器能效改进；项目四，干燥剂发生器烟气脱硫技术示范。会议通过了相关制度决议和财务安排，会议讨论了建立信托基金可行性，并对信托基金的形式达成共识。会议提议在韩国建立两个培训中心，分别由韩国国家环境研究所建设"东北亚环境数据与培训中心"和韩国电力研究所（KEPRI）建设"东北亚燃煤发电厂污染减排培训中心"。

第五届高官会（SOM-5），于 1999 年 2 月 24—26 日在日本神户举行，朝鲜缺席本次会议。会议指出东北亚环境合作高官会为该地区提供了一个最合适的框架以开展可操作的环境合作，强调东北亚各国间的合作对于为子孙后代实现一个和平和繁荣的世界是必不可少的。会议认识到各国之间交流政策观点的迫切性，充分利用已经积累的有价值的经验和专业知识推动未来合作。会议重申了第二阶段项目应建立在已经完成项目的切实基础上，重申次区域环境合作应采取切实的手段分步骤进行。

第六届高官会（SOM-6），于 2000 年 3 月 9—10 日在韩国首尔举行，朝鲜缺席本次会议。会议通过了东北亚环境合作的愿景声明，并建议与 NEASPEC 框架一起作为东北亚次区域环境合作的政策指南；强调合作框架应发展为全面的环境合作计划；会议强调环境信息共享是强化次区域环境合作的重要步骤，并且各项目发展应循序渐进。

第七届高官会（SOM-7），于 2001 年 7 月 27 日在中国北京举行。会议请求相关方对执行 2001—2005 年区域执行项目提供支持；建议继续努力开发具体广泛的蓝图促进东北亚环境合作；强调需要加快执行东北亚次区域环境合作计划项目活动的执行；认为建立独立的秘书处和基金还为时过早，并提请亚太经社会秘书处管理核心基金。

第八届高官会（SOM-8），于 2002 年 6 月 20 日在蒙古国乌兰巴托举行。会议审议了项目一，火力发电厂污染减排；项目二，环境监测、数据收集、比较和分析；项目三，现有电厂静电除尘器能效改进的执行情况。会议大力支持各利益相关方共同参与的自然保护活动，并确定能力建设、信息和专家交流、数据库管理、科学研究以及地理信息系统（GIS）的使用等具体合作领域；鼓励东北亚次区域环境合作计划下的国家认可包括迁徙物种公约在内的与自然保护相关的国际公约。

第九届高官会（SOM-9），于 2004 年 3 月 4 日在俄罗斯莫斯科举行，朝鲜缺席本次会议。会议审查了项目一，火力发电厂污染减排；项目二，环境监测、数据收集、比较和分析；项目三，现有电厂静电除尘器能效改进的执行情况，肯定了上述项目的重要性并要求继续开展工作。对于自然保护工作报告，会议建议在第一阶段开展以下两个优先领域的活动：保护和恢复大型哺乳动物和濒危物种，保护、监测和合作研究重要迁徙物种；建议使用现代信息和通信技术工具，应尽可能促进数据交换。

第十届高官会（SOM-10），于 2004 年 11 月 26 日在日本那霸（冲绳岛）举行，朝鲜缺席本次会议。会议审议了东北亚跨境环境合作区域技术支持项目的最终报告，基本同意了以亚洲开发银行名义提交的《减少东北亚燃煤电厂跨界污染项目设计书》（RETA on the reduction of air pollution）；强调了沙尘暴问题的严重性，以及东北亚次区域实现环境可持续经济增长的重要性；建议秘书处准备一个详细的与东北亚环境可持续经济增长相关的新问题方面的文件，并向第十一次高官会报告。

第十一届高官会（SOM-11），于 2005 年 10 月 25—26 日在韩国首尔举行，朝鲜缺席本次会议。会议重申东北亚次区域环境合作计划是六国开展的一项重要活动；审议了东北亚次区域环境合作计划非正式环境部长级会议提出的建议；承认计划下的自然保护项目的重要性；指出在该区域的其他活动和现有项目之间加强协同作用的重要性，对西北太平洋行动计划愿意同 NEASPEC 分享信息和经验表示欢迎；会议还审议了秘书处提交的关于编写《东北亚环境展望》（North-East Asia Environment Outlook）的建议，强调项目建议应进一步细化，包括项目重点、相关国际和国家机构之间的合作模式以及预算等。

第十二届高官会（SOM-12），于 2007 年 3 月 22—23 日在中国北京举行，包括朝鲜在内的六个成员国全部与会。会议重申需要通过制订新的方案，加强各成员国的主人公责任感以及作出有效的制度安排，将 NEASPEC 强化为一个完整的机制；重申支持 ADB 关于东北亚燃煤电厂跨境空气污染的 RETA 项目实施；支持东北亚自然保护计划框架和自然保护战略；决定启动“东北亚生态效率伙伴关系”，并要求秘书处就伙伴关系制订详细的活动计划。

第十三届高官会（SOM-13），于 2008 年 3 月 20—21 日在蒙古国乌兰巴托举行，朝鲜缺席本次会议。成员国认为 NEASPEC 建立 15 周年之际，需要通过开发新的项目领域、强化各成员国的主人公责任感，以及制定有效的制度安排来振兴 NEASPEC；会议表达了对 ADB 关于东北亚燃煤电厂跨境空气污染的 RETA 项目的早日启动；强调"东北亚生态效率伙伴关系"是紧迫的项目，要求秘书处在下一届SOM 会议前制订出详细的行动计划；会议审查并原则上同意专家小组会议提交的关于"NEASPEC 与东北亚环境合作"和关于"NEASPEC 秘书处新安排"的提议。

第十四届高官会（SOM-14），于 2009 年 4 月 8—9 日在俄罗斯莫斯科举行。会议强调了加强项目活动以及成员国间相互协调的重要性；会议审议了减轻燃煤电厂跨境空气污染项目、跨地区自然保护项目、沙尘暴防治项目、生态效益伙伴关系、组织机构的安排以及核心基金等问题。

第十五届高官会（SOM-15），于 2010 年 3 月 17—18 日在日本东京举行，朝鲜缺席本次会议。会议审议了跨地区自然保护项目、减轻燃煤电厂跨境空气污染项目、缓解沙尘暴项目、生态效益伙伴关系、组织机构秘书处的过渡安排以及核心基金等问题；在审议减轻燃煤电厂跨境空气污染项目时，会议要求亚洲开发银行与蒙古国政府加强磋商以在蒙古就此项目开展活动；会议要求利用现有的双边和多边合作机制，切实减轻沙尘暴问题。

第十六届高官会（SOM-16），于 2011 年 9 月 1—2 日在韩国首尔举行，朝鲜缺席本次会议。本次会议是联合国经社理事会在韩国仁川设立 SRO-ENEA 取代泰国曼谷的相应机构后的首次会议，会议审议了跨地区自然保护项目、减轻燃煤电厂跨境空气污染项目、缓解沙尘暴项目、生态效益伙伴关系等项目，对次区域对"RIO+20"会议参与问题进行了讨论；会议还考虑了俄罗斯提出的关于 NEASPEC 的新项目建议。

第十七届高官会（SOM-17），于 2012 年 12 月 20—21 日在中国成都举行。会议重申 NEASPEC 是促进次区域可持续发展的全面而独特的合作机制；审议了跨地区自然保护、跨境空气污染、沙尘暴的防治以及生态效益伙伴关系等项目的执行情况，并第一次就海洋环境进行了讨论，同意韩国提出的建立"东北亚海洋保护区域网"（North-East Asian Marine Protected Areas(MPA) Network），并要求秘书处与NOWPAP 合作以便于 MPA 网络活动的开展。

第十八届高官会（SOM-18），于 2013 年 11 月 5—6 日在蒙古国乌兰巴托举行，朝鲜缺席本次会议。会议主要审议了 NEASPEC 合作框架下的项目进展，审议了秘书处关于跨境大气污染防治、防治沙尘暴、跨境自然保护、海洋保护区、生态效率伙伴关系和绿色发展五个项目的进展情况报告，就下一步合作进行了讨论。讨论了新的合作项目、资金和预算、机制建设等问题。会议审议了秘书处提交的关于机制建设的报告，并就制订东北亚长期发展战略计划、适时召开部长会议、秘书处的地位和职能等事项进行讨论。会议审议了核心基金和项目基金的使用情况报告。通过了会议成果文件。

第十九届高官会（SOM-19），于 2014 年 9 月 22—23 日在俄罗斯莫斯科举行，会议的标志性进展是明确了东北亚海洋保护区网络（NEAMPAN）保护区域目标和实施方式，开展低碳城市平台建设。会议回顾了跨界大气污染、自然保护、沙尘暴和荒漠化项目的实施进展。会议同意在下一次 SOM 会议上通过 NEASPEC 长期战略规划。

第二十届高官会（SOM-20），于 2016 年 2 月 1—2 日在日本东京举行，会议回顾了"2030 可持续发展日程"和为实现可持续发展目标 NEASPEC 重要潜能，会议通过了《NEASPEC 战略规划 2016—2020》。会议回顾了跨界大气污染、东北虎和远东豹保护、候鸟栖息地保护、海洋保护、低碳城市、荒漠化和土地退化等项目的实施进展。

二、环保合作现状

东北亚次区域环境合作计划下共四类合作项目。

（一）减轻东北亚火力发电厂空气污染

此项目分为两个部分：第一是东北亚环境合作的技术援助；第二是成立东北亚环境数据和培训中心（NEACEDT）。SOM-1（1993）明确了三个次区域环境合作领域，其中包括：①能源与空气污染；②生态系统管理，尤其是森林砍伐和荒漠化；③能力建设。SOM-2（1994）选择了三个次项目，包括：项目 1：老热电厂减排 SO_2 方面运行和维护培训；项目 2：低污染清洁热电技术示范；项目 3：环境污染数据收集、相互校准、标准化和分析。

1997 年 10 月 20—21 日，关于"东北亚环境合作的技术援助"的中期审查会在泰国曼谷举行。1998 年 5 月 20—22 日，"东北亚环境合作的技术援助"的最后审查会在泰国曼谷举行。会议对项目 1 和项目 2 的完成给予了积极的评价，同意这两个项目已经取得了它们的主要目标，同时建立一个子区域数据中心以协调监控设备、分析方法、校准方法、抽样方法、介绍和分析数据的可比性。

SOM-4（1998）确认了四个后续项目，即火力发电厂污染减少；环境监测、数据收集、比较和分析；现有电厂静电除尘器能效改进；干燥剂发生器烟气脱硫技术示范。1999 年亚洲开发银行开始对以上四个后续项目给予资金支持。其中：火力发电厂污染减少项目，2001 年在韩国电力研究院（KEPRI）设立了"东北亚燃煤电厂减少污染培训中心"；2001 年 10 月推出了一个为期两年的工作计划，培训计划包括培训课程、手册和现场培训演示材料，并举办了两期培训讲习班。

环境监测、数据收集、比较和分析项目，①搜集并管理参与国家的基本信息；②开发兼容的分析和数据处理方式；③分析目前和未来的区域环境条件；④促进有用信息的交流。为促进参与国家的参与，"东北亚环境数据与培训中心"（NEACEDT）于 2001 年在韩国国家环境研究院（NIER）设立；在日本环境省和日本环境技术协会（JETA）的资助下，建设了"环境监测、数据收集、比较和分析网络"，并于 2002 年 3 月（日本，横滨）和 4 月（韩国，仁川）举行了两次专家组会议，出版了关于"监测空气污染排放的方法建议"，NEACEDT 最终建立起来。

（二）来源于中国和蒙古的沙尘暴防治

2005 年，亚洲开发银行、联合国环境规划署、联合国防治荒漠化公约（UNCCD）、联合国亚太经济与社会理事会，以及中国、蒙古、韩国和日本共同发起了"预防和控制东北亚沙尘暴的区域总体规划"。此项目的目标是：对沙尘暴的生成地进行研究，在其生成地修建水利灌溉设施和种植绿色植物等；联合研究并确定沙尘暴的起源和去向；研究沙尘暴对环境的影响和如何预防沙尘暴等。

主要活动和结果：

（1）技术研讨会与专家会议；

（2）能力建设与培训项目（对蒙古官员与专家）；

（3）设置风沙阻挡设施以及相应的灌溉系统；

（4）开发防治荒漠化的地理信息系统数据库；

（5）汇编提高认知和能力建设的材料。

项目参与方：

蒙古：自然、环境和旅游部、国家防治荒漠化委员会。

中国：国家林业局防治荒漠化管理中心、中国林科院。

其他参与方：韩蒙绿地项目、非政府组织绿色亚洲网络、联合国开发计划署驻蒙古国代表处、防治荒漠化公约。

2010—2012 年，NEASPEC 实施了《东北亚沙尘暴防治战略实施计划》。2013年度项目在 NEASPEC 与中国国家林业局的支持下顺利完成，由中国林业科学院荒漠化防治研究所与内蒙古自治区林业厅为蒙古专家提供技术和政策培训，并安排其赴内蒙古治沙项目进行了实地考察。

（三）跨地区自然保护合作机制

2003 年 7 月召开了东北亚自然保护工作组第一次会议。会议确定了东北亚自然保护的优先领域：①自然保护区的管理与合作研究；②湿地生物多样性的保护与持续利用；③海洋生态监测和海洋生态系统与海岸带的保护；④森林生态系统的管理和保护以及森林火灾预防与预警系统；⑤大型哺乳类的保护与恢复；⑥草原生态系统的保护与管理；⑦重要迁徙性鸟类的保护、监测与合作研究；⑧外来入侵物种的防治和信息交流。2004 年 3 月召开的第九次高官会批准了工作组第一次会议确定的优先领域，并认为在第一阶段应首先实施其中两个优先领域：大型哺乳动物和濒危物种的保护与恢复；要迁徙物种的保护、监测与合作研究。

东北亚自然保护规划框架项目（A Framework for a Nature Conservation Programme in North-East Asia）目的是建立合理的东北亚自然保护方式。目标是加强合作，有效地提高自然保护措施；提高信息交流和公众意识；建立有效的自然保护模式。项目的实施时间为两年。

NEASPEC 第十七届高官会同意俄方提出的在"保护东北虎和远东豹伙伴关系"项目下开展具体合作内容；启动韩方提出的"东北亚关键迁徙鸟类栖息地的保护和恢复"项目，2013 年 10 月在韩国仁川举办了"东北亚候鸟栖息地的环境保护和恢复"研讨会。

（四）东北亚地区生态效益

2005 年 10 月在第十一届 SOM 会议上，秘书处提交了一份注重生态效益的文件，文件特别强调要解决以下问题：

为支持经济快速增长导致的能源消费持续增长对环境产生的负担；大多数 NEASPEC 国家的能源强度，以及不可持续消费模式带来的能源强度的高水平增长；重大环境污染和生态退化对人类健康和经济的影响；从传统经济增长向绿色增长的需要，以及采取政策和措施来提高生态效益；关于 NEASPEC 下生态效率的潜在活动，包括确定生态效率的政策选择和挑战，生态效益指标的联合研究，可持续消费和生产的指导方针，传播信息，为所有利益相关者制订行动计划等。

2006 年 5 月 25—26 日在北京举行的第二次专家小组会议确定了提高生态效益和可行实施机制的优先任务，一致认为，作为 NEASPEC 解决生态效率问题一个有意义的议程，需要促进政府间的联合讨论和行动，会议决定：同意建议第十二届高官会启动名为"东北亚生态效率伙伴关系"的区域行动；确定潜在的次区域活动，如发展战略报告、生态效率指标和能力建设方案的跨界合作；建议探索建立各种论坛，如商业论坛、非政府组织论坛、生态效益专家网络和年度生态效益伙伴关系论坛等。

（五）海洋保护区项目

对于海洋环境问题的关注，始于 2011 年在韩国召开的 NEASPEC 第十六届高官会。随后，2012 年 6 月，在韩国举行的 NEASPEC 专家磋商会讨论了海洋污染控制和管理的国家政策和活动、已开展的区域和次区域项目、面临的挑战和机遇等，确定在 NEASPEC 框架下加强多边合作，共同制订海洋污染治理行动计划。

NEASPEC 第十七届高官会同意开展韩方提议的"海洋保护区网络"项目。2013 年 3 月，NEASPEC 与 NOWPAP 在日本富山共同举办了"西北太平洋海洋保护区生物多样性保护研讨会"，会议形成了相关备忘录草案。2013 年 11 月，在蒙古举办的 NEASPEC 第十八届高官会上，秘书处通报了上述研讨会的有关情况，并审议通过了"海洋保护区网络"项目的职责范围（TOR）。

三、未来发展趋势

（一）东北亚次区域的环境合作主要为了实现下列目标

（1）以实际可行的方式，在全体一致同意、能力建设、信息共享、技术转让合作的基础上推进次区域的合作；

（2）为政府、次区域、国际机构、私人企业和非政府组织提供多边合作平台；

（3）将加强成员国的技术和管理能力；

（4）定期评估环境的变化趋势。

（二）未来将继续在以下五个领域开展合作

1. 减轻跨界大气污染

1996—2012 年，与亚行合作，开展了共三个阶段的减轻由煤电引发的跨界大气污染的合作（Mitigation on Transboundary Air Pollution from Coal-fired Power Plants in Northeast Asia），主要是针对二氧化硫。该项目向中国和蒙古转让了一些控制二氧化硫排放的技术。2011—2012 年，开展了对跨界大气污染的环境影响的评估。2014年以来集中研究能够减轻大气污染的技术和政策。目前正在实施的"开发东北亚跨界大气污染评估和减轻技术和政策框架"，注重用模型分析污染源与受体的关系，计划在 2016 年上半年形成新的跨区域政策框架，同时，注重与 LTP 和 EANET 等组织的合作，完善合作机制。

2. 跨界区域的环境保护

主要是保护生物多样性，特别开展了对东北虎、黑龙江豹、雪豹及迁徙类鸟的保护。2015 年 9 月在哈尔滨召开了"东北虎和远东豹跨界迁移图像采集和遗传分析研究"项目会议，决定 2016 年底完成项目报告。"东北亚鸟类迁移栖息地保护和修复"项目为研究跨界鸟类迁徙作出重要贡献，并将持续开展双边和多边机制合作，加强能力建设和经验分享。

3. 海洋环境保护

主要是推动建立海洋保护区（Marine Protection Area)，通过这种方式来保护海洋生物多样性。2016 年 6 月在韩国举行首届海洋保护区管理经验分享研讨会，与指导委员会会议背对背召开，并决定咨询委员会成员。

4. 低碳城市

该项目通过政府、地方企业和大众的参与，宣传提高资源利用效率的知识，特别关注低碳城市建设和通过生态标识的方法，推动能效高和节省资源的产品和服务的普及。目前正在开发建设"东北亚低碳城市平台"。

5. 荒漠化和土地退化

该地区的扬尘和沙尘暴主要来自蒙古和中国，2010—2012 年在中蒙边境地区实施了植树造林示范工程，建立了沙漠化的数据库，在蒙古实施了土地沙化防治项目，并通过在蒙古、中国和韩国召开研讨会、培训会和散发材料的方式宣传防治扬尘和沙尘暴的相关知识。2015 年 7 月在北京召开了荒漠化和土地退化国际研讨会。

四、 成员国环保关注及立场

1. 各国有进行环境合作的共同的政治意愿

虽然该地区的国家历史上曾经有很多战争或武装冲突遗留的恩怨，但各方均明确表示愿意在环境领域内进行合作。

2. 各方均承认有扩大和深入环境合作的空间

环境合作在该地区已经存在。东北亚各国愿意寻求扩大和深入环境领域的合作，各方均表示愿意为此付出不同程度的努力。

3. 各方面临共同的环境威胁和挑战

该地区国家面临着共同的环境问题如酸雨、空气污染、沙尘暴和土地沙化、水污染、生物多样性保护、气候变化和海洋环境保护等，这些问题很难通过一国的努力得到处理，所以进行环境合作，从最低程度上说，也是一种不得不为的策略。

此外，2015 年后发展的议程和联合国千年发展目标整体上为发展中国家实现可持续发展提供了机遇，是开展区域环境合作的良好国际背景。

大图们倡议区域区位示意图

大图们倡议（GTI）成立之初，主要由联合国开发计划署（UNDP）支持，是促进区域经济可持续发展的政府间合作机制，包括中国、蒙古、韩国、俄罗斯四个成员国。经过多年发展，已经在交通、贸易投资、旅游、能源及环境保护等领域开展了地区间双边或多边务实合作，促进了东北亚各国互联互通、共同繁荣。近几年，GTI 机制逐渐由UNDP 支持转型为独立的政府间合作组织，成立了 GTI 信托基金，资金来源逐渐稳定，

为各领域合作奠定了良好基础。环境合作是 GTI 开展合作较早的领域之一，成立了环境委员会并已召开 3 次会议。大图们倡议框架下的环境合作对区域各国应对东北亚生态环境面临的严峻挑战具有重要意义，多年来框架下的环境合作取得积极成果，也对东北亚区域环境质量改善做出一定贡献。

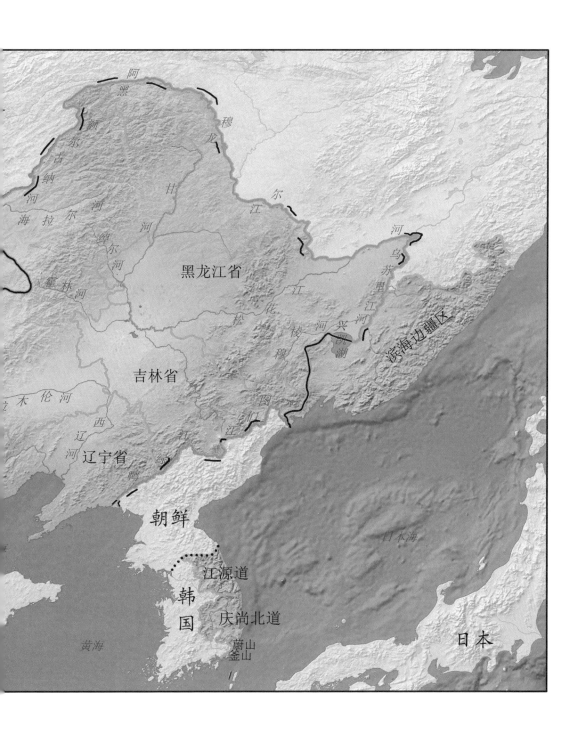

第八章　大图们江区域环保合作①

第一节　合作机制概况

一、　基本情况

（一）成员国及涵盖地区

图们江次区域环境合作机制主要是大图们倡议（GTI）环境合作，之前称为图们江区域开发项目，它是联合国开发计划署（UNDP）支持的东北亚地区重要的政府间合作机制，有五个成员国：中国、朝鲜、蒙古、韩国和俄罗斯（朝鲜于 2009 年正式退出 GTI）。涉及的区域有：中国东北四省区：黑龙江省、内蒙古自治区、吉林省和辽宁省；韩国东部港口城市：釜山、蔚山、江原道和庆尚北道；蒙古三个盟：肯特省、东方省和苏赫巴托省；俄罗斯的滨海边疆区。自 1995 年成立以来，GTI 作为此区域的经济合作平台，一直致力于东北亚地区的和平、稳定和可持续发展。GTI 在图们江地区还发挥着促进成员国政策对话和强化经济发展基础的媒介作用。

GTI 愿景为：在邻国之间建立共同繁荣的伙伴关系，致力于在 GTI 框架下加强东北亚尤其是大图们地区的合作，增加互利，促进经济发展和可持续发展。大图们主要涵盖地区及产业见表 8-1。

---

① 本章由刘平编写。

表 8-1　大图们主要涵盖地区及产业

地区	面积 /km²	图们地区的主要城市	主要产业
中国黑龙江省	454 600	哈尔滨、黑河	能源、仪器、食品加工、林业、石油化工、制药
中国内蒙古自治区	1 180 000	齐齐哈尔	农业、化工、能源、钢铁、纺织、制药
中国吉林省	187 400	延吉、珲春	汽车制造、能源、冶金、石油化工、纺织、旅游
中国辽宁省	145 900	大连、丹东	电子、机械制造、冶金、石油化工
朝鲜罗津 - 先锋区	746	罗津	农业和海鲜加工、轻工业、旅游、运输服务
蒙古东部	287 600	乔巴山	农业和农产品加工、采矿、旅游
韩国东海岸港口	765	釜山	多媒体、信息技术、港口物流、仪器及零件、风俗旅游
俄罗斯滨海边疆地	165 900	符拉迪沃斯托克	水产养殖、工程、食品加工、林业产品、采矿、服务业、旅游

（二）组织结构及运行机制

2006 年至今，各成员国建立了一系列的 GTI 机构，GTI 合作机制框架构建基本成形（见图 8-1）。

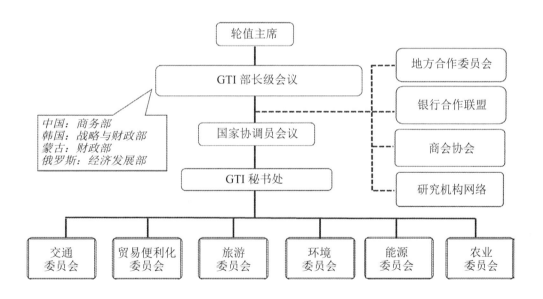

图 8-1　GTI 组织机构图

协商委员会是 GTI 的决策机构和管理部门，由成员国政府代表组成，属于副部长级别。主要职责是寻求各成员国共同感兴趣的合作领域，每年轮流在各成员国召开一次会议，主席由成员国轮流担任。

国家协调员由各成员国政府委派作为联络点，每年召开 2 次国家协调员会议，回顾 GTI 年度工作计划，准备 GTI 协商委员会的年度会议等。中国协调员来自商务部。

GTI 秘书处设立在中国北京。它是 GTI 协商委员会和 GTI 其他机构的执行机构，其职责是协助协商委员会开发和管理项目，为协商委员会的决策提供支持并执行其决议。

GTI 下设交通、旅游、能源、环境、商业咨询和农业等六个委员会，由各国司长级别官员组成。

UNDP 一直是该机制的主要资金来源。直到 2009 年，UNDP 停止对 GTI 的资金资助，改由各成员国自己出资，设立共同信托基金来维持机制的整个运作。

1. 联络点

中国商务部（http://www.mofcom.gov.cn/）。

蒙古财政部（http://www.mof.gov.mn）。

韩国战略与财政部（http://www.mosf.go.kr）。

俄罗斯经济发展部（http://www.economy.gov.ru）。

2. 合作伙伴

东北亚地区合作委员会 (The Northeast Asia Local Cooperation Committee, NEALCC) 是服务于东北亚各国地方政府经济合作的省长级合作平台。东北亚进出口银行协会（Northeast Asia EXIM Banks Association）是一个区域发展融资机制，由 GTI 发起，提高区域开发项目获得公共或私有资金支持，促进东北亚各国之间的贸易往来。商业咨询理事会（Business Advisory Council）是一个私营机构主导的合作平台，促进公私机构就区域投资政策开展合作与对话。

根据 GTI 战略行动计划，大图们倡议主要在能源、贸易与投资、交通运输、旅游、环境和农业领域开展合作。

二、发展历程

1990 年，东北亚经济技术合作会议在中国吉林省召开，并提出将图们地区发展为金三角的建议。

1991 年，联合国环境规划署（UNEP）为促进图们地区的经济合作提供经济支持，启动了"图们江区域开发计划"（TRADP），服务于图们江地区的经济发展、投资和环境管理。该计划的最初目的是在中国、俄罗斯和朝鲜沿岸创建一个联合经济特区，随后其发展目标变为要建立支持东北亚发展的制度框架和图们江经济开发区。

1995 年，五个成员国正式同意成立副部级的咨询委员会（Consultative Commission），咨询委员会由每个国家的政府官员组成，目的是支持东北亚发展和图们江经济开发区。TRADP 的工作重点有两个：一是加强合作机制制度框架建设；二是通过每年召开的 TRADP 协商委员会推进已签署协议的实施，在贸易与投资、交通运输、环境、旅游、能源等五个方面促进地区发展。

1998 年，图们秘书处在北京成立。

2005 年，在长春召开的 TRADP 协商委员会第八次会议签订了《长春协议》，明确了 TRADP 的目标和继续开展区域合作的意愿。在 UNDP 的支持下，TRADP 成员国同意将 TRADP 项目延长 10 年（该计划有效期 10 年，到 2005 年期满），并通过增加财力和人力投入获得项目的完全所有权。自此，项目更名为 GTI。同样重要的是，《长春协议》预示了项目覆盖地理范围的扩展，从图们江流域扩大到了大图们地区（包括中国四个省份：黑龙江省、内蒙古自治区、吉林省和辽宁省；韩国东部港口城市：釜山、蔚山、江原道和庆尚北道；蒙古三个盟：肯特省、东方省和苏赫巴托省；俄罗斯的滨海边疆区）。GTI 成员国根据地区发展需求和发展潜力，还制定了五个优先领域：能源、贸易与投资、交通运输、旅游和环境，其中环境保护将贯穿在其他四个领域之中。

2007—2010 年，为协调特定领域的合作项目，针对五个领域成立了政府间委员会（Intergovernmental Board/Committee）。

2008 年，GTI 以 UNDP 信托基金的形式成立了共同基金，基金由成员国贡献，支持秘书处的运作。

2010 年，GTI 开始转型为独立的法律实体。

2011 年，东北亚各地方政府之间成立了东北亚地区合作委员会（NEA Local Cooperation Committee），以加强地区经济合作以及中央与地方的协调。

2012 年，为支持未来的项目合作，成立了开发筹资机制：GTI 进出口银行协会。发展历程见图 8-2。

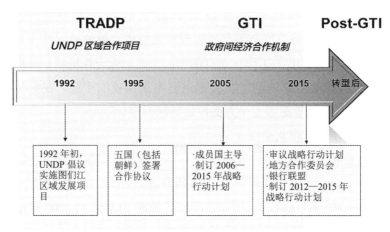

图 8-2　发展历程

第二节　环保合作

一、环保合作进程

（一）TRADP 时期（1991—2005 年）的环保合作

1. 初期研究项目及谅解备忘录的签署

在 TRADP 成立的初期阶段，环境方面的工作主要集中在开展相关研究、准备项目文件以及起草政府间的协议框架。

在芬兰政府资助下，开展了三个环境研究项目，分别为：《林业项目开发与环境战略》（由 Jaakko Pöyry 咨询公司完成）[1]、《环境初步研究》（由中国环境科学研究院完成）[2]、《水资源既定工作》（由 Reiter 有限公司完成）[3]。这些项目的研究成果与其他领域的研究成果一并收录在名为《东北亚图们江经济发展区1994》[4] 的论文集中。

与此同时，为了给图们江地区未来的环境合作制定一个法律和制度框架，环境

---

[1] Report F: Project Development and Environmental Strategy for the Forest Sector. Prepared by Jaakko Pöyry Consulting Co..

[2] Report G: Preliminary Environmental Study. Prepared by the Chinese Research Academy of Environmental Sciences (CRAES).

[3] Report H: Water Resources Definitional Task. Prepared by Reiter Ltd..

[4] Northeast Asia's Tumen River Economic Development Area 1994: Collected Papers (Vols. A-I). New York, UNDP.

顾问开始了相关草案的拟订工作。为此，在 UNDP 的支持下，中国环境科学研究院于 1994 年组织了一系列活动，包括在北京召开了两次研讨会和对图们江经济开发区（Tumen River Economic Development Area，TREDA）进行了一次实地调查。

1995 年，TRADP 各成员国签订了《关于图们江经济开发区和东北亚环境准则谅解备忘录》[1]（以下简称《备忘录》）。在该备忘录里，各成员国表示要加强环境保护合作，特别是以下几方面：

（1）联合开展环境数据收集与分析工作；

（2）联合开展环境影响评估工作；

（3）为预防环境损害，准备一个区域环境减轻和管理计划；

（4）对于该区域内任何存在重大潜在环境影响的项目，对其进行环境影响评估；

（5）整合环境健康、可持续发展的相关法律法规和机制。

这份文件是 TRADP 机制下第一个环境合作协议，也是 TRADP 环保合作初级阶段最为主要的成果之一。该份文件的签订，标志着 TRADP 机制下的环境合作框架已经初步形成，明确了对图们江区域环境保护合作的意向。

到 2005 年，上述备忘录期满之后，各成员国签署了《大图们倡议谅解协议》（*Agreement on the Understanding Concerning the Greater Tumen Initiative*），作为备忘录的补充文件，于 2009 年 11 月 5 日生效，但其效力可追溯至 2006 年 5 月 1 日。TRADP 时期完成的主要环境项目见表 8-2。

表 8-2　TRADP 时期完成的主要环境项目

项目名称	时间	资助方
林业项目开发与环境战略、环境初步研究、水资源既定工作	1994	芬兰政府
图们江流域及其沿海与东北亚内陆地区环境主要问题的跨界初步分析	1997	GEF
中俄边境远东豹与西伯利亚虎及其栖息地的中俄联合调查	1998	TRADP、UNDP、WWF
环境专家花名册	1998	TRADP、UNDP
出版报告：《图们江流域的污染治理：对跨学科方法的质疑》	1998	TRADP、UNDP
珲春边境经济合作区的环境影响评估	1998	UNDP-ROK 信托基金
"行动战略准备与图们江地区及沿海地区、东北亚近郊地区边境诊断分析"项目，即 TumenNET 项目	2000.6—2010.10	GEF
中国纸浆厂与造纸厂现代化的预可行性研究	2001	芬兰政府
彼得大帝湾西南部与图们江出海口地区环境与植被研究报告的翻译与出版	2001	TRADP、UNDP
建设图们江下游跨界生物保护区可行性研究	2002	韩国政府

[1] "Memorandum of Understanding on Environmental Principles Governing the Tumen River Economic Development Area and Northeast Asia".

项目名称	时间	资助方
图们江流域水资源管理总体规划	2002	韩国政府
图们江项目成员国整体水质管理研讨会	2004	韩国政府
茂山铁矿预可行性研究	2002—2005	GEF、韩国政府

2. 环境工作组及环境战略的准备

1997 年，成立了 TRADP 环境工作组（TRADP Working Group on Environment，WGE）。该工作组由相关领域专家和各成员国的政策制定者组成，目的是研究该区域的环境问题，指导对《备忘录》的贯彻执行，以及为 GEF 项目规划工作组提供技术支持。

1997 年 5 月 15—17 日，WGE 第一次会议于俄罗斯符拉迪沃斯托克召开。会议同时讨论了 GEF 项目的准备任务。该次会议名为："图们江经济开发区与蒙古地区的环境专家实地调研任务"[1]。所有的研究成果汇编成报告：《图们江流域及其沿海与东北亚内陆地区环境主要问题的跨界初步分析》[2]。

1998 年 9 月 3—7 日，在俄罗斯符拉迪沃斯托克召开了 WGE 第二次会议。该次会议主要目的是制订一个短 / 中期行动计划，为长期的行动战略（SAP）提供信息基础，并解决已知的跨界污染源。通过下面四个项目，已采纳的 TRADP 环境行动计划得到了发展：

①"区域环境监测与规划"[3]，该项目包括环境信息交换、GIS 链接以及环境分区等内容。②"跨界环境影响的预防与减少"[4]。该项目包括反映区域因素的环境标准、项目论证。③"培训和能力建设"[5]。该项目包括案例学习以及培训。④"资源调动"[6]。该项目包括废水处理装置的 BOT 型投资、植被恢复，以及建立环境基金的可行性。

随着这些 WGE 活动的开展，TRADP 的环境部门开始成形，同时大量项目建议被考虑进环境行动计划之中。在 TRADP 的第二个发展阶段，完成了以下几个小范围的项目。

---

[1] Environment Experts' Fact-finding Field Mission to TREDA and Mongolia.

[2] Preliminary Trans-boundary Analysis of Key Environmental Issues in the Tumen River Area, Its Related Coastal Regions and Its North-east Asian Hinterlands. UNDP, UNOPS/GEF-SAP Fact Finding Mission, Beijing, June 1997.

[3] Regional Environmental Monitoring and Planning.

[4] Prevention and Mitigation of Trans-border Environmental Impacts.

[5] Training and Capacity Building.

[6] Resource Mobilization.

①"中俄边境远东豹与西伯利亚虎及其栖息地的中俄联合调查"[①]。②"环境专家花名册"[②]。③出版报告：《图们江流域的污染治理：对跨学科方法的质疑》[③]。④"珲春边境经济合作区的环境影响评估"[④]。

3. TumenNET 项目与环境战略的设计

由 GEF 资助，名为"行动战略准备与图们江地区及沿海地区、东北亚近郊地区边境诊断分析"项目，即 TumenNET 项目，总预算 500 万美元[⑤]，是 TRADP 历史上最大的一个项目。它于 2000 年 6 月正式启动，2002 年 10 月全部完成。

该项目的首要任务是加强 TREDA 地区各成员国管理区域及全球重要环境资源的能力。特别是要建立环境基金，以综合解决跨界环境问题并将 SAP 发展为一个长期的区域环境合作计划。SAP 本身被寄希望提供一个公共机制，该机制将包括战略的规划与制定，以及主要针对跨界环境管理问题的项目和计划。

该项目分为 5 个部分，分别是：

①调查："区域水体调查"，即在朝鲜平壤的环境国家协调委员会的指导下，通过建立监测网（Monitoring Network），构建图们江流域的水环境监测系统。②环境信息系统（Environment Information System，EIS）：环境信息系统连接着国家环境保护机构的测绘部门、大学、研究机构以及其他专家，一并连入信息网络（Information Network）中。该信息网络是由中国长春的吉林省环境保护研究院指导。③环保意识："环保意识提高"项目建立了一个公共网络（Community Network）。该网络连入 5 个成员国的当地的 NGO 和类似基层团体。这是由位于乌兰巴托的蒙古自然与环境部领导的。④边境诊断分析（Transboundary Diagnostic Analysis，TDA）。TDA 形成了一个科学网络（Science Network）。该网络包括 5 个成员国的大学与技术专家。这是在位于俄罗斯符拉迪沃斯托克的俄罗斯科学院远东分院领导的。⑤行动战略：行动战略由政策网络（Policy Network）发起。该网络包括 5 个成员国政府关键部门的国家与省级决策者。这是由韩国的环境保护部全球环境办公室领导的。

---

① Sino-Russian Joint Survey of Far Eastern Leopards and Siberian Tigers and Their Habitat in the Sino-Russian Boundary Area.
② Roster of Environmental Experts.
③ Publication of the Report on the Pollution Abatement of the Tumen River: An Interdisciplinary Approach to the Challenge.
④ Environment Impact Assessment of the Hunchun Border Economic Cooperation Zone.
⑤ 包括其他资源，该项目预算达 680 万美元。其中 180 万美元由成员国共同资助，项目名为："保护边境生物多样性行动战略、东北亚国际水资源与吸引绿色投资"（Strategic Action Program to Protect Transboundary Biodiversity and International Water Resources in Northeast Asia and to Attract Green Investment）。该项目报告于 2002 年 5 月在俄罗斯符拉迪沃斯托克召开的第六次协商委员会上发布。

TumenNET 项目产生了 23 份关键项目文件、23 份技术报告、35 张地图和 23 个公众意识清单。最终形成的 SAP，成为该项目最为重要的成果，其优先关注的是边境地区的生物多样性和跨界水体问题，并列出了治理这些问题的区域对策，还详细说明了在这些区域对策下每个国家的具体行动安排。

4. TumenNET 项目的后续发展与韩国发起的活动

从 2002 年末开始，图们江项目下的各领域合作活动被压缩 [1]。造成这一现象的原因有很多。由于对 TRADP 旗舰项目 TumenNET 的预期的减低，环境领域的活动也受到影响。在该项目完成后的随后几年，TRADP 环境相关的工作几乎都围绕发起于 2001—2002 年，在 TumenNET 框架下开展的作为技术援助项目的一些项目。

同时，韩国政府以"TRADP 支持下的国家项目"为名，为几个项目设立的基金，其中包括一些环境项目。这些项目由 UNDP 位于韩国首尔的国家办公室管理，由韩国科学与技术部执行，由韩国的机构和组织完成。

这一时期，主要开展的项目活动有：

（1）中国纸浆厂与造纸厂现代化的预可行性研究 [2]。项目产生的报告有以下几个：《吉林晨鸣纸浆厂的现代化预可行性研究》[3]《延边石岘白麓纸厂的现代化预可行性研究》[4]《开山屯纸厂与石岘纸厂的公私合作研究》[5]。

（2）彼得大帝湾西南部与图们江出海口地区环境与植被研究报告的翻译与出版 [6]。2001 年，该项目资助了三卷相关研究内容的翻译和英文出版。这些论文由俄罗斯国家科学院远东分院的海洋生物学会提供。在出版物摘要中，展示了 1996—1999 年，该学会对图们江出海口地区生物多样性和水生态环境的研究成果。

（3）建设图们江下游跨界生物保护区的可行性研究 [7]。该项目最终报告：《图们江下游地区跨界生物保护区提议》[8]，在 2004 年 6 月由 UNESCO 的韩国国家委员会完成，并被翻译成四种文字（中文、英文、韩文和俄文）。

---

[1] 此时，图们江秘书处的工作人员急剧减少。从 1999 年早期多达 16 人，到 2003 年中期仅 3 个全职工作者。自从 1994 年，秘书处从纽约搬至北京后，这是人数最少的一年。

[2] Pre-Feasibility Study for the Modernization of a Pulp Plant and a Paper Mill in China.

[3] Prefeasibility Study for the Modernization of Jilin Chenming.

[4] Prefeasibility Study for the Modernization of Yanbian Shixian Bailu.

[5] Public-Private Partnership Study for the Kaishantun and the Shixian mills.

[6] Translation and publication of the report on the State of Environment and Biota of the South-western Part of Peter the Great Bay and the Tumen River Mouth.

[7] Feasibility Study on the Establishment of the Lower Tumen River Area Transboundary Biosphere Reserve.

[8] Lower Tumen River Area Trans-boundary Biosphere Reserve Proposal.

（4）图们江流域水资源管理总体规划[①]。该项目完成的重要报告为：《图们江地区水资源管理政策制定》[②]。该份报告由 UNDP 的韩国分部的韩国水资源合作协会于 2004 年 3 月完成。

（5）图们江项目成员国整体水质管理研讨会[③]。该项目总预算 99 000 美元。由韩国政府资助。2004 年，韩国国家环境研究院承担了一个培训项目。

（6）茂山铁矿预可行性研究[④]。这项预可行性研究的报告于 2005 年，由芬兰的 Jaakko Pöyry Group 完成，名为：《茂山铁矿预可行性研究最终报告》[⑤]。

（二）GTI 时期（2005—2013 年）的环保合作

1. 环境合作委员会

进入 GTI 时期，最为引人注目的就是环境委员会的成立以及第一次环境委员会的召开。

（1）环境委员会的成立

2005 年 9 月 2 日，第八次协商委员会决定延长 TRADP 协议，并推动 TRADP 升级为 GTI，同时确定了环境为其优先合作领域之一。此外，在会议通过的《GTI 战略行动计划 2006—2015》中提到，要"修订并重启 TumenNET SAP"。

为此，2007 年，在俄罗斯符拉迪沃斯托克召开的第九次协商委员会上，GTI 成员国同意建立环境合作框架（CFE）。2009 年，在蒙古召开的第十次协商委员会上，GFE 被重新命名为 GTI 环境委员会。

作为一个正式的多国机制，环境委员会旨在发展和协调大图们区域的环境保护活动，包括 TumenNET SAP 的后续活动。但此后，GTI 环境委员会一直没有成立，直到 2011 年，GTI 环境委员会才在北京举行了就职会议。

（2）第一次环境委员会会议

由图们秘书处主办的第一次环境委员会会议于 2011 年 6 月 1—2 日在北京举行，中国、蒙古、韩国、俄罗斯等 4 个成员国均派团与会。中方由环境保护部相关部门组团参会。该次会议的主要议题及成果如下：

一是对 GTI 环境委员会工作大纲（TOR）进行了修改。一是增加合作原则，包括：协商一致、根据各国实际情况自愿开展，尊重各国和国际法规，促进地方积极参与。

---

① Water Resource Management Master Plan for Tumen River.
② Set up the Policy on Use and Management of Water Resources in the Tumen River Area.
③ Workshop for the Tumen Programme Member Countries on Integrated Water Quality Management.
④ Musan Iron Ore Mine Pre-Feasibility Study.
⑤ Musan Iron Ore Mine. Final Pre-Feasibility Study Report.

二是在机构问题上。在预算有限的情况下应简化机构设置。明确环境委员会和秘书处的职责，强调环境委员会是区域环境合作的主导机构。三是会议目标中，在改善区域环境状况的同时促进热点全球环境问题如绿色经济的协调。

二是对现有两个合作项目进行评估讨论，放弃现有项目的延续。在 2007 年召开的第九次协商委员会上，GTI 成员国在环境领域提出了两个项目，分别是"图们江水体保护的可行性研究"和"大图们地区跨界环境影响评估与东北亚环境标准"。在本次环境委员会会议上，一致通过放弃对这两个项目的延续。

三是讨论 GTI 环境合作方向及新项目建议书，但未达成共识。本次会议上，4 个成员国共提出 6 个项目建议书，但并未对新项目的确定达成共识。第一次环境委员会会议提出的项目建议见表 8-3。

表 8-3　第一次环境委员会会议提出的项目建议

项目名称	提议方	经费 / 美元
建设东北亚跨境"生态走廊"的可行性研究	图们秘书处	250 000
大图们地区环境标准协调和区域能源基础设施建设发展途径	图们秘书处	300 000
东北亚区域温室气体排放场景	图们秘书处	400 000
针对 Dauria 极端和变化的气候中开展生物多样性和栖息地保护	图们秘书处	650 000
GTI 环境政策对话	中国	200 000
GTI 区域生物多样性保护能力建设	中国	100 000
东北亚跨境环境影响评价试点项目	韩国	500 000
通过宣传良好的农业措施和创新农业技术对抗沙漠化和土地退化	蒙古	250 000
图们江流域废弃农药存储环境无害化管理	俄罗斯	230 000
气候变化和人为因素对南部和远东地区森林火灾增加的影响	俄罗斯	450 000

（3）第二次环境委员会会议

由图们秘书处主办，蒙古环境、绿色发展和旅游部协办的第二次环境委员会会议于 2015 年 7 月 2—3 日在蒙古国乌兰巴托举行，中国、蒙古、韩国、俄罗斯等 4 个成员国均派团与会。中方由环境保护部相关部门组团参会。该次会议的主要议题及成果如下：

一是讨论新项目建议书。此次会议的重要内容之一是讨论新的环境合作项目建议。中方、韩方和秘书处均提出新项目建议。秘书处在会议开始前一天提出"东北亚区域 GTI 环境合作战略"项目建议书，项目拟通过整理 GTI 四个成员国的环境状况、政策和管理系统，梳理东北亚环境国际合作现状和问题，提出东北亚区域环境合作战略。到目前为止，各方已经同意秘书处的项目建议。项目建议书在第十六次协商委员会上获得通过，并获得 3.3 万美元的经费支持。2016 年 6 月，GTI 秘书处发布了 "GTI 东北亚地区环境合作战略研究工作大纲"（Terms of Reference of GTI Environmental Cooperation Strategy in Northeast Asia）。

二是环境委员会战略合作伙伴。会议同意将联合国环境规划署也列为 GTI 环境委员会的战略伙伴。

三是环境委员会第三次会议安排。韩方同意于 2016 年举办第三次环境委员会会议。

第二次环境委员会会议提出的项目建议见表 8-4。

表 8-4　第二次环境委员会会议提出的项目建议

项目名称	提议方	经费 / 美元
东北亚地区 GTI 环境合作战略	图们秘书处	33 000
大图们地区生物多样性保护与合作联合研究	中国	100 000
大图们地区绿色技术和产业合作研讨会	中国	60 000
环境教育、公众意识及企业社会责任项目建议书	中国	60 000
大图们地区环境保护与投资贸易促进能力建设	中国	300 000
针对东北亚开发项目的环境管理战略	韩国	60 000×3 年

（4）第三次环境委员会会议

由图们秘书处主办，韩国环境部协办的第三次环境委员会会议于 2016 年 10 月 17—18 日在韩国首尔举行，中国、蒙古、韩国派团与会。中方由环境保护部相关部门组团参会。该次会议的主要议题及成果如下：

一是讨论区域环境合作挑战与机遇。各位代表就区域环境合作的挑战与机遇开展了热烈讨论，达成以下几点共识：

①加强与域内其他合作机制的伙伴关系（包括 TEMM, NEASPEC, NOWPAP, EANET 等），寻求未来合作的机会。

②与亚洲基础设施投资银行建立伙伴关系，引入其作为资金来源合作伙伴。

③与 GTI 框架下其他领域加强合作，如开展生态旅游、生态友好运输、地方环保合作等。

④组织开展能力建设项目，激励地方政府参与环保合作分享最佳实践经验。

二是讨论 GTI 环境合作项目。各国代表就第二次环委会上提交的 5 个项目建议书进行了讨论。各国代表一致同意，选择中方项目建议大图们江流域绿色技术与产业合作研讨会或环境教育、公众意识及企业社会责任。大图们江区域绿色经济研讨会召开 1 次研讨会与第四次环委会背对背举行。

三是环境委员会第四次会议安排。第四次会议将由 GTI 秘书处和中国共同举办。

2. SAP

2007 年，在俄罗斯符拉迪沃斯托克召开的第 9 次协商委员会上，GTI 成员国在环境领域提出了两个项目作为"GTI 项目"，并委托图们江秘书处在随后几年继续执行。已确定项目的目标是 TumenNET SAP 的两个基础，分别是"图们江水体保护的可行性研究"和"GTI 环保合作：聚焦大图们地区跨界环境影响评估与东北亚环境标准"。

（1）图们江水体保护可行性研究

该计划总预算 165 000 美元，由 GEF 和 GTI 资助。该项目旨在掌握图们江最新的水质情况，并提出预防图们江流域环境恶化和通过区域合作机制促进其可持续发展的政策建议。2010 年 7 月 26 日和 2011 年 4 月 21 日，COWI 和图们江秘书处联合分别在中国的吉林延边和北京组织了两次科学研讨会。

（2）大图们地区跨界环境影响评估与东北亚环境标准

环境影响评估（Environmental Impact Assessment，EIA）是 TumenNET SAP 的关键领域之一。但由于缺乏共识，该项目仍停留在计划阶段，还未产生任何已确定的成果，也未制定执行方案。

二、环保合作现状

（一）环境合作运行机制

1. 环境委员会

根据 GTI 环境委员会第一次会议通过的 TOR，环境委员会由每个成员国的两名成员组成，其中一名须为高级政府官员，另外一名为官员或专家。GTI 成员国之外的国家可以作为观察员国参加委员会会议。

环境委员会会议的决定要经过各成员国协商一致。委员会做出的重要性区域性决定要经过 GTI 协商委员会通过。GTI 环境委员会成员和 GTI 国家协调员之间要保持密切有效的协调与合作。

环境委员会会议应每年举行一次，并尽量在 GTI 咨询委员会前举行。第一届主席应在环境委员会成立会议中选出，任期到第二次委员会会议截止。此后，主席国由各成员国按照英文名称字母顺序轮值。环境委员会会议是 GTI 环境合作的决策机构，最终向咨询委员会报告。

在环境委员会的指导下，环境委员会秘书处承担以下工作：①为环境委员会会议提供支持工作和文件准备；②根据委员会会议通过的合作优先领域，准备中期合作项目/计划和年度工作计划以及年度预算；③协调合作项目的执行活动；④环境委员会要求的其他工作。

2. 资金机制

GTI 环境委员会第一次会议通过的 TOR 规定，环境委员会会议通过 GTI 基金获得资金支持。环境合作项目并不使用 GTI 基金，而是通过其他渠道融资。TOR 规定，经商成员国和秘书处后，环境委员会将面向公、私机构中寻找合作伙伴，为环境合作项目寻求资金来源。在 TRADP 成立初期，环境合作项目吸引了 TRADP 所有项目资金的 85%。

（二）GTI 环境合作机制目前的困境

1. 缺乏资金

从区域项目 TRADP 到区域合作机制 GTI，一直是 UNDP 在为其提供资金支持。直到 2005 年，为了从 UNDP 手中接管该机制，各成员国同意加大对 GTI 的人力和财力投入。至 2009 年，GTI 整个运营资金已经完全由各成员国提供，同时设立 GTI 信托基金。但每年各个成员国所能提供的资金加起来也就 60 万～ 70 万美元，只能勉强应付日常管理工作，开发项目显然难以为继。

2. 缺乏共识

无论是 SAP 无法签署，还是 EB 第一次会议无法确定优先开展项目，都表明在该机制下，各成员在环境领域缺乏共识。总体上，由于各成员国所处的经济发展阶段不同，使得他们在该机制下的环境合作中的立场与关注点也不尽相同。

3. 缺乏推动力

从成立伊始，GTI 环保合作以 UNDP 为主导。在 UNDP 的积极推动下，各国开展过一些多边环保合作，但相比对共同经济利益的追求，环境合作始终不是各国参与该机制的内在需求，因此环境合作文件至今难以达成。且 2009 年 UNDP 中断对 GTI 的资金支持，仅为 GTI 提供技术与管理上的帮助。同时，该区域内的中国、韩国、蒙古和俄罗斯在多个领域开展了积极有效的双边合作。活跃的双边合作弱化了多边合作。因此，在四个成员国中，如果没有一个或几个国家进行主导，通过资金、人力的加大投入进行推动，则该机制的环境合作将很难产生实质性的进展。

4. 合作层面单一

目前，环保合作领域的主要参与方仍然是中央或地方政府，而其他的行为体对该机制的参与则严重不足，尤其是缺乏企业界的参与。由于合作层面的单一，导致区域环境合作的活跃度不高。同时，由于缺少企业以及公众的关注和参与，区域环境合作步履艰难。

三、未来发展趋势

（一）从长远看，环保合作必将随经济合作规模的扩大而引发关注

东北亚是亚洲自然资源最为丰富的地区，该区域各国在自然资源、劳动力资源和其他社会经济要素上有很强的互补性，这正是东北亚各国开展经济合作的良好基础。尽管政治上困难较多，但也阻挡不住区域经济合作的发展。在 GTI 的推动下，经济开发活动，特别是通道建设、资源开发、经济开发区建设等活动日益增加，其环境影响必将受到越来越多的关注，且将日益区域化。环保合作也必将引起各国关注。

（二）区域环保合作可实现互补，并服务复杂地缘政治关系

由于复杂的政治关系，大图们地区发展带来不稳定因素，而区域环保合作可发挥"润滑剂"作用，促进区域各国发展稳定政治外交关系。从各国自身发展需要来看，由于各国所处的经济发展阶段不同，环境需求各异。这是区域环境合作的劣势，但也为区域环保合作提供了机遇。例如蒙古、朝鲜拥有丰富的自然资源和矿产资源，同时需要环境技术、资金和经验方面的帮助；中国正处于经济上升期，对能源需求巨大，在沙尘暴防治等领域有丰富的环保经验，但同时也面临一些环境问题；而韩国拥有先进的环保技术和产业，但国土面积狭小，国内没有足够需求，需要对外输送。通过环保合作，各国可以各取所需，资源互补，从而达到共同发展的目的。

四、成员国环保关注及立场

总体上，由于各成员国所处的经济发展阶段不同，使得他们在该机制下的环境合作中的立场与关注点也不尽相同。俄罗斯希望通过 GTI 发展其滨海边疆区的海运航线建设，在环境方面更关注该地区森林资源的利用与保护问题；蒙古希望通过 GTI 打通至图们江出海口的国际通道，以开发其矿产资源，关注通道建设，在环境方面更关注生态环境合作；韩国希望通过 GTI 获取矿产和能源资源并利用东日本海加强运输和航运的能力，在环境方面更关注远程输送导致的区域环境污染和跨国界环境影响评估；

朝鲜将图们江流域的罗先自由贸易区作为对外合作的窗口，希望以此推动经济的发展，对于环境的关注极其有限。我国则希望发挥在区域合作中的主导作用，通过 GTI 打通图们江出海口，带动区域发展，在环境方面担心区域经济发展导致国内严重的污染问题，同时担心 GTI 集中于我图们江流域给环境治理带来压力。

中篇

沿线国家环境保护状况

土库曼斯坦区位示意图

哈萨克斯坦

萨雷卡梅什湖

卡拉博加兹湾

里

海

巴尔坎纳巴德

土 库 曼 斯 坦

阿什哈巴德市

捷

詹

河

伊 朗

⭐ 首都

◉ 重要城市

── 国界线

| 0 | 65 | 130 | 260 KM |

乌兹别克斯坦

姆

河

阿　姆　河

阿富汗

土库曼斯坦是中亚第二大内陆国，国土面积 49.12 万 km²，总人口 700 万。位于亚洲中部、里海东岸，境内多沙漠，气候干旱少雨，国民主要生活在河流两岸的绿洲地区，境内多数民众信奉伊斯兰教。土库曼斯坦油气储量丰富，油气出口是土库曼斯坦国家经济支柱。其最大环境问题是水资源缺乏，此外，水污染、沙尘污染、能源企业废气排放引起的空气污染、土地污染和盐碱化、森林种类和里海鱼类减少等也是土库曼斯坦面临的环境问题。土库曼斯坦的环境管理由环境保护与土地资源国家委员会全面负责，其他部门协助监管。此外，土库曼斯坦积极参与国际环保合作，与国际环保机构建立了密切联系，同时签署了一些国际环保公约。

第九章　　土库曼斯坦环境概况①

第一节　国家概况

土库曼斯坦历史悠久。旧石器时代（公元前 60 万—公元前 15 万年）便有人在此生活。早在 5 000 年前奥古兹土库曼人就建立了自己第一个国家，其疆土从科佩特山麓、奴塞、安奴、阿尔滕 - 杰佩一直向前延伸，包括梅尔夫、库尼亚乌尔根奇、塞伊汉河和杰伊汉河之间地带。公元前 6 世纪后，一直连续不断被外族人入侵，先后被波斯人、马其顿人、突厥人、阿拉伯人统治。11 世纪建立塞尔柱帝国，是土库曼斯坦历史上最辉煌时期。12—16 世纪归属蒙古和帖木儿帝国统治，16—19 世纪属希瓦汗国，19 世纪中叶—20 世纪初属沙皇俄国。1917 年十月革命后建立苏维埃政权。1924 年成立土库曼苏维埃社会主义共和国，并加入苏联。1991 年 10 月 27 日宣布独立，改国名为"土库曼斯坦"。1995 年 12 月 12 日被联合国承认为"永久中立国"。

一、自然地理

（一）地理位置

土库曼斯坦是中亚第二大的内陆国，位于中亚西南部，介于北纬 35.08°～42.48°、东经 52.27°～66.41°之间。国土面积 49.12 万 km²（略大于中国的四川省），其中陆地面积约占 96.3%，水域面积约占 3.7%。从东到西长

①本章由王聘同、张宁编写。

1 100 km，由南到北 650 km。

土库曼斯坦南以科佩特山脉为界与伊朗接壤（边界线长 1 179km），北与哈萨克斯坦接壤（边界线长 426 km），东北部与乌兹别克斯坦接壤（边界线长 1 827 km），东南部与阿富汗接壤（边界线长 805 km），西濒里海（海岸线长 781 km），与俄罗斯、阿塞拜疆隔海相望。土库曼斯坦最北端点是卡谢克里克边界点（北纬 42.48°）、最南端点是奇里杜赫塔尔边界点（北纬 35.08°），最西端点是苏埃角（东经 52.27°），最东端点是海兹列达克萨尔边界点（东经 66.41°）。

（二）地形地貌

土库曼斯坦境内基本是低地，约 80% 的国土被沙漠覆盖，仅有 4% 的土地是可耕地，近 2.5% 的土地为灌溉农田，平原基本在海拔 200m 以下。

（三）气候

土库曼斯坦位处亚洲大陆的中部，属典型的温带大陆性气候，昼夜和季节温差大，冬季漫长少雪，夏季炎热干燥，植物生长期约 200～270 天。全国 1 月平均温度 -5～4℃，沙漠地区经常零下二三十度，最低可至 -33℃。7 月平均气温 28～32℃，东南部的卡拉库姆沙漠地区可达 50℃。很多地区的昼夜温差达 35℃。

土库曼斯坦是世界最干旱的地区之一，年降水量由西北向东南递增。西北沙漠地区降水量约 80mm，东南山区年降水量 300～400mm。降水主要在冬春季降雪（12 月至次年 3 月）。科佩特山脉是全国降雨量最高的地区。冬季空气湿度通常不足 60%。

据统计，土库曼斯坦境内温度总体呈上升趋势，1961—1990 年气温共上升 0.2～0.6℃。预计到 2100 年,境内平均气温可能提高 4.2～6.1℃,降水减少 4%～56%。预计 9 月至次年 5 月各地年均降水量分别是：阿哈尔州 60mm、列巴普州 49mm、巴尔坎州 45mm、达绍古兹州 16mm、马雷州 14mm。土库曼斯坦气温走势、降水走势有关情况、月均湿度见图 9-1～图 9-3。

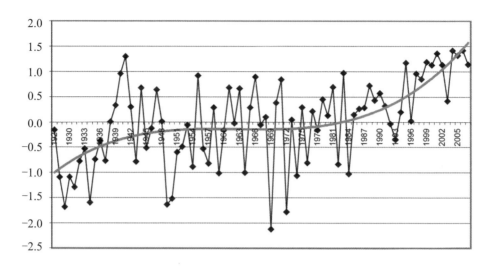

图 9-1　土库曼斯坦多年气温距平走势图（℃）

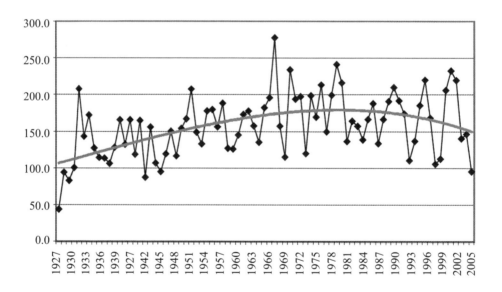

图 9-2　土库曼斯坦年均降水走势图

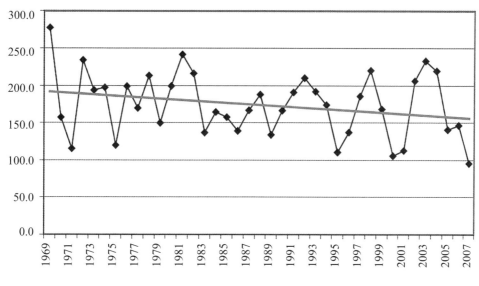

图 9-3 土库曼斯坦 1970—2005 年各地月均湿度示意图（%）

二、自然资源

（一）矿产资源

土库曼斯坦油气资源十分丰富，天然气储量占世界第四位，是主要的天然气出口国。全国油气总地质资源量为 $454×10^8$ t 油当量。石油远景储量约为 68 亿 t，总可采量预估为 2.13 亿 t。大部分石油储量主要集中在二十几个油田内。其中，科图尔捷佩和巴尔萨克尔梅兹油田最为重要。据估算，天然气远景储量可达 22.8 万亿 m^3，工业储量约为 2.7 万亿 m^3。天然气储量主要集中在 100 多个气田内，其中 80% 储量集中在巨型超大达乌列托巴德—多尔梅兹气田和另外二十几个大气田内。2009 年，经国际勘探结果显示，仅仅南约廖坚（原约拉坦）的奥斯曼气田可能储量就高达 4 万亿～ 14 万亿 m^3。

根据油气资源的不同特点，土库曼斯坦可以划分出 4 个成矿区域：西部、中部、东部和土库曼斯坦所属里海水域。西部油气田大多数为多层复杂的地质结构，地层数量从数层到百层以上不等。东部油气主要蕴藏在上侏罗世碳酸盐下。里海水域，近年发现的油气田主要集中在哈扎尔—奥斯曼隆起带。土库曼斯坦东部的阿姆河盆地（卡拉库姆盆地）为中生界富气盆地，具有构造圈闭面积大、集储量层物性好、保持条件好和储量丰度高等特征，其内大型气田主要分布在盆地边缘断阶带，而西土库曼盆地为一个产油盆地。

石油主要产于西部，石油主要蕴藏在里海水域和沿岸地区。里海盆地边缘低地和哈扎尔附近海底的上新世地层产有石油。目前已发现 34 个油田和 81 个凝析油田，其中有 20 个油田和 38 个天然气凝析油田正在开发。科图尔捷佩油气田 1965 年被发现，位于巴尔汉构造隆起带中西部，背斜构造圈闭，当时探明石油可采储量约 2.5 亿 t。巴尔萨克尔梅兹油田 1962 年被发现，位于巴尔汉构造隆起带中部、科图尔捷佩油气田东南 25km 处，背斜构造圈闭，探明石油可采储量 1.18 亿 t。

天然气主要蕴藏在东部，卡拉库姆盆地东南坳陷带内，马雷州捷詹河和穆尔加布河之间的中生代地层产有天然气。全国现已发现 149 个天然气田（储量共计约 5 万亿 m³），其中陆上气田 139 个（储量约 4.6 万亿 m³），里海大陆架气田 10 个（储量约 0.4 万亿 m³）。这些气田中，有 54 个气田（储量 2.6 万亿 m³）正在开采。复兴气田是南约洛坦—奥斯曼、米纳拉、亚什拉尔气田的合称，地质储量超过 26 万亿 m³，是土库曼斯坦天然气出口战略的重要支点。

土库曼斯坦的非金属矿产类型不多，储量不大，已发现矿床 162 个，其中煤矿 3 个、岩盐矿床 7 个、钾盐矿床 3 个、自然硫矿床 2 个、重晶石矿床 6 个、天青石矿床 2 个、高岭土矿 2 个、膨润土矿 1 个、还有石蜡、矿物颜料等 128 个各种建材矿床。

钾盐主要分布在东部地区，盐层产于晚侏罗世含卤建造中，其中在高尔达克市附近的卡尔留克钾盐矿床原生储量 31.9×10^8 t，共有 11 层钾盐盐层，层厚 2.6～5 m。钾盐层由钾石盐或钾石盐与光卤石的混合物组成，埋深 300～750 m。卡拉比尔钾盐矿床位于高尔达克市附近，其原生钾盐储量 14.528×10^8 t。

岩盐主要分布在东部高尔达克市附近，其中高尔达克岩盐矿床岩盐储量 18.49×10^8 t。盐层产于晚侏罗世含卤建造中，盐层厚 132～142 m，顶板埋深 71～348 m，底板最大埋深 573 m，NaCl 含量 93.64%。适合地下溶解法开采，年开采量 1.5×10^4 t。库吉唐套岩盐矿床位于高尔达克市附近，岩盐储量 $1\,960 \times 10^4$ t，矿体厚 19～94m，顶板埋深 0～168 m，NaCl 含量为 94.78%～96.40%，可作食用盐和工业用盐，年产量 2 000 t。在高尔达克市附近还有霍贾基亚姆岩盐矿床和乌尊库杜克岩盐矿床，前者盐层厚 104～234 m，埋深 40～160 m，NaCl 含量 93.16%，拥有储量 1.009×10^8 t；后者盐层厚 17～40 m，出露于地表，NaCl 含量 95.09%，储量 88.6×10^4 t，现已露天开采，年产量 2 000t。

硫矿主要位于土库曼斯坦的东南部。高尔达克自然硫矿床产于晚侏罗世地层中，厚 1～126m，埋深 0～700m。该矿于 1935 年开始工业开采，最大年开采量曾达到 170×10^4 t，尚有硫储量 $1\,830 \times 10^4$ t。库吉唐套自然硫矿床位于高尔达克矿床东南 40 km 处，硫矿层厚 3～71m，底板埋深 186～419m，平均含硫量 18.95%～21.61%，表内储量 910×10⁴t。

土库曼斯坦建材原料资源丰富，拥有大量建材矿床，如高尔达克石灰岩矿床储量 2.053×10⁸t；卡拉卡拉马克石灰岩矿储量 1.051×10⁸t；塔加林石灰岩矿可作饰面石材，表内储量为 283.5×10⁸m³；别赫尔登石英砂矿表内储量 240×10⁴t；克利亚金白云石矿表内储量 339×10⁴t；阿纳乌石英砂矿表内储量 60×10⁴t；巴巴杜尔马兹石英砂岩矿表内储量 600×10⁴t；克兹尔卡因含高岭土砂岩矿表内储量 2 960×10⁴t，矿石年产量 8×10⁴t。

（二）土地资源

由于国土的大部分被卡拉库姆沙漠所覆盖，境内土壤以沙土为主，多数是灰钙土和灰褐沙漠土，还有草甸土、沼泽土、灌溉土、褐色土，土壤中所含的有机质和腐殖质很少。从生态角度进行划分，土库曼斯坦土壤也可划分为三大生态类型，即绿洲土壤、山区土壤及沙漠土壤。绿洲土壤主要分布在阿姆、穆尔加布河、捷詹河、阿特拉克河绿洲地带，是土库曼斯坦最大的农业区，也是农业灌溉的主要区域。山区土壤分布于南部山地和丘陵，包括科佩特山、库吉唐套山、巴赫德兹丘陵和卡拉比尔高地。沙漠土壤分布于整个中部地区和西部部分地区。沙土、岩质土、黏土分布各异，土壤覆被呈现出不同的特点。

土库曼斯坦的土地总面积达 4 912 万 hm²，其中农业用地为 3 450.8 万 hm²。按照主要土壤类型分类，土库曼斯坦的土地资源具有以下特点：大面积分布着由沙质沙漠土和灰褐色土，其他类型的土壤仅占全国总面积的 8%，山地占领土的 5% 左右。

土库曼斯坦适合灌溉农业用地大约为 701.33 万 hm²，大部分位于巴尔坎州和阿哈尔州。在种植农作物的地区，灌溉以自流灌溉为主，水源来自地表水，只有在科佩特山麓区域有限的区域内使用在使用泵抽地下水。土库曼斯坦的土地利用面积及耕地统计见表 9-1、表 9-2。

表 9-1　土库曼斯坦土地利用面积统计（当年 1 月 1 日）

单位：万 hm²

	2000 年	占比	2002 年	占比
农用地	3 450.72	69.8%	3 441.39	69.4%
国家土地储备	971.23	19.7%	998.53	20.1%
林地	221.88	4.5%	222.13	4.5%
居民用地	10.16	0.2%	11.98	0.2%
工业、交通和其他用地	161.85	3.3%	161.62	3.3%

	2000 年	占比	2002 年	占比
自然保护区、保健、康复和历史文化用地	78.77	1.6%	78.76	1.6%
水利	45.69	0.9%	45.89	0.9%
合计	49 403	100%	49 603	100%

资料来源：И. Станчин Ц. Лерман,Центр исследования экономики сельского хозяйства Иерусалимского университета «Аграрная реформа в Туркменистане»,Глава Ⅳ Земельные ресурсы Туркменистана в процессе реформы,Динамика распределения земельного фонда Туркменистана по категориям земель.

表 9-2 土库曼斯坦耕地统计（世界银行统计）

	2001 年	2002 年	2003 年	2004 年	2005 年	2006 年	2007 年	2008 年	2009 年
农用地 / 万 hm²	3 236.5	3 241.5	3 246.5	3 246.5	3 261.5	3 265.5	3 261.5	3 261.3	3 261.0
农用地占全国土地比重 /%	68.87	68.98	69.08	69.08	69.40	69.49	69.40	69.40	69.39
可耕地 / 万 hm²	160.00	165.00	170.00	170.00	185.00	189.00	185.00	185.00	185.00
人均可耕地 /hm²	0.35	0.36	0.37	0.36	0.39	0.39	0.38	0.38	0.37
可耕地占全国土地比重 /%	3.40	3.51	3.62	3.62	3.94	4.02	3.94	3.94	3.94
谷物种植面积 / 万 hm²	79.00	84.25	96.30	95.00	104.34	106.10	97.03	100.50	99.05
永久耕地占全国土地比重 /%	0.14	0.14	0.14	0.14	0.14	0.14	0.14	0.13	0.13

资料来源：世界银行在线数据库。表中数据是在原始数据基础上四舍五入而得。

（三）生物资源

土库曼斯坦最著名的动物是汗血马，本名阿哈尔捷金马，原产地在土库曼斯坦。全世界汗血马的总数量非常少，因此被土库曼斯坦奉为国宝，并将汗血马的形象绘制在国徽和货币上。

土库曼斯坦的水生物资源丰富，主要在里海，有鲟鱼、鲑鱼、银汗鱼等各种鱼类繁衍，也有海豹等海兽栖息。陆上动植物资源也较丰富，尤其是耐旱植物。在科佩特达格西部有豹、缟鬣狗、狼等动物。

（四）水资源

土库曼斯坦国土以沙漠为主，干旱特征明显，远离水资源地，水资源总体较缺乏，经济社会发展依靠绿洲。土境内自产径流量很少，年均 9.4 亿 m³，绝大部分水资源来自境外，年均 234 亿 m³。土库曼斯坦全国年均可利用水量为 250 亿 m³，人均水资源量 4 333m³。

据联合国开发计划署 2010 年报告数据，土库曼斯坦年均地表径流量 250 亿 m³，其中阿姆河 220 亿 m³，穆尔加布河 15.5 亿 m³，捷詹河 7.7 亿 m³，埃特列克河 1.7 亿 m³，小河流 3.1 亿 m³。另有地下淡水 4.7 亿 m³，灌溉回收水 99 亿 m³，来自乌兹别克斯坦的水渠 43 亿 m³。

据联合国开发计划署 2010 年报告数据，2008 年，土库曼斯坦共消费水资源 187.68 亿 m³，其中农业 167.58 亿 m³（占 89%）、电力生产 7.907 亿 m³（占 4.2%）、居民用水 4.601 亿 m³（占 2.5%）、工业 6.344 亿 m³（占 3.4%）、其他 1.248 亿 m³。[①]

土库曼斯坦境内有 3 000 条河流，总长 1.43 万 km，其中 95% 的河流长度小于 10 km，只有 40 条河流能够常年保持径流。主要河流有阿姆河、穆尔加布河、捷詹河、阿特列克河等。

阿姆河是中亚最大的内陆河流，也是土境内最大河流。该河发源于阿富汗与克什米尔地区交界处兴都库什山脉北坡海拔约 4 900 m 的维略夫斯基冰川，进入土库曼斯坦后始称阿姆河，出境后经乌兹别克斯坦汇入咸海。河流全长 2 485 km，流域面积 46.5 万 km²。水资源量为 680 亿 m³。在土库曼斯坦境内，阿姆河流经急流险滩和茫茫大漠，长约 1 000 km，年均流量为 220m³。阿姆河主要靠积雪、冰川水补给，5—8 月的流量可达年流量的 61%，这对灌溉非常有利。

穆尔加布河（Murgab river，Мургаб）发源于阿富汗的帕鲁帕米苏斯山，流经土库曼斯坦的穆尔加布市后，向西北流入卡拉库姆沙漠，在马雷附近与卡拉库姆运河相交，并在沙漠中逐渐枯竭。该河全长 978 km，在土库曼斯坦境内约为 350 km，流域面积 6 万 km²，集水面积 4.7 万 km²，多年平均流量为 48.73 m³/s。主要靠冰雪融水和冬春季的局部降雨补给，春季洪水期较长，主要集中在 4—5 月，月均流量 97.55 ～ 107.65 m³/s。与阿姆河相比而言，穆尔加布河年内流量的分布对灌溉不利，5—8 月的径流量仅占其年径流量的 40%。利用 1936—1985 年的年均径流量序列分析可知，穆尔加布河流量呈微弱下降趋势，年代下降趋势为 0.47m³/s。

捷詹河（Tedjien river，Теджен）发源于阿富汗中部兴都库什山系中的巴巴山脉，因流经土库曼斯坦境内的捷詹而得名，最终消失于卡拉库姆沙漠中。该河全长 1 150 km，集水面积 7.06 万 km²，在土库曼斯坦境内长约 300 km，集水面积 2 万 km² 左右。捷詹河年均流量 44.3 m³/s，主要集中在 4—5 月（月均流量 118m³/s）。主要靠春冬两季融化的雪水和雨水补给，7—11 月河流几乎干涸。利用 1936—1977 年均径流量序列分析可知，捷詹河径流量呈明显下降趋势，年代下降趋势为 2.39m³/s。

阿特拉克河（Atrek river，Атрек）发源于伊朗东北部的科比特达格山，向西流经土库曼斯坦，最后注入里海。河流全长 635 km，流域面积为 2.73 万 km²，在土库曼斯坦境内长约 140 km，流域面积约 0.73 万 km²。在土库曼斯坦境内的多年

---

① офис ПРООН в Туркменистане，《Отчет Аналитический обзор водного сектора Туркменистана》，Ашхабад，Туркменистан 2010.

平均流速为 8.62 m³/s，最大流速为 120 m³/s。由于流域内天然降水量少，加上上游大量的灌溉取水，河流注入里海的流量较少。

除大型河流外，土库曼斯坦境内还有许多小河流，主要分布于丘陵地带。其中大部分位于科佩特山的东北坡，且大部分由地下水补给。科佩特山东北坡的河流年均流量为 0.02～1 m³/s。

由于下垫面干燥和疏松，土库曼斯坦湖泊较少，且多为咸水湖。湖泊主要分布在河湾地带、运河及河道附近绿地和洼地，如穆尔加布河河湾地带有 30 多个咸水湖泊，平均深度 2～3 m，在克利夫洼地、穆尔加布河和捷詹河绿洲附近有一些较大湖泊。在卡拉库姆运河地区有很多小湖泊。萨雷卡梅什湖（Sarykamysh lake,Сарыкамышское озеро）是土库曼斯坦境内最大的时令性咸水湖，位于土中北部与乌兹别克斯坦西北部交界处。面积为 3 800 km²（其中 1/4 属于乌兹别克斯坦）。该湖属平原尾闾湖，主要以阿姆河支流河水补给为主。由于区域气候变化和人类活动的影响，湖泊水位也有变化。1980—2010 年水库储水量和可用量总体呈增加趋势，2010 年的储水量和可用量分别达到 79.6 亿 m³ 和 70 亿 m³。

2009 年 7 月，土库曼斯坦在卡拉库姆沙漠深处的卡拉绍盆地（Karashor）动工修建世界最大的人工湖，取名"黄金时代湖"（Golden Age Lake）。计划湖面面积 2 000 km²、湖深 70 m，可蓄水量 1 300 亿 m³。预计仅蓄水一项工程便需 15 年时间，耗资 45 亿美元。

土库曼斯坦地下水资源储量 33.6 亿 m³（占中亚地区地下水总储量的 8%）；可开采量为 12.2 亿 m³，实际可开采量为 5.7 亿 m³。开采的地下水主要用于生活饮用水、工业用水、农业灌溉用水、垂直排水和其他用途等，水资源量分别为 2.1 亿 m³、0.36 亿 m³、1.5 亿 m³、0.6 亿 m³、1.13 亿 m³，分别占实际的地下水可开采量的 37%、6%、26%、11%、20%。

卡拉库姆运河调水工程是 20 世纪 80 年代建设完成的阿姆河上最大的调水工程，将阿姆河水引至阿什哈巴德市以西，总长 1 300 km 以上，设计年引水量达 130 亿 m³，实际引水量约 130 亿 m³，调水量约占阿姆河的 1/3 水量，灌溉面积超过 100 万 km²。运河利用阿姆河的老河床，以卡利夫湖为天然沉沙池，保证其在卡拉库姆荒漠条件下过水，解决了运河运行过程中出现的河槽淤积、河床变形等问题。由于中亚气候干燥，蒸发强烈，运河和灌渠流经疏松沙地，渗漏流失水量增加，加上水利设施的不完善，大量引水量被水利工程耗损。1990—2003 年土库曼斯坦的用水分配及主要河流见表 9-3 和表 9-4。

表 9-3　1990—2003 年土库曼斯坦的用水分配

年份	地表水和地下水的取水量 /km³	生活用水比例 /%	工业用水比例 /%	农业用水比例 /%
1990	24.82	1.23	7.77	91.00
1991	26.12	1.50	6.60	91.90
1992	24.93	1.30	8.80	89.90
1993	25.71	1.46	8.54	90.00
1994	25.97	1.49	7.78	90.73
1995	27.61	2.00	7.00	91.00
1996	26.35	2.00	7.00	91.00
1997	24.21	2.00	8.00	90.00
1998	25.95	2.00	7.00	91.00
1999	27.60	2.00	6.00	92.00
2000	21.94	2.48	7.75	89.71
2001	24.92	3.10	8.39	88.51
2002	27.15	2.49	7.46	90.03
2003	26.67	2.34	7.71	89.93

资料来源：张文娜，等.土库曼斯坦水土资源特征及其开发利用研究.安徽农业科学,2013(24)。姚俊强，等.土库曼斯坦水资源现状及利用问题.中国沙漠,2014(5)。

表 9-4　土库曼斯坦的主要河流

名称	长度 /km	流域面积 /km²	发源地
阿姆河	2 620	309 000	阿富汗
捷詹河	1 150	70 620	阿富汗
穆尔加布河	978	60 000	阿富汗
阿特拉克河	669	27 300	伊朗
库什卡河	447	10 720	阿富汗
卡尚河	500	7 000	阿富汗
松巴尔河	262	7 120	伊朗
长岱尔河	146	1 868	科佩特山脉
查阿查伊河	89	1 440	科佩特山脉
梅阿纳查伊河	86	978	科佩特山脉
库吉唐套	71	1 013	库吉唐套山脉
兰依苏河	56	250	科佩特山脉
凯尔特奇纳尔河	34	364	科佩特山脉
菲柳晋卡河	31	480	科佩特山脉
谢基贾普河	25	952	科佩特山脉
阿尔蒂亚普河	13	252	科佩特山脉

三、社会与经济

（一）人口概况

土库曼斯坦官方 2000 年以后未再公布其人口数字，外界只能从苏联时期的人口统计及其自然增长率上推导，或者从土库曼斯坦总统或议会选举时公布的选民数量上推算，因此不同机构发布的人口数据差距较大。2012 年，土库曼斯坦国家统计局认为全国人口共计 750 万，男女比例和城乡人口比重各占 50%，而联合国等国际组织认为土库曼斯坦人口有 517 万。二者分歧自 2007 年别尔德穆哈梅多夫任总统后出现。至于为何前总统尼亚佐夫去世后，土库曼斯坦人口数据差距近 150 万，至今未有任何机构给出正式解释。

据土库曼斯坦国家统计委员会数据，截至 2015 年 1 月 1 日，土库曼斯坦全国人口中的男女比例为 49.8 ：50.2，城市和农村中的男女比例基本一致。城乡人口比重是 43.7 ：56.3。另据美国中央情报局《世界概览 2014》（*The World Factbook*）数据，土库曼斯坦 2014 年度总人口 517.1943 万人（当年 7 月），人均寿命 69.47 岁（男 66.48 岁，女 72.61 岁），出生率 19.46/ 千人，死亡率 6.16/ 千人。土库曼斯坦人口的年龄结构是：0 ～ 14 岁占 26.4%，15 ～ 24 岁占 20.2%，25 ～ 54 岁占 42.3%，55 ～ 64 岁占 6.9%，65 岁以上占 4.2%。男女比例是 0.98 ：1，不同年龄段的男女比例分别是：0 ～ 14 岁 1.03，15 ～ 24 岁 1.01，25 ～ 64 岁 0.98，65 岁及以上 0.77。[1]
人口统计见表 9-5。

表 9-5　土库曼斯坦人口统计

	1996 年	2000 年	2005 年	2010 年	2011 年	2012 年	2013 年	2014 年
总人口 /（万人，当年 1 月 1 日）	427	450	475	504	510.67	517.29	524.01	530.72
人口密度 /（人 /km²）	9	9	10	10	11	11	11	11

资料来源：世界银行在线数据库，http://databank.shihang.org/data/reports.asp×?source=2&country=TKM&series=&period=#selectedDimension_WDI_Series.

土库曼斯坦境内生活着 120 多个民族，主要有土库曼族、乌兹别克族、俄罗斯族，此外还有哈萨克族、亚美尼亚族、鞑靼族、阿塞拜疆族等。据美国《国际宗教自由报告 2012 年》数据，截至 2006 年年底，土库曼斯坦全国人口约 670 万人，共有 121 家宗教组织和 7 家宗教团体，其中 104 家伊斯兰组织（99 家逊尼派，5 家什叶派），13 家东正教组织，其他宗教或教派组织和团体 11 家（如罗马天主教、巴

---

[1] CIA, The World Factbook , Tukmenistan,https://www.cia.gov/library/publications/resources/the-world-factbook/geos/tx.html.

哈伊教、奎师那知觉派、新教等）。伊斯兰教是土库曼斯坦的最大宗教，全国大部分居民（约 90%）是穆斯林，信仰逊尼派，阿塞拜疆族和伊朗族主要信仰什叶派。东正教是土库曼斯坦的第二大宗教，信徒约占全国总人口不足 9%（2008 年）。早在 2005 年，时任总统尼亚佐夫便向俄罗斯东正教大牧首提出将土库曼斯坦教区从"塔什干和中亚主教区"独立出来，升格为主教区，直接归属莫斯科管理的建议，直至 2007 年 10 月 12 日俄罗斯东正教最高会议才最终同意。土库曼斯坦境内的民族构成见表 9-6。

表 9-6　土库曼斯坦境内的民族构成

人口数量 / 万人 人口比重 /%	1989 年		1995 年		2010 年	
	绝对值	比重	绝对值	比重	绝对值	比重
总计	352	100.00%	444	100.00%	510.5	100.00%
土库曼族	254	72.01%	340	76.70%	401.1	78.57%
乌兹别克族	32	9.01%	41	9.20%	47.9	9.38%
俄罗斯族	33	9.48%	30	6.70%	16.5	3.23%
哈萨克族	9	2.49%	9	2.00%	13.8	2.70%
鞑靼族	4	1.11%	4	0.80%	6.1	1.19%
俾路支族	3	0.80%	4	0.82%	3.6	0.71%
阿塞拜疆族	3	0.95%	4	0.80%	5.2	1.02%
亚美尼亚族	3	0.90%	3	0.80%	2.2	0.43%
列兹金族	1	0.30%	0.95		1.6	0.31%
波斯族	0.76	0.22%	0.86		1.2	0.24%
乌克兰族	4	1.01%	2	0.50%	1.1	0.22%

资料来源：1989 年数据来自 Всесоюзная перепись населения 1989 года.Национальный состав населения по республикам СССР, http://demoscope.ru/weekly/ssp/sng_nac_89.php?reg=14；1995 年数据来自 People Population census of Turkmenistan 1995, Vol. 1, State Statistical Committee of Turkmenistan, Ashgabat,1996；2010 年数据来自 Национальный состав населения Туркмении по оценкам Joshuaproject,http://joshuaproject.net/countries/T×。

（二）行政区划

根据土库曼斯坦 2009 年 4 月 18 日发布的行政区划法规定，地方行政区划分为三级：一是州和直辖市（人口 50 万以上），全国共有 1 个直辖市（首都阿什哈巴德）和 5 个州（阿哈尔州、巴尔坎州、列巴普州、马雷州、达绍古兹州）。二是州下属的地级区和地级市（人口 3 万以上）。截至 2015 年 1 月 1 日，土库曼斯坦境内共有 50 个区和 15 个地级市。其中首都阿什哈巴德下设 7 个市。三是市、镇、乡。其中相当于中国的县级市，是指人口 8 000 人以上，或虽不足 8 000 人但属于工业企业、建设和交通运输机构、公用事业、居民区、社会和文化机关及团体、商贸企业等聚集地。镇是人口 2 000 人以上，或虽不足 2 000 人但具备特殊的社会、文化、经济发展前景的地区，如工业企业、建设和交通运输机构、水利设施、疗养院所在地等。

乡是若干村落的集合体。截至 2015 年 1 月 1 日，土库曼斯坦境内共有 24 个县级市、77 个镇、552 个乡、1 901 个自然村。

首都阿什哈巴德市，位于科佩特山脉北麓阿哈尔绿洲和卡拉库姆沙漠边缘，海拔 215 m，面积大于 300 km²，人口约 100 万，是土库曼斯坦政治、经济、文化、教育及交通中心，是中亚地区的重要交通枢纽。有"白色大理石建筑之都"、"水晶城"、"喷泉之都"、"沙漠水城"等美誉。行政区划数量见表 9-7。

表 9-7　土库曼斯坦行政区划数量（截至 2015 年 1 月 1 日）

单位 / 个	区	区下设市	市	镇	乡	村
全国共计	50	11	24	77	552	1 901
阿什哈巴市	—	7	1	1	—	—
阿哈尔州	9	—	4	11	96	252
巴尔坎州	6	2	7	16	40	128
达绍古兹州	9	—	2	8	140	654
列巴普州	14	2	5	27	119	485
马雷州	12	—	5	14	157	382

资料来源：Государственный комитет Туркменистана по статистике, Административно-территориальное деление Туркменистана по регионам по состоянию на 1 января 2015 года, http://www.stat.gov.tm/ru/content/info/turkmenistan/administrative-regional/.

（三）政治局势

独立以来，土库曼斯坦积极探寻适合本国国情的发展道路，国内政治总体稳定，主要原因：一是坚持国家主导，对社会控制较严；二是社会福利高，加上民族和社会传统相对封闭保守，民众比较安于现状；三是严格出入境管理。内外交流少，外部势力较难影响土库曼斯坦国内。

别尔德穆哈梅多夫（Gurbanguly Berdymukhamedov）2006 年就任总统后，奉行较开明政策，在继承的同时也做出诸多重大改革，逐步消除尼亚佐夫的个人崇拜痕迹，形成自己的执政风格，国内局势始终比较稳定，未出现大动荡。

土库曼斯坦 1995 年 12 月确定国家的"永久中立国"属性。2006 年修宪，规定总统候选人年龄在 40～70 岁，总统因故不能行使职权时，根据国家安全会议决议，任命一位副总理临时代理总统职权。2008 年 9 月 26 日修改宪法，规定撤销人民委员会，增加总统、议会和政府内阁权力，议会可以因健康原因提前解除总统职务；恢复长老会的人民咨询机构地位，每年定期轮流在五个州及阿什哈巴德市举行一次会议。

土库曼斯坦实行总统制。总统由民众直接选举产生，任期 5 年，是国家元首、行政首脑和武装力量最高统帅。内阁是国家权力执行机关，由主席、副主席和部长组成，主管经济社会各领域。内阁主席由总统兼任。2012 年总统选举后的新政府组成共有 11 名内阁副主席（政府副总理）和 24 名部长。

土库曼斯坦议会是行使立法权力的国家最高代表机关，实行一院制，由根据单一选区制产生的 125 名议员组成（之前是 50 名），任期 5 年。土库曼斯坦议会下设 8 个委员会：保护人的权利与自由委员会；法律及其标准委员会；经济问题委员会；社会政策委员会；科技、教育、文化和青年政策委员会；环保、自然利用和农业委员会；国际联络和议会间联络委员会；与地方代表机构和自治机构工作委员会。2013 年 12 月 15 日选举产生的独立后第五届议会。执政的民主党拥有 125 席中的 47 席，企业家党 14 席、工会组织 33 席、妇女协会 16 席，其他 15 席为青年代表和独立候选人。

土库曼斯坦独立后曾长期实行一党制，全国只有一个合法政党，即执政的土库曼斯坦民主党（Democratic Party of Turkmenistan）。2012 年 1 月 10 日，土库曼斯坦议会通过《政党法》修正案，允许多党制。一个月后（2 月 21 日），土库曼斯坦境内出现第二个合法注册的政党"企业家党"（Party of Industrialists and Entrepreneurs），2014 年 9 月 28 日组建"农业党"（第三个合法政党）。

（四）经济概况

别尔德穆哈梅多夫任总统后，陆续出台若干国家级发展战略，如《土库曼斯坦 2011—2030 年社会经济发展国家计划》《各州和阿什哈巴德市 2008—2012 年社会经济发展方案》《2012—2016 年社会经济发展国家计划》《2020 年改造农村乡镇、城市和中心区域居民日常生活条件的国家纲要》等，作为土未来长期战略发展目标的计划方针。

土库曼斯坦是个高福利国家。自 1993 年起为居民提供免费的水、电、天然气、盐，还提供廉价燃油、食品等生活必需品和交通、通讯、医疗、教育等服务。2014 年 4 月以后，土库曼斯坦国民福利主要有：免费为公民供应水、电、食盐的福利政策延长至 2030 年；提供廉价天然气（20 马纳特 / km³）；向公民廉价供应燃油（1L 汽油零售价 2008 年前约 2 美分，2008 年 2 月起提至约 20 美分，但政府每半年向货车、汽车和摩托车车主发放 120L 免费汽油票，此项措施至 2014 年 7 月 1 日终止）；提供廉价食品等生活必需品；实行廉价交通、通讯服务；实行医疗、教育优惠制度。

土库曼斯坦的经济总规模并不大。据世界银行统计，2012 年 GDP 总值 351 亿美元，在世界 195 个国家中排名第 95 位。按购买力平价国民总收入（GNI）计算是 469 亿美元，在世界 182 个国家中排名第 90 位，按图表集法计算的国民总收入是 541 亿美元，在世界 188 个国家中排名第 94 位。2013 年，土库曼斯坦 GDP 总值约合 411 亿美元，增长率 8.8%，人均 7 853 美元。在 5 年（2008—2013 年）时间里，GDP 总值和人均 GDP 相比 2008 年几乎增长一倍，这样的经济成绩在世界都名列前茅。

土库曼斯坦经济对油气出口的依赖程度较大。近年经济维持高速发展态势，主要得益于国际能源市场价格始终居高不下。尽管 2008 年国际金融危机导致土库曼斯坦向俄罗斯天然气出口锐减，但土库曼斯坦很快便开发出中国市场，能源生产和出口总体稳定。

土库曼斯坦居民收入不高，但社会保障充足，民众生活稳定。据独联体统计委员会数据，土库曼斯坦居民月均收入约合 140 美元（2008 年）。据土库曼斯坦国家统计委员会数据，2014 年职工月均工资 1 141 马纳特（合 400 美元），同比通胀率 4.42%。2010—2012 年，通胀率（与去年同期相比）维持在 5%～5.3% 区间，失业率维持在 2.6% 水平。

土库曼斯坦经济结构较单一，以工业为主，农业和服务业比重不大，2010—2012 年，农业、工业和服务业占 GDP 比重分别为 15%、48% 和 37%。受土地和气候资源限制，农业以种植业为主，主要作物有小麦、大麦、玉米、棉花、桑蚕等。工业以石油和天然气开采为主（产量主要取决于出口情况），此外还有石油加工、电力、纺织、化工、建材、地毯、机械制造和金属加工等。

为提高本国粮食安全，土库曼斯坦努力增加灌溉面积，调整种植结构，优先保障小麦等粮食作物种植。2001—2012 年，农作物年均种植面积 160 万 hm^2（其中小麦基本保持在 70 万 hm^2 以上），粮食产量年均 249 万 t（其中小麦 230 万 t），但年季波动较大，基本能够满足本国消费需求，不足年份主要从哈萨克斯坦和俄罗斯进口。

土库曼斯坦的工业主要是采掘业，加工业主要是油气加工、纺织、化工（尤其是化肥）和食品等。每年开采石油约 1 000 万 t，其中一半用于国内消费（主要是炼厂和石化），其余出口到周边国家（主要是乌兹别克斯坦和俄罗斯）。每年天然气产量主要取决于出口量。

土库曼斯坦出口商品主要有天然气、原油、石油产品、棉花、纺织品，其中能源（石油、天然气、石化、电力等）出口约占出口总值的 90% 以上，天然气出口约占出口总值的一半以上。主要出口对象国有中国、土耳其、意大利、阿联酋、伊朗、阿富汗等。

土库曼斯坦进口商品主要有机械设备、建材、电器和电子产品等，其中 83% 属于生产技术性产品。近年来，土库曼斯坦为提高本国油气产量和出口量，大力发展能源和交通基础设施，进口交通设备（机车和车厢）和油气采掘设备、管道器材等较多。主要进口来源国有土耳其、俄罗斯、中国、伊朗、白俄罗斯、乌克兰、阿联酋和欧盟成员等。土库曼斯坦经济统计数据见表 9-8。

表 9-8　土库曼斯坦经济统计数据

	2008 年	2009 年	2010 年	2011 年	2012 年	2013 年	2014 年
总人口 / 万人	527	535	544	553	561	570	580
GDP/ 亿马纳特	494.7	576.1	631.2	833.2	1 002.2	1 168.9	1 366.1
GDP/ 亿美元	215.2	202.1	221.5	292.3	351.6	410.1	479.3
GDP/PPP	41.93	44.83	49.54	58.01	65.58	73.34	82.09
人均 GDP/ 马纳特	9 389	10 762	11 605	15 077	17 850	20 491	23 571
人均 GDP/ 美元	4 084	3 776	4 072	5 290	6 263	7 190	8 271
人均 GDP/PPP	7 957	8 375	9 108	10 498	11 681	12 858	14 165
国债总额 / 亿马纳特	13.9	14	26	83.7	181.1	246.3	229.3
国债占 GDP 比重 /%	2.81	2.44	4.11	10.05	18.07	21.07	16.79
经常账户 / 亿美元	35.6	-29.8	-23.5	5.8	0.2	-29.8	-28.5
经常账户占 GDP 比重 /%	16.55	-14.75	-10.6	1.99	0.04	-7.28	-5.95

资料来源：IMF,World Economic Outlook Database, April 2015 Edition, http://www.imf.org/external/pubs/ft/weo/2015/01/weodata/index.aspx.

四、军事和外交

（一）军事

土库曼斯坦武装力量是在前苏军土耳其斯坦军区驻本国的部队基础上建立起来。1992 年，土库曼斯坦与俄罗斯签订关于在国防领域采取联合行动的条约。根据这一文件，俄罗斯为土库曼斯坦国家安全提供担保，并将土库曼斯坦领土上的前苏军部队移交给土方，用以组建土武装力量。条约规定，除原苏联克格勃所属的边防军部队、苏联国防部所属的空军和防空军部队仍归俄罗斯外，其他部队全部移交给联合司令部，并在 10 年内逐步移交给土方。在过渡时期，俄罗斯有义务向土方提供军事技术和战役战术支持，并为俄罗斯在土库曼斯坦领土上的军事设施提供方便，同时土方负担维持和保障联合部队的费用。空军和防空军部队虽归属俄军指挥，但其人员和航空技术装备并未全部撤回俄罗斯，而是留在土库曼斯坦。在俄方的帮助下，依靠前苏军留下的人员和武器装备，土库曼斯坦逐步建立起自己的军队。

作为中立国，土库曼斯坦实行防御性国防政策，认为军队的规模、装备和作战能力以合理、有效为标准，努力开展生产经营，力争实现自给自足，主张建立一支数量少但战斗力强、足以保卫国家完整主权不受可能的侵略的军队，强调军队应效忠总统、保持中立。土库曼斯坦与外军合作通常限于军事技术和军官培训领域，并拒绝同北约建立军事机构以及针对第三国的军事设施。

为保卫国家安全，土库曼斯坦军事政策基本原则有：不将任何国家视作自己的敌对国；将所有尊重联合国宗旨和原则、不损害国家利益、不参加军事集团或联盟的国家视作友好合作伙伴；努力预防冲突，不发动战争，不挑起武装冲突，不参加可能引发军事冲突或战争的政治等活动；不允许在本国境内建立外国军事基地；不拥有、不部署、不允许核、化学、生物和其他大规模杀伤性武器过境；优先使用政治、外交和其他非军事手段预防、中止和解决军事冲突，与国际社会一道维护和平与安全；不允许外国武装力量和武器过境土库曼斯坦前往第三国。

根据土库曼斯坦宪法，总统是武装力量的最高统帅，有权下令进行全国或局部动员，并在议会批准下动用武装力量；有权任命武装力量高级指挥员。总统领导国防与国家安全会议，国防部对武装力量、其他强力部门对所属部队实施日常领导。武装力量总参谋部和其他强力部门参谋部，对所属部队实施作战指挥。

土库曼斯坦拥有军事力量的强力机构有国防部、国家边防局、内务部、国家安全委员会和总统警卫局。总兵力约 5 万人，约占土库曼斯坦总人口的 1%。另据俄罗斯学者估算认为，截至 2013 年，土库曼斯坦拥有常备军 2.2 万人，其中陆军 1.7 万人、空防军 3 000 人、内卫部队约 2 000 人。[1]

土库曼斯坦每年国防开支数量不大，瑞典和平研究所认为，土库曼斯坦 2011 年国防开支为 3.36 亿美元，占 GDP 的 1.5%。武装力量不仅履行反击侵略、保卫国家的任务，还负有防止内部冲突的职能。独联体国家的军费开支见表 9-9 和表 9-10。

表 9-9 独联体国家的军费开支

单位：亿美元

国家	2008 年	占当年 GDP 比重 /%	2009 年	占当年 GDP 比重 /%	2010 年	占当年 GDP 比重 /%	2011 年	占当年 GDP 比重 /%
亚美尼亚	3.823	3.7	4.953	3.6	3.47	4.07	3.87	4.1
阿塞拜疆	13.00	3.6	14.46	2.76	15.85	3.95	31.00	6.2
格鲁吉亚	6.00	4.95	5.74	4.4	5.19	4.56	3.90	2.9
摩尔多瓦	0.126	0.3	0.30	0.39	0.29	0.56	0.29	0.55
哈萨克斯坦	13.85	1.1	14.90	1	10.66	0.9	12.97	0.9
吉尔吉斯斯坦	0.439	1.3	0.22	0.6	0.96	1.7	1.11	2.09

[1]Андрей Быков，《Рынок вооружений Туркменистана: реалии и перспективы》，《Национальная оборона》，№6 июнь 2015.

国家	2008 年	占当年 GDP 比重 /%	2009 年	占当年 GDP 比重 /%	2010 年	占当年 GDP 比重 /%	2011 年	占当年 GDP 比重 /%
塔吉克斯坦	0.63	1.7	0.882	1.46	0.84	1.5	1.05	1.68
土库曼斯坦	2.13	0.9**	2.50	1.21	2.61	1.5	3.36	1.5
乌兹别克斯坦	10.80	4	12.38	3.4	14.22	3.5	15.68	3.2
乌克兰	19.60	1.1	12.04	0.85	11.32	0.8	17.10	1.08
白俄罗斯	6.81	1.3	9.10	1.3	9.26	1.5	9.90	1.5
俄罗斯	388.61	2.73	431.00	2.67	418.00	2.9	505.70	3.02
总计	465.818	2.22	507.829	1.96	492.67	2.29	605.93	2.41

注：** 表示土库曼斯坦的军费开支是"占财政开支的比例"，而不是"占 GDP"的比例。

资料来源：Владимир Георгиевич Мухин,В нестабильных странах СНГ расходы на армию опережают рост ВВП, http://mfit.ru/defensive/opinions/op_64.html; Владимир Георгиевич Мухин,Содружество милитаризованных государств Кризис не ограничил рост военных расходов на постсоветском пространстве, http://www.ng.ru/cis/2010-03-17/1_military.html; Владимир Георгиевич Мухин,Постсоветский военный неоглобализм Страны СНГ и Грузия удивляют мир ростом военных расходов, http://www.ng.ru/cis/2011-02-22/1_neoglobalizm.html.

表 9-10　独联体国家军费开支

单位：亿美元

年份	1995	2000	2005	2010	2011	2012	2013
哈萨克斯坦	1.78	1.44	5.92	15.02	18.04	24.34	27.99
吉尔吉斯斯坦	0.516	0.394	0.757	1.84	2.11	2.12	2.34
塔吉克斯坦	0.058	0.104	—	—	—	—	—
土库曼斯坦	1.36	—	—	—	—	—	—
乌兹别克斯坦	1.13	1.15	—	—	—	—	—
阿塞拜疆	0.662	1.2	3.05	14.76	30.79	32.45	34.4
亚美尼亚	0.522	0.681	1.41	3.95	3.91	3.81	4.27
格鲁吉亚	—	0.188	2.14	4.54	4.69	4.57	4.43
白俄罗斯	1.79	1.4	4.53	7.68	7.56	7.62	9.65
摩尔多瓦	0.133	0.051	0.12	0.183	0.223	0.223	0.244
俄罗斯	127.41	92.28	273.37	587.2	702.38	810.79	878.37
乌克兰	10.47	11.37	24.05	37.1	39.22	46.07	53.38

资料来源：SIPRI Military Expenditure Database 2014.

（二）外交

土库曼斯坦于 1995 年 12 月 12 日被联合国承认为中立国，是当今世界 7 个被国际社会广泛承认的永久中立国之一，截至 2015 年 1 月 1 日，共与 131 个国家建立正式外交关系，共在 25 个国家和国际组织设立使馆，共有 29 个国家在土库曼斯坦设立使馆。

土库曼斯坦对外政策基本原则是：维护和巩固国家主权；维护国家利益；提高

国家在国际社会的地位和影响力；为国内发展创造良好的外部环境；与世界各国在相互尊重和平等基础上发展建设性的友好合作关系。

土库曼斯坦奉行中立和对外开放政策，实行纯粹防御性军事政策；中立与和平调解争端；不参加任何军事集团和同盟；不在本国领土部署外国军事基地；不生产或扩散核化等大规模杀伤性武器；优先致力于通过政治外交和其他和平方式解决问题。

土库曼斯坦对外政策方针是：①

第一，尊重联合国，将与联合国的合作置于外交工作首位。土库曼斯坦支持联合国在国际和平与安全事务中发挥重要作用，支持联合国宪章的基本宗旨和原则。土库曼斯坦希望在土设立"联合国地区预防外交中心"。

第二，土库曼斯坦优先发展与周边国家关系。通过建立多边对话合作机制，寻找各方都能够接受的解决方案。土库曼斯坦倡议召开"中亚和里海地区安全与和平论坛"。

第三，重视维护能源安全。能源是土库曼斯坦立国之本。土库曼斯坦希望建立共同的能源安全体系，避免冲突，合作共赢。土库曼斯坦认为，能源管道和供应方向不是对抗的原因，而是合作的起点，目的是满足所有能源进口国的需求。土库曼斯坦倡议在联合国框架内召开"地区能源对话"，邀请中亚、南亚、里海和黑海地区、俄罗斯、中国、欧盟、中东等地区所有感兴趣的国家参与，研讨能源市场稳定和供需安全等问题。

第四，与欧安组织加强合作。借助欧安组织维护地区安全与和平、维护中立国地位、预防地区冲突、维护能源安全、与成员一道打击三股势力和有组织跨国犯罪。

第五，参加国际多边机制合作。如不结盟国家会议、独联体、伊斯兰合作组织、经济合作与发展组织等。在国际合作机制中保持自身中立国特色。

第六，积极同世界各国发展双边关系。通过开展对话、加强项目合作，发展双边政治、经济、能源、投资、教育等领域关系。土库曼斯坦将双边关系分为五大类：一是大国，如中国、美国、俄罗斯、欧盟等；二是周边国家，如与伊朗、哈萨克斯坦、乌兹别克斯坦、阿塞拜疆、阿富汗、巴基斯坦、印度等；三是传统伙伴（主要是独联体成员），如乌克兰、白俄罗斯、亚美尼亚、格鲁吉亚、吉尔吉斯斯坦、塔吉克斯坦、摩尔多瓦等；四是伊斯兰伙伴，主要是阿拉伯国家；五是亚太国家；六是拉美国家，如巴西、墨西哥、古巴等。

---

① Министерство иностранных дел Туркменистана 《Внешняя политика и дипломатия Туркменистана: философия мира и сотрудничества》, 26.02.2012.

第七，重视发展经济合作与人文合作。土库曼斯坦总统命令所有驻外机构密切关注驻在国经济形势，寻找经济合作机遇，创新文化交流方式。

土库曼斯坦与俄罗斯于 1992 年 4 月 8 日建交。两国在人文、安全、经济和政治领域始终联系紧密，合作密切。截至 2013 年初，俄罗斯在土共有 186 家合资或独资企业，从事 206 项各领域投资项目，主要涉及能源、通讯、交通、零售和消费者服务等行业。其中投资规模最大的是俄罗斯国家石油公司下属的国际石油公司（Itera）与土库曼斯坦国家油气集团 2009 年 9 月 13 日签署的开发里海第 21 区块项目，预计储量石油 2 亿 t、1 000 亿 m³ 伴生气和 1 000 亿 m³ 天然气。另外，俄罗斯"移动电讯系统"公司（Mobile Tele Systems PJSC）在土库曼斯坦经营通讯业务，拥有近 300 万客户。2013 年，俄罗斯从土库曼斯坦进口天然气大约 100 亿 m³，与 2012 年基本持平。

土库曼斯坦与美国于 1992 年建交。两国经贸合作规模不大，2013 年贸易总额只有 2.93 亿美元。两国合作主要体现在维护边境稳定、安全、能源、经济、教育、文化、英语语言等领域合作较多。自美国提出"大中亚计划"和"新丝路战略"以来，美国支持修建"土阿巴印"天然气管道（TAPI 管道）项目，旨在将土库曼斯坦天然气销往巴基斯坦和印度。美国对土库曼斯坦人权状况始终保持批评状态，2014 年《人权报告》将土库曼斯坦列入"特别关注国家"行列。

土库曼斯坦与土耳其关系密切，两国在民族、宗教、语言上有共通之处，两国关系继续顺利发展。在土库曼斯坦注册的土耳其企业有 600 多家，主要在建筑业、运输业、纺织业、加工业、贸易等领域运行。在土耳其高校学习的土库曼斯坦学生有 2 000 多人，在土库曼斯坦境内有十多个两国合办教育机构，包括"土库曼—土耳其"国际大学。

土库曼斯坦与欧盟及欧洲国家关系不断发展。欧盟支持土库曼斯坦奉行的能源出口多元化政策，并积极推动"纳布科"和跨里海天然气管道项目。欧盟成员国特别是德国、意大利和奥地利企业积极拓展在土库曼斯坦业务，扩大在土库曼斯坦投资。[①]

五、小结

土库曼斯坦位于亚洲中部、里海东岸，大部分国土属于沙漠，居民主要生活在

---

① 中国商务部. 对外投资合作国别（地区）指南——土库曼斯坦.2014 年版，http://tm.mofcom. gov.cn/article/ztdy/201504/20150400930514.shtml。

河流两岸的绿洲地区。土库曼斯坦干旱少雨,属典型的温带大陆性气候。境内油气丰富,是国家经济最主要支柱。居民主要信仰伊斯兰教。独立后至今,土库曼斯坦政局总体稳定,国家实行高福利政策,对外政策奉行中立国立场。因同属突厥民族且历史上同为塞尔柱王朝后代,土库曼斯坦与土耳其关系始终良好。

第二节　环境状况

一、水环境

土库曼斯坦的主要供水来源是阿姆河,占地表水资源的 88%。从阿姆河的取水量是 $10 \sim 12 \, m^3/s$。近年由于实施 2020 年和 2030 年社会经济发展规划,水资源需求量呈增长态势。当前,土库曼斯坦的水资源问题主要是缺水和水污染。主要应对措施是节水和严格监管污染物排放。

(一)水环境问题

土库曼斯坦的水资源问题主要是严重缺水,出现河流水量减少、湖泊面积缩小、地下水位降低、沙漠扩大、绿洲缩小、沙尘暴频发、自然植被面积减少、土地盐碱化趋势加强等现象。缺水的原因主要有:

(1)地处沙漠,干旱少雨。土库曼斯坦大部分国土地处沙漠,水资源每年人均用水不足 $2\,800 \, m^3$,远远低于每人 $7\,342 \, m^3$ 的世界平均水平,也低于每人 $3\,000 \, m^3$ 的缺水上限,属于严重缺水国家。

(2)蒸发量大。由于所处地区日照充足、空气异常干燥、天气高温,常常引起大量水资源蒸发,阿姆河下游及三角洲地带的年蒸发量达 $1\,798 \, mm$,比降水量大 21 倍。

(3)水利设施的低效,渗漏严重。流经疏松沙地的运河设计不完善,常常发生渗漏,这也造成大量水资源的浪费。

(4)农业灌溉和能源工业耗水量大。尤其是棉花种植和油气开采等,消耗大量水资源。同时,人口增多也加重用水负担。

(5)水污染。来自农业、工业和采矿业的硝酸盐、杀虫剂、重金属和碳氢化合物等污染物引起地表水富营养化,水体受到污染,河流流域内生态受到威胁。利用回收水时，矿物质含量很高的回收水净化处理程度不够彻底，对河流造成污染。

（二）治理措施

治理措施主要有：

（1）节水。比如采取防渗漏措施，减少水渠渗水。更新设备设施，减少水资源浪费等。

（2）海水淡化。里海沿线部分地区实行海水淡化，增加淡水供应。

（3）减少污染物向水中排放。尤其是化工企业和能源企业等。

二、大气环境

土库曼斯坦的大气环境问题主要是沙尘污染和能源企业废气排放，解决措施主要是提高监管，减少能够破坏臭氧层的物质排放。

（一）大气污染状况

土库曼斯坦的大气污染主要表现在两个方面：

（1）土壤粉尘污染。在高温天气下，土壤表面极其干燥，易形成灰尘和粉尘，在风力作用下进入大气，致使大气中颗粒物增多。

（2）工业排污。比如油气开采、油气加工、化工、建材等企业的生产排污。其中，石油开采对环境的影响发生在西部，石油加工对环境的影响主要在西部和东部，天然气开采造成的空气污染主要在沙漠地区（卡拉库姆沙漠的南边、东北和中央地带），化工企业污染主要发生在东部、西部和中央地带。据统计，土库曼斯坦境内约2 300多家大型企业对空气有污染或者存在有污染的威胁，油气开采与加工企业是头号空气污染源，每年"贡献"75%～95%的空气污染物，如硫化物外泄、天然气放空燃烧、硫化氢等有毒物被排放到大气中等。

（二）治理措施

治理措施主要有：

（1）提倡使用资源节约技术，加强对空气质量的控制，监控工厂和设施是否符合环保标准，强制其进行环境安全相关鉴定。例如石化行业领头企业土库曼巴什炼油厂综合体的现代化改造项目包括在里海岸边建立"Avaza"国家旅游区、在卡拉库姆沙漠建设阿尔登阿瑟尔湖等，旨在大幅改善土地灌溉条件，解决土壤盐渍化、水涝和干旱等许多问题，这将对整个地区的生态环境产生有益的影响。该项目在短短的几年中已经改变毗邻土库曼湖地区的面貌：沙丘、绿地已经出现，水体内的鱼已经开始繁殖，畜牧养殖也得到进一步推动。

（2）实施《土库曼斯坦 2030 年前油气工业发展纲要》的同时，采取措施减少和防止油气综合体及整个能源行业造成的污染。对空气质量影响最严重的行业是石油加工、油气工业、化工等。大量投资被用于引进高效天然气运输方式和油气田作业方式，减少碳氢化合物排放。在发展天然气化工方面，最大限度地将天然伴生气加工成广泛应用于国民经济的产品（如聚乙烯和聚丙烯、人造汽油），减少天然气用量。

（3）制订《2020 年前城市交通基础设施发展方案》，以减少城市空气污染，减少交通工具在内的大气污染物排放，满足国际上对现代城市规划的要求，在城市建设带有立交桥和许多分支路线的新公路，建设位置合理的、建有配套居住和娱乐区的工业区。

三、土地资源

合理有效地利用和保护土地资源是国家环保政策的一个优先方向，这在《土库曼斯坦土地法典》和《土库曼斯坦 2011—2030 年社会经济发展国家纲要》中有所体现。土库曼斯坦的土壤环境问题主要是土地污染、灌溉地区土壤盐碱化等，主要应对措施是改进灌溉系统。

（一）土地环境

土壤污染主要表现在五个方面：[①]

（1）咸海危机。咸海位于哈萨克斯坦与乌兹别克斯坦的交界处，曾为世界第四大湖泊，锡尔河和阿姆河是咸海的主要补给水源。近年来，由于锡尔河和阿姆河的水资源被过度利用和浪费，锡尔河和阿姆河河水对咸海补给不足，致使咸海水量减少，水位下降，湖面缩小，湖水含盐浓度增加，湖床产生大量盐尘，周围地区逐渐沙漠化，流沙快速产生，盐暴和沙暴频繁发生，加剧农田盐碱化，生物物种减少。土库曼斯坦作为咸海周边国家也深受其害。

（2）农业灌溉污染。土库曼斯坦农业大量使用农药和化肥，尤其是棉花作业

---

① 鄢雪英，丁建丽，张喆，等.中亚土库曼斯坦典型绿洲荒漠化动态遥感监测 [J].自然灾害学报，2014(2).

期间。未被植物吸收的农药和化肥的残余物掺杂在灌溉废水中，随灌溉废水流入河流和渗入地下，引起水质和地表环境污染，威胁当地居民的健康，诱发多种疾病。

（3）土壤退化。盐渍化作为草甸土形成过程的结果，往往发生在排水欠佳的地区：土壤水位在 2～3m 深度，随季节变化波动幅度在 0.8～1m。在灌溉区，灌溉水被盐水挤压到深处，进入周边松散的土地。在自然多雨地区多余的盐分遍布整个土壤剖面，而在灌溉区位于 30～80 cm 的深度。在没有排水设施的情况下，过度灌溉（1.5 万～1.7 万 m^3/hm^2）在第 5 年就会对土壤产生负面影响，引起地下水位升高，从而导致水涝和次生土壤的二次盐渍化。盐渍化作为农业耕作各阶段的伴生现象，主要是由于矿化地下水水位升高引起的。在绿洲地区，土地盐渍化的主要原因是地下水。矿化地下水距离地表越近，在土壤中的盐分积累越多。

（4）土壤沼泽化。其主要表现之一就是土壤水分布非常接近（0.3～1.0m）灌溉地和未开垦地。这些土壤水矿化程度不同。沼泽化通常发生在水渠地带、渠间洼地、水利灌溉渠等水分入渗的地带。土库曼斯坦几乎所有的灌溉系统是土质河道，这导致灌溉水渠大量渗漏损失，增加地下水的水位。与此同时，还有 55%～60% 的灌溉土地急需改良。这种情况在科佩特科北部和西部山前平原的陡坡上最明显。

（5）土地荒漠化。由于缺水，土地荒漠化问题严重。造成荒漠化的各种因素包括：沙漠开发（大面积的设施建筑）所使用的技术手段最主要。首先，由于新油气田的开发建设以及大型工业设施的建设，沙漠成为密集型产业发展地区；其次，沙漠里修建铁路、公路、管道和输电设施；再次，大型灌溉水渠的建设和使用使得 64% 的草场被淹没；最后，不受控制的放牧导致水土流失、土地裸露、平原荒漠化、山区出现山体滑坡。水土流失现象在科佩特山麓尤为明显。靠近人类活动区域的牧场被过度使用（过度放牧和退化），而远程牧场却不被利用。

（二）治理措施

土库曼斯坦通过下列方法控制土地退化：

（1）改进灌溉。引进先进灌溉方法，改进现有的灌溉机械，修建排水设施，采用轮作，提倡使用有机肥等。确保地下水位和土壤产出率保持在最佳状态，以防止土地二次盐渍化、沼泽化。

（2）加入联合国《防治荒漠化公约》。土库曼斯坦 1995 年加入，1996 年获得议会批准。

（3）合理利用自然资源和提高被损坏环境的产出率成为土库曼斯坦的当务之急。在土库曼斯坦，沙漠森林为主要的森林类型，林地面积约 900 万 hm^2，其中森林覆盖面积为 400 万 hm²。近十几年，土库曼斯坦国内建造了许多人工林。植被在这里起到一定的环境保护作用。在沙漠极端条件下，森林和人工林不仅防止水土流失和土壤侵蚀，还为畜牧业提供食物，成为生物排水渠道，保护村庄和田地免受大风和沙尘暴袭击。

（4）提倡牧场广泛使用太阳能发电设施，以便缓解人类活动给环境带来的压力，防止草场荒漠化进程。

四、核安全

土库曼斯坦本身未部署核武器，不开采也不加工铀矿，因此基本不存在核污染问题。

中亚五国元首 1997 年 3 月在哈萨克斯坦通过《阿拉木图宣言》，一致同意建立中亚无核区。当年 12 月，第 52 届联合国大会通过了建立中亚无核区的 52/38S 号决议。根据决议精神，中亚五国成立了专家组，并由联合国亚太裁军中心担任协调员，负责起草无核区条约草案，从此展开长达 5 年的谈判。内容主要涉及核污染的生态环境治理、核原料生产监督、核大国的安全保障、和平利用核能、国际原子能机构监督等。在联合国的帮助下，中亚五国于 2002 年 9 月 27 日就《中亚无核区条约》文本达成一致。2006 年 9 月 8 日，哈萨克斯坦、吉尔吉斯斯坦、乌兹别克斯坦、塔吉克斯坦和土库曼斯坦五国在塞米巴拉金斯克签署《中亚无核区条约》（以下简称《条约》），并获得第 61 届联合国大会支持，此时恰逢前苏联的重要核靶场关闭 15 周年。《条约》规定：五国将自愿放弃苏联遗留的所有核基础设施，重申五国支持裁军及核不扩散原则，承诺禁止本国和其他任何国家在中亚无核区内生产、购买、部署核武器及其部件或者其他核爆炸装置。《条约》不禁止和平利用核能。

五、生物多样性

土库曼斯坦大部分地区都非常干旱，因此，保护生物多样性任务较重。当前的主要问题是森林种类以及里海鱼类品种和数量减少。治理措施主要是建立自然保护区，大面积植树造林，建立里海监管机制等。

（一）生物多样性现状及问题

里海被阿塞拜疆、俄罗斯、哈萨克斯坦、伊朗和土库曼斯坦五国所包围，是世界上最大的不与海洋相连的内陆水域，具有调节气候的重要意义。它的独特之处在于海水里仍生存着多种多样的动植物，包括世界上最大的鲟鱼群。

土库曼斯坦的生物多样性问题主要表现为里海和咸海的生物资源减少。减少的原因：一是油气开采；二是滥捕行为。据统计，海豹和里海鲟鱼数量呈灾难性下降趋势。目前，里海鲟鱼已名列国际保护自然与自然资源联合会公布的"十种濒危物种的名单"之中。海洋石油开采活动对渔业造成极大负面影响。渔民们失去传统捕捞区，小鱼和成鱼的洄游周期被破坏，育肥及产卵条件不断恶化；水体污染使一些水域的生态系统被破坏。土库曼斯坦珍稀和濒危动植物种类统计见表9-11。

表 9-11　土库曼斯坦珍稀和濒危动植物种类统计

序号	动植物种群名称	所有物种	濒危物种	濒危物种占比 /%
I	植物（包括菌类）	7 064	115	1.6
1	高等植物	3 140	107	3.4
a）	蕨类	17	8	47.0
b）	开花植物	2 969	97	3.3
c）	苔藓	140	2	1.4
2	低等植物	3 924	8	0.2
a）	菌类	2 585	3	0.1
b）	地衣	470	5	1.06
II	动物	12 683	149	1.2
1	无脊椎动物	12 000	45	0.4
a）	昆虫	8 000	43	0.5
2	脊椎动物	746	104	14.0
a）	鱼类	115	14	12.2
b）	爬行类动物	86	20	23.3
c）	鸟类	433	40	9.2
d）	哺乳动物	106	29	27.4

注：濒危物种指被列入土库曼斯坦红皮书（2011 年）的物种。
资料来源：土库曼斯坦国家环境保护和土地资源委员会，http://nature.bushluk.com/ru/ttgm/ekologicheskii-doklad/po-bioraznoobraziiu/vidy-nakhodiashchiesia-pod-ugrozoi-ischeznoveniia-i-okhraniaemye-vidy/.

（二）治理措施

治理措施主要有：

（1）建立完善且共同遵守的环境保护法律法规，积极参与制定和切实履行区域国际协定。2014 年 11 月 14 日，土库曼斯坦议会一致通过《保护和合理利用里海海洋生物资源协议》和《预防和消除里海紧急情况合作协议》两项关于里海的协议，这两项协议于 2014 年 9 月在俄罗斯阿斯特拉罕召开的里海国家首脑峰会上签署。

（2）建立监管机制。里海生物资源的监管机构是 1992 年 12 月成立的里海生物资源委员会，由俄、阿、哈、土、伊（2002 年加入）五国代表组成。2010 年在巴库举办的五国首脑峰会上讨论了全球暂停商业捕捞鲟鱼的问题，作为里海资源保护措施之一，该倡议奠定了里海生物资源保护协议草案基础。

（3）积极开展国际合作，争取国际援助。"环境与安全"计划于 2002 年由欧洲安全和合作组织、联合国环境规划署和联合国开发计划署共同提出。旨在改善里海沿岸地区的可持续发展、防治污染、保护生物多样性、恢复生物资源和挖掘里海国家经济潜力等问题。

（4）实施《国家绿化纲要》，以确保城镇和村庄的清洁环境，创造健康和休闲舒适的生活环境。经过近 10 年的努力，全国几乎所有的居民点周围都种植了由针叶林和落叶果树组成的绿化带。在政府的积极倡导下，国内民众积极参加国家绿化，每年种植 300 万棵树。绿色植物对减少大气中的二氧化碳、维持生物多样性和保护生态环境发挥了关键作用。2013 年通过《国家森林计划》，其中包含建立防护林带公园和广场的行动计划。

由于实施国家绿化纲要，迅速扩大的幼林区以及遍布的人造绿洲吸引众多外国游客。大规模的绿化减少气候变化带来的负面影响。夏季，村庄周围和主要公路和铁路两旁的人工林营造了舒适的小气候，保护城镇和村庄免受卡拉库姆沙漠灼热空气的侵袭，冬季也起到阻挡寒风的作用。人造绿地也为维持生物多样性产生有益的影响。

（5）建设自然遗迹和特殊保护区（自然保护区和禁猎区）。土库曼斯坦共有 9 个自然保护区、16 个禁猎区和大量的自然保护景观，共计 215.236 万 hm^2，占全国总面积的 4.4%。自然保护区在维持国家生态生态环境方面发挥了作用，土库曼斯坦国家自然保护和土地资源委员会、国家沙漠和动植物研究所，各州自然保护管理局等环保机构在保护区建设过程中起到重要作用。特殊自然保护区域及占比见图 9-4 和图 9-5，特殊自然保护区在各生态系统的占比见图 9-6。

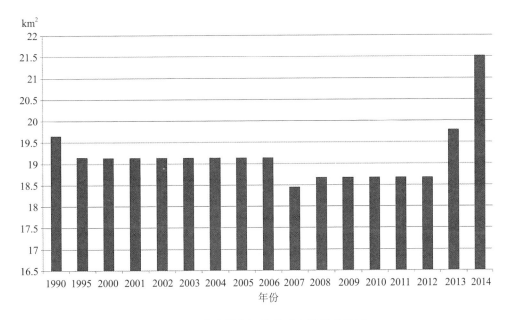

图 9-4　土库曼斯坦的特殊自然保护区域

资料来源：土库曼斯坦国家环境保护和土地资源委员会，http://nature.bushluk.com/ru/ttgm/ekologicheskii-doklad/po-bioraznoobraziiu/osobo-okhraniaemye-prirodnye-territorii/。

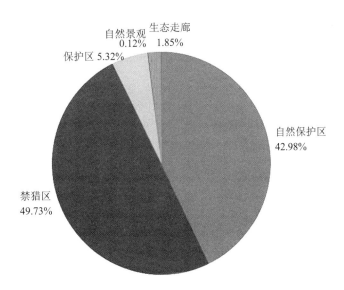

图 9-5　土库曼斯坦各类特殊自然保护区占比

注：自然保护区占比 42.98%，禁猎区 49.73%，保护区 5.32%，生态走廊 1.85%，自然景观 0.12%。

资料来源：土库曼斯坦国家环境保护和土地资源委员会，http://nature.bushluk.com/ru/ttgm/ekologicheskii-doklad/po-bioraznoobraziiu/osobo-okhraniaemye-prirodnye-territorii/。

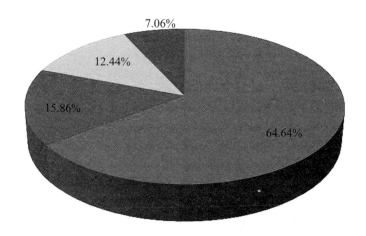

图 9-6　特殊自然保护区在各生态系统中的占比

注：沙漠平原地区占比 64.64%，山区 15.86%，滨海区 12.44%，河流流域 7.06%。
资料来源：土库曼斯坦国家环境保护和土地资源委员会，http://nature.bushluk.com/ru/ttgm/ekologicheskii-doklad/
po-bioraznoobraziiu/osobo-okhraniaemye-prirodnye-territorii/。

六、固体废弃物

固体废弃物处理不当是土库曼斯坦环境污染的因素之一。废弃物的数量随着人口增长而增加。主要应对措施是加强立法管理和监督。

（一）固体废物污染

据初步测算，食品垃圾、纸和纸浆、玻璃和塑料占土库曼斯坦废弃物总量的75% 以上。城市固体废弃物中，食物垃圾、纸和纸板、玻璃和塑料占 75% 以上。每年每人产生 150 ～ 220 kg 固体废弃物，加上公共设施（商店、餐厅、学校、医院等）的固体废弃物，该数字将增加 30% ～ 50%。每年产生的固体废弃物约 100 万 t，并且有增长趋势。[1]

（二）治理措施

固体废弃物由土库曼斯坦内阁和市政、环保、卫生和医药工业等领域的国家管理机构进行管理。企业根据与市政服务部门及其下属机构签署的合同运输废弃物，而废弃物的储存必须获得环保部门的许可。首都阿什哈巴德是固体废弃物管理最完

[1] К. Б. Анеламова.Раздельный сбор твердых бытовых отходов в Туркменистане – проблема и решения. г. Ашхабад, Туркменистан.

善的城市，废弃物基本得到控制，在规定的地点进行处理。

废弃物处理的主要措施是加强立法和执法。2015 年 5 月通过《土库曼斯坦废弃物法》，为废弃物管理领域立法的进一步发展及法规的颁布创建了法律框架。该法包括 34 条，规范废弃物管理领域的关系，旨在合理利用废弃物，减少浪费，防止人体健康和环境受到负面影响。该法第 5 章第 20 条"保护自然环境不受工业、生活和其他废弃物的损害"规定减少废弃物对环境的负面影响的一般规则；地方政府须经过与负责自然和卫生防疫的其他相关国家机关协商，为废弃物处理选址；在专门的地点进行有害废弃物的处理和废弃物的填埋、储存须经过国家自然保护机关的许可；规定了禁止倾倒废弃物的区域；国家自然保护和其他相关部门有权限制、暂停或终止不符合本法规定的产生废弃物的生产活动。

其他涉及固体废弃物管理的法律法规包括：1996 年通过的《土库曼斯坦大气保护法》第 9 章第 23 ~ 24 条对工业和生活废弃物的运输、回收和填埋作出相关规定，规定只可填埋那些无法回收的废弃物且必须在专门的垃圾场填埋。工业和生活废弃物的处理技术必须通过国家环保审查。第 24 条规定地方当局应维持居民定居点的卫生条件，提供废弃物容器并定期清理和维护；地方政府应划拨专门的地点用来对工业和生活废弃物进行处理、回收或储存。该法还规定国家机关应对进出口的化学品进行登记，化学品的使用应遵守相关法律规定，应监督其是否对环境造成影响。

1996 年通过的第 2864 号《国家环保审查决议》规定，危险工业废弃物的运输、回收和处理须经过环境审查。作出该项规定主要是针对当时在鲁哈巴特建设机械生物处理厂的许可证。决议规定，石油行业，包括钻井和其他开采作业都须经过环保评估。

2011 年 11 月颁布的新版《土库曼斯坦卫生法典》第 27 条和第 35 条对化学品，生物制剂和材料的使用、再利用、处理和处置作出规定，任何组织和个人在使用、再利用、处理和处置化学品、生物制剂和材料时都必须遵守卫生防疫法规，须经过卫生和毒理学评估并获得国家主管机关的许可。

《土库曼斯坦碳氢化合物资源法》第 8 章《保护环境、人类健康和安全》规定，在石油相关作业造成污染的情况下，应采取相应的环境清洁和恢复措施。该法禁止在海上（包括距离海岸线 2km 以内地区）倾倒或储存废油，禁止将未达处理标准的废水排放入海。该法第 44 条对石油作业的环保要求作出规定，即在陆地和海洋倾倒废弃物须经国家管理局的特别代表批准。

2009 年批准的《医疗机构及其设备的医用废弃物安全管理国家规划》对医用废弃物的处理作出专门规定，要求妥善管理医用废弃物，为患者和医护人员提供安全环境，保护其不受医用废弃物负面影响，预防感染。文件规定医用废弃物的收集、分拣、运输、加工和销毁方法，同时指出土库曼斯坦国内缺乏合适的最终销毁设备，强调要进行消毒和使用一次性包装以减少发生与医用废弃物相关的风险。文件还规定相关人员的培训以及该规划的完成监管计划、医用废弃物的安全处理和销毁指标。2010 年《医用废弃物安全管理指南》成为《医疗机构及其设备的医用废弃物安全管理国家规划》实施的方法论手册。该指南包括行动计划的编制、组织培训、将医用废弃物管理纳入土库曼斯坦国立医学院的研究生课程、组织媒体宣传。

七、小结

土库曼斯坦的水资源问题主要是缺水和水污染，主要应对措施是节水和严格监管污染物排放。大气环境问题主要是沙尘污染和能源企业废气排放，解决措施主要是提高监管，减少能够破坏臭氧层的物质的排放。土库曼斯坦壤环境问题主要是土地污染和土壤盐碱化等，主要应对措施有改进灌溉系统。保护生物多样性问题主要是森林种类和里海鱼类品种和数量减少，治理措施主要是建立自然保护区，大面积植树造林，建立里海监管机制等。固体废弃物方面的主要问题是垃圾处理能力低，主要应对措施是加强立法管理和监督。土库曼斯坦本身未部署核武器，不开采也不加工铀矿，因此基本不存在核污染问题，但土库曼斯坦积极参加中亚无核区建设。

第三节　环境管理

一、环保管理部门

2016 年初，土库曼斯坦国家机构改革，将原农业部、水资源管理部、棉花康采恩、白金贸易公司、国家粮食联合体、土库曼斯坦城镇服务国家联合体、国家畜牧联合体整合为"农业和水资源管理部"。在原环境保护部和农业部土地资源管理局基础上成立"环境保护和土地资源国家委员会"。新成立的管理机构不干涉农产品生产者的活动，主要任务体现在农业政策方面。

土库曼斯坦的环境主管部门是"环境保护和土地资源国家委员会"，主要职能是负责实施国家合理利用自然资源的政策以及该领域的跨部门协调工作，具体有：

①拟定国家环境保护的方针、政策和法规；②牵头落实国家环保规划；③监督对生态环境有影响的自然资源开发利用活动、重要生态环境建设和生态破坏恢复工作；④监督管理国家级自然保护区；⑤监督检查生物多样性保护、野生动植物保护、荒漠化防治工作；⑥制定和组织实施各项环境管理制度；⑦制定国家环境质量标准和污染物排放标准并按国家规定的程序发布；⑧负责环境监测、统计、信息工作；⑨管理环境保护国际合作交流，参与协调重要环境保护国际活动，参加环境保护国际条约谈判，管理和组织协调环境保护国际条约国内履约活动，统一对外联系等。

环境保护和土地资源国家委员会包括下列部门：环境保护局，植物和动物保护局，国际关系和规划管理局，会计与金融管理局，国土资源管理局，人力资源和法律处，建设和后勤处。此外还包括：5 个州级环境保护管理局，里海环境检测局，9 个国家自然保护区，国家动植物和沙漠研究所，林业局（包括 9 个林业生产部门，"Bekrevinsky"林业苗圃和苗木花卉种子基地），森林良种繁育和自然公园保护局，《生态文化与环境保护》杂志，阿什哈巴德土地资源管理局，5 个州级土地资源管理局，"Turkmenertaslama" 国家设计院及其下属的土壤研究勘察队、土库曼纳巴德土地规划勘察队、马雷土地规划勘察队，"Alemgoshar"封闭式股份公司、森林基金。

除环境保护和土地资源国家委员会外，农业和水利部等其他部委也拥有环境保护的相关职能，其中：

（1）农业和水利部负责制定和实施国家在合理利用和保护水资源、土地资源领域的政策。

（2）卫生和医药工业部负责实施保护公众健康的国家政策。

（3）国家渔业管理委员会协助环境保护和土地资源国家委员会实施国家在渔业方面的环境保护政策。

（4）能源和工业部在能源开采和利用过程中以及工业生产中负责实施国家对环境的保护政策。

（5）国家统计局负责环保数据的统计。

（6）国家跨部门保障履行联合国环境公约和计划的义务的委员会负责传播国际公约和计划的信息，协调、管理和监督其义务的履行。

土库曼斯坦全国仅有 1 家环保网站，即土库曼斯坦政府"自然保护网"，由土库曼斯坦自然保护部和联合国开发计划署合作建立，网址为 www.natureprotection.gov.tm，包括土库曼语和俄语两个版本。

二、 环保管理法律法规及政策

土库曼斯坦将保护自然和改善生态环境作为国家政策的优先方向之一。在国家发展新经济计划中，生态安全成为其一个组成部分。为合理利用水资源、土地和生物资源、保护生物多样性和自然景观、防治荒漠化和砍伐森林、人口生态教育，独立以来，土库曼斯坦出台了一系列法律法规，已逐步建立起一套相对完整、内容具体的环保法律法规体系，主要包括：

（1）《自然保护法》（2014 年 3 月 1 日颁布，2015 年 8 月 18 日修改和补充）。

（2）《大气保护法》（1996 年 12 月 20 日颁布，2009 年 4 月 18 日修改和补充）。

（3）《水文气象活动法》（1999 年 9 月 15 日颁布，2009 年 4 月 18 日和 2010 年 11 月 26 日修改和补充）。

（4）《土地法典》（2004 年 10 月 25 日颁布）。

（5）《水法典》（2004 年 10 月 25 日颁布）。

（6）《碳氢化合物资源法》（2008 年 8 月 20 日颁布，2010 年 3 月 12 日、2011 年 8 月 4 日、2011 年 10 月 1 日、2012 年 5 月 4 日、2012 年 12 月 22 日修改和补充）。

（7）《臭氧层保护法》（2009 年 8 月 15 日颁布）。

（8）《辐射安全法》（2009 年 8 月 15 日颁布，2013 年 8 月 9 日修改）。

（9）《卫生法典》（2009 年 11 月 21 日颁布）。

（10）《饮用水法》（2010 年 9 月 25 日颁布）。

（11）《森林法典》（2011 年 3 月 25 日颁布，2015 年 2 月 28 日修改和补充）。

（12）《化学品安全法》（2011 年 3 月 25 日颁布）。

（13）《渔业和水生物资源养护法》（2011 年 5 月 21 日颁布）。

（14）《特别自然保护区法》（2012 年 3 月 31 日颁布，2014 年 3 月 1 日和 2014 年 8 月 16 日修改）。

（15）《疗养事务法》（2012 年 8 月 4 日颁布）。

（16）《动物保护法》（2012 年 3 月 2 日颁布）。

（17）《植物保护法》（2012 年 8 月 4 日颁布）。

（18）《生态鉴定法》（2014 年 8 月 16 日颁布）。

（19）《矿产资源法》（2014 年 12 月 20 日颁布）。

（20）《废弃物法》（2015 年 5 月 23 日颁布）。

（21）《牧场法》（2015 年 8 月 18 日颁布）。

2013 年，针对水体和土地污染通过环境损害计算方法，利用经济杠杆来对自然资源消费者和环境污染者施加影响。2013 年，强制生态保险通过并生效。所有从事对环境有害活动的机构、企业、组织，包括外国法人及其分支机构和代表处、无法人实体而从事企业活动的自然人，不分所有制性质，土库曼斯坦一律实行强制生态保险。土库曼斯坦主要环保规定见表 9-12。

表 9-12　土库曼斯坦的主要环保规定

法律名称		法律法规要点
《自然保护法》 《土地法》 《森林法》 《大气保护法》 《水资源法》 《动物保护法》 《植物保护法》 《矿产资源法》	土壤保持	1. 国家对土壤保持工作实行全面规划，综合防治，因地制宜的方针 2. 土地所有者、使用者和租赁者应采取有效措施，确保合理使用土地资源，提高地力，防止风和水对土地的侵蚀，防止土地荒漠化、盐渍化和污染土地 3. 在实施或推广可能对土壤造成危害的项目或技术前，必须按法定程序报国家土地资源主管机关、环保部门等机构进行审批；在项目实施以及新技术推广前，必须预先规划并切实采取土壤保持措施，确保符合生态、卫生以及其他有关要求；未采取土壤保持措施以及未通过国家生态鉴定的项目、技术不得实施或推广 4. 为提高土地所有者、使用者和租赁者对土壤保持工作的积极性，将根据实际情况，实行以下经济鼓励政策，包括免缴土地使用税，提供优惠贷款，给予部分经济补偿，提供专项资金等 5. 国家土地资源主管机关统一负责全国土地利用和保护的管理和监督工作 6. 对不采取土壤保持措施，造成土壤状况恶化、盐渍化、污染等后果的，以及非法实施项目并对土地造成破坏的行为，国家土地资源主管机关将依法采取处罚措施
	森林保护	1. 森林所有者、使用者职责：在林区内设置必要的防火设施；制止非法砍伐等破坏森林资源的行为；防止林区遭受污水、化学品和生产生活垃圾的污染；保护为林业服务的标志；保护对森林资源有益的动物群；做好森林病虫害防治工作等 2. 进行各项建设工程，应当不占或者少占林地；必须占用或者征用林地的，应按法定程序报地方行政主管机关、自然保护部和其他相关机构审批，且必须通过国家生态鉴定，未经审批部门审查或者审查后未予批准的项目不得建设；在实施此类项目前，应预先规划并切实采取防护措施，避免森林遭受污水、化学品和生产生活垃圾的污染；管理部门有权要求未采取必要护林措施的项目中止或停止；禁止实施对森林资源有不利影响的项目 3. 在林区进行勘探、矿产开发等与林业无关的活动，须事先征求地方行政主管机关、自然保护部和其他相关机构的意见，待同意后才可进行 4. 国家将视情况实行以下经济鼓励政策，包括提供护林专项资金、支付护林费等 5. 地方行政主管机关、自然保护部和其他相关机构负责监督、管理森林防护工作；森林防护措施具体细则和程序由自然保护部负责制定 6. 企业、团体、个人如违反相关规定，造成森林、树木受到毁坏的，须依法进行赔偿；对违法情节严重者，还将依法追究刑事责任

法律名称	法律法规要点	
《自然保护法》《土地法》《森林法》《大气保护法》《水资源法》《动物保护法》《植物保护法》《矿产资源法》	大气污染防治	1. 内阁、地方行政主管机关、自然保护部和其他政府相关机构为大气污染防治工作的管理部门；内阁主要负责制定具体法规和征收排污费的程序；地方行政主管机关对大气污染防治实行统一监督管理；自然保护部负责制定国家大气污染物排放标准和排污费征收标准，并监督执行情况 2. 土库曼斯坦全国实行统一的排放标准；如有必要，将对某些特定地区实行更为严格的排放标准 3. 从事业务与向大气排放污染物有关的法人有义务：采取必要的减排措施；对排放数量、污染物组成进行统计，并及时、准确提供统计数据；对所拥有的污染物排放企业进行注册；按规定缴纳排污费等 4. 禁止进口、制造、使用超过排放标准的设备和交通工具 5. 新建、扩建、改建向大气排放污染物的项目，必须遵守国家有关建设项目环境保护管理的规定。必须预先规定防治措施，并按照规定的程序报环境保护行政主管部门审查批准。建设项目投入生产或者使用之前，其大气污染防治设施必须通过国家生态鉴定，达不到国家有关建设项目环境保护管理规定要求的建设项目，不得投入生产或者使用 6. 无论是本国生产还是自国外进口的化学品（药品除外）都需经过测试，并进行登记注册；注册费用由生产者或进口商承担；禁止生产、进口、储存、使用未经注册以及不在被允许使用的化学品清单内的化学品 7. 固体工业废物、生产生活垃圾必须经过加工处理后才能填埋或储存在经特殊处理的地点；污染环境的液体垃圾必须经过处理和清洁；垃圾无害处理工艺必须经过国家生态鉴定 8. 从事制冷技术、空调、灭火器材的生产、使用、服务的法人和自然人有义务采取必要技术手段和措施，保护臭氧层 9. 自然保护部负责建立大气污染监测制度，组织监测网络，制定统一的监测方法 10. 对非法排放、超标排放等违法行为的当事人依法追究相应责任（具体处罚措施此法中未予明确） 11. 法人和自然人如因违反规定造成大气污染的，须依法进行赔偿
	水体保护（流域保护）	1. 自然保护部会同卫生部、渔业委员会等部门共同负责制定国家水环境生态安全标准；自然保护部会同卫生部共同负责制定水环境质量标准；内阁负责制定污染物排放标准；各行业污染排放标准由行业主管部门会同自然保护部共同制定 2. 水资源使用者有义务：合理使用水资源；推广、实行节水减排技术；遵守相关排放规定；对排放数量、污染物组成进行统计，并及时、准确提供统计数据；采取必要的水资源防护措施；及时向环保部门通报污染事件等 3. 新建、扩建、改建向水体排放污染物的项目，必须遵守国家有关建设项目环境保护管理的规定。必须预先规定防治措施，并按照规定的程序报环境保护行政主管部门审查批准。建设项目投入生产或者使用之前，其防治水污染设施必须通过国家生态鉴定，达不到国家有关建设项目环境保护管理规定要求的建设项目，不得投入生产或者使用。禁止新建无水污染防治措施的各类严重污染水环境的企业 4. 向水体排放污染物的企业、团体应按规定缴纳排污费 5. 禁止向水体排放、倾倒工业废渣、城市垃圾和其他废弃物；禁止向水体排放油类、酸液、碱液或者剧毒废液；使用农药，应当符合国家有关农药安全使用的规定和标准，防止过量或不当使用对水体造成污染；兴建地下工程设施或者地下勘探、采矿等活动，应当采取保护性措施，防止地下水污染 6. 对非法排放、超标排放等违法行为的当事人依法追究相应责任（具体处罚措施此法中未予明确） 7. 法人和自然人如因违反规定造成水体污染的，须依法进行赔偿

法律名称	法律法规要点	
《国家生态鉴定法》	投资项目环境影响评价	1. 在土库曼斯坦开展对环境有影响的投资、生产、项目建设以及提供、推广新技术等活动，必须通过国家生态鉴定（即进行环境影响评价） 2. 土库曼斯坦内阁、地方行政主管机关、自然保护部共同参与国家生态鉴定工作，其中内阁主要负责监管和法律法规制定，地方行政主管机关的主要职责是确保鉴定工作按程序顺利进行，自然保护部则负责鉴定工作的组织和筹备事宜，包括召集专家，收集资料等 3. 关于鉴定费用：外商投资建设的项目进行国家生态鉴定所需费用，由外商自行承担；土库曼斯坦政府投资建设的项目由国家预算承担 4. 项目业主权责：项目业主有咨询权和解释权；同时，业主有义务提供鉴定所需相关资料，并保证资料的准确性、真实性 5. 鉴定所需时间一般不超过 1 个月，最多不超过 3 个月 6. 项目业主和实施方应服从生态鉴定结果；如有异议，其有权在收到鉴定结果后的两周内向主管鉴定工作的最高行政机关递交复议申请；可通过司法途径对组织、实施鉴定工作的主管部门工作人员的不当行为进行投诉 7. 违反相关规定的个人将依法承担相应责任（具体处罚措施此法中未予明确） 8. 国家生态鉴定工作程序由内阁确定
	工业污染、农业污染、其他污染	1. 土库曼斯坦对污染事故处理和赔偿标准并无具体界定 2. 在污染事故发生后，一般要求当事人或企业对污染区进行恢复处理 3. 根据土库曼斯坦基础环保法律规定，污染事故赔偿标准将以法院最终裁决为准

三、环境保护战略及政策

主要政策措施有以下三个方面：

一是加大环保投入力度。随着国家多元化经济发展，为避免或尽量减少环境污染，支持环保投入极其必要。从 2008—2013 年土库曼斯坦预算投向保护和合理利用自然资源的固定资产投资方向后可发现：

（1）大多数投资都持续（2010 年除外）投向保护和合理利用水资源，2008 年占 70%，2012 年占 75.3%，2013 年占 72.8%；

（2）大气保护投资平均占 2%，2010 年除外，占 70% 以上。

（3）保护和合理利用森林资源占投资的 15.6%（2010 年）～ 26.9%（2013 年），且投资呈扩大趋势，但投资每年不平衡，不固定。

（4）保护和合理利用土地资源的直接投资 2008 年占 4.66%，2010 年占 5.0%，2012 年占 22.8%，2013 年占 0.02%。

二是参加国际环保领域的合作，加入关于生物多样性、荒漠化、气候变化、臭氧层保护、跨界水道和国际湖泊保护等领域的国际公约，并协助联合国开发计划署、联合国环境规划署、全球环境基金等国际权威机构在国家和地区层面实施几十个环境方案和项目。在涉及环境问题的经济合作框架内，土库曼斯坦与国际组织完成一系列水资源管理及其有效利用、防止荒漠化、森林恢复和保护生物多样性等领域的地区和国家项目。

三是制定国家发展战略或落实措施纲要。主要包括：

（1）建立机构以执行《蒙特利尔议定书》（第4期）和《土库曼斯坦逐步减少氟氯烃计划》的实施（阶段1）；

（2）应对气候变化给国家和地方农牧业系统带来的风险；

（3）保护国内生物多样性，以执行生物多样性公约以及《土库曼斯坦2011—2020年战略计划》；

（4）保护阿姆河流域的土地和森林资源，维持流域生态系统，改善当地居民的生活条件以适应气候变化；

（5）促进可持续发展战略的实施，合理利用自然资源和能源；

（6）保护鸟类和所有生物在土库曼斯坦的安全；

（7）《2011—2030年土库曼斯坦社会经济发展国家纲要》。该战略2010年制定发布，是土库曼斯坦最高国家发展战略，其中将国家环保政策的战略目标确定为：社会与自然环境协调发展，保护自然生态系统，维护其完整性和生命保障功能，实现社会可持续发展、提高生活质量、改善居民健康状况、保障国家生态安全。《纲要》强调，发展国民经济基础行业，包括油气、能源、化工、纺织工业、农业、交通和通信以及建材，应考虑自然资源的合理利用，引进环保、清洁、无废料生产技术。工业基础设施的现代化改造以及跨国公司投资项目的实施必须使用先进技术，以防止或显著减少对环境的破坏。

环境政策的一个重要方面是有效利用土地、水和矿产资源，发展环境友好型农业技术，以保护和恢复农业用地土壤的自然肥力。为保证民众得到充足的清洁饮用水，政府计划建设一批水净化和脱盐的设施。保护大气、发展绿化带和植树、保护水资源和土地资源、维持生物多样性、回收和处理工业和生活垃圾等，都成为国家环保政策的组成部分。

《纲要》规定，将经济和自然资源利用作为一个整体，旨在创造高效和节约利用自然资源的最佳条件，根据经济发展的需要进行再生产并保护自然资源的潜力。要发展国际环保合作，完善符合国际标准的保护区网络，发展动植物保护的基础和应用研究，防治荒漠化，合理利用自然资源，引进资源节约型技术，发展环境监测网络，加强环保行业的物质技术基础。

四、小结

土库曼斯坦的环境主管部门是"环境保护和土地资源国家委员会"，另外，农业和水利部、交通部、卫生部等其他部委也拥有环境保护的相关职能。独立以来，土库曼斯坦出台一系列法律法规，已逐步建立起一套相对完整、内容具体的环保法律法规体系，如《自然保护法》《大气保护法》《土地法典》《水法典》等。同时，土库曼斯坦利用经济杠杆来对自然资源消费者和环境污染者施加影响。2013 年强制生态保险通过并生效。当前，指导土库曼斯坦环境保护工作的最高国家战略是《2011—2030 年土库曼斯坦社会经济发展国家纲要》，提出要社会与自然环境协调发展，保护自然生态系统，维护其完整性和生命保障功能，实现社会可持续发展、提高生活质量、改善居民健康状况、保障国家生态安全。

第四节　环保国际合作

土库曼斯坦已加入的国际公约主要有：

（1）《气候变化公约》和《京都议定书》；

（2）《生物多样性公约》；

（3）《防止沙漠化公约》；

（4）《保护臭氧层维也纳公约》；

（5）《蒙特利尔破坏臭氧层物质管制议定书》；

（6）《控制危险废料越境转移及其处置公约》；

（7）《在环境问题上获得信息、公众参与决策和诉诸法律的公约》（《奥胡斯公约》）；

（8）《保护里海海洋环境框架公约》。

为履行国际公约义务，土库曼斯坦向国际组织提交若干国家报告，主要有：①《落实气候变化公约国家报告》，1995 年和 2000 年两份；②《土库曼斯坦环境条件国家报告》；③《濒危野生动植物名录》；④《保护生物多样性国家行动计划》；⑤《可持续发展国家报告》；⑥《土库曼斯坦全球环保评估能力报告》等。

土库曼斯坦积极开展环保国际合作。合作内容主要偏重两个方面：

一是环保教育和环保科技，提高环保意识、理念和技术。比如德国的环保基金与土库曼斯坦自然保护部沙漠和动植物研究所、生物和药物植物研究所签订合作备忘录，对土库曼斯坦国家自然保护区牧场的生态多样性、植被进行科学研究。

二是具体环保项目，尤其是与联合国、UNDP、全球环境基金、咸海基金、欧盟、世界银行、亚行、独联体等国际组织合作的项目，优先方向是水资源、油气开发、交通和农业领域的环保问题。其中水资源领域包括水资源管理、改良灌溉体系、技术和设备设施、改革水费制度、咸水利用等；农业领域包括应用节水技术工艺、现代灌溉技术工艺、干旱区种植技术、提高水资源消费计量技术等；油气领域包括减少温室气体排放和油气开采污染；交通领域包括减少尾气排放、提高汽油标号、发展电力公共交通等。

作为中亚国家，土库曼斯坦与其中亚邻国的环保合作最为密切。但土库曼斯坦参加的中亚区域环保协议和合作机制主要是中亚五国（哈、吉、塔、土、乌）1992年2月18日在阿拉木图签署的政府间《关于在共同利用和保护跨界水资源领域的合作协议》以及1993年3月26日在哈萨克斯坦的克孜勒奥尔达市成立的"拯救咸海国际基金"。

2006年11月22日，拯救咸海国际基金可持续发展跨国委员会在土库曼斯坦首都阿什哈巴德举行例会，通过《为实现中亚地区可持续发展的环境保护框架路线图》，确定中亚地区的环境保护和可持续发展领域的主要合作内容有大气和空气质量保护、水资源保护及其可持续利用、保护与合理利用土地资源、废物管理、山地生态保护、保护生物多样性、紧急情况合作、科学技术合作、信息交换与准入（大气、地质、空气、水源、土壤、森林、动植物等）、社会参与、环保政策协调及区域合作行动计划等十个方面。土库曼斯坦主要参与其中的湿地保护项目，旨在保障盐碱地区的牧场肥力。

乌克兰区位示意图

第
聂

纳
河
伊
娜
河

俄罗斯

兰

北
涅
茨
河

捷尔任斯克水库

捷尔任斯克水库

河
顿

库 班 河

★ 首都
◉ 重要城市
━━ 国界线

0   75   150   300 KM

乌克兰是原苏联 15 个加盟共和国之一，国土面积 60.37 万 km²，是欧洲国土面积第二大国，总人口 4 555 万，GDP 为 654.89 亿美元（2015 年）。乌克兰位于欧盟与俄罗斯等独联体各国地缘政治的交叉点，地理位置十分重要。乌克兰自然资源十分丰富，境内大小河流湖泊较多，水资源充足，还是世界上第三大粮食出口国，有着"欧洲粮仓"的美誉。乌克兰总体的生态环境并不容乐观，土地开垦、采矿、水利设施建设、工业企业活动等使环境状况呈恶化趋势，水污染、大气污染严重，土壤不断退化，著名的切尔诺贝利事件更使其成为了核污染最严重的国家之一。

第十章　乌克兰环境概况①

第一节　国家概况

一、自然地理

（一）地理位置

乌克兰位于欧洲东部，是欧洲除俄罗斯外领土面积最大的国家，原苏联 15 个加盟共和国之一，是仅次于俄罗斯的第二大加盟共和国。在 1991 年苏联解体后，乌克兰独立。

乌克兰位于北纬 52°20′～45°20′、东经 22°5′～41°15′之间，坐落于欧洲东部，黑海、亚速海北岸，北邻白俄罗斯（边境线 1 084 km），东北接俄罗斯（陆地边境线 1 955 km），西连波兰（边境线 542 km）、斯洛伐克（98 km）、匈牙利（135 km），南同罗马尼亚（1 202 km）、摩尔多瓦（608 km）毗邻。

乌克兰国土面积为 60.37 万 km²，是欧洲国土面积第二大国，东西长 1 316 km，南北长 893 km。首都为基辅。

从地缘政治角度看，独立后的乌克兰，一方面是独联体国家，另一方面，随着欧盟的东扩，乌克兰已成为欧盟的新邻国，地理上处于欧洲与独联体特别是与俄罗斯地缘政治的交叉点，可以说，乌克兰处于欧洲地缘政治中心。

---

① 本章由李菲编写。

（二）地形地貌

平原占乌克兰国土面积的 95%，山区面积只占国土面积的 5%。平原部分平均海拔为 175 m，最高点是霍京高地，海拔 5 151 m；最低点是黑海和亚速海沿岸，海拔 2 m。

平原又可划分为高地和低地。高地地区主要位于第聂伯河右岸地区，有第聂伯河沿岸高地、波多利耶高地和沃伦高地。乌克兰东部地区有中俄罗斯高地西南支脉、顿涅茨高地和亚速海沿岸高地。高地面积占国土面积的 25%。低地主要位于北部、中部和南部，著名的有波列西耶低地、黑海沿岸低地和第聂伯河沿岸低地，低地占国土面积的 70%。

乌克兰境内主要山脉是喀尔巴阡山，它位于乌克兰西部，平均高度海拔 1 000 m，最高处为 2 061 m。从北向南延伸 270 km，宽超过 100 km。南部有克里米亚山脉，沿克里米亚半岛南岸绵延 180 km，宽 50 km，高度一般海拔 500～1 000 m 还多。

乌克兰超过 100 km 的河流有 131 条。最长的是第聂伯河，流经乌克兰河段长 981 km。其他的有南布格河、德涅斯特河、北顿涅茨河、普鲁特河、多瑙河（河口部分）等。[①]

（三）气候

乌克兰位于河流中下游地区，地形以平原为主。距海洋较远，受西风带影响较小，大部分地区为温带大陆性气候。从西部往东部的大陆性气候特征越来越明显，降水量也逐渐递减。喀尔巴阡山地区为典型的山地气候，克里米亚半岛南部为亚热带气候。

乌克兰的夏季持续时间长，北部地区炎热且干燥，南部地区相对比较湿润。冬季气候因地而异，南部和西部冬季相对温和，东北部冬季最为寒冷。1 月平均气温-7.4℃，7 月平均气温 19.6℃。乌克兰主要城市气温见表 10-1。

---

① 中国驻乌克兰大使馆经济商务参赞处网站，http://ua.mofcom.gov.cn/article/d/200411/20041100303226.shtml.

表 10-1　乌克兰主要城市气温

单位：℃

城市	1 月		7 月	
	最高温	最低温	最高温	最低温
扎波罗热（Zaporizhia）	28	16	0	−5
敖德萨（Odessa）	27	18	2	−2
利沃夫（Lviv）	24	13	0	−6
基辅（Kiev）	25	16	−1	−6
哈尔科夫（Kharkiv）	26	16	−2	−7
顿涅茨克（Donetsk）	27	16	−1	−6
第聂伯罗彼得罗夫斯克（Dnipropetrovsk）	28	18	0	−5

资料来源：http://www.weatherbase.com/weather/city.php3?c=UA&name=Ukraine.

乌克兰的降水量因地区和时节的不同而有很大差异。降水量最多的是喀尔巴阡山地区，每年约 1 600 mm，西北部年降水量为 700 ~ 750 mm，东南部为 300 ~ 350 mm。降水最多的季节为夏季，冬季降雪，波列西耶地区冬季积雪达 10 ~ 17 cm。乌克兰月平均降水量见表 10-2。

表 10-2　乌克兰月平均降水量

单位：mm

年均	1 月	2 月	3 月	4 月	5 月	6 月	7 月	8 月	9 月	10 月	11 月	12 月
511	35.5	33	29.9	34.6	45.2	59.8	58.3	45.6	40.6	33.3	39.6	41

资料来源：http://www.weatherbase.com/weather/city.php3?c=UA&name=Ukraine.

二、自然资源

（一）矿产资源

根据《乌克兰 2020 年前国家生态政策战略》，自 2009 年年初起，乌克兰已发现 8 658 处矿藏，97 种矿产资源，其中有 12 000 处裸露矿带。储量最丰富的矿产分别是煤、铁、锰、钛和锆矿石，以及石墨、高岭土、钾盐、硫、耐火胶泥和饰面石。它们在乌克兰的人均占有率很高。2009 年，正常运营的矿山企业超过 2 000 多家，已开发的矿藏总数达 3 000 处。铁矿石、助熔石灰石、煤和建筑石材在生产总量中所占的比例最大。[1]

1. 煤矿

煤在乌克兰燃料资源中占主导地位，主要蕴藏在顿涅茨煤田（储量 488 亿 t，

----

[1] Strategy of National Ecological Policy of Ukraine until 2020.

占全国储量的 91.7%）和利沃夫 - 沃伦煤田（14 亿 t）。其中，顿涅茨煤田是乌克兰最大的煤炭基地，世界著名煤田之一，简称顿巴斯。它位于乌克兰东部和俄罗斯的罗斯托夫州，面积约 6 万 km^2。此外，第聂伯煤田和外喀尔巴阡州、波尔塔瓦州、哈尔科夫州区域蕴藏褐煤，储量占所有煤炭储量的 5.1%。

2. 石油和天然气

乌克兰石油和天然气资源相对匮乏，已探明有 43 个石油矿、46 个石油 - 天然气、114 个天然气和凝析气矿。最大的石油和天然气矿位于第聂伯罗彼得罗夫斯克 - 顿涅茨克地区，面积达 11.5 万 km^2。目前，乌克兰已探明的石油和天然气储量不大，开采量不多，全国天然气消费量的 70% 和石油消费量的 90% 主要依赖于进口。

3. 锰矿

乌克兰锰矿石储量超过 21 亿 t，位居世界前列。已探明的锰矿储量主要集中在两大矿区：尼科波尔矿区和恰图拉矿区。全球最大的锰矿藏位于乌克兰的尼科波尔区域，其储量约占世界锰矿储量的 75%，锰矿开采量为世界的 31.9%，居全球第一位。

4. 铁矿

乌克兰的铁矿石储量占世界前列，约 275 亿 t，主要蕴藏在克里沃伊罗格和亚速海一黑海铁矿区。克里沃罗格铁矿区是欧洲最大的铁矿石产区之一，位于第聂伯罗彼得罗夫斯克州，面积约为 300 km^2，原矿基础储量超过 200 亿 t，可开采储量约为 159 亿 t，位居欧洲第二位，其产量则达到乌克兰总产量的 80%～90%。

5. 石墨

乌克兰的石墨储量排名世界第二位，约 10 亿 t。乌境内约有 300 个矿床，基洛沃格勒州是主要的石墨产地，该区已发现石墨矿床 6 处，米丘林和谢维林矿床是基洛夫格勒带中最大的矿床。

6. 其他矿产资源

乌克兰的铜矿储量也较为可观，约 2 亿 t，主要分布在沃伦和波多里斯克交界处。世界上 2% 的汞储量分布在乌克兰境内，主要储藏在外喀尔巴阡州和顿涅茨克州。在顿涅茨煤田、第聂伯河低地、外喀尔巴阡地区还分布着高质量的岩盐。

自独立以来，为保障国家经济的发展，乌克兰不断开发各类矿产资源。由于乌克兰大部分的矿产资源都集中在几个主要矿区，在这些区域长期过度地开采矿产资源，导致地质环境发生显著变化，自然灾害和工业事故频发。产生这种负面影响的主要原因包括：①矿山企业过于密集；②大部分矿藏开采过度；③对减少环境影响（开发矿藏导致）的相关工作的重视和投资力度不足。

（二）土地资源

土地资源是乌克兰主要的生产和经济要素，占其国家生产力的 40%。

乌克兰是以黑土著称的国家。全世界有四大块黑土区，分别是乌克兰的乌克兰平原、美国的密西西比平原、中国的东北平原以及南美洲阿根廷连至乌拉圭的潘帕大草原。其中，乌克兰平原是全世界最大的黑土分布区。乌国土面积的 2/3 为黑土地，占世界黑土总量的 1/4。

乌克兰土壤有 1 200 多种。农业土壤可划分为以下几个地带：

波利西耶地带：总面积 1 130 万 hm^2，占国土总面积 19%。土壤特别庞杂，其中 50% 土壤为草土和灰化土。

森林草原地带：总面积 2 020 万 hm^2，占国土总面积 34%，占全国已耕地面积 37% 以上。其中，黑灰色森林土壤占该地带的 21%、典型的黑土占 51%。

草原地带：总面积 2 300 万 hm^2，占国土总面积 38%。这一地带基本为黑土，其中，处于北方气候条件下的，一般黑土占该地带耕地面积的 64%，处于南方气候条件下的黑土占 23%。

干旱草原地带：其面积约占国土总面积 3%，主要土壤为粟色土，其中，深粟色盐土占该地带耕地面积的 78%。

乌克兰喀尔巴阡山山地和克里米亚南部山区土壤类别依地型垂直高度明显不同：山地低部一般为黑色腐殖土，在高原地区一般为草地和棕壤，在山地林区为酸性棕壤或草土棕壤，在山区顶部一般为潜育土壤。[①]

（三）生物资源

乌克兰的生物资源非常丰富。由于乌克兰地处多个自然区域的交汇地，其国土面积不到欧洲面积的 6%，却拥有欧洲 35% 的生物种类。

1. 动植物资源

乌克兰的生物超过 7 万种，包括：植物和微生物 27 000 多种，其中：菌类和粘菌约 15 000 种，藻类约 5 000 种，地衣类约 12 000 种，藓类约 800 种，维管植物约 5 100 种（包括在植物园中培植的 7 500 多种外来植物）。

动物 45 000 多种，其中：昆虫类约 35 000 种，非昆虫类节肢动物约 3 400 种，蠕虫类动物约 3 200 种（无脊椎动物 190 种，包括黑海和亚速海特有的 32 种水生物种），鱼类和圆口类 170 种，两栖类 17 种，爬行类 21 种，鸟类约 400 种，哺乳类

---

① 乌克兰基本国情 1998，http://www.360doc.com/content/16/0520/15/33521083_560729896.shtml.

动物 108 种[1]。

乌克兰的生物物种中还包括不少珍稀物种、残留种和特有种。但由于人类活动对动植物带来的不良影响，越来越多的动植物物种需要得到保护和恢复。

乌克兰有自然保护区和天然国家公园 23 个（面积为 77.19hm²），其中自然保护区 14 个，地球生物层保护区 3 个，天然国家公园 6 个。

2. 森林资源

乌克兰是一个缺少森林、木材短缺的国家。乌克兰林地面积 1 063 万 hm²，其中森林植被覆盖面积 969 万 hm²，占国土面积的 16%，其中一半为人工林。在 50 年的时间内，乌克兰的森林覆盖率增长了近 1.5 倍，木材蓄积量也增加了 2.5 倍，达到 18 亿 m³。年均增长量为每公顷 4m³，其中，喀尔巴阡山地区可达 5m³，而平原地区不到 2.5m³。

乌克兰拥有超过 30 种森林树种，其中最主要的有：松树（欧洲赤松）、橡树（夏栎）、山毛榉、云杉、白桦、椴木、白蜡树、榛树（欧洲鹅耳枥）、冷杉。针叶树占森林面积的 42%，阔叶树占 43%。乌克兰森林树种分布见图 10-1。

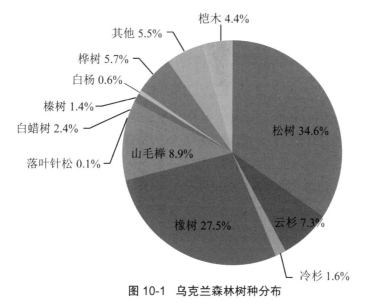

图 10-1 乌克兰森林树种分布

资料来源：乌克兰国家林业资源局官网，http://dklg.kmu.gov.ua/forest/control/uk/publish/article?art_id=62921&cat_id=32867.

乌克兰的主要自然地理带包括复合森林带、森林草原带和草原带，森林分布很

---

[1] 资料来源：Конвенция о биологическом разнообразии. Четвертый национальный доклад Украины.

不均匀。森林覆盖率在喀尔巴阡山区达 40.5%，在克里米亚山区为 32%，在波列西耶地区为 26.1%，在森林草原地带为 12.2%，而在草原地带仅为 3.8%。森林覆盖率最高的几个州为：外喀尔巴阡州、伊万诺 - 弗兰科夫斯克州、罗夫诺州、日托米尔州、沃伦州和切尔诺夫策州。[①]

跟其他欧洲国家相比，乌克兰的森林和林业有以下特点：

（1）国家的平均森林覆盖率相对降低；

（2）不同自然区域（波列西耶、森林草原地带、草原地带、喀尔巴阡山、克里米亚山区）的森林生长率差异很大；

（3）森林的生态功能比较突出，限制利用的森林资源比例较高（近 50%）；

（4）自然保护林的比例较高（14%），且有不断上升的趋势；

（5）因历史原因，造成森林的利用者繁多；

（6）大面积的森林生长在核污染区域；

（7）约一半的森林为人工林，需要长期维护[②]。

（四）水资源

1. 河流

乌克兰大小河流共 63 119 条，其中：大型河流（汇水面积超过 5 万 km^2）9 条，中型河流（汇水面积为 2 000 ～ 50 000 km^2）87 条，小型河流（汇水面积小于 2 000 km^2）63 029 条[③]。著名河流有：第聂伯河、多瑙河、北顿涅茨河、杰斯纳河、普里皮亚季河、德涅斯特河和南布格河。

乌克兰的河流网络包括：①只在融雪期和雨季才有水流的季节性水道；②小的溪流和河流；③大型河流，如第聂伯河、德涅斯特河。乌克兰的大部分河流属于黑海和亚速海流域，小部分（约 4%）河流属于波罗的海流域。第聂伯河流域河流数量占 27.3%，多瑙河流域占 26.3%，德涅斯特河流域占 23.7%，南布格河流域占 9.3%。河网平均密度为 0.34km/km^2。乌克兰主要河流情况见表 10-3。

表 10-3　乌克兰主要河流情况

河流名称	注入地点	总长度 /km	乌克兰境内长度 /km	流域面积 /km^2
第聂伯河	黑海	2 201	981	50.4 万
南布格河	黑海	806	806	6.37 万

① 资料来源：Основы экологии, О.П.Мягченко,2010.

② Конвенция о биологическом разнообразии. Четвертый национальный доклад Украины.

③ 资料来源：Национальный доклад о состоянии природной окружающей среды в Украине в 2012 году.（乌克兰 2012 年自然环境状况国家报告）。

河流名称	注入地点	总长度 /km	乌克兰境内长度 /km	流域面积 /km²
德涅斯特河	黑海	1 362	705	7.21 万
北顿涅茨河	顿河	1 053	672	9.89 万
杰斯纳河	第聂伯河	1 130	591	8.89 万
普里皮亚季河	第聂伯河	761	261	12.1 万
多瑙河	黑海	3 900	174	81.7 万

资料来源：Гавриленко ОП, Екогеография Украина, 2008.

乌克兰全国水资源可划分为 7 个河流流域，其简况如下：

（1）第聂伯河流域，占乌克兰国土面积的 65%。第聂伯河是乌克兰最长的河流，欧洲第三大河，先后流经俄罗斯、白俄罗斯和乌克兰，最后注入黑海。位于乌克兰境内的主要支流有发源于俄罗斯的杰斯纳河和从白俄罗斯流入的普里皮亚河。

（2）德涅斯特河流域，占乌克兰国土面积的 12%。德涅斯特河发源于东喀尔巴阡山脉，流经摩尔多瓦和乌克兰两国，最后注入黑海的德涅斯特湾。流域年降水量 800～900mm，降水集中在温暖时节（4—11 月）。河流补给来自雨水、雪水和地下水，以雪水为主。如果春季融雪和丰富的降水在山地同时发生，或者是冬季突然变暖，就会形成很大的洪水。

（3）多瑙河流域（河口部分），多瑙河在乌克兰境内的流域面积占其国土面积的 7%。在其入黑海前的最后 120 km，为乌克兰和罗马尼亚边界。多瑙河河网密布，支流众多，一些支流发源于乌克兰。从乌克兰注入多瑙河的流量占多瑙河总流量的 7.5%。其中较大的支流有蒂萨河、普鲁特河、锡雷特河。

（4）沿海流域，占乌克兰国土面积的 7%。该流域包括直接注入亚速海和黑海的所有小河（包括克里米亚河流）。

（5）北顿涅茨河流域，占乌克兰国土面积的 4%。该河发源于俄罗斯，流经乌克兰境内后再次流入俄罗斯。

（6）南布格河流域，占国土面积的 3%，为乌克兰的内流河流域。

（7）北布格河流域，占国土面积的 2%。北布格河发源于乌克兰，向北流形成乌克兰与波兰的边界，之后形成波兰与白俄罗斯的边界。

乌克兰河流的潜在水资源储量为 209.8 km³，但仅有 25% 在乌克兰境内形成，其余来自俄罗斯和亚美尼亚。乌克兰水资源空间分布不均。70% 的水量集中在西北部，那里生活着 40% 的居民；而在 60% 居民聚集、且耗水行业集中的顿涅茨克 - 第聂伯河地区和南部经济区却只有 30% 的水量。

2. 湖泊

乌克兰境内约有 2 万个大小湖泊，其中面积超过 0.1 km² 的湖有 7 000 多个，湖泊总面积占乌领土总面积的 0.3%。淡水湖蓄水总量 2.3 km³，咸水湖蓄水量 8.6 km³。最大的湖泊为德涅斯特罗夫斯基湖，面积 360 km²，最深的湖为斯维佳斯科耶湖，水深 58.4 m。除众多湖泊外，乌克兰北部还有 1.2 万 km² 的沼泽地。

3. 地下水

乌克兰可饮用的地下水资源空间分布不均匀，主要分布在中部和西部，南部较少。第聂伯河流域的地下水储量预计可达 12.8km³。目前，地下水开采量达 21%，还有很大的利用空间。

乌克兰每年地下水开采量约为 5km³，占所有用水量的 15%，其中工业用水占 14%，农业用水占 25%，生活和公共用水占 34%。乌克兰有 77 个城市的供水都主要来源于地下水资源。

三、社会与经济

（一）人口概况

2016 年 1 月 1 日乌克兰国家统计局公布数据显示，乌克兰常住人口为 4 259.09 万（不包括克里米亚地区），其中，男性人口 1 971.79 万，约占 46%，女性人口 2 287.3 万，约占 54%；实际人口 4 276.05 万（不包括克里米亚地区），其中，城市人口约占 69%，农村人口约占 31%。近年来，乌克兰人口呈明显下降趋势，2015 年人口自然增长率为 -0.42%。男性平均寿命约 66 岁，女性平均寿命为 76 岁[①]。

首都基辅人口约为 288 万。在全国各地区之中，人口最密集地区是顿涅茨克州，占全国人口比重近 10%，其次为第聂伯罗彼得罗夫州、基辅州、哈尔科夫州、利沃夫州。人口最稀少的地区是切尔诺夫策州，人口仅有 91 万。

乌克兰是一个多民族国家，共有 130 多个民族。其中，乌克兰族占总人口的 77%，主要集中在中西部各州；俄罗斯族约占 20%，主要集中在东南部各州，特别是在克里米亚自治共和国，俄罗斯族人占的比重高达 67%；其他为白俄罗斯、犹太、克里米亚鞑靼、摩尔多瓦、波兰、匈牙利、罗马尼亚、希腊、德意志、保加利亚等民族，占 3%。

乌克兰的官方语言为乌克兰语。因历史原因，俄语在乌克兰尤其是东部地区仍有广泛的使用人群。英语在年轻人中使用广泛。

---

① 资料来源：乌克兰国家统计局官网，http://www.ukrstat.gov.ua/.

在乌克兰，按信徒人数统计，东正教、天主教、浸礼教、犹太教、马蒙教和新教为主要宗教，其中东正教约占信教人数的 85%，主要分布在东乌克兰和西乌克兰的广大城市和农村；天主教人数约占 10%，主要分布在西乌克兰地区各州；浸礼教约 5%，主要分布在东乌克兰地区的城市；犹太教占 1.1%，主要为犹太人，分布在基辅市、敖德萨州、切尔诺维策州、哈尔科夫州、文尼察州等；马蒙教信徒和支持者约 1 500 人，主要分布在顿涅茨克、敖德萨、基辅和哈尔科夫等地。

（二）行政区划

乌克兰全国有 24 个州，2 个直辖市，1 个自治共和国，共有 27 个一级行政区。下辖 460 个市，490 个区，885 个镇和 28 385 个村。一级行政如下：

2 个直辖市：基辅（首都）、塞瓦斯托波尔（2014 年 3 月 18 日加入俄罗斯）；

1 个共和国：克里米亚自治共和国（2014 年 3 月 18 日加入俄罗斯）；

24 个州：基辅州、文尼察州、沃伦州、第聂伯罗彼得罗夫斯克州、日托米尔州、外喀尔巴阡州、扎波罗热州、伊万诺 - 弗兰科夫斯克州、基洛夫格勒州、利沃夫州、尼古拉耶夫州、敖德萨州、波尔塔瓦州、罗夫诺州、苏梅州、捷尔诺波尔州、哈尔科夫州、赫尔松州、赫梅利尼茨基州、切尔卡瑟州、切尔诺夫策州、切尔尼戈夫州、卢甘斯克州（2014 年 5 月 12 日宣布独立，但并未获得任何国家或地区承认）、顿涅茨克州（2014 年 5 月 12 日宣布独立，但并未获得任何国家或地区承认）。乌克兰行政区划见表 10-4。

表 10-4　乌克兰行政区划表

行政区划	名称	首府
直辖市（2 个）	基辅	—
	塞瓦斯托波尔（俄占）	—
州（24 个）	基辅州	基辅
	文尼察州	文尼察
	沃伦州	沃伦
	第聂伯罗彼得罗夫斯克州	第聂伯罗彼得罗夫斯克
	顿涅茨克州	顿涅茨克
	日托米尔州	日托米尔
	外喀尔巴阡州	乌日哥罗德
	扎波罗热州	扎波罗热
	伊万诺 - 弗兰科夫斯克州	伊万诺 - 弗兰科夫斯克
	基洛沃格勒州	基洛沃格勒
	卢甘斯克州	卢甘斯克
	利沃夫州	利沃夫
	尼古拉耶夫州	尼古拉耶夫
	敖德萨州	敖德萨
	波尔塔瓦州	波尔塔瓦

行政区划	名称	首府
州（24 个）	罗夫诺州	罗夫诺
	苏梅州	苏梅
	捷尔诺波尔州	捷尔诺波尔
	哈尔科夫州	哈尔科夫
	赫尔松州	赫尔松
	赫梅利尼茨基州	赫梅利尼茨基
	切尔卡瑟州	切尔卡瑟
	切尔诺夫策州	切尔诺夫策
	切尔尼戈夫州	切尔尼戈夫
自治共和国（1 个）	克里米亚自治共和国（俄占）	辛菲罗波尔

资料来源：乌克兰外交部官网，http://www.fmprc.gov.cn。

（三）政治局势

1. 宪法

乌克兰共和国成立于 1991 年 8 月 24 日，其前身是乌克兰苏维埃社会主义共和国。于 1996 年 6 月 28 日通过了其独立后的第一部宪法，确定乌克兰为主权、独立、民主的法制国家，实行共和制。总统为国家最高元首；议会称为"最高拉达"；由总理领导的内阁为国家最高行政机关，向总统负责。

2004 年 12 月，乌克兰议会通过宪法修正案，规定自 2006 年 1 月 1 日起乌克兰政体由总统议会制过渡为议会总统制。2010 年 10 月，乌克兰宪法法院经过审理判决 2004 年"政治改革"宪法修正案违宪，全面恢复 1996 年宪法效力，国家政体重归总统议会制。2014 年 2 月，乌克兰议会通过恢复 2004 年宪法效力的决议，乌克兰又重回议会总统制。

2. 总统

乌克兰总统是代表国家的最高元首，由直选产生，任期 5 年，可以连任，但不能超过连续两届。乌克兰独立以来，历任总统先后为：克拉夫丘克（1991 年 7 月—1994 年 7 月）、库奇马（1994 年 7 月首次当选，1999 年 11 月当选连任）、尤先科（2005 年 1 月—2010 年 2 月）和亚努科维奇（2010 年 2 月—2014 年 2 月）。2014 年 2 月亚努科维奇遭到议会弹劾被罢黜总统职务，由议长图尔其诺夫代行总统职权。2014 年 5 月 25 日乌克兰提前举行总统大选，波罗申科当选乌克兰总统，6 月 7 日宣誓就职，任职至今。

3. 议会

乌克兰议会称"最高拉达"，是国家最高立法机构，实行一院制，共设议席 450 个，任期五年，通过直接普选产生。设议长 1 人、第一副议长 1 人、副议长 1 人。议长为格罗伊斯曼（2014 年 11 月 27 日就职）。议会主要行使立法和监督职能，包括批准和修改国家预算、监督政府行政等。议会下设28个委员会，涉及农业政策与土地、反腐败和组织犯罪、建筑及交通邮电、财政预算、国家建设和地方自治、生态与自然资源合理利用、经济政策、欧洲一体化、法律保护与立法保障、文化宗教、青年政策及体育和旅游、科学教育、国家安全和国防、卫生保障、能源和核政策、人权和少数民族及族际关系、法律政策、工业政策和企业、议事日程及组织工作、言论自由与信息、社会政策和劳动、财政和银行工作、外事、退休者和老战士及残疾人、私有化问题等。

4. 政府

根据乌克兰法律，政府是国家最高权力执行机构，向总统负责。政府负责管理国有资产并制定国家预算报告。政府总理候选人由总统根据议会多数派的建议提名，由议会任命。如果总统在法定期限内没有向议会提名总理候选人，议会将根据多数派的提名任命总理。现任政府于2016年4月产生。总理弗拉基米尔·格罗伊斯曼。

5. 政治局势

2013年11月底，乌克兰当局宣布暂停同欧盟签署联系国协议，引发大规模抗议示威活动并升级为流血冲突，反对派通过"颜色革命"暴力夺权，亚努科维奇被解除总统职务，导致乌克兰危机爆发。2014年3月16日，根据克里米亚地区（含塞瓦斯托波尔市）全民公投结果，俄罗斯迅速接收该地区为新联邦主体。5月11日，乌克兰东部顿涅茨克、卢甘斯克两州举行公投，宣布成立"人民共和国"。5月25日，在第六届（非例行）总统选举中，亿万富翁、无党派人士波罗申科当选总统。波罗申科就任后表示首要任务是结束战争和混乱局面，恢复和平；反对乌克兰实行联邦制。7月17日，马来西亚航空公司一架班机在顿涅茨克州距乌俄边境约50 km处坠毁，乌克兰局势更加复杂敏感。当局推进东南部地区"反恐行动"造成大规模流血冲突。在国际社会努力下，乌克兰冲突双方于9月初在明斯克达成停火协议，但小规模交火仍时有发生。9月，议会通过法案，赋予东部民间武装控制部分地区特殊地位，但未得到东部积极回应。11月2日，东部民间武装控制的"顿涅茨克人民共和国"和"卢甘斯克人民共和国"自行举行地方领导人和议会选举。乌克兰政府和美西方予以谴责，俄表示尊重选举结果，并希望乌克兰政府尽快与东部新当选领导人开展对话。随后波罗申科总统签署命令废除东部特殊地位法，当局与东部民间武装交火频繁。2015年2月12日，俄乌德法四国领导人在明斯克举行会谈，最终就缓和乌克兰东部地区冲突达成共识。明斯克联络小组俄、乌、欧安组织三方代表以及乌克兰东部民间武装领导人签署履行2014年9月明斯克停火协议的一揽子措施文件，四国领导人发表声明支持。当前，协议正在落实[①]。

（四）经济概况

2001 年以来，由于私有化改造和经济转型，乌克兰经济结构日趋完善，实现国民经济连续 8 年增长。在经历 2008—2009 年经济危机导致的急剧衰退后，2010—2011 年乌克兰经济呈现恢复性增长，但自 2012 年第三季度开始，连续 5 个季度经济衰退，直到 2013 年第四季度才开始止跌回升。2012 年和 2013 年 GDP 增长为零，2013 年年底乌克兰爆发第二次"广场革命"，社会动荡和东部战争拖累经济发展，2014 年实际 GDP 下降 6.8%。2015 年国内生产总值 654.89 亿美元，同比下降 9.9%，通胀率 12%，外汇储备 130 亿美元。经济运转基本靠美欧和国际货币基金组织借款和援助维系。

制约乌克兰经济增长的主要因素：一是政局动荡；二是东部战争拖累；三是经济结构单一，主导产业生产产品附加值低，竞争力弱；四是债务违约打击投资者投资信心；五是资金外流投资乏力；六是外部市场环境持续低迷[②]。乌克兰 2010—2015 年名义 GDP 见表 10-5。

表 10-5　乌克兰 2010—2015 年名义 GDP

单位：格里夫纳

年份	名义 GDP 总量	实际 GDP 增长率 /%	人均名义 GDP
2010	10 793.46 亿	4.1	24 798
2011	12 999.91 亿	5.5	29 980
2012	14 046.69 亿	0.2	32 480
2013	14 651.98 亿	0	33 965
2014	15 869.15 亿	−6.6	36 904
2015	19 794.58 亿	−9.9	—

资料来源：乌克兰国家统计局官网：http://www.ukrstat.gov.ua/.

2014 年乌克兰投资、消费和净出口占 GDP 的比重分别为 15%、90% 和 -4%。2014 年第一、第二、第三产业分布的比例为 10.3%、22.1%、67.6%。

2008 年 5 月 16 日，乌克兰加入世界贸易组织。2012 年 9 月 20 日，乌克兰参加的独联体自贸区正式生效。2016 年 1 月 1 日，乌克兰与欧盟签署的自由贸易协定生效。乌克兰主要贸易伙伴是独联体及欧盟国家。

---

① 乌克兰国家概况 . 中国外交部官网：http://www.fmprc.gov.cn/web/gjhdq_676201/gj_676203/oz_678770/1206_679786/1206x0_679788/.
② 商务部：对外投资合作国别（地区）指南：乌克兰 .2015,32.

四、军事和外交

（一）军事

乌克兰军队在原苏军基础上组建于 1991 年 8 月 24 日，拥有陆、海、空军三个军种。苏联解体后，乌克兰继承了原苏军大量部队、武器装备及战略储备物资，其中包括 78 万名现役军人，6 500 辆坦克，7 150 辆装甲车，1 500 架飞机，350 艘舰艇，1 272 枚洲际导弹核弹头，2 500 枚战术核武器。1992 年，乌克兰宣布奉行无核、中立、不结盟政策，开始进行大规模裁军，并在俄罗斯、美国的帮助下销毁了大量核武器。1994 年 2 月，乌克兰在独联体国家中率先加入北约"和平伙伴关系"计划，正式与北约建立合作关系。1997 年，乌克兰开始实施"2005 年前军队建设和发展规划"，确定建立一支"数量小、机动性强、训练有素、装备精良、保障全面"的新型军队。2000 年 7 月，乌克兰提出融入欧洲大西洋一体化的战略方针，此后，军队开始在组织结构、指挥体制、武装力量编成等方面以北约军队为标准进行改革。2005 年 10 月，乌克兰根据北约军队标准制定了"乌克兰武装力量 2006—2011 年发展规划"，在武装力量指挥体制、编制结构、军事教育体系、职业化进程、训练指标、装备发展、后勤保障、预算需求等方面提出了具体的实施步骤[1]。截至 2011 年 12 月，乌军总兵力 20 万人。2015 年乌克兰将国防开支提高到 GDP 的 5%，约 55 亿美元。

（二）外交

乌克兰独立以来，政府跌宕起伏，对外政策也有不同程度调整。总体而言，乌克兰始终奉行以融入欧洲为目标、以保障本国安全利益和振兴民族经济为极轴、以大国关系为支点的全面外交战略。亚努科维奇当选总统后，奉行以大国关系为重点，寻求东西方战略平衡的外交政府。波罗申科就任新一届总统以后，乌克兰新政权视美欧西方为外交优先方向，坚定推进加盟入约融欧进程；谴责俄罗斯侵略行径，拒不承认克里米亚并入俄，积极争取国际社会同情和支持；寄希望于美欧助其维护国家主权、安全和领土完整，防范俄罗斯继续肢解乌克兰。2014 年 9 月 16 日，议会正式批准同欧盟签署的联系国协议。2014 年 12 月 23 日，议会以绝对多数票通过放弃不结盟地位法案，决定加强与北约合作。因为克里米亚和乌克兰东部问题，乌俄关系已降至历史低点。

1. 与中国的关系

1992 年 1 月 4 日，中乌两国建立外交关系。2001 年建立全面友好合作关系，

---

[1] http://www.scopsr.gov.cn/hdfw/sjjj/oz/201203/t20120326_56261.html.

2011 年共同宣布建立战略伙伴关系。两国在各领域友好互利合作发展迅速，领导人互访频繁，两国人民传统友谊不断加深。乌克兰重视对华关系，支持中国在台湾、人权等问题上的原则立场，各派政治力量均积极主张加强同中国的友好合作。中国是最早承认乌克兰独立的国家之一，并在五个核大国中率先向乌克兰提供了安全保证。中国支持乌克兰为维护国家独立、主权和领土完整所作的努力，理解和尊重乌克兰根据本国国情选择的发展道路和内外政策。

中国与乌克兰建交 24 年来，两国关系持续健康稳定发展，政治互信不断加强，务实合作日益深化，特别是近年两国元首实现互访，宣布中乌建立战略伙伴关系，推动中乌合作进入了一个崭新的发展阶段。2010 年 9 月，两国领导人商定成立副总理级双边合作委员会，下设经贸、科技、文化、航天、农业、教育、卫生七个分委会。中乌政府间合作委员会已成为统筹、协调两国各领域合作的主渠道，在两国政府间合作委员会的协调推动下两国各领域务实合作成果丰硕。2013 年 12 月，乌克兰总统亚努科维奇访华，双方签署了深化战略协作伙伴关系协定及中乌友好合作条约等22 项协议。2015 年 1 月，国务院总理李克强在达沃斯会见乌克兰总统波罗申科。

2015 年中乌双边贸易额为 70.74 亿美元，同比下降 17.6%。其中中方进口额为 35.6 亿美元，同比增长 2.1%，出口额为 35.2 亿美元，同比下降 31.1%。目前，乌克兰是我国在独联体地区的第四大贸易伙伴，我国是乌克兰第二大贸易伙伴，也是乌克兰在亚洲最大的贸易伙伴[①]。

2. 与俄罗斯的关系

乌克兰和俄罗斯关系对独联体的稳定和欧洲战略格局有重大的影响。乌克兰和俄罗斯曾经结盟数百年，特别是苏联时期，两个民族在政治、经济、文化等诸多方面相互融合，相互影响，形成了密切关系。目前，俄罗斯仍然是乌克兰的能源供应国和贸易伙伴。但是，乌克兰与俄罗斯之间也存在长期难以根除的矛盾和冲突。两大民族从结盟开始就处于不平等地位，实力上的悬殊差距决定了乌俄关系发展的不稳定性。

1992 年 2 月 14 日，乌克兰和俄罗斯建立大使级外交关系，两国高层接触密切，签署多项合作文件。2008 年后，时任总统尤先科推行的亲西方对外政策，加之两国间的天然气债务纠纷，乌俄关系有所退步。2010 年，时任总统亚努科维奇签署协议，决定将俄黑海舰队在克里米亚半岛驻留期限延长 25 年，俄罗斯则以优惠价格向乌克兰出口天然气。2011 年，乌克兰和其他独联体七国签署独联体自由贸易区协定使

[①] 资料来源，中国外交部官网：http://www.fmprc.gov.cn/web/gjhdq_676201/gj_676203/oz_678770/1206_679786/sbgx_679790/.

其 99% 的商品可在该区域自由流通，乌俄经贸关系进一步深化。2014 年 2 月，反对派将亚努科维奇赶下台，俄乌关系急剧恶化。俄罗斯不承认乌克兰新政权，认为反对派通过武装政变上台不具有合法性。3 月，俄罗斯吞并克里米亚，通过提高天然气价格、启动贸易制裁等手段对乌克兰施压。4 月，乌克兰分离主义势力成立"顿涅茨克人民共和国"和"卢甘斯克人民共和国"，随即发生武装冲突，乌克兰和西方指责俄支乌东部反政府武装，俄乌关系进入谷底。2016 年 7 月，俄总统签署命令，将南联邦区和克里米亚联邦区合并改组为新的南联邦区，引起乌克兰的强烈抗议。

3. 与欧盟的关系

融入欧盟是乌克兰外交战略的优先发展方向。目前，乌欧关系总体发展顺利。2005 年 12 月，欧盟决定给予乌克兰市场经济地位。前总统亚努科维奇就任首次出访选定欧盟总部，向欧洲表明自己支持融入欧盟的意愿。2011 年，乌克兰与欧盟结束长达四年的联系国协定和乌欧自由贸易区协定谈判，2012 年 3 月双方草签欧盟联系国协定。原定 2013 年 11 月在欧盟维尔纽斯峰会签署联系国协定，但乌克兰政府在峰会前一周突然宣布暂停欧洲一体化进程，引发大规模群众抗议，最终演变成流血冲突和政变。欧盟积极调停乌国内冲突，2014 年 2 月 21 日在德、法、波三国外长见证下，前总统亚努科维奇与反对派领袖签署了和平解决政治危机协议，但随后形势急转直下，议会解除亚努科维奇职权，并迅速组成新政府。欧盟对乌克兰新政权表示欢迎，并通过了在几年内向乌克兰提供财政援助的决议。3 月 11 日，欧盟委员会决定单方面对乌克兰产品开放市场，3 月 21 日欧盟与乌克兰签署联系国协定政治部分，6 月 27 日乌克兰与欧盟签署联系国协定关于建立深入全面的自由贸易区的经济部分，2016 年 1 月 1 日起生效，自贸区正式启动。

4. 与美国的关系

1992 年 1 月，乌克兰与美国建立大使级外交关系。两国建交以后，双方最高领导层之间保持着经常性的对话。1992—1996 年，乌克兰总统 5 次访问美国，克林顿总统 2 次访问乌克兰。2002 年 6 月，乌美签订总金额为 1.79 亿美元的债务重组协议。2003 年 2 月，美国务院宣布将对乌克兰官方的 5 400 万美元援助转入非官方领域。2005 年 11 月 18 日，美国会参议院取消自 1974 年以来对乌实施的"杰克逊 - 瓦尼克"限制性贸易法案，同时授权美国总统视情给予乌克兰无条件的永久正常贸易待遇。2006 年 3 月，乌克兰经济部长与美贸易代表签署乌克兰"入世"框架下的双边商品及服务市场准入协定。2010 年乌克兰总统亚努科维奇执政以后，放弃其前任全面倒向西方的政策，积极改善自"橙色革命"后极度恶化的对俄关系，同时与俄罗斯和欧盟发展互利友好关系。2010 年 7 月 2 日，美国国务卿访问乌克兰，寻求强化乌克

兰与美国和欧洲的关系。2011 年，乌美关系波澜不惊，乌克兰积极响应美全球核安
全战略，双方签署了《核安全领域备忘录》，但同时美国因季莫申科案对乌民主施
压增大。2013 年，乌克兰政府暂停欧洲一体化进程引发大规模群众抗议以来，美国
积极支持反对派及抗议群众，最终反对派夺取了政权。美国率先承认新政权并允诺
支持乌克兰走主权民主发展道路。美国先后向乌政府提供 30 亿美元的贷款担保并
向乌提供训练少量作战人员在内的有限军事支持。

5. 与北约的关系

乌克兰"橙色革命"后，一直重视发展与北约的关系。2007 年 3 月，北约议会
会议在基辅举行，当月美国会众议院通过支持乌克兰加入北约的法案。2010 年 2 月
亚努科维奇当选新一届总统后，乌克兰筹备加入北约的进程放缓。2010 年 7 月 2 日
乌克兰议会以 250 票（超过 226 票的法定多数）通过了《乌克兰内外政策原则法》，
明确规定乌克兰不加入北约或北约行动计划，但今后将继续同北约保持"积极合作"，
乌克兰同北约的关系将是"平等和对话的伙伴关系"。2014 年 5 月新总统就任以后，
北约欢迎乌克兰加入北约，允诺协助乌克兰进行军事现代化改造。北约同时提高了
在东欧和波罗的海各国的战备水平应对乌克兰局势发展。2014 年 12 月 23 日乌克兰
放弃不结盟地位，为积极寻求加入北约扫除法律保障。

五、小结

乌克兰于 1991 年 8 月 24 日宣布独立。乌克兰是欧洲国土面积第二大国（60.37
万 km²），位居俄罗斯之后。乌位于欧洲东部，黑海、亚速海北岸，东北接俄罗斯，
西连波兰、斯洛伐克、匈牙利，南同罗马尼亚、摩尔多瓦毗邻，是欧盟与俄罗斯等
独联体各国地缘政治的交叉点，地理位置十分重要。

乌克兰境内 95% 的国土为平原。最大山系为西部的喀尔巴阡山，最长河流第聂
伯河发源于俄罗斯，流经乌克兰河段长 981 km。全国大部分地区为温带大陆性气候。

乌克兰共分为 27 个行政区划，其中包括 2 个直辖市、24 个行政州和 1 个自治
共和国。首都为基辅。乌克兰人口近年来不断减少，截至 2016 年 1 月 1 日，总人
口为 4 259 万，其中男女比例 46：54。乌克兰有 130 个民族，其中乌克兰族占总
人口的 77%，俄罗斯族 20%，其他民族包括白俄罗斯、犹太、克里米亚鞑靼等民族。
官方语言为乌克兰语，俄语是通用语。

乌克兰是一个自然资源十分丰富的国家，拥有全球 0.4% 的陆地和占世界 0.8%
的人口，其地下矿藏的储量占世界总储量的 5% 左右，排在欧洲第一位，部分主要

矿藏的储量分别排在世界第一至第五位；动植物资源也很丰富，生物物种达 7 万多种；水资源充足，境内大小河流 2.3 万条，湖泊 2 万多个。

乌克兰黑土面积占世界黑土总量的 25%，是世界上第三大粮食出口国，有着"欧洲粮仓"的美誉。乌克兰工农业较为发达，其农业产值占国内生产总值 20%。重工业在工业中占据主要地位。

乌克兰于 1996 年 6 月 28 日通过了其独立后的第一部宪法，确定乌克兰为主权、独立、民主的法制国家，实行共和制。总统为国家最高元首；议会称为最高拉达；由总理领导的内阁为国家最高行政机关，向总统负责。现任总统为波罗申科。

自前总统亚努科维奇 2013 年决定暂停签署与欧盟联系国地位协定以来，乌克兰政局进入动荡不安之中。乌克兰政权更迭之后，在俄罗斯族占比较大的东南部地区，民众普遍质疑临时政府的合法性。2014 年 4 月以来，东南部的顿涅茨克州、哈尔科夫州和卢甘斯克州的俄罗斯族居民要求实行联邦制，在当地建立共和国，由于未得到政府回应，他们要求脱离乌克兰加入俄罗斯。而因为克里米亚和乌克兰东部问题，乌俄关系已降至历史低点。乌克兰新政权视美西方为外交优先方向，坚定推进加盟入约融欧进程；谴责俄罗斯侵略行径，拒不承认克里米亚并入俄罗斯，积极争取国际社会同情和支持；寄希望于美欧助其维护国家主权、安全和领土完整，防范俄罗斯继续肢解乌克兰。

第二节　环境状况

乌克兰总体的生态环境并不容乐观，且近年来采矿、冶金、化工以及石油和能源企业的生产活动致使环境状况呈恶化趋势。乌克兰的主要环境问题包括：温室气体排放量不断上升、森林的大量砍伐、工业生产废弃物对大气和水造成的污染、对淡水的需求不断加大等。此外，森林火灾也给乌克兰自然环境带来巨大损害，不仅造成大量动植物的消亡，也造成很多居民点烟雾笼罩。

导致乌克兰生态问题的主要原因包括：一是以资源和能源密集型产业为主的传统经济结构，产生的负面影响进一步恶化；二是工业与交通运输基础设施的固定资产磨损；三是环保领域内现有的政府监管体系和自然资源利用法规，未适当区分环境保护和经济职能；四是社会公共机构不够成熟；五是全社会对环境保护的当务之急和可持续发展的好处认识不足；六是不遵守环保法律法规 [1]。

乌克兰环境状况较差的地区为：顿涅茨煤田区、克里沃伊罗格铁矿区、切尔诺贝利地区、沃伦州（琥珀开采区）、大型城市——基辅、哈尔科夫和敖德萨。

一、水环境

（一）水资源利用

乌克兰建成较大水库 1 160 座，库容 550 亿 m³；小水库 28 000 个；7 条总长 1 021km、总流量 1 000m³ 的大型输水渠道；10 条向缺水地区供水的大型输水管道。乌克兰的大型水库多位于第聂伯河上。乌克兰已建大型水库见表 10-6。

表 10-6　乌克兰已建大型水库

坝名	建成年份	所在河流	深度 /km	水面面积 /km²	库容 /km³
第聂伯	1932	第聂伯河	129	410	3.3
卡霍夫卡	1947—1948	第聂伯河	230	2 155	18.2
克烈缅楚格	1959—1961	第聂伯河	149	2 250	13.5
基辅	1964—1966	第聂伯河	110	992	3.73
第聂伯捷尔任斯克	1964	第聂伯河	114	4 567	2.45
卡涅夫	1972—1978	第聂伯河	123	675	2.62
德涅斯特	1955—1956	德涅斯特	—	142	3.2
切尔沃诺奥斯科尔	1958	奥斯科尔	76	122.6	4.6
拉金斯克	1964	南布格河	45	20.8	0.15
佩切涅什斯克	1962	北顿涅茨河	65	86.2	3.83

资料来源：Гавриленко ОП, Екогеография Украина.2008.

乌克兰水资源分布不均，很多地区都出现水资源匮乏的情况，因此乌克兰不得不开发水渠，建造水库。乌克兰建成的调水运河有：北顿涅茨-顿巴斯运河，长 131.6 km；第聂伯-顿巴斯运河，长 263 km，年调水量 36 亿 m³；克里木干渠，长 402 km，每年从第聂伯河向克里米亚供应超过 30 亿 m³ 水量；第聂伯-克里沃罗格渠道，长 35.4 km，由卡霍夫水库向克里沃罗格提供灌溉用水；卡霍夫主干渠，长 130 km，向欧洲最大的灌溉系统供水。2004 年起，从卡霍夫水库到北亚速海地区开通了超过 200 km 长的供水管道。

地表水是乌克兰主要的饮用水源，全国饮用水的 60% 取自第聂伯河。工业是乌克兰用水最多的行业，其用水量占所有用水量的 45%。工业用水中的 83% 用于能源、

---
① Strategy of National Ecological Policy of Ukraine until 2020.

有色冶金和化学工业。农业用水占所有用水量的 40% 左右，公共用水约占 10%。乌克兰的人均每日用水量为 270 L。其中，已用水中的一半都以废水或污水的形式排入河流和水体中。乌克兰水资源使用和保护情况见表 10-7。

表 10-7　乌克兰水资源使用和保护情况

单位：$10^6 m^3$

年份	取水量	新鲜水耗	污水排放总量	处理不达标的污水		处理达标的污水
				总量	未经处理的污水	
2011	14 651	10 086	8 044	1 612	309	1 763
2012	14 651	10 507	8 081	1 521	292	1 800
2013	13 625	10 092	7 722	1 717	265	1 477
2014	11 505	8 710	6 587	923	175	1 416
2015	9 699	7 125	5 581	875	184	1 389

注：2014 年和 2015 年数据不包括克里米亚自治共和国和萨瓦斯托波尔市。
资料来源：乌克兰国家统计局官网，http://www.ukrstat.gov.ua/.

（二）水环境问题

总体来说，乌克兰的水环境问题现状是：

——粗放型的水利发展方式对水体造成过大的人为压力；

——河流的可再生能力差，潜在水资源枯竭；

——由于生活、生产和农业的不合理排放，造成水体的污染严重；

——切尔诺贝利核电站事件造成许多河流流域内大面积的核污染；

——饮用水水源地的生态环境不佳造成饮用水质量下降；

——水资源利用与保护的经济机制不完善；

——水资源管理体系效率低下，法律法规和组织机构不完善；

——缺乏长期有效的水质自动监测体系。

乌克兰水资源方面亟待解决的问题包括：

1. 地表水污染严重

根据《乌克兰 2012 年自然环境状况国家报告》，2012 年，乌全国排放到地表水中的污水总量为 78 亿 m^3，其中，工业企业的污水排放量为 47 亿 m^3，生活污水排放量约 20 亿 m^3，农业污水排放量约 10 亿 m^3。污水排放量最多的地区为顿涅茨克州、第聂伯罗彼得罗夫斯克州、卢甘斯克州和敖德萨州。2012 年随污水排入地表水体的物质含量见表 10-8。

表 10-8　2012 年随污水排入地表水体的物质含量

单位: t

物质名称	含量	物质名称	含量
悬浮物	44 900	氯化物	675 000
石油类	405.2	氨氮	9 500
硫酸盐	837 600	硝酸盐氮	58 700
亚硝酸盐氮	2 200	铁	775
磷酸盐	7 000	合成表面活性剂	251.5

资料来源: Национальный доклад о состоянии природной окружающей среды в Украине в 2012 году. （乌克兰 2012 年自然环境状况国家报告）。

地表水污染的主要原因是: 生活污水和工业废水直接或通过下水道排放到水体中; 建筑地和农田的地表水径流将污染物带入水体; 水资源开采区的土壤侵蚀; 污水处理系统的处理效率低下。

乌克兰的地表水水质按其污染程度分为五类, 一类——可允许的污染, 不会对人类造成不良影响, 使用不受限制, 被认为是清洁水; 二类——轻度污染, 对人体健康可能造成不良影响, 相对清洁水; 三类——中度污染, 需要经过卫生清洁后使用; 四类——高度污染, 不适用于任何用途; 五类——重度污染, 无法使用, 且短暂的接触都可能对人体健康造成不良影响。外喀尔巴阡山州、文尼察州南部、哈尔科夫州东南部、敖德萨州西部和克里米亚自治共和国西南部水质较好, 属一类; 利沃夫州、敖德萨州、扎波罗热州、第聂伯罗彼得罗夫斯克州和顿涅茨克州水质中度污染, 属三类; 顿涅茨克州北部水质高度污染, 属四类; 赫尔松州大部分地区水质重度污染, 属五类。

乌克兰的水资源利用率很低, 水资源的非生产性消耗增加, 可用水资源的总量由于污染和枯竭而逐渐减少。据联合国教科文组织（UNESCO）的统计, 乌克兰的水资源有效利用率和水质在全球 122 个国家中排名第 95 位。

2. 地下水污染加剧

总体来说, 乌克兰地下水状况比地表水要好一些, 但有的时候也有一些工业企业、畜牧业对其造成污染。在一些工业地区（顿巴斯、克里夫巴斯）, 矿井和露天矿场的开采对地下水水质和储量都造成了不良影响。在这些地区长年抽取地下水, 导致地下水位下降, 有些含水层甚至完全消失。近 15 ～ 20 年来, 不断累积的固体和液体废物也给地下水带来新的污染。地下水取水量最多地区在工业发达区, 包括顿涅茨克州、第聂伯罗彼得罗夫斯克州和卢甘斯克州。此外, 地下水污染与地表水污染、矿物肥料及农药的使用、核污染等密切相关。

地下水状况最差的地区主要集中在乌克兰南部地区。敖德萨州、赫尔松州、扎波罗热州和克里米亚的农药严重超标。除西部的一些州外，乌克兰大部分地区都存在硝酸盐污染。硝酸盐导致的水污染不仅会诱发各种疾病，还会降低生物体的抵抗力，进而会使常见疾病（特别是传染病和肿瘤疾病）的发病率上升。

3. 饮用水安全问题突出

乌克兰 80% 的饮用水来自地表水源，地表水体的生态状况和水质是影响人体健康和流行病学特征的主要因素。乌克兰地表水中含有大量的有机污染物和有机氯化物，国内所有监测断面几乎都发现不同指标超出卫生标准的 1.1 ~ 4 倍。水管中的净化设施也没有办法阻止这些物质进入饮用水中。饮用水不符合水源管理要求是许多传染性和非传染性疾病传播的原因之一。

根据乌克兰卫生防疫局 2012 年的调查结果，乌克兰全国共有 18 771 个集中式供水源，其中包括 1 646 个市政供水管道，4 919 个部门供水管道和 7 579 个农村供水管道。此外，还有 170 243 个分散式供水源。在所有的水管中，67.3% 缺乏卫生保护区，18.2% 缺乏必要的净化设施，24.4% 缺乏去污装置。乌克兰平均 4.6% 的水管都不符合卫生标准，最严重的是在卢甘斯克州、顿涅茨克州、赫尔松州。2010—2012 年个别地区不符合卫生标准的生活饮用水管道所占比重见表 10-9。

表 10-9　2010—2012 年个别地区不符合卫生标准的生活饮用水管道所占比重

单位：%

地区	2010 年	2011 年	2012 年
卢甘斯克州	25.5	24.1	23.3
顿涅茨克州	15.7	15.2	15.3
赫尔松州	14.2	14.0	13.5
尼古拉耶夫州	12.8	10.9	8.4
日托米尔州	11.4	10.1	10.4
捷尔诺波尔州	10.9	9.7	8.2
全国平均水平	5.0	4.7	4.6

资料来源：Национальный доклад о состоянии природной окружающей среды в Украине в 2012 году.（乌克兰 2012 年自然环境状况国家报告）。

4. 水资源管理不当

乌克兰水资源保护领域的政府监管体系亟须改革，向水资源的综合管理转变。不同的中央行政机关担负着水资源保护、利用和水体修复的管理职能，造成管辖范围重叠、对环保法规的解读五花八门、预算资金的使用效率低下。

5. 第聂伯河流域环境问题

第聂伯河是乌克兰最主要的河流。第聂伯河流域水资源占乌克兰全国水资源的

80%，为 3 200 万居民提供用水，并保障国家 2/3 的经济用水。第聂伯河每年要提供 150 亿 m³ 工业和农业用水，许多工业企业（冶金、化学、煤炭）、大型能源项目和大面积的灌溉农田都集中在第聂伯河流域。乌克兰淡水取水量见图 10-2。

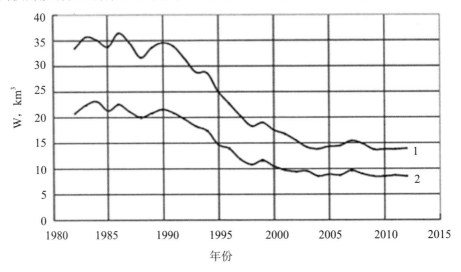

图 10-2　乌克兰淡水取水量

注：1—总取水量，2—第聂伯河流域取水量

资料来源：Национальный доклад о состоянии природной окружающей среды в Украине в 2012 году. （乌克兰 2012 年自然环境状况国家报告）。

　　每年约有 1 万家企业向第聂伯河排放大量污水，其中 0.15% 的污水没有经过任何处理。第聂伯河流域主要的污染来源是：①黑色和有色金属冶炼；②焦炭生产；③重型机械、能源机械和运输机械；④公共事业；⑤农业和畜牧业；⑥ 10% 的污染来源于大气降水。主要污染物是重金属、放射性物质和农药。由于河流上建有大型水库，水流速度变小以后，水中蓝藻变多，释放大量有毒物质。此外，第聂伯河流域的水处理设施效率低下，且经常超负荷工作，导致污水处理不达标。

　　第聂伯河流域的水污染不仅破坏了水体的自净能力，同时也带来了饮用水的安全问题。此前就发现，卡霍夫卡水库的多种污染物超标，酚类超标 1～2 倍，铜化物超标 6～11 倍，锌超标 7～12 倍；第聂伯水库铜化物超标约 11 倍，锌超标约 32 倍，锰超标约 10 倍，酚类超标约 8 倍，有时锌化物超标高达 96 倍。

　　第聂伯河上建设的众多水库和梯级水电站也带来许多不良影响：

　　（1）第聂伯河水文被人为的变成湖泊，水流交换速度变缓，形成了停滞区，导致富营养化现象频发；

（2）地下水位上升，超过河岸高度；

（3）土壤盐渍化加剧；

（4）地下水径流量增加了近 10 倍，导致地下水污染加重，尤其是在下游地区；

（5）土壤的水盐体系被改变，腐殖质含量减少；

（6）沿岸地区侵蚀严重。

6. 小型河流的问题

乌克兰的小型河流很多，它们在水资源供应中起着举足轻重的作用。因为乌克兰 90% 的居民区都位于小型河流的河谷地带，并使用其水源。但是，乌克兰小型河流的状况却不容乐观：①超过 2 万条小型河流已经消失或干涸，这也导致大型河流的水量减少；②小型河流的污染比大型河流严重得多，这不仅与水量有关，同时也是因为小型河流上的污水处理设施比大型河流少很多。

（三）治理措施

河流与水体的生态状况关系着居民和经济用水问题，为此，乌克兰政府常年采取水资源保护、防洪、水利和技术方面的措施，以避免卫生防疫状况恶化、改善水质、减少污水排放对水体带来的不良影响。

为改善第聂伯河流域的整体环境状况，保障饮用水安全，早在 1997 年乌克兰议会就通过了《关于第聂伯河流域生态修复和改善饮用水水质的国家规划》，旨在修复和维护第聂伯河流域生态系统的可持续发展、保障饮用水质量、为居民生活和经济发展提供良好的生态环境、避免水资源污染和枯竭。该规划是一个长期的指导文件，一直实施到 2010 年。根据该规划，实施的主要措施包括：

一是防止地表水和地下水污染：整顿市政、农业、工业和居民生活排水系统，建设和修复排水设施；采用新技术，提高污水处理的能力和效率；加强对污水排放的监管力度；保障第聂伯河流域水电站和水库的安全运行。

二是保障水资源的安全和环保使用：通过建立水资源使用和保护流域体系、完善水资源管理制度来调整水资源利用；提高水资源利用的工艺和技术水平；开发和采用无水或节水技术；对污水进行回收利用。

三是恢复和保持河流良好的水文状况：建立和整顿水源保护区及沿岸地带；采用农艺、农业和水利技术来防止水土流失；建设相关水利工程设施（如防护堤）来预防水害；完善自然保护区网络建设。

四是对水资源利用、保护和再生实行流域管理。目前已建成了北顿涅茨克水资源流域管理局、第聂伯河水资源流域管理局、克里米亚流域管理局等。

五是改善饮用水质量：建立和发展新的水资源保障体系；保障供水和污水处理能力之间的平衡；采用新的污水处理技术；与《居民饮用水质量保障国家规划》并行实施。

六是减少核污染的影响：继续开展工作，消除切尔诺贝利核污染事件的影响，尤其是在普里皮亚特河地区；开发和应用新的处理核污染的污水处理技术；完善核污染监测体系[1]。

2010 年通过的《乌克兰 2020 年前国家生态政策战略》提出了保护水资源的相关措施：

（1）改革政府在水资源保护方面的治理体系，并按流域原则，通过对水资源进行综合管理，实现水资源的高效利用；

（2）重建现有并建设新的城市污水处理设施，以保障到 2020 年，水中污染物（尤其是有机物、氮磷化合物）的含量减少 15%，未经处理的污水排放量减少 20%；

（3）制定和实施减少内陆海和领海污染的行动计划，以防止人类活动对环境的破坏加剧，并尽快恢复黑海和亚速海的生态系统。

2012 年 5 月，乌克兰议会又批准了《2021 年前第聂伯河流域水利发展和生态修复国家专项规划》。该规划旨在保障居民生活和经济发展对水资源的需求、保护和再生水资源、应用水资源流域一体化管理体系、发挥改良土壤在生产和资源保障中的作用，优化水资源利用，防治和消除水害带来的后果。

乌克兰 50% 以上的可再生水资源来自周边国家，因此，跨界水的管理至关重要。1992—2001 年乌克兰先后与以下 7 个邻国签订了政府间跨界水体水管理双边协议：俄罗斯（1992 年）、摩尔多瓦（1994 年）、斯洛伐克（1994 年）、匈牙利（1993 年，1997 年重新签订）、罗马尼亚（1997 年）、波兰（1998 年）和白俄罗斯（2001 年）。这些双边协议的主要内容包括：有效利用水资源以满足各类用户的用水需求；防止水体污染；开发水监测和信息交换系统；防洪；改进紧急事件的早期预报系统以尽可能减少不良后果；制定跨界水体的水质评价标准和技术规范。除双边协议外，还签署了一些多边协议，包括 1994 年签署的关于在保护和持续利用多瑙河方面进行合作的协议和 1997 年与白俄罗斯、波兰达成的关于保护布格河的多边协议。

---

[1] Национальная программа экологического оздоровления бассейна Днепра и улучшения качества питьевой воды, 1997. http://nature.org.ua/dnipro/r_prog.htm.

二、大气环境

（一）大气环境状况

近年来，虽然乌克兰的生产产量有所下降，但大城市和工业中心的大气污染程度依旧很高，全国约有 2/3 的人口居住在空气质量不符合卫生标准的地方。

根据乌克兰国家统计局数据，2015 年乌克兰的大气污染物排放总量约 452 万 t，比 2014 年减少 15.4%；其中，固定污染源排放量占 63%，移动污染源占 37%。乌克兰近年来大气污染物排放情况见表 10-10。

表 10-10　乌克兰近年来大气污染物排放情况

单位：万 t

年份	大气污染物排放总量	固定污染源排放量	移动污染源排放量
2010	667.8	413.16	254.64
2011	687.73	437.46	250.27
2012	682.11	433.53	248.58
2013	671.98	429.51	242.47
2014	534.62	335	199.62
2015	452.13	285.74	166.39

注：2014 年和 2015 年数据不包括克里米亚自治共和国和萨瓦斯托波尔市。
资料来源：乌克兰国家统计局官网，http://www.ukrstat.gov.ua/.

乌克兰排放到大气中的主要污染物包括一氧化碳、二氧化碳、氮氧化物、硫化物和悬浮颗粒物等。2015 年二氧化硫人均排放量 20kg，比 2014 年减少 7kg；氮氧化物人均排放量 10.6kg，比 2014 年减少 2kg。2015 年主要大气污染物排放量见表 10-11，主要大气污染物排放占比见图 10-3，2011—2015 年主要污染物人均排放量见图 10-4。

表 10-11　2015 年主要大气污染物排放量

污染物名称	排放总量 / 万 t	固定污染源排放量 / 万 t	移动污染源排放量 / 万 t	与 2014 年相比 /%
金属及其化合物	1.38	1.38	—	48.2
甲烷	51.94	51.41	0.53	88.5
非甲烷挥发性有机物	22.58	4.73	17.85	83.6
一氧化碳	197.19	76.41	120.78	86.4
二氧化硫及其他硫化物	92.88	90.51	2.37	79.7

污染物名称	排放总量 / 万 t	固定污染源排放量 / 万 t	移动污染源排放量 / 万 t	与 2014 年相比 /%
氮化合物	48.3	26.24	22.06	83.8
悬浮颗粒物	37.74	34.96	2.78	86.9
其他	0.12	0.1	0.02	92.3
排放总量	452.13	285.74	166.39	84.6

资料来源：乌克兰国家统计局官网，http://www.ukrstat.gov.ua/。

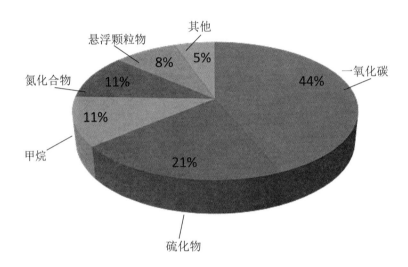

图 10-3　主要大气污染物排放占比

资料来源：乌克兰国家统计局官网，http://www.ukrstat.gov.ua/。

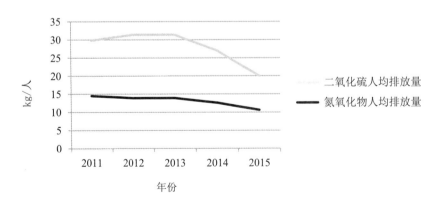

图 10-4　2011—2015 年主要污染物人均排放量

资料来源：乌克兰国家统计局官网，http://www.ukrstat.gov.ua/。

乌克兰在 53 个城市设有 163 个空气质量监测站点。根据 2012 年监测结果，城市大气中污染物共有 31 种。其中，甲醛平均超标 2.7 倍，氮氧化物超标 1.25 倍，悬浮物超标 1.1 倍，酚类和氟化氢的浓度也在标准限值以上。2012 年共有 4 个城市出现了严重的大气污染事件，即污染物的最大浓度超标 5 倍以上，其中，克里沃罗格出现了 16 次，哈尔科夫出现了 4 次，顿涅茨克出现了 1 次。

乌克兰大气污染物的主要来源：

1. 工业企业

2012 年共有 8 434 家工业企业排放大气污染物，排放量达 433 万 t，占大气污染物排放总量的 63.5%。主要的污染企业包括：黑色金属冶炼、燃料能源、煤矿、石油开采、水泥行业。工业企业最集中的地区为顿涅斯克州（10.9%）、卢甘斯克州（6.7%）和第聂伯罗彼得罗夫斯克州（5.5%）。

2. 交通运输

乌克兰全国 56% 的一氧化碳、38% 的碳氢化合物、27% 的氮氧化物都是由交通运输产生的。

导致环境空气质量恶化的主要原因包括：企业不按法规要求使用除尘净化设备；污染物排放总量不达标；引进先进环保技术的速度缓慢；运输车辆（特别是已超出使用年限的车辆）的数量猛增。

空气中的有毒物质增加对人类健康产生重大影响，降低农产品的质量，影响局部地区的气候和臭氧层，破坏生物多样性。有一些物质甚至会影响人体机能。在过去几年间，工业发达城市的环境主管部门一直在监测环境空气中 16 种多环芳烃（其中 8 种是致癌物）、硝基取代物（亚硝基二甲胺和二甲基亚硝胺）和重金属（铬、镍、镉、铅、铍）。在化学致癌物产生的污染总量中，多环芳烃化合物所占比重最大。2009 年乌克兰的致癌风险达到 6.4 ～ 13.7 例肿瘤疾病 / 千人，这一比例远远超过国际风险指标。

3. 气候变化

乌克兰与其他国家一样，也面临气候变化问题。每年自然灾害都会给乌克兰经济带来一定损失。

乌克兰温室气体的主要来源是：①燃料能源行业，包括发电、供暖、煤炭企业；②工业，包括采矿、化工、金属加工、机械制造、建材行业等；③生活和市政活动；④运输；⑤其他经济部门。

近年来，乌克兰温室气体的排放量逐渐减少。2015 年二氧化碳排放量 1.62

亿 t，比 2014 年减少 16.8%；其中，固定污染源排放量占 85.7%，移动污染源排放量占 14.3%。2011—2015 年二氧化碳排放情况见图 10-5。

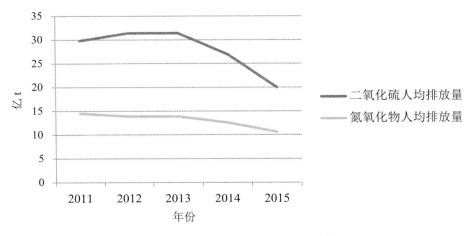

图 10-5　2011—2015 年二氧化碳排放情况

注：2014 年和 2015 年数据不包括克里米亚自治共和国和萨瓦斯托波尔市。
资料来源：乌克兰国家统计局官网，http://www.ukrstat.gov.ua/.

4. 臭氧层

乌克兰一直对领土上空的臭氧层进行观察，境内共有 6 个专门的监测站，开展紫外线辐射监测。6 个监测站分别位于 6 个城市：鲍里斯波尔、基辅、利沃夫、普里卢卡、辛菲罗波尔、捷尔诺波尔。近 10 年来，乌克兰国土上空的臭氧层厚度已变薄了 5%。

臭氧层遭到破坏的主要原因有：①化工行业的活跃；②饮用水的氯化；③氟利昂的使用；④飞机发动机燃料的燃烧；⑤大型工业城市中形成的烟雾。

5. 酸雨

乌克兰有 49 个气象站对酸雨进行监测，其中 41 个气象站会对大气降水样本的化学成分进行分析。当前，酸雨在乌克兰也比较典型，如在切尔卡瑟州，雨水中主要含有硝酸；在苏梅州，雨水中主要含有硫酸。酸雨出现的频率越来越高。2001—2002 年，酸雨出现在克里米亚自治共和国和敖德萨州，降水 pH 值小于 4.5；沃伦州、切尔尼戈夫州、基辅市和利沃夫市的降水 pH 值在 4.5 ～ 5.5。2012 年乌克兰的酸雨出现率为 0.22%，主要出现在克里米亚自治共和国、顿涅茨克州、敖德萨州和基辅州。

酸雨造成的主要危害有：

（1）由于农作物的叶子受到酸雨侵蚀，导致农作物产量下降了 3% ～ 8%；

（2）土壤中的钙、钾、镁流失，导致动植物退化；

（3）湖泊和池塘中的水变得有毒性，导致鱼类和各类昆虫的死亡，以昆虫为食的鸟类和动物也随之消亡；

（4）森林消亡，尤其是山区（喀尔巴阡山）的森林，导致山体滑坡和泥石流爆发的频率增加；

（5）人类发病率增加（眼睛发炎、呼吸道疾病）；

（6）建筑古迹、住房等破坏的速度加快，尤其是用大理石和石灰石装饰的建筑。

（二）治理措施

1. 大气污染防治

研究证明，与其他环境要素相比，大气污染对致癌风险值的贡献最大，为80%～90%。因此，改善空气质量是保障居民健康的重要条件。

2012 年，乌克兰为改善空气质量花费了 44.8 亿格里夫纳，拟定的 560 项措施中共完成了 449 项。这些措施帮助乌克兰减少了 14.69 万 t 大气污染物排放，主要包括：

一是完善工艺流程（包括采用新能源和原料），使大气污染物减少了 2.09 万 t；

二是建设和使用新的空气净化装置和设备，使大气污染物减少了 0.68 万 t；

三是提高已有净化装备的处理能力（包括其修理、更新和现代化），使大气污染物减少了 1.5 万 t；

四是消除污染源，使大气污染物减少了 8.36 万 t。

2. 适应气候变化

气候变化是一个全球性问题，因此，乌克兰与欧洲国家和国际组织共同协调行动，采取措施来延缓和适应气候变化，包括：

（1）制定和实施减少对气候变化的人为影响和适应气候变化的国家政策；

（2）完善温室气体人为排放和吸收的清查系统；

（3）制定适应气候变化不良影响的规划；

（4）开展有关气候变化问题的科研工作；

（5）向社会公开有关气候变化领域国家政策的实施情况；

（6）拓展气候变化方面的国际合作，包括使乌克兰的标准和法律法规与欧洲国家相协调。

乌克兰作为《联合国气候变化框架公约》的缔约方，一直积极履行温室气体减排义务。根据《〈京都议定书〉多哈修正案》，到 2020 年，乌克兰的温室气体排放量将不超过 1990 年的 80%。2016 年，乌克兰又再次签署《巴黎气候协定》。

3. 臭氧层保护

乌克兰于 1985 年加入了《保护臭氧层维也纳公约》，1988 年加入了《关于消耗臭氧层物质的蒙特利尔议定书》。1996 年，乌克兰通过了《关于在乌克兰停止生产和使用消耗臭氧层物质的规划》，根据该规划，明令禁止使用一些消耗臭氧层物质，并提出逐步使用可替代物质。

在乌克兰，凡是进口和出口有可能含有消耗臭氧层物质的企业，都必须有许可证。许可证由乌克兰经济发展与贸易部经生态与自然资源部同意后颁发。如果商品中不含有消耗臭氧层的物质，则需要有生态与自然资源部的书面说明，证明其不需要许可证。2012 年 1 月 18 日，乌克兰通过法令，确定了《关于确定拟进口或出口的商品中是否含有消耗臭氧层物质的规程》。每年乌克兰都会发布需要进出口许可证的商品清单，确定进出口配额。

4. 酸雨防治

为解决酸雨的危害问题，乌克兰采取的措施包括：①降低硫氧化物和氮氧化物的排放，因为硫酸和硫酸盐在 70%～80% 的程度上决定了雨的酸性；②采用新技术，包括节约能源、燃料脱硫、排烟脱硫、减少氮排放等技术；③开展国际合作，酸雨问题是一个全球问题，为此，乌克兰加入了有关的国际公约，最主要的是 1983 年生效的《长程跨界污染空气公约》。

三、固体废物

（一）固体废物问题

废物处理问题也是乌克兰最重要的环境问题之一。根据乌克兰国家统计局的数据，2015 年乌克兰的废弃物产生量为 3.12 亿 t，比 2014 年减少了 0.43 亿 t，其中危险等级为 1～3 级的废弃物为 58.7 万 t。2014—2015 年乌克兰废弃物产生和处理量见表 10-12，2012 年乌克兰废弃物产生量行业分布情况见表 10-13。

表 10-12　2014—2015 年乌克兰废弃物产生和处理量

单位：t

年份	2014	2015
废弃物产生总量	3.55 亿	3.12 亿
1～3 级危险废物量	73.9 万	58.7 万
废物利用量	1.09 亿	0.92 亿
废物焚烧量	94.5 万	113.5 万
废物清除量	2.04 亿	1.52 亿

资料来源：乌克兰国家统计局官网，http://www.ukrstat.gov.ua/。

表 10-13 2012 年乌克兰废弃物产生量行业分布情况

废物来源	总量 / 万 t	占比 /%
总量	45 072.68	100
企业的经济活动	44 275.74	98.2
农业、林业、狩猎业、渔业	687.63	1.5
采掘业	37 229.75	82.5
加工业	4 422.27	9.8
电力、燃气、水的生产和分配	991.63	2.2
建筑业	139.47	0.4
运输	117.59	0.3
食品服务、技术设备维护和修理、公共废物	460.92	1.1
居民健康保护、兽医业	0.24	0.0
其他类型的经济活动	226.23	0.5
家庭生活	796.94	1.8

资料来源：Национальный доклад о состоянии природной окружающей среды в Украине в 2012 году.（乌克兰 2012 年自然环境状况国家报告）。

1. 工业废物

乌克兰废物的主要来源是采矿企业，其中金属开采产生的废物最多，还有煤、泥煤、褐煤开发和其他资源开采等。而加工企业中，废物产生量最多的是金属加工、化工、食品和饮料的生产等。在所有的废物中，矿物废料的数量最多，占 73%。

乌克兰产生废物最多的地方在工业发达区，包括第聂伯罗彼得罗夫斯克州、顿涅茨克州、基洛夫格勒州和卢甘斯克州，这几个州产生的废物量占全国总量的近 90%。

乌克兰现今工业废物问题突出的主要原因在于：

（1）主要生产技术过时；

（2）多年来，国家和地方的立法及行政机构对废物问题的重视不足；

（3）缺乏激励企业自主解决自身环境问题的经济激励机制；

（4）对废物处理措施的资金支持力度不够；

（5）缺乏有效的废物收集、保存和清除体系；

（6）没有对废物形成、加工和放置地的环境质量进行长期监测。

乌克兰固体工业废物主要来源以下企业：

（1）矿山和矿山化工企业（矿渣、废料场等）；

（2）黑色有色金属冶炼（残渣、污泥、炉尘等）；

（3）金属加工业（金属屑、残次品等）；

（4）林业和木材加工业（伐木废料，在家具、胶合板、刨花板、纤维板、层压板制作过程中产生的制材废料，黏合剂、树脂、油漆等废料）；

（5）能源行业——热电站（粉煤灰、炉渣）；

（6）化学及相关行业（磷石膏、岩盐、煤渣、炉渣、污泥、碎玻璃、水泥粉尘、有机生产废物——橡胶、塑料等）；

（7）食品行业（骨头、毛发等）；

（8）轻工业（面料、皮革、橡胶、塑料等）。

2. 生活垃圾

乌克兰最棘手的环保问题之一是生活垃圾的处理。人均年产生生活垃圾 220～250 kg，而在大城市，这一指标更是达到 330～380kg。生活垃圾主要在 4 157 个垃圾处理场和总面积近 7 400 hm² 的垃圾填埋场处理，只有约 3.5% 的生活垃圾会在位于基辅和第聂伯彼得罗夫斯克市的两座垃圾焚烧厂进行焚烧处理。据估计，有约 0.1% 的生活垃圾属危险废弃物。2011—2015 年乌克兰的生活垃圾处理情况见表 10-14。

表 10-14　2011—2015 年乌克兰的生活垃圾处理情况

单位：万 t

类别	2011 年	2012 年	2013 年	2014 年	2015 年
生活垃圾总量	1 035.65	1 387.8	1 450.1	1 074.8	1 149.18
清除的生活垃圾	703	936.27	950.44	589.38	623.3
焚烧以获取能源的生活垃圾	15.4	14.99	14.76	14.9	25.43
焚烧但未获取能源的生活垃圾	9.85	7.86	0.29	0.38	0.21
利用的生活垃圾	7.45	5.74	0.94	0.38	0.4

注：2014 年和 2015 年的数据不包括克里米亚自治共和国和萨瓦斯托波尔市。
资料来源：乌克兰国家统计局官网，http://www.ukrstat.gov.ua/.

从表 10-14 中可以看出，由于未包含克里米亚自治共和国和萨瓦斯托波尔市的数据，2014 年和 2015 年的生活垃圾总量下降。但总体来说，乌克兰的生活垃圾产生量呈逐年递增趋势。

生活垃圾中主要包括：食品垃圾（35%～50%），纸张和纸板（10%～15%），二次聚合物（9%～13%），玻璃（8%～10%），金属（2%），纺织材料（4%～6%），建筑垃圾（5%），其他废物（10%）。

除一些传统的垃圾外，逐渐出现电子垃圾、化学电源、含有水银的照片设备等。对于这类新出现的垃圾，乌克兰还没有完善的立法和收集处理体系，因此这类生活垃圾增长的速度越来越快，占所有生活垃圾的 5%，也是相对比较危险的垃圾。它们经过破坏以后，不断释放出有毒物质，通过空气传播或落到地面，有时甚至会进入土壤或水体中，对人类健康造成很大影响。

乌克兰生活垃圾的问题主要是：①垃圾车（70% 都已老化）和垃圾箱陈旧；②没有建设垃圾填埋场的专门场地；③由于不符合相关技术要求，导致有火灾隐患；④生活垃圾的填埋。

在乌克兰，70% 的居民能享受到垃圾收集服务，只有 43% 的居民能享受垃圾分类收集服务。2012 年，在 185 个居民区中实行了垃圾分类收集服务，但在其他大部分地区，垃圾分类收集才刚刚开始推行。同时，乌克兰生活垃圾的回收利用率很低，主要是填埋和焚烧。2015 年乌克兰人均回收利用的生活垃圾仅为 0.1kg。2011—2015 年乌克兰生活垃圾人均产量及利用量见图 10-6。

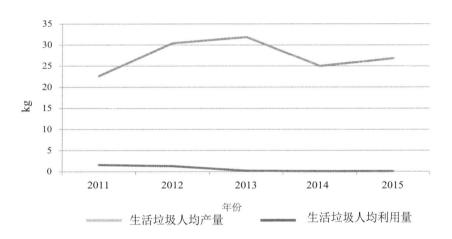

图 10-6　2011—2015 年乌克兰生活垃圾人均产量及利用量

资料来源：乌克兰国家统计局官网，http://www.ukrstat.gov.ua/。

在乌克兰，产生和运往垃圾填埋场的生活垃圾的数量有不断增长的趋势。2009 年固体生活垃圾的运输量达到 5 010 万 m^3，而这一数量正以每年近 400 万 m^3 的速度增加。2009 年，72% 的污染是生活垃圾的收集活动造成的。在生活垃圾中，无法快速分解并需要大片区域存放的垃圾不断增多。超负荷运作的垃圾处理场有 243 家（占总数的 5.8%），不符合生态安全法规的垃圾处理场有 1 187 家（28.5%）。

3. 危险废物

根据乌克兰《废物法》，危险废物是指对环境和居民健康（可能）有明显危害的物理、化学、生物或其他危险物质，需要有特殊的处置方法和手段。根据乌克兰相关法律，危险废物可按照其毒性和危险性分为四级：1 级——极其危险废物；

2 级——高危险废物；3 级——中度危险废物；4 级——低危险废物。因此，对 1～3 级危险废物都应予以重视。

虽然每年 1～3 级危险废物在废物总量中所占的比例不超过 0.5%，但它们对人体健康和环境有很大的危险，因此解决危险废物的问题至关重要。2012—2015 年乌克兰 1～3 级危险废物产生量见图 10-7。

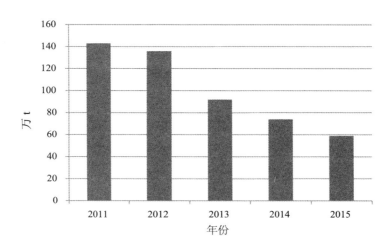

图 10-7　2012—2015 年乌克兰 1～3 级危险废物产生量

资料来源：乌克兰国家统计局官网，http://www.ukrstat.gov.ua/。

乌克兰的危险废物主要是化学类的废物，其中 82% 来自克里米亚自治共和国、尼古拉耶夫州、苏梅州、波尔塔瓦州、顿涅茨克州、哈尔科夫州和赫尔松州。

截至 2012 年年底，乌克兰指定区域和设施中累积的废物已达 149 亿 t，其中 1 级危险废物 2.86 万 t，2 级危险废物 220 万 t，3 级危险废物 1 200 万 t，4 级危险废物 148.96 亿 t [①]。

含有危险致病菌和传统致病微生物的医疗垃圾会严重威胁环境安全和人身健康。乌克兰每年产生近 35 万 t 医疗垃圾，因而存在传播传染性疾病的风险。

截至 2009 年年底，乌克兰 2 987 间仓库共储存超过 2 万 t 危险农药，其中一半以上都是《联合国限用有机污染物名录》规定的剧毒农药的未知混合物。

（二）治理措施

为解决固体废物问题，乌克兰不断完善相关法律，制定相关政策和措施。

---

① 资料来源：Национальный доклад о состоянии природной окружающей среды в Украине в 2012 году.（乌克兰 2012 年自然环境状况国家报告）。

1. 完善废物处理方面的法律法规

乌克兰在废物管理方面最主要的法律是 1998 年 3 月 5 日通过的《废物法》，它确定了废物收集、运输、保存、加工和处理方面的原则，以及减少废物产生量、减轻废物对环境和人类健康不良影响的措施。结合废物管理现状，乌克兰政府不断对其进行修订和完善。

2008—2012 年对《废物法》的修订内容确定了废物处理领域的优先发展方向：①研发技术、制定措施来减少废物产生量，对废物进行加工和无害化处理；②对采取上述技术的企业提供经济优惠；③逐渐禁止填埋需要进行二次处理或对环境有害的废物；④让实际的污染者承担破坏环境的后果和修复已破坏环境的责任。

2012 年，乌克兰对《废物法》进行了重要修订，内容包括：居民需直接签订垃圾运输协议，为垃圾清运付费，并保障垃圾的分类收集；自 2018 年 1 月 1 日起，禁止将未处理的废物堆放在垃圾填埋场；禁止填埋在乌克兰已有相应处理技术的废物等。

2. 出台相应的国家政策和规划

2000 年，乌克兰通过《有毒废物处理国家规划》，旨在减少已累积的废物量，限制废物的形成，对废物进行加工和无害化处理。2010 年通过的《2020 年前乌克兰国家生态政策战略》也对固体废物提出了相关要求，即到 2015 年，在人口超过 25 万人的城镇，放置在指定的和环境无害的垃圾填埋场的生活垃圾将达到 70%；在 2015 年前，建立医疗垃圾的安全处理体系；到 2020 年，生活垃圾处理率将增加 1.5 倍；确保到 2020 年，通过采用环境无害的处理技术，对储存的不宜使用的农药进行最终处置。

2013 年 1 月 3 日，乌克兰政府通过《2013—2020 年废物处理规划构想》，旨在应用新技术减少废物产生量，采用新技术和措施对废物进行收集、运输、加工、利用和填埋，以减少其对环境和人类健康的影响。该规划的总投资金额达 46.56 亿格里夫纳，其中 37% 来源于政府专项资金，63% 来自地方财政。规划分为两个阶段实施：

2013—2015 年：清除对环境危害最大的有毒废物储存地，减少废物产生量，预防废物的违规处理，建设试点垃圾填埋场，发展废物利用、加工和无害化处理的能力；

2016—2020 年：建立现代化的垃圾二次利用的基础设施，吸引废物处理方面的投资。

根据该规划，各地方也出台了地方废物处理规划。

3. 推行绿色价格，促进将废物和垃圾填埋气体作为可替代能源使用

根据 2009 年对《电力法》的修订，乌克兰制定了绿色价格形成的机制，规定燃烧生物气产生的电力的价格将提高 2.3 倍。这就会促进一些垃圾填埋场自动关闭，以采集和利用垃圾填埋气体。该绿色价格从 2013 年第二季度开始实行。

4. 实行生产者责任延伸制度

虽然乌克兰的任何一部法律法规里都没有提到生产者责任延伸制度，但却在实施这项制度。乌克兰在全国采取措施，整顿包装废弃物的处置问题。其规定，所有包装产品的生产商必须自行开展包装的回收和处理工作，或者以付费的方式将这项任务交给国企"乌克兰生态资源"公司或其他专业组织；企业必须对其流通到市场上的包装材料的数量进行统计，并向乌克兰生态与自然资源部的地方机构通报所使用的包装总数。

5. 征收垃圾清运费

向居民和企业征收垃圾清运费是乌克兰废物处理领域的主要资金来源。目前对公寓楼和部分企业征收的垃圾收集和清运费，既包含在物业费中，也单独征收。根据乌克兰 2008 年颁布的《生活垃圾清运服务细则》，垃圾清运费是按月结算，并按照签订的协议和相关法律规定的收费标准来计算。生活垃圾清运服务包括所有处理过程，即收集、储存、运输、加工、利用、无害处理、填埋。收费标准因地而异，且针对不同的服务群体（居民、政府机关和其他等）收费也不同。根据乌克兰地区发展与建设部的数据，2011 年乌克兰生活垃圾清运和处理的平均收费标准为 35 格里夫纳 /m³，其中垃圾填埋费为 10 格里夫纳 /m³（2010 年分别为 31 和 9 格里夫纳）[①]。

6. 征收废物填埋费（环境税），主要是为了补偿因废物填埋造成的环境损害

根据乌克兰《环境保护法》和《税法典》，将废物放置在垃圾填埋场或指定场地都必须交税。收取的税费由国家、州和市政的环保基金支配，分配比例相应为10%、20% 和 70%。

四、土壤环境

（一）土地利用

在乌克兰的国土中，农业用地所占比例最大，超过其国土面积的 70%，其余为森林、居民区和道路等。农业用地中 76% 为耕地。近两年乌克兰的土地利用类型如表 10-15 所示，农业用地分类及耕地面积变化见图 10-8 和图 10-9。

①ТБО в Украине: потенциал развития, сценарии развития сектора обращения с твердыми бытовыми отходами, 2014.

表 10-15　乌克兰 2014—2015 年土地利用现状分类

土地利用类型	2014 年		2015 年	
	面积 / 万 hm²	占国土面积的比重 /%	面积 / 万 hm²	占国土面积的比重 /%
农业用地	4 273.15	70.8	4 272.64	70.8
林地	1 063.03	17.6	1 063.31	17.6
建设用地	255.04	4.2	255.29	4.2
其他用地	201.63	3.4	201.61	3.4
陆地总面积	5 792.85	96	5 792.85	96

资料来源：乌克兰国家土地资源局官网，http://land.gov.ua/info/statystyka/.

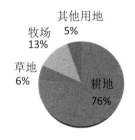

图 10-8　乌克兰农业用地分类（2015 年）

资料来源：乌克兰国家统计局官网，
http://www.ukrstat.gov.ua/。

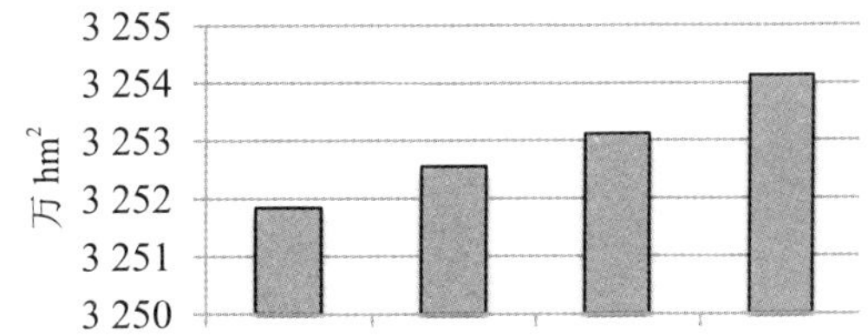

图 10-9　乌克兰耕地面积变化

资料来源：乌克兰国家统计局官网，
http://www.ukrstat.gov.ua/。

乌克兰土地利用现状不符合自然资源合理利用的要求，耕地面积与天然作物面积、林地面积的比例不协调。乌克兰土地的开垦度达到 53.9%，几乎是欧洲国家中最高的，完全超出了合理的范围。其土地的集中和不合理利用导致其土壤的生产力急剧下降。

（二）土壤环境问题

乌克兰全境都出现土壤退化的现象。根据土壤监测结果，近 10 年来，土壤环境状况不断恶化，土壤的保护问题成为乌克兰最主要的环境问题之一。

乌克兰土壤退化的主要类型包括土壤侵蚀、养分亏缺（有机物质，即腐殖质数量和质量上的降低）、土壤污染、土壤盐渍化、旱涝障碍等。

一是养分缺失。乌克兰 43% 的土壤都处在养分缺失的状态，即腐殖质和营养成分消失。每年从土壤中流失约 2 400 万 t 腐殖质、50 万 t 氮、70 万 t 磷、80 万 t 钾和大量的微量元素。每年因土壤侵蚀造成的经济损失达 90 亿格里夫纳。

二是土壤侵蚀。乌克兰遭受侵蚀的土壤面积达 57.4%，其中 32% 受到风力侵蚀，

22% 受到水力侵蚀，3.4% 受到风力和水力的联合侵蚀。乌克兰平均每年被水力和风力侵蚀的土壤达 $15t/hm^2$。在人类活动的影响下，土壤加速侵蚀。其侵蚀速率远大于土壤形成的速率，导致土层减薄，土壤肥力下降。连作种植对土壤的损害很大。此外，森林的消亡使土壤保护层遭到破坏，也加剧了土壤侵蚀。2012 年各地区遭受水力侵蚀的农业用地面积见表 10-16。

表 10-16　2012 年各地区遭受水力侵蚀的农业用地面积

单位：万 hm^2

序号	地区	遭受水力侵蚀（冲刷）的农用地面积			
		总面积	轻度侵蚀	中度侵蚀	重度侵蚀
1	克里米亚自治共和国	24.7	18.1	5.3	1.3
2	文尼察州	74.4	57.1	13.5	3.8
3	沃伦州	10.5	5.9	3.2	1.42
4	第聂伯罗彼得罗夫斯克州	100.1	79.3	16.3	4.5
5	顿涅茨克州	135.6	81.1	36.7	17.8
6	外喀尔巴阡州	3.7	2.5	0.9	0.3
7	扎波罗热州	79.9	37.9	23.9	18.1
8	基辅州	17.4	9.9	3.8	3.7
9	基洛夫格勒州	102.9	70.2	25	7.7
10	敖德萨州	124.1	80.8	31.4	11.9
11	哈尔科夫州	112.1	85.3	21.7	5.1
12	赫尔松州	26.4	18	6	2.4
13	切尔尼戈夫州	6.5	4.2	1.7	0.6
14	乌克兰全境	1328.4	883.4	321.8	123.2

资料来源：Национальный доклад о состоянии природной окружающей среды в Украине в 2012 году.（乌克兰 2012 年自然环境状况国家报告）。

三是土壤的次生盐渍化。由于不合理的耕作灌溉，导致地下水位上升，使土壤中的可溶解盐分增加。土壤的盐渍化其实也是土壤污染的一种，主要是碳酸钠、氯化物、硫酸盐的含量增加。

四是土壤的旱涝障碍。由于不合理的灌溉、水利设施不合理建设、森林的砍伐导致地下水位上升或下降，影响土壤湿度，从而造成土地被淹或干旱。

五是土壤污染。土壤污染的主要来源是：工业排放（重金属、酸雨等）；畜牧和养殖场废弃物；农业活动中矿物肥料、有机肥料和农药的使用；核污染。

切尔诺贝利核电站事件发生以后，乌克兰 11 个州 74 个区都受到放射性核素的污染，其中包括 310 万 hm^2 耕地。11.9 万 hm^2 农业用地被停止使用，其中包括 6.5 万 hm^2 耕地。遭受放射性核素的农业用地总面积为 670 万 hm^2，大部分都在日托米尔州和基辅州的南部地区。

土地管理方面存在的主要问题有：地籍保管系统的清查和自动化过程不完整；

土地管理文档编制不符合要求；缺少法律监管，宣传教育的力度不够；各行政机关的机构能力低下。

（三）治理措施

1. 加强土地管理

乌克兰在土地管理方面的主要法律是 1990 年出台的《土地法典》、2003 年出台的《土地保护法》以及其他的相关法律法规。国家在此领域的主要政策是：

一是将土地作为乌克兰人民的国家财富来进行保护；

二是将土地作为空间、自然资源和生产工具使用时优先满足生态安全要求；

三是因破坏土地保护法律法规而造成的损害应进行赔偿；

四是合理限制经营活动对土地资源造成的影响；

五是公开土地保护问题解决过程以及土地保护国家专项资金的使用情况。

2. 防治土壤侵蚀

为预防和治理土壤侵蚀，采取的主要措施包括：

一是经营管理措施，即根据土壤的适用情况来确定其具体用途，保障播种面积和轮作的合理结构，限制放牧。这些措施包括预防性措施和针对性措施。预防性措施有：①禁止在空中撒肥料和农药；②禁止使用易溶解的农药和矿物肥料；③禁止在易受侵蚀的地区开垦土地、破坏森林灌木或草本植物；④禁止在雪地或冻土上施肥；⑤禁止将肥料堆放在田间等。针对性的措施是指在引水区内合理调控水资源的综合利用。

二是农业技术措施，旨在提高土壤的吸收能力和抗蚀抗冲性，例如，深耕、山坡梯田、积雪保墒等。

三是水利技术措施，拦截全部或部分地表径流，防止水流集中导致水力侵蚀。

四是森林和草原土壤改良措施，森林和草原植被能很好地保护水土，有改良作用。

3. 防治土壤的次生盐碱化

主要措施包括：正确地组织作物轮种；在维持土壤结构的情况下正确耕地；建立森林种植园；采用正确的灌溉方式；合理组织水耗并防止其流失；采取土壤改良措施（如建立排水系统等）。

五、核安全

（一）核辐射状况

核污染主要指核物质泄漏后的遗留物对环境的破坏，包括核辐射、原子尘埃等本身引起的污染，还有这些物质对环境的污染后带来的次生污染，比如被核物质污染的水源对人畜的伤害。

乌克兰的能源政策（50% 的电力由核电站生产），研究用反应堆的运行，铀矿的开采，在生产、医疗和科研机构中使用放射性材料，以前的军事活动造成乌克兰境内废弃核燃料和放射性废物的堆积。而著名的切尔诺贝利核事故造成了乌克兰境内的放射性污染。

1. 环境影响

1986 年 4 月 26 日切尔诺贝利核电站 4 号发电机组爆炸后，大量放射性物质泄漏，导致乌克兰境内 5.35 万 km^2 的土地受到污染。苏联政府派出大批军人、工人，给炸毁的 4 号反应堆修建了钢筋混凝土的石棺，把其彻底封闭起来。爆炸反应堆周围 30 km 半径范围被划为隔离区，隔离区面积 2 044 km^2，所有居民都被疏散。1998 年又有一部分撤离区被划入进来，现今隔离区的总面积为 2 598 km^2。

在隔离区的放射性生态环境监测表明，几乎所有的环境要素都遭到了污染。隔离区的环境问题主要包括：①土地表面的放射性核素密集，地表水和放射性核素浓度高；②放射性程度较高的局部放射性源较多，包括石棺工程、放射性废物掩埋地和临时堆积地；③在其范围内第聂伯河流域的水流遭到污染；④特殊的地貌条件及食物链加速了放射性核素的迁移；⑤传统的农业活动被终止。

乌克兰水资源的主要来源——第聂伯河流域的核污染也比较严重，主要表现为：

（1）流入基辅水库的放射性核素超标；

（2）普里皮亚特河污染主要来源白俄罗斯（30% ~ 40%）和未受保护的河滩地（40% ~ 50%）；

（3）靠近切尔诺贝利核电站的地区地下水位上升了 1 ~ 1.5 m，导致核废料的临时放置处被淹，地下水污染严重；

（4）隔离区内的含水量升高，沼泽化加剧，导致森林退化和消亡，放射性核素转为可溶解态和胶态，加快了其迁移速度。

最近 10 ~ 15 年来，放射性核素的转移速度虽然越来越慢，但第聂伯河流域沉积物的辐射污染越来越严重，尤其是基辅水库。

2. 人体影响

联合国、国际原子能机构、世界卫生组织、联合国开发计划署、乌克兰和白俄罗斯政府以及其他联合国团体，一起合作完成了一份关于核事故的总体报告。报告指出事件死亡人数共达 4 000 人。联合国于 2006 年 4 月公布世界卫生组织的结果，结果表明，也许有另外 5 000 多名受害者死于辐射尘地区（包括乌克兰、白俄罗斯和俄罗斯等地）。所以，受害者总数约 9 000 名。乌克兰卫生局局长于 2006 年发现，约有 240 万名乌克兰人（包括 428 000 名儿童）受到这次事故的辐射尘，而导致影响身体和心理健康，境内流徙人士也受到同样的问题。

在被辐射污染的地区里，有许多小孩的辐射剂量高达 50 戈雷。这是因为他们在喝牛奶的过程中吸收了当地生产而被辐射污染的牛奶，当地牛奶是被碘-131 所污染，碘-131 的半衰期为 8 天。许多研究发现白俄罗斯、乌克兰及俄罗斯的小孩罹患甲状腺癌比例快速增加。

3. 植被影响

美国南卡罗来纳大学等多家机构的联合研究显示，由于长期暴露在辐射中，切尔诺贝利地区许多树木都出现了十分反常的形态，这是因为树木的基因发生了突变。而不断增加的基因突变明显影响了树木的生长、繁殖和存活率等。此外研究发现，事故发生后幸存下来的树木尤其是相对年轻一点的树木，越来越难以承受干旱等环境压力[1]。

（二）治理措施

切尔诺贝利事故损毁的 4 号机组现正使用石棺水泥围墙保护着以阻止辐射扩散，但这并非是一个永远安全的做法。原因是当时以工业遥控机器人搭建的石棺正在严重地变旧。如果石棺倒塌的话，有可能会导致机组释放出有辐射性的尘埃。这些石棺脆弱程度连一阵小型的地震，或一阵强烈的大风，都可能导致其屋顶倒塌。因此，乌克兰积极筹措资金建立新的防护罩。据俄新社 2012 年 12 月 4 日报道，欧洲复兴开发银行承诺将为乌克兰提供 1.9 亿欧元额外资金，帮助乌克兰完成切尔诺贝利核电站新防护罩建造工作。建造切尔诺贝利核电站新防护罩共需要资金 7.4 亿欧元。2011 年 4 月，在基辅举行的国际捐赠大会上，40 多个国家已经承诺提供 5.5 亿欧元资金[2]。

---

[1] 切尔诺贝利核事故，百度百科，http://baike.baidu.com/link?url=Qrcvl9egFwFk5pRKJGwtVsT7ttK_cITAF4Qc3dHJNCq7KuwEMmvGr2xFqDiKSPSmqB4oOckZXC09usWK5zeLi_.
[2] 切尔诺贝利核事故，百度百科，http://baike.baidu.com/link?url=Qrcvl9egFwFk5pRKJGwtVsT7ttK_cITAF4Qc3dHJNCq7KuwEMmvGr2xFqDiKSPSmqB4oOckZXC09usWK5zeLi_.

2010 年通过的《2020 年前乌克兰国家生态政策战略》中防治核污染的措施包括：

（1）在 2015 年前，通过推行将自然恢复过程与土地复垦、森林防护和技术活动（增强隔离区的自然和工业设施的屏障功能）相结合的科学合理的制度，执行相关的控制活动，以减少排放到隔离区和无条件（强制）撤离区以外的放射性核素的数量；

（2）在拆除切尔诺贝利核电站的过程中，进行连续的放射性和生态监测，并将"掩蔽"设施改造成对环境安全的系统；

（3）在因切尔诺贝利事故受到放射性污染的地区，实行土地复原项目，将切尔诺贝利隔离区的土地重新纳入经济建设范围内，确保以后有效利用和开发切尔诺贝利核电站和隔离区的工业场地和基础设施；

（4）通过为居民和环境提供放射性防护、发展污染地区的生产力、恢复这些地区的生产和社会基础设施、消除限制农业生产的不利因素，降低放射性污染地区（受切尔诺贝利事故影响）的辐射水平，并进行土地复原；

（5）确保在放射性污染地区从事放射生态学、社会和经济活动，支持和维护与环境放射性污染（在各地区和各州）有关的数据库，通过评估、预测和快速决断，评估污染地区居民的辐射剂量；

（6）在放射性污染地区（受切尔诺贝利事故影响）实施有效利用森林资源的项目，首先是预防森林火灾。

六、生态环境

（一）生态环境问题

1. 自然保护区

乌克兰的自然与储备基金下辖 7 608 个野生动物保护点，总面积达 320 万 hm^2（占乌克兰国土总面积的 5.4%），其中有 40.25 万 hm^2 位于黑海的海岸线内。乌克兰自然保护区的面积仍然不足，并且显著小于大部分欧洲国家的自然保护区（平均占国土面积的 15%）。

在国家独立期间，乌克兰自然与储备基金的管辖面积翻了一番，可在某些情况下，自然与储备基金的保护区处于中央行政机关的管辖范围内，而自然保护工作未得到足够的重视。

要防止环境条件进一步恶化，必须扩大生态网络中的土地面积，这是确保乌克兰国土达到生态平衡的一项战略任务。要扩大国家生态网络的面积，必须扩建原有的自然保护区，并建立新保护区。

2. 生物与景观多样性

农业生产的粗放式发展，导致景观多样性的显著减少。过去，草原占乌克兰国土面积的 40% 以上，现在它们只有 3% ～ 3.5%。《乌克兰红皮书》中收录的所有动植物种群的 30% 都集中在这些区域。

近几年，乌克兰越来越多的物种被列入《乌克兰红皮书》当中。生物多样性面临的主要威胁是人类活动使动植物的自然栖息地受到破坏，湿地、草原生态系统和天然林的面积急剧减少。造成环境破坏的原因有：土地耕作、滥伐森林和改变土地用途、动植物保护区的排水或灌溉、工业 / 民居和农舍施工等；进入自然生态系统的外来物种导致生物种群严重失衡；与陆地生态系统相比，淡水和海洋生态系统多样性的保护治理进展缓慢，这会影响鱼类储量和水中生物种群的栖息地。

此外，数十亿吨的废物被填埋、淹没、散落在环境中，对环境造成污染。化学武器和核废料的填埋、电磁辐射、噪声污染、光污染等，都会对生物系统、生态系统和人类造成影响。

在土地私有化、准备和实施部门、区域和本地发展方案的过程中，未完成保护生物多样性的任务。依据法定程序兴建的保护区缺少边界，导致违反自然保护法的要求。在海边、河边和水体周围修建防护林带（充当"生态走廊"）的工作进度缓慢。

3. 森林资源

按森林面积和木材储量计算，乌克兰是森林资源不足的国家。森林占乌克兰国土面积的 15.7% 以上（958 万 hm^2），主要位于北部和西部地区。欧盟建议的最佳森林覆盖率是 20%；要达到此标准，还需要再种植超过 200 万 hm^2 的森林。自 1961 年起，森林覆盖面积从 710 万 hm^2 增加到 950 万 hm^2（增加 33.8%）。

中央和地方行政机关各自拥有保护和复原森林的权限，导致它们的工作重复，预算资金使用效率低下。森林保护和复原方面的管理体系无法完全确保以多目标、不间断和非耗尽的形式利用资源和森林生态系统。必须改革上述体系，并确保清楚划分环境保护和经济职能。

（二）治理措施

1. 生物多样性保护

在生物多样性保护方面采取的主要措施有：

一是完善法律法规。为保护生态环境，乌克兰不断完善相关法律法规，确定了水生生物资源利用和动物狩猎方面的标准，为森林资源使用者确定了年采伐量，为生物和植物进出口发放许可证等。主要的法律法规包括《动物界法》《植物界法》。

二是不断更新红皮书。《乌克兰红皮书》是乌克兰的官方文件，包含了乌克兰境内的珍稀和濒危动植物物种名单、其生存现状、数量减少的原因。最早的红皮书是在 1980 年发布，还是在苏联时期，当时列入了 85 种动物和 151 种高级植物；第二版红皮书分为两部出版，关于植物的部分于 1994 年发布，共 382 种；动物的部分于 1996 年发布，共 541 种。2002 年，乌克兰通过了《乌克兰红皮书法》，确定了红皮书为国家的主要文件之一。2009 年红皮书第三版面世，也是分为两部，纳入了 542 种动物和 862 种植物及菌类。

三是开展科学研究。为加强动植物的保护，乌克兰国家科学院对列入《乌克兰红皮书》的动植物物种开展了分类、种群及分布研究。

2. 森林资源保护

为保护森林资源、提高其生产能力和再生能力，采取的措施包括：①划定林业企业的范围、采伐量、使用树木的物种和年龄结构；②明确需要进行卫生采伐的区域；③确定森林修复和造林区域的面积，确定森林再生的方法；④根据森林的保护程度对其进行分类。

七、小结

乌克兰总体的生态环境并不容乐观，土地开垦、采矿、水利设施建设、工业企业活动等使环境状况呈恶化趋势，著名的切尔诺贝利事件更使其成为了核污染最严重的国家之一。为此，乌克兰不断采取措施，改善环境状况。

在水资源方面，乌克兰水资源利用最多的行业为工业和农业。由于不合理的水资源利用、不合理排放、管理体系不完善等，造成地表水和地下水污染严重，饮用水安全问题突出。乌克兰政府常年采取水资源保护、防洪、水利和技术方面的措施，以避免卫生防疫状况恶化、改善水质、减少污水排放对水体带来的不良影响，同时，加强与各方的国际合作。

在大气环境方面，乌克兰的空气污染严重，全国 2/3 的人口都居住在空气质量不达标的地区，主要污染物包括一氧化碳、二氧化碳、氮氧化物、硫化物和悬浮颗粒物等。此外，全球性的环境问题，如酸雨、温室效应、臭氧层破坏等在乌克兰也比较突出。因此，乌克兰不断完善工艺流程，采用新能源和原料，建设和使用新的空气净化装置和设备，并采取措施消除污染源，减少大气污染物排放。同时，加强国际合作，共同解决全球性的大气问题。

在固体废物方面，乌克兰的工业废物主要集中在工业发达地区，主要来源于采矿企业；生活垃圾的处理问题比较突出，生活垃圾的产生量逐年增加，但处理设备老化、处理能力不足，且很多垃圾处理厂都不符合环境标准。为此，乌克兰不断完善相关法律法规，出台相关国家规划和政策，积极推行绿色价格、生产者责任延伸制度，征收垃圾处理费和环境税等。

在土壤环境方面，乌克兰的土地利用不合理，开垦过度，全境出现土壤退化，主要表现为：土壤侵蚀、养分缺失、土壤的次生盐渍化、旱涝障碍、土壤污染。土壤污染的主要来源是：工业排放；畜牧和养殖场废弃物；矿物肥料、有机肥料和农药的使用；核污染。为此，乌克兰采取各类管理、农业、水利等措施，保障土地合理利用，同时不断加强森林和草原植被修复及培植，改良土壤环境。

在核污染方面，乌克兰50%的电力由核电站生产，加之研究用反应堆运行、铀矿开采、放射性材料的使用、以前的军事活动等造成乌克兰境内废弃核燃料和放射性废物的堆积。而著名的切尔诺贝利核事故造成了乌克兰境内的放射性污染，对环境、植被和人体健康带来重大威胁。为此，乌克兰加强对核辐射的监测，并寻求国际援助，将切尔诺贝利核事故爆炸区予以隔离，防止更多的放射性核素泄漏；同时，采取措施修复土地和森林植被。

在生态环境方面，乌克兰的生物多样性十分丰富。但近年来，其被列入《乌克兰红皮书》的动植物种类越类越多，即越来越多的动植物处于濒危状态，亟待保护。为此，乌克兰不断完善法律法规，及时更新红皮书，并开展科学研究，加强动植物的保护工作。同时，加强森林资源的保护和再生工作。

第三节　环境管理

一、环境管理体制

根据乌克兰的相关法律法规，乌克兰的环境管理部门包括政府部门、地方自治机关和社会机构。

1. 政府部门

对环境进行总体管理的政府部门包括：乌克兰总统、政府、议会和议会下属的生态与自然资源合理利用委员会。总统制定国家环保政策，与议会协商后对外发布紧急环境状况区域，保障国家宪法中关于人类、社会与自然的环境关系条款的落实。政府负责落实乌克兰议会通过的国家环保政策，制定和落实国家及跨国间的环保规划，确定环境标准、自然资源利用限制、污染物排放标准的制定程序，确定自然资源利用、废物处置的付费金额和范围的制定程序，通过关于建立自然保护区的决议，指导对外环保合作，协调政府各部委在环保方面的工作。

乌克兰政府有关部委是环保领域的专门管理机构，包括卫生部、农业政策与粮食部、生态与自然资源部。这些部委负责环保领域的综合管理，协商环保法律法规草案，制定自然资源利用、特殊环境信息的收费标准，有权要求个人和法人停止违法行为等。此外，还有针对特定自然资源的管理部门，包括国家地质与矿产资源局、水利委员会、国家林业局、国家土地资源局等。

2. 地方自治机关

乌克兰的地方自治机关，包括州、区、市、镇、村等地方机构负责制定当地的环保规划，采取措施消除环境灾害带来的不良影响，协商可能对环境造成污染的项目建设和运行等。

3. 社会机构

乌克兰社会机构在环境保护工作中也发挥着非常重要的作用，这些机构有：乌克兰生态科学院、乌克兰自然保护协会、乌克兰生态联合会等。

乌克兰负责环境保护的主要部门经历了几次改组和更名：

1991—1995 年，乌克兰自然环境保护部；

1995—2000 年，乌克兰自然环境保护与核安全部；

2000—2003 年，乌克兰生态与自然资源部；

2003—2010 年，乌克兰自然环境保护部；

2010 年至今，乌克兰生态与自然资源部。

乌克兰生态与自然资源部的主要任务就是制定和实施环保领域的政策与措施，工作领域包括：维护生态、基因与辐射安全；废物、农药与化肥的处理；自然资源（矿产、地表和地下水、大气、森林、动植物）的合理利用、保护和再生；土地的保护和再生；生物和景观多样性的恢复与可持续利用；生态网络的建立、维护与使用；自然保护区的保护和利用；臭氧层保护；防止人类活动对气候变化造成不良影响，在职责范围内履行《联合国气候变化框架公约》的要求；开展地质研究，合理利用矿产资源；环境执法监督。

二、环境管理政策和措施

环境保护、自然资源的合理利用和生态安全的维护是乌克兰社会经济可持续发展的必要条件。为此，乌克兰政府不断采取环保政策和措施来维护生态安全，保障自然资源的合理利用和再生，保护居民生活和健康免受环境污染带来的不良影响，寻求社会与自然的和谐发展。

（一）环保法律法规

乌克兰的环保法律法规大体分为三个方向：一是致力于人类保护的，即保障居民享有环境安全的权利，主要是《乌克兰国家主权宣言》和《宪法》里规定的相关内容；二是自然保护方面的法律，即把自然当成一个整体的对象来进行保护；三是自然资源保护的，即协调自然资源利用方面的法律法规。

乌克兰最主要的环保法律法规为《自然环境保护法》。《自然环境保护法》于1991年颁布并生效，后经过多次修订，最近一次修订是在2011年。共分为16章，72个条款。《乌克兰环境保护法》确定了开展环境保护的法律、经济和社会基础主要内容见表10-17。它指出，乌克兰政治、经济和社会各领域应该确保以下原则：

（1）优先确保自然环境的安全和居民健康，规范和节约利用自然资源；

（2）在开展政治、经济和社会活动前必须开展环境影响量化评估，并采取预防措施；

（3）优先利用可再生资源和生态生产原料及工艺；

（4）维护生物多样性和完整性；

（5）确定了自然资源的有偿使用原则和环境污染破坏的补偿原则；

（6）确定了环境保护政策制定和执行的民主和透明原则；

（7）对污染物必须进行回收，对自然环境造成的污染和损害必须进行赔偿；

（8）采取鼓励和惩罚措施相结合的方式开展环保执法；

（9）公民、社会团体和其他非商业组织有权利参与解决环保问题；

（10）乌克兰在环保领域积极参与国际合作。

表 10-17   乌克兰《自然环境保护法》的主要内容

第一章：总则	第二章：公民的环境权利与义务
第三章：议会委员会在环保领域的职权	第四章：管理机构在环保领域的职权
第五章：环境监测、预报、普查和信息通报	第六章：生态鉴定
第七章：环保领域的标准与规范	第八章：环保领域的监督与管理
第九章：自然资源利用	第十章：保障环境保护的经济机制
第十一章：保障生态安全的措施	第十二章：受特殊保护的自然区域和对象
第十三章：突发环境状况	第十四章：环保纠纷的解决
第十五章：违法环保立法的法律责任	第十六章：乌克兰在环保领域的国际关系

资料来源：Закон Украины об охране окружающей природной среды；

除最主要的《自然环境保护法》外，乌克兰议会也出台了专门性的法律，包括土地、水、林业、矿产资源、大气保护、动植物保护和利用等方面的法律。乌克兰重要环保法律见表 10-18。

表 10-18   乌克兰重要环保法律

序号	法律名称	出台时间
1	《自然环境保护法》	1991 年 6 月 25 日
2	《乌克兰自然保护区法》	1992 年 6 月 16 日
3	《乌克兰森林法典》	1994 年 1 月 21 日
4	《矿产资源法典》	1994 年 7 月 27 日
5	《生态鉴定法》	1995 年 2 月 9 日
6	《乌克兰水法典》	1995 年 6 月 6 日
7	《植物界法》	1999 年 4 月 9 日
8	《狩猎业和狩猎法》	2000 年 2 月 22 日
9	《动物界法》	2001 年 12 月 13 日
10	《乌克兰红皮书法》	2002 年 2 月 7 日
11	《土地利用和保护的国家监督法》	2003 年 6 月 19 日
12	《环境审计法》	2004 年 6 月 24 日
13	《乌克兰生态网络法》	2004 年 6 月 24 日
14	《居民区改善法》	2005 年 9 月 6 日

资料来源：乌克兰生态与自然资源部官网，http://eng.menr.gov.ua/.

乌克兰总统和政府分别以总统命令、政府决定、指令的形式颁布了许多环保方面的规范性法律文件，如《关于在森林保护、利用和修复领域加强政府监管的措施的总统命令》《关于批准乌克兰 2002—2015 年国家森林规划的政府办公厅指令》等。乌克兰生态与自然资源部也会发布相关规章制度，如《关于确定纳入乌克兰红皮书的动物种类清单的命令》。

除了专门的关于环境保护和自然资源合理利用的法律之外，《乌克兰行政违法行为法典》也涉及很多环保内容。该法典有一章关于在环保领域的行政违法问题，并对违法行为处以极高的罚款。

虽然乌克兰的环保法律法规较多，但由于居民和政府官员的环保意识不足，对环保问题的认识不够，导致法律执行效率不高。

（二）环保政策与措施

2010年，乌克兰议会通过了《乌克兰2020年前国家生态政策战略》（以下简称《战略》）。该《战略》规定，国家生态政策的宗旨是：通过将生态政策纳入社会经济发展计划，稳定并改善乌克兰的环境状况，从而创造有利于人类生活和健康的安全环境，同时建立生态平衡的自然利用体系，并保护自然生态系统。

国家生态政策的重点是实现以下战略目标：①提高公众的环保意识；②改善生态状况，提高生态安全水平；③创造有利于人类健康的环境；④生态政策的整合与生态综合治理体系的改进；⑤阻止生物和景观多样性的流失，建立生态网络；⑥确保生态平衡的自然利用；⑦完善区域生态政策。

《战略》的实施分为两阶段：

在2015年前，稳定生态状况，减少人类活动对环境的影响，创造条件以提高公众的生态安全水平，开始向欧盟的环保标准接轨，制定相关法律法规，推动环保领域的公共活动。

2016—2020年，将与自然资源使用有关的环境保护和经济发展职能逐步分离，推行欧洲生态规范与标准，实施生态与系统计划，引入经济机制以加快生态优先的结构转型，实现社会经济需求和环保任务之间的平衡，确保发展政府、商业实体和公众之间生态有效的合作关系，广泛传播环保知识。

为此，2011年，乌克兰政府颁布了《乌克兰国家环境保护2011—2015年行动计划》。

实施国家生态政策的主要手段如下：

（1）倡导部门间合作，鼓励利益相关者广泛参与。鼓励行政机关、私营部门、生产商、研究人员、公共组织、本地自治机构等参与拟定和实施政策，建立与欧盟"保护欧洲环境"行动机构类似的"保护乌克兰环境"部际联合委员会。

（2）评估生态战略、计划、方案对环境状况的影响。完善相关立法，以将生态战略评价（SEA）作为制定国家、区域和本地社会经济政策的强制性战略计划手段。

（3）完善环保领域的许可制度。应根据有关预防和控制污染的欧盟指令（欧盟"IPPC"96/61/EC指令），实施环境污染调控的综合许可制度。同时提高对限制自然资源利用的科技支持，并规定环境污染的最大容许极限。

（4）开展生态鉴定，并评估生态鉴定对象对环境状况的影响。

（5）开展生态审计与生态治理。提高企业活动的生态理性和效率，确保生态审计主体符合环保法规的要求，加强对商业实体（从事危害生态环境的活动）和独立自然保护区的管理。

（6）发展生态保险。开发和采用生态风险与危险（危害生态环境的对象的活动所致）的评估方法，以及根据规定风险等级计算保险费率的方法；建立生态保险服务市场，以成立能确保可靠保险机制的保险公司。

（7）完善环保、自然利用和生态安全保障领域的技术调控、标准化与费用核算。推行国际生态标准，提高国内生产工艺和产品的生态性能及其在国际市场上的竞争力；加强国家对使用生态标签的控制，特别是与转基因生物的含量有关的标签。

（8）完善环保领域的立法，并确保立法的有效执行。

（9）对制定和实施国家生态政策提供教育、科研和技术支持。

（10）开发经济和金融机制。在 2020 年前，创造有利的税收、信贷和投资环境，以吸引国际捐助者和私人资本参与环保活动，促使商业实体建立生态自治系统，采用更环保、更节能和更节约资源的生产工艺和技术。

（11）监测环境状况，确保生态安全。建立统一的监测网络，优化、升级和提供环境监测系统，加大对观测计量活动的支持，整合监测系统实体的信息资源。

（12）加强在环境保护和生态安全领域的国际合作。履行乌克兰在多边和双边国际协议框架下的国际义务，积极参与国际环保活动，就预防跨境环境污染、适应气候变化开展合作。

三、小结

和世界上大多数国家一样，乌克兰的环境管理体制实行国家各级权力机关的一般性管理与被专门授权的国家环境保护机关的专门管理相结合的体制。乌克兰生态与自然资源部是最主要的环境政策和监管机构，其他与环境保护有关的机构还有农业政策与粮食部、土地资源局、林业局等，他们分管各自业务范围内的环境保护工作。

乌克兰最重要的环保法律是《自然环境保护法》，为乌克兰自然资源管理提供了一个整体性制度框架。此外，还有一些有针对性的法律法规，如《水法典》《植物界法》《动物界法》《森林法典》等。2010 年出台的《乌克兰 2020 年前国家生态政策战略》确定了乌克兰在 2020 年前国家环保政策的主要方向，是其环保领域的重要指导文件。

第四节 环保国际合作

自独立以来，乌克兰就积极参与国际环保合作，加入各类国际环保公约，签署环保协定，参与落实国际环保项目。乌克兰签署的多双边环保协定超过 70 个。

乌克兰的国际环保合作主要集中在以下领域：深化并拓展与国际组织在环保方面的合作；参与区域环保项目；参与保障辐射安全、发展核能、合理利用自然资源方面的多双边项目；就消除切尔诺贝利事故后果、处理核辐射废物开展国际合作；完善乌克兰的环保立法，使其环保标准与国际标准接轨；促进国家环保网络与区域、国际环保网络的一体化；树立乌克兰的环保形象，发展生态旅游；吸引政府和非政府组织参与解决国家及跨国界环境问题，促进环保问题研究。

一、双边环保合作

1. 与中国的环保合作

乌克兰与中国的环保合作还没有实质性地开展，仅停留在书面协议阶段。2012 年 11 月 21 日，时任中国环境保护部部长周生贤在乌克兰首都基辅会见了乌克兰生态和自然资源部部长阿纳达里奥维奇。双方共同签署了《中华人民共和国环境保护部与乌克兰生态和自然资源部环境保护合作谅解备忘录》。该备忘录表明，两国未来将重点加强环境保护的政策与立法、大气和水污染控制、自然保护、化学品和废物的无害化环境管理、绿色生产与消费、清洁技术以及国际环境论坛的协调等领域的合作。

2. 与美国的环保合作

乌克兰与美国的环保合作主要在 1996 年成立的乌美双边政府间委员会机制下开展。在美国环境保护局和美国国际开发署的支持下，乌克兰实施了一系列环保项目，内容包括：加强核安全；消除切尔诺贝利事件的后果；建立区域生态中心的组织架构；在气候变化问题方面的合作；工业废弃物处理；完善供水的基础设施等。

3. 与周边国家的环保合作

乌克兰与周边国家的环保合作以签署的双边协议为基础。合作的优先领域是保护共同的水体，其中包括跨界河流、黑海和亚速海流域。与独联体国家的合作主要是在项目框架下进行，如第聂伯河流域生态恢复项目（乌克兰、俄罗斯、白俄罗斯）、全球环境基金支持的黑海生态系统保护及修复行动计划项目（乌克兰、俄罗斯、格鲁吉亚）等。

4. 与丹麦的环保合作

乌克兰与丹麦的环保合作涉及的合作金额大、领域广。乌克兰生态与自然资源部和丹麦王国环境与能源部签署了《环保合作协定》。丹麦支持了乌克兰的很多项目，包括：

（1）优化生活垃圾处理和加工程序；

（2）恢复自然保护区的土地，修复敏感的生态系统；

（3）筹备召开在基辅举办的第五届环境部长会议；

（4）基辅、扎波罗热、乌日哥罗德和塞瓦斯托波尔供水设施和技术设备的更新及现代化；

（5）支持切尔诺贝利基金；

（6）改善垃圾焚烧技术；

（7）节约能源；

（8）消除历史残留农药带来的风险。

此外，乌克兰与加拿大、荷兰、瑞士等国也有双边合作关系。

二、多边环保合作

乌克兰签署了 40 多个国际环保协定，主要如表 10-19 所示。

表 10-19　乌克兰签署的主要环保协定

序号	公约名称
1	《欧洲野生生物和自然界保护公约》（伯尔尼公约）
2	《国际重要湿地特别是水禽栖息地公约》（拉姆萨尔公约）
3	《工业事故跨界影响公约》
4	《控制危险废料越境转移及其处置巴塞尔公约》
5	《关于持久性有机污染物的斯德哥尔摩公约》
6	《关于在国际贸易中对某些危险化学品和农药采用事先知情同意程序的鹿特丹公约》
7	《生物多样性公约》
8	《生物多样性公约关于遗传资源获取和公平公正地分享由遗传资源利用产生惠益的名古屋议定书》
9	《保护迁徙野生动物物种公约》（波恩公约）
10	《濒危野生动植物物种国际贸易公约》(CITES)
11	《欧洲风景公约》
12	《喀尔巴阡山保护和可持续发展框架公约》
13	《联合国防治荒漠化公约》

序号	公约名称
14	《在环境问题上获得信息公众参与决策和诉诸法律的公约》（奥胡斯公约）
15	《跨界水道和国际湖泊保护和利用公约》，1992年
16	《保护黑海免受污染公约》
17	《多瑙河保护公约》
18	《生物多样性公约塔赫纳生物安全议定书》
19	《卡塔赫纳生物安全议定书关于赔偿责任和补救的名古屋-吉隆坡补充议定书》
20	《迁徙物种公约关于养护黑海、地中海和毗连大西洋海域鲸目动物的协定》
21	《长程跨界空气污染公约》
22	《长程跨界空气污染公约持久性有机污染物议定书》
23	《联合国气候变化框架公约》
24	《联合国气候变化公约京都议定书》
25	《保护臭氧层维也纳公约》
26	《关于耗损臭氧层物质的蒙特利尔议定书》
27	《跨界环境影响评价公约》（埃斯波公约）
28	《保护世界文化和自然遗产公约》

资料来源：乌克兰生态与自然资源部官网，http://eng.menr.gov.ua/.

1. 与欧盟的环保合作

乌克兰与欧盟的环保合作主要依据乌克兰与欧盟之间的《伙伴关系与合作协议》以及《欧盟对乌克兰的共同战略》进行。在乌克兰制订的与欧盟一体化方案中，有一章就是关于环境保护和核安全的。欧盟也经常会给予乌克兰一些经济援助。

乌克兰与欧盟也曾在 Tacis 计划（欧盟为独联体国家提供援助的计划）下开展合作。在该计划下，欧盟资助乌克兰开展了很多环保项目，帮助其提高国家和地区环保能力、履行环保国际公约中规定的国家义务。这些项目包括：

（1）发展乌克兰地方工业废物管理体系；

（2）乌日河、拉托里察河和西布格河水质的跨界监测与评估；

（3）发展公共事业；

（4）喀尔巴阡布科维纳地区水资源管理、生物和景观多样性保护；

（5）黑海地区的环境保护。

2010年，欧盟做出决议，为乌克兰环境保护领域提供约3 500万欧元的资金支持，并签署《关于支持〈乌克兰国家生态政策战略〉落实的协议》，该协议于2010年12月21日生效。同时，乌克兰与欧盟也在《能源共同体协定》《多瑙河战略》框架下开展环保合作①。

2. 与北约的环保合作

乌克兰与北约的环保合作内容包括：

（1）组建乌克兰—北约科学与环境问题联合工作组；

---

①乌克兰生态与自然资源部官网：http://eng.menr.gov.ua/.

（2）完善环保领域的信息交换机制；

（3）参与北约委员会关于解决现代社会问题的工作。

3. 与国际组织的环保合作

乌克兰是许多国际和区域环保组织的成员。乌克兰积极参与联合国环境规划署、联合国教科文组织、世界卫生组织等国际组织的环保工作，同时也在联合国欧洲经济委员会的环境政策理事会中发挥着重要作用。

4. 技术援助

吸引国外技术援助是乌克兰生态与自然资源部的一个主要工作之一。超过 30 个捐赠方对乌克兰的环保领域提供技术援助，包括欧洲委员会、联合国开发计划署、联合国工业发展组织、欧洲重建与发展银行、全球环境基金等国际组织，以及保加利亚、波兰、荷兰、挪威、匈牙利、土耳其、瑞典等国家。2007 年，乌克兰批准《关于援助有效性的巴黎宣言》，这使乌克兰能更好地制定吸引外援的政策。

三、小结

乌克兰与世界大国和周边国家有着广泛的区域合作，均建立了合作伙伴关系。乌克兰已加入多项国际环保公约，涉及改变气候状况、保护生物多样性、防止荒漠化、保护地球臭氧层等，还积极寻求实施各项多边和区域环境协定。外国的技术援助是乌克兰开展环保合作的一个重要合作方式和资金来源。

以色列区位示意图

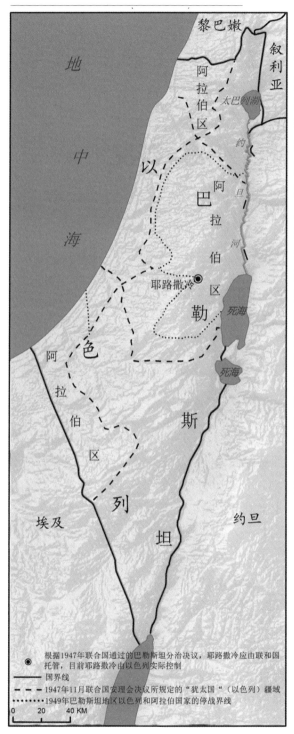

以色列1948年宣布独立，是世界上唯一以犹太人为主体民族的国家。以色列位于西亚黎凡特地区，地处地中海的东南方向，北靠黎巴嫩、东濒叙利亚和约旦、西南临埃及，是中东地区唯一一个自由民主制国家。国土面积1.52万 km²（根据1947年联合国关于巴勒斯坦分治决议的规定，目前实际控制面积约2.5万 km²），总人口846.2万，GDP为3 061亿美元（2016年）。以色列国内干旱少雨，土地贫瘠，资源匮乏，因此自建国以来，一直坚持走科技强国的路线，创造了沙漠中的奇迹，成为中东地区经济发展程度、商业自由程度、新闻自由程度和整体人类发展指数最高的国家。以色列高新技术领域发达，其水业领域成就世界瞩目。为了解决工业、农业用水，以色列将污水回用率一提再提，截至2012年其污水回用率已达到86%，成为世界水资源回收利用率最高的国家，其水资源和水环境高效管理值得我们学习和借鉴。

第十一章　以色列环境概况 [①]

第一节　国家概况

一、自然地理

以色列位于西亚黎凡特地区，西面和南面分别被地中海和亚喀巴湾环绕。以色列目前实际控制国土面积约为 2.5 万 km²，海岸线长 198 km。可划分 4 个自然地理区域：地中海沿岸狭长的平原、中北部蜿蜒起伏的山脉和高地、南部内盖夫沙漠和东部纵贯南北的约旦河谷和阿拉瓦谷地。北部加利利高原海拔 1 000 m 以上，高原与地中海之间大小不等的海滨平原，土地肥沃，是以色列主要农业区。位于东北部的太巴列湖面积 170 km²，低于海平面 212 m，是以色列重要的蓄水库。东部与约旦交界处的死海面积 1 050 km²，低于海平面 417 m，是世界最低点，有"世界的肚脐"之称，湖中含有丰富的盐矿。最高山峰为梅隆山，海拔 1 208 m。

以色列的气候主要属于地中海式气候，夏季炎热干燥，冬季温和湿润。一年之中，只有两个差别显著的季节：从 4 月到 10 月为干旱夏季，11 月至次年 3 月为多雨冬季。降水分布十分不均匀，北部和中部降雨量相对较大，北部年降水量 920 mm，南部内盖夫地区年降雨量则十分稀少，仅为 30 mm[②]。

以色列周边接壤或邻近的国家包括黎巴嫩、叙利亚、约旦、埃及等。总人口达

[①] 本章由张扬编写。
[②] 商务部国际贸易经济合作研究院，商务部投资促进事务局，中国驻以色列大使馆经济商务参赞处 . 对外投资合作国别（地区）指南——以色列（2015）[M].

813.2 万，其中犹太人占人口总数的 75.2%，计 610.2 万；阿拉伯人占 20.6%，计 168.2 万；还有德鲁兹人等。以色列 1948 年建国时定都于特拉维夫，1950 年迁都于耶路撒冷，但现特拉维夫仍是大多数国家驻以色列使馆所在地。耶路撒冷是以色列宣称的首都，同时也是以色列最大的城市。特拉维夫 - 雅法和海法是以色列另外两个现代化城市和经济中心。

二、自然资源

以色列自然资源贫乏。水资源极度缺乏，主要来自约旦河、加利利湖和一些小河。动植物资源相对丰富，已识别的植物超过 2 800 种，可以看到的鸟类达 300 多种，还有 80 多种爬行动物等[1]。主要资源来源于死海中蕴含的钾盐、镁和溴等矿产以及近年地中海海域发现的大型天然气田。以色列的气候主要属于夏季炎热干燥，冬季温和湿润的地中海式气候。降水分布十分不均。

三、社会与经济

以色列是议会民主制国家，奉行立法、司法和行政机构三权分立原则。以色列没有正式的成文宪法，由一系列基本法来规定和制约国家政体中行政、立法和司法机构的结构与权限。总统作为国家元首，行使礼仪性和象征性的职责。现任总统为鲁文・里夫林（Reuven Rivlin），是以色列第十任总统。

以色列的政治体制主要包括议会、中央政府、地方政府和司法机构。议会每四年选举一次，为一院制，设有 120 个议席，主要职能是立法和监督政府工作。中央政府最高首脑为总理，掌握国家实权。现任总理为 2009 年当选、2013 年连任的本雅明・内塔尼亚胡（Benyamin Netanyahu）。以色列最大两个政党是利库德集团和犹太复国主义联盟。地方政府根据政党选举，按比例代表制产生。以色列司法机构设立最高法院、地区法院和基层法院三级法院，以基本法为主要的执法依据。最高法院大法官由总统根据特别委员会的推荐任命。

以色列政府机构由总统办公室、总理办公室及各部（局）组成。第 34 届政府部门包括：中央统计局、农业部、通讯部、邮政总局、住房和建设部、国防部、教育部、文化和体育部、科学和人文学院、环境保护部、财政部、外交部、战略事务

---

[1]商务部国际贸易经济合作研究院，商务部投资促进事务局，中国驻以色列大使馆经济商务参赞处.对外投资合作国别（地区）指南——以色列（2015）[M].

部、卫生部、移民部、经济部、内盖夫与加利利地区发展部、内政部、司法部、劳动和社会保障部、能源及基础设施建设部、土地管理局、公共安全部、警察总署、科学技术部、旅游部、交通及道路安全部、港口和铁路管理局、机场管理局、中央银行，两性平等、少数民族、老年居民事务部、民族宗教服务管理局以及国家审计和监察署。

除了上述政府部门外，以色列还有各种半官方性质的组织机构，如文物局、反垄断局、海关和增值税局、出口及国际合作协会、证券管理局、国家保险公司等。

以色列除通用英语外，官方语言为希伯来语和阿拉伯语。主要宗教信仰有犹太教、伊斯兰教和基督教三大宗教。习俗方面，以色列是一个多文化和宗教融合的国家，作为一个发达国家，受欧美文化影响较多，所以人民性格多为直接开放，人们着装也比较随意和注重个性。

和其他国家相比，以色列重视科技和教育，科研人员占总人口比例位居世界第一；医疗水平先进，医疗条件位居世界前列；公会及非政府组织形式多样；治安状况总体稳定，但由于周边地区关系问题，特殊时期仍有遭遇恐怖袭击的风险。以色列国民享有丰富而多样的福利待遇。

以色列是经济多元化的工业发达国家，农业、制造业和服务业占比分别为2.4%、25.7% 和 71.9%。2014 年，以色列国内生产总值约为 2 734 亿美元，人均 GDP 为 3.7 万美元，是我国 2014 年人均 GDP 的 5 倍多，生活水平与大多数西欧国家相仿。以色列在通讯、信息、电子、生化、安保和农业等领域技术先进，高科技产品在国际市场上极具竞争力。出口对以色列的经济增长具有重要作用，占以色列全年 GDP 的 35% 左右，出口产品以工业制成品为主，特别是高科技产品。进口则主要是原材料和投资性商品。以色列与我国人均 GDP 对比见表 11-1。

表 11-1　以色列与我国人均 GDP 对比

单位：万美元

国家	2010 年	2011 年	2012 年	2013 年	2014 年
以色列	2.85	3.1	3.2	3.3	3.7
中国	0.43	0.543 2	0.61	0.676 7	0.738

资料来源：以色列数据来自《对外投资合作国别（地区）指南——以色列》和中国驻以大使馆商务参赞处，中国数据来自国家统计局。

四、军事与外交

以色列建国之初，处于周边阿拉伯国家的军事包围之中，在国际上也是孤立无援。因而，谋求国际社会的承认尤其是大国的支持，便成为以色列当时面临的一项迫切战略任务。当时冷战格局尚未完全形成，客观上为以色列在东西方之间实行一种"均衡外交"提供了外部环境。鉴于此，为获得美苏两个大国的共同支持，以色列在东西方冷战中一度奉行一种"中立"政策[①]。到 20 世纪 50 年代以后，美苏对抗加剧，以苏关系不断恶化，以色列的"中立"外交逐渐丧失了回旋余地，便伺机进行外交转型，倒向美国。80 年代中后期，为顺应国际形势缓和的大趋势，为摆脱外交孤立状况，减轻对美国的过分依赖，在维护与美国关系的同时，以色列开始推行全方位外交政策。并积极发展同西欧、拉丁美洲和非洲国家关系。同时，以色列在亚洲、大洋洲及东欧地区取得了明显的外交突破：先后与东欧国家及苏联复交；同中国、印度等许多亚洲国家建交；在大洋洲，与 9 个新独立的岛国建立了外交关系。在推进中东和平进程方面，改善同阿拉伯国家的关系也是冷战结束后以色列的一个重要外交走向。

中以两国于 1992 年 1 月 24 日正式建立外交关系，1992 年 1 月，以色列副总理兼外长利维访华，两国签署了建交公报。2007 年 1 月，以色列总理奥尔默特访华。2008 年 8 月，以色列总统佩雷斯来华参加北京奥运会开幕式。中以双方已签署贸易协定、文化交流协定、民用航空协定、劳务输出协议、体育合作备忘录、教育合作协议、旅游合作协议、邮电通讯合作协议、工业技术研发框架协议和关于加强经济贸易合作的备忘录等。目前，以色列已在香港、上海和广州 3 个城市开设了总领事馆。2011 年，以色列驻华使馆商务处在成都设立了驻西南地区联络处。2014 年 4 月 8—10 日，以色列总统佩雷斯对中国进行国事访问。这是佩雷斯第二次以总统身份访华。

第二节　环境状况

一、水环境

水资源匮乏一直是困扰以色列的一大问题，人口的增长、工业和农业的发展在

[①] 谢立忱, 李文俊. 以色列的外交策略 [J]. 西亚非洲, 2007(6):33-38.

水量和水质两个层面都给国内有限的水资源带来了更大的压力。

以色列主要的水资源包括加利利湖（Sea of Galilee，即 Lake Kinneret）——国内地表淡水的唯一来源、北起宾亚米纳（Binyamina）南至加沙地带（Gaza Strip）的滨海含水层以及位于朱迪亚（Judea）山和撒马利亚（Samaria）山下面的山地含水层。以色列境内有很多横向流动的河流，它们大多属于季节性河流，流入地中海、加利利湖和死海。

自 20 世纪以来，以色列人口不断增长，导致用水需求不断增加，为满足农业、家庭和工业需求，人们开始超采水资源。与此同时，污染物排放也开始影响环境，其中包括市政、工业和农业废水、固体废弃物、化肥和杀虫剂、工业部门的有害残留物等。这在消耗水资源的同时也导致水质恶化。此外，连续几年出现频繁旱情也对国家的水资源造成了严重影响。

（一）加利利湖

加利利湖（希伯来语称 Lake Kinneret）是以色列唯一的地表水源。该湖长 21 km，宽 12 km；周长 57 km，总面积 167 km^2；最大深度 44 m，平均深度 25 m；流域面积 2 730 km^2。

加利利湖的补水源包括其自身流域、约旦河上游、赫尔蒙河（Hermon）与戈兰河（Golan）、地下泉水以及该区域的降水。一直以来，加利利湖为以色列提供了约 1/3 的用水量。

1. 加利利湖水位

加利利湖水位能够反映出该湖泊可供人类使用的蓄水量，水位还影响湖泊水质及其对各种用水的适用性。

以色列为加利利湖水位设立了一条不可超过的上部"红线"（海拔 -208.80 m），以防止湖岸洪灾，和一条下部"红线"（海拔 -213 m），以保护加利利湖的生态和水质不受影响。近年来，以色列又设立了一条不可超过的绝对最低海拔"黑线"（海拔 -214.87 m），即相当于加利利湖在 2001 年 11 月曾经达到的最低水位。加利利湖水位变化见图 11-1。

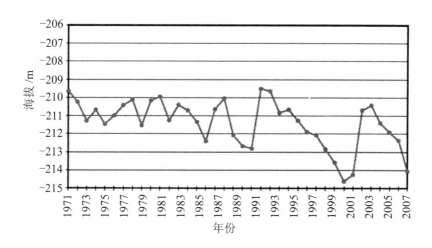

图 11-1 加利利湖水位变化

资料来源：以色列水利局，《以色列水文事业报告》（Israel Hydrological Service）。

　　加利利湖水源补给不稳定（加利利湖流域的年降水量和流入该湖的地表径流以及地下水），导致其水位出现大幅波动，这也是加利利湖的一大特点。此外，流域上游用水情况的改变（如农业用水），也会影响加利利湖的水位。

　　在干旱年份，会有更多的湖水被抽至国家输水系统（National Water Carrier），从而将湖水从北方送至国家中部和南部地区，进一步加剧了水位波动的问题。

　　在过去 10 年里，以色列的淡水消耗量增加，加之连续几年频繁出现旱情，使其过度依赖加利利湖水资源，将它作为最重要的水源，从而进一步降低了该湖的水位。这些改变可能会对湖泊生态和水质带来负面影响。

　　2. 加利利湖水质

　　（1）氮磷的浓度

　　氮和磷是加利利湖水藻生长的重要肥料（营养）。藻类密度本身就是水质好坏的指标，藻类也是湖中鱼类和无脊椎动物的重要食物来源。

　　由于冬季有洪水涌入加利利湖，所以春天时湖水的氮磷浓度比秋天高。加利利湖的一大特点是，其流域遍布农田和养牛场（开放的草场和牛棚），产生的粪肥和肥料会滋润雨水，雨水再通过河流以地表径流的形式流入加利利湖。在夏季，氮磷会被湖中的水藻吸收掉，一部分水藻会沉降到湖床，另一部分则成为动物的食物，这便降低了溶解在湖水中的营养物浓度。冬季除了洪水之外，湖中的水流会与湖床进行混合，这会再度增加湖水的营养物浓度。加利利湖氮浓度及磷浓度变化情况见图 11-2、图 11-3。

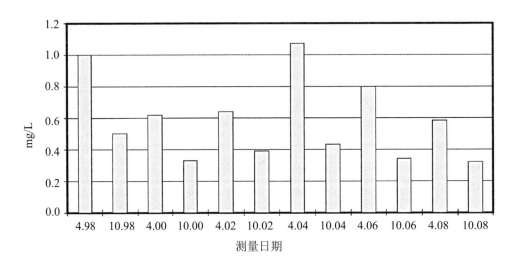

图 11- 2　加利利湖氮浓度变化情况

资料来源：以色列海洋与湖沼学研究所，Kinneret 湖沼学实验室。

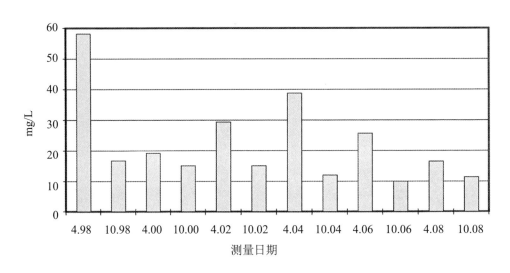

图 11-3　加利利湖磷浓度变化情况

资料来源：以色列海洋与湖沼学研究所，Kinneret 湖沼学实验室。

（2）加利利湖水域的氯化物浓度

氯化物是加利利湖水域含盐总量的一个指标。加利利湖水能否用作饮用水、农业和工业用途，这主要取决于该水域的含盐度。此外，含盐度的波动也会对生物多样性产生影响。加利利湖氯化物浓度变化情况见图 11-4。

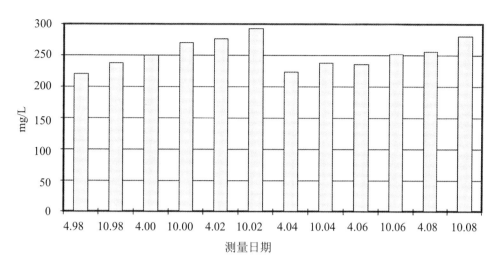

图 11-4 加利利湖氯化物浓度变化情况

资料来源：以色列海洋与湖沼学研究所，Kinneret 湖沼学实验室。

加利利湖的湖水含盐度在 1998—2002 年稳步上升，2004 年出现下降（因为 2002—2003 年的冬天之前是一个多雨年份，所以有大量的淡水流入湖中），此后至 2008 年继续增加。

影响湖水氯化物浓度的因素包括：流入湖内的低盐度水流（来自为加利利湖补水的河流）、湖内或其附近的盐泉水流、湖水蒸发以及从湖中抽水，特别是为国家输水系统抽水。

在干旱年份，流入湖内的低盐度水流会减少，而咸水水流则更加稳定。此外，干旱年间从湖中抽取的水量会有所增加，再加上湖水的蒸发（蒸发量相对稳定），会对剩余湖水的含盐度造成更大影响。因此，在干旱年间（甚至是普通年份）湖水的盐度会显著增加。这限制了农作物的灌溉用水，因为它们对盐比较敏感。然而，在多雨的年份中，加利利湖能够得到淡水补给，平均氯化物浓度也会相应降低。

（3）流入加利利湖的水量

加利利湖为以色列提供了大约 30% 的淡水资源，不过它的淡水供应量取决于每年流入湖中的水量，而这些水来自降水和河流，尤其是后者。湖水的水质对居住质量至关重要，它同样取决于每年流入湖中的水量。因此，以一年的时间为基准来估算流入湖中的水量具有重要意义。这些数据可以说明（或许是部分说明），水质乃至捕鱼量的年度变化情况。

流入湖中的水流的水文情况出现大幅变化，会对加利利湖产生重要影响。连年多雨后会出现连年干旱的情况。流入加利利湖的水量变化情况见图 11-5。

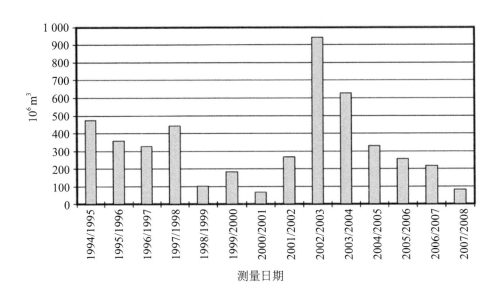

图 11-5　流入加利利湖的水量变化情况

资料来源：以色列水利局。

（二）含水层

滨海含水层是一种砂岩潜水含水层，沿地中海海岸线分布延伸，能够储存落到滨海平原上的降雨，并可以支持深度相对较浅的地下水抽水作业。

滨海平原在 20 世纪出现了大规模定居、集约农业栽培和现代工业化进程，而相应的废物和废水处理或污染防治活动却没有跟上，直到 20 世纪 80 年代才开始出现，导致含水层水质恶化。废水、化肥和杀虫剂、燃料、危险物料和奶牛场的浸出污染物都会渗入地下水之中。滨海含水层的水质正在逐步恶化，而由于不符合饮用水标准，700 口饮水井中，大约 200 口已被停用。受污染物污染的私有水井占比见图 11-6。受重金属污染的私有水井占比见图 11-7。

山地含水层位于滨海含水层的东部，以色列主要利用该含水层靠西侧的部分，称为中部丘陵含水层（Yarkon-Taninim aquifer）。降水大多会通过朱迪亚山和撒马利亚山的山脊渗透到中部丘陵含水层中，出于技术原因，抽水作业会在山麓的丘陵地带进行。除那些被废水或工业污水污染过的个别地区外，大部分地区的水质都很高。

滨海含水层和山地含水层是以色列饮用水、农业和工业用水最主要的地下水来源。

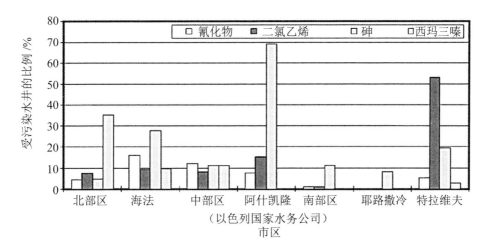

图 11-6 受污染物污染的私有水井占比

注：* 数据是指被检测出污染物的水井占符合饮用水质量标准的水井总数之比例。

　**在南部区，数据与以色列国家水务公司的水井有关，因为那里的私有水井数量十分有限，无法进行统计分析。

资料来源：卫生部，公共卫生服务署，公共卫生局。

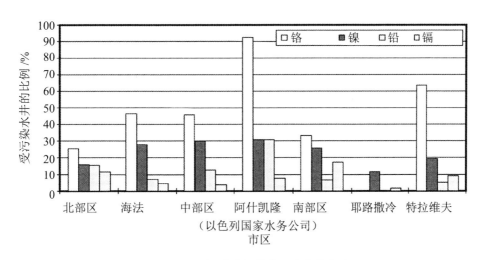

图 11-7 受重金属污染的私有水井占比

注：* 数据是指被检测出污染物的水井占符合饮用水质量标准的水井总数之比例。

　**在南部区，数据与以色列国家水务公司的水井有关，因为那里的私有水井数量十分有限，无法进行统计分析。

资料来源：以色列卫生部，公共卫生服务署，公共卫生局。

在加里利东部、加里利西部、东部山区、内盖夫（Negev）和阿拉瓦（Arava）还发现了其他全国影响力相对较小的含水层。

地表水恶化程度用受污染水源的百分比表示，它能表明工业活动的范围，并能说明需要在检测到污染以前的数年内采取措施，防止污染。

以色列不同地区的污染程度主要受工业化和城市化水平影响，受农业发展的影响相对较小。以色列中部地区含微量污染物的饮用水水井数量相对较多，北方地区则相对较少。在人口很少的南方地区，受污染水井的比例非常低。

（三）水资源消耗

以色列地处半干旱区，可用水资源稀少，这是其生态系统发展、人口增长以及农业和工业发展的主要限制性因素。

总体水资源消耗信息有助于计算可用水资源的紧缺度（见图 11-8）和测量可用水资源在不同部门间的分配情况。农业部门淡水和废水消耗量见图 11-9。

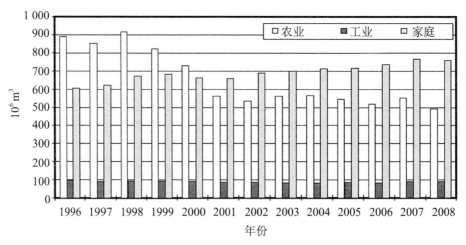

图 11-8　各部门淡水消耗量

资料来源：以色列水利局。

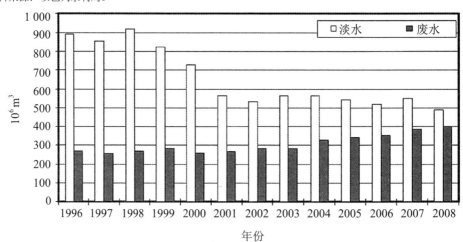

图 11-9　农业部门淡水和废水消耗量

资料来源：以色列水利局。

淡水消耗量从 1996 年的 15.91 亿 m³ 减少至 2002 年的 13.09 亿 m³，并在 2008 年略微增加至 13.37 亿 m³。

在过去 10 年间，农业部门总淡水消耗量占比从 2001 年的 43% 减少至 2008 年的 36%，而家庭总淡水消耗量占比却从 1996 年的 37% 增加至 2008 年的 57%。工业部门在这一时期的淡水消耗量占比在 6% ～ 8% 区间波动，用量保持稳定。

农业部门通过提高废水回用率来填补其用水需求。1996 年，废水在农业直接灌溉用水总量的占比为 21%，而这一数字在 2008 年增加到 36%。

可再生类水资源可通过降水与河流补水，家庭、农业和工业对这类水资源的消耗，会减少自然界的可用水资源量（泉水、河流和湿地），并会阻止盐类和其他污染物随地下水冲向海洋的过程。可再生水资源利用率能够反映出水资源消耗行为对自然水源造成的压力，参见图 11-10。

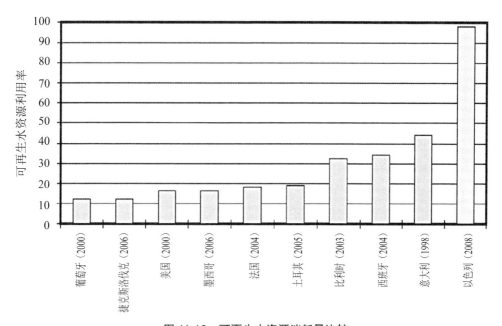

图 11-10　可再生水资源消耗量比较

资料来源：以色列——水利局；其他国家——经济合作与发展组织《2006—2008 年环境数据概要》。

相比其他发达或工业化国家，以色列的家庭、农业和工业用水几乎占据其全部水源。这会对自然水体和湿地以及生活在其中的动植物群产生不利影响。

人均可用水资源量体现了人们的生活质量和自然资源蕴含的经济服务价值。和大多数发达国家相比，以色列的人均水资源量非常有限，因为其地处半干旱区，无法利用发源于境外的大量水源。可用水资源稀少使得以色列不同部门必须高效利用水资源，参见图 11-11。

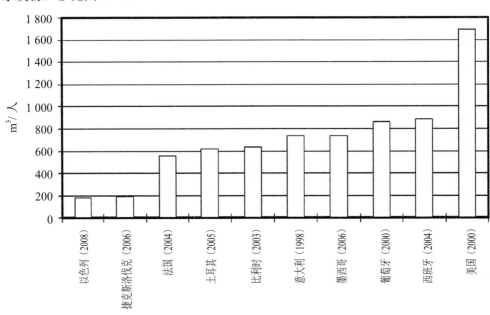

图 11-11　年均个人用水量比较

资料来源：以色列——水利局；其他国家——经济合作与发展组织《2006—2008 年环境数据概要》。

（四）水污染情况

1. 基本情况

在过去 20 年里，以色列修建了很多城市污水、农业废水（大多源自牧场）和工业废水处理厂，减少了以色列河流的污染负荷。河流永久污染源数量已从 20 世纪 90 年代中期的 250 个减少至如今的 100 个。

排入河流的污染物数量对水质、生态系统及其承担动植物种栖息地能力、支撑渔业、航行和洗浴行为的能力均有直接影响。排入以色列河流的污染负荷见图 11-12。

2000—2006 年间，排放入河流的有机物（碳）和磷负荷大幅减少，而氮负荷下降幅度则较为温和。

1994—2008 年间，有机碳、氮及磷含量分别减少了 71%、41%、88%。2008 年，磷负荷继续降低。另一方面，由于哈德拉河有污水排入、比塞尔河有废水排入以及废水和橄榄作坊废料经由那不勒斯河（Nablus）排入亚历山大河，导致了有机物负荷增加。

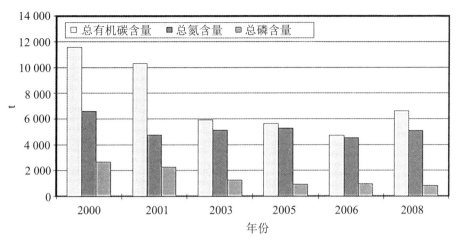

图 11-12 排入以色列河流的污染负荷

注：就纳阿曼河（Na'aman）、哈罗德河（Harod）、基顺河（Kishon）、塔尼尼姆河（Taninim）、哈德拉河（Hadera）、亚历山大河（Alexander）、波莱格河（Poleg）、雅孔河（Yarkon）、阿亚伦河（Ayalon）、索莱克（Soreq）、拉吉河（Lachish）以及比塞尔河（Besor）而言。

资料来源：以色列环境保护部，水务和河流局。

2. 城市废水

城市废水是以色列唯一的也是最主要的土壤、水源、河流和海洋污染源。城市废水包括家庭废水和工业废水，其排放渠道为城市废水系统（一般会经过处理再排放）。这种废水含有多种污染物，包括病原体、有机物、悬浮固体、氮化合物、磷化合物、重金属等。

废水会在废水处理厂得到处理，包括移除悬浮固体、分解有机物以及通过消毒来降低病原体浓度。有些废水处理厂还可以清除氮和磷。

废水处理可划分为不同等级。初级处理，可生产低质量废水，采用机械式处理方法，可进行粗过滤、除砂和预沉。二级处理，该工艺包括废水生物处理技术，该技术利用细菌或水藻分解有机物，生产的废水对土壤和地下水的危害很小，可在一定限制条件下用于农业灌溉。三级处理，包括额外的机械处理工艺，来清除悬浮物质和有机物质，此外，还包括生物或化学处理工艺，可降低氮化合物和磷化合物浓度。

决定废水水质其中的两个参数为，总悬浮固体（TSS）和生化需氧量（BOD），后者可大体反映废水中的有机物浓度。经过二级处理的废水可满足最低的基本水平，即生化需氧量为 20mg/L，总悬浮固体为 30mg/L。决定废水水质的指标还包括氮浓度、磷浓度、氯化物浓度和作为盐度指标的钠浓度，以及对植物有毒的硼浓度和可对人类和动物产生毒性的重金属浓度。

经过二级或三级处理的废水可用于不同农作物的灌溉。农业废水回收利用可以这种方式防止环境污染，还可以进一步增加一种水源，从而降低自然水资源压力。

（1）城市废水量和废水处理等级

废水水量信息对评估废水引起的污染水平（实际污染或潜在污染）具有重要意义，还可作为一种基本参考依据，来评估将废水作为污染物来加以处理之后作为已处理废水用于灌溉所需要的基础设施种类。城市废水量及处理等级参见图 11-13。

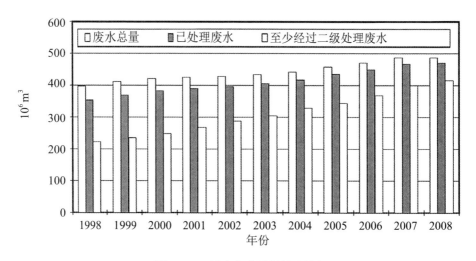

图 11-13 城市废水量及处理等级

资料来源：以色列水利局；自然和公园管理局；水资源与河流管理局；以色列环境保护部。

过去 10 年间，以色列的城市废水量增加了 23%，从 1998 年的 3.98 亿 m³ 增至 2008 年的 4.88 亿 m³。

已处理废水量从 1998 年的 3.54 亿 m³ 增至 2008 年的 4.71 亿 m³。在这一时期内，至少经过二级处理的废水量从 2.23 亿 m³ 增至 4.16 亿 m³，未经二级处理的废水量从 1.31 亿 m³ 下降至 0.55 亿 m³。

2008 年，约有 30% 的城市废水被处理成高标准的三级废水，该等级的废水进一步清除了有机物、总悬浮固体、氮、磷和病原体。经过三级处理的废水可以达到生化需氧量 10mg/L，总悬浮固体 10mg/L，且氮、磷和病原体的浓度低。

（2）排向不同去处的未处理废水和已处理废水量

未处理废水能够造成环境污染，以及土壤、地表水和地下水污染。由于以色列缺水严重，所以用于农业目的的废水再利用成为重点。无法满足灌溉废水的水质要求，或者缺少收集废水的基础设施，导致部分废水直接排向环境中。污水去向见图 11-14。

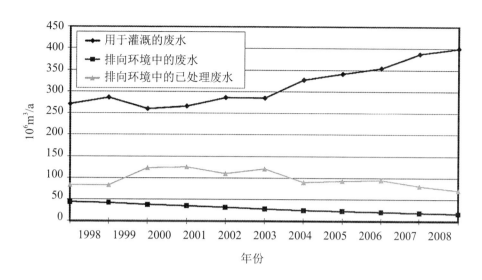

图 11-14 污水去向

资料来源：以色列水利局；自然和公园管理局；水资源与河流管理局；以色列环境保护部。

用于农业灌溉的废水量从 1998 年的 2.71 亿 m³（占城市废水总量的 68%）增至 2008 年的 4 亿 m³（占城市废水总量的 82%）。这代表着废水回收利用率的世界最高水平。排向环境中的未处理废水和低级废水量从 1998 年的 1.27 亿 m³（占城市废水总量的 31.9%）减至 2008 年的 0.88 亿 m³（占城市废水总量的 18%）。

3. 工业废水

工业年均用水量可达 1.20 亿 m³ 左右，占以色列用水总量的 5% ～ 6%。工业废水量占以色列废水总量的 16% ～ 17%。工业废水可能含有不同种类的污染物，比如重金属、有机污染物负荷、盐类和油类，其可能造成的环境恶化风险率比城市废水高。由于工业废水排向城市废水系统后，会被送至废水处理厂，并且以色列大约有 80% 的废水经回收后会用于农业灌溉，因此，对保证工业废水质量具有特别重要的意义。

（1）盐水

降低排向城市废水系统的废水盐度具有重要意义，此举可以防止废水盐度过高，使废水经回收处理后满足农业灌溉标准，此外可以防止废水造成的土壤和地下水盐化。

工业生产用水具有盐度高的特征，被称为盐水。工厂需要用设备将盐水流从废水流中分离出来，在这些盐水只符合海洋排放标准而达不到向公共废水系统排放的质量标准时，工厂会将其排向海洋。

（2）排入海洋的盐水量及其盐含量

因为以色列用于农业灌溉的废水回收率很高，所以需要对终将处理入海的工业用盐所占比例进行评估，此外，还需对防止城市废水盐度过高的监督机制进行有效性评估。排入海洋的盐水量见图 11-15。

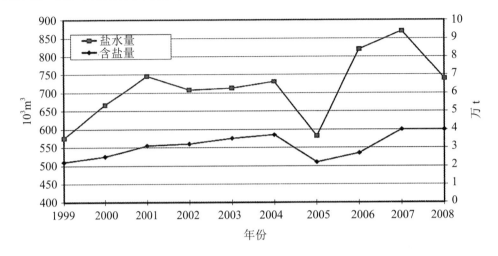

图 11-15　排入海洋的盐水量

资料来源：以色列环境保护部，工业废水、废弃燃料和污染土壤管理局。

1999—2008 年间，排入海洋的盐水量和含盐量出现了明显增加，部分年份出现了一些波动。出现这一趋势的原因在于，以色列对工业部门，尤其是食品工业，进行了大规模的规范化整改，要求工厂转变生产工艺，分离盐水流，从规范化的入海口排放入海，而不是排入公共废水系统内。因此，许多工厂已经开始将处理后的盐水通过分布在海边的入海口排放入海。

二、大气环境

（一）空气质量

人类活动和沙尘暴是空气污染的主要来源。人为污染源包括来自电厂、工业、汽车与家庭供暖和冷却系统的各类排放物。

以色列已在全国范围内建立了以监测污染物为目的的监测站，包括：普通监测站，位于人口中心，与排放源具有一定距离；交通监测站，位于主要的交通枢纽附近；以及二次污染物监测站，位于距排放源相对较远的下风向位置。

这些监测站能够持续监测到的空气污染物包括可吸入颗粒物、二氧化硫、臭氧、氮氧化物和一氧化氮。

1. 可吸入颗粒物

监测站可同时监测两种颗粒物，一种为直径小于 2.5 μm 的细微型可吸入颗粒物（即 $PM_{2.5}$），另一种是直径小于 10μm 的可吸入颗粒（即 PM_{10}）。产生可吸入颗粒物的两个源头包括人为排放源和自然来源。电厂的燃烧过程、工业、交通以及家庭供暖都会排出可吸入颗粒物。此外，二氧化硫、氮氧化物以及挥发性有机化合物之间进行的光化学氧化反应，也会产生此类颗粒物。因为这些细小的颗粒物能够在大气中停留很长时间，所以它们可能会飘到距离排放源很远的地方。源于非洲北部和沙特阿拉伯沙漠地区的沙尘暴，是以色列细微型可吸入颗粒物（$PM_{2.5}$）的主要自然来源。同时，西欧的空气污染物也有可能飘到以色列。

2. 空气中可吸入颗粒物（PM_{10}）的浓度

评估空气污染程度的作用在于，推动减轻污染和改进空气质量方面的政策制定工作、评估已采取措施的效果、将空气污染严重的地方确定为重点治理对象、估算国民的可吸入颗粒物呼吸暴露范围、建立空气质量标准并检查相关地区的达标情况以及作为健康与环境研究的数据库。

以色列可吸入颗粒物浓度之所以比较高，很大程度上是由沙尘暴所引发的颗粒物高背景浓度所造成的，而以色列地处阿拉伯沙漠地区附近，因而沙尘暴能够进入其境内。颗粒物浓度的年均变化范围在 50 ～ 55 μg/m³。而位于以色列南部的比尔谢巴（Beersheba）地区的颗粒物浓度则介于 55 ～ 60 μg/m³。

3. 臭氧

对流层臭氧含量是空气光化学污染的一个指标。臭氧是一种二次污染物，它是在阳光照射下，由氮氧化物与挥发性有机化合物化合而成的，特别容易在春、夏、秋三个季节形成。尽管绝大多数能形成臭氧（臭氧前驱物）的污染物都来源于城市地区，但是那些远离排放源的以色列内陆地区的对流层臭氧浓度却常常居高不下。

监测结果显示，那些远离以色列主要排放源的地区，包括西加里利（Western Galilee）、北部峡谷、平原和山区、内盖夫（Negev）和埃拉特（Eilat），其臭氧年均浓度均处于高位。而内陆地区的监测结果显示，其臭氧 8h 平均浓度超过世界卫生组织建议的极值（即 51ppb 或 100 μg/m³）数十个到数百个单位值不等。

4. 氮氧化物

氮氧化物是由大气中的氮和氧在高温燃烧条件下反应形成的。电厂、工业锅炉和熔炉以及汽车都会产生氮氧化物。

交通监测站监测到氮氧化物，标志着其他车辆空气污染物（如挥发性有机化合物）的存在，但监测站没有持续监测这些污染物。

据图 11-16 可知，除了位于特拉维夫南部的霍隆（Holon）和中央车站的监测站因其附近正在开展铺路和建筑工程而情况特殊外，大部分站点的氮氧化物浓度都出现了不同程度的下降，幅度从 2.7% 到 6.9% 不等。

"Efrata"（艾弗拉塔）普通监测站位于耶路撒冷附近的巴卡（Baka），该站测得的氮氧化物浓度下降了 24%，与此同时，位于市中心的"Safra"（萨弗拉）监测站所测得的氮氧化物浓度则保持不变（图 11-17）。

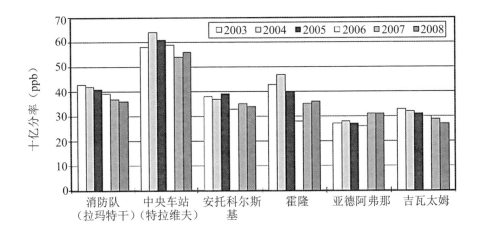

图 11-16　空气中氮氧化物的浓度（特拉维夫）

资料来源：以色列环境保护部，空气质量和气候变化局，国家监测网络。

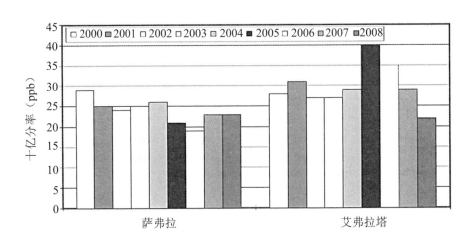

图 11-17　空气中氮氧化物的浓度（耶路撒冷）

资料来源：以色列环境保护部，空气质量和气候变化局，国家监测网络。

（二）大气污染

大气污染即由于自然过程或人类活动使某些气体或颗粒物排入大气之中，呈现出一定的浓度，危害人类健康。大气污染的自然来源包括沙尘暴，而人为大气污染源则包括发电厂、交通、工业、农业活动以及废物处理。工业生产活动以及人口增长对空气质量会产生重大影响。以色列所独有的一些条件，包括人口密度、生活质量的稳步提升及其气象条件，均加大了大气污染问题的严重程度。

1. 大气污染物的排放源

（1）发电

化石燃料发电会排放某些污染物，包括氮氧化物、硫氧化物（尤其是二氧化硫）、颗粒物、一氧化碳、碳氢化合物、二氧化碳及其他污染物。各种大气污染物的比排放量 [即单位发电量产生的排放物质量，按质量单位计算，如 g/（kW·h）] 取决于生产设备类型及使用的燃料类型。

近年来，以色列电厂的污染物排放量下降，某些种类的污染物排放量减少幅度尤为明显。这得益于环境保护部门强力执行严格的排放标准，要求现有发电设备升级，引进减少污染物排放的技术，并转而使用排放度较低的更为清洁的能源。在以色列的天然气用量增加，而且在燃煤电站采取二氧化硫和氮氧化物减排措施的条件下，预计污染物排放量减少的趋势还将持续。

评估大气污染程度有助于采取措施治理大气污染、明确工作重点和投资来源、设立标准并对现有政策措施的实施情况进行监督。发电量及发电过程中二氧化硫、氮氧化物、颗粒物排放量见图 11-18 ～图 11-21。

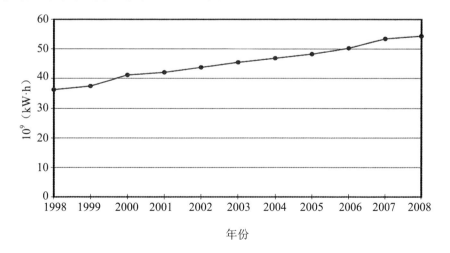

图 11-18 发电量

资料来源：以色列电力公司。

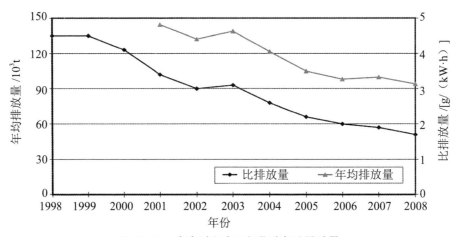

图 11-19　发电过程中二氧化硫年均排放量

资料来源：以色列电力公司。

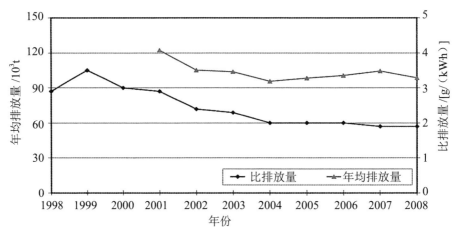

图 11-20　发电过程中氮氧化物排放量

资料来源：以色列电力公司。

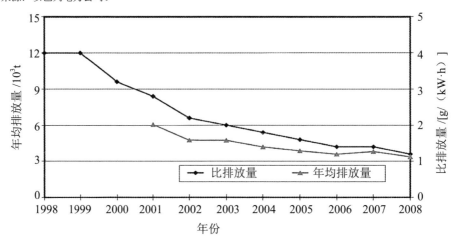

图 11-21　发电过程中颗粒物排放量

资料来源：以色列电力公司。

2001—2008 年间，尽管发电量增加了 29%，但监测结果显示二氧化硫的年度排放量下降了 35%，且二氧化硫的比排放量减少了 50%[生产 1g/（kW·h）电量的排放量]。

按环境保护部的要求，以色列的相关单位采取措施以改善燃料质量，具体包括降低煤炭的硫含量、逐步减少使用高硫燃料，烧油电厂也开始使用低硫燃料，因此上述两个数据均得以降低。2004 年，在阿什杜德（Ashdod）市艾什科尔（Eshkol）的大型发电设备中，用天然气取代了石油。2006 年下半年，特拉维夫的雷丁（Reading）电厂也开始使用天然气。2009 年，哈吉特（Hagit）电厂和盖泽尔（Gezer）电厂均按照环境保护部的要求开始使用天然气。

同期，氮氧化物的年排放量下降了 19%，比排放量降低了 34.5%。两项指标双双下降，原因包括：替换燃炉，加上改进烧油电厂的燃烧过程、使用更为清洁的燃料、安装技术先进的燃烧系统（其特点是使用燃气轮机，因而氮氧化物排放量较低）以及开始使用天然气。

类似的情况还有，颗粒物排放量减少了 44.3%，而且比排放量下降了 57%，这两个数据的减少得益于以下措施：替换燃炉、改进烧油电厂的燃烧过程、升级燃料组合、采取措施提高静电除尘器（用于截留燃煤电厂中的悬浮粉煤灰）的效能以及开始使用天然气。

（2）交通

交通是以色列市中心和人口密集区的主要大气污染源。车辆及车辆行驶里程数稳步增加更加剧了问题的严重性。

评估污染程度有助于采取措施治理大气污染、明确工作重点和投资来源、设立标准并对现有政策措施的实施情况进行监督。车辆污染物排放变化情况及颗粒物排放情况见图 11-22、图 11-23。

2000—2008 年以色列车辆行驶里程数增加了 30%。但是，一氧化碳、氮氧化物、碳氢化合物以及颗粒物排放量却分别下降了 40% ～ 45%。

污染物排放量显著上升的主要原因是以色列国内的新车购买行为，同时以色列又报废了道路行驶年数较久的车辆。在此期间，安装了催化式排气净化器的汽油动力汽车所占比例大幅增加，且以色列政府对柴油和汽油动力汽车均设置了更加严格的排放标准。

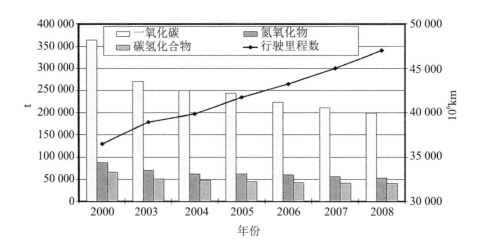

图 11-22　车辆污染物排放变化情况

资料来源：以色列中央统计局；以色列环境保护部，空气质量和气候变化局。

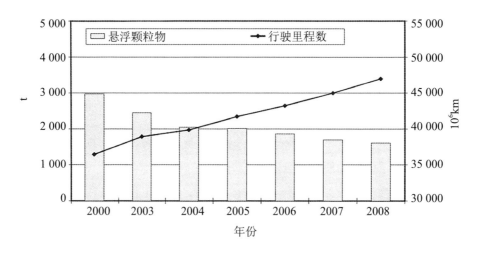

图 11-23　颗粒物排放情况

资料来源：以色列中央统计局；以色列环境保护部，空气质量和气候变化局。

2. 温室气体排放

工业革命以来，温室气体浓度显著增加。温室效应被认为是会引发重大环境损害的因素，而且也是全球气候变化的主要原因，包括全球变暖、降水季节特征改变、冰川消融、海平面上升和沙漠化。

温室气体包括水蒸气、二氧化碳、甲烷、氮氧化物、氢氟碳化合物、全氟碳化合物以及六氟化硫。

尽管温室气体排放量在全球排放总量中所占比例低于0.3%，以色列依然努力参与温室气体减排方面的全球合作，参见图11-24。

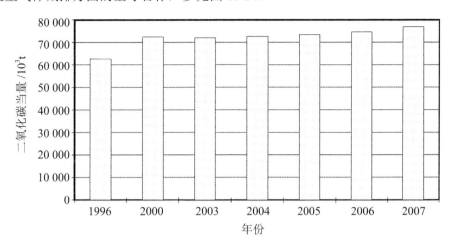

图 11-24　温室气体排放情况

资料来源：以色列中央统计局。

1996—2007年间，以色列的温室气体排放量增加了1 400万t。这一数据表明，随着人口增长和生活质量的提高，经济活动——能源、交通和工业生产也增加了。

以色列人口正在稳步增加，因此测算人均排放量具有重要意义，可以此跟踪由产品和燃料人均消耗而带来的变化。还可以根据该指标对不同国家的温室气体排放量加以比较。人均温室气体排放见图11-25。

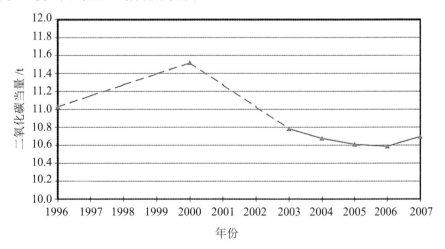

图 11-25　人均温室气体排放量

资料来源：以色列中央统计局。

2000—2007 年间，人均温室气体排放量大幅下降（下降了 0.82 t）。但是，2007 年的数据表明，比 2006 年有所上升（0.11 t）。温室气体排放量和人口规模之间并没有直接关联。这些数据变化的原因可能在于，在交通用燃料利用效率提高、以色列电力公司调整燃料组合以及水泥工业生产效率提升的同时，人口规模和生活质量也在持续上升。因此，在人均排放量发生变化的同时，总排放量也呈现出上升趋势。

评估每种气体的占比，有助于集中采取措施来减少温室气体排放。温室气体的构成见图 11-26。

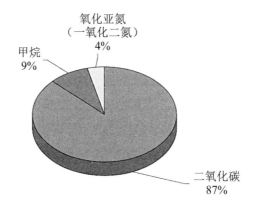

图 11-26　温室气体的构成

资料来源：以色列中央统计局。

（1）二氧化碳排放量

二氧化碳是排入大气的主要温室气体（87%），甲烷次之（9%），氧化亚氮最少（4%）。造成这种情况的原因在于，以色列的温室气体排放主要来自电力生产和交通领域的燃料燃烧。而甲烷的排放则来自城市垃圾和农场。

97% 的二氧化碳排放来自燃料燃烧。为了有序开展整治工作，计算各部门的燃料燃烧占比便显得意义重大。不同行业二氧化硫排放量见图 11-27。

燃料燃烧是二氧化碳的主要来源，特别是在电力生产和燃料精炼领域。运输业的燃料燃烧是其第二大来源，生产和建筑业再次。能源部门的排放比例正在增加，而运输部门则保持稳定。另外，生产和建筑业的相对排放比例已经下降。造成这一局面的原因可能是，人口增长和生活标准的提高带动了能源需求，与生产和建筑业的能源需求形成了对比。此外，生产和建筑业的一些产品专门用于外销，不受本地市场波动的影响。

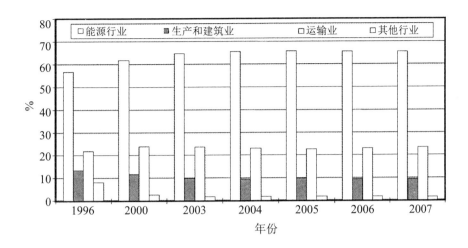

图 11-27 不同行业二氧化碳排放量

资料来源：以色列中央统计局。

能源工业的燃料燃烧是二氧化碳排放的主要来源。二氧化碳年均排放量既体现了由能源部门燃烧效率提高所导致的二氧化碳排放量在多年间的变化情况，也阐明了用于能源生产的燃料组成变化情况，参见图 11-28。

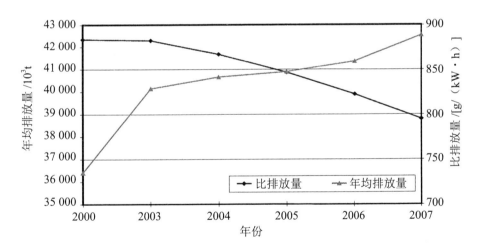

图 11-28 能源生产过程中二氧化碳年均排放量

资料来源：以色列中央统计局。

2001—2007 年间，电力生产量增加了 27%，同时二氧化碳排放量增加了 17%，比排放量降低了 10%。这得益于在能源生产的燃料组合中引入了天然气。使用天然气的每千瓦时排放量比燃煤低。

（2）甲烷

甲烷是以色列温室气体排放的第二大气体。为有序开展整治工作，计算各部门在甲烷排放率中的相对排放比例显得至关重要。大气甲烷排放源见图 11-29。

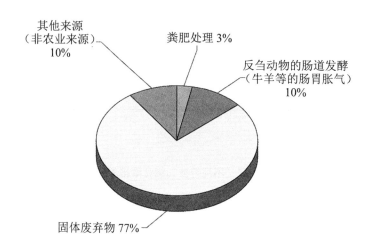

图 11- 29　大气甲烷排放源

资料来源：以色列中央统计局。

2003 年以来，固体废弃物分解过程中产生的甲烷占甲烷总排放量的75%～78%。2007 年，有 77% 的甲烷产生于固体废弃物的处理过程，另有 13% 产生于反刍动物的肠道发酵以及粪肥处理。自 2003 年以来，因为垃圾填埋场的生物气体（主要成分为甲烷）得到有效收集，使得甲烷排放量也随之下降。近年来，随着固体废弃物的增多，甲烷排放量也出现了小幅上升。

三、固体废物

人口增长和生活标准的提高造成了废物产生速度增加。在以色列，废物量在过去 10 年间的年均增速在 3%～5%。

废物处理不当所产生的危害和社会公害包括：土壤和地下水污染、空气污染和温室气体排放、虫灾和疾病传播、飞行路径中的安全问题、视觉干扰、异味以及土地价值下降。

废物填埋场会消耗宝贵的土地资源，增加温室气体排放量，此外，还需要长距离运输废物，并会产生巨大的外部成本。因此，以色列正着眼于从源头出发，大力推进废弃物减排。

废物类型包括：

城市废弃物——城市产生的废弃物，包括家庭废物和商业废物；

工业废弃物——工业部门产生的垃圾（不包括有害废物）；

建筑垃圾和工地废渣料——建筑材料和建筑弃料，包括剩余渣料和建筑拆除碎片；

煤灰——燃煤火力发电产生的废物；

污泥——废水处理厂在处理废水过程中所产生的废物。

（一）不同种类的废物处理量

跟踪固体废弃物处理总量的变化，特别是回收利用废弃物总量的变化，可用于评估环境污染的潜在程度，以及推动废物回收和减少废物填埋场处理废物量等措施取得成效。参见表 11-2，图 11-30 ～图 11-32。

表 11-2　不同种类的废物处理量

单位：t

	2004 年	2005 年	2006 年	2007 年	2008 年
城市和商业废弃物					
产生量	4 245 123	4 403 552	4 206 381	4 753 956	4 251 474
填埋量	3 743 123	3 910 552	3 696 781	4 205 356	3 717 474
回收量	502 000	493 000	509 600	548 600	534 000
回收率 /%	11.83	11.20	12.11	11.54	12.56
工业废弃物					
产生量	1 371 726	1 536 599	1 491 477	1 766 712	1 647 393
填埋量	524 037	609 977	612 342	723 141	695 393
回收量	847 689	926 622	879 135	1 043 571	952 000
回收率 /%	61.80	60.30	58.94	59.07	57.79
城市、商业和工业废弃物					
产生量	5 616 849	5 940 151	5 697 858	6 520 668	5 898 867
填埋量	4 267 160	4 520 529	4 309 123	4 928 497	4 412 867
回收量	1 349 689	1 419 622	1 388 735	1 592 171	1 486 000
回收率 /%	24.03	23.90	24.37	24.42	25.19
建筑垃圾和工地废渣料					
产生量	数据缺失	4 000 000	4 000 000	4 000 000	4 000 000
填埋量	数据缺失	437 500	663 547	940 733	615 044
回收量	数据缺失	0	250 000	745 000	1 821 276
回收率 /%	数据缺失	0.00	6.25	18.63	45.53

	2004 年	2005 年	2006 年	2007 年	2008 年
煤灰					
产生量	1 332 000	1 170 000	1 161 000	1 205 000	1 208 000
填埋量	—	—	—	—	—
回收量	1 332 000	1 170 000	1 127 000	1 196 000	1 188 000
回收率 /%	100	100	97.07	99.25	98.34
污泥					
产生量	110 865	99 441	98 021	105 966	108 771
填埋量	7 977	7 829	8 562	11 091	4 041
回收量	44 488	45 812	45 843	45 025	54 463
回收率 /%	40.13	46.07	46.77	42.49	50.07

资料来源：以色列环境保护部，基础设施局，会计处，固体废弃物管理部门；煤灰管理部门。

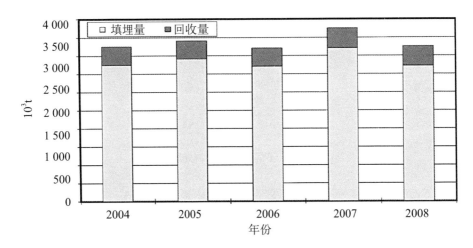

图 11-30　城市固体废弃物数量

资料来源：以色列环境保护部，基础设施局，会计处，固体废弃物管理部门；煤灰管理部门。

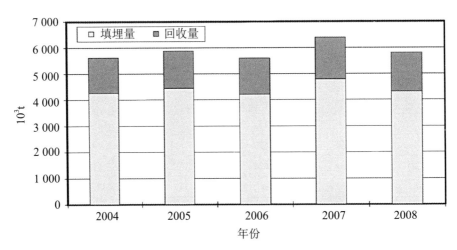

图 11- 31　城市和工业固体废弃物数量

资料来源：以色列环境保护部，基础设施局，会计处，固体废弃物管理部门；煤灰管理部门。

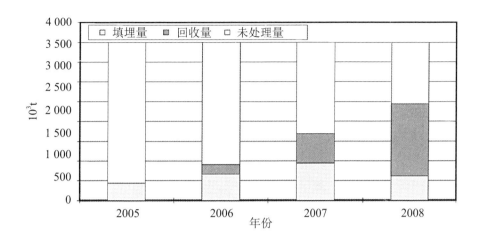

图 11-32　建筑垃圾和工地废渣料数量

资料来源：以色列环境保护部，基础设施局，会计处，固体废弃物管理部门；煤灰管理部门。

以色列每年会产生大约 1 130 万 t 废物，其中城市固体废弃物为每年 440 万 t 左右、工业废弃物为每年 160 万 t 左右、建筑垃圾和工地废渣料每年大约有 400 万 t、煤灰每年有 120 万 t 左右以及每年约 10.5 万 t 的污泥。城市固体废弃物数量和城市废弃物回收数量没有明显的变化趋势，在所观察的年份之内只出现了轻微波动。建筑垃圾和工地废渣料数量的估算，以房屋新开工面积、基础设施建设和个人年均装修垃圾量为参考依据。

城市和工业固体废弃物回收率为 25% 左右，城市固体废弃物的年回收率大概为 12.5%。在 2005 年之前，建筑和工地废渣料从未被回收利用，不过近年来，随着专业回收厂的开工运营，这类废物的回收率出现了增长，并在 2008 年达到 45.5%。以色列所有的煤灰都得以回收，绝大多数煤灰都被建筑行业回收利用。

（二）个人日均城市固体废弃物生产量

为促进废物回收，减少垃圾直接填埋，地方政府需为个人提供废物回收基础设施，可通过专用的废物容器，收集塑料、纸和纸板以及更多种类的废弃物。政府的规划工作以个人日均废物生产量为依据，在计算废物预测量时，该指标可作为基础数据。该数据还反映了消费文化和环境意识水平，参见图 11-33。

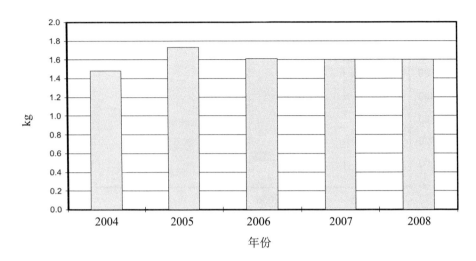

图 11-33　个人日均城市固体废弃物产量

资料来源：以色列环境保护部，固体废弃物管理部门。

个人日均城市固体废弃物生产量在 2004—2008 年间的变化范围是 1.48～1.73kg。2006—2008 年间个人日均城市固体废弃物生产量为 1.6kg。

以色列个人年均城市固体废弃物生产量与西班牙、德国和奥地利等欧洲发达国家的数量类似。2008 年，以色列每人每年平均生产 585kg 废弃物，参见图 11-34。

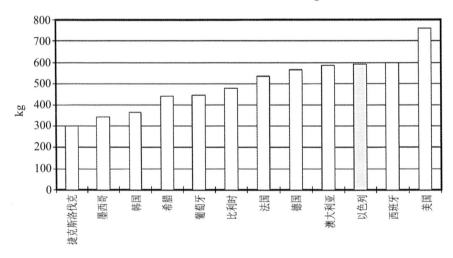

图 11-34　以色列个人年均固体废弃物产量与其他国家对比

资料来源：以色列环境保护部，固体废弃物管理部门；其他国家——经济合作与发展组织 2009 年概况：经济、环境及社会统计数据。

四、土壤环境

（一）以色列的土地覆盖情况

土地覆盖情况涉及覆盖于地表的土地利用之总和，其中包括已存在的土地利用形式，如城市、农村、工业区、采石场、森林等。土地利用的影响范围甚广，包括自然景观、社会、经济、环境、自然资产和生态过程的方方面面。

天然灌丛和地中海常绿矮灌丛、人工林、农业区以及岩石地带和沙漠都属于空地，拥有环境、景观、生态、文化和社会价值。这些空地不仅具有多样化的生态系统功能，并且还可作为我们子孙后代的土地储备。空地在面积上出现任何程度的减少，其影响都极为显著，因为这种减少具有不可逆性。

以色列土地面积狭小，相对而言，其人口数量却较为庞大。人口增长的同时，人口密度也在增加。以色列现在所面临的挑战是，一方面需要继续为居民提供必要的住宅、工业和交通开发空间；另一方面还要保护好国家的空地。

以色列土地规划的基本理念有：对用于建筑用途的空地进行精心合理利用、增加建成区域密度和毗邻开发。

（二）主要的土地利用形式

那些得以延续且保存完好的空地具有很高的生态、景观和环境价值。建成区域对空地的影响非常明显，影响范围超出其绝对面积，原因是建成区域分散，基础设施数量多，而且这些设施会使空地和生态系统呈碎片化和分割状态。土地利用信息在为土地规划系统提供基础数据的同时，还能反映出空地的保护水平，而保护空地则是生态系统功能赖以存在的基础。2007 年土地利用情况见表 11-3。

表 11-3　2007 年土地利用情况

建成区域	km²	空地	km²
住宅区（包括旅游用地） 工业和商业区 无序利用区域（采石场、墓地）	878.5 214 55	地中海自然植被 沙漠自然植被 森林 农业区域	3 300 12 000 950 4 200
总计	1 147.5	总计	20 450
总计：约 21 600			

资料来源：莫提·卡普兰（Moti Kaplan），2007 年，《建筑数据：〈国家建筑、开发与保护总体规划〉之数据处理》（TAMA 35）；莫提·卡普兰，《以色列建设用地的利用模式》，环境保护部（Ministry of Environmental Protection）、耶路撒冷以色列研究院，2007 年；中央统计局（Central Bureau of Statistics）；《空地和生物多样性划分》，以色列环境保护部。

2007 年，以色列的建成区域面积总计 1 147.5km²，占国土面积的 5.3%。这一数字并没有包含本应统计在内的防御系统区域及城际公路区域。

五、生态环境

以色列地处三大洲交汇处，多种气候带汇集于此，是全球候鸟迁徙路线的中心，濒临地中海与红海，地中海是大西洋的属海，而红海则为印度洋的延伸部分。独特的地理环境使得以色列的生物多样丰富，拥有成千上万种动植物和小型生物。以色列物种丰富，拥有全球大约 3% 的已知物种。

以色列生物多样性的主要威胁，是由空地开发所带来的环境压力造成的。这些压力导致了具有基础生态功能的生态系统受损、生态系统连续性遭破坏并呈碎片化状态、生物栖息地受污染、生态系统下的自然资源遭到过度开采。其次是引入和移植外来物种所带来的威胁——无论是偶然自发还是有意所为。部分外来物种通过与本地物种争夺资源、捕食和传播疾病，将本地物种逐出栖息地，从而成功繁殖并扩大了它们的分布范围。此外，气候变化预计也会损害生态系统，对生态系统功能造成不利影响。

内陆水源遭到破坏，特别是因过度抽水和水资源过度开采而造成的水源破坏，是鱼类、两栖动物和数千种无脊椎动物的主要威胁。与之类似，海岸栖息地也因海岸环境的加速开发而面临威胁。

与此同时，已知的濒危物种数量依然很少。以色列已经申报了数个自然保护区，并将数百个物种申报为受保护的自然资产。2009 年年底，已申报的自然保护区和国家公园面积达到 4 647km²，约占国土面积的 20%，它们大都聚集于沙漠地区[①]。2007 年以色列已知植物物种数量见表 11-4。

表 11-4　2007 年以色列已知植物物种数量

分类学类目	以色列已发现物种的估算数量 / 种
原核生物界（细菌和蓝细菌）	5 100
原生生物界（特别是单细胞生物）	1 800
藻类	2 000
真菌和地衣	830
植物界	
苔藓类植物	248
种子植物（只限野生）	2 388

① Bar-Or Y, Matzner O. State of the Environment in Israel Indicators, Data and Trends （2010）[Z]. 2010.

分类学类目	以色列已发现物种的估算数量
植物总物种数	2 636
动物界	
无脊椎动物	
无脊椎动物（昆虫纲除外）	8 160
昆虫纲	20 500
无脊椎动物总物种数	28 660
脊椎动物	
背囊类和半索动物纲	130
内陆鱼类	32
地中海鱼类（靠近以色列海岸）	342
两栖动物	7
爬行动物	103
鸟类	511
哺乳动物	104
脊椎动物物种总数	1 229
动物物种总数	29 889
总物种数	约 42 255

资料来源：以色列环境保护部，空地和生物多样性管理局。

第三节　环境管理

一、环境管理体制

在 1972 年斯德哥尔摩人类环境会议前，以色列关于环境保护方面的职能分布在其内阁的多个部门。根据 1988 年以色列政府的 5 号决议，以政府决定成立环境部，以解决其国内的环境问题。2006 年 6 月，在政府第 193 号决议中，以色列内阁批准了环境部部长吉迪恩以斯拉将环境部名称变更为环境保护部的请求。以斯拉解释说，"名字的变更更好地反映了保护环境的这个目标，以色列的环境需要保护，而政府则在夜以继日地实现这一目标。" 目前，环境保护部负责全国范围内的环境保护工作，主要职责包括集成和制定相关的环境保护政策。

环境保护部目前按照三级来运行，即国家层面、区域层面和地方层面。

在国家层面上，环境保护部负责制定全面综合性的政府政策，以及战略，标准和环境保护工作的优先领域。环境保护部下设相关专业的司局处室来处理环境问题以及管理机制和公共关系。

环境保护部约有600名员工。主要分为6个主要部门,每个部门都包含相关处室。此外,环境保护部还运行着全国6个区域办公室。

在地区层面,环境保护部根据内政部划分的片区,也设置了相应的区域办公室,分别是北部地区、海法地区、中部地区、特拉维夫地区、耶路撒冷地区、南部地区和朱迪雅与撒马利亚地区。每个区域办公室根据相关区域的环境需求进行管理。区域办公室的主要职责有:

(1)执行国家政策;

(2)参与规划进程;

(3)告知区域当局环境责任;

(4)对区域当局进行环境监督和执法;

(5)为营业执照的申请制定环境方面的要求;

(6)对区域环境单位进行监管和引导;

(7)发起和促进地区环保项目。

地方级的环保单位。环境保护部在全国范围内的区域支持了52个环保单位和城市协会。总体而言,这些环保单位为全国85%的人口提供了服务。他们主要负责将环保成果和国家政策在地方层面进行执行。他们也为地方当局提供环保咨询服务。

以色列环境保护部的组织机构如图11-35所示。

环境保护部的主要职责是管理和保护公共环境,制定环保规章制度,防治环境特别是水资源污染,促进资源有效利用和可持续发展。

地方政府负责其管辖范围内的关于公众健康、废物废料和环境清洁等方面的环保事务。

以色列主要的环保法律法规有《环境保护法》(2008年修订)、《公共卫生条例》(1940年)、《消除环境危害(民事诉讼)法》(1992年)、《减少污染法》(1961年)、《公共机构环境法》(2002年修订)、《环境信息自由法》(2005年修订)、《地方当局环境执法法》(2008年)、《清洁空气法》《水法》《动物福利法》《建筑规划法》《危险品法》《海岸环境保护法》《野生动物保护法》《非电离放射法》《废品回收采集和处理法》等。

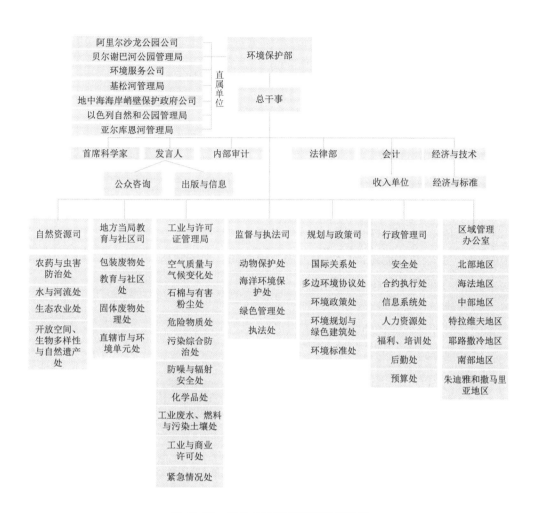

图 11-35　以色列环境保护部组织机构

资料来源：以色列环境保护部。

二、环境管理政策与措施

（一）大气污染防治

为了提高以色列空气质量和公众健康，以色列制订了国家污染减排和防治计划（2012—2020）。该计划于 2013 年 8 月 25 日获得政府通过。在该计划下，现有的政策主要集中在交通运输、工业、能源和居民家庭的空气污染控制。该计划在前 5 年预计投入 1 亿新谢克尔，约合 2 600 万美元。该计划将在 5 年后进行修订。

前 5 年 1 亿新谢克尔的投资计划主要应用在以下 9 个方面：

（1）修订私家车报废程序；

（2）加强对采石场的控制；

（3）建立资助项目，以鼓励用人单位来激励其员工拼车或乘坐公共交通工具上班；

（4）试点天然气公交车；

（5）混合动力出租车的税收激励；

（6）阶梯电价的引进和智能电网建设，以引导电器使用；

（7）考虑燃油对环境的影响，差异化征收燃油税，鼓励使用污染较少的燃料；

（8）污染调查，以确定家庭和公共机构中的暴露污染物；

（9）支持地方政府，旨在减少在道路上乘客的数量。

为了编制该计划，环境保护部空气质量与气候变化处会同健康部、经济部、交通运输部、财政部和能源部以及电力局、税务局、地方政府、工业部门和环保组织进行了 1 年半的准备工作，包括：

（1）建立专家委员会；

（2）国外类似计划的评估；

（3）建立跨部门的编写团队；

（4）建立全国范围的污染物排放清单；

（5）对相关措施进行模拟评估；

（6）量化空气污染对监控和经济的影响；

（7）评估不同框架措施的经济成本。

此外，针对国内人口和工业较为集中的海法地区，在 2008 年制订了空气污染减排行动计划，主要针对 15 家排放非甲烷挥发性有机化合物的企业制定了相关措施。通过采用最佳可用技术使得 2009 年到 2015 年的 6 年间，非甲烷挥发性有机化合物排放量减少了 65%。通过空气污染减排行动计划，海法地区的空气质量得到了显著的改善。但是随着对危险物质认识的不断深入，环境保护部又发起了一项新的行动计划，目标是提升空气质量降低危险物质风险。该计划将投入 9 000 万美元，来提高海法湾的空气质量。主要包括增加监察与执法，降低公众风险，开展空气污染流行病学研究，提高公众对空气质量信息的可得性。

（二）水污染防治

为了有效地管理以色列的水资源，以色列水利署制定了《水业长期发展规划（2010—2050）》（以下简称《水规划》），其主要目标有：

（1）充实饮用水水源储备，到 2020 年，通过海水和苦咸水淡化及生活污水处理等方式使得这些替代水源满足一半以上的用水需求。

（2）维持或进一步降低现有国内人均用水量。

（3）增加一倍以上淡化海水供应，从 2010 年的 2.8 亿 m^3/a 增加到 2020 年的 7.5 亿 m^3/a。

（4）增加一倍以上的农业污水灌溉量，从 2010 年的 4.0 亿 m^3/a 增加到 2020 年的 9.0 亿 m^3/a，同时减少饮用水作为灌溉用水水量。

（5）升级所有的二级污水处理设施为三级处理设施。

（6）增加自然用水和景观需水量，自然和景观用水量从 2010 年的 1 000 万 m^3/a 增加到 2020 年的 5 000 万 m^3/a。

为实现上述目标，以色列重点从项目实施、法律法规、组织结构调整、可持续的预算分配、提高规划能力和能力建设与加大研发投入等方面采取措施。

考虑到卫生要求和污水回用的目的，以色列《水规划》要求实现所有城市生活污水和工业污水（包括农业和农村污水）的全部处理。

具体措施包括：

（1）充分发挥大型污水处理设施的作用。一是采取紧急措施连接大部分的污染源和污水处理厂；二是优先考虑大型污水处理厂的污水收集和运输；三是完善管网确保污水收集效率，2009 年以色列管网覆盖了 95% 的国内人口。

（2）严格规范污水处理厂运行管理。针对污水处理厂，制定污水处理厂处理工艺导则，研发专项技术。提高污水收集，并接受公众监督。

（3）不断完善排放标准。未来标准的修订将吸收多部门的意见，包括环保部、水利署、水与能源部、卫生部、内政部、财政部和农业部以及农业和供水与污水处理公司的代表的意见。

（4）严控工业污水排放，提高用水效率。工业污水将进行初级（预处理）处理以达到市政污水的水质，同时鼓励工业企业采用回用水，加强水资源的循环利用。

（5）严格监测回用水，降低环境影响。在国家或地区层面对回用水水质进行监测；在成本效益分析的基础上优先脱除用于受保护地区灌溉污水的盐分。

（6）集中与分散处理互补。在建成区采用污水集中处理，而在偏远地区采用分散污水处理，同时要考虑新技术和工程措施，资金及环境因素。

（7）鼓励技术创新。以色列是世界上利用循环水最多的国家，水的循环利用率达到 75%，拥有全球最大的反渗透海水淡化厂，淡水成本每立方米约为 60 美分。以色列开发的农业低压滴灌技术使得灌溉用水效率高达 80%，位居全球第一。以色列 60% 的农用地使用滴灌技术，在滴灌技术领域以色列企业占全球市场份额的 50% 以上。以色列 30% 的初创公司都与水利有关，是全球最大水技术创新基地。

（8）制定完善的水价体系。以色列对用水采用定额配给管理，并通过调整水价实现。根据工农业生产企业承受能力、供水成本和节约作用，制定合理水价体系。水价由国家控制，企业运作，用户根据国家制定的水价向公司购水。政府利用经济杠杆鼓励节约用水、处罚浪费行为。农业和居民生活用水，除了基础水价外，政府还依据用户用水量的多少将水价分为几个不同档次，用水量越大，价格越高，用水量超过配额则将受到严厉的经济处罚。

（三）固体废物污染防治

由于认识到废物填埋会对环境产生二次污染，以色列在固体废物防治方面以从填埋为主的处理方法转向以资源回收利用为主的处理方法。并为此设立了废弃物循环利用的目标，即到 2020 年 50% 的固体废物实现循环利用。

为了实现上述目标以色列在源头上对垃圾进行分类。主要措施包括：

（1）制定详细的垃圾分类规划（分为两类，即干燥垃圾，主要包括包装物等；可生物降解的湿垃圾，主要包括厨余垃圾）。

（2）源头分类，目前已有 49 个地方政府正在实施对垃圾的源头分类工作。

（3）为公众购买带分类标识的垃圾桶和运输车，在居民区改建垃圾收集站。同时地方当局还对垃圾分类收集进行广泛的宣传和教育。

在垃圾源头分类的基础上，为了更好地回收资源，以色列还升级了垃圾处理设施。主要包括建立发电站和堆肥场。对于不利用回收利用的垃圾，主要将其燃烧以产生能力和燃料。

截至 2015 年以色列以固体废物为原料的发电厂数量和垃圾转运站的数量如表 11-5 所示。目前对以垃圾为原料的发电厂和垃圾转运站的投入分别为 3.7 亿元和 2 亿元。同时还以 PPP 方式建设了中部地区的区域日处理能力为 1 200t 的厌氧消化设施，预计 2018 年将投入运行。

表 11-5　以色列垃圾处理设施数量

区域	以固废为原料的发电厂数量 / 个	垃圾转运站数量 / 个
北部地区	4	3
中部地区	2	1
耶路撒冷地区	2	1
特拉维夫地区	1	—
南部地区	6	4
总计	15	9

资料来源：以色列环境保护部。

此外，在未来以色列还将通过立法来规范垃圾处理，不对垃圾进行处理的行为将被禁止，同时还将升级垃圾热处理设施以处理不易于回收的垃圾。

（四）污染物排放与转移登记制度

污染物排放与转移登记制度（Pollutant Release and Transfer Register，PRTR）是环境信息公开的一项制度。通常都包含一个有毒化学物质清单，企业根据国家出台的清单，把工厂等各类污染源向环境排放与转移这些有毒物质的信息向政府上报，包括工厂信息、污染物毒性、健康风险、年排放量等。政府可以通过建立网络信息平台向公众公开这些信息，使公众能够了解自己生活周边的企业排污情况。实践证明，污染物排放与转移登记制度在有毒污染物的控制以及重大化学事故防范方面成效显著[1][2]。以色列的污染物排放与转移登记制度是根据环境保护法于 2012年建立的。

主要的目标是：

（1）增加关于排放和转移的数量，类型和位置的信息供给的透明度；

（2）鼓励工厂减少排放、污染物和废弃物的转移；

（3）为决策者创建一个工具使其获得必要的数据，以确定基于环境公平可持续发展的政策；

（4）在政府，申报企业和公众之间建立关于排放量化的共同语言。

需要登记的行业主要包括：

（1）能源行业；

（2）金属加工制造；

（3）矿业；

（4）废物及污水管理业；

（5）集约型农业；

（6）食品和饮料业。

主要有 114 种污染物或污染物基团必须要申报。包括 89 种向大气排放的污染物和 92 种向海洋、水体和土壤排放的污染物。也有许多污染物同属于这两组物质。

污染物排放与转移登记制度建立以来，以色列每年都会公布其执行情况。2015年通过对全国范围内 500 个主要污染源，包括工厂、垃圾填埋厂、污水处理厂和其他经济实体污染物排放与转移情况的公布结果发现，该制度实行的 3 年间（2012—

---

① 卢娓娓. 国外 PRTR 制度研究及对我国的启示 [D]. 南京大学 , 2013.
② 李汝雄 , 王建基. 国外的污染物排放与转移登记制度 [J]. 现代化工 , 2002(5):56-58.

2015 年）向大气排放的主要污染物降低了 18% ～ 53%[1]。

第四节　环保国际合作

以色列环境保护部注重与国际上的政府和非政府组织开展合作。多年来，以色列已经批准了几乎所有主要的国际环境协定，并参加了环境保护领域诸多主题的国际项目和研讨会，包括：海洋保护，可持续消费和生产，水资源保护，生物多样性保护，环境技术研发等。以色列还必须确保其国内立法与国际义务相一致。

目前，以色列和经济合作与发展组织（OECD）、联合国、欧盟等国际机构都有合作。此外在区域环保合作方面，以色列环境保护部主要集中在中东地区的环境改善，还有一些由欧盟支持的项目，目前在区域合作方面主要的项目有地中海行动计划和地中海联盟。

一、已加入的国际环保公约

国际环境公约促进全球环境保护行动和合作，以解决环境问题，包括臭氧层的破坏，全球变暖，自然资源的保护和开发以及海洋污染。以色列参与了许多国际和区域公约（协定）的谈判，并签署和（或）批准了几乎所有主要的全球环境公约。同时以色列还确保其国家立法符合其国际义务。

目前，以色列签署的国际公约主要涉及生物多样性、自然和遗产，气候及空气质量，危险物质和海洋与海岸环境等方面。

（一）生物多样性、自然和遗产

涉及生物多样性、自然和遗产方面的公约主要包括：《联合国防治荒漠化公约》《生物多样性公约》《保护野生动物迁徙物种公约》《濒危野生动物和植物物种国际贸易公约》《世界遗产公约》《湿地公约》。

（二）气候及空气质量

涉及气候及空气质量方面的公约主要包括：《污染物排放及转移登记议定书》

---

[1] Israelministry of enivronmental protection. Israel Environment Bulletin [Z]. 2016.

《联合国气候变化框架公约》《保护臭氧层维也纳公约》《蒙特利尔破坏臭氧层物质管制议定书》。

（三）危险物质

涉及危险物质的公约主要包括：《国际防治汞污染公约》《关于持久性有机污染物的斯德哥尔摩公约》《关于在国际贸易中对某些危险化学品和农药采用事先知情同意程序的鹿特丹公约》《控制危险废物越境转移及其处置巴塞尔公约》《苯公约》。

（四）海洋和海岸环境

涉及海洋和海岸环境的公约主要包括：《国际油污损害民事责任公约》《国际油污防备、反应和合作公约》《地中海海洋环境和沿海区域保护公约》《防止船舶污染国际公约》《关于设立国际油污损害赔偿基金的国际公约》。

二、与联合国环境规划署的合作

联合国环境规划署（UNEP）成立于 1972 年，通过鼓励世界各地采用无害环境的做法，促进可持续发展。2004 年，以色列当选为联合国环境规划署理事会成员，作为西欧和其他国家集团的代表。以色列是联合国环境规划署理事会 / 全球部长级环境论坛（GC/ GMEF）成员国，参与论坛期间重大环境政策的审议。

2012 年，联合国里约 +20 可持续发展会议上，各成员国一致同意在千年发展目标的基础上，制定出一套可持续发展目标（SDGs）。以色列外交部和环境保护部是联合国 SDGs 实施所有平台上的活跃成员。此外，以色列还积极参与联合国欧洲经济委员会和欧洲环境与健康进程的相关活动。

三、与欧盟的合作

由于以色列位于地中海沿岸并在靠近许多欧盟成员国的特殊地理位置，欧盟与以色列有着包括环保在内的许多核心利益。在环保合作方面主要涉及分享专业知识和为环境立法提供资金和技术支持等。因欧盟已经制定了一系列具有世界领先的环保政策，并将相关立法延伸到环境保护的各个领域，包括大气污染防治、水资源保护、废弃物管理、自然保护、化工、生物技术等产业风险的控制等。在欧盟睦邻政策框架下，以色列与欧盟于 2004 年签署了一项行动计划，旨在建立合作伙伴关系。

目前以色列与欧盟开展合作的项目有技术援助和信息交流项目（The Technical Assistance and Information Exchange，TAIEX）、结对项目（The Twinning Project）、可持续水综合管理（Sustainable Water Integrated Management，SWIM）、地中海区域经济转型项目之可持续消费与生产（The SWITCH-Med Sustainable Consumption and Production Program）等。以色列在这种相互合作中受益匪浅。

四、与中国的环保合作

2013 年 11 月，时任环境保护部总工程师万本太在京会见了以色列环境保护部总司长大卫·莱夫勒一行，双方就未来在环保领域的合作交换了意见。2015 年 3 月，以色列驻华使馆商务参赞高飞携以色列 P2W 污水处理技术公司首席执行官会面，介绍该公司在污水处理技术方面的经验。

以色列对我国"一带一路"战略非常重视，希望参与其中并发挥积极作用。为推进"一带一路"建设，同时开拓与以色列的环保合作，2017 年 3 月，两国环保部门加入中以创新合作委员会机制并正式签署《中华人民共和国环境保护部与以色列国环境保护部环境合作谅解备忘录》。

此外，在地方层面，河北省相关部门负责人也曾到访以色列环境保护部，并表示愿意学习以色列在空气、水和废物处理领域的经验，以色列则表示愿意与河北省建立相关环保技术专家工作组以帮助河北省处理空气、水和固体废物问题[1]。

---

[1] Israelministry of enivronmental protection. Talks with Chinese Delegation Focus on Possibilities for Future Cooperation [EB/OL]. [2016-08-05]. http://www.sviva.gov.il/English/Resources and Services/News and Events/News and Message Dover/Pages/2013/Dec/Talks with Chinese Delegation Focus on Possibilities for Cooperation.aspx.

亚美尼亚区位示意图

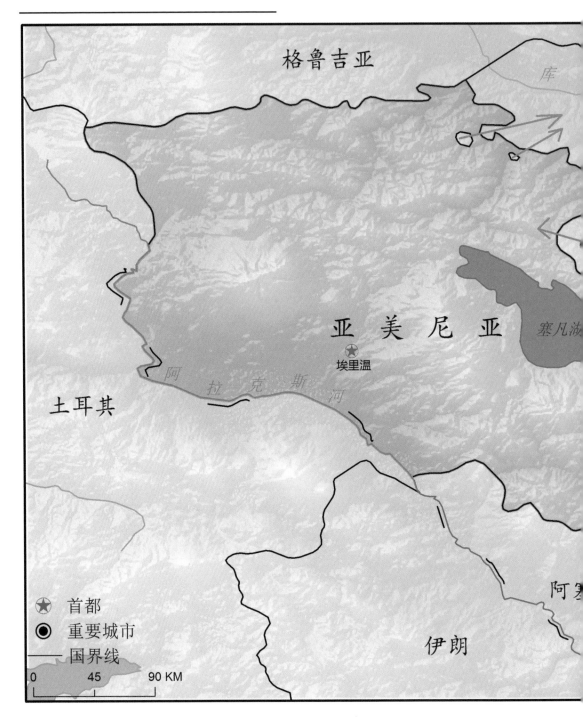

格鲁吉亚

库

亚 美 尼 亚

塞凡湖

★
埃里温

阿　拉　克　斯　河

土耳其

阿塞

伊朗

★ 首都
◉ 重要城市
—— 国界线

0　　45　　90 KM

河

明盖恰乌尔水库

阿塞拜疆

亚美尼亚位于高加索中部，是介于里海和黑海之间的内陆国。国土面积 2.97 万 km^2，总人口 300 万。亚美尼亚大部分国土位于海拔 1 000m 以上的高原，气候处于温带和亚热带之间，降水较丰富，果蔬业发达，矿产以铜钼矿居多。国民多信仰基督教，使用亚美尼亚语和文字，文化特征与周边国家不同。亚美尼亚的主要环境问题包括水质污染、工业和交通废气污染、土壤盐碱化和污染、植被破坏和狼群减少、矿山开发的尾矿和生活废弃物等固废问题。亚美尼亚的环保主管机关是自然保护部。为履行国际公约义务，亚美尼亚以问卷调查、国家报告等形式定期向公约或议定书的秘书处提交本国环境状况材料。

第十二章　　亚美尼亚环境概况 ①

第一节　　国家概况

一、自然地理

（一）地理位置

亚美尼亚位于外高加索南部，属内陆国，西接土耳其，南接伊朗，北临格鲁吉亚，东临阿塞拜疆。全国面积 2.974 3 万 km²（大体相当于北京和天津两市的面积总和），总人口不足 310 万，平均 102 人 /km²。

亚全国边境线长 1 448 km，其中与西部和西南部的土耳其 280 km，与东南部的伊朗 42 km，与东部的阿塞拜疆 930 km，与北部的格鲁吉亚 196 km。作为一个内陆国，亚距离黑海最近距离 163 km，地中海 750km，波斯湾 1 000km。

（二）地形地貌

亚美尼亚全境 90% 多的地区海拔 1 000 m 以上基本位于亚美尼亚高原上。亚美尼亚高原（Armenian Highland）由一系列熔岩覆盖的高原组成，平均海拔 1 500 ～ 2 000 m，面积约 40 万 km²，横跨土耳其、伊朗和亚美尼亚等国。高原南部又称亚美尼亚山结，海拔 4 000 ～ 5 000 m，主要由厄尔布尔士山脉、扎格罗斯山脉、托罗斯山脉和庞廷山脉汇聚而成，岩浆活动剧烈，多火山、地震、温泉和间歇泉。

---

① 本章由王玉娟、张宁、徐向梅编写。

高原北部由平行的大、小高加索山脉构成一个山地和低地相间排列的地形，山脉一般高 2 500 m 左右。高原中间为黑海至里海之间的自然通道，河谷为国际交通线必经之地。许多河流和湖泊由高山融雪形成，较大的河有卡拉苏河、木拉特河等。亚美尼亚高原还是底格里斯河、幼发拉底河、库拉河、阿拉斯河的发源地。由于盛行西风气流，黑海对气候的影响大于里海，降水量自西向东逐渐减少。

（三）气候和水资源

亚美尼亚高原气候处于温带和亚热带之间，1 月平均气温-2 ～ 12℃；7 月平均气温 24 ～ 26℃。由于山脉阻挡来自北方的冷空气和来自南方的暖空气，亚境内各地气候差异较大。低地夏季干热，高地夏季温和，冬季漫长严寒，降水丰富。低地灌溉发达，主要种植果木、烟草、棉花、谷物、壳果等，山区主要放牧。

据统计，1961—1990 年，亚美尼亚全国年均气温 5.5℃，降水总量 592mm，其中 1 月平均气温-6.8℃，降水 35mm，7 月平均气温 17.1℃，降水 44mm。

伴随全球变暖，与 1961—1990 年均值相比，亚美尼亚的气温也呈总体升高趋势，降水则呈减少趋势。2012 年，亚美尼亚全国全年平均气温 6.4℃，降水 535mm，分别比均值偏高 0.6 ℃和减少 57mm。亚美尼亚平均气温和降水统计情况见表 12-1，表 12-2，表 12-3 及图 12-1，图 12-2。

表 12-1 1961—1990 年亚美尼亚平均气温和降水统计

	1月	2月	3月	4月	5月	6月	7月	8月	9月	10月	11月	12月	年均
亚美尼亚全境													
温度 / ℃	-6.8	-5.8	-1.4	4.9	9.6	13.4	17.1	16.7	13.2	7.0	1.5	-3.9	5.5
降水 /mm	35	41	52	71	88	71	44	33	28	50	41	38	592
首都埃里温													
温度 / ℃	-3.2	-1.0	5.1	11.6	16.3	20.6	24.6	23.9	19.8	12.8	6.6	0.5	11.5
降水 /mm	29	38	41	51	60	29	14	9	9	32	30	26	368

资 料 来 源：National statistical service of the Republic of Armenia, *Environment and natural resources in the Republic Armenia for 2012 and time series of indexes* 2007—2012,Geographic Location, 2013—Yerevan, P.1. Brief characteristics of hydrometeorological conditions of RA territory, Norm of monthly and annual average temperature and amount of precipitations 1961—1990.

表 12-2 亚美尼亚 2012 年气温和降水统计

月份	平均气温 /℃	偏离 1961—1990 年正常气温程度 /℃	降水量 / mm	偏离 1961—1990 年正常降水量程度 / mm
1	-5.0	1.8	32.0	-3.0
2	-7.9	-2.1	54.4	13.4

月份	平均气温 /℃	偏离 1961—1990 年 正常气温程度 /℃	降水量 / mm	偏离 1961—1990 年 正常降水量程度 / mm
3	-4.5	-3.1	36.8	-15.2
4	7.1	2.2	36.6	-34.4
5	11.3	1.7	81.7	-6.3
6	15.4	2.0	55.3	-15.7
7	16.7	-0.4	77.7	33.7
8	19.0	2.3	14.2	-18.8
9	14.3	1.1	27.3	-0.7
10	9.9	2.9	36.1	-13.9
11	3.7	2.2	22.9	-18.1
12	-3.1	0.8	59.7	21.7
全年平均	6.4	0.9	534.9	-57.1

资 料 来 源：National statistical service of the Republic of Armenia, *Environment and natural resources in the Republic Armenia for 2012 and time series of indexes* 2007—2012,Geographic Location, 2013—Yerevan, P.1. Brief characteristics of hydrometeorological conditions of RA territory,Value of monthly and annual average temperature and amount of precipitations in 2012 and their deviations from norm of 1961—1990 in RA.

表 12-3　首都埃里温 2012 年气温和降水统计

月份	平均气温 /℃	偏离 1961—1990 年正常 气温程度 / ℃	降水量 / mm	偏离 1961—1990 年正常 降水量程度 / mm
1	0.5	3.7	13.3	-15.7
2	-3.7	-2.7	58.8	20.8
3	2.2	-2.9	8.9	-32.1
4	14.4	2.8	35.2	-15.8
5	18.6	2.3	20.6	-39.4
6	23.6	3.0	19.9	-9.1
7	24.8	0.2	36.6	22.6
8	26.9	3.0	—	-9
9	22.0	2.2	7	-2
10	16.6	3.8	6.1	-25.9
11	9.8	3.2	9	-21
12	1.6	1.1	59.5	33.5
全年平均	13.1	1.6	274.9	-93.1

资料来源：National statistical service of the Republic of Armenia, *Environment and natural resources in the Republic Armenia for 2012 and time series of indexes* 2007—2012,Geographic Location, 2013—Yerevan, P.1. Brief characteristics of hydrometeorological conditions of RA territory, Value of monthly and annual average temperatures and amount of precipitations in 2012 and their deviations from norm of 1961—1990 in city of Yerevan.

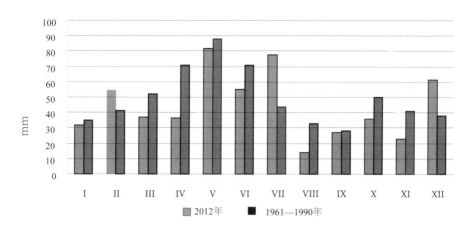

图 12-1　1961—1990 年亚美尼亚平均降水统计

资 料 来 源：National statistical service of the Republic of Armenia, *Environment and natural resources in the Republic Armenia for 2012 and time series of indexes* 2007—2012,Geographic Location, 2013—Yerevan, P.1. Brief characteristics of hydrometeorological conditions of RA territory, Monthly average precipitations in RA, 2012.

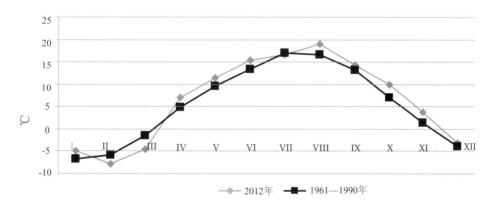

图 12-2 1961—1990 年亚美尼亚平均气温统计

资 料 来 源：National statistical service of the Republic of Armenia, *Environment and natural resources in the Republic Armenia for 2012 and time series of indexes* 2007—2012,Geographic Location, 2013—Yerevan, P.1. Brief characteristics of hydrometeorological conditions of RA territory, Monthly average air temperature in RA, 2012.

亚美尼亚的地上水资源总量约为 40 亿 m³。每年入境水量约 12 亿 m³（主要来自阿拉斯河上游流域），流出境水量约 9 亿 m³，主要流入格鲁吉亚、阿塞拜疆和伊朗。

河流。亚美尼亚约有大小河流 9 480 条，总长度为 2.3 万 km，其中长度超过 10 km 的有 379 条。河流分布不均，分布密度为 0 ~ 2.5km/km²。河流根据径流和补给分为三种类型：①东部和北部河流的主要特征是混合（雨雪）补给、春季径流和夏季洪水；②中部河流主要是地下水补给、春季径流和夏季洪水；③还有一小部分国土属于无径流区。因境内较多山地，深度 300 ～ 400m 的狭窄峡谷较多，亚美尼亚的河流湍急汹涌，特别是中游。亚境内河流的年径流量总体不大，除阿拉斯河和杰德河各约 9 亿 m^3 以外，其他河流都少于 3 亿 m^3。

亚境内最长的河流是阿拉斯河（在阿塞拜疆境内与库拉河交汇），是亚美尼亚与伊朗和土耳其的界河，流域面积为 2.26 万 km^2（约占国土总面积的 76%），年径流量超过 9 亿 m^3。阿拉斯河在亚美尼亚境内的主要支流有：阿胡良河、卡萨赫河、拉兹丹河、阿尔帕河、沃和奇河和沃罗坦河。

亚境内第二大河是库拉河，流域面积 7 200km²（约占国土总面积的 24%），主要位于国土东北部，属于库拉河支流流域，其中三条较大的支流是杰别德河、尔格茨夫河、尔胡木河。这三条河流经过亚美尼亚北部地区后注入库拉河。杰别德河的径流量为 9 亿 m^3。

湖泊。亚美尼亚的湖泊数量不多，大约有 100 个小湖泊，其中最著名的是塞凡湖。除塞凡湖外，其他湖泊的总蓄水量约 3 亿 m^3，大多数湖泊依靠雪水融化补给。塞凡湖是世界上最大的高海拔淡水湖之一。坐落在海拔 2 070m 以上的山谷，约 30 条高山河流流入，流出的只有一条拉兹丹河。原有面积 1 416km²，在拉兹丹河建成水电站后，面积减少至 1 240km²，水位也下降 20m。该湖最宽处 72.5km，长 376km，是亚美尼亚乃至整个外高加索地区的最大淡水源。

水库。亚美尼亚境内共建有 75 座水库，总蓄水量为 986 亿 m^3。大型水库包括阿尔皮里奇水库、阿胡良水库、阿帕朗水库、卓瓦申水库、沙木普水库、托洛尔水库、斯潘达良水库、芒达石水库和卡尔努特水库。所有水库均用于灌溉，芒达石水库还用于饮用水和日常供水。最大的阿胡良水库位于亚美尼亚与土耳其边界，由于政治分歧，两国无法对该水库实现共同利用。

亚美尼亚的主要运河有：阿尔兹尼 - 沙米拉姆运河、阿尔塔沙特运河、下拉兹丹运河、科泰克运河、奥科杰木别良运河、施拉克运河、埃奇米阿津运河。由于塞凡湖水位下降，为调水入湖，提升水位，亚专门修建"沃罗坦河—阿尔帕河"和"阿尔帕河—塞凡湖"两条输水隧道。

地下水。地下水主要为泉水、泥塘水和地下径流。年均产生量约 30 亿 m^3，年内水位上下波动幅度在 1m 之内。在阿拉拉特山山谷内，在自流井水的压力下，形成面积为 1 500 km² 的泥塘和沼泽区。泥塘在 1953—1955 年干枯。地下水水质很好，主要用于灌溉和供水。饮用水的 96% 来自地下水，大多数地下水水源可不经任何处理直接饮用。

水资源利用。亚美尼亚的水资源用于农业灌溉、工业用水、市政用水和发电。

取水分地上水源和地下水源，地下水源占约 27%。大部分水被用于农业灌溉，家庭和工业用水分别占 8% 和 7%。据亚国家统计委员会数据，2011 年，亚全国共取水 24.383 亿 m³，途中损失 7.002 亿 m³，耗水 17.381 亿 m³（其中 83% 用于农业、渔业和林业，工业用水占 12.6%，居民用水占 4.3%），排水 7.505 亿 m³。2014 年，亚全国共取水 28.6023 亿 m³，途中损失 7.47 亿 m³，耗水 21.128 亿 m³（其中 85% 用于农业、渔业和林业，工业用水占 8.5%，居民用水占 5.8%），排水 8.46 亿 m³。[①] 总体上讲，亚全国用水量呈上升趋势，其中居民用水量近年下降的主要原因是国内安装水表，居民形成节水意识。但长期看，居民用水仍呈增长趋势。

亚美尼亚全国水电资源约为 170 万 kW，约 40% 被利用。大部分水电站都位于拉兹丹河和沃罗坦河上。当前，亚美尼亚的水资源能够满足国内使用。但据专家预测，到 2030—2040 年，随着气候变暖和降水量减少，亚国内的水资源储备将减少 20%～25%。与此同时，国内用水量却呈逐年递增趋势。2000 年，亚美尼亚用水量为 18 亿 m³，2011 年已增至 30 亿 m³。

二、自然资源

（一）矿产资源

亚美尼亚金属矿藏相对丰富，分布在中部、北部和东南部地区，多数为复合矿和多金属矿，如铜钼矿、铜铁矿、金 - 多金属矿、金 - 硫化物矿等。储量较多的金属有铁、铜、钼、铅、锌、金、银，其他还有铂、钯、镉、铋、硒、碲、铼、镓、锗、铊、铟、镝、砷、钡、铝等。铜钼矿占世界总储量的 5.1%，已探明钼储量占世界的 7.6%，参见表 12-4。

表 12-4　亚美尼亚矿产产量统计

单位：t

产品	2004 年	2005 年	2006 年	2007 年	2008 年
铝 Aluminum, foil	193	—	945	12 256	11 694
铜 Copper:	—	—	—	—	—
Concentrate, Cu content	17 700	16 256	18 000	17 600	18 800
Blister, smelter, primary	9 470	9 881	8 791	6 954	6 480
铁合金 Ferroalloys:	—	—	—	—	—
钼钢 Ferromolybdenum	—	2 260	4 865	5 977	5 323
铁钨合金 Ferrotungsten	NA	8	42	45	45
黄金 Gold, mine output, Au content / kg	2 100	1 400	1 400	1 400	1 400
钼 Molybdenum:	—	—	—	—	—

---

① Ministry of Nature Protection of Armenia, Water Balance , http://www.mnp.am/?p=164.

产品	2004 年	2005 年	2006 年	2007 年	2008 年
Concentrate, Mo content	2 950	3 000	3 900	4 080	4 250
Metal	NA	270	487	500	520
铼 Rhenium	1 000	1 200	1 200	1 200	1.2
银 Silver	4 000	4 000	4 000	4 000	4 000
锌 Zinc, concentrate, Zn content	1 927	3 196	4 454	4 924	4 200
重晶石 Barite	561	590	600	600	600
苛性钠 Caustic soda	2 800	6 200	4 166	5 484	4 476
水泥 Cement/ 万 t	50.1	60.5	62.5	72.2	77
黏土 Clays:	—	—	—	—	—
斑脱土 Bentonite	40 000	38 000	37 000	40 000	40 000
Bentonite, powder	561	732	720	1 129	1 100
钻石 Diamond, cut/ 万克拉	26.3	22.2	18.4	12.3	12
硅藻土 Diatomite	200	190	180	200	200
石膏 Gypsum	51 400	44 200	43 700	54 600	45 900
石灰石 Limestone/ 万 t	1 600	1 700	1 700	1 800	1 800
珍珠岩 Perlite	29 996	49 963	35 000	35 000	35 000
盐 Salt	31 625	34 682	37 000	34 800	37 300
天然气 Natural gas, dry/ 亿 m^3	NA	NA	15.96	22.85	30

（二）土地资源

根据亚美尼亚国家不动产地籍委员会数据，亚美尼亚的土壤覆盖呈多样化特征，大部分属于不肥沃土壤，不适合耕作。按照土壤特性可分成五个带状部分：[1]

（1）半荒漠土壤，主要分布在海拔 850 ～ 1 250m 以上的阿拉特山谷，占地面积为 23.6 万 hm^2，主要是腐殖质含量低，包括大量的沙质荒漠。半荒漠土壤的品种有棕色半沙漠土、棕色灌溉草甸土、盐碱土。

（2）草原土壤主要分布在海拔 1 300 ～ 2 450m，面积约 79.7 万 hm^2，主要为黑钙土、草甸黑钙土、河滩土和土地。黑钙土和草甸黑钙土中的腐殖质含量相对高，河滩土和土地的腐殖质含量低或很低。

（3）呈现栗钙土的干草原土壤，分布在海拔 1 250 ～ 1 950 m，面积约 24.2 万 hm^2，以中等含量的腐殖质和石头为特征，具有不良水物理特性。

（4）森林土，分布在海拔 500 ～ 2 400m，面积约 71.2 万 hm^2，腐殖质含量高，主要为褐色、棕色森林土和草皮碳酸盐土。

山地草甸土，分布在海拔 2 200 ～ 4 000m 的地方，面积约 62.9 万 hm^2，几乎遍布亚美尼亚的所有山上。分为高山草甸土和草甸草原土，腐殖质含量高。亚美尼亚土地类型统计见表 12-5。

---

[1] Вардеванян Ашот, Национальная программа действий по борьбе с опустыниванием в Армении, Ереван, 2002, ISBN 99930-935-6-4.

表 12-5　亚美尼亚土地类型统计（2011 年）

单位：万 hm^2

土地类型	总计	其中水浇地
农业用地	207.69	15.46
耕地	44.92	12.09
多年生植物	3.29	3.22
草场	12.83	0.15
牧场	106.72	—
其他	39.93	—
居住用地	15.22	5.29
工业、地下资源开发用地	3.3	—
能源、交通运输、通讯用地	1.28	—
特别保护用地	29.8	—
自然保护区	28.03	—
狩猎区	3.48	—
国家公园	20.05	—
疗养区	0.01	—
休闲区	0.27	—
历史遗迹	1.49	—
专门用地	3.17	—
森林	34.31	0.04
水	2.6	—
储备用地	0.06	—
总计	297.43	20.79

资料来源：Государственный комитет кадастра недвижимости,Баланс земельного фонда (По данным Государственного комитета кадастра недвижимости при Правительстве РА, по состоянию на 1-ое июля 2011) ,http://www.mnp.am/?p=163#sthash.nCrBpAVh.dpuf.

（三）生物资源

目前，亚美尼亚在保护生物多样性领域的纲领性文件是 2015 年 12 月 10 日亚美尼亚政府批准的《2016—2020 年生物多样性保护、繁殖和利用国家行动方案》。该文件的通过与联合国《生物多样性公约》提出的 2011—2020 年 10 年战略计划和爱知 20 目标有关。亚美尼亚政府将在 2016—2020 年实施 25 条行动计划，其中包括清查退化的森林和牧场生态系统并绘制地图，制定红皮书保护物种行动方案，评估小型水电站和采矿业对生物多样性和生态系统的影响等。亚美尼亚的自然保护区分为 3 个禁猎区，4 个国家公园，27 个禁伐区，总面积约 37.4 万 hm^2，约占国土面积的 12%。

亚美尼亚高原植被呈典型的垂直分布。落叶林主要生长在海拔 1 000～2 000m 的山麓小丘上，比如软毛橡树、无梗花栎、梨树、欧洲栗树、角树和山毛榉树、紫杉、黄杨等；位于海拔 1 000～2 000m 的是冷杉和各种松树，其中 70% 的土地上生长着冷杉；海拔 2 000m 之上则主要是白桦林和枫树林；在 2 500m 的森林线之上，高加索杜鹃和其他各种灌木丛占据着主要地位；海拔 2 900m 之上的地区终年被冰雪覆盖。

亚美尼亚动物品种也较丰富。有 17 500 种脊椎动物和无脊椎动物，其中大约 300 种为珍稀动物或数量减少动物。哺乳动物也有几十种，包括狼、棕熊、山猫、高加索鹿、狍、欧洲野牛、岩羚羊、水獭、豹等。鸟类业已达到 126 种，其中黑鹳、鱼鹰、茶色鹰、王鹰、金鹰、短趾鹰等都是国家级保护动物。另外还有 17 种爬行动物，其中海龟和蝰蛇较为珍贵。

在亚美尼亚的红皮书中目前一共有 99 种脊椎动物，其中 39 个被列入原苏联红皮书，有些物种被列为世界级濒危动物（根据世界自然保护联盟红皮书名录）。目前，亚美尼亚红皮书的修订工作尚未最终完成，无脊椎动物的数量还不能确定，据初步估计，将增加 100 多种无脊椎动物（苏联红皮书中记载亚美尼亚的无脊椎动物有 48 种）。

根据亚美尼亚红皮书记载，脊椎动物包括 12 种两栖动物和爬行动物以及 18 种哺乳动物，由于自然灾害和经济危机以及缺乏有效的环境立法，许多动物濒临灭绝，其中最具有灭绝危险的哺乳动物有 6 种：亚美尼亚欧洲盘羊（Ovisorientalisgmelinii），大胡子山羊（Capraaegagrus），虎鼬（Vormelaperegusna），水獭（Lutralutra），棕熊（Ursusarctos）和兔狲（Felismanul）。此外，亚美尼亚已灭绝的物种有：条纹鬣狗（Hyaenahyaena）和高加索蹶鼠（Sicistacaucasica），参见表 12-6。

表 12-6　列入亚美尼亚及地区和世界红皮书的维管束植物和脊椎动物种类

种群	亚美尼亚红皮书中的数量	数量					在苏联红皮书中的数量	在世界红皮书中的数量
		灭绝	濒临灭绝	珍稀	数量减少	无数据		
鱼类	2	—	2				1	—
两栖动物	1	—	—		1		1	—
爬行动物	11	—	6	4	1		7	2
鸟类	67	—	20	34	13	—	19	3
哺乳动物	18	—	3	6	6	3	11	1
维管束植物	386	35	129	155	59	8	61	—
总计	485	35	160	199	80	11	100	6

资料来源：http://enrin.grida.no/biodiv/ru/national/armenia/general/dvthr.htm#threat.

三、社会与经济

（一）人口概况

据亚美尼亚国家统计局数据，2001 年独立后首次全国人口普查时，亚美尼亚共有人口 321.301 1 万，2011 年 10 月普查时有常住人口 301.885 4 万。截至 2016 年 1 月 1 日，亚美尼亚全国常住人口共计 299.86 万人，其中亚美尼亚族占 98.11%，是独联体国家中民族单一性最强的国家，其中男性占 48%，女性占 52%，其中城市 190.7 万，农村 109.16 万。[1] 常住人口减少的主要原因是移民增多，主要迁往俄罗斯。2015 年人口出生率为 14‰。

根据 2011 年的全国人口普查，当时亚美尼亚全国人口 301.88 万，其中亚美尼亚族 286.18 万，雅兹迪族 3.530 8 万，俄罗斯族 1.1911 万，其余民族均不足 3 000 人，如亚述族、库尔德族、乌克兰族、希腊族、格鲁吉亚族、波斯族等。[2]

亚美尼亚是世界第一个将基督教确定为国教的国家。传说亚美尼亚是《圣经》中所记载的大洪水后，诺亚方舟的停靠地。全国信仰宗教的人数高达 290 万人，其中 280 万居民信仰亚美尼亚基督教。这是与天主教和新教等主流基督教不同的独立的基督教体系。

（二）行政区划

亚美尼亚全国行政区划共分为首都埃里温和 10 个州，参见表 12-7。

表 12-7 亚美尼亚行政区划统计

	行政区划数量	城市	镇	居民点	常住人口/万人	其中城市人口	面积/km²
全国	915	49	866	1 002	299.86	190.74	29 743
埃里温	1	1	—	1	107	107	223
阿拉加措特恩省	114	3	111	120	13	3	2 756
阿拉拉特省	97	4	93	99	26	7	2 090
阿尔马维尔	97	3	94	98	27	8	1 242
格加尔库尼克省	92	5	87	98	23	7	5 349
科泰克省	113	8	105	130	25	14	2 680
希拉克省	67	7	60	69	24	14	2 680
洛里省	119	3	116	131	22	13	3 799
休尼克省	109	7	102	134	14	9	4 506
瓦约茨佐尔省	44	3	41	55	5	18	2 308
塔武什省	62	5	57	67	13	5	2 704

资料来源： 《Социально-экономическое положение Республики Армения в январе-декабре 2015》, 5. Социально-экономический сектор, Административно-территориальное деление РА по марзам и г. Ереван на 1 января 2016 г.

---

[1] НСС РА, Численность постоянного населения РА на 1-е января 2016 г., http://www.armstat.am/ru/?nid=80&id=1768.

[2] НСС РА, Демографический сборник Армении 2015, Part 8: RA Population Census 2011, http://www.armstat.am/ru/?nid=82&id=1729.

（三）政治局势

亚美尼亚 1995 年 7 月 5 日通过独立后首部宪法，并于 2005 年 11 月 27 日和 2015 年 12 月 6 日修改补充，规定是总统制政体，实行三权分立。总统任期 5 年，既是国家象征，也是政府有关外事、国防和安全事务的直接负责人。政府由总理领导，总理由总统任命并经议会过半数同意批准。内阁成员由总统根据总理提议任命和解职。州级地方负责人由政府任命和解职，任命书需经总统确认。

2013 年 2 月共和党领导人谢尔日•萨尔基相赢得独立后第六届总统选举后（连任），原政府继续留任。但季格兰•萨尔基相总理 2014 年 4 月 3 日辞职后，时任议长奥维克•阿布拉米扬于 4 月 13 日被任命为新政府总理。截至 2016 年 1 月 1 日，亚政府内阁组成有总理、1 名副总理（兼任国际经济一体化和改革部部长）和 19 个部。各部分别是：外交部；国防部；紧急情况部；司法部；财政部；经济部；交通和通讯部；卫生部；城市建设部；农业部；能源和自然资源部；地区管理和发展部；国际经济一体化和改革部；自然保护部；教育和科学部；劳动和社会保障部；体育和青年事务部；文化部；侨民部。另外，直属政府的国家委员会（局）有 7 个，分别是：民航总局；国家安全总局；国家不动产登记委员会；国家核安全调节局；国家收入委员会；警察局；国有资产管理局。

国民议会是国家最高立法机关。议会议员任期 4 年，共设 131 个席位，按混合制进行选举，其中 94 席按政党比例代表制，得票率超过 5% 的政党即可进入议会，其余 37 席按选区制产生。2012 年 5 月 6 日选举产生独立后第五届国民议会。共有亚美尼亚共和党、繁荣亚美尼亚党、亚美尼亚国民大会、法律国家党、亚美尼亚革命联合会（也称"达什纳克楚琼"）和遗产党等 6 个政党进入议会。

自 1998 年 4 月科恰良担任总统后，亚美尼亚进入国家建设平稳期。除 1997 年 10 月 27 日总理和议长在议会听证时遇刺身亡事件外，政局总体保持稳定。2008 年 2 月谢尔日•萨尔基相就任总统后至今，亚政局继续保持总体稳定态势。

（四）经济概况

亚美尼亚地处内陆，本国资源和市场规模有限，因与阿塞拜疆和土耳其封锁，亚美尼亚对外交流渠道狭窄，只能过道格鲁吉亚和俄罗斯、伊朗出口，经济发展障碍较多。对外贸易伙伴主要有俄罗斯、中国、伊朗、格鲁吉亚、德国等。美国传统基金会公布的 2016 年经济自由指数报告显示，在 178 个国家当中，亚美尼亚排第 54 位，属于"相对自由"国家。

亚美尼亚经济总量不大，受货币贬值影响，2010—2014 年 GDP 总值约 110 亿美元，人均不足 4 000 美元。主要工业有化工、有色冶金和金属加工、食品等。农业主要是经济作物种植。主要出口商品有矿物原料、化工产品、农产品等。截至 2014 年底，亚美尼亚外债总额 87 亿美元，外汇储备余额 14.89 亿美元，其中外汇资产 14.83 亿美元，在国际货币基金组织的特别提款权为 620 万美元。2014 年，亚美尼亚侨汇收入（非商业性质自然人通过银行汇入）为 17.3 亿美元，比上年下降 7.5%，全国平均约 573 美元/人，其中来自俄罗斯的占 82.9%。亚美尼亚经济结构见表 12-8，主要贸易伙伴见表 12-9，吸引外资统计见表 12-10。

表 12-8 亚美尼亚经济结构

类别	2010 年	2011 年	2012 年	2013 年	2014 年
总人口/万人	3 252.2	302.79	302.41	302.20	301.38
失业率/%	19.01	18.44	17.31	16.17	17.61
GDP 总产出/亿德拉姆	34 602.03	37 779.46	40 007.22	42 762.01	45 288.73
GDP 增长率/%	2.22	4.65	7.17	3.47	3.44
农业/%	18.76	22.18	20.92	21.57	21.74
工业/%	36.27	32.90	32.25	31.06	29.66
服务业/%	44.97	44.92	46.83	47.37	48.60
消费品物价指数/%	8.2	7.7	2.6	5.8	3.0
职工月均工资/德拉姆	—	—	140 739	146 524	158 580
货币量 M1/亿德拉姆	4 326.89	5 137.92	5 457.93	5 833.69	5 312.45
货币量 M2/亿德拉姆	9 113.86	11 269.78	13 463.65	15 453.72	16 741.96
财政总收入/亿德拉姆	7 810.04	8 843.71	9 488.73	10 729.33	11 476.94
财政总支出/亿德拉姆	9 548.81	9 900.29	10 087.82	11 444.53	12 379.86
财政收入占 GDP 比重/%	21.69	21.84	23.25	24.78	24.96
税收占 GDP 比重/%	20.21	20.58	21.96	23.41	23.50
财政支出占 GDP 比重/%	27.60	26.21	25.21	26.76	27.34
盈余率（+%）赤字率（-%）	-5.03	-2.80	-1.50	-1.67	-1.99
1 美元汇率（当年年底）	363.44	385.77	403.58	405.64	474.97
1 美元汇率（年均）	373.66	372.50	401.76	409.63	415.92
外债总额/亿美元	62.80	73.83	76.08	86.77	—
长期外债/亿美元	47.83	55.51	58.89	68.07	—
国家担保	25.57	27.36	29.56	33.12	—
无国家担保	22.26	28.15	29.33	34.95	—
短期外债/亿美元	6.21	8.69	8.08	11.50	—
IMF 借款/亿美元	8.76	9.63	9.11	7.20	—
外债占 GNI 比重/%	65.42	69.00	71.87	79.42	—
外债占出口比重/%	32.01	26.01	31.34	50.77	—

资料来源：ADB, Key Indicators for Asia and the Pacific 2015,Armenia. Structure of Output , http://www.adb.org/publications/key-indicators-asia-and-pacific-2015.

表 12-9　亚美尼亚主要贸易伙伴

类别	2010 年	2011 年	2012 年	2013 年	2014 年
货物出口总值 / 亿美元	11.97	14.32	15.16	16.36	16.65
货物进口总值 / 亿美元	32.63	35.41	36.28	37.28	37.34
服务出口总值 / 亿美元	7.78	10.36	10.39	10.98	16.30
服务进口总值 / 亿美元	10.96	11.67	11.86	12.10	17.33
出口占 GDP 比重 /%	12.93	14.12	15.22	15.67	15.29
进口占 GDP 比重 /%	35.24	34.92	36.43	35.71	34.29
出口伙伴	2010 年	2011 年	2012 年	2013 年	2014 年
1. 俄罗斯 / 万美元	16 051	22 227	28 004	33 450	30 841
2. 保加利亚 / 万美元	13 262	15 799	15 311	8 557	15 854
3. 德国 / 万美元	15 656	15 223	12 930	15 221	8 561
4. 比利时 / 万美元	8 483	10 625	9 780	9 553	8 463
5. 美国 / 万美元	7 250	7 051	12 718	13 114	6 241
6. 荷兰 / 万美元	8 290	10 073	8 747	8 903	8 755
7. 伊朗 / 万美元	9 861	11 721	7 972	6 644	7 425
8. 格鲁吉亚 / 万美元	2 956	7 043	8 507	8 739	9 330
9. 加拿大 / 万美元	4 904	6 185	8 159	8 611	8 401
10. 瑞士 / 万美元	3 087	1 626	3 127	6 884	17 095
进口伙伴	2010 年	2011 年	2012 年	2013 年	2014 年
1. 俄罗斯 / 万美元	83 527	88 642	105 915	111 090	109 433
2. 中国 / 万美元	40 402	40 512	40 046	38 652	41 750
3. 德国 / 万美元	21 071	24 561	26 525	28 061	28 346
4. 乌克兰 / 万美元	21 038	24 055	21 361	21 086	23 236
5. 土耳其 / 万美元	22 992	23 265	21 602	22 658	20 194
6. 伊朗 / 万美元	19 989	21 697	21 986	19 850	20 654
7. 意大利 / 万美元	12 216	17 007	16 896	16 458	17 997
8. 美国 / 万美元	11 125	14 761	14 403	13 790	13 366
9. 瑞士 / 万美元	6 954	7 844	8 712	17 237	14 606
10. 罗马尼亚 / 万美元	8 330	7 238	9 884	9 635	11 388

表 12-10　亚美尼亚 2007—2013 年吸引的外资统计

单位：万美元

投资者	2009 年		2010 年		2011 年		2012 年		2013 年	
	总投资	直接投资	总投资	直接投资	总投资	直接投资	总投资	直接投资	总投资	直接投资
总投资	93 549	73 212	70 266	48 300	81 627	63 142	75 180	56 741	59 738	27 116
世界银行	—	—	300	—	280	150	220	—	380	—
阿根廷	5 066	4 826	3 264	2 975	1 941	878	5 453	5 132	11 787	1 261
澳大利亚	—	—	—	—	—	—	—	—	—	—

投资者	2009 年		2010 年		2011 年		2012 年		2013 年	
	总投资	直接投资	总投资	直接投资	总投资	直接投资	总投资	直接投资	总投资	直接投资
奥地利	39	39	6	5	2	2	—	—	—	—
比利时	132	121	173	157	92	65	46	36	43	43
英属维尔京群岛	16	—	8	8	2 038	1 338	41	30	2 900	20
白俄罗斯	—	—	18	18	—	—	—	—	—	—
加拿大	—	—	2 597	13	3 172	2	10 665	—	5 356	—
开曼群岛	—	—	462	462	—	—	—	—	—	—
中国	0	0	—	—	—	—	—	—	—	—
克罗地亚	—	—	—	—	—	—	88	88	—	—
塞浦路斯	694	694	1 435	1 198	1 764	1 638	666	527	7 650	60
丹麦	—	—	339	45	37	37	8	—	—	—
芬兰	—	—	478	478	386	—	571	—	1 994	—
法国	19 742	19 742	14 679	14 679	10 045	10 045	23 043	23 043	9 912	9 912
格鲁吉亚	0	0	—	—	—	—	—	—	—	—
德国	1 936	1 936	4 734	2 195	2 460	2 407	4 814	4 814	2 213	2 213
匈牙利	—	—	41	1	—	—	—	—	—	—
伊朗	—	—	—	—	—	—	0	0	—	—
爱尔兰	29	29	33	33	35	35	23	23	15	15
意大利	3 348	3 348	491	491	385	385	—	—	—	—
哈萨克斯坦	—	—	2	2	1	1	—	—	—	—
黎巴嫩	2 219	1 355	1 750	1 129	1 374	1 340	1 298	1 298	635	635
拉脱维亚	—	—	—	—	1 251	1	—	—	—	—
列支敦士登	2	2	—	—	—	—	—	—	—	—
卢森堡	334	249	682	517	905	495	1 322	354	512	149
荷兰	7 110	457	6 431	350	213	151	19	0	8	—
巴拿马	—	—	139	—	—	—	—	—	—	—
俄罗斯	50 285	38 483	27 034	19 454	39 385	33 816	12 272	8 828	8 626	5 861
塞舌尔	—	—	—	—	—	—	2 364	2 364	63	—
斯洛文尼亚	25	25	21	21	10	10	—	—	24	24
西班牙	—	—	—	—	—	—	—	—	—	—
瑞士	—	—	1 140	1 091	1 864	793	4 469	4 371	1 027	1 027
叙利亚	—	—	—	—	264	264	—	—	—	—
乌克兰	—	—	14	0	6	—	—	—	—	—
英国	84	8	381	374	3 368	996	892	14	1 053	1 053
美国	1 886	1 298	1 614	606	4 381	2 323	1 462	375	942	245
纳戈尔诺 - 卡拉巴赫	0	—	—	—	—	—	—	—	—	—
其他国家	600	600	2 000	2 000	5 970	5 970	5 444	5 444	4 598	4 598

资料来源：NSS RA, Armenia in figures 2015, http://www.armstat.am/en/?nid=82&id=1719.

四、军事和外交

（一）军事

亚美尼亚国民军是独立后由前苏联红军改组而来，1 月 28 日为建军节，1997 年 6 月通过《国防法》，尚未制定明确的军事战略和军事学说。总统为武装力量最高统帅，国防部是领导武装力量的国家机关，国防部长对武装力量实施直接指挥。军队实行全民义务和合同制相结合的兵役制度。士兵服役期为两年，每年春秋两季征兵。军官按合同制服役，入伍时签订三年合同，期满可续签，也可自由退役。凡服役满二十年以上者可享有领取退休金等福利待遇。

亚美尼亚军队约有 4.8 万人，分为陆军、空军、防空军和边防军 4 个军种。边防军主要守卫与格鲁吉亚和阿塞拜疆边界，与土耳其和伊朗边界则由俄罗斯军队守卫（前苏联体制）。2016 年度国防预算约 4.3 亿美元。[①]

克里米亚回归后，原位于乌克兰塞瓦斯托波尔的海军基地已不属于海外基地。俄罗斯现存境外军事基地共有 6 处，分别是：设在叙利亚塔尔图斯的 1 个海军基地、位于吉尔吉斯斯坦的坎特空军基地、驻格鲁吉亚巴统陆军基地、阿哈尔卡拉基陆军基地、驻亚美尼亚久姆里第 102 陆军基地、驻塔吉克斯坦陆军基地（201 摩步师）。

久姆里位于亚美尼亚北部，亚美尼亚与俄罗斯 1995 年签订军事合作协议，在此设立军事基地，拥有 5 000 名军人，配备 S-300 反弹道导弹系统和米格-29 歼击机，负责在独联体统一防空体系框架内执行值勤任务，俄罗斯在确保自身利益的同时，还承担保障亚美尼亚军事安全的义务。2010 年 8 月 20 日俄罗斯总统梅德韦杰夫访问亚美尼亚期间，两国军方签署议定书，将俄罗斯使用久姆里军事基地的驻扎期限 25 年延长至 49 年（即延长至 2044 年），在期限届满前 6 个月，如果任何一方没有以书面形式提出终止条约，条约有效期将自动顺延 5 年。因亚美尼亚为集安条约成员国，俄罗斯可以免费使用此基地。

（二）外交

亚美尼亚奉行全方位外交政策，截至 2016 年 1 月，亚美尼亚已与 161 个国家建交。其中，与俄罗斯的传统战略盟友关系是重中之重。与此同时，亚积极发展与美国和欧洲国家关系，参加北约“和平伙伴关系计划”框架内活动，努力争取加入欧盟，寻求安全多元化。

因美国有很多亚美尼亚裔，亚美关系始终良好。2001 年，亚美尼亚成为欧洲委员会正式成员，并当选联合国人权委员会成员。“9·11”事件后，亚美尼亚支持美国打击国际恐怖主义，不仅开放领空，还派维和部队赴阿富汗和伊拉克参加国际援助部队。

因纳卡冲突和领土纠纷，亚美尼亚与阿塞拜疆至今仍处敌对的交战状态。阿塞拜疆和土耳其两国对亚美尼亚进行政治和经济封锁。因奥斯曼土耳其曾在 1915—

---

① 亚美尼亚军事力量详表，http://www.chinaiiss.com/military/view/189。

1917 年对境内亚美尼亚族进行大屠杀,受害者数量达到 150 万。国际社会普遍认为这是种族灭绝行为,但土耳其政府始终拒绝承认这是一起官方发起的有预谋的屠杀行为,亚土两国因此至今未能建立正式外交关系。土耳其在 1993 年提议关闭两国国界。2008 年秋,亚总统萨尔基相倡议恢复亚土关系。2009 年 10 月,亚美尼亚外长纳尔班迪安和土外长达武特奥卢在苏黎世签署《建立外交关系议定书》和《发展双边关系议定书》。议定书需由双方议会通过。但因土耳其议会反对,议定书至今未能生效。2015 年 2 月 16 日,亚美尼亚总统萨尔基相决定撤回议定书。萨尔基相在致土耳其领导人的信函中表示,签署协定书已有 6 年时间,但并没有带来应有结果。

五、小结

亚美尼亚位于高加索中部,是介于里海和黑海之间的内陆国,四周被格鲁吉亚、阿塞拜疆、伊朗和土耳其包围。因与阿塞拜疆存在纳卡领土争端,亚美尼亚至今与阿塞拜疆和土耳其未建立外交关系,并受其经济封锁,因此亚经济形势虽总体稳定,但很多资源优势未能得到充分发挥。

亚美尼亚大部分领土位于海拔 1 000m 以上的高原,气候处于温带和亚热带之间,降水较丰富,果蔬产业发达,矿产以铜钼矿居多。居民大部分信仰亚美尼亚基督教,语言使用亚美尼亚语和文字,其文化特征与周边国家均不同。

第二节　环境状况

亚美尼亚的自然条件比较复杂,属于多山地形,各地区具有垂直分布的特点。只有大约 60% 适合人类定居和进行经济活动。占国土面积大约 25% 的海拔 1 500m 以下的地区属于集中开发地区,居住着 88% 的人口,是主要经济活动所在地区。

美国耶鲁大学和哥伦比亚大学公布的《全球环境绩效指数》以反映环境健康和生态系统活力等 10 个领域的 22 项指标为基础,对 132 个国家进行排名,这些指标用于衡量某个国家更接近自己的环保政策目标环境。不同年份的《全球环境绩效指数》(EPI 指数)报告显示,2002—2011 年亚美尼亚一直处于进步之中。例如,按照"环境可持续指数"(ESI 指数,EPI 指数的前身)报告中的排名,2002 年亚美尼亚居第 38 位,甚至高于美国(第 45 位)和德国(第 50 位),但是却不如格鲁吉亚、阿塞拜疆、伊朗和土耳其。在随后的 ESI 指数报告中，亚美尼亚 2005 年排在第 44 位，在 2006 年的 EPI 指数报告中排名第 66 位，2008 年排名第 62 位，2010 年排名第 76 位，2012 年排名第 93 位。根据 2012 年《全球环境绩效指数》（*Environmental Performance Index*）报告，亚美尼亚获得 47.48 分，在全球 132 个国家中排名第 93 位，属于"弱活动"国家。

值得一提的是，阿塞拜疆排名第 111 位；而格鲁吉亚排名第 47 位，进入"中等活动"国家。而亚美尼亚的另外两个邻国土耳其和伊朗分别排名第 109 位和第 114 位。与邻国相比，只有格鲁吉亚赶上亚美尼亚，而阿塞拜疆、土耳其和伊朗均没有实质上的稳定进步，各年份的排名情况也各不相同，因而最终排名不如亚美尼亚。

在该指数排名中，高收入且民主化水平较高的经济发达国家排名比较靠前（"最强活动"和"较强活动"的国家），低收入和民主化水平低的经济较弱国家属于"弱活动"或"最弱活动"国家。这再次表明，国家生态环境与经济的发展、繁荣和民主之间具有一定的联系。

根据 EPI 的指数考虑的指标和类别，亚美尼亚在 2002—2011 年生态状况已经恶化。在"生态健康"指标方面，亚美尼亚的得分显示其进步甚微，这表现在环境对疾病的影响、空气和水对人体健康的影响方面。根据这一指标的比较结果，亚美尼亚的生态状况可定性为"中等"和"缓慢改善"。

在"生态系统活力"指标的排名中，亚美尼亚属于"弱活动"和"退步"国家。在农业领域亚美尼亚没有进步，处于中间位置。在空气及其对生态环境的影响指标上，亚美尼亚为"退步"。尽管亚美尼亚近年来在生物多样性和环境方面有所进步，但仍属于有进步的"弱活动"国家。亚美尼亚的进步表现在气候变化方面，属于"中等"和"缓慢改善"国家。

在森林指标的排名中，亚美尼亚退步最快，属于"弱活动"国家。其退步还表现在"水资源及其对生态系统的影响"指标，在这项排名中，亚美尼亚属于"最弱"国家之列。

因此，近年来亚美尼亚主要在水、空气和森林对生态系统的影响的几项指标上显示退步。而在空气和水对人类健康影响的指标上略有改善，这在一定程度上让人联想到在阿拉韦尔迪、卡贾兰、拉兹丹、阿拉拉特、卡凡，特别是在埃里温的工业排放量的增长。

亚美尼亚政府面临的主要生态问题是：①水体污染。污染源主要来自生活废弃物和工业排放。国内水资源污染，尤其是亚美尼亚最大和最具有经济意义的塞凡湖的污染问题越来越引起政府的重视。②土地荒漠化。亚美尼亚所在地区属于地震活动带，由于当地的自然条件，容易出现滑坡、泥石流、干旱气候、河流干涸和季节性径流，对经济发展造成困难。独立后，由于国家经济发展较为缓慢，缺乏财政拨款，水土流失、土壤盐渍化、工业污染造成的耕地侵蚀以及森林砍伐等问题加速了土地荒漠化进程。亚美尼亚自然灾害和地质灾害数量统计见表 12-11。

表 12-11 亚美尼亚自然灾害和地质灾害数量统计

灾害	2007 年	2008 年	2009 年	2010 年	2011 年
高温	1	1	—	—	1
大风	17	11	31	34	17
大雾	9	10	33	14	40
暴雨	18	2	22	9	6
暴雪	7	1	1	—	4
冰雹	7	16	9	9	8
总计	59	41	96	66	76

资料来源：The American University of Armenia (AUA) Acopian Center for the Environment ,Environment and natural resources in RA (2000-2012), 1.1 General information, 1.1.8　Number of hazardous meteorological events, http://ace.aua.am/environment-and-natural-resources-in-ra-2000-2012/.

一、水环境

亚美尼亚的水问题主要是水质污染，而不是缺水。污染物主要来自矿山开采和工业及居民生活排污。主要应对措施是增加水处理设施。

（一）水环境问题

由于工业废料、矿石水排放以及缺乏市政排水管道清洁系统，亚美尼亚河流受到污染。杰别德河、沃赫奇河、帕姆巴克河、拉兹丹河、沃罗坦河、塞凡湖流域河流及湖泊本身污染严重。由于农药对湖水的污染，居民的胃肠道疾病、皮肤病发病率呈上升趋势，得肝炎和慢性中毒的人口比例上升。

污染较严重的河流是阿赫塔拉河和沃赫奇河，原因是附近几家矿石加工和金属冶炼企业的工业废料及污水排放。河水中所含亚硝酸盐、锰、铜、锌、硫酸根离子、铝、钒、铬、铵和硒的含量均超过最大允许值。沃赫奇河在卡潘附近的河段污染更为严重（此处建有卡潘矿石加工厂），河水中铜的含量超标 203 倍。另外，由于企业排污，拉兹丹河也受到严重污染，河水中铜超标 4～6 倍，钒超标 5～6 倍，锰超标 5～7 倍，铵离子超标约 30 倍；河水中有大量的有机物和化学物质。

湖泊流域内，只有四座城市（塞凡、嘎瓦尔、马图尼和瓦尔杰尼斯）建有污水管网，

而村庄和海滨度假别墅的污水则直接排入湖中。塞凡湖流域内的四座城市建有垃圾
填埋场，累计填埋超过 1 320m³ 的垃圾。降水透过这些垃圾渗入土壤，携带的有害
物质对地下水、河流和湖泊造成污染。

塞凡湖水域及其邻近区域也受到污染。塞凡湖流域的河流每年向湖中排放
1 295 t 氯化物、867 t 硫酸、90 t 氮、84 t 石油产品、29 t 磷酸盐、367 t 钙、490 t 镁、4.25 t
铁、0.8 万 t 铜和其他物质。进入湖中的动物粪便每年产生 1 700 t 氮和 21 t 磷，而
进入湖中的化肥产生 2 000～4 000 t 氮和 100～200 t 磷。每年进入塞凡湖中 5～10 t
各种农药和约 100 t 重金属。

塞凡湖曾经是鱼类资源丰富的地区，拥有当地特有的鱼类，如塞凡鳟鱼和白鲑
鱼。由于水体受到重金属（如钒、铝）的污染，鱼类数量大大减少。20 世纪 90 年代初，
塞凡湖的鱼类超过 5 万 t，2011 年只剩下 150～250 t。[1]

（二）治理措施

为改善国内生态环境，亚政府采取若干措施，包括：

（1）对污染环境的企业和个人采取惩罚措施（高额罚款、吊销执照、追究刑
事责任等）。

（2）要求企业购进工业废水处理设施，水泥厂安装高质量除尘器，矿山冶金
企业应安装过滤二氧化硫的过滤器。

（3）牧场设置饮水区，以免污染高山湖泊的水质。

（4）在塞凡湖周围设立湖水净化装置，要求未经处理的污水不得流入湖内。

二、大气环境

亚美尼亚的大气问题主要是汽车尾气排放和冶金企业的废气污染，主要应对措
施是落实执行《大气保护法》，加强大气环境监测。

（一）大气污染状况

与世界其他国家一样，亚美尼亚的有害物大气排放数量也呈逐年递增趋势。
2010—2014 年大气排放物数量增长了 7 000 t，与 2000 年相比，2014 年增加了 43%
（115.3 t）。城市空气污染相对严重。污染较严重的城市有阿拉韦尔迪市、卡扎拉市、
阿拉拉特市、拉兹丹市、埃里温市的努巴拉申区（市垃圾场）。产生大量排放的固

[1] http://wreferat.baza-referat.ru/.

定设施大部分位于洛里州，2009—2014 年年均排放约 3.9 万 t，然后依次是科泰克州（2 万 t）、塔武什州（1.7 t）和埃里温市（1.4 万 t），固定设施排放最少的地区是阿拉加措特恩州和瓦约茨佐尔州。

据统计，2014 年，亚美尼亚排放到大气中的有害物达 27.09 万 t，其中汽车排放占 52.6%，固定设施排放占 47.4%。排放有害物的固定设施有 3 005 家，其中：① 76% 都有经批准的最大允许排放量。②固定设施有害物排放量共计 24.61 万 t，其中 47.8% 被提取，12.84 万 t 被释放到大气中。③居民人均大气排放为 42.6kg。④如果按照单位面积来计算（不包括塞凡湖），则为 4 510.5kg/km^2。⑤有害物大气排放中的 25% 为二氧化硫（3.21 万 t），2.4% 为碳氧化物（3 076.71 t），1.2% 为氮氧化物（1 506.6 t）；重金属为 19.76 t；粉尘（有机和无机）排放为 4 164.8 t，其中 3.7%（153 t）为有机物粉尘；挥发性有机化合物总计 444.1 t；其他排放物为 708.04 t。

在汽车尾气排放方面，亚美尼亚目前采用欧 2 排放标准。根据欧洲委员会规定，自 2016 年 12 月 31 日起，亚境内的汽油应采用欧 3 和欧 4 标准，届时，亚境内的汽车尾气排放量将有所降低。[1]

在粉尘污染方面，阿拉拉特水泥厂和拉兹丹水泥厂产生的粉尘对亚美尼亚的自然环境造成严重污染。这些水泥厂没有安装过滤装置，其附近地区到处散布着水泥粉尘。这些粉尘对人的健康造成影响。矽肺已经成为拉兹丹市居民的主要疾病，在这里称之为"拉兹丹病"。粉尘对当地的植物生长造成影响。另外，赞格祖尔铜钼矿采石场爆破时也会产生有害粉尘，参见图 12-3，表 12-12，表 12-13。

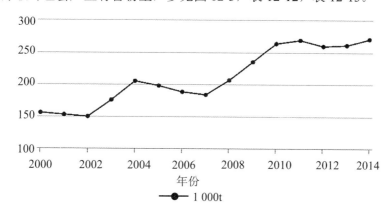

图 12-3　2000—2014 年亚美尼亚有害物大气排放变化

资料来源：http://hetq.am/rus/news/65511/v-armenii-viybrosiy。

---

[1] http://www.interfax.ru/business/483120.

表 12-12　2014 年亚美尼亚各地区固定设施有害物大气排放

地区	固定设施有害物大气排放 / t	得到处理的有害物数量 /t	大气排放物数量	单位大气排放	
				居民人均 /kg	kg/km^2
埃里温市	21 290.7	3 968.0	17 322.7	16.2	77 680.4
阿拉加措特恩州	998.9	—	998.9	7.6	362.5
阿拉拉特州	107 359.3	103 370.6	3 988.7	15.3	1 908.5
阿尔马维尔州	3 268.9	—	3 268.9	12.2	2 631.9
格加尔库尼克州	5 900.1	—	5 900.1	25.3	1 448.6
洛里州	43 932.5	—	43 932.5	191.5	11 564.2
科泰克州	32 259.6	10 340.0	21 919.6	86.0	10 508.1
希拉克州	1 798.6	—	1 798.6	7.3	671.1
休尼克州	8 959.1	—	8 959.1	63.7	1 988.3
瓦约茨佐尔州	422.2	—	422.2	8.2	182.9
塔武什州	19 889.3	—	19 889.3	156.5	7 355.1
全国	246 079.2	117 678.6	128 400.6	42.6	4 510.5

资料来源：亚美尼亚国家统计局：《亚美尼亚共和国 2015 年社会经济状况》，http://www.armstat.info/ru/?nid=82&id=1742。

表 12-13　2014 年亚美尼亚有害物大气排放数量

单位：t

污染物	总计
粉尘	4 164.774 881
其中：	—
有机粉尘	153.036 2
无机粉尘	4 011.738 681
重金属	19.759 667
氮氧化物（无低氧化物）	1 506.598 43
二氧化硫（SO$_2$）	32 068.291 97
一氧化碳	3 076.714 41
碳氢化合物（无挥发性有机化合物）	86 412.350 89
挥发性有机化合物	444.066 11
其他物质	708.040 982 9

资料来源：亚美尼亚国家统计局：《亚美尼亚共和国 2015 年社会经济状况》，http://www.armstat.info/ru/?nid=82&id=1742. http://www.mnp.am/?p=160#sthash.3PUcpkBM.dpuf.

（二）治理措施

　　亚美尼亚大气排放领域的主要法律是 1994 年 10 月 11 日通过并经多次修改和补充的《大气保护法》。目的是以规范化的方法使空气质量达标，对人为的有害物大气排放进行限制。该法规定大气保护领域的国家机关和地方机关的权利和义务、大气排放的管理办法等。根据该法，国家管理机关应对污染源进行统计并规定最大允许排放量。国家对排放源进行登记，作为大气有害物排放的统计和规范化的基础。

1999 年 4 月 22 日的 N259 号《关于批准大气有害影响的国家统计办法的决议》规定，每年"所需空气消耗量"超过 2 亿 m³ 的有排放的固定设施必须进行国家登记[①]。进行有害物大气排放的企业和机构，其年"所需空气消耗量"超过 20 亿 m³ 或者每秒超过 2 000m³ 的，必须制订最大允许排放量方案，国家管理机关（亚美尼亚自然保护部）根据该方案发放排放许可，并将排放企业的排放强度限制到 g/s，总排放量限制到 t/a。

此外还有：亚美尼亚政府 2006 年 2 月 2 日 N160 号《关于批准亚美尼亚境内居住地空气中污染物最大允许浓度和车辆尾气中有害物最大允许值的决议》、亚政府 2012 年 12 月 27 日 N1673 号《关于确定有害物大气排放标准的制定和批准程序以及撤销 1999 年 3 月 30 日 N192 号决议和 2008 年 8 月 21 日 N953-N 号决议的决议》及后来的补充决议，这些法规基本沿用了苏联时期的标准，确定居住地空气中具体有害物的最大允许浓度、日均最大允许浓度以及单次最大允许浓度[②]。2014 年亚美尼亚一些城市固定设施排放物被治理部分见表 12-14。

表 12-14　2014 年亚美尼亚一些城市固定设施排放物被治理部分

城市名称	排放物数量 /t	被治理部分占比 /%	固定设施大气排放物数量 /t
埃里温	21 290.7	18.6	17 322.7
阿拉拉特	104 722.4	98.7	1 351.8
阿拉韦尔	31 519.1	—	31 519.1
拉兹丹	10 858.9	95.2	518.9
瓦纳佐尔	12 187.5	—	12 187.5
久姆里	1 600.8	—	1 600.8

资料来源：Управление качеством воздуха в странах восточного региона ЕИСП. 欧元 peFid/129522/C/SER/Multi, Контракт №. 2010.232-231.

三、土地资源

亚美尼亚的土壤问题主要是盐碱化和土壤污染，污染源主要是矿山开发。主要治理措施是落实《防治土地荒漠化国家纲要》。

---

① Управление качеством воздуха в странах восточного региона ЕИСП. EuropeFid/129522/C/SER/Multi, Контракт №. 2010.232-231.
② Управление качеством воздуха в странах восточного региона ЕИСП. EuropeFid/129522/C/SER/Multi, Контракт №. 2010.232-231.

（一）土地环境

亚美尼亚的土壤问题主要表现在两个方面：一是荒漠化和盐碱化；二是重金属污染。

1. 亚美尼亚土地荒漠化问题 [①]

亚美尼亚属于全球气候变化最为剧烈的国家之一。2000 年以来，该国高达 81.9%（约 24 353 km²）的国土受到不同程度的荒漠化威胁，其中 26.8% 的地区受荒漠化极严重，26.4% 影响严重，中度影响的地区占 19.8%，轻度影响的地区占 8.8%。[②] 根据亚美尼亚国家统计局的数据，2007 年亚美尼亚的农业用地面积为 210.1 万 hm²，到 2011 年减少至 207.6 hm²。

环境问题专家认为，如果这种趋势得不到遏制，受荒漠化影响的土地面积在 15 ～ 20 年（2030 年前）将增加 10%；而且，土地荒漠化趋势不仅是气候变化引起，人为因素同时存在，比如不可持续的土地使用导致土壤盐度增加，从而影响土地产量。上述问题实际上在亚美尼亚全国都存在。阿拉特州、阿尔马维尔州以及阿拉拉特山谷的一些地区正在受到荒漠化的侵蚀，而这里却是国家的传统粮仓。在首都埃里温，荒漠化的威胁也开始显现，其绿地面积只占公认标准的一半。

2. 土地重金属污染 [③]

在亚美尼亚，由于矿床开采，矿区及其附近区域土壤很大程度上受到重金属和有毒金属的污染，如铜、钼、汞、砷、钒、硒、镉等。在土壤、水和农产品中超过最大容许浓度几十倍甚至几百倍。

（二）治理措施

苏联时期，亚美尼亚实施过代价高昂的降低土壤含盐量的措施，独立后由于经济原因没有延续，因此土地荒漠化问题变得逐年复杂。在联合国《防治荒漠化公约》框架内，亚美尼亚政府采取一系列措施。2002 年亚美尼亚自然保护部制定《防治土地荒漠化国家纲要》。但落实不佳，效果有限。目前，由于经济原因，亚美尼亚政府在土地治理方面尚未采取更有效的措施。有关专家认为，到目前为止，亚美尼亚仍受到土地荒漠化的严重威胁。亚美尼亚土壤治理见表 12-15。

[①] http://noev-kovcheg.ru/mag/2015-16-17/5163.html#ixzz48KXot331.
[②] Национальная программа действия по борьбе с опустыниванием в Армении.
[③] Архнильд Гэрике, Дагмар Пфайфер. Переработка бытовых отходов в Армении. http://wreferat. baza-referat.ru/.

表 12-15 亚美尼亚土壤治理

单位：hm²

措施		2001 年	2002 年	2003 年	2004 年	2005 年	2006 年	2007 年	2008 年
农业和水利技术 / hm²	灌溉	75 875	42 514	86 773	96 143	116 001	110 444	63 541	88 058
	干燥	2 375	—	82	—	—	—	—	—
	其他防止侵蚀土壤的措施	225	722	1 700	226	248	205	104	54
	荒废土地开垦	11 937	1 347	3 113	5 320	1 540	1 700	1 446	4 042
	土地修复	15	163	—	4 000	1 003	1 669	1 278	3 974
	去化肥土壤	1 020	—	112	3	3	6	14	6
	脱盐土壤	—	—	—	520	—	—	—	—
	其他措施	—	62	12	—	136	792	—	—
化学和生物措施 / (kg/hm²)	化肥 有机物	9 813	8 950	10 562	17 500	73 857	70 000	80 460	67 814
	化肥 矿物	203	204	204	178	1 842	2 729	3 359	2 873
	农药	5	4	2	1	15	9	4	15
	其他措施	—	—	—	—	2 200	1 300	—	—

资料来源：The American University of Armenia (AUA) Acopian Center for the Environment ,Environment and natural resources in RA (2000-2012), 1.2.3 Activities for conservation and rehabilitation of lands, http://ace.aua.am/environment-and-natural-resources-in-ra-2000-2012/.

四、核安全

亚美尼亚的核问题主要是核电站维护风险，主要应对措施是设备更新维护。

（一）核安全

亚美尼亚的核安全主要是米沙摩尔核电站（Metsamor）超期运行，核电机组老旧，且位于地震带上，存在安全隐患。该核电站由苏联设计，1980 年建造，1988 年亚美尼亚曾发生一起 8 级以上大地震，尽管核电站并未受损且继续运行，核电站的 2 座机组还是出于安全原因于 1989 年关闭。后因电力短缺需求，2 号机组于 1993 年正式重启以应对能源紧缺，并于 1995 年再次服役。目前 1 号机组处于退役阶段。

核电站建造在地震带上（从土耳其延伸到阿拉伯海），同时靠近农田和人口密集地区。核电站距离首都埃里温近 36 km，距离土耳其边境更是只有 16 km。尽管国际社会施压，要求关闭这座核电站，但亚美尼亚还是宣布继续让反应堆处于运转状态。

米沙摩尔核电站的发电量在亚美尼亚总发电量中的比重超过 40%。米沙摩尔的反应堆是世界上仅存的没有内层安全壳的 375MW 的 VVER-440 型机组反应堆。核电站在原定退役时间 2016 年后还将运营 4 年时间。因新反应堆开工时间推迟，最早要在 2019 年或者 2020 年上线。亚美尼亚仍决定让高龄的米沙摩尔核电站继续处于运转状态，在原定退役时间 2016 年之后，延长亚美尼亚核电站 2 号机组服役期限，确保其运行至 2027 年。

（二）治理方案

2015 年 5 月，亚美尼亚曾与俄罗斯达成协议，由俄罗斯提供 2.75 亿美元贷款和 3 000 万美元的补助金，这批资金将在未来的 15 年内到位（宽限期为 5 年）。2017 年，2 号机组将停止运行 6 个月，以实施管道现代化改装等工作，之后机组功率将提升 15% ～ 18%，至 435 ～ 440 MW。

五、生物多样性

亚美尼亚的生物多样性问题主要是植被破坏和狼群减少，主要由矿山开发引起，应对措施主要是加强规范矿山开发。

（一）生物多样性现状及问题

人类活动对亚美尼亚生物多样性产生影响：①农业导致水土流失和土壤盐碱化、植被和生态系统退化。②畜牧业的过度放牧导致亚高山和高山草甸面积缩小、野生动物数量下降减少。③过度砍伐导致森林面积减少，降低了森林生态系统的再生能力。④工业发展对生物多样性造成严重影响。废弃物的污染和滥用资源导致重要生态系统受到长期污染、物种消失，生态系统退化。⑤水电行业的污染和水资源的再分配导致与水域相关的独特生态系统消失。⑥休闲和旅游导致环境污染以及珍稀濒危物种的处境恶化。⑦滥用自然资源，包括非法狩猎、挖药材、采蘑菇和浆果及其他植物，导致一些物种数量减少，甚至濒临灭绝。⑧农业、工业、建筑和能源行业的发展使生物栖息地发生显著变化，并导致城市和工业区扩大，森林被砍伐，超过 2 万 hm^2 的沼泽和潮湿区域干涸。⑨土地私有化可能导致栖息地的破坏速度加快。⑩直接利用生物资源十分普遍，包括在草地和田野放牧、采集野生植物、狩猎和捕鱼。滥用生物资源造成物种的损失。土壤中重金属含量增高的水平，直接影响到物种和生态系统的健康。

由于自然过程和人类活动，亚美尼亚几乎一半的植物物种有灭绝的危险。亚美尼亚有大约 3 500 种高等植物。迄今为止，35 种具有经济价值的植物已经在亚美尼亚消失。2011 年版亚美尼亚红皮书载有 452 种植物，占亚美尼亚全部植物群的约

14%。前苏联的红皮书（1984年版）包括61种生长在亚美尼亚的植物。濒临灭绝的物种包括：菖蒲（Acorus calamus），紫荆（Cercis griffithii），亚美尼亚百合（Lilium monadelphum subsp. armenum）。已经灭绝的物种包括：猪毛菜等。此外，低等植物的状态尚未作出最终结论，但至少有15种菌类被认为濒临灭绝。

近年来，由于采矿业发展及森林面积减少，亚美尼亚野狼的生存环境不断遭到破坏，野狼袭畜事件不断增加，给当地居民造成较大的财产损失。亚美尼亚政府因此鼓励人为猎杀袭击家畜的狼群，导致亚美尼亚野狼数量大量减少，环保人士强调，若不及时采取行动，亚美尼亚的自然生态系统将因野狼数量的减少而遭到破坏。

（二）治理措施

保护生物多样性的主要措施是履行联合国《生物多样性公约》义务。亚美尼亚致力于保护和合理使用境内的生物资源，解决区域和全球范围内生物多样性问题，包括提供遗传学资源和生物多样性数据。根据《生物多样性公约》的要求，亚美尼亚政府于1997年开始制定《生物多样性行动计划和战略》和第一次国家报告。

六、固体废弃物

亚美尼亚的废弃物问题主要是矿山开发的尾矿和生活废弃物，主要原因是处理能力不足，主要应对措施是垃圾分类和增加垃圾处理能力。

（一）固体废物污染

苏联解体后，私营经济发展大大加剧了亚美尼亚的自然环境污染。主要原因在于对工厂、矿山、采石场等经营企业的管理不善，微不足道的罚款，缺乏实施环境保护措施的资金等。受到污染的土壤、河流、湖泊、空气以及定居点附近泛滥的垃圾填埋场对环境产生消极影响。根据亚美尼亚自然保护部的统计数字，2012年亚美尼亚境内产生废弃物3 903.09万t，人均12.9 t，按照单位面积计算（不包括塞凡湖面积），为每平方公里1 371.1 t。[①]

1.尾矿污染

亚美尼亚国内环境的主要污染源是阿拉特水泥厂、拉兹丹水泥厂、阿拉特黄金提炼厂、赞格祖尔铜钼冶炼联合企业、阿拉韦尔迪矿山冶金联合企业的各种尾矿，采矿场的废弃物，埃里温郊区的努巴拉申垃圾场以及其他一些小的污染源。

---

① 亚美尼亚国家统计局，http://www.mnp.am/?p=197.

在矿产加工过程中，树木被砍伐，当地的地貌遭到破坏，伴随而来的是自然景观、环境的污染和破坏。矿山的废石堆、各种尾矿破坏了地球化学环境，污染了土壤、河流和地下水、地表空气层，对周边地区的植被造成负面影响。

迄今为止，在亚美尼亚的 15 个尾矿池中有大约 6 亿 m³ 有毒废弃物，这些尾矿池状况都不容乐观。在积累的有毒废弃物上面缺乏地球保护层，使重金属裸露在地表上，随尘土散布到空气中，在邻近区域沉淀（甚至在邻近村庄的儿童的头发中发现砷和重金属的沉淀物）。许多尾矿池的排水系统无法使用，使尾矿变成有毒的液体，流入河水中。

在山坡上进行矿石加工后，废石堆直接堆在矿井附近或河谷的山坡上（在一些地方，它们被直接倒入河里）。这些废石堆是亚美尼亚频繁发生泥石流的来源。

2. 生活废弃物

在亚美尼亚，生活垃圾数量每年增加 36.86 万 t，[1] 在居民区经常能够看到道路两旁塑料袋满天飞、封闭的垃圾场以及露天垃圾堆，这些生活废弃物包括旧木头、金属、玻璃、橡胶制品、纸张、食品、塑料制品、一次性水杯、奶瓶、玩具、塑料包装袋、油毡、建筑材料等。废弃物中建筑垃圾占有很大比重，主要是在建筑房屋和各种金属结构过程中产生的。有些居住区附近建有垃圾填埋场。而农村的生活垃圾一般就直接抛洒到附近的山谷或河流中。

（二）治理措施

亚美尼亚的主要措施是垃圾分类和废品再利用。对玻璃、纸张及各种塑料制品进行再加工。垃圾填埋场的工作人员从废弃物中收集金属、碎玻璃和塑料，有企业收购这些收集到的废品并进行加工。国内进行废品收集和加工的企业生产能力大小不一。在首都埃里温市数量最多的是废纸加工企业，大多数年生产能力在 60 ～ 300 t，产能最大的企业达到 1 200 t。废旧黑色金属和有色金属加工企业的年生产能力一般在 1 500 ～ 2 000 t，多的达到 15 000 t。废玻璃加工企业的年生产能力在 70 ～ 2 500 t，各地区产生的废弃物数量见表 12-16。

---

[1] http://hetq.am/rus/news/62141/.

表 12-16　2012 年亚美尼亚各地区产生的废弃物数量

单位：t

地区	企业废弃物	废弃物总量	转至其他企业的废弃物	被处理的废弃物	被企业再利用的废弃物	填埋
埃里温市	1 005.0	19 418.6	4 513.4	—	4 288.2	22 317.0
阿拉加措特恩州	228.0	1 204.0	176.2	12.0	146.0	1 293.7
阿拉拉特州	1 617.7	487.2	8.1	—	474.0	1 623.3
阿尔马维尔州	145.0	5 272.8	121.3	145.1	4.0	5 140.4
格加尔库尼克州	848.8	18 913 640.5	273.2	—	—	18 914 262.2
洛里州	745.9	36 542.3	21 252.7	7.9	41.0	1 528.2
科泰克州	4 211.0	5 441.7	1 585.1	—	2 783.0	5 393.8
希拉克州	1 283.5	1 355.2	118.7	—	—	2 340.0
休尼克州	2 638.5	20 046 449.4	2 142.5	2.4	1 330.6	17 060 746.9
瓦约茨佐尔州	226.1	41.1	—	—	—	267.2
塔武什州	160.0	1 100.3	4.0	0.0	40.0	1 239.0
全国总计	13 109.5	39 030 953.1	30 195.2	167.4	9 106.8	36 016 151.7

资料来源：Ministry of Nature Protection of the RA, THE WASTE MANAGEMENT FOR 2012, http://www.mnp.am/?p=197.

七、小结

据《全球环境绩效指数》报告显示，2002—2011 年亚美尼亚的环境状况一直处于改善进程之中，其"环境可持续指数" 2012 年获得 47.48 分，在全球 132 个国家中排名第 93 位，属于"弱活动"国家。

亚美尼亚的水问题主要是水质污染，而不是缺水。污染物主要来自矿山开采和工业及居民生活排污。主要应对措施是增加水处理设施。

亚美尼亚的大气问题主要是汽车尾气排放和冶金企业的废气污染，主要应对措施是落实执行《大气保护法》，加强大气环境监测。

亚美尼亚的土壤问题主要是盐碱化和土壤污染，污染源主要是矿山开发。主要治理措施是落实《防治土地荒漠化国家纲要》。

亚美尼亚的核问题主要是核电站维护风险，主要应对措施是设备更新维护。

亚美尼亚的生物多样性问题主要是植被破坏和狼群减少，主要由矿山开发引起，应对措施主要是加强规范矿山开发。

亚美尼亚的废弃物问题主要是矿山开发的尾矿和生活废弃物，主要原因是处理能力不足，主要应对措施是垃圾分类和增加垃圾处理能力。

第三节 环境管理

一、 环保管理部门

（一）环保主管部门

亚美尼亚自然保护部及其各地区下属机构行使环境保护的行政管理职能，负责制定国家环保政策，是亚美尼亚履行国际环保公约义务的主管国家机关。

除内设机构外，自然保护部还下设一些国家非营利组织，如信息分析中心、亚美尼亚国家自然博物馆、废弃物研究中心、环境影响检测中心、水文地质检测中心，一些自然保护区和公园，如塞凡湖国家公园、霍斯洛夫国家公园等。亚美尼亚自然保护部主要业务机构设置见表 12-17。

表 12-17   亚美尼亚自然保护部主要业务机构设置

环境保护政策司	Department of environmental protection policy
自然保护战略规划监督和管理司	Department on monitoring of environmental strategic program
地下资源和土地保护政策司	Department of underground resources and land protection policy
信息和公共关系司	Information and public relation department
危险物和废弃物政策处	Hazardous Substances and Waste Policy Division
法律司	Legal Department
国际合作司	Department of international cooperation
水资源管理署	Water Resources Management Agency
废弃物和大气排放管理署	Waste and Atmosphere Emissions Management Agency
生物资源管理署	Bioresources Management Agency
国家环境保护监察署	State Environmental Inspectorate
环保项目落实联合会	"Environmental project implementation unit" SA
国家气象中心	"Zvartnotc Aviameteorological Centre" SCJSC

（二）其他环保机构

除自然保护部外，农业部、卫生部等其他部委也拥有环境保护的相关职能，而亚美尼亚政府通过相关的法规和规章起到一定的协调作用。自然保护部有权监督和协调有关部委涉及环保的工作。

（1）紧急情况部下设国家水文气象及检测局，用于实施和协调在紧急情况下保护居民的政策。

（2）农业部负责实施国家在林业领域的政策。

（3）卫生部下设卫生和流行病站，实施保护公众健康的国家政策，包括饮用水质量和休闲区的管理。

（4）国家核安全管理委员会的职责是确保核能利用不会对环境造成影响。

（5）国家统计局负责环保数据统计，包括没有列入政府管理体系的环保数据。国家统计局是亚美尼亚总统的直属机关。除国家统计局，亚美尼亚还设有国家统计委员会，由总统任命的6名成员组成，该委员会的主要任务是制定统计领域的国家政策，通过法规，协调各统计部门的工作。

（三）环保组织

亚美尼亚的非政府组织大约有4 000多家，大部分都是为落实某具体合作项目而临时建立，长期存在的非政府组织仅占总量的10%左右。总体上，环保组织在亚美尼亚的规模和影响力不大，且大部分受西方财团或组织资助。其中影响力较大的环保社团组织有：①高加索地区生态中心亚美尼亚分部；②绿色亚美尼亚协会。

二、环保管理法律法规及政策

亚美尼亚独立后通过一系列自然资源和环境保护的法律法规，其中涉及自然资源利用和自然保护的法律包括：

1994年《大气保护法》；

1999年《环境保护支付费法》《植物世界法》；

2000年《动物世界法》《植物保护和植物检疫法》；

2001年《土地法典》《水文气象活动法》；

2002年《水法典》；

2004年《废弃物法》；

2005年《自然保护监督法》《水政策基本原则法》《森林法典》；

2006年《特殊自然保护区法》《国家水规划法》《消耗臭氧层物质法》；

2011年《地下资源法典》；

2014年《环境影响鉴定和评估法》。

亚美尼亚的一些法律中有个别涉及环境保护的条款，如《宪法》第10条规定"国家应确保对环境的保护和再生，合理利用自然资源"；《地方自治法》规定社区领导在环境保护和自然保护事务上的权力；《药品法》规定在销毁废弃药品时的自然保护问题；《能源法》规定了与能源活动有关的环保问题；其他如《城市建设法》《预算制度法》《居民卫生和流行病安全保障法》《紧急情况下保护居民法》《国家土地检查法》等法律中都涉及环境保护的规定。

亚美尼亚政府还通过一系列具有环保性质的政府决议以及部门命令，作为环保立法的补充，以保障环保政策的顺利执行，包括：

2005 年 1 月 19 日的《关于批准亚美尼亚共和国履行系列环保公约义务保障措施清单的政府决议》，该决议中的公约指《联合国气候变化框架公约》《生物多样性公约》和《防治荒漠化公约》；

2007 年 3 月 14 日的《关于建立国家森林检测体系的政府决议》；

2007 年 8 月 30 日的《关于制定对特殊自然保护区进行检测的组织和执行办法的政府决议》；

2009 年 1 月 22 日的《关于批准对植物世界进行检测的组织和实施办法的政府决议》；

2009 年 7 月 23 日的《关于批准动物世界国家清单数据提交办法的政府决议》；

2013 年 1 月 10 日的《关于批准以确保矿产开采和提取后工业废弃物堆积区域附近居民的安全和健康为目的而实施长期监测、统计和计算费用的办法的政府决议》；

2013 年 1 月 6 日的《关于批准对预算拨款自然保护计划执行结果进行评估（检查）的办法的政府决议》；

2014 年 2 月 27 日的《关于批准制定自然保护规划的政府决议》；

2014 年 3 月 19 日的《关于批准重新制定环保领域技术章程的计划的政府决议》；

2014 年 4 月 3 日的《关于批准暂时停办、撤销、发放被非法使用的以及没有使用的深井的使用许可证的政府决议》；

2014 年 6 月 19 日的《批准保障用户参加制定和实施自然保护计划过程的办法的政府决议》；

2015 年 12 月 25 日的自然保护部命令《11 月 20 日至 12 月 25 日和 1 月 6 日至 20 日禁止在塞凡湖捕捞鱼虾的联合措施执行计划》；

2016 年 3 月 31 日的《关于批准阿拉拉特河流域 2016—2021 年治理计划和有效管理首要措施的政府决议》。

三、小结

亚美尼亚的环保主管机关是自然保护部。其他还有农业部、交通部、卫生部、紧急情况部等部门，也负责部分与环保有关的事务。当前，亚美尼亚已建立较完备的环保法律法规体系，如《大气保护法》《土地法典》《水文气象活动法》《水法典》《地下资源法典》等。为履行国际条约义务，亚美尼亚以问卷调查、报告和国家报告的形式定期向条约或议定书的秘书处提交本国环境资料报告。

第四节　环保国际合作

亚美尼亚积极开展环保国际合作，已加入的国际环保条约，参见表12-18。

表 12-18　亚美尼亚加入的国际环保条约

条约	签署时间	生效时间
《国际重要湿地特别是水禽栖息地公约》（拉姆萨尔公约）Convention on Wetlands of International Importance especially as Waterfowl Habitat（Ramsar, 1971）	1993	1993
《保护世界文化和自然遗产公约》Convention concerning the protection of the World Cultural and Natural Heritage (Paris 1972)	1993	1993
《联合国生物多样性公约》UN Convention on Biological Diversity（Rio-de-Janeiro, 1992）	1993.3.31	1993.5.14
《生物多样性公约卡塔赫纳生物技术安全议定书》Cartagena Protocol （Montreal, 2001）	2004.3.16	2004.7.29
《联合国气候变化框架公约》UN Framework Convention on Climate Change（New York, 1992）	1993.3.29	1994.3.21
《京都议定书》Kyoto Protocol （Kyoto, 1997）	2002.12.26	2005.2.16
《防止沙漠化公约》UN Convention to Combat Desertification（Paris, 1994）	1997.6.23	1997.9.30
《保护臭氧层公约》Convention for the Protection of the Ozone Layer （Vienna, 1985）	1999.4.28	1999.10.1
《蒙特利尔破坏臭氧层物质管制议定书》Montreal Protocol on Substances that Deplete the Ozone Layer （Montreal, 16 September 1987）	1999.4.28	1999.10.1
《伦敦修订案》London amendment	2003.10.22	2003.11.26
《哥本哈根修订案》Copenhagen amendment	2003.10.22	2003.11.26
《蒙特利尔修订案》Montreal amendment	2008.9.29	2009.3.18
《北京修订案》Beijing amendment	2008.9.29	
《控制危险废料越境转移及其处置公约》（巴塞尔公约）Convention on the Control of Transboundary Movements of Hazardous Wastes and Their Disposal （Basel, 1989）	1999.3.26	1999.10.1
《关于在国际贸易中对某些危险化学品和农药采用事先知情同意程序的公约》（鹿特丹公约）Convention on the Prior Informed Consent Procedure for Certain Hazardous Chemical and Pesticides in International Trade （Rotterdam, 1998）	2003.10.22	2003.11.26
《关于持久性有机污染物的斯德哥尔摩公约》Stockholm Convention on Persistent Organic Pollutants (Stockholm, 2001)	2003.10.22	2004.5.17

条约	签署时间	生效时间
《濒危野生动植物种国际贸易公约》Convention on International Trade in Endangered Species of Wild Fauna and Flora （CITES） （Washington, 1979）	2008.4.10	2009.1.21
《保护迁徙野生动物物种公约》Convention on the Conservation of Migratory Species of Wild Animals （Bonn, 1979）	2010.10.27	2010.3.1
《长程跨界空气污染公约》UNECE Convention on Long-range Transboundary Air Pollution （Geneva, 1979）	1996.5.14	1997.2.21
《为在欧洲远程跨境空气污染的监测和评估的合作项目进行长期融资议定书》Protocol on Long-term Financing of the Cooperative Programme for Monitoring and Evaluation of the Long-Range Transmission of Air Pollutants in Europe （EMEP）	批准过程中	
《关于跨界背景下环境影响评价的埃斯波公约》UNECE Convention on Environmental Impact Assessment in a Transboundary Context(Espoo, 1991)	1996.5.14	1997.9.10
《战略环境评估议定书》Protocol on Strategic Environmental Assessment (Kiev, 2003)	2010.10.25	2011.4.24
《工业事故跨界影响公约》UNECE Convention on Transboundary Effects of Industrial Accidents (Helsinki, 1992)	1996.5.14	1997.2. 21
《公众在环境问题上获得信息、公众参与决策和诉诸法律的公约》UNECE Convention on access to information,public participation in decision making and access to justice in environmental matters (Aarhus, 1998)	2001.5.14	2001.8.1
《跨界水道和国际湖泊保护和利用公约》UNECE Convention on Protection and Use of Transboundary Watercourses and International Lakes (Helsinki, 1992)		
《水和健康议定书》Protocol on Water and Health (London, 1999)	批准过程中	
《禁止为军事或任何其他敌对目的使用改变环境的技术的公约》Convention on the Prohibition of Military or any Nostile use of Environmental Modification Techniques (Geneva, 1976)	2001.12.4	2002.5.15
《欧洲风景公约》European Landscape Convention (Florence, 2000)	2004.3.23	2004.7.1
《欧洲野生动物和自然栖息地的保护公约》Convention on the Conservation of European Wildlife and Natural Habitats (Bern, 1979)	2008.2.26	2008.8.1

资料来源：TABLE：Participation of the republic of Armenia in the international environmental agreements, http://aarhus.am/convencianer/PARTICIPATION%20OF%20THE%20REPUBLIC%20OF%20ARMENIA_eng.pdf. http://www.mnp.am/?p=201#sthash.heWmtTIG.dpuf.

为履行国际条约义务，亚美尼亚以问卷调查、报告和国家报告的形式定期向条约或议定书的秘书处提交本国环境资料报告，主要有：

（1）1998 年第一次向《联合国气候变化框架公约》秘书处提交《国家气候变化报告》。2010 年 8 月提交亚美尼亚语和英语版的《国家气候变化报告》（www.nature-ic.am；www.mnp.am）。

（2）履行《生物多样性公约》的要求，2010 年向秘书处提交英文版《国家生物多样性报告》。该报告在公约秘书处的网站上公布。

（3）2002 年制订《国家防治荒漠化行动计划》，2006 年编写并出版亚美尼亚语和英语版的《防治荒漠化报告》。

（4）2003 年，对亚美尼亚履行三个公约义务（防治荒漠化、生物多样性、气候变化）的国家能力（潜力）进行评估。该项工作在 UNDP/GEF 项目框架内进行，使用亚美尼亚语。

（5）在《保护臭氧层公约》框架内，亚美尼亚已批准在 2003 年的《伦敦修正案》和《哥本哈根修正案》。每年向公约秘书处提交报告的关于消耗臭氧层物质的数据。在下列网站上可以看到这些亚美尼亚文、英文和部分俄文版的数据：www.ozone.nature-ic.am；www.UNEP.org/ozone。

（6）在执行《远距离越境空气污染公约》规定过程中，亚美尼亚每年向奥斯陆挪威化学协调中心提交大气污染物排放数据。

（7）作为《公众在环境问题上获得信息、参与决策和诉诸法律的公约》的缔约国，亚美尼亚定期向缔约方会议汇报工作，参加其工作机构的会议。

（8）2004 年，在《跨界水道和国际湖泊保护和利用公约》框架内，亚美尼亚编制《水源作为生态系统所起作用的国家报告》（http:// www.unece）。

以问卷、调查报告、报告、简评的形式并按照要求的格式和内容向其他国际机构，如环境规划署、联合国欧洲经济委员会、经合组织等提交环境报告。亚美尼亚受国际组织和其他国家资助的环保项目见表 12-19。

表 12-19　　亚美尼亚受国际组织和其他国家资助的环保项目

序号	项目名称	项目预算	时间	捐助组织
1	《淘汰消耗臭氧层物质国家计划》	1 927 772 美元	2005—2009	全球环境基金（GEF）、联合国开发计划署（UNDP）
	《亚美尼亚：改善城市供热和热水供应的能源效率》	2 950 000 美元 PDF-BSub-total:3 160 000 美元	2005—2012	全球环境基金（GEF）、联合国开发计划署（UNDP）
2	《在生物安全信息中心有效参与能力建设》	39 954 美元	2007—2008	全球环境基金（GEF）、联合国环境规划署（UNEP）
3	《伯尔尼公约在亚美尼亚共和国的特殊保护 / 翡翠 / 网络的发展试点项目》	9 000 欧元	2007—2008	欧洲理事会
4	《对亚美尼亚向联合国气候变化框架公约作第二次国家报告的扶持工作》	405 000 美元	2007—2011	全球环境基金（GEF）、联合国开发计划署（UNDP）
5	《亚美尼亚国家湿地公园战略的开发、制定、实施及启动》	40 000 瑞士法郎，1 020 000 亚美尼亚德拉姆，14 554 瑞士法郎	2007—2011	拉姆萨尔公约秘书处
6	《2010 年生物多样性目标国家评估及生物多样性公约第四次国家报告的编写》	19 800 欧元	2008—2009	全球环境基金（GEF）、联合国开发计划署（UNDP）、联合国环境规划署（UNEP）

序号	项目名称	项目预算	时间	捐助组织
7	《气候变化对亚美尼亚的社会经济状况影响评估》	77 500 美元	2008—2009	联合国开发计划署（UNDP）
8	《工业事故受影响区域内公众援助意识和准备性的提高》	35 000 欧元	2008—2009	德国联邦环境、自然保护、建设与核安全部（BMU）/ 亚美尼亚"JINJ"供水、排水、水资源管理工程——咨询服务公司
9	《亚美尼亚和联合国环境规划署对在亚美尼亚境内完善管理化学品和实施国际化学品管理战略方针的联合倡议》	185 680 美元	2008—2010	国际化学品管理战略方针、QSP
10	《对亚美尼亚废弃农药环境无害化处理的存储、监测和分析》	213 000 欧元	2008—2011	北大西洋公约组织（NATO）
11	《制度完善和能力建设二期工程》	120 000 美元	2009—2010	蒙特利尔议定书和联合国工业发展组织多边基金
12	《亚美尼亚氯氟烃淘汰管理计划的制定》	85 000 美元	2009—2010	蒙特利尔议定书和开发计划署多边基金
13	《优化亚美尼亚全球环境管理信息和监测系统的体制及法律能力建设》	475 000 美元，130 000 美元，众筹资金	2009—2011	全球环境基金（GEF），联合国开发计划署（UNDP）
14	《亚美尼亚山地森林生态系统对气候变化影响的适应》	900 000 美元，1 900 000 美元，co-financing	2009—2012	全球环境基金（GEF），联合国开发计划署（UNDP），亚美尼亚政府
15	《提高建筑物能源效益》	1 045 000 美元，150 000 美元，2 200 000 美元	2010—2015	全球环境基金（GEF），联合国开发计划署（UNDP），亚美尼亚政府
16	《对亚美尼亚共和国对印制电路板及其他持久性有机污染废弃物进行可持续环境管理的技术援助》	830 000 美元	2009—2012	全球环境基金（GEF），联合国工业发展组织（UNIDO）
17	《亚美尼亚共和国的特殊保护价值 / 翡翠 / 网络的领域识别》	34 000 欧元	2009—2011	欧盟委员会欧洲理事会
18	《亚美尼亚保护区系统的开发》	950 000 美元	2010—2013	全球环境基金（GEF），联合国开发计划署（UNDP）
19	《亚美尼亚保护区系统的开发：提高建设能力和管理制度》	990 000 美元	2010—2013	全球环境基金（GEF）、联合国开发计划署（UNDP）
20	《"Zikatar"国家自然保护区资助协议》	18 750 欧元，包括 2 000 欧元审计费	2010	高加索自然基金（CNF）
21	《"Arevik"国家公园赠款协议》	16 750 欧元，包括 2 000 欧元审计费	2010	高加索自然基金（CNF）
22	《"Khorsrov"森林国家自然保护区资助协议》	285 045 欧元，包括 30 000 欧元审计费	2010—2012	高加索自然基金（CNF）
23	《"Arevik"国家公园资助协议》	150 000 欧元，包括 30 000 欧元审计费	2011—2013	高加索自然基金（CNF）
24	《"Shikahogh"国家自然保护区资助协议》	180 000 欧元，包括 30 000 欧元审计费	2011—2013	高加索自然基金（CNF）

序号	项目名称	项目预算	时间	捐助组织
25	《"自然保护区综合设施"资助协议》	15 000 欧元，包括 30 000 欧元审计费	2011	高加索自然基金（CNF）
26	《"Dilijan"国家公园资助协议》	45 000 欧元	2011—2012	高加索自然基金（CNF）
27	《对改进亚美尼亚国家温室气体盘查清册，温室气体的物资需求计划，吸引碳融资的援助》	400.000 美元	2012	美国国际开发署（USAID）

阿塞拜疆区位示意图

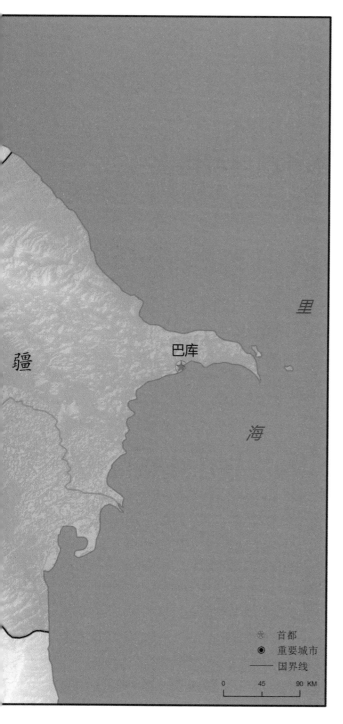

里

疆

海

巴库

☆ 首都
◉ 重要城市
—— 国界线

0   45   90 KM

阿塞拜疆是上海合作组织对话伙伴国，位于里海西岸、高加索东部，属于亚热带气候区，气候温和，降水多而不均。国土面积8.66万km²，总人口959万。阿塞拜疆文化多元，民族宗教关系复杂，纳卡地区的民族问题造成了与邻国的长期领土争端。阿塞拜疆境内油气资源丰富。利用油气资源带动经济和社会发展是阿塞拜疆当前的国家工作重点。阿塞拜疆的主要环境问题包括居民点优质水供应不足、污水排放管线设施缺乏、工业和交通造成的空气污染、土地退化、工业固废处置和监管不到位、森林资源和动物减少等。阿塞拜疆的环境管理体系相对健全，环境管理由主管部门、其他部门和环境保护组织共同完成。阿塞拜疆非常重视环保国际合作，一是可以利用国际资金发展建设本国生态环保事业，二是很多环境问题具有跨国特点，只有国际合作才能更好解决问题。

第十三章　阿塞拜疆环境概况 ①

第一节　国家概况

阿塞拜疆的历史始终和周边国家的侵略史伴随在一起。历史上，它曾先后被周边国家侵占，其过程大体上是：亚速（公元前 7—前 6 世纪）、波斯（公元前 6—前 4 世纪）、马其顿（公元前 4—前 1 世纪）、罗马帝国（公元前 1 世纪—4 世纪）、波斯萨珊（4—7 世纪）、阿拉伯人（7—11 世纪）、突厥塞尔柱人（11—13 世纪）、蒙古人（13—16 世纪）、伊朗萨非王朝（16—19 世纪）和沙俄（19—20 世纪）。可以说，阿塞拜疆的历史既是一部列国入侵、纷争和抢占史，同时也是一部阿塞拜疆人民反抗侵略和争取独立的斗争史。

阿塞拜疆的国家形成历史至今已有约 4 000 年。近代考古发现也证明，大约在公元前 2000 多年，在现今阿塞拜疆的国土上便有古提人（Gutians）和卢卢比人（Lullubi）建立的国家形态存在。历史上，阿塞拜疆是指阿拉斯河下游、大高加索山脉以南地区。19 世纪沙俄入侵波斯后，占领原属波斯的高加索地区，俄波签署《古利斯坦条约》（1813 年，*Treaty of Gulistan*）、《土库曼恰伊条约》（1828 年，*Treaty of Turkmenchay*），最终确定今日的阿塞拜疆与伊朗的边界。这个条约以阿拉斯河为界，将阿塞拜疆分隔成两部分：一是阿拉斯河以南，形成今日伊朗西北部的阿塞拜疆族聚居区；二是阿拉斯河以北，形成今天的阿塞拜疆共和国。

---

①本章由张宁、王玉娟、徐向梅编写。

1991 年 2 月 5 日，阿塞拜疆最高苏维埃全会通过有关更改国名、国徽和国旗的决议：将国名改为"阿塞拜疆共和国"；国徽和国旗沿用 1918—1920 年阿塞拜疆民主共和国时期的国徽和三色国旗，同时还通过有关建立阿塞拜疆奖章、功勋制度以及发行本国货币的决议。同年 5 月通过《经济独立法》。

1991 年 8 月 30 日，阿塞拜疆通过《独立宣言》[①]。9 月 14 日，阿塞拜疆共产党召开第 33 届代表大会，通过有关共和国共产党组织自动解散、党属建筑物转交给地方人民代表苏维埃管理等决定。共产党组织结构的崩溃，使苏联解体不可逆转。10 月 18 日，阿塞拜疆最高苏维埃宣布《关于阿塞拜疆共和国独立》的宪法性文件（10 月 18 日被确定为阿塞拜疆的"独立日"）[②]，12 月 29 日以全民公决的方式获得通过，从而在法律上确定了国家的独立地位。

一、自然地理

（一）地理位置

阿塞拜疆的全称是"阿塞拜疆共和国"（阿塞拜疆语 Azərbaycan Respublikası，英　文 The Republic of Azerbaijan，　俄　文　是 Азербайджанская Республика），意思是"火的国度"。位于亚欧大陆交界处外高加索地区东南部，介于北纬 38°25′～41°54′，东经 44°46′～50°49′之间，时区属东 4 区（与北京时差 4 个小时），面积 8.66 万 km² （包括纳卡及其周边现被亚美尼亚实际控制的地区），相当于中国的重庆直辖市，比江苏省小 1 万 km²，比宁夏大 2 万 km²。境内南北相距约 400 km，东西约 500 km。首都巴库距北极点的直线距离 5 550 km，距赤道 4 440 km。

阿塞拜疆的东部是里海，海岸线长约 713 km。陆地边界线总长 2 657 km，其中北部与俄罗斯为邻（陆地边境线长 390 km），西北部与格鲁吉亚接壤（边境线长 480km），西部与亚美尼亚为邻（边境线长 1 007 km），南部与伊朗接壤（边境线长 765km）。另外，"西南部的纳希切万自治共和国是阿塞拜疆位于亚美尼亚境内的一块飞地，被亚美尼亚、伊朗和土耳其环绕，由此使得阿塞拜疆同土耳其有

---

① Постановление Верховного Совета Азербайджанской Республики от 30 августа 1991 г. № 179-XII. «О Декларации О восстановлении государственной независимости Азербайджанской Республики»,Председатель Верховного Совета Азербайджанской Республики Э. КАФАРОВА. г. Баку.

②конституционный акт азербайджанской республики от 18 октября 1991 года №222-XII «О восстановлении государственной независимости Азербайджанской Республики».

15 km 的边界。

（二）地形地貌

高加索地区总面积约 44 万 km²，位于里海和黑海之间，是欧亚大陆的连接处，自古以来就是东西南北往来的大动脉。它向西可经黑海和地中海到达中南欧和北非；向东可经里海直达中亚；向北可深入俄罗斯腹地；向南可到伊朗和土耳其。由于被大小高加索山脉分割，该地区分为南高加索和北高加索两部分。北高加索属于俄罗斯领土。南高加索也称"外高加索"，通常指格鲁吉亚、亚美尼亚和阿塞拜疆三国（广义的理解还包括土耳其东北部和伊朗西北部一部分），面积约 18.61 万 km²（相当于一个广东省），总人口 1 625 万（2008 年 1 月）。

阿塞拜疆属典型的山地国家，地形复杂，地势起伏较大，全国平均海拔 657 m，最低点（海拔-28 m）位于滨海低地，最高点（海拔 4 480 m）为大高加索山脉的巴扎尔迪祖峰。全境约 50% 面积属高原和山地，盆地面积大约占 40%，平原由河流冲击而成，约占领土的 10%。境内山脉纵横交错。东北部为大高加索山脉，包括高加索主山脉和巴科维群山；西南部是褶皱和火山活动形成的小高加索山脉，东南部为山势平缓的塔雷什山脉（属厄尔布尔士山脉一部分）。境内的盆地和平原主要有位于东南部的连科兰低地和位于中部的"库拉—阿拉斯"盆地。库拉—阿拉斯盆地被达拉拉普亚兹山脉和赞格祖尔山脉环抱，并向东部的里海延伸。

（三）气候

阿塞拜疆基本上处于亚热带，但气候却呈多样性特征。一方面，由于大高加索山脉挡住北方冷空气，而且距离海洋较远，全境气候温暖干燥；另一方面，由于地形复杂多样和受里海影响，各地区气候特点也是多种多样，既有湿润的亚热带气候，也有高原冻土带气候。全国年均气温高山地区为 9 ～ 10℃，平原地区为 14 ～ 15℃，年均降水分布极不平衡，从东南部的连科兰地区 1 600 ～ 1 800 mm，到东北部的阿布舍隆半岛 200 ～ 350 mm。

阿塞拜疆全国大致可以分为五种气候类型：一是中部和东部是干燥的亚热带气候，冬温夏热，夏季最高温度达 43℃，年降水量 200 ～ 300 mm。二是东南部面积不大的连科兰低地属半湿润亚热带气候，雨量充沛，年降雨量达 1 200 ～ 1 400 mm。三是低洼地区，7 月平均气温为 25℃左右，1 月为 3℃左右。四是高山地区，地势越高温度越低，7 月平均气温为 10℃，1 月平均气温达零下 10℃。五是里海沿岸地区相对湿润温暖，气候宜人。大高加索南坡年降水量丰沛，可达 1 300 mm。冬季降雪在阿塞拜疆极为罕见。2013 年阿塞拜疆各地月均气温和降水统计见表 13-1。

表 13-1 2013 年阿塞拜疆各地月均气温和降水统计

观测站 /℃	巴库 Baku	库巴 Guba	占贾 Ganja	耶夫拉克 Yevlakh	连科兰 Lenkaran	明盖恰乌尔 Mingachevir
1 月	5.5	1.2	5.2	5.0	5.9	6.2
2 月	6.9	3.1	8.0	7.0	8.2	9.6
3 月	9.0	6.2	9.6	10.4	10.0	10.3
4 月	13.0	11.1	13.9	15.1	13.3	15.0
5 月	20.1	17.5	19.5	21.1	19.0	21.2
6 月	24.6	21.1	23.6	25.7	23.6	25.8
7 月	26.3	22.5	25.7	27.5	25.7	27.6
8 月	25.7	21.4	24.6	26.4	24.4	26.9
9 月	21.9	16.8	21.3	23.1	22.3	23.3
10 月	15.9	11.3	14.0	15.5	15.1	15.8
11 月	12.3	7.4	10.6	10.8	12.0	12.3
12 月	5.6	0.1	2.3	2.0	4.3	4.2
观测站 /mm	巴库 Baku	库巴 Guba	占贾 Ganja	耶夫拉克 Yevlakh	连科兰 Lenkaran	明盖恰乌尔 Mingachevir
1 月	59.5	26.9	10.4	17.6	63.5	22.6
2 月	53.2	41.0	10.5	22.8	126.8	15.7
3 月	10.1	43.8	12.7	6.8	82.9	15.4
4 月	56.9	77.9	8.0	15.5	45.9	15.9
5 月	4.9	24.4	36.3	71.8	42.9	40.1
6 月	7.0	19.8	23.1	11.1	22.1	34.7
7 月	5.9	23.0	4.6	9.3	80.1	25.9
8 月	9.2	140.4	20.1	9.5	28.3	22.9
9 月	48.5	72.6	14.2	14.0	279.9	11.7
10 月	51.0	78.2	36.7	20.7	235.2	18.3
11 月	5.2	27.0	10.7	2.8	113.6	5.6
12 月	69.9	44.3	4.8	7.5	98.0	11.1

资料来源：State Statistical Committee of the Republic of Azerbaijan,Statistical *Yearbook of Azerbaijan* 2014, Meteorological date,p. 11.

二、自然资源

（一）矿产资源

阿塞拜疆境内蕴藏着丰富的矿产资源，其中最重要的是石油、天然气、铁矿、多金属矿和明矾石。据美国地质调查局《2012 年度世界矿产资源概况》数据，2012 年阿塞拜疆 GDP 共计 687.3 亿美元，其中工业产值占 63.8%。工业产值中，采掘业产出占 79%，制造业占 15%，水电气生产和分配占 6%。同年，阿塞拜疆共出口 342 亿美元，其中石油出口占 86%（295 亿美元），天然气出口占 4.7%，柴油出口占 2.8%，煤油出口占 0.7%。[①] 阿塞拜疆主要矿产分布和储量见表 13-2。

表 13-2   阿塞拜疆主要矿产分布和储量

矿产	主要开采者	主要分布地	年产能 / 万 t
氧化铝	占贾精炼厂 Ganjarefinery	占贾 Ganja	450
铝	阿塞拜疆铝业 Azerbaijan Aluminum	苏姆盖特 Sumqayit	6
	阿塞拜疆铝业 Azerbaijan Aluminum	占贾 Ganja	5
明矾矿	—	杰利克 Zaylik	60
		达什卡桑 Dashcasan	
水泥	—	卡拉达格利（Karadagly）	200
		塔乌兹萨（Tavuzcay）	
斑脱土	—	达什 - 萨拉汗林斯科耶 Dash-Salakhlinskoye deposit	10
铜矿	卡拉达吉斯基公司 Karadagskiy complex	沙姆基尔 Samkir region	3
金矿	安格洛亚洲矿业 Gedabek	格达别克	2 000kg
	阿塞拜疆国际矿产资源开发公司 (Azerbaijan International Mineral Resources Operating Co.)	乔夫达尔 Chovdar deposit 占贾 Ganja	—
碘和溴	—	巴库、卡拉达吉里、内弗查拉 Plants in Baku,Karadagly,NeftcalaIron	—
铁矿	达什卡桑矿山企业 Dashkasan mining	达什卡桑地区 Daskasan region	5
粗钢	巴库钢铁 Baku Steel Works	巴库	40
钢管	阿泽博鲁 Azerboru JSC	苏姆盖特 Sumqayit	40
钢锭	巴库钢铁 Baku Steel Casting	巴库	无
石灰	AAC Co.	巴库	6.5
岩盐	—	黑拉姆、普斯延 Hehram and Pusyan deposits	250
液化气	—	卡拉达吉里 Plant in Karadagly	—
石化	—	巴库炼厂	1 200
	—	盖达尔•阿利耶夫炼厂	800
石油	—	里海 "阿杰里 - 齐拉格 - 久涅什利" 油田 Azeri-Chirag-Guneshli	5 500
天然气	—	里海沙赫杰尼兹气田 Shah-Deniz	100 亿 m³

资料来源：U.S. Geological Survey, U.S. Department of the Interior, 2012 *Minerals Yearbook*, The Mineral Industry of Azerbaijan, August 2014. Table 1 Azerbaijian:Production of mineral commodities. http://minerals.usgs.gov/minerals/pubs/country/2012/myb3-2012-aj.pdf.

1. 黄金

金矿主要由阿塞拜疆政府（生态和自然资源部）与一些国外投资服务公司于 1997 年合资组建，计划年开采金矿 400 t、银矿 2 500 t、铜矿 1 500 t。公司下属的金矿主要位于阿西北部，属于金铜伴生矿，开发总面积 1 962 km²，共有 6 处作业区：格达别克（Gedabek）、戈沙布拉格（Gosha Bulag）、奥尔杜巴德（Ordubad）、格兹尔布拉格（Gyzyl Bulag）、索尤特鲁（Soyutlu）、文兹纳利（Vezhnali），前三个作业区位于阿塞拜疆，后三个作业区位于纳戈尔诺 - 卡拉巴赫（现被亚美尼亚管理）。

[①] U.S. Geological Survey, U.S. Department of the Interior, 2012 *Minerals Yearbook*, The Mineral Industry of Azerbaijan, August 2014, http://minerals.usgs.gov/minerals/pubs/country/2012/myb3-2012-aj.pdf.

2012 年该公司共产金 1 562.8 kg、银 625.8 kg、铜 502 t。2013 年产金 5.206 8 盎司。

格达别克金矿距占贾市 55 km，属露天矿，采矿权自 2007 年 2 月 26 日起 15 年（2009 年开始产出），作业面积 300 km²。作业区储量 105.438 2 盎司金、8.176 5 万 t 铜和 860.851 1 盎司银。其中含量 1.139 g/t 的金矿可采金 74.403 8 万盎司，含量 0.293% 的铜矿可采铜 5.947 9 万 t，含量 9.456 g/t 的银矿可采银 617.553 1 万盎司。金的生产成本 2012 年年均 767 美元/盎司，2013 年 626 美元/盎司。2013 年该矿共产金 5.206 8 万盎司、银 4.562 7 万盎司、铜 327 t。戈沙金矿距离格达别克金矿西北 50 km，作业面积 300 km²，属地下金矿，苏联时期勘测认为该矿金储量 8 t，其中含量 14.0g/t 的金储量 3.2 t。2010 年以来年产金 1.5 万～2 万盎司。奥尔杜巴德金矿位于纳希切万南部，作业面积 462 km²，由若干个小矿组成。

2. 铝矿

铝矿主要是明矾石和铝土。明矾石主要产自达什卡桑（Dashcasan）、沙姆科尔（Shamkir）、奥尔杜奥巴德（Ordubad）等地区，著名的明矾矿有扎格利克矿（Zaylik），为占贾铝厂的原材料供应地，明矾含量 25%，矿层厚 20 m，明矾和石英占 95%，其余 5% 为黏土。铝土矿主要位于纳希切万的伊利伊乔夫斯克地区，矿层厚 2～13 m，长 1.5～2 km，铁铝和硅铝比例约 2∶1。

3. 铁矿

铁矿主要是矽卡磁铁型，主要位于阿西部的索姆希多 - 阿格达姆地区（Somheti-Aghdam）的达什卡桑区（Dashkesan）的杰利克，距首都巴库约 400 km），前苏联 1981 年勘探评估储量（A+B+C1）共 2.5 亿 t，矿床长 2 km，厚 56 m，铁含量超 45%（矽卡岩型磁铁矿中的含量 30%～45%，石榴石型磁铁矿中的含量 15%～25%）。赤铁矿主要位于阿拉巴什雷。铁含量低，且含硅。沉积岩型铁矿主要位于达什卡桑、沙姆科尔、汉拉尔（Khanlar）、里海沿岸。

4. 锰矿

锰矿主要位于索姆希多 - 阿格达姆地区和阿拉斯地区，前者主要有莫拉贾林、达什卡拉赫林矿，后者主要有比切纳格矿（Bichanak）和阿利亚吉矿（Alahi）。矿层厚 0.3～3 m，长 45～700 m。锰含量 10%～25%。比切纳格矿位于沙赫布兹区格谬尔村东北约 6 km，属上新世安山岩型，锰含量 22%。阿利亚吉锰铁矿位于吉良柴河上游的阿利亚吉村附近，矿床长 3.5 km，厚 2～8 m，锰含量平均 17.8%（0.1%～46.8%）。

5. 铬矿

铬矿床主要分布在小高加索山脉，矿床延长 260 多 km，其中阿塞拜疆境内约

160 km。著名铬矿位于格伊达林斯克。三氧化二铬含量 43.5% ～ 52.6%，氧化铁含量 3.5% ～ 4%。

6. 铜矿

铜矿主要位于占贾（黄铜型）和奥尔杜巴德地区（斑岩铜矿型），伴生黄铁矿、辉钼矿、闪锌矿、砷黄铁矿等。矿床上层中铜的铜含量 0.2% ～ 1%，下层铜含量 0.3% ～ 0.6%。纳希切万断层地带的阿拉斯低地地区发现的铜矿床厚 0.5 ～ 9 m，长约 70 km。

7. 钼矿

钼矿主要位于纳希切万的奥尔杜巴德区的巴拉加柴和季阿赫柴，通常与铜、铅伴生，钼含量 0.2% ～ 1.1%，铜含量 0.002% ～ 2.1%，铼 0.04%，硒 0.006%，铁 0.02%。

8. 其他矿产

锡矿覆盖于纳希切万的奥尔杜巴德区（Ordubad）。汞主要分布在小高加索山脉中部的加里巴扎尔—拉钦区域（Kalbajar- Lachin）。钨矿主要位于纳希切万自治共和国和克尔巴贾尔区，主要是白钨矿和锰铁钨矿。

阿塞拜疆的地热资源也十分丰富，主要分布在巴达姆雷、西拉普、达雷达克、阿尔吉万、斯塔万卡、什霍夫、哈尔丹、杰米等地区。这些矿泉中富含碳氢化合物、碱质、盐质等矿物质，有的水温可达到 60 ～ 70℃。

9. 油气

阿塞拜疆的油气资源主要位于东部的里海和沿岸地区。据史料记载，巴库地区早在公元 8 世纪便已通过人工挖坑采油，1723 年出现第一座炼油厂，1873 年诞生世界第一口具有工业开采意义的自喷油井。第二次世界大战之前，巴库地区的石油产量达到 2 300 万 t 的峰值。随着陆上石油产量减小，里海石油逐渐得到关注。1966 年，"阿普歇伦"号自升式钻井平台投入使用，1980 年，世界上第一台半潜式钻井装置"大陆架"号进驻 200 m 以上的深水区。苏联后期，阿塞拜疆仍是苏联最主要的石油产区之一，地位仅次于西伯利亚产油区和哈萨克产油区。

据《BP 世界能源统计年鉴 2013》，截至 2012 年年底，阿塞拜疆石油剩余已探明储量 10 亿 t（合 70 亿桶），占全球石油剩余储量的 0.4%，储产比 21.9；天然气剩余已探明储量 9 000 亿 m^3，占全球天然气剩余储量的 0.5%，储产比 57.1。

阿塞拜疆曾经是独联体地区开采最早、产量最大的油气田区，因长期开采，其陆上勘探和产量已过峰值期。石油开采主要产自里海，约占总产量的 95% 以上，陆上油田则因设备老化而依靠注水维持生产。国内炼厂的设计年加工能力约为 2 000 万 t，因设备老化目前只能开工约 1/4。

2007 年以来，阿塞拜疆石油年产量 4 000 万～ 5 000 万 t（2013 年共开采石油 4 348 万 t），国内消费每年 400 万～ 500 万 t，其余出口，主要输往欧洲，如俄罗斯、意大利、土耳其和德国等。阿塞拜疆的油气生产主要被西方公司控制，其中英国 BP 公司主导的"阿塞拜疆国际联合作业公司"是最大的原油开采商。

阿塞拜疆的陆上天然气在苏联时期已经基本开发殆尽，独立后又因经济危机而无力开发里海资源，致使其天然气产量曾长期低于消费量，并主要依赖从俄罗斯进口补充。后借助于西方公司投资而产量逐年上升，2006 年成为净出口国。2007 年前，阿塞拜疆的天然气产量均不足 100 亿 m^3，2007 年之后产量逐年增长，从当年 170 亿 m^3 到 2013 年的 295 亿 m^3。2007—2013 年，每年国内消费天然气 80 亿～ 90 亿 m^3，其余出口。

（二）土地资源

阿塞拜疆的土地资源丰富，其中农业用地占国土面积的 52.3%，森林面积占 12%，各种水系占 1.6%，其他占 34.1%。全国耕地面积 1 630.8 hm^2，占农业用地的 36%，灌溉面积 1 102 hm^2，占耕地面积的 67.6%。境内土壤主要有栗色土、褐色土、灰钙土和高山草甸、泥炭土等不同的土壤。

总体上，阿塞拜疆具有发展农业的良好条件。在全国约有 8.66 万 km^2 的国土中，有 4.769 8 万 km^2 适合发展农业，人均 0.5 hm^2。2013 年，全国有可耕地 188.73 万 hm^2（人均 0.2hm^2），永久作物区（permanent crops）23.03 万 hm^2。耕地主要分布在库拉河和阿拉斯河谷地以及阿塞拜疆南部平原地带。森林面积 104.02 万 hm^2，草场和牧场 261.42 万 hm^2。陆上的蔬菜、果业和畜牧业以及里海渔业有较大优势。小麦、棉花、瓜果、石榴、苹果、葡萄、橄榄等主要农产品的品质久负盛名。

阿塞拜疆的土壤呈现不同类型：从高山草甸草皮型到半沙漠灰钙土和湿润的亚热带黄土。此外，境内还有褐色森林土、棕色森林土、黑钙土、栗土等土壤。主要土壤类型的分布遵循纵向分区原则，随地面高度的增加而变化。不同高度区域最主要的差异表现在气候和植被上，形成不同类型的土壤。在每个区域内都有代表性的土壤和植被。主要土壤类型如下：

（1）山地草甸土，分布在大、小高加索山脉海拔 1 800 ～ 3 000 m 以上的高寒地带，这些土壤是形成与高山山地草甸到亚山地草甸之下，植物在较短的生长季节发育强大的根系，形成致密的深色草皮层，保证了高山草甸土地的稳定，防止地表径流。不过，土壤覆盖层并不连续，经常显现岩石，掺杂沙砾和岩石碎片。由于温度相对较低（平均温度约为 5℃）和大气降水充沛，发达的植物根系分解非常缓慢，在半分解状态积蓄。山地草甸土含有大量的腐殖土（超过 10%），含量随深度、高交换量（每 100g 干土 45～60 mg 当量）和酸反应（pH 为 5.5～6.4）急剧下降。属于山地草甸土的有：山地草甸泥炭（高山）土、山地草甸草皮土（亚高山土）和山地草甸黑钙土（森林草甸土）。它们从最高和形成时间最短的山地草甸泥炭土开始依次出现。

（2）小高加索山脉区域的褐色山地森林土分布在 900～1 200 m 高度的范围内。植被为落叶林，包括榉木、鹅耳枥木、橡木，与农作物种植区相邻。年降水量为 500～1 000 mm，年平均温度为 8～10℃，各区域差别很大，从而导致土壤的显著差异。褐色山地森林土有以下特点：腐殖土含量高（达 5%～8%）并从土壤的上层随深度而降低，高交换性（每 100g 干土中 28～40 mg 当量），酸性反应（pH 值为 6～6.7）。

（3）黄土。这种类型的土壤广泛分布在连科兰地区的山脚和丘陵地带，是地中海型亚热带湿润气候下形成，年均气温约 14.5℃，年降水量为 700 mm（北部）至 1 300～1 900 mm（南部）。降水一般在秋季和冬季。黄土形成于栗橡木林内。大部分地区都覆盖着茶园，为湿润的亚热带土壤形成：山地黄土和黄黑土。

（三）生物资源

在阿塞拜疆境内大约有 4 500 种植物，占高加索地区植物物种的 64%。阿塞拜疆常见的 600 种地方特有植物中，有 168 种属于阿塞拜疆特有，432 种为高加索地区特有。阿塞拜疆境内有 1.8 万种动物。现代阿塞拜疆动物包括 97 种哺乳动物、357 种鸟、约 100 种鱼，67 种（和亚种）两栖类和爬行类动物，约 1.5 万种昆虫。有 140 种珍稀和濒危物种被列入阿塞拜疆红皮书，包括 14 种哺乳动物（鹅喉羚、豹、山羊等），36 种鸟［雉（欧石鸡属）等］，5 种鱼（鳗鱼、七鳃鳗、三文鱼、鲟鱼等），13 种两栖动物和爬行动物（北螈、叙利亚蛙等），40 种和亚种昆虫。[①]

阿塞拜疆的森林覆盖率 20 世纪八九十年代时为 35%，但进入 21 世纪后减少约 200 万 hm²，只剩下近 100 万 hm²（约占领土面积的 11%，这个数字相比邻国格鲁吉亚的 39% 少很多），人均 0.12 hm²。森林面积减少的最厉害的是大高加索山区（占减少面积的 49%），其次是小高加索山区（占减少面积的 34%）、库拉—阿拉斯低地（占减少面积的 15%），另外还有纳希切万地区（占减少面积的 0.5%）。[②]

由于地形和气候复杂多样，阿塞拜疆的动植物分布和种类也呈现多样性的特征，

---

① 阿塞拜疆生态和自然保护部，http://files.preslib.az/projects/azereco/ru/eco_m1_3.pdf.
② The Ministry of Ecology and Natural Resources of Azerbaijan Republic, *Forests of the Republic of Azerbaijan*, http://www.eco.gov.az/en/m-meshe.php.

物种十分丰富。境内大部分地区生长着干旱草原植物、半荒漠植物和高山草地植物；山地地区为山地森林土，生长着阔叶林，橡树、榉树、枥树等分布很广。林区主要集中在小高加索山脉与库拉河谷地带。境内的动物种类已超过 1.2 万种，其中包括淡水鱼类 88 种、陆生动物 11 种、爬行动物 50 种、鸟类 380 种、哺乳动物 92 种等。由于海拔高度和地形的不同，动物群落分布区可以划分为 4 个：半沙漠和干旱草原区、洼地植物丛和山麓灌木区、高山森林带和高山草原和草甸区。

里海沿子午线在东经 47°17′ 与北纬 36°33′ 之间画出拉丁字母 S 形。里海沿子午线的长度为 1 200 km，平均宽度为 310 km，最大宽度为 435 km，最小宽度为 195 km。目前，里海水位低于海平面 26.75 m，在该标高上，里海面积为 39.26 万 km²，水量为 7.864 8 万 km³，相当于世界湖水资源的 44%。最大深度为 1 025 m，可与黑海、波罗的海、黄海相比，深于亚得里亚海、爱琴海和第勒尼安海。

阿属里海水域包括里海的中部和南部，其盐度明显区别于海水。里海北部的湖水盐度为 5‰～6‰，中部和南部为 12.6‰～13.5‰。里海有 300 多座泥火山，其中 170 多座岛屿和海底火山位于阿属里海水域，特别是在里海南部。

里海有特有的动物和植物物种，世界上 90% 的鲟鱼都产自这里。里海的鱼类中有 4 个大类、31 种和 45 亚种地方特有鱼类。大约 40 种（亚种）是被捕鱼类。鲱鱼占鱼类总量的 80%，其余为乌鱼、银汉鱼等。被列入阿塞拜疆红皮书的濒危鱼类有里海七鳃鳗、斑鱼、南里海鲷鱼、剑鱼等。近年来，面临灭绝威胁的鱼类有：里海鲑鱼、白鲑鱼、突吻鱼、白鱼、银鲫。里海的海洋动物中唯一的哺乳动物是里海海豹。它是所有海豹中体型最小的。目前，海豹种群的规模已大大减少，被列入阿塞拜疆红皮书。

阿属里海水域有 171 种浮游植物（藻类），40 种浮游动物，258 种底栖植物，91 种大型底栖动物，14 科的 80 种（亚种）鱼类。数量较多的鱼类是：鲤形目 42 种，龙骨鱼 17 种，鲑鱼 2 种，鲟鱼 5 种。

在里海及其沿海地区的各类栖息地有 320 种鸟类，包括 37 种水禽，109 种湿地禽，156 种陆地禽。

（四）水资源

据阿塞拜疆环保部门统计，2010 年以来，阿塞拜疆年水资源量为 120 亿～130 亿 m³，年耗水量为 80 亿～100 亿 m³，其中农业用水量约占 70%，工业用水占

25%，居民用水占 5%。[①]

阿塞拜疆河网分布不均，全国平均为 0.36 km/ km²，连科兰地区分布较密（0.84 km/ km²），阿布舍隆 - 戈布斯坦地区只有 0.2 km/km²。境内共有 8 350 条大小河流，其中干流长度超过 500 km 的河流有 2 条，干流长度 101 ～ 500 km 的河流有 22 条，干流长度 11 ～ 100 km 的河流 324 条。境内所有河流都向东注入里海。

河流主要有库拉河、阿拉斯河、萨穆尔河、阿拉赞河、基尔德曼河等。按性质分，境内河流又可分为跨界河流、界河和纯境内河流三类，纯境内河流规模都比较小，发源于山区，年均流速通常在 3 ～ 6 m/s（波动幅度 1.5% ～ 15%），基本注入库拉河或阿拉斯河，部分直接注入里海。据观测，阿塞拜疆年均经流量总计 281 亿～ 303 亿 m³，其中 67% ～ 70% 从境外流入（197 亿～ 203 亿 m³），本土产生 78 亿～ 106 亿 m³。

按流域，阿塞拜疆境内河流分为三大流域：一是库拉河；二是阿拉斯河；三是里海流域，河流直接注入里海。其中，库拉河流域（包括阿拉斯河）年径流量为 259 亿～ 269 亿 m³，其中 76% ～ 77% 来自境外（196 亿～ 208 亿 m³），阿本土产生 56.4 亿～ 73.4 亿 m³。库拉河（不包括阿拉斯河）年径流量 160 亿～ 178 亿 m³，其中阿本土产生 45 ～ 60.2 亿 m³。阿拉斯河年径流量 91 亿～ 93 亿 m³，其中本土产生 10.4 亿～ 14 亿 m³。直接注入里海的河流的年径流量 21.7 亿～ 34.1 亿 m³，其中来自境外 1.4 亿 m³，本土产生 21.7 亿～ 32.7 亿 m³。

库拉河是外高加索地区水量最大和最长的河流，经格鲁吉亚和阿塞拜疆，注入里海，全长 1 364 km，流域面积 18.8 万 km²（其中 31% 在阿塞拜疆境内），河口处年均径流量 445 m³/s。下游泥沙含量大（2 100 万 t/a），河口三角洲面积约 100 km²。该河干流上有水电站 4 座，明格切维尔水电站（Mingacevir）为阿塞拜疆电力的主要来源之一。

阿拉斯河是库拉河的最大支流，北岸是亚美尼亚，南岸是土耳其和伊朗，在伊朗的焦勒法流入宽阔的河谷，经过穆甘草原，汇入阿塞拜疆的库拉河，流域面积 10.2 万 km²（其中 18% 在阿塞拜疆境内），全长 1 072 km，河口处年均径流量 121m/s。河流水流湍急，不利航运，因主要流经山地地区，落差较大而形成比较丰富的水力资源。

阿塞拜疆境内共有 450 座湖泊，总面积 395 km²（其中 10 座面积超过 10 km²），其中淡水资源只有 9 亿 m³。湖泊主要有冰川湖、河滩湖、潟湖、喀斯特湖、堰塞湖、凹陷湖、水库水坝等 7 种类型。面积最大的湖泊是位于库拉—阿拉斯低地的萨利苏湖。

---

①The Ministry of Ecology and Natural Resources of Azerbaijan Republic,*Rivers,lakes and reservoirs of Azerbaijian Republic*, http://www.eco.gov.az/en/hid-chay-gol-suanbar.php.

　　截至 2015 年年初，阿塞拜疆库容超过 100 万 m^3 的水库共有 61 座，总蓄水量 215 亿 m^3，有效库容 124 亿 m^3。境内最大水库是明盖恰乌尔水库，库容 170 亿 m^3（大约相当于北京十三陵水库容积的 1/3）。阿塞拜疆的主要河流、湖泊、水库及水资源消费情况见表 13-3 ～表 13-6。

表 13-3　阿塞拜疆的主要河流

序号	河流	注入地	长度 /km	流域面积 /km²	海拔高度 /m	
					源头	入口
1	库尔河 Kur	里海	1 515	188 000	2 740	−27
2	加尼赫河 Ganikh （Alazan）	明盖切乌尔水库	413	16 920	2 560	75
3	加比里河 Gabirri （Iori）	明盖切乌尔水库	389	4 840	2 560	51
4	汗拉米河 Khramy	库尔河	220	8 340	2 422	255
5	阿克斯塔恰河 Aqstafachay	库尔河	133	2 586	3 000	210
6	图里安恰伊河 Kurekchay	库尔河	126	2 080	3 100	18
7	阿拉斯河 Araz	库尔河	1 072	102 000	2 990	−11
8	阿帕恰河 Arpachay	阿拉斯河	126	2 630	2 985	780
9	海克里恰河 Hekeriychay	阿拉斯河	128	5 540	3 080	268
10	苏姆盖特河 Samur	里海	216	4 430	3 600	−27
11	皮尔萨加特河 Pirsaat	里海	199	2 280	2 400	−11
12	波尔加恰河 Bolgarchay	马赫穆尔恰拉湖	168	2 170	1 710	−17

资料来源：the Ministry of Ecology and Natural Resources of Azerbaijan Republic,Rivers,lakes and reservoirs of Azerbaijian Republic, http://www.eco.gov.az/en/hid-chay-gol-suanbar.php.

表 13-4　　阿塞拜疆的湖泊

序号	湖泊	所在地	面积 /km²	水量 /m³
1	萨雷苏湖 Sarisu	库拉—阿拉斯低地 Kur-Araz low-land	65.7	0.591
2	阿克济伯恰拉湖 Aqzibirchala	沙布兰地区 Shabran region	13.8	0.100
3	盖伊戈尔湖 Geygol	库雷克恰盆地 Kurekchay's basin	0.79	0.240
4	哈吉加布尔湖 Hajigabul	库尔—阿拉兹低地 Kur-Araz low-land	8.4	0.121
5	博尤克 绍尔湖 Boyuk Shor	阿布舍伦半岛 Absheron peninsula	16.2	0.275
6	阿克戈尔湖 Aqgol	库尔—阿拉兹低地 Kur-Araz low-land	56.2	0.447
7	詹达戈尔湖 Jandargol	格鲁吉亚边境 Georgian boundary	10.6	0.510
8	博尤克 阿拉戈尔湖 Boyuk Alagol	加拉巴汗火山平原 Garabakh volcanic plain	5.1	0.243
9	阿希格 加拉湖 Ashig Gara	海克里恰盆地 Hekerychay's basin	1.76	0.102
10	加拉恰克湖 Garachuq	纳克奇万恰盆地 Nakhchivanchay's basin	0.45	0.253

资料来源：the Ministry of Ecology and Natural Resources of Azerbaijan Republic,Rivers,lakes and reservoirs of Azerbaijian Republic, http://www.eco.gov.az/en/hid-chay-gol-suanbar.php.

表 13-5　　阿塞拜疆的水库

序号	水库	面积 /km²	水量 / 亿 m³
1	明盖恰乌尔水库 Mingechevir	605	15.73
2	沙姆基尔水库 Shemkir	116	2.68
3	叶尼肯德水库 Yenikend	23.2	1.58
4	瓦尔瓦拉水库 Varvara	22.5	0.06
5	阿拉兹水库 Araz	145	1.254

序号	水库	面积 /km²	水量 / 亿 m³
6	塞尔森水库 Serseng	14.2	0.565
7	杰兰巴坦水库 Jeyranbatan	13.9	0.186
8	汗布兰恰水库 Khanbulanchay	24.6	0.052
9	锡拉布水库 Sirab	1.54	0.013
10	阿克斯塔法恰水库 Aqstafachay	6.30	0.12
11	哈钦恰水库 Khacinchay	1.76	0.023

资料来源：The Ministry of Ecology and Natural Resources of Azerbaijan Republic,Rivers,lakes and reservoirs of Azerbaijian Republic, http://www.eco.gov.az/en/hid-chay-gol-suanbar.php.

表 13-6　阿塞拜疆水资源消费统计

类别	1990年	1995年	2000年	2005年	2010年	2011年	2012年	2013年	1991—2000 年	2001—2010 年	2011—2013 年
水资源总量 / 亿 m³	161.76	139.71	111.1	120.5	115.66	117.79	124.84	125.09	136.91	113.71	122.57
人均水资源拥有量 /m³	22.93	18.47	13.97	14.38	12.95	13.01	13.61	13.46	18.17	13.44	13.36
水资源消费量 / 亿 m³	124.77	102.23	65.88	86.07	77.15	80.12	82.49	82.29	95.97	77.64	81.63
农业用水 / 亿 m³	86.27	77.2	38.19	57.1	54.97	57.46	57.72	57.46	66.04	46.22	57.55
工业用水 / 亿 m³	34.18	21.73	23.16	23.6	17	17.6	20.98	20.56	25.84	21.22	19.71
居民用水 / 亿 m³	4.02	3.27	4.49	5.21	4	3.97	2.79	3.11	3.41	4.46	3.29
循环再利用水资源量 / 亿 m³	16.28	16.96	18.75	22.24	17.87	17.88	22.04	21.84	15.99	19.74	20.59
运输途中损失 / 亿 m³	42.06	37.47	30.53	34.62	38.52	37.67	42.36	42.8	36.35	35.42	40.94
废水 / 亿 m³	50.26	42.47	41.06	48.78	60.05	50.68	54.19	51.73	42.89	49.54	52.20
未处理的废水 / 亿 m³	3.03	1.34	1.71	1.61	1.64	2.23	2.2	2.48	1.88	1.68	2.30

资料来源：The State Statistical Committee of the Republic of Azerbaijan, Environment Protection, 9.1.Main indicators characterizing protection of water resources and their rational use,http://www.stat.gov.az/source/environment/indexen.php.

三、社会与经济

（一）人口概况

据阿塞拜疆国家统计委员会数据，截至 2014 年年初，阿全国人口共计 948 万，人口密度为 109 人 /km²。其中城市人口占居民总数的 53%（505 万人），农村人口占 47%（443 万人），男女比例为 49.7 ∶ 50.3。

阿塞拜疆民族众多，其中（2009 年数据）人口最多的是阿塞拜疆族，占总人口的 91.6%（约 900 万人），列兹金族占 2%，俄罗斯族、亚美尼亚族和塔里什族分别约占 1.3%，阿瓦尔族占 0.6%，土耳其族占 0.4%。阿塞拜疆族是高加索地区的古老民族之一，语言上则属阿尔泰语系突厥语族。列兹金族主要居住在阿塞拜疆东北部和俄罗斯达吉斯坦共和国，操本民族语言（属高加索语族），主要信仰伊斯兰教逊尼派。阿瓦尔族是欧亚大陆北部的游牧民族之一，有人认为是古代柔然人向欧洲西迁后留在高加索地区的一部分，主要分布在阿塞拜疆北部和俄罗斯南部，操阿瓦尔语，信仰伊斯兰教逊尼派。塔里什族主要分布在阿塞拜疆东南部和伊朗北部。

据美国《2013 年度宗教自由报告》数据，阿塞拜疆全国 96% 的居民信仰伊斯兰教（其中约 65% 属什叶派，主要是十二伊玛目派，约 35% 属逊尼派，主要是哈乃斐派，另有少部分信仰苏菲派），其余 4% 信仰东正教、基督教、犹太教、莫洛坎教，佛教以及无宗教信仰人士。阿塞拜疆人口统计情况见表 13-7。

表 13-7　阿塞拜疆人口统计情况（当年年初）

年份	人口 / 万人	年均增加 / 万人	增长率 /%	城市 / 万人	农村 / 万人	城市 /%	农村 /%	男性 /%	女性 /%
1990	713.19	8.7	1.2	384.73	328.46	53.9	46.1	48.8	51.2
1991	721.85	10.6	1.5	385.83	336.02	53.5	46.5	48.8	51.2
1992	732.41	11.6	1.6	388.44	343.97	53.0	47.0	48.9	51.1
1993	744.00	11.0	1.5	392.85	351.15	52.8	47.2	48.9	51.1
1994	754.96	9.4	1.2	397.09	357.87	52.6	47.4	49.0	51.0
1995	764.35	8.3	1.1	400.56	363.79	52.4	47.6	49.1	50.9
1996	772.62	7.4	1.0	403.45	369.17	52.2	47.8	49.2	50.8
1997	779.98	7.7	1.0	405.78	374.20	52.0	48.0	49.3	50.7
1998	787.67	7.7	1.0	408.25	379.42	51.8	48.2	49.3	50.7
1999	795.34	7.9	1.0	406.43	388.91	51.1	48.9	48.8	51.2
2000	803.28	8.2	1.0	410.73	392.55	51.1	48.9	48.9	51.1
2001	811.43	7.7	1.0	414.91	396.52	51.1	48.9	49.0	51.0
2002	819.14	7.8	0.9	419.26	399.88	51.2	48.8	49.0	51.0
2003	826.92	8.0	1.0	423.76	403.16	51.2	48.8	49.1	50.9
2004	834.91	9.8	1.2	435.84	399.07	52.2	47.8	49.1	50.9
2005	844.74	10.6	1.3	442.34	402.40	52.4	47.6	49.2	50.8
2006	855.31	11.3	1.3	450.24	405.07	52.6	47.4	49.3	50.7
2007	866.61	11.4	1.3	456.42	410.19	52.7	47.3	49.3	50.7
2008	877.99	14.3	1.6	465.22	412.77	53.0	47.0	49.4	50.6
2009	892.24	7.5	0.8	473.91	418.33	53.1	46.9	49.5	50.5
2010	899.76	11.4	1.3	477.49	422.27	53.1	46.9	49.5	50.5
2011	911.11	12.4	1.4	482.95	428.16	53.0	47.0	49.6	50.4
2012	923.51	12.1	1.3	488.87	434.64	52.9	47.1	49.6	50.4
2013	935.65	1.2	0.1	496.62	439.03	53.1	46.9	49.7	50.3
2014	947.71	0.0	—	504.54	443.17	53.2	46.8	49.7	50.3

资料来源：The State Statistical Committee of the Republic of Azerbaijan, Population / Statistical yearbook / Population of Azerbaijan, http://www.stat.gov.az/source/demoqraphy/ap/indexen.php.

（二）行政区划

阿塞拜疆全国归中央直属的地方行政单位有：1 个自治共和国（Autonomous Republic）、59 个区（region，农业为主）、13 个市（district，含首都，工业为主）。

自治共和国、区和市的行政长官由总统任命和解职。城市地区共有 78 个城镇（town）和 261 个居民点（settlement），农村地区共有 4 250 个居民点。

纳希切万（Nakhchivan）是阿塞拜疆下辖的唯一一个自治共和国，被亚美尼亚与本土隔开，形成飞地，下辖 7 个区和 1 个市，即首府纳希切万市，面积 5 363 km²。全境多山，东部为小高加索山脉；阿拉斯河流经南部边境。大陆性气候显著，1 月平均气温-14 ～-3℃（山区），7 月 5 ～ 28℃。年降水量 200 ～ 600 mm。纳希切万是《圣经》中记载的大洪水后诺亚建造的第一个城市，历史上是重要的商业中心，曾被波斯、亚历山大帝国、拜占庭帝国、阿拉伯帝国、塞尔柱帝国、蒙古汗国、波斯阿巴斯王朝、沙皇俄国、奥斯曼帝国等列强先后占领。

（三）政治局势

阿塞拜疆的政体是总统制，《宪法》第 99 条规定："阿塞拜疆的行政权规属总统。"总统是国家元首和武装力量最高统帅，对内和对外代表国家，是人民团结的具体表现，保证国家的连续性。政府在总统领导下工作，向总统负责。如果总统因故在任期未满前离职，则需在 3 个月内举行新总统选举。选举期间，总统权力由政府总理代行。如果总理代行总统权力期间因健康原因丧失工作能力，则由议长代行总统权力。

阿塞拜疆的国民议会（Milli Majlis）实行一院制，由 125 名议员组成，任期 5 年。会议出席人数超过 83 名议员的议会会议方为有效。议会下设法律政策和国家建设问题；安全与军事问题；经济政策；自然资源、生态与能源问题；农业政策；社会政策；地区问题；科学和教育问题；文化问题；人权；国际关系和议会间联系等 12 个常设委员会。

截至 2015 年 1 月 1 日，阿塞拜疆共有 54 个合法注册的政党，其中规模最大的是执政的新阿塞拜疆党（The New Azerbaijan Party，www.yap.org.az），规模较大的有穆萨瓦特党、人民阵线党、民族独立党、民主党、自由党、公正党、自由民主党、共产党、祖国党等。

2008 年小阿利耶夫赢得第二届任期后，当时阿国内存在质疑，即小阿利耶夫是否还有资格再参加总统选举。大部分议员认为，在阿塞拜疆还与亚美尼亚处于战争状态以及阿塞拜疆领土仍被占领的情况下，不排除通过军事途径解放被占领土的可能；为避免国家内部产生各种冲突，在解放被占领土期间（或者说军事行动尚未结束期间），必须保证国家元首和议会正常活动，因此，有必要修改国家宪法，允许总统和议会在结束军事行动之前，继续履行职责。为此，阿塞拜疆于 2009 年 3 月

18 日举行全民公决，并以约 90% 的赞同票获得通过。这次宪法修改为小阿利耶夫参加 2013 年总统选举提供了充足法律依据。

2013 年小阿利耶夫当选新一届总统后（其本人的第三届），因其个人威望无人能敌，阿塞拜疆国内局势总体稳定。但同时面临较大国际压力，尤其是西方的民主和人权压力，加上国际油价下跌，阿塞拜疆经济下滑，西方对阿塞拜疆的能源需求减弱，阿塞拜疆在西方的地位和影响下降。阿塞拜疆的国家机构设置见表 13-8。

表 13-8　阿塞拜疆的国家机构设置（截至 2015 年 1 月）

	总统 President	
总统办公厅	The office of President 或 the Administration of President	www.president.az
国家安全委员会	The Security Council	
	政府 Goverment	
内阁	Council of Ministries	www.cabmin.gov.az
	议会 National Assembly 或 Milli Mejlis www.meclis.gov.az	
审计署	Chamber of Auditors	www.audit.gov.az
	法院 Court	
宪法法院	The Constitutional Court	www.constcourt.gov.az
最高法院	The Supreme Court	www.supremecourt.gov.az
	向总统汇报工作的中央机关	
中央银行	Central Bank	www.cbar.az
检察院	Procurator's Office	www.genprosecutor.gov.az www.prosecutor.gov.az
	政府内阁成员：Ministry of the Republic of Azerbaijan	
外交部	Ministry of Foreign Affairs	www.mfa.gov.az
教育部	The Ministry of Education	www.edu.gov.az
卫生部	Ministry of Health	www.health.gov.az
文化与旅游部	The Ministry of Culture And Tourism	www.mct.gov.az
青年与体育部	Ministry of Youth and Sports	www.mys.gov.az
劳动与社会保障部	Ministry of Labor and Social Defense	www.mlspp.gov.az
环境与自然资源部	The Ministry of Ecology And Natural Resources	www.eco.gov.az
能源部	Ministry of Industry and Energy	www.mie.gov.az
通讯与信息技术部	The Ministry of Communication and Information Technology	www.mincom.gov.az
交通部	The Ministry of Transport	
国防工业部	The Ministry of Defence Industry	www.mot.gov.az
农业部	Ministry of Agriculture	www.agro.gov.az
经济和工业部	The Ministry of Economy and Industry	/www.economy.gov.az
财政部	The Ministry of Finance	www.finance.gov.az
	www.maliyye.gov.az	
税务部	Ministry of Taxes	www.taxes.gov.az
紧急情况部	The Ministry of Emergency Situations	www.fhn.gov.az
国防部	Ministry of Defense	
国家安全部	The Ministry of National Security	www.mns.gov.az
司法部	Ministry of Justice	www.justice.gov.az
内务部	The Ministry of Internal Affairs	www.mia.gov.az
国家城镇建设规划委员会	State Committee on town planning and architecture	www.arxkom.gov.az

政府内阁成员：国家委员会 State Committee of the Republic of Azerbaijan		
国家家庭、妇女和儿童委员会	State Committee on issues of family, women and children	www.scfwca.gov.az
国家有价证券委员会	State Committee on Securities	www.scs.gov.az
国家宗教组织工作委员会	State Committee for Work with Religious Organizations	www.scwra.gov.az
国家侨务工作委员会	the State Committee for Work with the Diaspora	www.diaspora.gov.az
国家产权事务委员会	State Committee on Property Issues	www.stateproperty.gov.az
国家统计委员会	State Statistics Committee	www.azstat.org
国家海关委员会	State Customs Committee	www.customs.gov.az
国家资产事务委员会	State Committee for Property Affairs	www.stateproperty.gov.az
国家标准化、计量和专利委员会	State Committee on Standardization, Metrology and Patents	www.azstand.gov.az
国家难民和被迫迁徙工作委员会（委员会主席由副总理兼任，主要解决纳卡问题）	State Committee on Refugees and IDPs issues	www.refugees-idps-committee.gov.az
政府内阁成员：国家局 State Service、State Administration、National Department		
国家移民局	State Migration Service	www. migration.gov.az
国家边防局	State Border Service	www.dsx.gov.az
国家动员和征兵局	State Service on mobilization and conscription	seferberlik.gov.az
国家海洋局	State Maritime Administration	www.ardda.gov.az
国家民航局	State Administration of Civil Aviation	www.caa.gov.az
国家档案局	National Archive Department	www.milliarxiv.gov.az
国有企业		
国家基金	Fund	
国家石油基金	State Oil Fund	www.oilfund.az
国家社会保障基金	Social Defense Fund	www.sspf.gov.az
大型国有企业		
国家石油集团	SOCAR（State Oil Company of Azerbaijan Republic）	www.socar.az
国家可替代和可再生能源公司	State Company for Alternative and Renewable Energy Sources	www.abemda.az
国家电力公司	AzerEnergy CJSC	www.azerenerji.com
国家自来水公司	Azersu JSC	www.azersu.az
国家天燃气公司	Azerigaz CJSC	www.socar.gov.az
国家移民服务公司	The State Migration Service	www.migration.gov.az
国家土壤改良和水务公司	Azerbaijan Amelioration and Water Management	www.mst.gov.az
国家电视和广播公司	Television and radio broadcasting company	www.aztv.az
阿塞拜疆航空公司	Azerbaijan Airlines CJSC	www.azal.az
阿塞拜疆通讯社	Azerbaijan State Telegraph Agency	www.azertag.az

资料来源：President of the Republic of Azerbaijan Ilham Aliyev, Order of the President of the Republic of Azerbaijan on the new composition of the Cabinet of Ministers of the Republic of Azerbaijan, Baku, 22 October 2013, http://en.president.az/articles/9726.

（四）经济概况

小阿利耶夫自 2003 年执政以来，阿塞拜疆陆续出台一系列有关国家、行业、地区的发展纲要和发展战略规划，指导国家有序发展，如《2014—2018 年地区经济社会发展国家纲要》《2011—2013 年巴库市及其周边地区经济社会发展国家纲要》《阿塞拜疆 2020 年：对未来的看法》《2015—2020 年工业发展纲要》《2008—2015 年减贫和可持续发展国家纲要》《2008—2015 年居民食物供应国家纲要》《2007—2012 年国家通讯和信息技术发展纲要》《2009—2015 年发展退休保险国家纲要》《2007—2015 在国外培养阿塞拜疆青年的国家纲要》等。提出阿塞拜疆 2020 年前的发展目标是：调整经济结构，减少对石油的依赖，发展非石油经济；经济稳定高增长；民众享受高福利；国家管理高效率；人的权利高保障。具体指标是：①人均 GDP 达到 1.3 万美元；②进入世界"最高人类发展指数国家"行列；③进入世界"高人均收入国家"行列；④成为地区经济贸易中心；⑤非石油领域产值年均增长率达到 7% 以上，非石油类商品出口达到人均 1 000 美元。

阿塞拜疆经济以工业为主，尤其是油气工业。2005—2014 年，每年农业产值占 GDP 的比重均不超过 10%，2010 年以来约为 5%，同期，工业产值比重占 46%～60%，占比高低与国际油价和油气工业产值升降呈正比关系。这样的三产结构，说明阿塞拜疆政府需努力调整产业结构，提高经济的抗风险能力。

阿塞拜疆的工业可谓油气一枝独秀。2013 年工业总产值 267 亿马纳特（约合 340 亿美元）。2010—2013 年，阿塞拜疆年均工业产值 259 亿马纳特（合 330 亿美元），其中采掘业年均产值占工业总产值的 78.85%（其中油气开采占工业总产值的 76.17%），加工业平均占比 15.5%，水电气生产与分配占 5.65%。加工业中，油气加工占工业总产值的 7.6%、食品工业占工业总产值的 1.5%、建材业占工业总产值的 1.2%、冶金业占工业总产值的 0.8%、机械设备制造、饮料、金属制品和电力设备等行业分别占工业总产值的 0.4%～0.6%。由此，发展非资源领域成为阿塞拜疆政府工业政策的首要任务。

阿塞拜疆的主要商品进口来源地是周边国家和欧洲。从商品大类看，进口商品主要有：机械设备、交通工具、贱金属及其制品、贵金属、食品和烟酒等。这样的进口结构，与阿塞拜疆大力发展基础设施建设，为配套服务油气工业而大量进口油气和采掘设备，以及生活水平提高后，大量进口日用消费品等有很大关系。

阿塞拜疆的出口商品主要有石油、天然气、农产品、矿产等。原油及其制品是最大宗的出口商品，2000 年以来，每年都占出口总额的 80% 以上；2008 年后更是占到 90% 以上。2013 年，阿塞拜疆出口总额 240 亿美元，其中原油及其制品出口额占 93%（222 亿美元）。原油主要出口到意大利、希腊等东南欧国家，以及印度尼西亚、泰国、印度、以色列等亚洲国家。柴油、煤油、汽油等成品油主要出口到土耳其、格鲁吉亚、伊朗等周边国家和独联体国家。

四、军事和外交

（一）军事

为保障本国国防和军事力量在高加索地区的优势，除从国外采购外（主要是俄罗斯、以色列、塞尔维亚、南非、韩国和土耳其等），阿塞拜疆还努力发展本国国防工业，制造轻武器、轻型车载炮、火炮、装甲车辆、弹药、无人机等。据阿塞拜疆国防工业部数据，2005—2013 年，阿塞拜疆国防工业产值增长超过 8 倍（2013 年约 3 亿美元）。[①]

为保持对亚美尼亚的军事优势，维护地区安全和稳定，据瑞典斯德哥尔摩和平研究所统计，阿塞拜疆 2004—2014 年的实际军费开支约占当年 GDP 的 2.4%～4.7%。这个比重水平在世界都属高位。军事耗费必然会影响其他领域支出。这也是阿塞拜疆希望尽快解决纳卡问题的主要原因所在。

（二）外交

总体上看，阿塞拜疆独立以来的外交历程可以分成三个阶段：第一个阶段从 1991—1993 年上半年，国内政局混乱，对外政策也经常变化，人民阵线执政期间，奉行亲土耳其、疏远俄罗斯的政策，拒不加入独联体，和亚美尼亚处于战争状态。第二个阶段从 1993 年下半年到 1998 年上半年，是阿利耶夫重返政坛的第一个总统任期，调整对俄罗斯政策，加入独联体，与亚美尼亚实现停火，奠定了阿塞拜疆的基本外交格局和原则。第三个阶段从 1998 年下半年至今，阿塞拜疆对外交往不断扩大，在继续加强大国外交的同时，努力改善与周边国家的关系，在地区事务中发挥积极作用，充分利用地缘优势，扩大对外政经联系。

总体上看，阿塞拜疆对外政策的宗旨是维护国家利益，维护国家主权、独立与领土完整；保证国家和人民安全；维护地区稳定，为国内发展创造良好的外部环境；扩大国际影响，提高国际地位。在总结历史经验教训的基础上，阿塞拜疆的对外政策强调实用主义、全方位、国际法、领土完整、相互依赖、负责任、清晰透明等基本原则。其中，实用主义就是重视国家和人民利益；全方位就是与世界各地、各领域开展友好合作；国际法就是尊重和遵守国际通行规则和基本原则，以及联合国决议，支持领土完整和不干涉内政；领土完整就是要解决纳卡问题，收复国土；相互依赖就是努力夯实合作基础，巩固合作关系，通过利益捆绑，发展互利共赢；负责

[①]中新网：阿塞拜疆称自 2005 年以来国防工业产量增长超 8 倍 .2013-09-26，http://news.163.com/13/0926/15/99N5U4LV00014JB6.html?f=jsearch.

任就是积极履约，做诚实可靠的合作伙伴；清晰透明就是对外政策表达清楚明白，不含糊，坦率直接地表明本国立场，避免产生误解或歧义。

在全方位外交原则指导下，近年来，阿塞拜疆外交工作呈现出以下三个特点：一是重视"多边外交"。即加强同国际组织和地区合作机制的合作，如伊斯兰合作组织、欧盟伙伴关系、北约和平伙伴关系、独联体、不结盟运动、上海合作组织等。二是重视"睦邻外交"。即与邻国和睦相处和友好合作，努力缓解周边现实困境。三是重视"东西方外交"。即在保持与西方密切关系的同时，加大与亚非国家交往，在欧亚大陆的东西方交往中发挥独特作用。阿塞拜疆认同欧洲文化，愿意分享欧洲价值观，并努力按照欧洲标准改造自己，与欧洲一体化和加入欧洲大家庭是阿塞拜疆的战略选择，但这不意味着阿塞拜疆会毫无原则地全盘西化，将一切希望均寄托在西方身上。尤其是当阿塞拜疆与欧洲关系已经非常紧密，以及阿塞拜疆大力发展非资源领域经济的时候，阿塞拜疆的外交工作不再主攻西方，而是与世界各地区广泛交往。

阿塞拜疆始终认为纳卡是"最沉痛的问题"。纳戈尔诺-卡拉巴赫地区简称"纳卡"（阿塞拜疆语的意思是"黑色花园"），苏联时期是阿塞拜疆加盟共和国下属的一个自治州，同亚美尼亚不接壤，面积 4 400 km^2，人口数量 18 万，该州 80% 居民为亚美尼亚族人。苏联解体后，纳卡问题变成阿塞拜疆和亚美尼亚两个新独立国家之间的战争，1994 年，阿亚两国就全面停火达成协议，但两国至今仍因纳卡问题而处于敌对状态。纳卡对阿塞拜疆的影响主要有：一是难民问题。纳卡冲突造成至少 100 万原住民因逃避战乱而离开家园，来到阿塞拜疆其他地区。对于一个全国人口数量只有约 1 000 万的国家来说，其中 1/10 是难民，必然会对经济社会发展造成沉重负担。二是领土丧失。阿方认为，亚美尼亚强占纳卡及其周边地区，使得阿塞拜疆的国土面积相比于苏联加盟共和国时期减少 1/5，其中纳卡本身占阿塞拜疆领土总面积的 4.3%，被占领的纳卡周边地区共占阿塞拜疆全国总面积的 15.7%。针对纳卡问题，阿塞拜疆的基本态度立场是：第一，以联合国安理会四项决议和欧安组织明斯克小组的决议为基础，归还被占领土，让难民得以返乡。第二，尽可能和平方式解决。希望尽可能通过谈判解决争端，不会轻易使用武力，避免冲突扩大，防止纳卡问题继续影响阿塞拜疆国内发展。第三，在纳卡归还之前，不与亚美尼亚发展双边关系。只要不结束占领，这个政策将一直继续下去。第四，纳卡回归后，可给予纳卡高度自治地位。自治的程度和方式等具体问题可通过谈判协商解决。阿塞拜疆政府强调纳卡的自治地位仅限于纳卡本地，不涉及其他被占领土。

五、小结

阿塞拜疆位于里海西岸、高加索东部，油气资源丰富。阿塞拜疆民族宗教关系复杂，它是发展中国家，是具有伊斯兰传统的国家，是与土耳其一奶同胞的突厥语国家，也是受欧洲文化影响较大的国家，还曾是前苏联的加盟共和国。任何一种特征都不能概括整个阿塞拜疆，必须同时整合上述所有特征，才能准确表达"阿塞拜疆人"的身份认同和国民意识。

阿塞拜疆基本上处于亚热带，由于大高加索山脉挡住北方冷空气，而且距离海洋较远，全境气候温暖干燥，全国年均气温高山地区为 9～10℃，平原地区为 14～15℃。阿塞拜疆水资源较丰富，但年均降水分布极不平衡，从东南部的连科兰地区 1 600～1 800 mm，到东北部的阿布舍隆半岛 200～350 mm。

2003 年小阿利耶夫总统执政后至今，阿国内政局总体保持稳定，经济也保持增长态势，民众生活水平得到较大改善。近年，国家的中心任务是发展非石油领域经济，旨在调整经济结构，减少对石油的依赖。

第二节　环境状况

阿塞拜疆重视环境保护和合理利用自然资源的问题，为改善生态环境，阿塞拜疆政府通过一系列符合欧洲立法要求的重要法律法规，以可持续发展为原则，在有关政府计划框架内解决国内的迫切环境问题。不过，阿塞拜疆仍处于转型经济阶段，仅凭一国之力难以解决长期积累的环境问题，需借助国际合作。

阿塞拜疆的主要环境问题包括：

（1）水资源的污染，包括跨界污染；

（2）居民点优质水供应不足，饮用水在向用户供水途中损耗大，缺乏污水排放管线；

（3）工业企业和车辆的空气污染；

（4）肥沃土地的退化（水土流失，盐碱化）；

（5）工业固体废弃物（包括危险废弃物）的利用缺乏应有的监管；

（6）生物多样性的退化以及森林资源、动物（包括鱼类）数量减少。

根据阿塞拜疆生态和自然资源部对环境因素的分析显示，阿塞拜疆国内环境问题的治理措施总体有效。2012 年 1 月美国耶鲁大学和哥伦比亚大学公布的《全球环境绩效指数》（*Environmental Performance Index*）对全球 132 个国家在 2002—2011 年的环境现状和环境保护绩效。在 132 个国家中，阿塞拜疆目前的环境状况占第 111 位，过去 10 年的环保活动排名第 2 位。

国际生态活动结果指数排名对阿塞拜疆的生态状况及变化的评估以下列 10 个领域的 22 项指标为基础：森林覆盖率及其变化；人均温室气体排放量和千瓦每小时发电的温室气体排放量及其与 GDP 关系；儿童死亡率；主要居住场所及海洋保护；提供饮用水和卫生设施；农业补贴和农药净化；人均二氧化碳与 GDP 关系；密闭空间空气质量；水利用；大陆架区域内捕鱼。根据国际生态指数中对 2002—2011 年主要居住地保护、生物群落保护、水域保护、保持生物多样性工作等指标的评估，阿塞拜疆在上述领域的发展指数排名中居第 45 位，在实际状况排名中居第 100 位。所谓发展是指采取措施达到以下结果：建立 7 个自然保护区（自然保护区的面积由 2003 年的 47.8 万 hm^2 增加到 2011 年的 8.82 万 hm^2，占全国总面积的 10.2%，其中自 2003 年开始创建现有的 8 家国家公园，总面积达全国总面积的 3.6%），珍稀物种繁育及放归栖息地，稀有濒危物种的自然生长。

一、水环境

阿塞拜疆的水环境问题主要是河流污染（主要是上游河段排污造成）、里海污染（主要是油气开发造成）、饮用水安全（主要是工农业排污和缺乏水净化设施）三个方面，主要应对措施是严格向河流排污监管、新设饮水设施和水质监控设备。

（一）水环境问题

阿塞拜疆的水环境问题主要表现为河水污染、里海污染、饮用水安全三个方面：

1. 河水污染

库拉河的污染主要在上游和下游。上游在穿过格鲁吉亚和亚美尼亚境内时受到跨界污染。库拉河的支流，格鲁吉亚的杰别达河和赫拉米河以及亚美尼亚的阿克斯塔法河和塔乌兹河，都受到废弃物 [建筑垃圾（水泥）、化肥和冶金企业废弃物]

的污染[1]。库拉河在下游萨比拉巴德地区再次受到污染，阿拉斯河在该地区流入库拉河。该河段水中的悬浮物、营养物、金属、硫酸盐和铵的成分增加，并且有来自希尔凡、明盖恰乌尔以及其他定居点的污水排入。[2]

库拉河在阿塞拜疆境内的地表水基本不受污染。河流在明盖恰乌尔市瀑布系统之前能够完成 50%～60% 的自洁。由于在库拉河和阿拉斯河上游不能得到干净的水，阿塞拜疆很注重清洁河水。环境和自然资源部在库拉河上修建了 17 个监测站，在阿拉斯河上安装能够准确提供库拉河和阿拉斯河水质的设备。[3]

近年来，河水的生态状况向恶化方向发展：工程建设，工业、农业、生活废弃物排放，据阿塞拜疆环境和自然资源部的环境污染监测中心公布的关于库拉河和阿拉斯河污染水平的监测结果数据，在流入阿塞拜疆境内之前，格鲁吉亚、亚美尼亚、土耳其和伊朗就向这两条河流排放工业和生活废弃物。仅第比利斯一个城市，每天就向库拉河排放 100 万 m^3 的污水。平均每年向库拉河排放 70 万 t 有机物、3 万 t 氮磷盐、1.2 万 t 各种盐和碱、1.6 万 t 表面活性剂。阿拉斯河的河水污染程度更严重：pH 值为 2.4；由于氧含量急剧减少，几乎没有菌群，苯酚含量超标 220～1 160 倍，重金属盐含量超标 33～44 倍，氮磷盐含量超标 34 倍，氯盐超标 28 倍。阿拉斯河的自净能力降低。[4] 平均每年向库拉河排放的有机物达 70 t，氮磷酸盐 3 t，各种碱及盐 1.2 t，表面活性剂 1.6 t。[5]

库拉河的整体污染程度非常高，各个河段的污染程度不尽相同。主要污染物是石油和石油产品、苯酚、化学合成物质、重金属、各种有机物质和杀虫剂。同时，河水成分发生明显变化：原来主要是碳酸氢盐和钙，现在则是硫酸钠。近年来，有机氯农药在河水污染物中的占比显著减少。

阿拉斯河的污染程度更严重，主要是来自亚美尼亚的跨界污染。亚美尼亚境内的奥赫丘恰河、哈卡利恰河和巴尔顾沙德河把冶金企业的废弃物带入阿拉斯河，污染物包括铜（超标 8～11 倍）、酚（超标 5～7 倍）、石油产品（超标 0.4～1.4 倍）、硫酸（超标 1.4～1.8 倍）。

① Кура загрязняется отравляющими веществами на территории Грузии, а Аракс - на территории Армении. http://www.ecoindustry.ru/news/view/6262.html.

② Кура и Араз в контексте межгосударственных противоречий. http://anl.az/down/meqale/exo/2013/yanvar/291480.htm.

③ Проблемы речного бассейна Кура-Араз: вчера и сегодня. http://www.contact.az/docs/2013/Want%20to%20Say/032700032411ru.htm#.U4OBqK0zvMw.

④Проблемы речного бассейна Кура-Араз: вчера и сегодня. http://www.contact.az/docs/2013/Want%20to%20Say/032700032411ru.htm#.U4OBqK0zvMw.

⑤ Экологические проблемы рек. http://files.preslib.az/projects/azereco/ru/eco_m2_5.pdf.

2. 里海污染

里海是世界上最大的内陆湖泊，阿塞拜疆境内海岸线长 955 km，对于阿塞拜疆的居民生活具有重要意义。里海的主要污染物有：①石油。石油污染抑制了里海的底栖植物和浮游植物（以蓝藻和硅藻为代表）的生长，减少氧的产生。污染加剧对地表水和大气之间的热—气体—水分交换产生不利影响。由于浮油面积明显增加，蒸发速度大大降低。里海污染导致珍稀鱼类和其他生物的大量死亡。最明显的是石油污染对水禽的影响。鲟鱼数量持续下降。湖水由于富营养化而形成无氧区也是污染问题之一。有机物的合成和分解显著失调可导致水质严重变化。②酚污染。芳烃衍生物羟基（挥发物或非挥发物）的污染通常来自炼油厂等企业的污水。挥发物毒性大，并有强烈气味。在饮用水和渔业用水池中酚的最大容许浓度为 1 μg/L。③重金属污染。主要来自河流携带的重金属和过渡金属等工业废弃物，在里海中自然产生（沉淀和溶解方式）。④水生物疾病即水体污染导致的湖水内生物体疾病，外来生物体的渗透。主要是从其他海洋和湖泊引进外来生物，如栉水母的大量出现。栉水母主要以浮游动物为食物，每天消耗的食品是其自身重量的 40% 左右，从而破坏里海鱼类的食物供应。

3. 饮用水安全

库拉河和阿拉斯河是阿塞拜疆许多城市和地区饮用水的主要来源。按照供水量，阿塞拜疆属于世界上水资源较少地区。每平方公里的水量只有 10 万 m³。居民的年用水量为 950 ～ 1 000 m³/ 人。由于自然区域的多样性，水资源分配不均。舍基、扎卡塔雷、哈奇马斯、凯达贝克等地区为不缺水地区，戈布斯坦—阿布谢隆半岛、库拉—阿拉扎地区为缺水地区。

（二）治理措施

阿塞拜疆涉及水资源管理的国家机关是：①环境和自然资源部，负责实施国家在水资源领域的政策，管理地下水，监测河流和水体的水质。②紧急情况部，负责对水利设施的使用和维护实施国家监督。③土壤改良和水利开放式股份公司，负责管理和分配地表水和土壤改良用水以及国家设施的使用。④"Azersu" 开放式股份公司（阿塞拜疆国家水务运营商），负责确保国内居民的饮用水，为其他用户提供工业用水，管理排水系统和废水。⑤卫生部，负责对饮用水的水质进行国家监督。

阿塞拜疆涉及水资源管理的法律主要有：《改良和灌溉法》（1996 年）、《水法典》（1997 年）、《水文气象活动法》（1998 年）、《供水和废水法》（1999 年）、《生态安全法》（1999 年）、《环境保护法》（1999 年）。另外，阿塞拜疆 2000 年加入《跨界水道和国际湖泊保护和利用公约》，2002 年加入该公约的《水与健康问题备忘录》。

主要措施有：

（1）实施"供应公民清洁饮用水的国家计划"，在靠近大型居民定居点的库拉河和阿拉斯河上建设固定的和移动的净水设备，向国内居民提供清洁饮用水。

（2）实施污水集中处理系统大型项目，改造和新建了污水处理设施。阿塞拜疆成为里海沿岸国家中首个建立"里海大气保护系统"的国家，配备了模块化水处理设施，防止哪怕是来自小河流的水域污染。根据阿塞拜疆总统命令，2007—2012 年，在沿库拉河和阿拉斯河区域的 20 个区的 222 个自然村建立了模块化水处理设施，用于向居民提供净化水。这些设备为大约 50 万名阿塞拜疆居民提供饮用水。在多年使用不经任何处理的库拉河和阿拉斯河河水的农村地区，为了满足居民对饮用水水质的要求，对水资源的质量和数量进行详细的检测。

（3）为保障居民对清洁饮用水的需求，地表水源的净化选择在距离居民点大约 1 000 m 的地方。农村的水净化设施设计能力为人均每天饮用水 20 ~ 30 L，村内建有公共供水管网，供水点距离为 150 ~ 200 m。在建立净水设施和净水站的同时，建设供水管网 1 381 km 和超过 3 198 供水点。

二、大气环境

阿塞拜疆油气资源丰富，国内油价也相对便宜，因此大气环境问题主要是汽车尾气排放和温室气体增多，主要治理措施也是严格车辆的尾气排放。

（一）大气污染状况

在阿塞拜疆，固定设施排放的大气污染物，2005 年为 55.8 万 t，2010 年为 21.5 万 t，2012 年为 22.7 万 t，2013 年为 19.7 万 t，2014 年为 18.9 万 t。

固定设施排放的大气污染物，2005 年为 6 442 kg/km^2，2013 年为 2 278 kg/km^2，2014 年为 2 186 kg/km^2。

按人均计算的固定设施排放的大气污染物，在 2005 年为 67kg/ 人，2013 年为 21 kg/ 人，2014 年为 20 kg/ 人。

2014 年，按照经济活动类型计算的固定设施排放的大气污染物共有 19.7 万 t，分别为：开采工业 7.6 万 t，在固定设施排放的大气污染物的占比为 38.4%；加工工业 2.9 万 t，占比 14.7%；电力、天然气和水的生产和输送 4 万 t，占比 20%。

汽车运输排放的大气污染物，2005 年为 49.6 万 t，2010 年为 74.2 万 t，2013 年为 92.2 万 t，2014 年为 96.6 万 t。

阿塞拜疆的大城市空气污染状况比较严重。除化学物质的释放，蒸汽、噪声、电磁辐射、热污染，包括加热气体排放也造成较严重大气污染。空气污染的主要来源是车辆、工业设施和发电厂。[①] 排放物中包括烟灰、尘土、甲醛、二氧化硫、氮氧化物、碳氧化物和金属。非工业区排放量的 60% 来自巴库苏姆盖特、占贾、阿里拜-拉姆雷等城市。这些城市空气污染的主要原因是设备陈旧和技术落后，天然气使用大量减少，而用高硫重油作为燃料，大气保护措施长期不能得到落实。

（二）治理措施

阿塞拜疆的空气污染主要来源是交通运输工具。车辆废气排放到空气中的有碳氧化物、氮、硫、未燃烧的烃，以及含铅和其他有毒物质。因此阿塞拜疆政府的应对措施主要是减少尾气排放，具体包括：

（1）让车辆更多使用液化石油气，同时使用各种设备收集和中和有害废气。

（2）自 2010 年 7 月 1 日开始，对所有车辆采用欧 2 排放标准。自 2014 年 4 月 1 日起，阿塞拜疆进口和生产的汽车采用欧 4 排放标准。

三、土地资源

阿塞拜疆的土壤问题主要是土壤受油气开采而污染，主要措施是使用微生物和植树造林恢复土壤活力。

（一）土地环境

由于石油工业发展，阿塞拜疆被污染的土地（一部分是苏联时期遗留下来）约 3.5 万 hm²，其中 1.5 万 hm² 被严重污染。被污染土地中仅有 5% 得到清理。阿布歇伦半岛、巴库、涅夫捷恰拉及其他油田地区的土地基本上需要净化。仅阿布歇伦半岛就有 1.1 万 hm² 污染严重的土地、7 000 hm² 中度污染土地、1.2 hm² 轻度污染土地。彻底净化这些土地需要时间和数十亿美元投资，以阿塞拜疆一国之力恐难胜任。

（二）治理措施

1998 年，由挪威投资绘制了阿布歇伦阿半岛的石油污染区划图。根据该区划图可以确定哪些区域需要净化。2006—2013 年在阿塞拜疆政府支持下，由阿塞拜疆国

---

① http://mrmarker.ru/p/page.php?id=18330.

家科学院化学添加剂研究所实施，使用微生物和植物来净化受油和重金属污染的土地，约 1 430 hm² 被净化的土地被改造成农业用地以及用于城市美化和区域景观。监测结果显示，经过净化土地的土质已得到改善。2013 年，阿塞拜疆共进行 462 次环境监测，其中 309 次用于陆上设施的监测，153 次用于海上设施的监测，清理的 400 hm² 土地被铺设了绿地，种植 57 万株树木和灌木。在"生态园"项目框架内，绿化工作将持续进行，1.556 2 万 km² 土地上进行育苗。

为迎接 2015 年在巴库召开的欧洲奥运会，阿塞拜疆国家石油公司拨款超过 6 000 万马纳特，国家预算拨款 1 900 万马纳特用于巴库及其周边地区的土地净化和修复。土地净化在欧洲奥运会开始之前完成。

四、核安全

阿塞拜疆本身没有核污染问题。但阿塞拜疆政府认为，邻国亚美尼亚的核电站存在风险，威胁处于下风向的阿塞拜疆的安全。

五、生物多样性

阿塞拜疆的生态环境主要有三大类：一是山区，主要是大小高加索山脉等地；二是平原，尤其是库拉河和阿拉斯河下游平原；三是里海海洋生态。当前生物多样性保护问题主要是植被和鱼类减少，主要治理措施是植树造林建设养殖场，增加鱼苗。

（一）生物多样性现状及问题

（1）鱼类减少。主要原因：一是偷猎。这是里海鲟鱼数量急剧减少的一个主要因素。非官方证据表明，偷猎占鲟鱼捕捞量的 80% 左右。二是城市开发。比如库拉河等河流流域内大规模开发导致河床淤积，破坏了鱼类的自然栖息地。

（2）植被破坏。主要原因：一是矿山开发和油气开发等造成的土壤破坏和污染。二是砍伐木材作燃料，每年约需 4.5 万 m³ 木材。

（二）治理措施

为保护和恢复生态系统，减少对生态系统的直接和间接压力，保护生物多样性，阿塞拜疆的主要措施是落实国家发展战略，如《2012—2020 年可再生能源开发利用国家战略》《2008—2015 年减贫和可持续发展国家纲要》《2014—2018 年地区经济社会发展国家纲要》等。目的是通过调整经济结构，发展可再生资源，保障粮食安全等途径，减少对自然资源的利用强度。

2006 年，阿利耶夫总统签署法令批准《保护生物多样性及其可持续利用国家战略和行动计划》，根据该文件，阿塞拜疆生态和自然资源部采取一系列措施：

（1）建立和扩大保护区。阿塞拜疆建立 8 个国家公园、13 个国家自然保护区和 24 个禁猎区，总占地面积为 77.190 7 万 hm^2，占全国国土面积的 8.91%。由于保护区数量和面积增加，动物栖息地得到保护，数量也逐步增加。此外，阿塞拜疆"Zagatala"自然保护区（约 4 万 hm^2）在联合国教科文组织和德国发展银行的财政援助下，建立在南高加索第一个生物圈保护区（目前在全世界 105 个国家建立了529 个）。该区域内禁止任何人类活动，区域外可以发展旅游业和工业、具有生态保护性质的生产、建设等。生物圈保护区在联合国教科文组织"人与生物圈计划"框架内被认为是生产活动不触及的或轻微改变的自然环境，当地社会积极参与环境的管理、研究、教育、职业培训和监督，其目的在于发展经济和保护生物多样性。"Zagatala"自然保护区也是跨境自然保护区，其创建的目的就在于保护生物和景观的多样性，作为独特的露天实验室，可进行实地研究以及生态环境监测。

（2）与非政府组织合作保护生物多样性。在阿塞拜疆，保护野生动物的工作不仅由政府机构来完成，也包括公众和非政府组织。例如，世界自然基金会（WWF）在阿塞拜疆工作了 10 多年。世界自然基金会每年实施超过 1 000 个环保项目，解决环境保护和生物多样性问题。该基金会在高加索地区（包括阿塞拜疆）最成功的项目之一就是研究和保护被列入阿塞拜疆红皮书的豹群，在试点地区（通常在豹群的栖息地）加强保护制度。阿塞拜疆政府于 2009 年通过《阿塞拜疆豹群保护国家行动计划》。此外，阿塞拜疆生态和自然保护部还与世界自然基金会共同完成希尔凡国家公园的鹅喉羚栖息地搬迁联合项目。该国家公园也为鸟类学家和爬虫学家提供了良好的研究条件，这里有列入红皮书的几种稀有鸟类，如黑秃鹫、鹰皇、鹰、鹫、黑鹳、隼等。

六、固体废弃物

阿塞拜疆的固体废弃物污染主要是伴随人口增加和经济增长，工业和居民垃圾数量增长，主要应对措施是增加垃圾处理场数量。

（一）固体废物污染

据统计，阿塞拜疆全国共有 200 多个垃圾填埋场，占地 900 hm²。其中首都巴库有 4 个正式的垃圾处理场，占地 20 hm²，每年可接收 150 万 m³ 固体废弃物；在阿布舍隆地区有 80 多个填埋场，占地 140 hm²；在苏姆盖特有 19 个填埋场，占地 120 hm²。

阿塞拜疆每年的固体废弃物随季节变动，通常夏季多一些。据统计，全国人均年产固体废弃物约 350 kg。其中首都巴库每年可产固体废弃物约 80 万～ 100 万 t，预计到 2030 年可增长到 160 万 t。根据联合国欧洲经济委员会的统计数据，由于工业企业较少，阿塞拜疆固体废弃物中大部分为城市垃圾，自 2000 年以后，阿塞拜疆城市垃圾中家庭生活垃圾的占比一直保持在 80% 以上，2010 年，全国人均产生垃圾 177 kg。[1] 而大城市的废弃物数量相对较大，根据 2014 年数据，首都巴库市居民的人均垃圾量为 350 kg，参见表 13-9 和表 13-10。

表 13-9　阿塞拜疆人均城市废弃物

单位：kg

2004 年	2005 年	2006 年	2007 年	2008 年	2009 年	2010 年
212	204	181	185	166	178	177

资料来源：Оценка потенциала стран Восточной Европы, Кавказа и Центральной Азии в области разработки статистических данных для измерения устойчивого развития и экологической устойчивости. СРООН.2011.

表 13-10　阿塞拜疆危险废弃物数量统计

单位：m³

	2007 年	2008 年	2009 年	2010 年	2011 年	2012 年
总量	1 689.6	1 644.7	1 594.5	1 613.3	1 717.5	1 764.5
Originated hazardous waste	10.4	24.3	131.8	140.0	185.4	297.0
utilized 的数量	5.0	4.8	18.7	5.5	3.6	6.3
Disposed 的数量	1.2	8.6	10.4	58.4	37.1	113.9

资料来源：the Ministry of Ecology and Natural Resources of The Republic of Azerbaijan, Fifth National Report to the Convention on Biological Diversity, Table 9: Annual volume (m³), by use and disposal, of hazardous wastes in Azerbaijan.

（二）治理措施

阿塞拜疆废弃物管理的法律法规包括：《环境保护法》《大气保护法》《工业和生活垃圾法》《城市建设基础法》《阿塞拜疆共和国环境可持续的社会经济发展

---

[1] Оценка потенциала стран Восточной Европы, Кавказа и Центральной Азии в обалдсти разработки статистических данных для измерения устойчивого развития и экологической устойчивости. СРООН.2011.

国家纲要》《改善生态环境综合措施计划》等文件。根据相关文件，阿塞拜疆固体废弃物管理战略分三个阶段实施：

第一阶段（2007—2008年）：取消非正式垃圾填埋场和燃烧过程中的垃圾填埋场，组织遵守卫生规则和规范的废弃物收集和运输工作，吸引公民在垃圾形成地从事选择性垃圾收集工作，在公共场所（机场、火车站、医院、学校等）设置专门容器。

第二阶段（2008—2010年）：对废弃物进行清查，建立数据库，制定符合欧盟指令的废弃物管理战略，修改有关废弃物管理的服务费用，加强地方政府的作用，制定促进公众参与的方法。

第三阶段（2010—2015年）：建立暂时贮存废弃物的临时站点，完成废物管理系统的商业化工作，组织收集垃圾填埋场的沼气，在全国各大城市建立垃圾加工厂。

固体废弃物管理主要措施有：

（1）与非政府组织合作开展科研。2002年，阿塞拜疆首都巴库启动了《城市清洁——我们的关注点》项目，主要目标是：巴库市垃圾场的固体废弃物收集、回收和数量现状研究；确定在废弃物形成时进行分类的前景；预防危险有毒物质，尤其是废塑料燃烧过程中对空气和土壤的污染。该项目是阿塞拜疆"非政府组织生态行业论坛"和"促进可持续发展协会"共同努力的结果。项目技术由生态问题研究中心在英国和挪威大使馆的财政支持下开发。生态创新中心、"Heyadzhan"自然保护和恢复组织和公民倡议中心参与该项目的实施。

（2）新建垃圾焚烧和处理厂。自2009年开始，国家开始集中整治固体废弃物的处理，在巴库关闭了41所不合法的垃圾填埋场，引进了必要的废弃物收集和回收技术；建立了"清洁城市"开放式股份公司，1家垃圾焚烧厂和1家固体废弃物分类厂投入使用。目前，巴库附近的巴拉汗固体废弃物处理厂，年处理能力为50万t生活废弃物和1万t医用废弃物。由于该工厂的运转，生活废弃物减少了90%，而且生产电力。

（3）制定《固体生活废弃物管理国家战略》。由经济和工业部负责。为制订国家战略和区域投资方案，阿塞拜疆邀请咨询机构从11个方面进行研究，以便确定废弃物管理领域的现状。经过对数据的分析，咨询专家们从法律、行政、体制、资金和技术改革等方面制定了文件。收到来自政府机构的意见和建议后，在这个文件的基础上制定全国固体废弃物管理战略的最终版本并提交给政府。

七、小结

据 2012 年《全球环境绩效指数》，在全球 132 个国家的 2002—2011 年环境现状和环境保护绩效评比中，阿塞拜疆排名第 111 位。阿塞拜疆的主要环境问题包括：①水资源的污染，包括跨界污染，主要应对措施是参与国际合作和监督水质；②居民点优质水供应不足，饮用水在向用户供水途中损耗大，缺乏污水排放管线，主要应对措施是增加水净化设施和采水点；③工业企业和车辆的空气污染，主要应对措施是实行欧盟标准，严格尾气排放；④肥沃土地的退化（水土流失，盐碱化），主要应对措施是使用微生物和植树造林恢复土壤活力；⑤工业固体废弃物（包括危险废弃物）的利用缺乏应有的监管，主要应对措施是增加垃圾处理场所和设备设施；⑥生物多样性的退化以及森林资源、动物（包括鱼类）数量减少，主要应对措施是增加渔场和鱼苗。

第三节　环境管理

一、环保管理部门

（一）环保主管部门

阿塞拜疆的环境事务主管部门是"生态和自然资源部"（Ministry of Ecology and Natural Resources），负责对境内的生态活动进行监督和管理，包括对空气质量、降水、土壤、地表水和地下水、生物多样性、森林、环境放射性污染的监测以及气候变化问题、废弃物管理、人类活动影响下的环境过程的评估和预测，创建环境状况数据库的工作，传播运行和状态数据（包括通过互联网，http://eco.gov.az）。

除行政和后勤部门外，生态和自然部下设的业务司局主要有生态和自然保护政策司、生产政策司、投资创新和环保项目司、科技和质量司、公共环境司、环保司、保护生物多样性和自然保护区司、林业司、生物资源再生产和保护司、水文司、环保监察司、国家地理和绘图局、里海综合环境监测局、国家环境自然资源信息基金会、国家地理开发服务局等。

（二）与环保有关的其他部门

除生态和自然资源部，其他一些部委和机构也从事与环保有关的活动，并与生态和自然资源部协调工作，其中：

（1）卫生部负责监测工业区和居民区的空气质量，检测饮用水和普通水的质量以及医疗废物的控制管理。

（2）农业部与环境和自然资源部一同负责对土地和土壤的状况进行检测，包括农药的使用。

（3）国家土地和地图绘制委员会负责编制土地地籍。

（4）来自非固定污染源的有害物排放主要是汽车排放，由交通部负责监管。

（5）紧急情况部、生态和自然资源部负责对有害废弃物的管理，而经济发展部、生态和自然资源部以及市政当局负责日常废弃物的管理。

（三）环保组织

阿塞拜疆的环保组织主要有：

（1）环境标准监督中心 Центр Мониторинга Экологических Стандартов Азербайджана；

（2）能源环保国际研究院 Международная Академия Эко-энергетика；

（3）"波涛"环保联合会 Общественное Объединение Охраны Природы и Экологии «Волна»；

（4）可持续发展联合会 Общественное Объединение Общества Постоянного Развития；

（5）EL 发展计划中心 Центр Программ Развития «ЕЛ»；

（6）关心生态联合会 Общественное Объединение Экологическая Забота；

（7）生态法律中心 Центр Экологического Права «Эколекс»；

（8）有效倡议中心 Центр Эффективных Инициатив；

（9）生态世界联合会 Общественное Объединение «Эко-Мир»；

（10）能源和生态教育联合会 Просветительское Общественное Объединение «Энергетика и Экология»；

（11）生态旅游联合会 Общественное Объединение «Экотур»；

（12）生态问题研究中心 Центр Исследований Экологических Проблем；

（13）生态教育和监督联合会 Общественное Объединение Экологического Просветительства и Мониторинга；

（14）生态平衡联合会 Общественное Объединение Экологического Баланса；

（15）生态稳定联合会 Общественное Объединение «Экологическая Стабильность»；

（16）生态平衡保护联合会 Общественное Объединение «Охрана Экологического Баланса»。

二、 环保管理法律法规及政策

（一）环保管理法律法规

阿塞拜疆已建立起较完整的环保法律法规体系。主要有：

1997 年《水法典》《土地法典》和《森林法典》。

1998 年《日常和工业废弃物法》。该法在 2007 年修改很大，修订法案中加入有关工业废弃物的清理、危险废弃物的认证制度，废弃物越境运输的规定。单独就日常废弃物的收集（包括收集的费用）、分类、加工和处理作了规定。增加了日常废弃物的管理规定。

1999 年《保护环境法》，该法是阿塞拜疆环境保护领域的主要法律，规定了大气、水体、土壤保护规则，废弃物收集和处理规则，动物保护规则，特别保护自然区的功能等。该法自 1999 年以来一直没有经过修改。

1999 年《居民生态信息传播法》《供水和排水法》《生态安全法》。《生态安全法》在 2007 年进行补充，增加住宅及生产性建筑的噪声和振动的允许水平标准。

2001 年《大气保护法》。

2002 年《生态信息获得法》。该法在 2010 年进行了修订，重新解释了公众获得这些信息的条件，以及生态信息属于公开或保密的标准。

2000 年通过新版《自然保护区法》。大大增加特殊自然保护区的面积。

除法律法规外，阿塞拜疆政府还出台若干环保领域落实行动计划，主要有：

（1）1998 年《国家环境保护行动计划》。这是阿塞拜疆制订的第一个环保行动计划。但 2003 年到期后便没有后续计划。

（2）2003 年《2003—2010 年环境和可持续社会经济发展国家计划》。该项计划关于生态的部分旨在保护环境和合理利用自然资源，以及解决全球性的环境保护问题。这一部分成为阿塞拜疆环境保护政策的关键要素。

（3）2004 年《水文气象发展计划》，旨在改善环保设施监控系统。

（4）2004 年《危险废弃物管理国家战略》和《有效利用草场和防治沙漠化国家计划》。

（5）2004 年《环境和自然资源监测规则的条例》。规定监测工作的目的和基本规定（采样频率、观测点数量、观测数据等）。

（6）2004 年《发展替代能源国家计划》。但该计划从 2008 年才开始实际实施。主要针对能源行业是环境污染和温室气体排放的主要来源等问题，希望通过发展可再生能源，降低传统能源的污染物排放。

（7）2006 年《2006—2009 年生物多样性的保护及其可持续利用国家战略和行动计划》。

（8）2006 年《2006—2010 年阿塞拜疆共和国生态环境改善措施综合实施计划》。该计划规定设置五个自动化空气状况监测站，以完善巴库市的空气质量监测工作。另外还规定在阿布歇隆半岛的 10 座湖泊上设置废水排放和水质自动化监测站。在为居民提供清洁饮用水方面，该计划规定使用经过净化的库拉河和阿拉斯河的河水供居民点的居民饮用。

（9）2007 年《保护里海不受地上污染源污染》。对阿塞拜疆属里海水域污水排放加强控制。

（10）2010 年《阿塞拜疆流通领域（阿进口和生产）内车辆的废气排放与欧洲标准保持一致的措施》和《以欧洲标准要求汽车运输的有害气体排放计划》。根据这项法令，自 2010 年 7 月 1 日开始，对所有车辆采用欧 2 排放标准。

（11）2014 年 1 月 14 日阿塞拜疆内阁通过决议，决定自 2014 年 4 月 1 日起，对阿塞拜疆进口和生产的汽车采用欧 4 排放标准。

（二）环境保护战略及政策

从 2004 年起，阿塞拜疆开始规划 5 年期《地区发展国家纲要》，旨在促进各地区经济社会发展，尤其是改善公共服务、基础设施、公共设施、发展非资源领域、提高中小企业活力、扩大投资、增加就业、减少贫困等。第三期规划《2014—2018 年地区经济社会发展国家纲要》于 2014 年 2 月 27 日发布。

2012 年 12 月，阿塞拜疆发布《2020 年：对未来的看法》，作为统领国家发展的战略文件，目标是人均 GDP 达到 1.3 万美元，成为发达国家，进入世界"最高人类发展指数国家"和"高人均收入国家"行列。该文件专门提到环境保护和生态问题，目标是实现环境的经济社会的可持续发展。要求继续保护生物多样性，抵消燃料能源企业对环境的负面影响，保护并消除海洋及其水域的污染，恢复绿地，

有效保护现有资源。具体内容有：①

（1）重视林木种植和绿地恢复，增加绿地面积，保护路侧区域和空气，道路两边建起绿化带用于减少交通噪声。

（2）制定并采用大气排放的相关欧洲标准。

（3）在废弃物再利用、无害化、回收、引进低废和无废技术方面进行必要工作，节约原材料、合理使用自然资源管理和保护环境。

（4）在废弃物管理领域采用渐进式方法，建立工业和生活垃圾加工企业。

（5）为有效管理土地资源，采取措施防止土地荒漠化，复垦被大型工业和采矿业破坏的土地，完善农业用地的使用系统，保护土地不受人类活动的破坏。

（6）适应和满足城市新增人口和城镇化需求，在基础设施建设提出新要求。

（7）在住房和公共服务领域进行大刀阔斧的改革，包括改善供水系统和污水处理系统，城市和城镇都将配备污水处理设施，水质监测系统也将得到完善。要建立新的供热系统，增加供热区，建设新的供热源，清除无经济价值的锅炉。

三、小结

阿塞拜疆的环保主管部门是生态与自然资源部。除此之外，卫生部、教育部、能源部、农业部、交通部等其他部门，也在交叉领域执行部分环保职能。当前，阿塞拜疆已建立较完整的环保法律法规体系，针对具体环保事项，也制订出若干国家行动计划或纲要。当前，阿塞拜疆的最高国家发展战略是《2020 年：对未来的看法》和《2014—2018 年地区经济社会发展国家纲要》，其中对环保工作也提出较高要求，以适应和满足国家发展和民众需求。

第四节　环保国际合作

阿塞拜疆非常重视环保国际合作。一是可以利用国际资金发展建设本国生态环保事业；二是很多环境问题具有跨国特点，只有国际合作才能更好解决问题，如跨界河流和里海水质污染、里海生态环境变化等。

---

① Концепция развития «Азербайджан 2020: взгляд в будущее», http://www.mincom.gov.az/media-ru/novosti/details/353.

阿塞拜疆环保国际合作的方式主要有：①发展双边合作，尤其是与周边国家和环里海国家，这是解决跨境环境问题的关键。②发展多边合作，尤其是与独联体、欧盟、联合国系统、其他国际组织等。③加入环保国际公约。以国际标准提高本国环保工作水平。

近年，阿塞拜疆环保国际合作的优先领域有：①里海污染治理；②清洁饮用水；③垃圾处理。④落实执行联合国《跨境环境影响评估公约》（*Espoo：Convention on Environmental Impact Assessment in a Transboundary Context*）。阿塞拜疆希望利用该公约约束邻国亚美尼亚的核电站建设与运营，确保阿塞拜疆安全。⑤完善环境影响评价机制和标准。在能源等工农业项目和建筑施工过程中实行严格的环保测评标准，将环境影响降到最低。

一、双边国际环保合作

当前，阿塞拜疆签署的双边政府间环保合作协定主要有：

（1）与格鲁吉亚《环保合作协定》（1997年2月18日）；

（2）与加拿大《2002—2005年减少天然气污染培训计划谅解备忘录》（2003年4月4日）；

（3）与欧洲安全组织《环保合作协议》（2003年9月4日）；

（4）与丹麦《落实京都议定书谅解备忘录》（2004年12月8日）；

（5）与土耳其《环保合作协议》（2004年7月9日）；

（6）与乌兹别克斯坦《科技合作协议》（2004年7月19日）；

（7）与伊朗《环保合作协议》（2004年8月5日）；

（8）与国际自然联合会《环保合作谅解备忘录》（2004年12月13日）；

（9）与德国开发银行《南高加索地区环保合作谅解备忘录》（2004年10月25日）；

（10）与国际自然基金《环保合作谅解备忘录》（2004年12月13日）；

（11）与摩尔多瓦《环保合作协议》（2007年2月22日）；

（12）与韩国储备公司和矿产资源研究所《矿产开发合作协议》（2007年4月24日）；

（13）与埃及《技术合作协议》（2007年5月27日）；

（14）与乌克兰《环保合作协议》（2007年12月5日）；

（15）与德国《落实清洁机制项目合作协议》（2007年10月4日）；

（16）与乌兹别克斯坦《环保合作协议》（2008 年 9 月 11 日）；

（17）与 UNDP《千年发展目标碳基金合作协议》（2009 年 4 月 7 日）；

（18）与拉脱维亚《环保合作协议》（2007 年 6 月 25 日）；

（19）与德国技术合作公司《可持续利用自然资源协议》（2009 年 7 月 17 日）；

（20）与韩国环境工业技术研究所《制定自然资源管理总计划合作谅解备忘录》
（2009 年 9 月 16 日）；

（21）与罗马尼亚《环保合作协议》（2009 年 9 月 28 日）。

据阿塞拜疆环保与自然资源部网站上"国际合作"栏目资料，2015 年阿塞拜疆
双边环保国际合作内容主要有：

（1）与哈萨克斯坦的合作：1997 年，阿塞拜疆与哈萨克斯坦签署关于里海环
境保护的双边合作协议，包括以下内容：①保护和合理利用生物资源，包括迁徙
鱼类；②阿塞拜疆和哈萨克斯坦的里海管理部门对里海生态环境实施保护；③防止
废弃物和其他材料填埋对里海的污染；④对危险废弃物的跨境运输实施国家监控；
⑤保护和合理利用不同时期位于两国境内的水禽和候鸟。

在哈萨克斯坦 - 阿塞拜疆政府间经济合作委员会框架内，参加里海水文气象和
污染监测工作，积极参加关于里海水文气象和海洋观测综合系统合作的讨论。2006
年两国签署 2007—2009 年水文地质信息共享合作计划，在此规划框架内进行合作。
合作计划规定两国之间共享气象、水文和大气信息，共享里海中部海洋预报和风暴
预警信息。

（2）与俄罗斯的环保合作：包括在《保护里海海洋环境框架公约》（德黑兰
公约）内的合作以及双边政府间委员会框架内的合作。

2015 年，保加利亚与阿塞拜疆达成为期两年的环保计划，根据该计划制订了双
边备忘录，规定 2016 年和 2017 年两国在环保领域的合作。合作内容包括：保护生
物多样性的经验交流，自然区保护可持续发展的管理工作，对环境、气候变化和臭
氧层影响的评估。

（3）与欧盟的环保合作：阿塞拜疆自 2007 年以来在欧盟的"塔西斯计划"框
架内参与库拉河的跨界管理。在该项目中，阿塞拜疆与格鲁吉亚就跨界河道水质监
测和评估进行合作。自 2005 年开始，国家环境监测司每周三次在与格鲁吉亚交界
的库拉河和阿拉斯河中取样，分析水中的石油和石油产品、酚、农药和其他污染物
的含量；每月一次分析水样中的重金属含量。2004—2006 年，欧盟在《塔西斯计划》
框架内，向阿塞拜疆提供 3 000 万欧元，帮助解决包括环保领域在内的一系列问题。
欧盟的《东部伙伴关系计划》在 2013—2016 年实施"绿色经济"项目，支持参与

国在避免环境恶化和消耗资源的条件下过渡到绿色经济。该项目的预算为 1 000 万欧元。《欧盟东部伙伴关系国家经济生态化计划》致力于支持包括阿塞拜疆在内的 6 个国家避免以环境退化和资源枯竭为代价促进经济发展而过渡到绿色经济。

（4）与联合国的环保合作：2010 年，阿塞拜疆与联合国开始在牧场和土地资源的可持续管理项目框架内的合作，该项目旨在优化牧场和土地资源管理制度。阿塞拜疆 11% ～ 12% 的土地属于森林基金，56% 属于国有土地基金。阿塞拜疆国内牧场分为夏季牧场和冬季牧场。阿塞拜疆希望改变牧场使用制度，增加果树种植和牛饲料用草类品种。

二、多边环保合作

当前，阿塞拜疆加入的国际协议主要参见表 13-11。

表 13-11　阿塞拜疆加入的国际环保条约和义务

条约或计划	日期：批准（Rt），加入（Ac），审批（Ap），验收（At），生效（EIF）
《联合国气候变化框架公约》	1995 年 5 月 6 日（Rt）
《京都议定书》（京都，1997 年）	2000 年 9 月 28 日（Rt）
《保护臭氧层维也纳公约》（维也纳，1985 年）	1996 年 6 月 12 日（Ac）
《关于耗损臭氧层物质的蒙特利尔议定书》（蒙特利尔 1987 年）	1996 年 6 月 12 日（Ac）
《伦敦修正案》	1996 年 6 月 12 日（Ac）
《哥本哈根修正案》	1996 年 6 月 12 日（Ac）
《蒙特利尔修正案》	2000 年 9 月 28 日（At）
《北京修正案》	
《生物多样性公约》（里约热内卢，1992 年）	2000 年 3 月 8 日（Ac）
联合国《卡塔赫纳生物安全议定书》（蒙特利尔，2000 年）	2005 年 1 月 4 日（Ac）
《防治荒漠化公约》（巴黎，1994 年）	1998 年 8 月 10 日（Rt）
《关于持久性有机污染物的斯德哥尔摩公约》（斯德哥尔摩，2001 年）	2004 年 1 月 13 日（Ac）
《控制危险废料越境转移及其处置巴塞尔公约》（巴塞尔，1989 年）	2001 年 6 月 1 日（Rt）
《国际重要湿地特别是水禽栖息地公约》（《拉姆萨尔公约》）	2001 年 5 月 21 日（EIF）
《保护世界文化和自然遗产公约》（巴黎，1972 年）	1993 年 12 月 16 日（Rt）
《国际捕鲸管制公约》（华盛顿，1946 年）	
《国际濒危物种贸易公约》(CITES)（华盛顿，1973 年）	1998 年 11 月 23 日（Ac）
《养护野生动物移栖物种公约》（波恩，1979 年）	
《欧洲蝙蝠种群保护协定》	
《养护波罗的海、东北大西洋、爱尔兰和北海小鲸类协定》	
《非洲—欧亚大陆迁徙水鸟保护协定》(AEWA)	

条约或计划	日期：批准（Rt），加入（Ac），审批（Ap），验收（At），生效（EIF）
《1973 年国际防止船舶造成污染公约》（1978 年修订议定书）	1997 年 1 月 10 日（EIF）
《南极海洋生物资源养护公约》（堪培拉，1980 年）	
《南极条约环境保护议定书》（马德里，1991 年）	
《全球森林资源评估》（联合国粮农组织）	参加
《远距离越境空气污染公约》（日内瓦，1979 年）	2002 年 3 月 7 日（Ac）
《欧洲空气污染物长程飘移监测和评价公约》（EMEP），1984 年	
《削减硫排放议定书》，1985 年	
《控制氮氧化物排放议定书》，1988 年	
《关于削减挥发性有机化合物排放的议定书》，1991 年	
《进一步削减硫排放议定书》，1994 年	
《重金属议定书》，1998 年	
《持久性有机污染物议定书》，1998 年	
减少酸化、富营养化和近地面臭氧的协议（哥德堡协议），1999 年	
《跨界水道和国际湖泊保护和利用公约》	2000 年 8 月 3 日（Rt）
《水与健康议定书》	2003 年 9 月 1 日（Ac）
《工业事故越境影响公约》（赫尔辛基，1992 年）	2004 年 6 月 16 日（Rt）
《公众获得信息、参与决策和诉诸法律的公约》（奥尔胡斯 1998 年）	
《污染物排放与转移登记议定书》（基辅，2003 年）	
《越界情况的环境影响评价公约》（埃斯波，1991 年）	1999 年 3 月 25 日（Ac）
《战略环境评价议定书》	
《欧洲野生动物和自然生境保护公约》（伯尔尼，1979 年）	2000 年 7 月 1 日（EIF）
《保护里海环境框架公约》（德黑兰，2003 年）	2006 年 5 月 18 日（Rt）
独立国家对联合体国家间统计委员会的报告	提交数据

据阿塞拜疆环保与自然资源部网站上"国际合作"栏目资料，当前阿塞拜疆已完结和正在执行的环保国际合作项目主要有：

（1）组织"里海环保国际展览：技术服务环境"；

（2）与加拿大合作"里海天然气减排项目"；

（3）与联合国环境规划署合作"国家生物安全"项目；

（4）与联合国教科文组织世界自然和文化遗产名录联合管理 Hirkan 森林；

（5）南高加索地区水资源管理；

（6）南高加索地区的河流监测；

（7）发展和应用库拉河流域灾难情况的预警和报警系统；

（8）建立可减排的温室气体清单；

（9）对南高加索地区和摩尔多瓦履行全球气候变化义务的技术支持；

（10）公共磋商和对话项目；

（11）建立废物管理系统的技术援助；

（12）农村社区环境项目；

（13）石油扩散事故援助；

（14）持久性有机污染物的技术援助；

（15）土地可持续管理能力建设项目；

（16）多学科分析里海生态系统项目；

（17）库拉河流域开发风险预防的跨界合作项目；

（18）与联合国环境规划署合作实施国家环境保护行动计划和环境政策；

（19）里海地区环境的跨界环境影响评价；

（20）鲟鱼建设项目；

（21）禽流感防治项目。

三、小结

高加索地区的很多环境问题具有跨国性，需要地区成员共同面对和解决。因此，阿塞拜疆非常重视环保国际合作。为提高本国环保工作水平，除参加多边和双边的具体项目合作外，阿塞拜疆不断加入环保国际公约，在环保国际组织帮助下，完善国内立法和环保管理机制体制。近年环保国际合作的优先领域有里海污染治理、清洁饮用水、垃圾处理和履行国际环保条约义务等。

格鲁吉亚区位示意图

格鲁吉亚是古代丝绸之路和现代欧亚交通走廊必经之地，地理位置和战略地位重要。格鲁吉亚位于南高加索中西部，处于欧亚交界处。国土面积 6.97 万 km²，总人口 372 万，GDP 为 139.6 亿美元（2015 年）。由于地势高低走势明显，水资源和自然资源较为丰富，主要有森林、矿产和水力资源等。格鲁吉亚目前主要面临的环境问题有水资源分布不均、

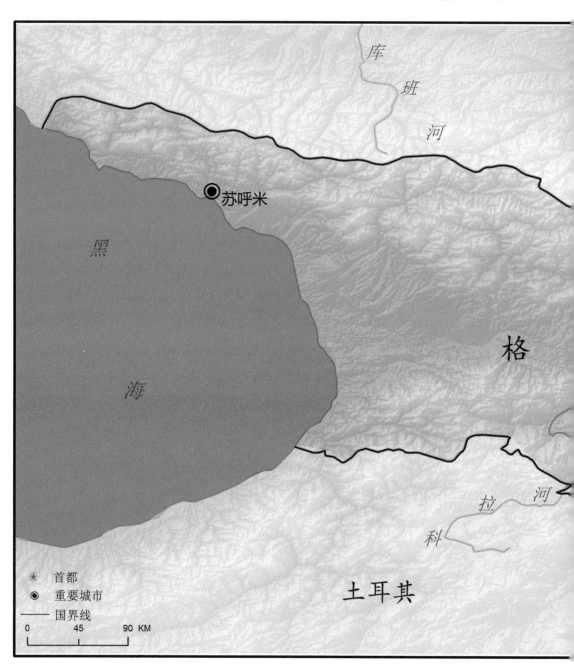

大气污染、固废污染等。格鲁吉亚环境领域的合作正在双边或多边条约、协议和环境公约框架内开展，目前已与多个国家和国际组织开展了环保合作，并取得了丰硕成果。通过这些合作，不仅改善了格鲁吉亚国内环境状况和居民健康，还为全球可持续发展提供了有力支撑。

第十四章　格鲁吉亚环境概况 [1]

第一节　国家概况

一、自然地理

格鲁吉亚是古代丝绸之路和现代欧亚交通走廊必经之地，地理位置和战略地位重要。格鲁吉亚位于南高加索中西部，处于欧亚交界处。北接俄罗斯，东南和南部分别与阿塞拜疆和亚美尼亚相邻，西南与土耳其接壤，西邻黑海。海岸线长 309 km。国土面积为 6.97 万 km²，[2] 总人口 448 万。首都第比利斯，人口 117 万。

格鲁吉亚是多山国家，全国 80% 为山地、山麓或山前丘陵地带。50% 在海拔 1 000 m 以上。平原主要集中在西部沿海地区。北部为大高加索山脉，有海拔 4 000 m 以上高峰。南部为小高加索山脉，最高峰海拔 3 300 m，两者间为山间低地、平原和高原。

河流主要有库拉河、利阿赫维河、阿拉扎尼河、里奥尼河和阿拉格维河等。主河道大多沿着山谷东西走向，支流大多由南或北流向中间，因而水流落差较大，水利资源丰富。格鲁吉亚较为知名的湖泊有帕拉瓦尼湖、里察湖和查尔长湖等。森林覆盖面积占 40%。

格鲁吉亚大部分地区呈高山地带特征。西部则属亚热带地中海气候，温暖、湿润、

———————————

① 本章由谢静、张耀东编写。
② 2015 年 7 月外交部网站数据。

多雨，年降水量达 1 000 ～ 2 500 mm；东部略显干燥，却较为凉爽宜人，年降水量在 400 ～ 1 500 mm。格地处北纬 40°～ 45°之间，且在大高加索山脉南麓，日照充足，平均达 2 500 h/a。年平均气温 15.8℃ 左右，其中第比利斯市夏季气温最高可达 42℃，冬季最低可达零下 10℃。全年四季分明，5 月春暖花开，9—10 月水果飘香，气候宜人。

格鲁吉亚首都第比利斯属于东 4 时区，比北京时间晚 4 小时，已取消夏令时制。

二、自然资源

格鲁吉亚自然资源较为丰富，主要有森林、矿产和水力资源等。目前，格鲁吉亚境内的森林全部归国家所有。格鲁吉亚的森林覆盖面积约为 277 万 hm^2，即全国面积的 39.9%[①]。根据估算，这其中包括 50 万 hm^2 原始森林、220 万 hm^2 天然改造林和 60 000 hm^2 保护性人造林。立木材积总量达到了 4.3 亿 m^3，平均年森林增长量大约可达 400 万 m^3。同时，格鲁吉亚的森林分布不均，有些地区森林资源丰富，而很多森林资源匮乏地区的森林覆盖率不足 10%。格鲁吉亚森林里主要有榉木、松木、樱桃木和胡桃木等。

格鲁吉亚矿产主要有锰、铜、铁、铅锌等矿物资源，其中有世界闻名的"齐阿土拉"锰矿区，该矿探明锰矿储量 2.34 亿 t，可开采量 1.6 亿 t，部分锰矿品位较高。

格鲁吉亚水力资源丰富，矿泉水闻名独联体及中东欧国家；拥有大小河流 319 条，水电资源理论蕴藏量 1 560 万 kW，是世界上单位面积水能资源最丰富的国家之一。

三、社会与经济

格鲁吉亚是多民族国家。格鲁吉亚族占 83.8%、阿塞拜疆族 6.5%、亚美尼亚族 5.7%、俄罗斯族 1.5%，其他如奥塞梯族、库尔德族、希腊族等 2.5%。官方语言为格鲁吉亚语。官方文字为格鲁吉亚文。英语逐渐开始流行，特别是在政府官员和年轻人中。日常生活中俄语使用仍较广泛。格鲁吉亚人富有语言天赋，许多高级官员懂多种外语。

多数人信奉东正教，少数人信奉伊斯兰教。国庆日为 5 月 26 日。货币为拉里（1美元≈1.65 拉里）。全国由首都第比利斯、9 个大区、1 个自治州（南奥塞梯）、2

[①]National Report on the State of the Environment of Georgia[Z]. 2009.

个自治共和国（阿布哈兹、阿扎尔）组成。

格鲁吉亚国家元首为总统乔治·马尔格韦拉什维利，2013 年 10 月当选。

议会是最高权力代表机构和最高立法机构，一院制，由 150 名议员组成，其中按比例制选举产生的议员占 77 席，按单一制选举产生的议员占 73 席，任期五年。现任议长大卫·乌苏帕什维利，2012 年 10 月当选。

现任政府于 2013 年 11 月组成。总理伊拉克利·加里巴什维利。

受 2008 年格俄战争和国际金融危机影响，2009 年经济环境恶化，外贸额明显下降，外国直接投资大幅减少。2010 年以来经济形势好转。近年来致力于建立自由市场经济，大力推进经济改革，进一步降低各种税率及关税，加快结构调整和私有化步伐，积极吸引外资。2013 年国内生产总值为 161.3 亿美元，同比增长 3.1%。2014 年国内生产总值为 169 亿美元，同比增长 4.7%。

四、军事与外交

格鲁吉亚武装力量建于 1992 年 4 月 30 日。根据《国防法》规定，国家最高权力机关（议会）确定国家的国防政策和通过国防领域的法律。总统萨卡什维利担任武装力量总司令，国防部负责指挥武装力量。格鲁吉亚实行防御性国防政策，基本目标是保卫国家的独立、主权和领土完整。目前，格鲁吉亚已基本实现军队职业化。格鲁吉亚军编成陆军、空军、海军三个军种，主要装备有坦克、飞机、小型舰艇、火炮等。2005 年 1 月 25 日，格鲁吉亚通过新的国家安全构想，将美国、乌克兰、土耳其和欧盟视作战略盟友，而将俄罗斯列在伙伴国家名单的末尾。2008 年格鲁吉亚国防预算为 9.9 亿美元。

格鲁吉亚外交基本政策是恢复国家统一和领土完整、加入北约和欧盟、加强地区合作的同时兼顾发展与东方国家关系，优先方向是冲突调解问题。重视同阿塞拜疆、亚美尼亚、土耳其、乌克兰等周边国家发展友好合作关系。近年来重视改善对俄关系。

中国同格鲁吉亚 1992 年 6 月 9 日建交。两国友好合作关系发展顺利，政治互信不断加深，各领域合作逐步扩大，在重大国际和地区问题上相互支持。格鲁吉亚重视我大国地位，坚定奉行一个中国政策，在涉及核心利益问题上予以坚定支持。双方在政治、经济、科技、教育、文化等领域合作顺利，成果丰硕。

第二节 环境状况

一、水环境

（一）水资源现状

格鲁吉亚拥有丰富的水资源。来自河流的可再生水资源加上可再生地下水资源，格鲁吉亚的实际可再生水资源总量估计为每年 615 亿 m³，而 2008 年，包括水力发电在内的年度总用水量达到了 297 亿 m³。因此，格鲁吉亚的水资源足以满足实际用水需求。然而，格鲁吉亚水资源分布不均，主要集中于西部地区，而东部地区却常常面临缺水的困境。[1]

由于对地表水的监测不够充分，导致了反映地表水状态的相关数据较为匮乏。然而，即使现有的监测数据较为有限，城市废水排放污染仍然可以看出是一个普遍存在的问题。据报道，绝大多数受观测河流的含氨量和生化需氧量（BOD_5[2]）都处于较高水平。在一些河流的特定流域内，出现了重金属浓度超标的现象。

67% 的地表水污染物是由未经处理的城市污水造成的。对地表水水质有严重影响的行业包括采矿、原油开采和食品工业。其他污染源还包括卫生不达标的垃圾填埋场、非法的垃圾站以及农业活动。

（二）水资源管理

格鲁吉亚的水资源管理模式以行政区划为基础。国家水资源政策由众多立法法案确立，并且水资源相关职责分属不同国家机构。需要加强这些机构在横向和纵向间的合作与配合。

为了有效管理水质，有必要定期采集监测数据，评估水体的水质情况。对于那些需要改进水质的地方来说，这些数据信息在制定规划有关措施方面具有重要意义。由于格鲁吉亚缺乏基础水文数据和水污染数据，导致我们无法整体了解地表水的总体情况。截至 2010 年，共有 29 座水文站处于实际运营状态。在这些水文站中，有 7 个站点经过了整修并配备了现代化设施。如今，有 22 条河流实现了月度物理化学质量要素监测，对 33 种不同参数进行测量。

---

[1] National Environmental Action Programme of Georgia 2012 –2016[Z]. 2012.
[2] 生化需氧量——一种水体有机污染物的测量方法：在一份水温为 20℃，存放 5 天的水样中，好氧微生物所吸收的氧含量，以 mg/L 为单位。

　　为了引进欧洲的水资源管理模式，格鲁吉亚有必要向一种全新且更加可持续的管理模式转型，比如流域管理（RBM），这是一种水资源管理的战略性解决方案，使水资源管理具备长期可持续性。该方案可以实现对包括地下水在内的所有类别的水体进行统一管理。此外，流域管理还包含空间规划和土地使用。同时，该方案兼顾了所有用水行业的利益，并对生态系统进行了统筹考虑。

　　根据国家法律，取水以及相关活动在水体中的排放必须遵守环境影响许可的规定，并受该许可的管理。那些不受环境影响许可约束的活动则必须遵守技术环境法规。为了避免污染源头的多元化，需要对化肥、杀虫剂和除草剂的可持续应用给予足够重视。

　　未经处理的城市污水是格鲁吉亚地表水污染的一个主要原因。目前，只有一座生物污水处理厂（WWTP）满负荷运营，而另外一座处理厂只对污水进行基本的机械处理。

（三）水资源管理部门

　　格鲁吉亚环境保护部（MEP）是一个重要的国家机关部门，负责处理地表水相关问题。环境保护部负责地表水的国家级管理和保护工作，以及设立水资源监测系统。其他水资源相关职责分属不同国家机构。

　　格鲁吉亚劳动、健康和社会事务部（MLHSA）负责制定能够保障公共健康的环境安全政策。该部还专门负责制定环境质量标准，包括饮用水、地表水以及地下水的相关标准。

　　格鲁吉亚区域发展和基础设施部（MRDI）负责实施区域发展政策，包括对格鲁吉亚各地区供水和卫生体系的发展进行协调与支持工作。该部还负责管理格鲁吉亚联合供水有限责任公司（Ltd United Water Supply Company of Georgia），这是一家 100% 国有化的供水服务公司。

　　格鲁吉亚农业部负责饮用水安全参数的检测、监督以及状态管理工作，使之符合现有饮用水质量标准。

　　能源和自然资源部（MENR）负责发放自然资源消耗许可证。

　　地方自治机构负责管理地方重要水资源，但它们的权限通常十分有限，水资源管理的集中化程度较高。

（四）迄今所采取的措施

　　在格鲁吉亚，对污水系统的逐步整修和建设工作已经持续了数年。目前，巴统

（Batumi）、波季（Poti）、库塔伊西（Kutaisi）、博尔若米（Borjomi）以及巴库里阿尼（Bakuriani）的供水和卫生系统正在整修之中。位于尼诺茨明达（Ninocminda）的一座生物污水处理厂已接近完工。为巴统、从巴统至土耳其边境的沿海人口聚集区以及波季而建造的一座生物污水处理厂已经开始相关的建设项目。针对库塔伊西、博尔若米以及巴库里阿尼的同类建设项目尚需规划开发。一旦建设资金来源得以确定，就可规划这些污水处理厂项目的建设事宜。根据规划，加尔达巴尼（Gardabani）的污水处理厂将于 2018 年之前实行全面整修并实现现代化。

受水资源服务行业改革的影响，多家水资源服务公司得以合并，成立了国有性质的格鲁吉亚联合供水有限责任公司。这些改革的目的在于简化水资源管理结构，并为该行业吸引投资。供水和污水行业发展政策文件的撰写工作已在规划之中。

《格鲁吉亚水资源法》于 1997 年获得通过，其内容陈旧过时，无法满足现代化发展需求。这部法律所涉及的水资源管理和保护方面的内容不够全面，其中将水资源与其他领域相关联的内容亦较少。为解决现存的立法乱象，全面解决各类水资源相关问题，有必要推行新的水资源法并制定相应的具体详细的法律法规。当前，一部新的水资源法正在酝酿之中，其监管范围将囊括各类水体，包括地下水在内。

（五）目标与措施

对水资源的长远目标是，确保水质安全、水量充足，从而满足人类健康和水生生态系统安全的需要。要达到这一目的，需要实现下列四个短期目标并采取相应措施（表 14-1）：

目标 1：建立一个有效的水资源管理体系；

目标 2：建立有效的污染防治和取水管控机制；

目标 3：减少由未经处理的城市污水带来的污染；

目标 4：降低农业多种污染源的污染。

表 14-1　四个短期目标

目标 1——建立一个有效的水资源管理体系

序号	措施	时间框架	责任机构	资金预算 / 拉里[①]	可能的资金来源	指标
1	制定一部新的水资源法律草案	2012—2013 年	环境保护部	—	—	新的水资源法得以制定并提交议会审议

①在该文件中，少于 100 000 拉里被定义为"费用低"，100 000 ～ 500 000 拉里为"费用适中"，500 000 及以上为"费用高"。

序号	措施	时间框架	责任机构	资金预算 / 拉里[①]	可能的资金来源	指标
2	制定依托于新水资源法的下位法	2013—2014 年	环境保护部、格鲁吉亚政府	—	—	实施新水资源法所必需的下位法得以制定
3	在特定的河流流域内实施流域管理（RBM）试验项目	2012—2016 年	环境保护部	费用适中	资助机构、国家预算	特定河流流域的流域管理计划得以制订
4	扩展水资源污染监测网络	2012—2016 年	环境保护部	费用适中	资助机构、国家预算	新增采样点的数量
5	针对多环芳香族碳氢化合物、杀虫剂和总石油烃（TPH），开展额外的常规监测工作	2012—2016 年	环境保护部	费用适中	资助机构、国家预算	做出相关分析
6	实施常规的水生生物监测	2012—2016 年	环境保护部	费用低	资助机构、国家预算	数据库准备就绪

目标 2——建立有效的污染防治和取水管控机制

	措施	时间框架	责任机构	资金预算 / 拉里	可能的资金来源	指标
1	将特定的、产生富营养化污水的工业部门纳入需要获得环境影响许可证和进行强制环境影响评价（EIA）的生产活动列表	2012—2014 年	环境保护部	—	—	《环境影响许可证法》的修正案法律草案准备完毕并提交议会
2	在各行业中开展意识提升活动	2012—2016 年	环境保护部	费用低	资助机构、国家预算	各行业参加活动的人员数量

目标 3——减少由未经处理的城市污水带来的污染

	措施	时间框架	责任机构	资金预算 / 拉里	可能的资金来源	指标
1	制订一个整修和建设城市污水收集和处理系统的国家计划	2012—2014 年	格鲁吉亚区域发展和基础设施部、环境保护部	费用适中	资助机构、国家预算	整修和建设城市污水收集和处理系统的国家计划得以制订
2	确定在 10 个选定的城镇实施整修和建设城市污水收集和处理系统的国家计划（巴统、科布列季（Kobuleti）、乌雷基（Ureki）、波季、博尔若米、巴库里阿尼、库塔伊西（Kutaisi）、梅斯蒂亚（Mestia）、阿纳克利亚（Anaklia）、马尔内乌利（Marneuli）	2012—2016 年	格鲁吉亚区域发展和基础设施部、环境保护部	费用高	国际金融机构（IFI）	10 个选定的城镇中，污水收集和处理系统得以整修
3	对负责新建污水处理厂运营的员工进行培训	2016—2016 年	格鲁吉亚区域发展和基础设施部、环境保护部	费用低	资助机构、国家预算、私营部门	接受培训的污水处理厂员工数量

目标4——降低农业多种污染源的污染水平

	措施	时间框架	责任机构	资金预算/拉里	可能的资金来源	指标
1	开始制订一项杀虫剂、除草剂和化肥可持续使用的国家行动计划	2015年至今	农业部（MA）、环境保护部	费用适中	资助机构、国家预算	启动杀虫剂、除草剂和化肥可持续使用的国家行动计划的制订进程
2	支持建立有机农场试点	2012—2016年	环境保护部、农业部、地方自治单位	费用适中	资助机构、国家预算	试点有机农场投入运营

二、大气环境

（一）大气环境现状

洁净的空气是环境保护的首要目标之一。科学证明，一些物质的浓度（如CO、NO_x、SO_2这三种物质的气态形式、细尘和有机化合物）一旦超过某一限定值就会对人类健康、生态系统和财产安全造成严重影响。

格鲁吉亚的空气污染物主要来自交通运输业、工业和能源业。在城市地区，汽车尾气是主要的空气污染源。现有的数据表明，格鲁吉亚所有的具备监测数据的城市中，首要污染物（SO_2、NO_2、CO和泽斯塔波尼的MnO_2）都超过了容许限度。建议改进格鲁吉亚的空气监测系统。

1. 交通污染

交通运输业是大多数空气传播污染物的主要源头，其所排放的污染物在全国污染物中的占比分别为：CO占87%、NO_x占70%、SO_2占50%，而挥发性有机化合物（VOCs）占40%。造成交通运输业污染问题的一些因素包括：

（1）在过去十年间，注册的轻型汽车数量翻了一番，每100人拥有12辆汽车。

（2）格鲁吉亚大部分轿车都是老旧车。

（3）尽管大部分轿车都进口自欧洲，但这些车辆的催化式气体净化器已经老旧过时，这增加了有害物质的排放量。

（4）格鲁吉亚的很多城市未设立交通优化系统。因此带来了交通拥堵的常态化，这会导致汽车引擎工作效率极低，而其尾气排放量却极高。

2. 工业污染

以往，格鲁吉亚工业的主要空气污染源来自鲁斯塔维（Rustavi）和卡斯皮（Kaspi）的水泥厂、泽斯塔波尼（Zestafoni）的铁合金厂以及鲁斯塔维和库塔伊西（Kutaisi）的冶金厂。苏联解体后，冶金厂停产了。近年来，来自水泥工业的排放水平已经降至可接受水平。泽斯塔波尼的铁合金厂烟囱过滤器的安装工作正在进行之中；然而该工厂依然是该地区最大的污染源，因为其 MnO_2 的排放量始终居高不下。由于该工厂设备整修的成本高昂，以及它是该地区主要的用工单位，根据现有法律，对其达到排放标准的整改时间放宽至 2013 年。2013 年后，该工厂需要将排放水平降至允许限度。

格鲁吉亚的能源业主要由三家大型发电厂组成，它们位于加尔达巴尼（Gardabani），利用天然气发电。这三家发电厂是：JSC "Energy Invest"，LTD（能源投资联合股份有限公司）；"Mtkvari Energy"（穆柯伐利能源）；以及 JSC "Tbilsresi"（Tbilsresi 联合股份公司）。由于这些发电厂拥有高大的烟囱，并利用天然气发电，所以没有造成显著的地方性污染。

3. 空气质量监测

到 2009 年，已有 4 座空气污染测量站在第比利斯（Tbilisi）、巴统、库塔伊西和泽斯塔波尼（每个城市一座）投入运营。目前需要对现有测量站进行翻新，并引进新的测量方法和数据处理系统。

监测数据显示，所有观测点都监测出了某些空气污染物已超过最大允许浓度。为了分析受到空气污染影响的人口规模与结构，并规划必要措施来减少与人类健康相关的各类风险，扩展监测网络势在必行。

因此，通过立法、方法和技术三种机制来更新空气监测系统具有重要意义。

（二）大气质量监管部门

格鲁吉亚环境保护部是负责监管环境空气质量的主要公共部门。该部负责实施国家政策、排放登记和空气质量监测。空气质量监测由隶属于环境保护部的一个内部机构——国家环境局负责实施。

在格鲁吉亚，影响交通运输业空气排放物水平的决策权分属于不同国家机构。格鲁吉亚议会负责决定需要进行常规技术检测的车辆类型；在强制性监测获得立法通过之后，内务部负责执行强制性监测；格鲁吉亚政府负责决定汽车燃料中有害物质的允许浓度；经济和可持续发展部负责确保为交通运输业制定和实施有关技术规定；由同一部门负责实施全国的总体交通运输政策；各市政府对公共交通的发展或交通优化具有独立自主的决策权。

（三）迄今所采取的措施

1. 交通排放

近年来，格鲁吉亚在促进公共交通发展方面做出了很多努力。比如，第比利斯市政厅为第比利斯公交公司购买了 1 000 多台巴士。促进人们使用公共交通的各种折扣机制已经得到实施。其中最成功的当数可以在第比利斯使用的公交 - 地铁交通一卡通。

第比利斯市政府还是交通优化活动方面的领军者。该市引进了一种新的十字路口系统，大大降低了市区交通拥堵的数量和持续时间。对中心十字路口的调整也正在进行之中。

从 2012 年 1 月 1 日起，执行更加严格的汽车燃料质量标准，这将显著降低汽车排放。对乘用车的强制性常规技术检测已经推迟到 2013 年。

2010 年 4 月 12 日，第比利斯市长签署了市长盟约。这份文件的签署意味着，到 2020 年前，第比利斯和鲁斯塔维两市要承担至少降低 20%CO_2 排放量的责任。该盟约还预计会实施一份促进可持续能源发展的行动计划。

2. 工业排放

2008—2009 年，鲁斯塔维和卡斯皮的水泥厂安装了高效的空气过滤器，使这些工厂的排放降低至一个可接受的水平。

3. 空气质量监测

2009 年年末，国家环境局购置了三部空气污染测量站，分别安装于第比利斯市和鲁斯塔维市（两部在第比利斯，一部在鲁斯塔维）。然而这些测量站都不是自动化的。2010 年，国家环境局在第比利斯启动了地面臭氧的测量工作。

前些年，国家环境局通过各类国际项目，添置了现代化的实验室装置，从而提高了监测数据稳定性。然而，测量站和取样方法仍然需要进行现代化改造和升级。

月度监测数据会上传到"Aarhus"中心网站上。

《环境保护法》和《环境空气保护法》，以及实施这两部法律所必需的下位法（正在制定中）规定了对环境空气保护相关问题的监管措施。

（四）目标与措施

格鲁吉亚地理位置独特，是一个重要的中转过境国家。如今，本国的运输基础设施发展方兴未艾：正在改造和延长铁路网以及建设公路。相应地，今后的运输活动预计将增加。如果不采取相关措施，将导致排放量大幅增加，使空气质量下降。

交通运输业的排放量还会随着进行工作和休闲活动的国内流动人口的增加而增加，而这也是国家经济增长所带来的结果。如果在这一过程中，公共交通业没有得到充足发展，将会导致私有轻型汽车数量的猛增（人民生活福祉的提高也会带来同样效果）。

优先发展国家经济估计还会推动工业的发展。而工业的发展反过来会导致空气排放物的增加，除非开展适宜的企业环境风险评估工作，并实施恰当的环境影响许可证措施。因此，目前是一个比较适宜的时机，应引进最环保且极具经济可行性的清洁技术，使工业部门对环境的负面影响降到最低。

关于空气质量的长远目标是，使全格鲁吉亚都拥有清洁的空气，使之符合人类健康和环境的安全标准。

实现长远目标的短期目标（五年）分别是（表 14-2）：

目标 1：改进并逐步实现现有空气质量监测网络的自动化，使之能够评测环境空气状况和影响空气质量的各类因素。

目标 2：通过采用现代化节能技术，并妥善执行环境影响许可证的有关标准，从而降低工业的排放量；

目标 3：根据国际经验和国内的具体情况，采取相关措施，逐步降低汽车的排放量。

表 14-2　格鲁吉亚空气五年目标

目标 1——改进并逐步实现现有空气质量监测网络的自动化

	措施	时间表	责任机构	资金预算 / 拉里[①]	资金来源	指标
1	购买并安装自动空气质量测量站	2012—2013 年	环境保护部	费用高	资助机构	至少有一座能够测量不少于五种空气质量参数的自动空气污染测量站投入使用
2	购买并安装空气质量建模软件	2012—2013 年	环境保护部	费用适中	资助机构	空气质量模型得以建立并在第比利斯投入使用
3	购买并在格鲁吉亚的城市里安装新空气质量自动监测站	2012—2016 年	环境保护部	费用高	国家预算、资助机构	从至少五座新增站点获得空气质量监测数据
4	通过建立一个互联网门户网站和相关网站，使公众可以及时、方便地获得空气质量信息	2012—2016 年	环境保护部	费用低	资助机构	网站定期更新

①在该文件中，少于 100 000 拉里被定义为"费用低"，100 000 ～ 500 000 拉里为"费用适中"，500 000 及以上为"费用高"。

目标2——逐步降低工业排放量

措施	时间表	责任机构	资金预算／拉里	资金来源	指标
提高环境保护部相关单位的工作能力	2012—2016年	环境保护部	费用适中	国家预算、资助机构	监察体系得到加强

目标3——逐步降低汽车排放量

	措施	时间框架	责任机构	资金预算／拉里	可能的资金来源	指标
1	改善／优化第比利斯的交通管理	2012—2016年	第比利斯市政厅	费用高	地方预算、资助机构	城市的交通管理水平得到提高
2	发展／更新市内和城市间的公共交通（使用污染较低的交通工具，比如电动交通工具）	2011—2015年	地方政府、经济和可持续发展部（MESD）、格鲁吉亚铁路有限公司、环境保护部	费用高	地方或国家预算、资助机构	公共交通的需求增加，公共交通车辆的老化程度降低

三、固体废物

（一）固废现状

由垃圾和化学制品所导致的环境污染是格鲁吉亚所面临的环境问题之一。这个问题比较复杂，包括由随意丢弃垃圾、垃圾填埋场造成的环境污染以及管理有害垃圾和垃圾积累的相关问题。

1.随意丢弃垃圾

在自然景观和人文场所不受约束地随意丢弃生活垃圾，是格鲁吉亚的一个突出问题。这种情况不仅会影响美观并带来经济问题，同时还伴有导致疾病和寄生虫繁殖的风险；这会毒害那些以垃圾为食的非野生和野生动物，或者导致它们体内聚集有害物质。

垃圾收集系统支离破碎是导致随意丢弃垃圾的主要原因。目前，只有大城市和地区中心才有常规的生活垃圾收集服务。在很多人口聚集地（特别是村庄），居民们解决垃圾问题的方法是将其倾倒至附近的山沟里、公路边，或者河岸上。最终，这些随意丢弃的垃圾将变成一座座小型的、不受管控的"垃圾填埋场"。

2.垃圾填埋场的环境污染

由于未合理建设正规城市垃圾填埋场，空气、地下水和地表水都受到污染，进而严重影响了环境。目前有63座正规城市垃圾填埋场处于运行状态，它们之中的绝大多数都不具备保护地表水的防渗层，以及渗滤液的采集／处理系统。

有些垃圾填埋场建在河岸或者有水流经过的峡谷中，很可能造成地表水和地下水的污染。

如今，格鲁吉亚几乎所有的在用城市垃圾填埋场都建于苏联时期，它们无法满足眼下的环保要求。垃圾填埋场会发生垃圾低温自燃现象，所产生的有害物质包括二噁英和呋喃将直接排入空气中。这些持久性有机污染物在环境中降解缓慢，并且会随着大气流动传播到远处。目前，有七座城市垃圾填埋场取得了环境影响许可证代多普利斯茨卡罗（Dedoplistskaro）2013 年到期、第比利斯、鲁斯塔维、霍比（Khobi）、乌雷基 - 南特内比（Ureki-Natanebi）、奥祖尔盖蒂（Ozurgeti）和鲁斯塔维附近的加尔达巴尼（Gardabani）。其中有三座垃圾填埋场为私营公司所有（乌雷基 - 南特内比、奥祖尔盖蒂和鲁斯塔维附近的一座填埋场）。大多数城市的垃圾填埋场都未取得环境影响许可证，主要原因在于财政资源有限，以及缺少能够满足环保要求的必要的知识、技能和指导。根据 2011 年 3 月 22 日通过的《环境许可法》修正案的要求，已经投入使用的无害化垃圾填埋场必须在 2014 年 1 月 1 日之前取得许可证。

3. 有害垃圾的环境污染

在格鲁吉亚，需要改进工业、医用 / 兽医用和其他有害垃圾的生产、运输、处理或清理的报告和管理体系。

4. 有害垃圾积累所带来的污染

前苏联工厂附近区域的采矿业和浓缩行业积累了大量垃圾和工业废物，对环境造成了污染。其中，Tsana 村（伦泰希市）和 Uravi 村（安布罗劳里市）（在以前的砷开采和浓缩工厂范围内）的含砷粉尘和泥土是极其危险的。

废弃的农药对环境同样具有负面影响，特别是苏联解体后遗留下来的大量杀虫剂。在 Lagluja 山已损坏的废物填埋坑中，大约存在 2 700 t 有害化学制品。在全格鲁吉亚，从前苏联的集体农庄和国营农场的仓库中大约发现 230 t 废弃杀虫剂，现已暂时存放在 Lagluja 的填埋处。后续的环境无害化恢复和处理都是必不可少的。此外，农业活动也会产生有害垃圾（市场上装杀虫剂、农药和废弃杀虫剂的空瓶子），需要足够重视这一问题。

（二）固废监管部门

格鲁吉亚环境保护部负责制定和实施垃圾管理方面的国家政策。具体来说，环境保护部负责制定相关的必要法规（垃圾填埋场建设和垃圾填埋场运营技术规范）以及修改垃圾加工、处理或清理的强制环境影响评价报告，并负责发放环境影响许可证。

自治机构在生活垃圾管理方面的作用十分重要，它们负责收集垃圾，市区清洁，运输并处理收集而来的垃圾以及垃圾填埋场的建设和运营。在格鲁吉亚，监督有害垃圾（包括医用、兽医用、农业和其他类型的垃圾）的管理工作或这些工作的协调事务，并不是由任何一家管理机构统一完成的。劳动部、健康和社会事务部建立了监督垃圾管理工作的强制卫生标准，这些标准与医疗机构执行的强制标准一致。

日积月累的有害垃圾是苏联工业遗留下来的产物。一些工厂已经实行了私有化，相关的有害垃圾如今受工厂负责人的管理 [（例如奇阿图拉市（Chiatura）含锰的有害垃圾）]。工厂所有人对那些有害垃圾分别负有无害化管理责任。

（三）迄今所采取的措施

1. 生活垃圾收集

自 2006—2007 年以来，生活垃圾的收集工作不断改进。第比利斯市政厅在这方面起到了先锋作用，把城市卫生作为第一要务。因此，该市拿出了充足资金，对市政服务单位的所有设施和设备进行了一次彻底更新；加大了所提供服务的价格补贴力度和补贴稳定度。同时，服务质量管理变得更加严格。因此，服务质量有了明显改观。自 2008 年起，其他城市也纷纷效仿第比利斯的做法。

2. 城市垃圾的清理和处理

各个城市都清楚地认识到，它们现有的垃圾填埋场终需关闭，取而代之的是建设新的、现代化的垃圾填埋场。鲁斯塔维 - 加尔达巴尼的一座垃圾填埋场已经破土动工（已获得许可证），巴统和博尔若米的新垃圾填埋场也在规划中。

一些正在施工中的项目包括，简化垃圾分离和加工过程，从而减少进入垃圾填埋场的垃圾量。一项城市垃圾分离的试点项目已经在库塔伊西展开。

3. 有害垃圾

2008 年，阿加拉（Adjara）进行了一项医疗垃圾管理试点项目，向巴统市提供了医疗垃圾收集、运输和处理设施（一座垃圾焚化炉、特种卡车和集装箱）。阿加拉环境保护服务部在各个医疗场所分别组织了有害垃圾的收集工作。

环境保护部制定了一项法律草案，该草案对有害垃圾进行了定义和分类，并建立了有害垃圾生产、运输、存储、处理、回收和清理环节的报告和管理机制。该法律获得通过并生效之后，可以监管有害垃圾的无序流动，并制定出安全处理有害垃圾的有关规范。

4. 堆积的有害垃圾

近年来，格鲁吉亚将仓库中的废弃杀虫剂列入了清单，还评估了几种设备（冷凝器、变压器）所使用的含有多氯联苯（PCB）成分的设备用油的总量。

在格鲁吉亚，废品回收业的发展比较缓慢。现有的工厂只能处理纸张、玻璃、几种塑料制品，以及从汽车电池中提取铅。预计在不久的将来，格鲁吉亚将会发展二手材料行业，并开发此领域市场。

在第比利斯，生活垃圾人均年产量比欧洲家庭的平均水平低 50%。国家经济的发展预计将会增加垃圾的产生速度，所以，制订并实施垃圾最小化计划（例如，推广使用多功能包装）、垃圾分类和回收计划势在必行。

工业的发展既增加了工业化学制品的使用量，还产生了更多有害垃圾。不过，特定行业的发展将有助于改进其自身的垃圾管理水平。比如，医疗场所的现代化将有利于提高医用垃圾的管理水平。

格鲁吉亚正在制定监管垃圾管理行为的法律框架。目前，垃圾管理的相关问题受到各种国家和国际法案中相关条款的共同监管。

如前所述，根据现有法律，市政府负责规划和实施生活垃圾的收集和处理工作。

（四）目标与措施

对垃圾管理的长远目标是，在全国建立一个现代化垃圾管理体系（包括垃圾安全处理、垃圾作为能源再利用、垃圾加工、垃圾再利用、回收和最小化）。

在接下来的五年内，应该达成以下目标（表 14-3）：

目标 1：改善生活垃圾和有害垃圾的管理水平（收集、运输和处理）。

目标 2：降低垃圾堆积的环境污染。

表 14-3 格鲁吉亚垃圾五年目标

目标 1——改善生活垃圾和有害垃圾的管理水平（收集、运输和处理）

	措施	时间框架	责任机构	资金预算/拉里[①]	可能的资金来源	指标
1	制订国家垃圾管理战略和行动计划	2012—2014 年	环境保护部、区域发展和基础设施部、格鲁吉亚政府	费用高	资助机构、国家预算	国家垃圾管理战略和行动计划制订完成
2	制定垃圾管理法和相关的下位法	2012—2013 年	环境保护部、区域发展和基础设施部			垃圾管理法和相关的下位法得以制定，并提交议会审议
3	将垃圾计入国家清单并建立一个垃圾数据库	2012—2014 年	环境保护部			国家清单系统得以完成，垃圾数据库得以建立
4	在全国层面建设垃圾管理能力	2012—2016 年	环境保护部			全国垃圾管理能力提高
5	提高公众对垃圾管理问题的认识	2012—2016 年	环境保护部			开展活动，提高对垃圾管理问题的认识
6	加强市政府在规划和管理生活垃圾收集系统方面的能力（包括财政和行政管理的相关事宜）	2012—2016 年	环境保护部、区域发展和基础设施部、地方自治机构	费用适中	资助机构、国家预算	帮助市政府制订和实施垃圾管理计划的指导性文件得以出台；市政府代表得到相关培训
7	制订生活垃圾管理市级计划（将与全国垃圾管理计划相统一）	2012—2016 年	地方自治机构、环境保护部、区域发展和基础设施部	费用适中（对每一座城市而言）	资助机构、地方预算	各个自治机构制订生活垃圾管理市级计划
8	逐步改善各个城市的生活垃圾收集—运输系统	2012—2016 年	地方自治机构	费用适中（对每一座城市而言）	地方预算	在各个城市的所有定居点，生活垃圾得到定期收集
9	逐步关闭/维护旧的垃圾填埋场，并建设新的、现代化垃圾填埋场	2012—2016 年	区域发展和基础设施部、地方自治机构、环境保护部	费用高	资助机构、国家预算	部分旧垃圾填埋场关闭；新的垃圾填埋场在建
10	为垃圾最小化和刺激企业参与垃圾管理而建立财政—经济基础	2012—2016 年	环境保护部、经济和可持续发展部、区域发展和基础设施部	费用适中	资助机构、国家预算	具备经济可行性的整套建议制定完成
11	加速引进有害垃圾收集、运输和处理的现代化技术	2012—2015 年	环境保护部、劳动部、健康和社会事务部、农业部、区域发展和基础设施部、经济和可持续发展部	费用高	资助机构	引进有害垃圾收集、运输和处理的现代技术

①在该文件中，少于 100 000 拉里被定义为"费用低"，100 000 ~ 500 000 拉里为"费用适中"，500 000 拉里及以上为"费用高"。

目标 2——降低垃圾堆积的环境污染

	措施	时间框架	责任机构	资金预算 / 拉里	可能的资 金来源	指标
1	详细研究 Tsana 和 Uravi 村庄里的含砷粉末和工业废料，制订封存含砷垃圾方案（行动计划），执行应急措施	2012—2015 年	环境保护部、地方自治机构	费用高	资助机构、国家预算	制订封存含砷垃圾的方案；实施第一阶段应急措施
2	研究 / 评估堆放在 Lagluja 填埋处的有害物质、包装和临时存储 / 出口垃圾、装纳持久性有机污染物，对其进行安全处理；暂时保护 Lagluja 填埋处（围栏、建筑排水坑、用土层覆盖开放区域）	2012—2015 年	环境保护部、地方自治机构		资助机构	填埋处清单制作完毕； 多达 200t 的有害化学制品 / 垃圾得到处理； 填埋处用围栏隔离并被排空、开放区域被土层覆盖

四、土壤环境

（一）现状

土地资源管理的主要挑战包括：土地退化、缺少有效的土地资源管理措施、获取适用的信息和技术渠道有限、不同利益攸关方之间缺乏机制化交流（导致决策过程效率低下）。

1. 土地退化

在格鲁吉亚，土地退化是一个严重问题。过度放牧、森林覆盖面积流失以及城市无规划扩张是造成土地退化的主要因素。土壤侵蚀过程是一种自然现象，却因人类对土地进行的各种不可持续利用而加剧。土壤肥力还会受到盐渍化程度和酸化程度的影响。土地酸化是使用酸性氮肥造成的。此外，造成常见的耕种土壤污染的因素还包括，肥料 [有机肥和无机肥（矿物肥）] 使用不当、化学制品、重金属和工业废料以及城市垃圾处理。

2. 规划与管理措施

精心构思并制定诸多政策，解决国家、地区和地方层面的土地退化问题，可以使土地退化程度降到最低。尽管在土地规划方面存在法律依据，但是格鲁吉亚土地规划措施的效果依然不佳。这些规划的效果不理想，导致了用于开发和建设活动的刚性土地配置不当。这意味着，在分配开发项目用地时，可以不考虑农业生产率或自然生态系统。让各利益攸关方参与制定完备的空间领土规划，有利于使不同利益攸关方之间的许多分歧最小化，并为土地资源可持续利用奠定基础。

3. 利益攸关方之间的机制交流

加强机构间数据交换方面的合作，明确各机构的权利和责任是很重要的。在决策过程中运用现代科学知识也十分关键。

（二）监管部门

目前，土地资源管理责任是由以下国家机构共同承担：环境保护部、农业部、经济和可持续发展部以及司法部。

环境保护部负责协调相关措施的规划和实施工作，以减轻土地退化和由气候与人为因素引起的荒漠化过程。

农业部的职责包括，开发土地整合统一数据库、土壤质量评估、组织实际土地利用活动、恢复并保持土地生产率以及制定一项国家农业化学政策。

经济和可持续发展部负责管理国有土地的私有化过程和前国有土地私人所有权的批准工作。该部还负责开发城市、城镇和其他居住区，批准各市精心制定的土地利用规划以及标示所有权类型的建筑区划地图，此外还要提供上述工作的工作方法指导。

国家公共登记局隶属司法部，负责建立并维护一个透明、安全、全面、现代和以用户为主导的土地登记系统，同时负责处理房地产市场发展诉求。

地方自治机构的作用也很重要。它们负责发起并制定空间领土开发和土地利用的总体规划，对其核准后，再将这些规划提交至对应的管理执政机构，进行最终审批。然而，只有少数几个城市制定了这些类型的规划。农场和联合农场、地方社区和家庭以及科研机构也参与了土地资源管理和土壤保护，因此，它们也属于土地管理方面的利益攸关方。

（三）迄今所采取的措施

格鲁吉亚制定并通过了一份法律框架，旨在管理土地利用，保护土地资源。该法律框架不仅涉及土地管理问题，还涵盖土地所有权和土地利用问题。格鲁吉亚是《联合国防治荒漠化公约》的缔约方，于 2003 年制定并通过了"格鲁吉亚防治荒漠化国家行动计划"。该计划确定了面临荒漠化风险的重点地区，明确了造成这些地区荒漠化的主要因素，制定了中短期（2003—2007 年）的防治行动、预期结果和一份实施工作的时间框架。

农业部开展了以部分城市土壤肥力改善为重点的研究。一些确定下来的和进行中的项目已在格鲁吉亚实施，致力于减少格鲁吉亚被选定地区的土壤侵蚀，减缓土地退化（即阿扎尔自治共和国和代多普利斯茨卡罗区）。

格鲁吉亚各项基础设施和工业项目的投资吸引力不断增加。格鲁吉亚已制订了各类旨在实施基础设施开发和整修项目的计划，这将增加土地资源的需求。这些需求趋势可能增加土壤侵蚀和污染的风险。考虑现有的管理和决策工作问题，其中一些活动可能导致更严重的土地资源退化。

气候变化，加之人为因素，可能加剧土地资源的退化。格鲁吉亚东部景观对当今气候变化格外敏感。应该重点关注格鲁吉亚东部景观的荒漠化进程。

（四）目标与措施

该领域的长远目标是，通过最优化的土地资源可持续管理，实现土地的最佳利用。

实现该长远目标，有必要推进现有管理方法向一体化的可持续土地资源管理转变，以支持国家空间领土规划和区域划分，从而提供最佳的土地资源利用措施，并确保格鲁吉亚土地资源的分配以一种合理的方式完成，即平衡环境、社会和经济目标，使国家获得最大可持续收益。还需要考虑的因素包括，保护属地、保护私人财产权利以及地方社区权利。

未来 5 年土地资源管理和保护的短期目标阐述如下（表 14-4）：

目标 1——减少土地退化面积，改善土壤质量，将土壤污染程度降到最低。

完成这一目标将确保土地利用（包括受保护的景观）达到并保持一定水平，使之成为实现环境可持续性和《联合国防治荒漠化公约》有关承诺的前提。

目标 2——增强现有空间土地信息系统功能，运用现代化工具和技术（例如遥感、地理信息系统等），从而确保土地资源管理更加有效。

表 14-4　格鲁吉亚土地资源五年目标

目标 1——减少土地退化面积，改善土壤质量，将土壤污染程度降到最低

	措施	时间框架	责任机构	预算资金 / 拉里[①]	可能的资金 来源	指标
1	制定风险评估方法及标准；确定有潜在风险的地区	2012—2014 年	农业部、环境保护部	费用适中	资助机构	确定潜在风险的地区
2	制定土壤污染鉴定程序和标准、土壤受污染地区清单以及详细的后续措施	2012—2014 年	环境保护部	费用低	资助机构	标准制定完毕

---

①在该文件中，少于 100 000 拉里被定义为"费用低"，100 000 ~ 500 000 拉里为"费用适中"，500 000 拉里及以上为"费用高"。

	措施	时间框架	责任机构	预算资金/拉里	可能的资金来源	指标
3	参照得到国际公认和充分验证的方法，制定指导性文件，指导受污染和侵蚀土壤的表土层保持、保存和保护工作	2012—2014 年	环境保护部、农业部	费用低	资助机构	国家表土层保护体系建立，并与国际公认标准匹配
4	实施退化土地恢复的试点项目	2013—2015 年	农业部、环境保护部	费用适中	资助机构	对选定的退化土地采取措施
5	组织土地资源保护、土地利用和土壤污染和保护方面的培训	2012—2016 年	农业部、环境保护部	费用低	资助机构	受培训人员数量

目标 2——增强现有空间土地信息系统功能，运用现代化工具和技术，从而确保对土地资源的管理更加有效

	措施	时间框架	责任机构	预算资金/拉里	可能的资金来源	指标
1	建立土地资源的空间信息系统，这将包括通过运用现代化地理信息系统和遥感工具，来开发土地覆盖和土地利用信息系统	2012—2016 年	环境保护部	费用适中	资助机构	具有不同空间扩展层信息（如土地利用、土地覆盖、土壤类型、水文网络和其他特别数据）的土地信息系统建立完毕
2	组织培训，提高运用先进科技的技能，例如地理信息系统和遥感工具，从而开发并进一步运用土地信息系统	2012—2016 年	环境保护部、司法部	费用低	资助机构	参加地理信息系统和遥感工具使用培训以及参与土地信息系统开发的人员数量

五、核安全

（一）现状

核与辐射安全旨在保护人民和环境免受有害电离辐射的伤害。《格鲁吉亚核与辐射安全法》（1999 年）所定义的"电离辐射"，在格鲁吉亚的法律中指：由核转变所产生的辐射，或物质中的带电粒子发生减速所产生的辐射，其与身体或生物体相互作用，导致离子带相反电荷。电离辐射需要与非电离辐射相区分，后者产生于非电离辐射源，例如蜂窝网、高压输电等。自然环境中存在自发性的辐射源，它们会产生"背景辐射"，我们在一般环境下会暴露在这种辐射之中。生物体适应此类背景辐射，它通常被认为是无害的。

电离辐射在许多行业中都得到了运用，比如能源、医药、工业、科学和国防。这些都被称为人工来源或技术性来源。电离辐射的人工来源受法律监管。

一些同位素，包括铯 -137（^{137}Cs）和锶 -90（^{90}Sr），不是天然存在的；因此，环境中检测到这些同位素的任意浓度都意味着（放射性）污染。造成这种污染的原因大多是由 20 世纪进行的大气层核试验所产生的大气沉降。有些地区（特别是在格鲁吉亚西部地区）在切尔诺贝利事故发生之后受到了污染。2000 年的一项调查发现，一些地区存在少量的人工放射性同位素（包括那些来自切尔诺贝利的），而这一结果并不出人意料。需要注意的是，这些浓度如果按绝对值计算都是比较低的——在所有已发现的人工放射性同位素中，辐射剂量率都远未超过容许极限。

格鲁吉亚所在的地区，曾在冷战时期使用过大量放射性材料，主要出于军事、通信、农业和科研目的。有相当多的这种放射性材料（特别是那些归苏联军队以及后来的俄罗斯军队所有）未被妥善停用或者转移至格鲁吉亚有关主管部门。因此，这些材料一部分无法得到备案，甚至包括一些浓缩铀。这些浓缩铀据报道是在 20 世纪 90 年代早期，在位于格鲁吉亚阿布哈兹的一家工厂丢失的。

还有确凿证据显示，有犯罪集团寻找机会利用格鲁吉亚领土从事核与放射性材料非法贩运活动。在过去十年间，格鲁吉亚内政部摧毁了八起企图非法贩运浓缩铀的犯罪活动，其中包括几起贩运武器级浓缩铀的案件。这些案件的罪犯已经被拘禁。最近一起企图贩卖高度浓缩铀的非法贩运案件发生在 2010 年 3 月。

格鲁吉亚阿布哈兹和格鲁吉亚茨欣瓦利地区为俄罗斯军队所占领，已不受国家管理和国际约束，这妨碍了格鲁吉亚政府和国际社会为实现这些地区的核安全所开展的工作。

就上述问题而言，加强针对该领域的国家管理和控制力度，提高人民和环境的辐射安全水平，具有十分重要的意义。

1. 需要对该领域进行强有力的国家管理和控制

格鲁吉亚恢复独立后，局势一度困难重重，耽误了新管理框架的制定工作，因此导致了一系列事故。20 世纪 90 年代末，格鲁吉亚启动了法律和机构调整，旨在建起一个国家管控体系，以应对当时的局面。

2. 需要提高人民和环境的辐射安全水平

格鲁吉亚在伙伴国家和组织的支持下，建立了相应的基础设施以控制核与放射性材料，并且加强了防止非法贩运的机构与技术能力。然而，依然存在的挑战是：需要进一步加强放射性废物管理；监管机构的机构能力有限；有些法律和法规需要修正。

（二）监管部门

格鲁吉亚能源和自然资源部是核与辐射安全领域的国家级监管机构。该部为核与辐射有关的活动发放执照和许可证，这是针对该问题最重要的国家监管工具。能源和自然资源部的核能与辐射安全局（NRSS）[①]负责对受监管组织进行执照发放前后的检查工作。该局专家会建议用户采用符合核与辐射安全规范的措施，并检查其实施情况。核能与辐射安全局还负责收集专业员工所接受的有效（辐射）剂量信息。

内政部负责实施必要措施以防止和限制核与辐射材料的非法利用和贩运行为。此外，依据《格鲁吉亚执照与许可证法》，内政部作为利益相关行政单位参与行政流程。

格鲁吉亚环境保护部负责监测天然背景辐射水平。

此外，其他政府机构在该领域也具有一定权限，如经济和可持续发展部、国防部、劳动部、健康和社会事务部以及教育科技部。需要指出的是，核与辐射安全以及（特别是）保护事宜应服从于国际长远利益。因此，以国际原子能机构为代表的国际组织也通过以下途径参与了该进程：格鲁吉亚参与的各类国际协议以及该组织广泛的技术合作项目（实施诸多国家和地区计划）。

在格鲁吉亚，从事与辐射有关活动的社会团体包括数百家使用电离辐射发生器的机构以及几十家拥有放射性源和（或）技术的组织。

（三）迄今所采取的措施

截至 2010 年 1 月，有 640 家从事与辐射有关活动的组织在格鲁吉亚注册。此外，有 1 145 台电离发生器、1 537 个所谓的"密封"[②]放射源和 762 个"非密封"放射源也进行了注册。这些放射源的活跃度范围从 1 毫居（milli Curie）至 35 000 居里（Curie）不等。有 826 个放射源遭到废弃，并存放在一个集中管理的临时仓库中，该仓库受国家监管。非密封放射源的活跃度一般比较低，并用于科学目的。

在用放射源的处理和存放受国家法律监管。已耗尽的放射源被指定为"放射性废物"，存放在临时仓库中。核裂变材料的存放受严格管理，隶属于能源和自然资源部的核能与辐射安全局负责实施常规监测。

20 世纪 60—90 年代，格鲁吉亚曾经只运行过一个科研核反应堆。该反应堆现在已经关闭，并在国际原子能机构的帮助下正在进行退役工作。位于第比利斯东边的旧放射性废物仓库（在苏联时期运行）也已经关闭。测量结果显示，这些设施的背景辐射水平都在容许水平之内。

对于苏联时期遗留下来的无人管制和未充分利用的放射性资源，其探测、废除

---

① 成立于 2011 年 3 月 18 日。之前该部门隶属于格鲁吉亚环境和自然资源部。
②密封放射源——放射性源被无限期存封在容器里，或与非放射性材料混合，从而避免意外泄漏或分离。

和安全性存储工作正在进行之中。在前苏联解体期间，对这些放射源的管理显得非常不力，有很多放射源丢失或遭到不恰当地丢弃，特别是来自前苏联（后来俄罗斯的）军事基地的放射源。这些放射源中已经有多达 300 个被找到，其中有 50 个是在 2007—2010 年之间找到并废除的。这项工作在将来会继续进行。

为了防止并限制核与放射性物质的非法利用和非法贩运，格鲁吉亚边境检查点于 2008—2009 年间配备了便携式探测器。内务部负责执行一切必要措施，防止和限制放射性物质的非法利用和非法贩运。到目前为止，在核与辐射安全与保护方面，已实现了对所有合法运输的全面管制。

存放放射性物质的临时仓库于 2007 年开始使用（在美国的帮助下），用作对放射性废物的安全存放。

该领域的战略目标是，保护人民和环境不受电离辐射有害作用的伤害。要达成这一目标，必须通过"国家会计和控制系统"的相关措施来贯彻基本安全规范。

格鲁吉亚核与辐射安全领域的国家监管基础包括：《格鲁吉亚宪法》第 37 条、格鲁吉亚的国际义务（最重要的是《不扩散核武器条约》）、格鲁吉亚相关法律——《格鲁吉亚环境保护法》（1996 年）以及《格鲁吉亚核与辐射安全法》（1999 年）、能源和自然资源部及下属单位——核能与辐射安全局的相关法规和相关的国际常规做法。

《格鲁吉亚核与辐射安全法》规定了该领域的基本政策。该法将核与辐射活动的监管权授予格鲁吉亚能源和自然资源部。为运用这一职权，该部在其体系内成立了核能与辐射安全局。

（四）目标与措施

核与辐射安全，特别是保护方面，已成为涉及国际长远利益的核心问题。因此，该领域的长远目标（20 年）是，保障人与环境的辐射安全。其范围包括：依据不扩散制度，和平使用核材料、核设施和核技术；防止任何涉及（格鲁吉亚法律和国际义务所规定的）核材料和其他电离辐射源的非法活动；并确保所有放射性材料和其他电离辐射源有关活动的安全性。

为实现该长远目标，应在接下来的五年内达成以下短期目标（表 14-5）：

目标 1：提升该行业的国家监管水平。

目标 2：提高人民和环境的辐射安全水平。

表 14-5 格鲁吉亚核与辐射五年目标

长远目标——保障人民和环境的辐射安全

	措施	时间框架	责任机构	资金预算/拉里①	可能的资金来源	指标
1	制定必要法律	2012—2015 年	能源和自然资源部	费用低	资助机构	新版的框架性法律制定完毕
2	在格鲁吉亚西部建立一个核能与辐射安全局的地方性单位	2012—2013 年	能源和自然资源部	费用低	资助机构（2011—2013 年）、2013 年后—国家预算	在格鲁吉亚西部建立一个有效的运转体系

目标 1——提升该领域的国家监管水平

目标 2——提高人民和环境的辐射安全水平

	措施	时间框架	责任机构	资金预算/拉里	可能的资金来源	指标
1	继续对废弃电离辐射源进行系统性搜索	2012—2016 年（长期）	能源和自然资源部	费用适中	国家预算、资助机构	
2	加强放射性废物管理（体制问题），并制定一项放射性废物管理的长期战略	2012—2013 年	能源和自然资源部、教育和科学部、第比利斯市政厅	费用适中	国家预算、资助机构	放射性废物管理体系得以调整；一项长期战略制定完毕
3	加强沙卡泽（Saakadze）存放处的放射性废物管理	2012—2013 年	能源和自然资源部；第比利斯市政厅	费用低	国家预算、资助机构	对该处的辐射安全状况评估完毕，并且物理防护措施到位
4	加强放射性废物管理，包括姆茨赫塔（Mtskheta）科研核反应堆的最终退役阶段	2012—2016 年	能源和自然资源部；教育和科学部	450 000	资助机构、国家预算	反应堆退役，现场清理完毕
5	继续与国际原子能机构开展技术合作（国际原子能机构技术合作项目）	2012—2016 年	能源和自然资源部；其他相关部门	200 万（2012—2013 年，只限国家项目）	国际原子能机构技术合作项目；国家预算（5% 国家共同融资）	至少 5 个国家项目获得国际原子能机构技术合作项目批准，并于 2011—2013 年以及 2013—2015 年间实施
6	组织公共信息宣传活动	2012—2016 年	能源和自然资源部	费用低	国家预算；资助机构	制订公共信息宣传和意识提升年度详细计划

①在该文件中，少于 100 000 拉里被定义为"费用低"，100 000～500 000 拉里为"费用适中"，500 000 拉里及以上为"费用高"。

六、生物多样性

（一）生物多样性现状

格鲁吉亚属于高加索生态区的一部分，是生物多样性"热点地区"之一［目前，根据保护国际（Conservation International）的定义，世界上存在 34 个生物多样性"热点地区"，这些地区拥有独特的生物多样性，同时处于严重的威胁之中］。同时，根据世界自然基金会（WWF）的资料，高加索是世界重要的生态区，以物种的多样性、动植物分布的高度特殊性、植被种类的多样性和珍稀的生物群落而闻名于世。

格鲁吉亚拥有世界重点动植物栖息地和生态系统。比如，17 处保护生物多样性特别栖息地，现已纳入"绿宝石网络 11[①]"，还包括 31 处已确认的格鲁吉亚重点鸟类栖息地。此外，还包括两处位于克尔赫提（Kolkheti）低地的湿地，它们已纳入《拉姆萨尔公约》的《国际重要湿地名录》。格鲁吉亚是生物种类非常丰富的国家：已发现 4 130 维管植物；多达 600 种（占物种总数的 14.2%）高加索特有物种以及大约 300 种（占物种总数的 9%）格鲁吉亚特有物种。格鲁吉亚已记录 16 054 种动物物种，其中 758 种为脊椎动物。

如今，格鲁吉亚在生物多样性方面需要解决的主要挑战包括：阻止栖息地的退化和物种的流失、加强捕鱼和打猎的监管力度、提高保护区的管理效果、建立统一的保护区网络以及改进生物多样性保护和可持续管理数据库。

物种数量减少和栖息地退化

由于栖息地遭到破坏和大量无序开发，许多动植物已变成濒危物种。目前已有 29 种哺乳动物、35 种鸟类、11 种爬行动物、2 种两栖动物、14 种鱼类和 56 种木本植物物种被列入国家"红色名录"。此外，在格鲁吉亚发现的 44 种脊椎动物属于世界濒危物种，已被列入世界自然保护联盟红色名录，被分为脆弱物种、濒危物种或极度濒危物种。

大型哺乳动物群尤其面临着濒临灭绝的风险，只有采取特殊的保护措施才能改善它们的处境。20 世纪，鹅喉羚和南部的野山羊群（特里阿莱蒂山）已经在格鲁吉亚绝迹。豹和黑纹灰鬣狗依然存在，但仅限于以孤立的个体存在。格鲁吉亚马鹿的数量已经减少（只有 3 个种群处于保护区之内）。

1990—2005 年间，东高加索源羊的数量减少了 20%，而西部高加索源羊更是减少了 50%。20 世纪初开始，黑海鲟鱼种群数量减少了至少 37 倍。

---

① "绿宝石网络"是一个生态网络，旨在保护欧洲的野生动植物群和它们的自然栖息地。

（二）影响生物多样性的原因

1. 过度放牧

过度放牧是严重破坏生物多样性的最重要因素之一。过度放牧最严重的地区包括亚高山带牧场和高山牧场以及格鲁吉亚东南部的干旱生态系统内。在这些地方，牧养大量的家畜（特别是绵羊）和无监管的放牧行为导致了土壤被侵蚀、植被组成和生长能力降低，这为入侵植物的传播创造了理想环境。

1990 年以来，格鲁吉亚的森林资源遭到了过度开采。木柴依然是部分偏远社区和小镇的主要燃料来源。此外，木材的需求量仍然很大。因此，推行可持续的森林生产活动对保护国家生物多样性是至关重要的。黑海海洋和沿海生物多样性退化是另一个需要解决的问题。

环境影响许可体系是一项有望降低开发项目对生物多样性影响的机制，它包含一个环境影响评价生态专业技能报告。然而，该机制需要得到进一步发展和改进。总体上，规划的生产活动对生物多样性、减缓和补偿措施会产生何种实际影响，这一点在环境影响评价报告中并无详细阐述。

2. 捕鱼和打猎活动

尽管格鲁吉亚已采取措施支持可持续捕鱼和打猎，但问题依然严峻，如非法捕鱼和打猎活动猖獗，监管体系不完善以及这些行业缺少称职的从业人员。需要改进现有的鱼类资源和可供打猎物种的评估体系，并调整捕鱼和打猎的额度。数据的匮乏阻碍着旨在支持可持续捕鱼和打猎活动的具体措施。

1991 年以来，格鲁吉亚经济陷入困境、市场萎缩以及黑海的鱼类资源急剧减少都对渔业造成了消极影响，黑海的捕鱼活动已显著减少。鳀鱼是最重要的商业鱼种，产自黑海的格鲁吉亚水域范围内，年捕捞量在 30 000 ~ 40 000t。其他鱼种（牙鳕、白斑角鲨、三种鲻鱼和西鲱）的年捕捞量则更少。

格鲁吉亚内陆水域的鱼类资源也大幅度减少，当地的主要问题是入侵物种。在内陆水域，包括格鲁吉亚特有鱼种在内的（不包括鲟鱼和黑海的鲑鱼）绝大多数鱼种的现状仍是未知数。

（三）生物多样性监管部门

格鲁吉亚环境保护部参与制定生物多样性方面的国家政策，并负责政策的实施工作。环境保护部还负责建立和协调"国家生物多样性监控体系"。

保护区事务局（APA）（环境保护部下属的合法的公共法律机构）及其下属的

18 家地方性单位负责管理、保存和保护保护区。此外，该局还负责建立一个保护区网络，并在保护区内发展生态旅游业。能源和自然资源部为生态资源的利用颁发许可证。

经济和可持续发展部下属的格鲁吉亚国家旅游局（公共法律机构）同样在国家的旅游业发展中起到了重要作用。

农业部在农业生物多样性保护和制定牧场使用法规方面起到重大作用。农业部还负责管理监督和控制杀虫剂和农药的使用。牧场使用由地方政府管理。

文化和古迹保护部负责保护历史文化遗产的遗址。这些遗址部分位于格鲁吉亚的保护区之内，或在其附近，并且它们中的一部分有可能被指定为"自然古迹"（世界自然保护联盟所定义的一种保护区类型）。

教育和科学部负责改善环境教育并提高公众意识。格鲁吉亚边境警察和环境保护部相互合作，共同保卫那些跨境保护区。

各大学和研究所研究并监测生物多样性，并按照要求，将相关信息和建议提交至环境保护部。它们还参与格鲁吉亚动植物群和农业生物多样性的异地保护工作。由相关领域专家组成的濒危物种委员会负责评估物种保护状况，并对"红色名录"进行详细阐述。

国际和国内的非政府组织对生物多样性保护做出了重大贡献。

最后，地方民众是直接利益攸关者，因为他们当中的大多数人依赖于生物多样性资源。因此，规划任何保护或其他相关活动时，都应与他们展开密切合作。

（四）迄今所采取的措施

1. 保护区网络

建立保护区是有效保护生物多样性最重要的措施之一。格鲁吉亚第一个自然保护区于 1912 年在拉戈代希（Lagodekhi）建立。目前，共设有 56 个保护区，面积达到了格鲁吉亚领土的 7.3%。尽管保护区的主要功能是保障生物多样性的保护工作，但对于国家来说，它们还具有极大的科研与社会经济价值，特别是在发展国内和国际旅游业方面。建立一个统一的保护区网络，是保护区系统面临的主要挑战之一。

国家的部分敏感地区尚未被确定为保护区。

2. 保护区管理

为保护区制订管理计划是有效管理这些保护区的重要机制之一，升级监管体系、完善数据库以及弥补法律缺陷也是非常重要的。本部分还讨论了法律方面的相关问题。

此外，缺少有资质的人力资源以及设备和供给不足也是问题的原因所在。非法利用自然资源也是保护区的最大问题之一。保护区系统资金不足以及民众环境意识淡薄，也使保护区系统内大多数已查明的问题变得更为严重。

3. 适宜的生物多样性保护数据库

由于缺少数据采集、存储和分析的现代化有效工具，要发现物种和栖息地环境的实际变化是相当困难的；相应地，这会使评估生物多样性的现状和趋势变得更艰巨。缺少准确数据是一大障碍，不利于制定保护生物多样性和有效管理生态资源所必需的有效措施。

4. 国家生物安全体系

系统化处理转基因生物（GMO）在总进口播种苗/定植苗和农产品中的占比数据具有重要意义。改性活生物体（LMO）对生物多样性的威胁还不甚明确。还应该指出的是，需要提高国内的转基因生物相关的风险管理能力。

2005年，格鲁吉亚政府通过了"国家生物多样性战略和行动计划"（NBSAP）。该计划定义了一个10年战略和一个5年行动计划，内容涉及生物多样性保护以及合理利用生态资源。"国家生物多样性战略和行动计划"实施的主要成就总结如下：

根据《格鲁吉亚红色目录和红色名单法》中的相关规定，濒危物种委员会运用世界自然保护联盟的标准和类型，评估了全国范围内动植物物种的情况，并制订了一份新的格鲁吉亚红色名录（Red Listof Georgia），该名录得到了总统令的批准。为保护多个物种和物种群体（高加索源羊、豹、蝙蝠、棕熊、高加索松鸡、水鸟、白肩雕、地中海陆龟、高加索蝰蛇、鲟鱼）制订的管理计划已经准备就绪。

格鲁吉亚特有物种、濒危物种和农业生物多样性的异地和实地保护工作已取得显著进步。在德国国际合作组织（GIZ）的资金和技术支持下，国家生物多样性监测体系正在孕育，其目的是获得生物多样性状态和趋势的准确信息，从而建立合格的反应制度，并且还要将这些制度纳入国家政策之中。生物多样性监测的国家指标已经选定。眼下正在根据已选定的指标采集数据，并且分析方法也在制订中。

需要特别注意到保护区领域所取得的成绩。近年来，保护区的总面积显著增加。到2011年，格鲁吉亚全境已有7.3%的面积受到法律保护（511 122.5hm^2）。此外，根据规划，进一步增加保护区总面积的工作已经取得了一些进展。目前开展的一些项目主要是为了开发新的保护区（马恰赫拉、普夏夫-海夫苏莱题、萨梅格列罗和中央高加索）以及扩大现有保护区（卡兹别吉和阿尔戈题）。通过实施这些项目，将显著提高格鲁吉亚保护区的比例。

由于已采取措施开发保护区的旅游业基础设施，部分保护区已经具备了足够的基础设施，可满足游客的需求。现已具备各种不同的旅游服务项目（即骑马、漂流、爬山、远足、野鸟观察等），为保护区提供了创收机会。其他的功能建设和基础设施开发活动还在进行中。在各类资助机构的协助下，保护区事务局扶持了一些项目，旨在促进缓冲区社区的社会经济发展。

高加索自然基金会（CNF）的成立也值得一提。该基金会成立于 2006 年，旨在通过共同融资的模式来筹集相关国家的保护区运营成本资金，从而支持亚美尼亚、阿塞拜疆和格鲁吉亚的保护区系统的发展。一些项目已经在该基金会的支持下（如对博尔若米 - 卡拉高里国家公园的资助）获得了相关资金，包括 2009 年的消防设备资金以及 2010—2012 年对博尔若米 - 卡拉高里国家公园运营资金的资助。其他项目正在讨论中。

考虑国家正以快速发展经济和消除贫穷为中心，预计格鲁吉亚将建设一系列基础设施项目。重要的是，在实施这些项目时，需要注意它们对生物多样性的影响。因此改进环境影响评价体系并实施有效的减缓措施具有重要意义。

国家的一个重点是发展旅游业，并使格鲁吉亚在世界旅游版图上重新占有一席之地。图 14-1 提供了 2005—2011 年间格鲁吉亚保护区的访问量统计数据。增长趋势是显而易见的，得益于格鲁吉亚独特和丰富的生物多样性，预计生态旅游需求会在未来出现更大增长。从这个角度看，建立和加强格鲁吉亚保护区系统以保护丰富的生物多样性，具有特别的意义。

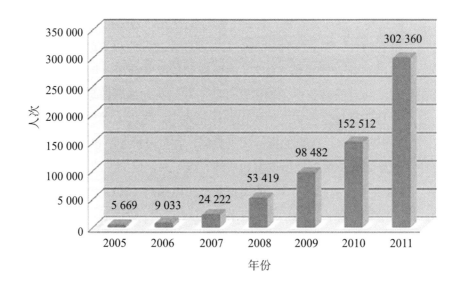

图 14-1 格鲁吉亚保护区访问量统计（2005—2011 年）

资料来源：《格鲁吉亚环境发展纲要》2012—2016 年。

（五）目标与措施

考虑当代和未来几代人的利益，国家生物多样性政策的长远目标是确保实现保护并修复格鲁吉亚独特的生态系统、物种的多样性和遗传资源。实现长远目标的几个方法包括有效管理保护区和开发保护区网络、对生态资源进行可持续利用和管理以及公平分配利益所得。

需要完成以下短期目标（五年）来实现长远目标：

目标 1：修复、保护并保存所选定的濒危物种和栖息地的存活种群；

目标 2：提高打猎和捕鱼的管理效率，确保可持续利用动物资源；

目标 3：建立一个统一有效的保护区网络；

目标 4：提高保护区自身的管理能力，引入金融可持续性机制，从而提高保护区的管理效率；

目标 5：通过制定相关的生物监测体系，建立生物多样性保护和生态资源管理的准确数据。

格鲁吉亚生物多样性政策的长远及短期目标见表 14-6。

表 14-6　格鲁吉亚生物多样性政策的长远及短期目标

长远目标——确保能够保护并修复格鲁吉亚独特的生态系统、物种的多样性和遗传资源

	措施	时间框架	责任机构	资金预算/拉里①	可能的资金来源	指标
1	根据《生物多样性公约》2020 年目标，升级国家生物多样性战略和行动计划	2012 年	环境保护部	费用低	德国国际合作组织	升级的国家生物多样性战略和行动计划获得通过

目标 1——修复、保护并保存所选定的濒危物种和栖息地的存活物种

	措施	时间框架	责任机构	资金预算/拉里	可能的资金来源	指标
1	完成非木材植物物种情况评估（根据自然保护联盟的标准），并将其纳入格鲁吉亚红色名录	2012—2013 年	环境保护部、伊利亚州立大学植物园	费用低	资助机构	对最少 2 500 个物种以自然保护联盟的标准加以评估；格鲁吉亚红色名录得到修改（极危（CR）、濒危（EN）和易危（VU）物种纳入红色名录）
2	在格鲁吉亚获得半野生且经过有效饲养的赤鹿种群，并将它们重新放归其传统自然栖息地	2012—2016 年	环境保护部	费用高	资助机构	至少在两处场地建立赤鹿种群繁殖地

①在该文件中，少于 100 000 拉里被定义为"费用低"，100 000～500 000 拉里为"费用适中"，500 000 拉里及以上为"费用高"。

	措施	时间框架	责任机构	资金预算/拉里	可能的资金来源	指标
3	确定重要的生物多样性保护地；对其重要性进行排序，以便将其纳入不同的保护区类别之中	2013 年	环境保护部	400 000	国家预算、资助机构	根据地理信息系统（GIS）制作的保护区外围生物多样性重点保护区地域地图绘制完毕；格鲁吉亚政府或议会决定对保护区外围的生物多样性重点保护区域进行保护
4	整理内陆水域和湿地详细清单，制定地理信息系统数据库；	2012—2013 年	环境保护部	费用适中	资助机构	建成格鲁吉亚湿地数据库，可能列入《拉姆萨尔公约》的湿地名单制定完毕确定重点保护区域
5	对特定人群开展教育活动，提升其对红色名录物种的认识程度	2012—2016 年	环境保护部	费用低	德国国际合作组织	每年向 500 所公立学校（25% 的公立学校）发放教育材料

目标 2——提高狩猎和捕鱼的管理效率，确保动物资源的可持续利用

	措施	时间框架	责任机构	资金预算/拉里	可能的资金来源	指标
1	改进对可供狩猎的野生动物资源的评估方法和限额的计算方法	2012—2013 年	环境保护部	费用低	德国国际合作组织	方法得到批准
2	发起运动狩猎项目，以支持旅游狩猎的发展	2014—2015 年	能源和自然资源部、环境保护部	费用低	德国国际合作组织	就推行运动狩猎的方法和试点区域取得一致意见，其所需的法律修正案制定完毕
3	改进鱼类资源评估方法和限额制定方法	2012—2013 年	环境保护部	费用低	资助机构	方法得到改进
4	改进相关措施，防止内陆水域的偷猎行为；对环境监察团进行能力建设	2012—2016 年	能源和自然资源部	费用低	资助机构	培训计划和相关材进一步细化，监察团人员接受培训

目标 3——开发一个统一有效的保护区网络

	措施	时间框架	责任机构	资金预算/拉里	可能的资金来源	指标
1	起草一份关于建立规划保护区的法律草案，并推动已有保护区的发展	2012—2016 年	环境保护部	费用高	国家预算、资助机构	建立新保护区的法律草案起草完毕；管理计划制订完毕，保护区一经建立便可以全面投入运营
2	通过实施不同项目，支持缓冲区的社会经济发展	2012—2016 年	环境保护部	费用高	国家预算、资助机构	缓冲区已实施项目的数量和受益人数量
3	扩大现有保护区	2012—2016 年	环境保护部	费用高	国家预算、资助机构	撰写扩大保护区界限的相关材料；保护区区域所有权正式上交给保护区事务局（APA），以备扩大保护区范围之用
4	根据需要划定保护区界限	2012—2016 年	环境保护部	费用高	国家预算、资助机构	已划定边界并正式得到批准的保护区数量

目标 4——提高保护区自身的管理能力，引入金融可持续性机制，从而提高保护区的管理效率

	措施	时间框架	资助机构	资金预算 / 拉里	可能的资金来源	指标
1	审查有关保护区的国家法律并规划后续实施工作	2012—2016年	环境保护部、格鲁吉亚政府	费用适中	国家预算、资助机构	国家法律缺口变小
2	根据需要为现有和新保护区制订并通过管理计划	2012—2016年	环境保护部	费用适中	国家预算、资助机构	制订并通过的管理计划数量
3	改善保护区内自然资源利用管理水平	2012—2016年	环境保护部	费用适中	国家预算、资助机构	自然资源管理机制纳入保护区体系
4	修复保护区物种并对其加强保护	2012—2016年	环境保护部	费用高	国家预算、资助机构	物种重返进程得以启动（瞪羚羊、野山羊等）
5	按需要为现有和新保护区规划并开发基础设施	2012—2016年	环境保护部	费用高	国家预算、资助机构	格鲁吉亚境内基础设施得到改善的保护区数量增加
6	提高保护区的生态旅游潜质（制订一个全面的生态旅游发展计划；改善基础设施、营销方法；提高服务质量；提供新的服务等）	2012—2016年	环境保护部	费用适中	国家预算、资助机构	生态旅游发展计划的数量推出新旅游产品；通过保护区所提供的服务实现增收
7	提高保护区员工的能力	2012—2016年	环境保护部	费用低	国家预算、资助机构	受培训员工的数量
8	提高保护区的物质—技术能力	2012—2016年	环境保护部	费用高	国家预算、资助机构	保护区的行政需求核定完毕
9	将保护区的生物多样性列入详细清单，建立可更新的数据库，并评估保护区内的栖息地	2012—2016年	环境保护部	费用高	国家预算、资助机构	保护区生物多样性的综合数据库得以建立；现阶段的保护区栖息地数据库创建完毕管理部门掌握相关物质技术—措施
10	制定并实施公众意识项目（针对教育机构和更广泛的公众群体）	2012—2016年	环境保护部	费用高	国家预算、资助机构	制定并实施的公众意识项目数量

目标 5——通过制定相关的生物监测体系，为生物多样性保护和生物资源可持续管理建立准确的数据库

	措施	时间框架	责任机构	资金预算 / 拉里	可能的资金来源	指标
1	根据国家生物多样性指标，制定数据采集和分析方法	2012年	环境保护部	费用低	德国国际合作组织	方法制定完毕，采用了所有指标（26项）并得到公布
2	培训参与生物多样性监测的组织和部长级管理人员	2012—2013年	环境保护部	费用低	德国国际合作组织	受培训的人员数量
3	制作生物多样性监测指南	2012年	环境保护部	费用低	德国国际合作组织	生物多样性监测指南在生物监测网站上发布
4	建立生物多样性监测地理信息系统中心	2012—2013年	环境保护部	费用低	德国国际合作组织	地理信息系统中心建设完成并投入运营
5	根据指定指标进行数据采集和分析	2012—2016年	环境保护部	费用低	德国国际合作组织	至少15项指标的数据分析结果发布在生物监测网站上

第三节　环境管理

一、环境管理体制

为保障公民的宪法权利，使其生活在一个健康的环境里，国家致力于保护环境及合理利用自然资源。与此同时，还必须平衡社会的经济和环境利益。可持续发展战略的作用之一在于，为实现上述平衡提供一个框架。格鲁吉亚尚未制定此类战略。

制定国家环境行动规划是中期环境保护规划工作的内容之一，除此之外，还制定了部门性环境规划和各行政单位制定的环境规划。这些规划所强调的重点内容都体现在格鲁吉亚的中期支出框架中，而该框架是年度预算支出规划的基础。此外，格鲁吉亚会获得国际资助机构提供的大量资金，为环境领域的各类项目提供支持。

全面评估环境情况和当前的环境工作有效性，是制定较高水准的环境规划之基础。本报告面向决策者以及公众，对环境情况进行了描述。

根据《格鲁吉亚宪法》第 37 条的规定，格鲁吉亚公民有权利生活在一个有健康保障的环境中。国家将保证对环境实施保护并合理利用自然资源，从而满足人民的生态和经济利益，与此同时，国家还将统筹考虑后代人的利益。

格鲁吉亚环境保护部负责环境保护方面的国家管理工作。该部门的职责是负责对格鲁吉亚境内环境进行保护和监控，起草相应立法，对需要环保评估的项目进行审核，并颁发执照和许可证，与国际环保组织开展环保合作，对境内湖泊、河流和森林等自然资源开发利用提出可持续发展的意见和相应的规划等，包括制定和实施有效的环境政策以及制定自然资源可持续利用规范。格鲁吉亚能源和自然资源部负责国家自然资源的合理利用。其他部门，如经济和可持续发展部，财政部，劳动、健康与社会保障部以及教育和科学部、外交部、农业部、地区发展和基础设施部，也在法定职权范围内参与了此类工作。

《格鲁吉亚环境法》第 15 条——环境法框架定义了环境规划体系，该体系包括相互关联的三层规划：

（1）国家可持续发展战略是一项基于可持续发展原则的长期战略性规划，可以确保经济发展和环境利益之间的平衡。格鲁吉亚尚未制定该战略。

（2）国家环境行动计划。这是一项 5 年期的全国环境活动规划。制定类似的地区和市级规划／项目也是可取的。

（3）具体活动的环境管理规划应服从国家级规划。

格鲁吉亚的第一个国家环境行动计划制订于 1999 年，有效时间为 2000—2004 年（2000 年 5 月 20 日格鲁吉亚第 191 号总统令批准生效）。由于资金不足，行动计划制订的大部分措施都未得到实施。

2009 年 11 月，第二份国家环境行动计划的制订工作正式启动，该计划有效期将覆盖 2012—2016 年。经过与相关利益攸关方进行磋商，国家环境行动计划 -2 的重点领域已经确定。目前正在按以下重点方向制订行动计划：

（1）垃圾管理；

（2）水资源；

（3）环境空气；

（4）土地资源；

（5）核与辐射安全；

（6）生物多样性（包括保护区）；

（7）灾害（水文气象学和自然灾害）；

（8）矿物资源；

（9）气候变化；

（10）林业；

（11）黑海。

此外，还制定了具体的短期或战略行动规划，以处理某些环境问题。国家环境行动规划还包括了部门性项目／规划中的重点行动。另外，保护区体系国家战略与行动计划以及水资源综合管理战略也正在酝酿之中。制定垃圾管理战略的工作也在计划之中。

此外，按照一些国际公约的规定，格鲁吉亚需要为公约的实施制订国家计划，并根据那些计划定期做出工作进展报告。格鲁吉亚已经为多项国际公约制定了此类计划／战略／规划，包括《生物多样性公约》《联合国防治荒漠化公约》《关于消耗臭氧层物质的蒙特利尔议定书》以及《关于持久性有机污染物的斯德哥尔摩公约》。

格鲁吉亚政府中期支出框架（MTEF）是国家预算支出分配的基础。该框架包括：为不同机构所确定的重点计划进行说明，阐明具体计划或项目的可能实施日期以及预期成果和针对这些成果的评估标准的有关信息。

根据 2007—2010 年的行动计划，环境保护和自然资源部的工作重心将集中在以下三个关键领域：

（1）资源有效利用和林业改革；

（2）改善环境保护体系并发展保护区体系和生态旅游；

（3）改进环境监测与预测系统，提升自然灾害预防水。

这些重点领域中，已于 2009 年实施的预算指定项目包括如下：

（1）格鲁吉亚废弃杀虫剂的存储—清理计划；

（2）采取措施，确保在有关工作中运用生态专业知识；

（3）格鲁吉亚与阿塞拜疆边境的地形测量与制图工作；

（4）确保向居民提供薪柴的相关项目；

（5）林业活动；

（6）保护区防火防虫害的相关项目；

（7）生态旅游开发；

（8）河岸保护工程。

2009 年，用于资助这些项目的资金总预算达到了 1 200 万拉里。

表 14-7 列出了格鲁吉亚环境保护和自然资源部于 2005—2009 年期间的年度预算，和用于资助特定项目的预算情况。从表中可以看出，国家对这些部门和指定项目的资助额度从 2005 年开始显著增加，然而仍需提供更多必要资金，妥善解决环境问题。

表 14-7　格鲁吉亚环境保护和自然资源部的预算资金

年份	部门预算 /10^3 拉里	项目资金 /10^3 拉里
2005	24 478.3	1 107.1
2006	29 157.6	1 576.9
2007	37 546.5	3 455.7
2008	29 010.0	4 339.8
2009	36 255.8	12 006.6

资料来源：格鲁吉亚环境发展纲要 2012—2016 年。

2005—2009 年，格鲁吉亚实施了许多由国际资助机构资助的项目。活跃在格鲁吉亚环境领域的主要资助机构有：全球环境基金、联合国开发计划署、联合国环境规划署、欧洲共同体以及德国（德国国际合作组织、德国复兴信贷银行、德国联邦经济合作与发展部基金）、美国（美国国际开发署）、荷兰、挪威和日本等国政府。

二、环境管理政策与措施

格鲁吉亚主要环保法律法规有《格鲁吉亚环境保护法》《格鲁吉亚环境许可证法》等。

《格鲁吉亚环境保护法》规定，为周知社会，由自然资源部负责向格鲁吉亚总统提交关于国家环境状况的报告。为起草报告，自接到要求之日起 2 个月内国家机关和法人实体有义务免费向格鲁吉亚自然资源部提供其掌握环境状况的报告。关于大自然的报告准备规则由格鲁吉亚总统确定。

《格鲁吉亚环境许可证法》规定，一些与环保有关及要求专门知识的行为受许可证管辖，包括：环境监察，水文气象学工事的实施，其他由法律规定的环保行为。格鲁吉亚自然资源部负责审批发放环保许可证。环保的确定有三个标准：环境状态质量标准；物质排放到环境中的最大允许值和环境对其他微生物的污染；生产的生态要求。只有取得与环保相关的许可证后，才能从事相应的生产活动（如化学物质的生产、建材业水泥生产、机构制造业的航空器的生产与维修、废物处理以及港口、公路、铁路、管道、传染病医院等基础设施项目建设等）。

2015 年 1 月 1 日起，格鲁吉亚最大限度地严格环境污染处罚标准，违法行为将处 50～5 000 拉里罚金不等。

《格鲁吉亚国家生态鉴定法》规定对环保许可证发放的程序以及对环境损害和污染评估鉴定办法。如果涉及对森林、动植物、大气、水体污染事故，格鲁吉亚自然资源部负责组织相关专家进行评估鉴定，处罚和赔偿金额视其对环境影响的评估报告而定。

截至 2010 年，格鲁吉亚的环境管理方式包括：发放执照和许可证，建立相关规范、规定和技术法规。环境监察团负责确保环境活动都能符合所有的这些要求；开展相关检查工作，查处无执照/许可证或违反其相关规定的环境活动。此外，针对违反环境规范、规定和技术法规活动的检查工作也在进行之中。违反环境规定的公司或个人会被处以罚款，并且必须向国家额外缴纳环境破坏费。如果出现刑事违法行为，案件将被移交至相关调查机构处理。

格鲁吉亚还实施了诸多措施以改进环境管理体系。首先，开发了生物资源储备和监测体系，以此为依据确定了生物资源的科学配额，这也有利于这些资源的可持续利用，防止其退化。

优化环境监察活动的相关工作正在进行之中。即计划集中精力检查环境问题的固定来源，着重通过促进环境活动的规范，以防止违规犯罪行为发生。

对现有及可预期的环境状况进行评估，是制定每一个环境规划的基础。根据相关法律，国家环境状况报告是提供国家环境状况信息的参考性文件。2001—2005 年，环境保护和自然资源部每年都会编制国家环境状况报告[①]。尽管这些报告没有出版发行，不过它们可以在奥胡斯中心的网站查询：http://www.aarhus.ge。不管是对于

———————
① 根据已修订法律的最新规定，此类报告只需要每 3 年制定一次。

决策者还是公众而言，该报告都是便捷获取国家环境信息和信息分析的首选资料。我们希望该报告能够为未来制订国家环境行动计划提供基础，并为完善环境政策和环保工作创造有利条件。

环境工作进展报告（EPR）由联合国欧洲经济委员会（UNECE）定期制定，它是在一个国家实现环境工作目标过程中对该国工作进展进行评估的另一种文件。格鲁吉亚最新的环境工作进展报告完成于 2009 年。这份报告为强化环境规定和提升环境工作效能提供相关建议。根据该报告的提议，在政府层面解决某些环境问题是可能的。加强与环境工作相关的各个机构之间的协调配合也能够使一些问题得到解决。

第四节　环保国际合作

一、双边环保合作

加强地区和国际合作，是当前国内正在进行的环境改革的主要驱动力之一。在处理环境问题时，由于学习借鉴他国经验的范围较大，因此国家之间开展合作极为有益。此外，通过环境保护合作还可以建立紧密的双边关系，这是在地区及更大范围实现和平与稳定的重要前提。

总体来看，环境领域的合作正在双边或多边条约、协议和环境公约框架内开展；格鲁吉亚是 24 项国际环境协议（表 14-8）的缔约国。在正式签署协议之前，应详细评估任何拟定条约中各项条款之作用，从而确保这些条款能得到有效实施，并加强国际关系。这一方法可以确保格鲁吉亚能够在国际条约框架内获益，正如其他缔约国那样。

格鲁吉亚环境保护部将继续参与"欧洲睦邻政策"和"东部伙伴关系"，继续与联合国欧洲经济委员会、全球环境基金合作，并参与其他合适的国际项目。在高加索地区开展地区合作以及与其他国家进行双边合作，依然是格鲁吉亚的工作重点。

表 14-8　格鲁吉亚加入的国际环境协议

名　称	格鲁吉亚批准日期
《保护黑海免受污染公约》	1993 年 9 月 1 日
《黑海生物多样性和景观公约议定书》	2009 年 9 月 26 日
《保护黑海海洋环境免受陆源污染议定书》	2009 年 9 月 26 日
《国际防止船舶造成污染公约》	1993 年 11 月 15 日
《联合国气候变化框架公约》	1994 年 5 月 16 日
《联合国气候变化框架公约》京都议定书	1999 年 5 月 28 日
《生物多样性公约》	1994 年 6 月 2 日
《卡塔赫纳生物安全议定书》	2008 年 9 月 26 日
《保护臭氧层维也纳公约》	1995 年 11 月 8 日
《关于消耗臭氧层物质的蒙特利尔议定书》	1995 年 11 月 8 日
《濒危野生动植物种国际贸易公约》	1996 年 9 月 13 日
《拉姆萨尔湿地公约》	1996 年 4 月 30 日
《远程越界空气污染公约》	1999 年 1 月 13 日
《控制危险废物越境转移及其处置巴塞尔公约》	1999 年 5 月 4 日
《联合国防治荒漠化公约》	1999 年 7 月 23 日
《公众在环境事务中获得信息，参与决策，诉诸司法权力的公约》	2000 年 2 月 11 日
《保护野生动物迁徙物种公约》	2000 年 2 月 11 日
《关于保护黑海、地中海和毗连大西洋海域鲸目动物的协定》	2001 年 3 月 21 日
《非洲—欧亚大陆迁徙水鸟保护协定》	2001 年 5 月 1 日
《养护欧洲蝙蝠协定》	2002 年 7 月 25 日
《格鲁吉亚与国际原子能机构关于不扩散核武器条约防范措施的应用协议》	2003 年 4 月 24 日
《格鲁吉亚与国际原子能机构关于不扩散核武器条约防范措施的应用协议附加议定书》	2003 年 4 月 24 日
《关于持久性有机污染物的斯德哥尔摩公约》	2006 年 4 月 11 日
《核材料实物保护公约》	2006 年 6 月 7 日
《关于在国际贸易中对某些危险化学品和农药采用事先知情同意程序的鹿特丹公约》	2006 年 12 月 1 日
《养护欧洲野生物和自然生境公约》	2008 年 12 月 30 日
《乏燃料管理安全和放射性废物管理安全联合公约》	2009 年 6 月 26 日

资料来源：格鲁吉亚环境发展纲要 2012—2016 年。

中国与格鲁吉亚都是发展中国家，发展潜力大、互补性强，两国在农业、基础设施建设、通信、金融等领域的合作显现出不断扩大的趋势。双方在投资、工程承包和人员培训方面的合作成效显著。中国与格鲁吉亚政府间经贸合作混合委员会运转良好，为引领两国务实合作、促进企业间建立直接联系发挥了积极作用。

二、多边环保合作

（一）水资源环保合作

格鲁吉亚作为"欧洲睦邻政策"（以下简称 ENP）的伙伴国之一，已经承诺将本国的水资源相关法律与欧盟保持一致。欧盟—格鲁吉亚行动计划（EU-Georgia Action Plan）的全面实施，将为格鲁吉亚带来诸多显著的环境收益，包括：建立更加可持续的水资源利用和管理制度；在河流流域这一层面上，实现更加高效和有效的水资源管理；降低洪涝灾害风险；因改进污水处理方法而使污染情况得到改善；由于饮用水和洗浴用水水质提高使居民健康受益；生态系统收益；改善经济活动和旅游业发展的条件，例如，建设用于应对缺水问题的各类设施，鼓励利益攸关方参与等。

由联合国欧洲经济委员会（UNECE）赞助的"水资源综合管理（IWRM）国家政策对话"于 2010 年 9 月在格鲁吉亚举行。此次格鲁吉亚的水资源综合管理国家政策对话将聚焦三大主题：①筹备起草基于水资源综合管理原则的国家水资源法；②为《欧洲经济委员会水资源公约》中的由联合国欧洲经济委员会 / 世界卫生组织（WHO）制定的《水和健康议定书》设立实施目标；③与邻国阿塞拜疆展开跨境水资源合作。

（二）固废环保合作

格鲁吉亚在垃圾管理方面承担着多项国际义务。为了履行这些义务，格鲁吉亚开展了一些具体项目，旨在解决垃圾管理的相关问题。格鲁吉亚还参与了"国际化学品管理战略方针"（SAICM）的实施工作。此外，还制作了"国家化学概况"，并评估了"国际化学品管理战略方针"执行能力。格鲁吉亚正在评估相关机构建立污染物排放与转移登记制度（PRTR）的能力。

2011 年 4 月 21 日，政府第 907 号法令通过了"持久性有机物国家行动计划"。预计该计划将会履行《斯德哥尔摩公约》有关"持久性有机污染物"方面的义务。

（三）生物多样性环保合作

在生物多样性领域，格鲁吉亚加入了各种相关的国际公约和地区协议，承担着多项义务。第 10 次《生物多样性公约》缔约方会议（日本名古屋，2010 年 10 月）通过了 2011—2020 年的"会议战略"，并确定了生物多样性保护的目标。格鲁吉亚作为《生物多样性公约》的缔约方，有义务制定国家目标，为达成 2020 年目标作出贡献，并相应地升级国家战略和行动计划。

（四）核辐射环保合作

格鲁吉亚于1996年便加入了国际原子能机构。因此格鲁吉亚需要承担一定义务，遵守该组织在核与辐射安全与保护方面所提议的政策和相关标准。

完全遵守《不扩散核武器条约》及保障协议和附加议定书（2003年）是一个特别重要的内容。根据所需承担的国际义务，核能与辐射安全局定期就国内核材料保护条款的实施情况向国际原子能机构提交报告（通过格鲁吉亚外交部）。截至2011年，格鲁吉亚始终履行国际义务。

格鲁吉亚参加了第一次核安全峰会（华盛顿特区，2010年3月），并承诺通过国际合作实现全球核安全。

2009年10月，签署于1997年的《格鲁吉亚—美国大规模杀伤性武器不扩散合作协议》得以延期（2002年第一次延期）。根据这一协议，美国能源部和格鲁吉亚能源和自然资源部正在筹备一项旨在就格鲁吉亚放射源安全加强合作的所谓的"实施协议"。在美国资金支持和格鲁吉亚人力资源的基础上，该实施协议会推动具体项目的落实。

其他合作伙伴——欧盟委员会、英国和瑞典，也正在格鲁吉亚开展合作项目。将召开联合工作会议，以加强相互之间的协调配合。

通过这些国际合作，格鲁吉亚正在参与实现全球核安全之进程，同时提高了其在应对潜在非法买卖者所带来的挑战以及增强受监管团体的安全意识等方面的能力。

尼泊尔区位示意图

尼泊尔位于喜马拉雅山南麓，北邻中国，其余三面与印度接壤，国土面积14.72万km²，总人口约2 850万，GDP为210.69亿美元（2015年）。作为世界上最不发达的国家之一，尼泊尔目前仍处于发展的早期阶段，基础薄弱，生产规模小，机械化水平低，发展缓慢。由于资金和人力资源缺乏，政府支持和投入不足，广大民众意识欠缺等原因，尼泊尔面临森林资源减少、土地退化、水污染、空气污染和生物多样性丧失等环

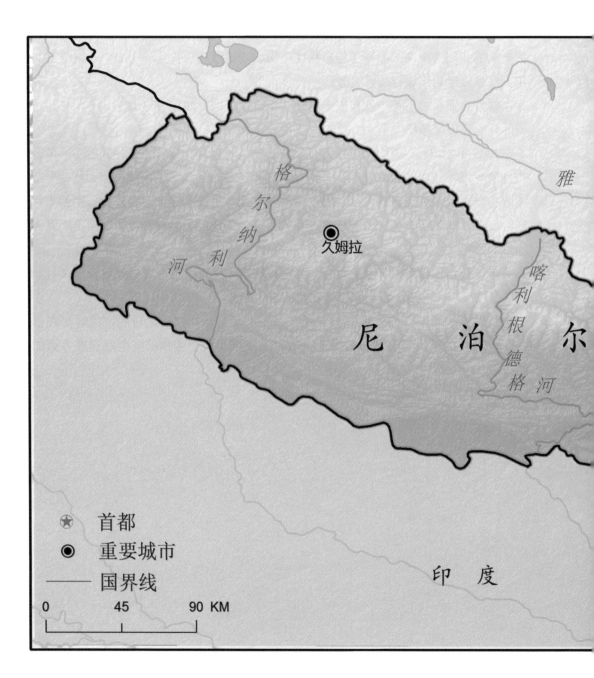

境问题。本章通过对自然环境与社会经济发展概况、环境污染现状、环境保护管理与法律法规体系以及多边环境合作现状的分析和介绍，结合两国的实际情况与南南合作需求，提出了中国可以优先选择高山地区生物多样性保护、水污染防治、农村环保与扶贫、土壤保护这四个领域与尼泊尔开展环境合作的建议。

408　"一带一路"生态环境蓝皮书 2017
沿线区域环保合作和国家生态环境状况报告

第十五章　尼泊尔环境概况 [1]

第一节　国家概况

一、自然地理

尼泊尔位于喜马拉雅山脉中段南麓。北面与我国西藏毗邻，东界锡金，东南、西、南与印度接壤。尼泊尔地势高峻，素有"山国"之称，境内山地占全国面积的 3/4 以上，海拔 900 m 以上的土地约占全国总面积的 1/2。地势北高南低，北部横贯喜马拉雅山脉，中部为岭谷交错的山地，南部是起伏不大的一条狭长平原。根据地形，全境分为北部高山区、中部山区与河谷和南部平原三个自然地带。国土面积 14.72 万 km²。

尼泊尔总体处于亚热带地区，气候受南亚热带季风影响很大。气候大致分为三季：4—6 月为热季，7—10 月为雨季，11 月至翌年 3 月为冷季。由于南北地势高低相差悬殊，各地区气候差异颇大。一般来说，北部高山终年寒冷，中部山区与河谷气候温和，南部平原则常年炎热。北部山区冷季最低温度可达 -40℃，而南部平原热季最高气温可达 45℃。年平均降雨量：南部约 2 300 mm，中部约 1 500 mm，北部为 500 ～ 600 mm。全年 90% 的降雨量集中于雨季。

---

[1] 本章由刘婷、丁宇编写。

二、 自然资源

（一）水资源状况

尼泊尔是个水资源极为丰富的国家，淡水资源占据世界总量的 2.27%，是尼泊尔最为重要的自然资源。降雨、地表径流以及地下水均是尼泊尔水资源的重要来源。尼泊尔拥有 6 000 多条世界上最湍急的河流、溪流，总长度为 45 000 km，年均径流量为 2 250 亿 m^3，大约是世界平均拥有量的 4 倍。尼境内河流流域总面积达 194 471 km^2，其中，有 76% 的流域在尼泊尔境内；流域面积超过 1 000 km^2 的河流有 33 条。此外，尼泊尔还有高达 880 亿 m^3 的潜在储水量。

（二）人口资源

尼泊尔中央统计局 2011 年 9 月 28 日公布的人口初步统计数据显示，尼泊尔总人口已达 2 662 万，到 2021 年，人口总数将达到 3 500 万人。目前男女比例为 94.4∶100。城市人口约占总人口的 17%。首都加德满都地区人口达 174 万，是全国人口最多的地区。尼泊尔是一个多民族国家，全国有拉伊、林布、苏努瓦尔、达芒、马嘉尔、古隆、谢尔巴、尼瓦尔、塔鲁等 30 多个民族。

（三）矿产资源

尼泊尔属于山地国家，矿产资源贫乏。目前发现和探明矿藏种类很少，大部分矿种保有储藏量不高。已发现金属矿藏有铁、铜、锌、铅、镍、钴、钼、金、钨、钛和银等，非金属矿藏有菱镁矿、石灰石、白云石、大理石、石榴石、云母、石墨、石英、陶土、磷矿、花岗石、硅岩、宝石等，能源矿产有石油、天然气、铀、地热和煤。探明有开发价值的金属矿藏有铁、铜、锌、铅，非金属矿藏有菱镁矿、石灰石、白云石、花岗石、大理石和天然气。目前已有开采的矿产有铁、铜、锌、铅、钴、金、菱镁矿、石灰石、白云石、石墨、云母、宝石（绿宝石、红宝石、蓝宝石）、石英、陶土和煤。

三、 社会与经济

尼泊尔是世界上最不发达国家之一，经济以农业为主。全国人口中约 80% 的人口从事农业，16% 的人口从事服务业，只有 4% 的人口从事工业（约 118 万人）。2004/05 财年，农业在 GDP 中占 38.21%，服务业占 40.83%，工业仅占 20.96%。尼泊尔工业起步晚（1980 年前几乎没有现代工业），还处于发展早期阶段。基础薄弱，生产规模小，机械化水平低，发展缓慢。企业主要是私营小型企业，其中又以分散的家庭传统手工作坊为主。2005 年以来在 GDP 中的比重一直在 21% ~ 23% 之间。

第二节　环境状况

尼泊尔拥有富饶多样的自然与环境资源，尤以水、森林、土地、气候和天气，以及生物多样性等资源为盛。然而，由于资金和人力资源缺乏，政府支持和投入不足，广大民众意识欠缺等原因，尼泊尔不仅未能有效地开发利用其富饶的自然资源，反而造成了自然资源状况的不断恶化。

一、　水环境

水资源是尼泊尔最为重要的自然资源，其主要来源包括降雨、冰川融水、河流与地下水。河流与地下水不仅是尼泊尔饮用水的主要来源，还要为工业发展、农业灌溉等其他活动提供用水。由于尼泊尔政府的水资源开发供给能力有限，加之人口增长迅速，城镇化加剧，污染日趋严重，尼泊尔的水资源和水环境承受着巨大的压力，面临着严峻的挑战。为此，尼泊尔政府采取了一系列政策措施，出台了《水生动物保护法》《固体废物法》《固体废物管理办法》《水资源法》《水资源条例》等法律法规，努力解决水污染问题。

二、　大气环境

空气污染一直是困扰尼泊尔的重大环境问题，并且变得日趋严重。能源消费，交通，工业扩张，人口增长和城镇化等都是造成空气污染的主要因素。各类因素综合作用造成的空气污染，影响人类身体健康，同时对尼泊尔的自然环境和社会经济产生持久的影响。

尼泊尔的二氧化碳排放量在亚洲属于较少的国家。工业排放气态污染物的主要来源是用于采暖和发电的化石燃料燃烧，以及废气和粉尘。为了减少和防治空气污染，尼泊尔政府已经出台了多项法案，例如《工业企业法》《机动车及交通运输管理法》《尼泊尔石油产品法》《尼泊尔矿业法》《环境保护法》和《尼泊尔机动车排放标准》等。尼泊尔政府还采取措施，限制在重要旅游城镇内使用两轮机动车，以减少城市空气污染。之后尼泊尔批准了《蒙特利尔议定书》，工业部也开始采取行动减少臭氧层消耗物质的使用。

三、 固体废物

1997 年尼泊尔《环境保护法》对废物进行了统一定义。1987 年颁布的《固体废物管理和资源流动法》又对危险废物进行了界定。因此，尼泊尔的废物分类主要有以下 3 类：市政废物（城市垃圾）、工业废物与农药废物。针对一般固体废物管理与处置，20 世纪 80 年代，尼泊尔建立了固体废物管理和资源流动中心，将废物有计划地收集，并运输到卫生填埋场进行最终填埋处置。尼泊尔政府还出台了《固体废物管理国家政策》《地方自治法案》等政策，并鼓励当地企业参与废物管理。此外，政府还建议将医院和保健机构的一般废物和危险废物分别建立收集分离体系，并且分别储存，同时建立集中的处理工厂，将所有的危险固废处理成无菌的残渣，再运送到固体废物填埋场进行处置。

四、 生态环境

（一）森林资源保护

森林资源是尼泊尔国土覆盖率最大的资源，尼泊尔约 29% 的土地是森林，10.6% 的土地是灌木林。森林资源减少是尼泊尔最严重的环境问题之一。过去几十年间，森林的覆盖率和密度都大幅度下降。泥石流、水土流失、洪水、农耕用地和人类迁居侵占森林等因素，是造成森林资源减少的主要原因。

目前，为减少森林退化，避免森林资源枯竭，尼泊尔制定实施了多部法律法规和政策规划，包括《森林保护法》《国家公园和野生动物保护法》《国家林业规划》《林业总体规划》《尼泊尔环境政策和行动计划》《缓冲区管理条例》《植物保护法》，同时开展了社区林业项目保护森林资源。

（二）生物多样性保护

尼泊尔拥有丰富的生物多样性和文化多样性，为尼泊尔的社会发展和国民生计方面发挥着重要作用。[①]尼泊尔政府非常重视生物多样性保护，建立了面积广大的国家公园和自然保护区，保护自然生态系统和珍稀生物物种资源。在管理机构上，国家森林与土壤保护部下设国家公园和野生生物保护司，全面负责国家公园和自然保护区管理工作。国家公园和野生生物保护司又在全国 72 个区设立了国家公园和自然保护区办公，具体负责各自辖区内国家公园和自然保护区的管理工作。

尼泊尔壮美的自然景观吸引了很多旅游者，因此生物多样性也是外汇收入的重要贡献者。但是，保护地收入的绝大部分都进入了中央财政，并没有拨回保护地，用于提高保护地的管护状况。开展有效的保护地管理工作需要投入大量资金，在这方面还存在着巨大的资金缺口。

五、气候变化

尼泊尔地处喜马拉雅区域，是一个对于气候变化极其敏感的区域。其国内的大多数农业依赖于雨水灌溉，特有区域生态和地形很大程度上受到降水产生的洪水影响而显得异常的脆弱。[②]气候变化导致尼泊尔地区的平均温度上升了 0.06℃ /a，大大超出了全球的平均水平。温度的上升对于高海拔地区的影响尤为显著，伴随着平均温度上升和季风降水增加，高海拔山区降水量及冰川融雪量强度和频度不断增加，从而引起山洪爆发、泥石流等一系列的生态问题。

六、公众参与

由于尼泊尔属于最不发达国家，国民整体的环境意识处于起步阶段。政府提出的政策是以最小的环境代价换取最大的经济发展。因此，目前来看还是以一定的环境代价换取经济发展的阶段，公众参与环境保护活动的途径和强度十分有限。公众对于环境保护的认识更多地停留在对于森林、动植物等具有明显经济价值的对象的保护上。需要有针对性地开展公众环境教育和认知方面的工作，宣传可持续发展的理念，促进公众在环境保护中的参与和作用。

---

① 资料来源：Nepal, *Third National Report to the Convention on Biological Diversity*, http://www.ekh.unep.org/files/Nepal_CBD_3NationalReportpdf.pdf.
② 资料来源：http://www.ias.unu.edu/resource_centre/Nepal_Climate%20Change%20Facts%20Sheets%20Series_2008_1_lowres.pdf.

第三节 环境管理

一、环境管理体制

总体而言，尼泊尔的自然资源保护管理有 3 种方式：政府管理、国家宏观调控下的社区管理和以宗教文化为基础的民间自主管理。[①]

（一）自然资源管理模式

1. 政府管理模式

政府管理模式主要是建立国家公园和自然保护区，保护自然生态系统和珍稀生物物种资源。在管理机构上，设国家公园和野生生物保护司，全面负责国家公园和自然保护区管理工作。在全国 72 个区设立了国家公园和自然保护区办公室，具体负责各自辖区内国家公园和自然保护区的管理工作。

2. 国家宏观调控下的社区管理

社区管理是源于林业管理的一种资源管理模式。为将私有林地或个体林地国有化，1956 年尼泊尔颁布了第一部《林业法》，规定林业资源的管理工作全部归于国家林业司。但是该法的颁布和实施并没有起到预计目的，相反，人们对国有林业资源的无序开发和利用，严重破坏了林业资源的持续发展。针对这一问题，尼泊尔政府制订了国家林业计划，将公众参与定为林业资源管理的重点方向，在此基础上提出了林业资源的参与式管理，即社区管理。

3. 以宗教文化为基础的民间自主管理

尼泊尔是多民族文化融合的宗教国家，过去数百年以来，许多不同种族、宗教、语言及风俗习惯的人，在此融合成一个多元宗教文化的社会。印度教盛行于南部和中部，是尼泊尔的国教，佛教盛行于北部，但在尼泊尔人民的生活中印度教和佛教往往相互混合在一起，人们往往同时崇拜两种宗教的神。正是由于多种宗教信仰、多元民族文化的融合与渗透，造就了尼泊尔人保护自然环境的先进理念和良好行为。

---

① 资料来源：探寻尼泊尔自然生态保护性管理的有效模式。

（二）政府管理机构设置

1. 环境部

尼泊尔政府认识到开发建设等人类活动给环境带来了各种负面影响。为此，尼泊尔政府于 1995 年成立了人口与环境部，旨在保护环境，防治污染，保护国家遗产，实现尼泊尔在区域和国际层面做出的国际承诺。2009 年，尼泊尔政府又重新进行调整，成立了环境部。环境部下设规划、评估与行政司，气候变化管理司，环境司三个司，其下又分设 11 个处。

尼泊尔环境部主要有如下职能：①通过环境保护推动可持续发展；②保护自然环境与文化遗产；③保护生命支持系统（空气、水、土壤），创造清洁健康的环境；④通过开展与环境相关的研究活动，协助实现消除贫困的目标；⑤创造机会鼓励知识分子积极参与环境保护和推广工作；⑥协调气候变化适应和减缓项目，将气候变化的负面影响减少至最低限度。

2. 气候变化委员会

尼泊尔政府于 2009 年 7 月 23 日正式成立了气候变化委员会，由总理担任委员会主席。作为高级别的协调机构，尼泊尔气候变化委员会主要负责：①协调并指导气候变化相关政策的制定与实施；②引导气候变化因素纳入国家长期政策、规划与项目；③采取必要措施，将气候变化纳入国家发展规划；④开展并协调相关活动，为气候变化相关项目与计划提供额外的资金与技术支持；⑤开展并协调相关活动，促进与气候变化相关的国际谈判与决策产生额外效益。

3. 多利益相关方气候变化行动协调委员会（MCCICC）

尼泊尔政府于 2007 年成立了气候变化网络（CCN），由环境部秘书担任主席，协调各利益相关方的行动。政府又于 2009 年 7 月成立了气候变化委员会，由总理担任委员会主席，开展气候变化与相关事务的高级别协调工作。在参考气候变化网络经验的基础上，尼泊尔政府又成立了多利益相关方气候变化行动协调委员会（MCCICC），将其作为定期开展对话与咨询，探讨有关气候变化政策、计划、资金、项目和活动的国家平台。

二、 环境管理政策与措施

尼泊尔虽然属于最不发达国家，但却建立了相对完善的环境法律法规体系，颁布了多部有关环境保护与自然资源管理的法律法规。

（一）环境保护法

尼泊尔于 1997 年颁布了环境保护法案。其中包含了动物保护、植物保护等内容，是尼泊尔第一部较为完善的环境类法案。

（二）水法

尼泊尔的水法由约定权利和法律规范组成。国家 1910 条款是尼泊尔的第一部全面的法规，它规定了在土地毗连小溪或河流的情况下民众用水的权利。1990 年起草了新的水资源法案和水资源条例，以及相关的水力发电、灌溉、饮用水和水的其它用途。另有一些法案和条例虽然并非专门为水利行业制定，但是对水资源的开发和管理却有直接的影响，这包括环境保护法案、地方自治法案以及尼泊尔电力法案。水资源的所有权属于尼泊尔王国，并由政府代表国家行使管理权。

（三）森林法

1961 年 12 月，尼泊尔颁布和实施了《森林法》，废除了早先的有关森林的法律、法令，加强了森林的保护与管理。1977 年 8 月，国家对 1961 年的《森林法》进行了第一次修改。修改后的《森林法》还规定了社会森林和商业森林制度。1978 年 8 月，国家第二次修改了《森林法》，将废除的私有森林的概念，重新纳入《森林法》之中。

（四）国家公园和野生生物保护法

1958 年 11 月，尼泊尔制定了《野生生物保护法》，并于 1962 年 4 月起正式实施本法。根据实践的需要，为了完善关于野生生物保护的法律制度，尼泊尔又制定了《国家公园和野生生物保护法》。它就国家公园、动物、鸟类以及它们的栖居地、自然风光特别秀丽的地区之保护与管理、狩猎的控制等问题做出了全面的规定。

第四节　环保国际合作

作为最不发达的国家之一，尼泊尔积极争取联合国机构和国际组织的各类援助，实现自身经济发展与社会进步。在环境领域，联合国环境规划署（UNEP）、联合国开发计划署（UNDP）、全球环境基金（GEF）、亚洲开发银行（ADB）等国际机构，以及世界自然保护联盟（IUCN）、世界自然基金会（WWF）等国际非政府组织都与尼泊尔建立了合作关系，通过资金和技术援助帮助尼泊尔履行加入的各种环境国际公约，并开展各种国际环境合作项目帮助尼泊尔保护自然环境与生物多样性，应对气候变化，提高其管理自然资源、有效解决各类环境问题的能力。

中国虽然与尼泊尔接壤，但在国家间环境合作往来方面还比较欠缺。目前中尼两国政府间尚未直接达成任何环境保护合作协议，但是中国和尼泊尔都参与实施了由联合国环境规划署、国际山地综合发展中心与德国国际合作机构（GIZ）支持、印度政府共同参与的冈仁波齐峰跨界生物多样性保护项目，保护绵延于中、印、尼三国边境的神山冈仁波齐峰的景观及其生物多样性。目前，中国、尼泊尔与印度三国已经达成共识，制订冈仁波齐峰（印度称"凯拉什山"，Mt. Kailash）保护战略与环境监测计划，并将在此基础上进一步建立保护与可持续发展的区域合作框架。[①]

在尼泊尔面临的各类环境问题中，森林资源减少、土地退化、固体废物管理、水污染、空气污染、生物多样性丧失、荒漠化、替代能源等都是属于亟待解决的极其紧迫或紧迫的环境问题。结合两国的实际情况与南南合作需求，中国可以优先选择高山地区生物多样性保护、水污染防治、农村环保与扶贫、土壤保护这四个领域与尼泊尔开展环境合作。

[①]有关项目具体情况参见：http://www.unep.org/SOUTH-SOUTH-COOPERATION/case/casedetails.aspx?csno=49.

中东欧国家区位示意图

中东欧位于欧洲的中东部地区，东与俄罗斯、白俄罗斯、乌克兰、摩尔多瓦、土耳其等国接壤，西与德国、奥地利、意大利为邻，北至波罗斯海，南达地中海，毗邻希腊，包含 16 个国家，即阿尔巴尼亚、波黑、保加利亚、克罗地亚、捷克、爱沙尼亚、匈牙利、拉脱维亚、立陶宛、马其顿、黑山、波兰、罗马尼亚、塞尔维亚、斯洛伐克、斯洛文尼亚，区域总面积约为 $133.2km^2$。

中东欧国家前身多为社会主义国家，20 世纪 80 年代末苏联解体后纷纷改制，转向西方民主阵营，建立了"三权分立"的政治制度，同时开始发展市场经济，成为欧洲经济增速最快的地区。中东欧国家民族多样、文化多源，不同国家在发展程度上有较大差异，大致可分为巴尔干国家与非巴尔干国家两大集团，后者在经济、科技和社会发展水平上均领先于前者。因为自身特殊的地理位置，中东欧国家具有重要的地缘政治意义，在西欧强国、美国和俄罗斯等多重势力的环绕下，由被动到主动，开始积极利用区位优势在国际舞台上展现自身作用。中东欧国家中有 11 国是欧盟成员国，10 国是北约成员国，在政治、经济和军事上与欧美联系紧密。

原社会主义时期，集体式粗放管理与生产曾给中东欧国家的自然环境带来不利影响，导致土地退化和水气污染。独立后的中东欧国家，改进了生产方式，加强了生态环境保护，通过十多年的经营，中东欧的环境状况有所改观，水、大气和生态环境都有所改善。中东欧国家国土狭小，环境问题往往超出国界，成为跨界问题。在处理跨界水、空气污染等问题上，中东欧国家经过多年的探索，积累了丰富的经验，建立了比较有效的区域环境合作机制。在环境保护方面，欧盟充当了该地区的引导者与督促人的角色。欧盟在环境立法、生态环境监察等方面对中东欧国家的环境保护发挥了积极的推动作用。当前，水土流失和气候变化是地区面临的最大环境挑战。地区国家协同合作，共同应对仍是解决现在与未来的环境问题的最佳选择。

中东欧国家与中国近年来交往明显增多，双边关系快速发展，从经贸领域逐渐扩大到其他领域。"16+1 合作"机制与"一带一路"倡议为增进中国与中东欧国家的交流合作提供了新的机遇。在环保领域，双边在项目合作与技术交流上具有光明的前景，对于建立机制化的双边环保合作关系，中国政府与中东欧国家一道，仍需要积极尝试与推动。

第十六章　　中东欧国家环境概况 ①

第一节　　国家概况

一、自然概况

（一）自然地理

中东欧国家指爱沙尼亚、拉脱维亚、立陶宛、波兰、捷克、斯洛伐克、匈牙利、斯洛文尼亚、克罗地亚、塞尔维亚、波黑、黑山、阿尔巴尼亚、马其顿、保加利亚、罗马尼亚 16 个国家。位于欧洲的中东部地区，东与俄罗斯、白俄罗斯、乌克兰、摩尔多瓦、土耳其等国家接壤，西与德国、奥地利、意大利为邻，北至波罗的海，南达地中海，毗邻希腊，经纬度范围为：E12°～30°，N39°～60°，区域总面积约为 133.2 km²。

　　1. 地形地貌

中东欧的地势北低南高，北部为平原地区，波罗的海三国（爱沙尼亚、拉脱维亚和立陶宛）位于东欧平原西部，波兰北部地区属于波德平原，这些地区地势低平，海拔多在 200 m 以内。波罗的海三国和波兰北部平原地区多为冰碛平原，冰碛丘、冰积湖等冰川遗留地形较多。中部从西往东依次分布着苏台德山脉、喀尔巴阡山脉和沃伦—波尔多高地，其中，苏台德山脉的东南部在捷克境内；喀尔巴阡山脉的西北部主要位于斯洛伐克境内，中南大部在罗马尼亚境内，沃伦 - 波尔多高地位于波

_____

① 本章由何小雷编写。

兰东南部。喀尔巴阡山西南为多瑙河中游平原，东南是罗马尼亚境内的瓦拉几亚平原，多瑙河中游平原主要在匈牙利境内，平原南部地区属于塞尔维亚。多瑙河中游平原以南是迪纳拉山脉和品都斯山脉，迪纳拉山脉从西向东分别贯穿克罗地亚、波黑和黑山，罗多彼山脉在瓦拉几亚平原以南，其西北部在阿尔巴尼亚境内。

2. 气候

中东欧国家的气候差异较大，总的来说，可以分为三个子气候区，即北部以波罗的海三国为主的东欧气候区，中部以波兰、捷克、斯洛伐克和匈牙利为主的中欧气候区，以及南部巴尔干半岛国家构成的南欧气候区。东欧气候区属温带大陆性气候，冬季寒冷积雪、夏季温暖多雨，年降水量在 200 ～ 700 mm 之间，1 月平均气温在 0 ～ 22℃之间，7 月平均气温在 10 ～ 24℃。南欧气候区冬季温暖干燥、夏季低温多雨，1 月气温一般都在 6℃以上，7 月气温一般在 20 ～ 22℃之间。受地形和位置的影响，气候地方性变化较大。中欧地区的气候介于西欧的温带海洋性气候和东欧气候之间，具有过渡性的特点，1 月平均气温在 2 ～ 4℃之间，7 月平均气温为 16 ～ 24℃，年降水量在 500 ～ 1 000 mm，夏半年降水多于冬半年降水。

3. 植被与土壤

中东欧的植被和土壤的分布情况与气候区及地形密切相关。波罗的海三国主要为针叶阔叶混交林，以针叶林为主，主要的阔叶林树种为栎树，对应的土壤类型主要为森林灰化土。波兰在维斯瓦河以东多针叶林，易北河到维斯瓦河之间属混合林，易北河以西属阔叶林，以柞栎较多，土壤主要为灰化土，平原较低的地方多沼泽土。喀尔巴阡山地区高海拔处多针叶林，低处多混交林，以松杉和山毛榉较多，盆地地区以柞栎较多。该区的土壤为高山土，包括高山森林灰化土和高山草甸土。匈牙利平原和多瑙河下游平原，由于气候较干，草地面积很广。沿海及沿河地区多湿草地，其中沿海耐盐植物占有一定份额；沿河地段常被泛滥，有杨树等湿性树类。匈牙利平原和多瑙河下游平原多黑土，而沿海沿河地区多冲积土。地中海植物的典型代表是油橄榄树、常绿栎和栓皮栎。然而因为中东欧的地中海地区为山地地形，山地冷风盛行，不适宜地中海植物主要分布在地中海沿岸，内部山地植被主要为适应性较强的常绿栎和油橄榄树。地中海地区的土壤主要为红壤。

（二）自然资源

1. 矿产资源

中东欧的硬煤和褐煤储量丰富，波兰、捷克是欧洲乃至世界的煤炭储量大国。截至 2012 年年底，波兰已探明的硬煤储量为 482.26 亿 t，褐煤 225.84 亿 t。捷克的褐煤和硬煤的储量约为 132 亿 t。区域内的其他主要矿产还有铜、铁、铬、铀、镍、铅、锌、铝矾土等，波兰 2012 年已探明的铜储量为 17.93 亿 t，阿尔巴尼亚的铬矿储量达 3 730 万 t，曾是世界上第三大铬矿生产国，而捷克长期以来都是欧洲地区重要的铀矿生产国，匈牙利的铝矾土储量居欧洲第三位。石油和天然气资源主要分布在罗马尼亚、阿尔巴尼亚、克罗地亚、塞尔维亚几个南部国家，罗马尼亚现已探明的石油储量为 5 880 万 t，天然气储量约为 1 092 亿 m³，北部地区国家的石油和天然气资源较匮乏，但爱沙尼亚的油页岩储量较为丰富（储量约为 48 亿 t），中部地区中，波兰的天然气储量较大（约为 1 180 亿 m³），其页岩气储量也比较可观（估计储量为 3 460 亿～7 680 亿 m³）。匈牙利、斯洛文尼亚、斯洛伐克、立陶宛等国还有较好的地热资源。

2. 森林资源

中东欧国家的森林覆盖率普遍较高，一般在 30% 以上，部分国家超过 60%（如斯洛文尼亚和黑山，森林覆盖率分别为 62% 和 61.5%），林木资源丰富。近年来中东欧国家的森林覆盖率总体呈现增加的趋势，只有爱沙尼亚的森林比例有所减少，波黑的森林覆盖率大致保持稳定。中东欧国家的森林覆盖率及变化趋势见表 16-1。

表 16-1 中东欧国家的森林覆盖率及变化趋势

国家	森林覆盖率 / %	近 10 年森林变化趋势	森林的 GDP 贡献率 /%
爱沙尼亚	52.7	减少	1.7
拉脱维亚	54.0	增加	2.6
立陶宛	34.8	增加	1.1
波兰	30.8	增加	0.4
捷克	34.5	增加	0.3
斯洛伐克	40.3	增加	0.5
匈牙利	22.9	增加	0.2
斯洛文尼亚	62.0	增加	0.5
克罗地亚	34.3	增加	1.0
塞尔维亚	31.1	增加	0.5
波黑	42.7	大致稳定	0.8
黑山	61.5	增加	0.5
阿尔巴尼亚	28.2	减少	0.2
马其顿	39.6	增加	0.2
保加利亚	35.2	增加	0.3
罗马尼亚	29.8	增加	0.3
世界平均	30.8	减少	0.4

数据来源：世界银行 2015 年数据。

3. 淡水资源

中东欧国家的年降水量从 250 ～ 1 500 mm 不等，降水较丰沛地区为巴尔干半岛西部国家，如克罗地亚、阿尔巴尼亚、黑山，还有斯洛文尼亚，年降水量可达1 000 ～ 1 500 mm，内陆国家和北部国家降水相对较少，如匈牙利、波兰和波罗的海三国，年降水量通常在 500 ～ 750 mm。

中东欧地区的主要河流有多瑙河、维斯瓦河、易北河、蒂萨河等，如表16-2 所示。

表 16-2　中东欧地区的主要河流

河流名称	全长 /km	流域面积 / 万 km²	年均径流量 / 亿 m³	说明
多瑙河	2 850	81.7	2 030	欧洲第二大河
维斯瓦河	1 047	19.2	324.8	波兰第一大河
易北河	1 094	14.8	236.5	欧洲第四大河流
奥得河	854	11.9	151.4	波兰第二大河
蒂萨河	980	15.7	249.8	多瑙河的最大支流
萨瓦河	990	9.8	—	多瑙河第二大支流
尼曼河	914	9.8	213.8	中东欧北部最大河
瓦尔达尔河	388	2.5	47.7	马其顿第一大河

资料来源：维基百科。

中东欧地区的主要河流多发源于欧洲中部山区。多瑙河发源于德国西南部山地，往东经奥地利流入中东欧国家，经斯洛伐克、匈牙利、克罗地亚、塞尔维亚、保加利亚、罗马尼亚 6 国后流向摩尔多瓦，最后在乌克兰注入黑海。维斯瓦河和奥得河发源于喀尔巴阡山北部，向北穿过德波平原注入波罗的海。易北河发源于捷克境内的苏台德山脉，向北流入德国最后注入北海。多瑙河的最大支流蒂萨河发源于喀尔巴阡山脉西南部的乌克兰境内，经乌克兰和阿尔巴尼亚边界地区进入匈牙利境内后，从北向南纵贯匈牙利东部，最后在塞尔维亚汇入多瑙河。多瑙河的另一重要支流萨瓦河发源于巴尔干半岛的迪纳拉山脉北部，流经斯洛文尼亚、克罗地亚、波黑和塞尔维亚四国。中东欧北部的最大河流尼曼河，发源于白俄罗斯的山区，经白俄罗斯流入立陶宛，又从立陶宛流入俄罗斯的飞地加里宁格勒，后注入波罗的海。瓦尔达尔河发源于马其顿和阿尔巴尼亚边境的萨尔山东坡，经马其顿向南流入希腊，在希腊注入爱琴海。

多瑙河是区域内最大的河流，也是主要的水运航道，发挥着地区灌溉和发电的重要作用。中东欧地区的其他河流情况不尽一致，平原地区的河流适用于航运，但是储藏的水力资源有限，山区的河流一般短小，但是水势劲急，具有较好的发电潜力。

中东欧北部的平原地区湖泊密布，多冰碛湖，面积不大，深度较小，南部地区多山地，湖泊相对较少。中东欧面积大于 100 km² 的湖泊有 14 个，其中面积最大的是爱沙尼亚和俄罗斯边界的楚德湖，湖泊面积约为 3 555 km²。巴拉顿湖是中欧地区的第一大湖，面积约为 592 km²，位于匈牙利中部。

中东欧部分国家，如斯洛文尼亚、斯洛伐克、波黑、立陶宛等，还有较好的矿泉水资源。

4. 野生动物资源

此外，中东欧地区还有丰富的野生动物资源。根据动物生长的自然条件，可以将其主要分为森林带动物、草原带动物和地中海地区动物，其中，森林带动物又分为北方针叶林（也称泰加）型和南方混交林和阔叶林动物带。各类型区的典型动物如表 16-3 所示。

表 16-3　中东欧地区的典型动物 [①]

类型区		类别	动物种类
森林带	北方针叶林	非鸟类	松鼠、森林旅鼠、貂、麋鹿、褐熊、猞猁、水獭、驼鹿
		鸟类	雷鸟、松鸡、交喙鸟、三趾啄木鸟、白鹳、鸫
	混交林和阔叶林	非鸟类	松貂、欧洲獐、赤鹿、麋、野猪、欧兔、山鼠、欧洲野牛
		鸟类	黑雷鸟、灰山鹑、绿啄木鸟、松鸦、黄鸟、莺、鹎、红鹭、鸠
草原带		大型动物	高鼻羚羊、太盘马、狼
		啮齿类	灰兔、草原蹄兔、鼹鼠、大跳鼠等
		鸟类	云雀、雁、鹑、草原雕、小鸨、大鸨等
地中海地区		哺乳类	扁角鹿、摩弗伦羊、赤鹿、胡狼
		蝙蝠	菊头蝠、长翼蝠
		鸟类	环颈鹇（中欧山区也有分布）

二、社会和经济

（一）人口与文化

中东欧 16 国的总人口数约为 1.2 亿。其中，人口最少的国家是黑山，其 2014 年的全国人口统计总数约为 62.2 万，人口最多的国家是波兰，其 2014 年的总人口为 3 848.4 万，罗马尼亚和捷克是本地区另外两个人口数超过千万的国家。中东欧国家的民族构成复杂，各国除了以本国命名的民族外，一般还有周边其他民族的人口。中东欧地区的人口和民族构成情况如表 16-4 所示。

表 16-4　中东欧国家人口数量和民族构成

国家	人口 / 万人	主要民族
阿尔巴尼亚	288.9	阿尔巴尼亚族、希腊族、黑山族、马其顿族、罗马尼亚族
波黑	381.0	波什尼亚克族、塞尔维亚族、克罗地亚族
保加利亚	717.8	保加利亚族、土耳其族、吉普赛族

① 胡焕庸 . 欧洲自然地理 [M]. 商务印书馆,1982：109-113.

国家	人口/万人	主要民族
克罗地亚	422.4	克罗地亚族、塞尔维亚族、波斯尼亚族、意大利族、匈牙利族
捷克	1 055.1	捷克族、斯洛伐克族、波兰族、德意志族
爱沙尼亚	131.2	爱沙尼亚族、俄罗斯族、乌克兰族、白俄罗斯族、芬兰族
匈牙利	984.5	马扎尔族（匈牙利族）、茨冈族、德意志族、斯洛伐克族、克罗地亚族
拉脱维亚	197.8	拉脱维亚族、俄罗斯族、白俄罗斯族、乌克兰族、波兰族
立陶宛	291.0	立陶宛族、波兰族、俄罗斯族、白俄罗斯族
马其顿	207.8	马其顿族、阿尔巴尼亚族、土耳其族、吉普赛族
黑山	62.2	黑山族、塞尔维亚族、波什尼亚克族、阿尔巴尼亚族
波兰	3 799.9	波兰族、德意志族、乌克兰族、俄罗斯族、白俄罗斯族
罗马尼亚	1 983.2	罗马尼亚族、匈牙利族、吉普赛族
塞尔维亚	709.8	塞尔维亚族、匈牙利族、波斯尼亚克族、罗姆族、斯洛伐克族
斯洛伐克	542.4	斯洛伐克族、匈牙利族、吉普赛族
斯洛文尼亚	206.4	斯洛文尼亚族、克罗地亚族、塞尔维亚族、波斯尼亚族、匈牙利族

注：人口数据为世界银行 2015 年数据，民族构成数据来源为商务部 2015 年度对外投资合作国别指南中东欧国家资料。

中东欧的宗教主要有天主教、东正教、伊斯兰教和基督教福音派路德教。波罗的海三国以天主教、东正教和基督教福音派路德教为主。中部国家，如波兰、捷克、斯洛伐克和匈牙利，以罗马天主教、新教和东正教为主。巴尔干半岛的国家主要信仰东正教、伊斯兰教。

中东欧国家都有本国语言，但是因为历史、民族、教育及与周边国家接触和交往等原因，每个国家的国民除母语外，一般还会一至两门甚至多门外语。相邻国家间一般对彼此的语言比较熟悉，而克罗地亚、塞尔维亚、波黑和黑山四国的语言基本相通，斯洛文尼亚语属于斯拉夫语系，与捷克和斯洛伐克等国语言相近。英语、俄语、德语在中东欧国家也比较通用，而意大利语和法语，在南部国家也有普及。

中东欧国家的民族和语言构成复杂，在文化习俗上也有较大的差异。比如阿尔巴尼亚和保加利亚，摇头表示肯定，点头表示否定，匈牙利的姓名顺序是姓前名后，而罗马尼亚等国的姓名排序则是名前姓后。在中东欧国家，人们到友人家里做客，一般会带一束鲜花或者其他小礼物，但鲜花一般为单数。中东欧许多国家都崇尚女士优先的风俗，在公共场合，比如外出乘车、就餐或同行，男士一般都会礼让和照顾女士。社交场合与客人见面时，一般以握手为礼，亲朋好友之间相见时，习惯拥抱甚至亲吻脸颊。

（二）社会与经济

20 世纪 80 年代末到 90 年代初，中东欧国家在政治体制方面发生了重大变化。1989 年波兰和匈牙利独立，分别成立波兰共和国和匈牙利共和国（该"匈牙利共和国"于 2012 年 1 月 1 日起正式更名为"匈牙利"）。1990 年立陶宛宣布脱离苏联独立，次年爱沙尼亚和拉脱维亚也相继独立。1989 年，捷克斯洛伐克的整体发生变化，1990 年捷克斯洛伐克联邦改国名为捷克斯洛伐克联邦共和国。1992 年 12 月 31 日，捷克斯洛伐克解体。1993 年 1 月 1 日，捷克共和国和斯洛伐克正式成为两个独立的国家。1989 年，罗马尼亚发生政权变更，罗马尼亚共和国改名为现在的罗马尼亚。1989 年保加利亚发生政权更迭，1990 年改国名为"保加利亚共和国"。1990 年阿尔巴尼亚实现政治体制转轨，1991 年改国名阿尔巴尼亚共和国。1991—1992 年，斯洛文尼亚、克罗地亚、波黑（波斯尼亚和黑塞哥维那）、马其顿相继宣布独立，南斯拉夫社会主义联邦共和国 1992 年宣告解体。原南斯拉夫社会主义联邦共和国的塞尔维亚和黑山两个共和国于 1992 年 4 月 27 日宣布成立南斯拉夫联盟共和国。2003 年，南联盟重组并改名为"塞尔维亚和黑山共和国"。2006 年，"塞黑"分离，塞尔维亚和黑山各自成为独立的国家，即今天的塞尔维亚共和国和黑山共和国。

中东欧国家在争取独立的过程中，因为政治理念和民族纠纷等原因，曾经爆发了一些激烈的武装冲突甚至战争。1992 年波黑宣布脱离南斯拉夫独立，因塞尔维亚族抵制，在波黑三族（波什尼亚克族、塞尔维亚族及克罗地亚族）之间爆发了历时三年半的内战。1996—1999 年，因为原南斯拉夫科索沃地区的阿尔巴尼亚族试图争取独立而引发地区性的武装冲突，后期因为欧美等北约国家的干涉和参与而发展为科索沃战争。

独立后的中东欧各国在政体上由原来的社会主义集权领导模式转变成"三权分立"的西方政体。在经济制度上，市场经济纷纷取代了原来的计划经济模式。

中东欧国家具有一定的经济基础，国内的劳动力素质较高，且具有与欧美等经济发达的地区和国家紧密的联系，因此经济发展很快。

20 世纪 90 年代开始，中东欧国家的经济一直以较快的速度增长。进入 21 世纪，中东欧国家的经济仍然呈现蓬勃的生气，各国的经济增速达到几个百分点。2008 年的金融危机给中东欧国家的经济发展造成了一定的影响，很多国家的经济在 2008—2012 年出现负增长的情况，2012 年之后，中东欧国家的经济基本回转，呈现快速增长的趋势。

中东欧国家的发展也均衡。斯洛文尼亚、波兰、捷克、匈牙利、斯洛伐克、波兰和波罗的海等国的社会稳定，经济发展较快，科技和技术较发达，而巴尔干半岛国家因为民族和宗教问题，曾经一度出现社会动荡，在经济和社会发展方面也落后于中部和北部国家。

图 16-1 是 2015 年的中东欧国家人均 GDP 值。由图可知，中东欧地区的人均 GDP 略高于世界平均值，巴尔干半岛国家的人均 GDP 值均低于世界平均值。

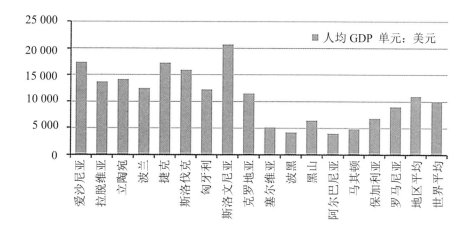

图 16-1　中东欧国家 2015 年的人均 GDP 值

资料来源：世界银行。

2015 年，世界经济论坛给出的 2014—2015 年度全球竞争力报告中，中东欧的 15 个国家（波黑除外）都在前 100 名以内，如爱沙尼亚，为第 29 位，参见表 16-5。

表 16-5　2014—2015 年度全球竞争力报告中东欧国家排名

国家 / 经济体	排名	国家 / 经济体	排名
爱沙尼亚	29	马其顿	63
捷克	37	黑山	67
立陶宛	41	斯洛文尼亚	70
拉脱维亚	42	斯洛伐克	75
波兰	43	克罗地亚	77
保加利亚	54	塞尔维亚	94
罗马尼亚	59	阿尔巴尼亚	97
匈牙利	60	波黑	—

数据来源：世界经济论坛。

中东欧国家除阿尔巴尼亚、塞尔维亚、波黑、马其顿几国的第一产业比重较高，其他国家第一产业均在 5% 以下。第三产业和第二产业占经济比重较大。

根据联合国开发计划署发布的《2015 年人类发展报告》，在综合出生预期寿命、教育和收入等发展要素后，中东欧国家中，斯洛文尼亚、捷克、爱沙尼亚、斯洛伐克、波兰、立陶宛、匈牙利、拉脱维亚、克罗地亚、黑山 10 国的人类发展指数（HDI）在 0.8 以上，位于非常高的人类发展指数国家行列，罗马尼亚、保加利亚、塞尔维亚、马其顿、阿尔巴尼亚与波黑 6 国的指数值在 0.7 ～ 0.8 之间，属于具有较高的人类发展指数国家。

三、军事与外交

（一）军事

东欧剧变发生后，中东欧国家纷纷独立，其军事和外交逐渐向西方靠拢。在军事上，因为地区国家自身的人口和经济总量普遍较小，本国的军队和军事力量远不足以抵御东邻俄罗斯可能的武力威胁，因此中东欧国家纷纷加入以美国和西欧国家为首的北太平洋公约组织（NATO），以寻求联盟体系下的军事庇护。1999 年 3 月，波兰、匈牙利和捷克三国加入北约；2004 年 7 月，爱沙尼亚、拉脱维亚、立陶宛、斯洛伐克、斯洛文尼亚、罗马尼亚和保加利亚 7 个国家成为北约的正式成员。至此，中东欧 16 国中已经有 10 国成为北约的成员。此外，黑山、波黑和马其顿也在加入北约的进程中，黑山已于 2016 年 5 月 19 日签署加入北约协议，将于协议签署后 18 个月，即 2017 年 11 月正式成为北约的成员国，届时北约的中东欧国家名单将进一步扩大。

（二）外交

在外交方面，国家安全利益和经济发展是中东欧国家对外政策的基本出发点。与以美国为首的北约组织国家建立军事同盟关系以保障本国安全，积极加入欧盟体系以发展国家经济，改善和俄罗斯等周边国家的关系以缓和地区气氛，创造相对和平稳定的发展环境是其外交政策的主要考虑[①]。

1. 与欧盟的关系

2004 年 5 月 1 日，爱沙尼亚、拉脱维亚、立陶宛、捷克、斯洛伐克、波兰、匈牙利和斯洛文尼亚 8 国加入欧盟；2007 年 1 月，罗马尼亚和保加利亚加入欧盟；2013 年 7 月 1 日，克罗地亚加入欧盟。至此，中东欧 16 国中已有 11 个成为欧盟的成员国，中东欧多数国家已经成为欧盟的一部分。当前尚未加入欧盟的阿尔巴尼亚、波黑、黑山、塞尔维亚和马其顿 5 国，也在为早日加入欧盟而努力。整个中东欧地

---

① 张健 . 中东欧地缘政治新态势 [J]. 现代国际关系 ,2016(6).

区的政治和经济体制都在向欧盟体系转变和靠拢，中东欧国家与欧盟的"捆绑"将更加紧密。

2. 与美国的关系

中东欧国家自身的军事力量薄弱，希望依靠北约军事同盟来维护地区稳定和保障自身安全。美国是北约的主导国家，也是北约最大的军事力量，是中东欧国家企图用来对抗俄罗斯的主要军事"肌肉"。中东欧国家为了争取美国的军事保护与支持，进一步巩固双方以北约为基础的军事同盟关系，一度积极向美靠拢，例如中东欧国家在伊拉克战争问题上对美国的大力支持。但随着美国推行"亚太再平衡"战略后对中东欧国家的重视程度的降低，中东欧国家也对美国表现出失望，在2011年的利比亚战争中无一中东欧国家对美军事行动表示支持。但是，2013年爆发的乌克兰危机可能让中东欧国家重新重视与美国的军事同盟关系。

3. 与俄罗斯的关系

中东欧国家因为历史的原因，对俄罗斯心存戒心，各国以积极加入北约来寻求自身安全的保障。但是，中东欧国家与俄罗斯在地理位置上的毗邻和在历史文化上的深厚渊源，让中东欧国家与俄罗斯保持着千丝万缕的联系。此外，俄罗斯也是中东欧国家重要的经贸合作伙伴，特别是俄罗斯丰富的石油天然气资源，为中东欧国家提供了重要的能源供给。因此，中东欧国家虽然在大的战略上采取"入欧离俄"的策略，但是它们也不会过分地远离俄罗斯。实际上，它们更希望以更紧密的务实合作来改善双方间的关系。在普京上台后，俄罗斯摒弃了原来的大国思维，开始以平等和务实的态度积极与中东欧国家开展合作交流，这也为中东欧国家改善与俄罗斯关系提供了契机，双方的关系有所缓和和改善。

4. 地区间的合作

中东欧国家为加强邻国和地区间的经贸合作，谋求加入欧盟和北约，曾陆续建立过一些合作机制。为增强地区合作，提出了中欧倡议（CEI）、制定了中欧自由贸易协定（CEFTA）；为早日加入欧盟，成立了维谢格拉德集团；为加入北约，成立了维尔纽斯十国集团；为了增进地方的合作，西巴尔干国家建立了巴尔干国家首脑会议机制；而爱沙尼亚、拉脱维亚和立陶宛三国因为滨临波罗的海且互相之间关系紧密，通常被称为"波罗的海三国"。

近年来，随着国际局势的变化和中东欧国家自身的发展，部分国家开始将外交注意力转移到域外国家，特别是像中国、印度等新兴经济体。匈牙利、波兰、捷克等国相继制定了向外开放的战略。中东欧国家外交政策的变化显示，它们在立足欧盟的同时，开始更多地面向全球。

5. 与中国的关系

20 世纪以来，中国与中东欧国家的交往明显增多。双方在经贸领域合作进步明显。2003—2015 年，中国与中东欧国家的双边贸易额从 86.8 亿美元增长到 562 亿美元，增长了 6 倍多。经贸合作从单一的商贸扩展到金融和基础设施等多个领域。中国与中东欧的政府间往来频繁，并逐步建立了国家、部门和地方多个层面的定期会晤交流机制。从 2012 年开始，中国与中东欧 16 国家总理每年举行一次会晤，截至 2016 年 11 月已经进行了 5 次会晤，共同制定了包括《中国－中东欧国家合作布加勒斯特纲要》《中国－中东欧国家合作贝尔格莱德纲要》《中国－中东欧国家合作苏州纲要》和《中国－中东欧国家合作中期规划》等重要纲要性文件。商业往来和政府间的交往带动了文化、教育、艺术等其他领域的合作。总的来看，中国与中东欧国家的关系进一步改善，合作呈现良好的态势，但是，也必须注意到，中东欧不同国家与中国的交往程度不同，对中国的态度也不尽一致。

第二节   环境状况

一、水环境

（一）水资源概况

中东欧国家主要位于黑海和波罗的海的外流区，区域内的大部分水源是跨界水，许多国家高度依赖来自上游国家的降水。虽然该地区的人均水资源总量较大 [超过 21 000 m^3/（a·人）]，但是区域内的水资源分布很不均匀，人均水资源量从 200 m^3/（a·人）到 30 000 m^3/（a·人）不等[1]，参见表 16-6。

表 16-6   中东欧国家的水资源（常年平均值）

单位：$10^6 m^3$

国家	可再生淡水资源	总的外流量	外来流入量	内部流量	土壤水分蒸发蒸腾损失总量	降水
保加利亚	106 650	108 013	89 096	17 554	52 296	69 850
捷克	15 977	15 977	740	15 237	39 416	54 653
爱沙尼亚	12 346.6	—	—	12 346.6	—	29 017.7
克罗地亚	111 660	111 660	85 580	26 080	39 600	65 680

①世界水伙伴关系网站 [EB/OL].http://www.gwp.org/en/gwp-in-action/GWP- Celebrates-20-Year.

国家	可再生淡水资源	总的外流量	外来流入量	内部流量	土壤水分蒸发蒸腾损失总量	降水
拉脱维亚	33 731	32 903	16 830	16 901	25 800	42 701
立陶宛	24 500	25 897	8 990	15 510	28 500	44 010
匈牙利	116 430.3	115 657.1	108 897.3	7 533	48 174	55 707
波兰	63 100	63 100	8 300	54 800	138 300	193 100
罗马尼亚	42 293	17 930	2 878	39 415	114 585	154 000
斯洛文尼亚	32 092.1	32 274.2	13 495.9	18 596.2	13 149.5	31 745.7
斯洛伐克	80 326	81 680	67 252	13 074	24 278	37 352
黑山	—	—	—	—	—	—
马其顿	—	6 322	1 014			19 533
阿尔巴尼亚						
塞尔维亚	175 376	175 376	162 600	12 776	43 339	56 115
波黑	—					

数据来源：欧洲统计局数据，http://ec.europa.eu/eurostat/tgm/table.do?tab=table&init=1&plugin=1&pcode=ten000 01&language=en.

除淡水资源外，中东欧许多国家还拥有海洋。波罗的海三国和波兰、罗马尼亚、保加利亚、阿尔巴尼亚、克罗地亚8国都为沿海国家，具有蓝水资源。

（二）水资源问题

中东欧国家面临的水问题主要包括洪灾、干旱、跨界水议题和水污染。

1. 洪灾

洪水是中东欧国家面临的一个水环境问题。自然气候引起的集中降雨和跨界河流，是造成中东欧地区易遭受洪灾的两个主要因素。中东欧南部国家多为地中海气候，全年降水集中在秋冬两季，降水时间短而降水强度大，易造成短时期内的雨水积累，造成洪涝灾害。此外，中东欧地区的河流多为跨界河，如多瑙河，发源于德国南部，在罗马尼亚注入黑海，中间流经欧洲10个国家。因为河流运输的原因，河流上游国家的降水也会顺流转移至下游国家，从而引发跨国界的水灾。

2002年易北河和多瑙河的泛滥，使捷克首都布拉格部分地区被淹，全国22万人被迫避难，16人因灾死亡，水灾损失约达30亿欧元。部分其他国家，如匈牙利、罗马尼亚等也在此次洪灾中遭受重大损失。2013年5月至6月间，连续性的暴雨袭击了中欧地区，引发了1950年以来多瑙河和易北河流域的最大洪涝，莱茵河、多瑙河、伏尔塔瓦河等多条河流及其支流决堤，损毁了数千座房屋、建筑和车辆，造成至少23人死亡，农业用地和基础设施受到严重影响。此次洪水灾害影响到了捷克、德国、奥地利、斯洛伐克、波兰、匈牙利和瑞士等国家，造成165亿欧元（约220亿美元）的经济损失。2014年5月，巴尔干半岛出现百年不遇洪灾，波黑和塞尔维亚等国受灾严重，仅波黑一国就因灾死亡数十人，因灾被迫疏散民众上万人，全国超过 1/4 的人口受到灾害影响，塞尔维亚和克罗地亚也有上万人被迫紧急疏散。

2. 干旱

干旱和水缺乏是中东欧国家面临的另一个水问题。自 20 世纪 90 年代起，中东欧地区经历了几次严重的干旱，如 1993—1994 年保加利亚的旱灾和 2000 年罗马尼亚的干旱。干旱主要是由短期内的降水不足而导致的缺水现象，但是相关的研究显示，在长期的水资源供应方面，中东欧地区可能也面临着危险。因为地区的降水量长年基本稳定，而由于全球增温等导致的地表蒸发的加强使得地表的水资源总量入不敷出。干旱将直接对农业生产和生态系统造成损害，进而对经济和人们的生活产生影响。

干旱的危害原因既有其物理的自然本质，也有社会管理相关风险的能力因素。干旱的传统应对方法是灾害发生后被动地采取措施应对，而不是通过先采用预警的管理方法充分利用可用的信息预报干旱。中东欧 GWP 国家想提议和支持各国建立干旱的早期预警体系，包括干旱监测和预计以及国家层次的干旱应对政策等。

3. 跨界水议题

因为地形和疆域等原因，中东欧地区的河流多为国际河流。其中，以区域内的第一大河多瑙河最为典型。

多瑙河是中东欧地区的第一大河。中东欧 16 国中 13 个位于多瑙河流域内，其中斯洛伐克、匈牙利、克罗地亚、塞尔维亚、保加利亚、罗马尼亚 6 国为多瑙河干流国家。多瑙河及其支流是中东欧地区的重要水源，在供水、航运和发电等方面具有重要作用，参见表 16-7。

表 16-7　中东欧国家在多瑙河流域内的分布情况

国家	流域内面积 /km²	占流域面积比例 /%	流域内面积占国家面积比例 /%	流域内人口 /10⁶
阿尔巴尼亚	126	< 0.1	0.01	< 0.01
波黑	36 636	4.6	74.9	2.9
保加利亚	47 413	5.9	43.0	3.5
克罗地亚	34 965	4.4	62.5	3.1
捷克	21 688	2.9	27.5	2.8
匈牙利	93 030	11.6	100.0	10.1
马其顿	109	< 0.1	0.2	< 0.01
黑山	7 075	0.9	51.2	0.2
波兰	430	< 0.1	0.1	0.04
罗马尼亚	232 193	29.0	97.4	21.7
塞尔维亚	81 560	10.2	92.3	7.5
斯洛伐克	47 084	5.9	96.0	5.2
斯洛文尼亚	16 422	2.0	81.0	1.7

数据来源：http://www.icpdr.org/main/danube-basin/countries-danube-river-basin.

跨界河流带来水资源分配、河流管理和保护等跨界水问题。其中水资源分配主要涉及灌溉用水和水电资源开发。河流管理和保护包括河流的航运和河流水质监测及水污染责任界定和防治等事宜。

4. 水污染问题

20 世纪 80 年代，多瑙河及其流域环境面临重金属、有毒有机污染物、有机污染物和富营养物质严重排放等重大挑战，水污染问题集中爆发，包括管理不善的工业企业排放的工业污染、未完全处理的城市生活污水、战争损害、污染物泄漏、农业面源污染，期间多瑙河多次因水污染问题导致停止供应饮用水。虽然近十年来中东欧地区的水质有了改善，但是水污染问题依然存在。农业污水、工业废水和生活污水，是主要的水体污染源。污水排放监督体系不完善、污水排放税制不健全和污水处理的基础设施不完善等，是导致水污染问题继续存在的因素。除常规性的水污染外，一些人为因素造成的突发性的污染物泄漏，也是威胁地区水资源的重大隐患，如 2000 年发生的罗马尼亚巴亚马雷尾矿坝事故和巴亚巴尔沙尾矿坝事故以及 2010年发生的匈牙利维斯普雷姆有毒废水池决堤事故，都对多瑙河及其支流水域的生态环境和动植物造成了巨大的破坏。

此外，气候变化也给中东欧地区的水资源带来了新的压力。全球气候变化导致极端性天气现象增多，洪涝和干旱出现的可能性加大，给中东欧国家的防洪管理和水资源供应造成威胁。

（三）应对措施

中东欧地区的水资源多为跨界水，水资源的管理和保护需地区国家共同合作解决。为此，中东欧国家建立了相关的合作机制。

在应对跨国界洪水的威胁上，中东欧国家在加强各国的水利和防洪基础设施建设的基础上，联合建立了相应的洪水监测和预报系统。

欧洲洪水感知系统（European Flood Awareness System，EFAS）是在 2002 年欧洲的易北河和多瑙河洪灾后由欧洲委员会提议，德国、捷克、奥地利和斯洛伐克等国家和组织支持建立的一个河流洪水预警系统，它旨在欧洲建立一个可以提前预报可能发生的河流洪水，尤其是跨国河流的洪灾的预警系统，以为抗洪准备争取时间。欧洲洪水感知系统由欧洲联合研究中心负责建设。2011 年 EFAS 正式成为哥白尼倡议运作的紧急突发事件管控服务的一部分，并用于支持欧洲公民保护机制。EFAS于 2012 年秋季开始完全运作。

全球洪水感知系统（Global Flood Awareness System，GloFAS），由欧洲委员会

和欧洲中期天气预报中心 (ECMWF) 联合开发，该系统结合了最先进的天气预报系统和水文模型，能在大陆的尺度上为下游国家提供上游河流的水汛状况以及整个大陆和全球的水情简况。在测试期间该预报系统能够提供超前两周的洪水预报。

在应对地区干旱问题上，中东欧的全球水伙伴关系组织（GWP）在 2012年提出了地区应对干旱的联合干旱管控计划（Integrated Drought Management Programme，IDMP），该计划是世界气象组织（WMO）和全球水伙伴关系组织（GWP）的联合干旱管理计划的一部分，于 2013 年 2 月开始正式实施，中东欧的 9 个国家的 40 多个机构参加了该计划。该计划的目标是为应对干旱提供政策和管理方面的建议，分享成功的干旱应对实践经验和知识。

在妥善解决跨界水的问题上，中东欧国家与其他跨界河流流域内国家也试图通过合作的方式进行化解。以多瑙河流域为例，1948 年，流域内国家签署了《多瑙河航行制度公约》，并专门成立多瑙河委员会负责该公约的监督实施，以确保沿岸各国的正当商业和民事航行自由。1950—1980 年，多瑙河的水电开发活动活跃，沿岸国家在边界附近或界河段沿岸国家进行水电开发双边合作，仅 30 年间就建设了 69座大坝及水电站。总库容超过 73 亿 m³。1985 年，8 个多瑙河沿岸国家在布加勒斯特召开了关于综合利用和保护多瑙河水资源的国际合作会议，通过《多瑙河国家关于多瑙河水管理合作的宣言》《布加勒斯特宣言》，各国达成防止多瑙河水污染及开展国界断面水质监测的共识和协议。该宣言为多瑙河流域水环境问题的第一次国际合作突破，具有里程碑意义。1994 年，多瑙河 11 个沿岸国及欧盟签署《多瑙河保护与可持续利用合作公约》（以下简称《多瑙河保护公约》），该公约于 1998年 10 月生效，同时成立了多瑙河保护国际委员会（ICPDR），负责公约实施和流域层次合作的协调。除了多瑙河保护国际委员会（ICPDR），中东欧地区还成立了易北河（Elbe）、奥得河（Oder）、萨瓦河（Sava）和蒂萨河（Tisza）等河流委员会。通过这些机构的作用促进了地区各国在水资源的平等性、有害物质和水利形态的影响等方面的跨界对话。

二、大气环境

（一）大气状况

20 世纪 90 年代以来，中东欧的空气污染状况有所好转，典型的空气污染物，如颗粒物（PM）、近地表臭氧、二氧化氮、氨、硫氧化物（SO_x）、重金属元素（包括砷、铬、镍、铅、汞）、苯的含量都有所下降，但是苯并 [a] 芘（BaP）的浓度增加了约10%。虽然空气质量总体有了好转，但是部分污染物的空气含量仍然超标。

欧洲环境署的《欧洲空气质量——2015年年度报告》对2013年的欧盟28个国家和欧洲经济区的33个国家的大气污染物质的浓度进行了分析和说明。该报告中采用了《欧洲空气质量指令》中空气污染物浓度指标和世界卫生组织的《空气质量指南》中给定的污染物浓度两种标准（如表16-8所示）作为参照，以考察各国的空气污染物达标情况。

表 16-8　欧洲和世界卫生组织相关标准给出的空气污染物的限值

污染物	监控时间	欧洲空气质量指令	世界卫生组织空气质量指南
		浓度指标（上限值）	
PM_{10}	1天	50 µg/m³，每年不超过35天	50 µg/m³
PM_{10}	1年	40 µg/m³	20 µg/m³
$PM_{2.5}$	1天		25 µg/m³
$PM_{2.5}$	1年	25 µg/m³	10 µg/m³
O_3	日浓度最高的8小时均值	120 µg/m³，取3年平均值，每年不超过25天	100 µg/m³
NO_2&NO_x	1小时	200 µg/m³，每年不超过18个小时	200 µg/m³
	1年	40 µg/m³	40 µg/m³
BaP	年平均	1 ng/m³	0.12 ng/m³（参考值，非WHO值）
SO_2	1小时	350 µg/m³，每年不超过24个小时	20 µg/m³
	1天	125 µg/m³，每年不超过3天	
	1年	20 µg/m³，植物临界值	
CO	1小时		30 mg/m³
	日浓度最高的8小时均值	10 mg/m³	10 mg/m³
砷	年均值	6 ng/m³	6.6 ng/m³（参考值，非WHO值）
铬	年均值	5 ng/m³	5 ng/m³
镍	年均值	20 ng/m³	25 ng/m³（参考值，非WHO值）
铅	年均值	0.5 µg/m³	0.5 µg/m³
苯	年均值	5 µg/m³	1.7 µg/m³（参考值，非WHO值）

资料来源：欧洲环境署《欧洲空气质量——2015年年度报告》。

报告数据显示，中东欧国家的空气污染物的含量情况如下：

1. PM_{10}

除爱沙尼亚和波黑外，中东欧各国均有超标现象。波兰大部分地区的 PM_{10} 含量超过了50 µg/m³，许多地区甚至超过了75 µg/m³，只在西北部沿海地区情况略好。斯洛文尼亚、保加利亚、马其顿和黑山的监测结果也显示 PM_{10} 浓度大多在50 µg/m³以上。立陶宛、捷克、斯洛伐克、匈牙利和罗马尼亚的部分地区 PM_{10} 浓度超标，其他地区的浓度多为40～50 µg/m³。

2. $PM_{2.5}$

波兰的 $PM_{2.5}$ 超标情况比较严重，南部地区的 $PM_{2.5}$ 的含量基本在 25 µg/m³ 以上，部分地区甚至超过了 30 µg/m³。罗马尼亚、马其顿、黑山和罗马尼亚都有超标情况，捷克、斯洛伐克、匈牙利和斯洛文尼亚的 $PM_{2.5}$ 含量多在 10 ～ 25 µg/m³ 之间，波罗的海三国的 $PM_{2.5}$ 浓度较低。

3. 臭氧（O_3）

捷克和斯洛文尼亚两国的近地表臭氧含量多在 120 ～ 140 µg/m³ 之间，波兰、斯洛伐克、匈牙利、塞尔维亚、马其顿也有部分地区的臭氧含量达到了 120 µg/m³，相比之下，波罗的海三国的地表臭氧含量情况稍好，基本都在 120 µg/m³ 以下，而罗马尼亚大部分地区的臭氧含量在 100 µg/m³，甚至 80 µg/m³ 以下。

4. 氮氧化物（NO_x）

氮氧化物在中东欧地区的含量相对较低，大部分地区的氮氧化物的含量在 40 µg/m³ 以下，但也有部分国家的少数地区的 NO_x 的浓度超标，如捷克、斯洛文尼亚、波兰、斯洛伐克、塞尔维亚、保加利亚和罗马尼亚，其中以捷克和斯洛文尼亚略微严重。

5. 苯并 [a] 芘（Bap）

苯并 [a] 芘（Benzo A Pyrene，Bap）在中东欧地区的浓度超标情况较严重，波兰全境、捷克的北部地区、匈牙利的东北部地区、保加利亚的西部地区、立陶宛的中西部地区的 Bap 年均含量在 1.5 ng/m³ 以上，此外，捷克、斯洛文尼亚和匈牙利的部分地区的 Bap 含量在 1 ～ 1.5 ng/m³。

6. 硫氧化物（SO_x）

硫氧化物在中东欧地区的含量普遍达标，在 2013 年的监测数据中，只有保加利亚的一个城市的含量超出了限值。

7. 一氧化碳（CO）

一氧化碳的日最高 8h 平均浓度值在近十年来已经下降了约 1/3。重金属元素空气中的重金属元素的来源与某些类型的工厂排放相关，因此其在空气中的浓度具有地方性和个别性。保加利亚和捷克的监测站在 2013 年监测到铬超标。砷、铅、镍和汞的污染主要出现在城市和交通区域，总体来说在中东欧地区的情况较好。

8. 苯（C_6H_6）

中东欧地区未检测到苯超标的情况。

（二）大气污染的危害

空气污染造成经济损失，缩短人们的寿命，增加医疗支出，并损害社会生产力。现在欧洲地区对人类健康危害最大的污染源包括颗粒物（PM），近地表的臭氧和二氧化氮（NO_2），这些大气污染现象在东欧地区尤其严重，参见表16-9。

表16-9　中东欧国家因暴露在 $PM_{2.5}$、O_3 和 NO_2 环境中而早逝的人口数（2012）

国家	$PM_{2.5}$	O_3	NO_2
保加利亚	14 100	500	700
克罗地亚	4 500	270	50
捷克	10 400	380	290
爱沙尼亚	620	30	0
匈牙利	12 800	610	720
拉脱维亚	1 800	60	90
立陶宛	2 300	80	0
波兰	44 600	1 100	1 600
罗马尼亚	25 500	720	1 500
斯洛伐克	5 700	250	60
斯洛文尼亚	1 700	100	30
阿尔巴尼亚	2 200	140	270
波黑	3 500	200	70
马其顿	3 000	130	210
黑山	570	40	20
塞尔维亚	13 400	550	1 100
总计	146 690	5 160	6 710

数据来源：《欧洲空气质量——2015年年度报告》。

而对生态系统造成最大危险的空气污染物是臭氧（O_3）、氨（NH_3）和氮氧化物（NO_x）。近地表的臭氧会减缓农作物、森林和植物的生长速率，从而对其生长造成破坏。氮氧化物（NO_x）、硫氧化物（SO_x）和氨（NH_3）会造成土壤、湖泊和河流的酸化，引起动植物的死亡，危害生物多样性。此外，氮氧化物和氨也会造成土壤和水体富营养化从而影响生态系统。而重金属元素会对水体和土壤造成污染，最后通过动植物富集，影响更高等的动植物甚至人类的健康。

（三）防治措施

一是落实相关空气污染防治法律法规，严格控制污染源的排放，特别是对新的污染源，如苯等物质，要格外加强监管。

二是建立空气联合监测与治理机制。空气污染问题是一个跨国界的问题，污染源会随着气流从源地扩散到其他区域。为了有效管控污染，防止严重的污染性事件的发生，中东欧国家必须建立联合监测网络和实时沟通合作机制，以确保能随时监察空气状况和应对突发性污染事件。

三是要更新空气污染防治理念。根据中东欧国家目前的空气污染情况，传统的污染物，如酸、重金属粉末等的浓度都有所下降，但是颗粒物（PM）等成为了新的污染源威胁。《欧洲空气质量——2015 年年度报告》指出，要进一步促进空气污染的防治，还应该革新人们对污染的认识，并把眼光从传统的污染扩大到一些从前没有关注的地方，比如部分以前未关注的空气污染源应列入监测体系之内，比如汽车轮胎行驶过程中磨损部分产生的排放到空气中的颗粒物，等等。

三、固体废物

（一）固体废物产量和处理

当前，全球对固体废物的处理方法主要有填埋、焚化、回收利用和堆肥四种。中东欧国家对固体废物所采取的处理以填埋为主。各国的固体废物填埋比例为：斯洛文尼亚的固体废物填埋比例为 58%，捷克和匈牙利两国分别为 68% 和 69%，波兰和爱沙尼亚分别为 73% 和 77%，斯洛伐克的固体废物填埋比例为 81%，而拉脱维亚和立陶宛的填埋比例分别为 91% 和 94%，罗马尼亚的固体废物填埋率为 99%，几乎所有的固体废物都采取了填埋的处理方式。克罗地亚、塞尔维亚、波黑、黑山、阿尔巴尼亚和马其顿等国的固体废物处理也以填埋为主。

中东欧部分国家的固体废物产量和处理情况如表 16-10 所示。

表 16-10　中东欧 10 个国家 2012 年人均固体废物产量及其处理方式比例

国家	市政废物产量 /（kg/ 人）	市政废物处理量 /（kg/ 人）	市政废物处理比例 /%			
			填埋	焚烧	重回收	堆肥
爱沙尼亚	311	261	77	—	14	9
拉脱维亚	304	304	91	—	9	1
立陶宛	381	348	94	0	4	2
波兰	315	263	73	1	18	8
捷克共和国	317	303	68	16	14	2
斯洛伐克	333	322	81	10	4	5
匈牙利	413	413	69	10	18	4
斯洛文尼亚	422	471	58	1	39	2
罗马尼亚	365	294	99	—	1	0
保加利亚	410	404	100	—	—	—

资料来源：欧盟网站（http://europa.eu/rapid/press-release_STAT-12-48_en.htm?locale=en）.

（二）固体废物管理的主要阻碍

目前中东欧国家在固体废物处理方面还存在着一些主客观的不利条件。

1. 缺少现代设施

相比于西欧的发达国家，中东欧国家在固体废除处理的技术和设施体系上还有差距。目前大部分国家，特别是巴尔干半岛国家都没有完善的固体废物处理所需的现代设施。而这既与这些国家的技术发展水平有关，也有地区的经济发展原因。现代设施的引进和运行，都需要较大的经济成本，这对经济水平暂时还稍微落后的中东欧国家，是不能承受的。

2. 缺少国内立法和政策

中东欧国家目前对固体废物处理，在政策层面上主要是依照欧盟等的立法和指令，中东欧国家国内目前还普遍缺少相关法律和规定。现在部分国家的立法也在进步和完善中（如波兰、匈牙利等较发达的国家），但是地区发展情况参差不齐，部分经济和科技相对落后的国家的立法和政策还相当欠缺。

3. 缺乏政治意愿

固体废物的填埋处理具有简单、成本低、易操作等优点，这对经济和技术水平相对落后的部分中东欧国家而言省心省力。现阶段中东欧国家的政府更希望将工作重心着眼在国家经济的发展和基础设施建设等内容上，对环保这样更高层次的社会生态需要不很情愿投入过大的力量。因此，政府在固体废物的环保处理上也没有很积极的探索。

4. 城市中心地区以外的其他地区缺少环保意识

中东欧地区的固体废物的回收和处理等目前大多还局限于城市地区，包括城市边缘地带和乡村，人们还缺少对固体废物回收处理的行动和意识。这与地区居民的经济发展水平和教育水平不无关系。城市中心地区以外的民众尚无经济能力对固体废物进行复杂的处置，而政府的宣传和民众的环保意识薄弱也是固体废物不能得到更好处理的原因。

5. 固体废物填埋税过低或无税

目前，中东欧国家在固体废物填埋方面，还没有建立完善的税收制度。多数国家的大部分地区，对固体废物填埋处理所设税额很低甚至没有征税。这无助于控制和减少填埋处理的固体废物处置方式。

四、土壤环境

（一）土壤概况

中东欧地区的土壤主要包括灰化土、棕色土（棕壤）、黑钙土和山地褐色土等类型。土壤在空间分布上呈现出带状的特点，从北往南，依次为灰化土带、棕色土带、黑钙土带和山地褐色土带。

波罗的海三国和波兰以灰化土为主。典型的灰化土是在亚寒带针叶林覆盖下的土壤，典型的灰化土是在亚寒带针叶林覆盖下的土壤。针叶林的有机残体包含单宁、树脂等有机质，在酸性环境中细菌不能充分分解它们，有机质在真菌的作用下矿质化，同时产生了酸性很强的富里酸。在降水量远大于蒸发量的湿冷气候条件下，水分大多下渗，富里酸也随着水流下渗到下部土壤中，并与有机残体中的盐基起作用，形成可溶性盐下移，引起灰化过程，使土壤上层形成灰白色的非晶质粉末状的二氧化硅占优势的灰化层。灰化土的腐殖质含量仅有 2%，黏土矿物也较少，因此土壤肥力较差。中欧的灰化土没有典型性，属于黄色灰化土。波兰南部、捷克西部、斯洛伐克东部、匈牙利东部为棕色土。棕壤是介于寒温带灰化土和亚热带红壤之间的过渡性土壤。棕壤是由于岩层的化学风化引起的土壤表层有氧化铁和含锰化合物的积聚而呈现黄色到棕褐色，因其所受的灰化作用有限，矿物质养料未被全部淋洗，酸性反应弱，故比灰化土肥力高。而它又没有经过红壤那样强烈的化学分解和淋溶作用，因此土壤中可溶性养料保存的也比较多，肥力较好。匈牙利西部、罗马尼亚以黑钙土为主。黑钙土土质肥沃腐殖质含量高达 6%～10%，是理想的耕作土壤。黑钙土可细分为淋溶黑钙土、普通黑钙土、碳酸盐黑钙土与草甸黑钙土。斯洛文尼亚和巴尔干半岛地区以褐色土面积最广，山区多山地褐色土，石灰岩地区多红色石灰土。褐色土主要分布在夏季炎热干燥、冬季温和多雨的乔木和灌木林下，多呈褐色，因此它又被称为褐色森林土。褐色土与棕壤的最大差异是土壤剖面上没有任何灰化迹象，并且具有明显的钙化过程。

除以上几种土壤类型，中东欧地区在波德平原的较低地区还分布着沼泽土，在斯洛伐克和罗马尼亚境内的喀尔巴阡山脉分布着高山土，包括高山森林灰化土和高山草甸土，沿海沿河多分布冲积土，如多瑙河沿岸和河口地区。

（二）土壤问题

中东欧各国面临的土壤问题不尽一致，主要包括土壤侵蚀、重金属和有机物污染以及土地退化。

1. 土壤侵蚀

土壤侵蚀主要包括水土流失和风蚀。中东欧南部国家多山地，耕地往往开发在坡地上，耕作活动和降水等易引起水土流失。而粗放的耕作方式和毁林毁草开垦等行为加剧了土地的侵蚀。

土壤侵蚀是克罗地亚面临的最大的土壤问题，该国有超过 90% 的土地遭受土壤侵蚀问题。不正确的林木砍伐造成的滑坡加剧了土壤退化。保加利亚 80% 的国土遭受土壤侵蚀。该国的所有地区都有水蚀问题，而水蚀区域是耕地的 72%。该国超过 1/4 的地区面临风蚀的危险，其中包括 29% 的耕地。斯洛伐克 55% 的耕地面临水土流失的问题，其中的 20% 为中度侵蚀，35% 为强烈侵蚀。土壤风蚀在斯洛伐克境内具有区域性。土壤水蚀和风蚀是捷克面临的主要土壤问题，该国有超过 50% 的土地面临水蚀和 10% 的土地受风蚀威胁。斯洛文尼亚有超过 48% 的土地受水蚀和风蚀威胁。除以上国家，中东欧的其他国家也都遭受着土壤侵蚀问题，土壤侵蚀是当前中东欧地区存在的最突出的土壤问题。

2. 土地污染

相关研究显示[1][2]，虽然中东欧部分国家（如波兰、捷克、匈牙利、斯洛伐克等）存在一些重金属浓度超标的"热点"，但是总体而言，这些国家的土壤的重金属含量都处于"背景值"范围，即不存在明显的重金属污染现象。相比于 20 世纪七八十年代时集体化农业，现在中东欧国家在农业中使用杀虫剂等化学物质的量已经大大减少了。土壤的酸化也不严重，虽然部分地区可能存在潜在的威胁，但随着地区空气质量的好转，土壤酸化问题应该呈现乐观态势。

中东欧国家的土地污染来源包括工业、农业和居民生活污水，此外，还有军事活动带来的石油污染。如前苏联曾在波罗的海三国、捷克和匈牙利建有军事基地并驻军，军队通常将废油和多余的汽油直接倾倒于土地上，造成土地的油污染。如爱沙尼亚境内曾有 1.8% 的土地受到此类污染[3]。

3. 土地退化

在原社会主义时期，中东欧国家在农业生产上实行集体式的公社化生产，对土壤的使用过于粗放，化学肥料的大量使用和耕作的不到位，使大部分的耕地的土质退化。

---

[1] Gzyl J. Soil protection in Central and Eastern Europe[J]. Journal of Geochemical Exploration, 1999, 66(1):333-337.

[2] Boháč J, Jahnova Z. Land Use Changes and Landscape Degradation in Central and Eastern Europe in the Last Decades: Epigeic Invertebrates as Bioindicators of Landscape Changes[M].Environmental Indicators. Springer Netherlands, 2015:296-311.

[3] Land Degradation in Central and Eastern Europe: Proceedings of the Workshop on Land Degradation/Desertification in Central and Eastern Europe[G]. UNCCD Secretariat,2000.

森林砍伐也会带来土壤退化。森林砍伐后，土壤失去植被的庇护，易受降水和风的侵蚀。富含有机质和营养元素的表层土壤被剥蚀后，出露的母质土壤在自然性质和土壤肥力方面，都不利于植被的生长。森林砍伐后还可能引起山地滑坡和泥石流等自然灾害。森林砍伐后还会影响降水量，如波兰中部地区森林的砍伐导致的该地区降水的减少。与森林砍伐相似的是过度放牧导致草场退化，同样引发土壤侵蚀和退化。

采矿是土地退化的另一个直接祸因。露天采矿破坏了土地的表层形态，地表的植被消失，底层土壤和岩石暴露出来，植被生长所需的土壤环境被破坏。被开采后的矿场往往被直接遗弃，没有被重新利用或妥善恢复。罗马尼亚、保加利亚和波黑等矿藏丰富，因为采矿导致的土地退化问题十分普遍。

人类居住用地和基础设施建设对土地的占用也会引起土地的功能性退化。

4.气候变化带来的威胁

气候变化使极端天气出现的频率增加，增大了洪涝灾害发生的概率。气候变化是对拉脱维亚土地威胁最大的因素。拉脱维亚处于东欧平原的西部，地势低平，西部滨临大西洋。极端气候造成的降水增加，超出了土地的排水能力，从而影响土地可用性。同样，干旱也会造成土壤的功能退化。干旱时波兰、捷克和罗马尼亚等国家面临重要土壤问题。

除以上所涉及的问题，土壤酸化和盐碱化也是中东欧存在的土壤问题，如斯洛伐克原来的土地酸化问题（因为近些年来二氧化碳排放量的减少，土壤酸化问题现已有所减轻），匈牙利和保加利亚的土地盐碱化问题等。

总的来说，中东欧国家的土壤污染问题已经在很大程度上得到缓解，一些过去曾经存在的土壤问题也都已得到治理，土壤的总体情况有所改善。但是，气候变化给中东欧国家的土壤带来了新的威胁，尤其是气候变化背景下越来越频繁的洪涝灾害，给部分国家造成了实际的损害。

（三）治理措施

农业在中东欧国家仍占有重要地位。为了保护土壤，各国相继采取了一些土地和土壤的保护和防治的措施。在农业上，自20世纪90年代后，中东欧国家的有机农药和化学肥料的使用量大大减少，从前的粗放式管理方式被更先进的技术和方法所取代；在森林的保护上，各国相继制定了相关的保护法规，禁止对林地进行肆意的砍伐，特别是对水土流失严重的山地地区，以防止水土流失问题加剧；部分国家还尝试对原来的露天矿场进行生态恢复。在跨国界土壤问题治理方面，中东欧相关国家采取了一些国际合作，建立了相关的合作机制。

关于中东欧地区的土壤研究和防治上，制定并采用土壤调查的标准化方法，对未来的土壤研究和信息共享将具有重要意义。此外，可以通过建立国家范围和区域范围的土壤数据库，对土壤实施精细化管理，提高土壤利用和治理的效率。

五、核安全

（一）核污染

1986 年的切尔诺贝利核电站事故曾给乌克兰、白俄罗斯、俄罗斯等国家带来沉重的核污染，中东欧国家因为紧邻事发区，也受到了一定程度的核污染和危害。据调查，保加利亚有 4 800 km² 的土地受到了强度为 37～185 kBq/m² 剂量的 ^{137}Cs 污染，斯洛文尼亚也有近 300 km² 的土地受到强度为 37～185 kBq/m² 剂量的 ^{137}Cs 污染，中东欧的其他国家也均有不同程度的核污染物降落。

（二）核电站

切尔诺贝利核电站事故的严重后果让世界对核电站运作的潜在威胁有了认识。然而，出于对能源的需求，部分中东欧国家仍然坚持以发展和利用核电作为国内能源的重要补充。到 2016 年 2 月，中东欧共有 19 座在运行的核电站发电机组，年净发电能力为 11 521 GW，还有 2 座在建核电机组，设计净发电能力为 880 GW。核电站分布在保加利亚、捷克、匈牙利、罗马尼亚、斯洛伐克和斯洛文尼亚 6 国，各国的核电站情况如表 16-11 所示。

表 16-11 中东欧国家现有的核电站机组情况

国家	运作		在建	
	数量	净容量 /GW	数量	净容量 /GW
保加利亚	2	1 926	—	—
捷克	6	3 904	—	—
匈牙利	4	1 889	—	—
罗马尼亚	2	1 300	—	—
斯洛伐克	4	1 814	2	880
斯洛文尼亚	1	688	—	—
总计	19	11 521	2	880

资料来源：世界核协会（http://www.world-nuclear.org/information-library/country-profiles/others/european-union.aspx）。

2015 年，中东欧国家核电占国家总发电量的比例分别为：斯洛伐克（55.9%）、匈牙利（52.7%）、斯洛文尼亚（38.0%）、捷克（32.5%）、保加利亚（31.3%）。

核电站发电使用的核燃料的开采和制备，以及使用过的废核燃料的无害化处理，都涉及技术、经济和环境保护方面的多重压力。

中东欧国家中，捷克是世界主要的铀矿生产国。2015 年，捷克的铀矿产量为 155 t，位列世界第 13 位，罗马尼亚的铀矿产量为 77 t，仅次于捷克。经百余年来的铀矿工业活动，捷克的铀矿工业对大气、地表水与地下水、地表土壤、地理景观等造成了一系列生态环境破坏。如铀矿勘探、生产作业区产生的含天然放射性核素的粉尘、废气沉降；铀矿采、冶工艺过程中排放的 NO_x、NH_3、F、SO_2、CO、C_nH_m，废石堆渗出的水含 U、Ra、Rn 等子体高出正常背景值几十倍，尾液蓄水池净化水的排放与渗漏；废石堆和尾液池大量侵占良田；采铀区掠夺了农业区并干扰或破坏了农业自然景观等。

（三）核政策

截至 2014 年 12 月 31 日，中东欧地区的 16 个国家都已经加入了国际原子能机构。国际原子能机构于 1994 年 6 月 17 日通过《核安全公约》，该公约自 1994 年 9 月 20 日起开放供签署。该公约对缔约方国家的核设施的安全、核义务等做了规定，是国际间和政策的指导性文件。《核安全公约》之前，还有《核材料实物保护公约》（1979 年）、《及早通报核事故公约》（1986 年）和《核事故或辐射紧急情况援助公约》（1986 年）等核领域相关的国际公约。

出于对能源的需求，中东欧国家近年来对和平利用核能源和建设核电站还是持相当积极的态度。除现在拥有在运行的核电站的国家外，一些无核国家，如波兰、阿尔巴尼亚等，也在研究和论证建设核电站的技术和方案。各国也在完善国内的核研究和监管等机构和法律。

斯特拉日（Straz）铀矿位于捷克北部的波希米亚地区。1963 年发现 Straz 铀矿床，1966—1967 年进行地浸采铀工艺试验，试验成功后于 1968 年正式投产，1995 年停产关闭，1996 年开始矿山环境治理和地下水恢复。Straz 地浸井场总面积达到 6.5 km^2。生产期间累计注入地下的化学试剂（包括溶浸剂、氧化剂和其他试剂）总质量分别为 H_2SO_4 44 100kt；HNO_3 3 320kt；NH_4^+ 111kt；HF 26kt。大量酸液的注入使地下水中部分离子的浓度增加，并对环境造成污染。更令人措手不及的是，地浸液还沿钻孔、顺着地层中杂乱无章的裂隙进入上部土仑阶饮用的地下含水层。

已观测到的数据表明，目前森诺曼含水层约有 188 000 000 m^3 的优质地下水遭污染，危及面积达 28 km^2，总溶解盐约有 4 800 000 t。土仑阶含水层受污染水有

75 000 000 m³，总溶解盐为 27 000 t，殃及面积达 7 km²。由于常年地浸作业，持续向地下抽、注矿液和溶浸剂所形成的"负压漏斗区"，一方面导致含盐流体源源不断地向西南方向流动而溢流至森诺曼含水层，另一方面大大削弱了地浸采矿抽提地浸液的效率。

Straz 地浸铀矿山于 1996 年开始对被污染的地下水进行治理。目前，主要利用地浸井场早期的抽液孔、注液孔以及相应的管道网进行环境治理和地下水恢复。根据 2012 年的 Straz 地区地下水治理监测情况，随着治理工作的持续，地下水中的铀等污染物的浓度大幅度降低，显示地下水治理和恢复取得了显著的效果。然而，后续治理所需的费用、恢复时间，依然昂贵而漫长。

六、生态环境

（一）生态环境问题

近年来，中东欧地区的空气、水和土壤等环境要素的污染情况都呈现好转的趋势，但是气候变化引起的全球变暖和洪涝干旱以及极端天气出现频率的增加，仍然给生态环境带来不确定性的威胁，加上人类的活动等原因，区域生态环境压力依然存在，最主要的生态环境问题为动植物栖息地的减少和消失以及生物物种和多样性面临的威胁。

欧洲环境署在 2016 年的《图绘和评估欧洲的生态系统：进步与挑战》报告中对欧洲的生态系统进行了分类，并分析了当前对生态系统造成威胁的主要因素以及欧洲不同区域和类型的生态系统面临的主要环境压力。

1. 栖息地改变

对陆地生态系统造成最大压力的是土地的掠夺，包括土地的破碎化、土地的混凝土化、土壤侵蚀和土壤退化；对于海洋和海岸生态系统，主要的压力来源为破坏性的捕鱼技术和海岸的建设；对于淡水生态系统，最大的威胁是人类的改造行为，如修建大坝和河流的分流。

2. 气候变化

主要是人类活动造成的气候变化引发的洪水、干旱和火灾等对动植物的栖息地和生存的危害。

3. 过度开发

对土地和水资源的非可持续性开发利用，主要是人类过度地利用生态系统来生产食品、燃料和纤维等。比如对鱼类的过度捕捞和对地下水的过度取用等已经对欧洲的动植物栖息地和生物多样性造成了严重的损害。

4. 生物入侵

由于人类活动有意或者无意引进外来物种而引起的生物入侵。

5. 污染和富营养化

杀虫剂、肥料和工业化学元素等的排放超过生态系统的承受能力，从而致使原来的生态平衡被打破，从而导致土壤、地表水、地下水和海洋等生态系统的改变。

中东欧不同地区的国家所面临的生态环境问题如表 16-12 所示。

表 16-12　中东欧不同区域国家主要面临的生态环境问题

区域	包含的国家和地区	生态环境问题
波罗的海区域	爱沙尼亚、拉脱维亚、立陶宛	温度升高快于全球平均速度，积雪、冰盖的减少，河流流量的增加，生物物种的向北迁移，冬季风暴破坏风险的增加
中部和东部地区	波兰、捷克、斯洛伐克南部地区、匈牙利、斯洛文尼亚、克罗地亚北部、塞尔维亚、罗马尼亚、保加利亚、马其顿	温热性极端气候增加，夏季降雨的减少，水的温度升高，森林火灾发生的可能性增大
多山地区	斯洛伐克北部、波黑南部、黑山和马其顿的西南部、罗马尼亚的中部	气温升高幅度快于欧洲平均水平，冰川的规模和体积减小，山区永冻区域的减少，植物和动物向高海拔的迁移，阿尔卑斯山地区物种灭绝面临的高风险，土壤侵蚀风险增加
地中海沿岸	斯洛文尼亚、克罗地亚、波黑、黑山、阿尔巴尼亚和保加利亚的沿海地区	气温上升幅度大于欧洲的平均水平，年度降水量减少，年际河流径流减少，生物多样性损失的风险增加，沙漠化的风险增加，农业用水量增加，森林火灾发生的风险增大

（二）鸟类和动物的物种及栖息地状况

联合国环境署的《欧洲鸟类红色名单》（*Europe Red List of Birds*）报告中对欧洲范围内的濒危鸟类进行了研究，其中东欧国家的鸟类种数和濒危情况如表 16-13 所示。

表 16-13　中东欧国家的鸟类种类及濒危情况

国家	种类数量	濒危种数	濒危种类比例
阿尔巴尼亚	270	16	0.059%
波黑	249	10	4.00%
保加利亚	298	20	6.70%
克罗地亚	255	9	3.50%
捷克	225	9	4.00%
爱沙尼亚	225	16	7.10%
匈牙利	224	10	4.50%
拉脱维亚	229	13	5.70%
立陶宛	223	13	5.80%

国家	种类数量	濒危种数	濒危种类比例
马其顿	246	9	3.70%
黑山	241	10	4.10%
波兰	246	14	5.70%
罗马尼亚	269	16	5.90%
塞尔维亚	270	16	5.90%
斯洛伐克	226	9	4.00%
斯洛文尼亚	238	10	4.20%

资料来源：IUCN 报告 "*Europe Red List of Birds*"。

欧洲环境署 2015 年度的《欧洲的自然状况》报告对欧洲 26 国的鸟类的数量趋势情况作了长期（1980—2012 年）和短期（2001—2012 年）的跟踪统计，中东欧的罗马尼亚、斯洛伐克、斯洛文尼亚、爱沙尼亚、保加利亚、匈牙利、拉脱维亚、立陶宛、波兰、捷克 10 国的鸟类的短期数量趋势情况如图 16-2 所示。

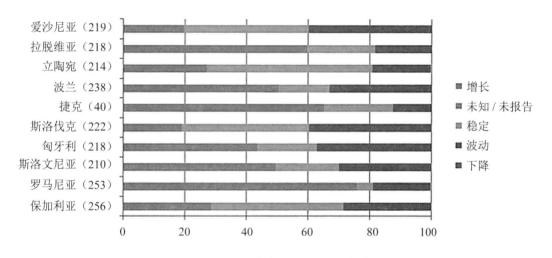

图 16-2　10 国鸟类的短期数量趋势情况

资料来源：欧洲环境署《欧洲的自然状况》（2015）报告。

报告中列出的对鸟类的生存和繁衍造成最大压力和威胁的前五种因素分别为：农业；自然条件的改变；对生存资源的利用（非农业和森林资源）；森林；自然过程（不包括大的自然灾难），其他影响因素还有人类活动的干扰、气候变化、环境污染和交通等基础设施建设等。

报告对栖息地的生态压力和威胁进行了定量分析，农业、人类活动造成的干扰、自然过程（不包括大型灾难）、对自然条件的改变和污染是前 5 种影响因素，此外还有森林、物种入侵、城镇化和居住和商业化发展等也是威胁栖息地的因素，参见

图 16-3。

对《栖息地指令》中的动物种类造成最大压力或威胁的因素分别为农业、自然条件的改变、林业、自然过程（不包括大的灾害）、人类活动的影响、城镇化和人居及商业发展、污染、对生存资料的使用（非农业和林业的）。

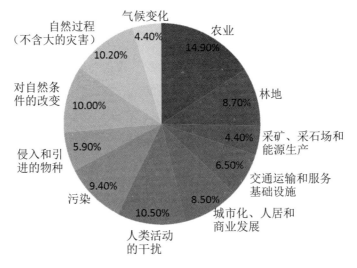

图 16-3　威胁栖息地的因素

资料来源：欧洲环境署《欧洲的自然状况》（2015）报告。

（三）生态压力及其应对方法

欧洲环境署 2015 年度的《欧洲的自然状况》报告对欧洲的生态系统按陆地、淡水和海洋三个大类细分为 9 个子类，分析了各子生态系统所面临的生态压力及其应对方法，如表 16-14 所示。

表 16-14　生态系统压力以及应对方法

生态系统类型		生态系统面临的压力	解决方法
陆地生态系统	耕地	—	—
	草地	1. 放牧牲畜 2. 植被演替 / 生物进化 3. 割草或削减草原 4. 耕作方式的改变 5. 水体状况的改变	1. 保护草原和其他开放栖息地 2. 建立保护区（点） 3. 建立栖息地和物种的法律保护 4. 对自然资源开采的立法和监管 5. 其他空间措施
	林地和森林	1. 森林的管理和利用计划 2. 水体状况的改变 3. 植被演替 / 生物进化 4. 外来物种入侵 5. 其他的生态系统改变	1. 建立保护区（点） 2. 稳定森林管理 3. 重建 / 改善森林生态系统 4. 建立栖息地和物种的法律保护 5. 建立荒野地区 / 允许继承

生态系统类型		生态系统面临的压力	解决方法
陆地生态系统	湿地	1. 水体状况的改变 2. 植被演替／生物进化 3. 放牧牲畜 4. 地表水污染 5. 矿场和采石场	1. 建立保护区（点） 2. 恢复或改善水文状况 3. 建立栖息地和物种的法律保护 4. 维持草地和其他开阔栖息地 5. 改善水质
陆地生态系统	欧石楠和灌木林地	1. 放牧牲畜 2. 植被演替／生物进化 3. 外来物种入侵 4. 空气污染 5. 城镇化和人类居住地	1. 建立栖息地和物种的法律保护 2. 维持草地和其他开阔栖息地 3. 建立栖息地和物种的法律保护 4. 其他空间措施 5. 管理景观功能
	稀疏植被地带	1. 户外运动、休闲和娱乐活动 2. 其他的人类入侵和干扰行为 3. 采矿和采石场 4. 植被演替／生物进化 5. 水体状况的改变	1. 建立保护区（点） 2. 建立栖息地和物种的法律保护 3. 其他空间措施 4. 对自然资源开采的立法和监管 5. 维持草原和其他开阔水域
	城市	—	—
淡水生态系统	河流和湖泊	1. 水体状况的改变 2. 地表水污染 3. 采矿和采石场 4. 农业施肥 5. 植被演替／生物进化	1. 建立保护区（点） 2. 恢复或改善水文状况 3. 建立栖息地和物种的法律保护 4. 管理水的取用
海洋生态系统	海洋水湾和过渡水域	1. 水体变化 2. 捕捞和收集水产资源 3. 对表面水体的污染 4. 对海洋水的污染 5. 外来物种入侵	1. 建立保护区（点） 2. 建立栖息地和物种的法律保护 3. 恢复和改善水质 4. 对海洋和咸水区捕鱼的立法监管 5. 恢复和改善水文状况

资料来源：欧洲环境署《欧洲的自然状况》（2015）报告。

在《鸟类指令》的要求下，中东欧大多数国家分别为濒危鸟类及境内的候鸟栖息地设立了特别保护区（Special Protection Areas，SPAs），在《栖息地指令》的规定下，为非鸟类动物设置了特别保育区（Special Areas of Conservation，SACs），各国的保护区占国家的面积比例情况如表 16-15 所示。

表 16-15　中东欧国家的保护区面积比例

国家	陆地和海洋保护区占国土总面积 /%
爱沙尼亚	19.9
拉脱维亚	17.8
立陶宛	16.3
波兰	29.3
捷克	21.1
斯洛伐克	36.6
匈牙利	22.6
斯洛文尼亚	54
克罗地亚	23.7
塞尔维亚	6.8

国家	陆地和海洋保护区占国土总面积 /%
波黑	1.3
黑山	2.7
阿尔巴尼亚	1.9
马其顿	9.7
保加利亚	31.5
罗马尼亚	22.1

资料来源：联合国环境规划署世界保护监测中心，该数据由世界资源研究所基于各国官方数据、立法及国际协议等内容编制。

中东欧国家的特别保护区、特别保育区与欧盟其他成员国的保护区一起构成了欧洲的野生动物保护网点，即欧盟的自然 2000（Nature 2000）。

第三节　环境管理

中东欧国家的环境管理主要包括环境立法、行政管理和制定和执行环境战略三个层面。

一、环境管理部门

中东欧各国的主要环境保护部门及其下属环境机构如表 16-16 所示。

表 16-16　中东欧国家的环境主管部门及其环保职能

国家	环境主管部门	下属环境机构	环保工作领域
爱沙尼亚	环境部	环境委员会	负责国家环境和自然资源的保护；完成包含空间数据的土地及数据库相关的任务；对自然资源的使用、保护、再生产的组织和管理；确保辐射防护；应对气候变化；环境监管；组织气象观测；自然和海洋研究、地质、大地测量操作和制图；管理土地地籍；组织利用外部工具来实现环境保护；编译战略文件和立法草案
		环境监察	
		爱沙尼亚国土委员会	
		国家林业管理中心（RMK）	
		民营林场基金会（PFC）	
		OÜ 爱沙尼亚环境研究中心	
		爱沙尼亚地质调查局	
		AS 爱沙尼亚地图中心	
		AS Ökosil	
		爱沙尼亚环境局（KAUR）	
		爱沙尼亚自然历史博物馆	
		环境部信息技术中心（KEMIT）	

国家	环境主管部门	下属环境机构	环保工作领域
拉脱维亚	环境保护与区域发展部	国家环保服务 拉脱维亚环保基金管委会 环境国家林业局 环境国家局 拉脱维亚自然历史博物馆 拉脱维亚国家植物园 拉脱维亚水生生态研究所 拉脱维亚环境、地质和气象中心 拉脱维亚环保投资基金	对化学物质的管控；环境影响评估；电子化政府；气候变化；转基因管理；绿色公共采购；工业污染；海洋空间规划；臭氧层保护；持久性有机污染物；生物物种和栖息地保护；土壤质量；自然保护区管理；国家可持续发展；跨界大气污染；水资源保护
立陶宛	环境部	环境保护局 环境项目管理机构 住房能源效率机构 植物基因库 立陶宛环境投资基金 国家领土规划和建设检查局 GENERAL 森林企业 国家森林管理和规划机构 立陶宛地质局 立陶宛水文气象服务 国家森林调查服务 国家保护区服务	实施可持续发展原则；确定自然资源的合理利用，保护和恢复的先决条件；确保向公众提供环境状况及其预报的信息；为建设业务的发展创造条件，提供居民住房；确保适当的环境质量，同时考虑到欧盟的规范和标准
波兰	环境保护部	*环境基金司 *废物管理司 *林业司 *地质监督司 *空气保护和气候司 *自然司 *法律司 *环境管理司 *水资源司 *可持续发展和国际合作司	目标：环境部通过其对国家政策的投入以促进国内和全球的环境，并确保在自然遗产和人权方面的长期、可持续性发展，以满足当代和未来的需要 定位：环境部作为享有社会信任的最先进的专业机构，为自然资源的合理管理和公众的环境教育作出贡献，并且在环境领域开展合作
捷克	环境部	自然保护和景观保护机构 洞穴管理机构 CENIA - 捷克环境信息局 捷克环境检查局 捷克地质调查局 捷克水文地质研究所 捷克斯洛伐克国家公园 KrkonošeMts 国家公园 Podyji 国家公园 Silva Tarouca 景观和园艺研究所 捷克共和国国家环境基金 Šumava 国家公园和保护景观区 G. Masaryk 水研究所	保护水资源和地下水和地表水；空气保护；自然景观保护；农地保护；国家地质调查局的运作；保护岩石环境，包括矿产资源和地下水；采矿的地质工程和环境监督；废物管理；对活动及其后果的环境影响评估，包括跨界问题；国家公园的保护；渔业和林业的管理；其他国家环境政策

国家	环境主管部门	下属环境机构	环保工作领域
斯洛伐克	环境部	斯洛伐克环境督查机构 环境基金 斯洛伐克环境局 水研究所 斯洛伐克水文气象所 水管理建设单位（布拉索夫） 斯洛伐克水资源管理企业 回收企业 国家自然保护局 斯洛伐克自然保护和洞穴博物馆 斯洛伐克采矿博物馆 Bojnice 动物园	自然和景观保护；水管理；防洪；水质和水量保护及其合理使用；水产养殖和海洋捕鱼以外的渔业；空气、臭氧层保护，保护气候；环境方面的规划；废物管理；环境影响评估；提供环境和地区监测的统一信息系统；地质研究和勘探；保护和控制濒危野生动物和植物贸易；转基因生物
匈牙利	农村发展部	国家环境和水管理局及其地方机构 国家废物管理机构 国家土地基金管理组织 国家公园管理单位 国家环境研究所 (NeKI)	确定农业和农村发展政策的主要趋势，负责食物链控制监督，食品工业，森林管理，财产登记，制图，土地管理，游戏管理，鱼类管理，环境保护，养护和水管理。 最重要的任务还包括植物和动物认证的法律规定，植物和动物品种的保护以及遗传资源库的建立；植物和动物健康的监督，生态基础的保护和发展；植物和土壤保护。在国际和地方环境培训和提高认识方案中发挥积极作用
斯洛文尼亚	环境与空间规划部	斯洛文尼亚环境局 斯洛文尼亚共和国环境和空间规划督查局 斯洛文尼亚水务局 斯洛文尼亚核安全管理局 环境中心	保护自然资源，保护生物多样性，促进可持续发展；观察、分析和预测环境中的自然现象和过程；减少自然灾害的影响；确保对环境侵犯调查过程的法律保护和专业援助；引导国家和个人的环境观念；确保所有目标群体的高质量环境数据；提高人们和机构对环境问题的认识
克罗地亚	环境与自然保护部	环境影响评估和可持续废物管理局 气候活动，可持续发展和土壤，空气和海洋保护局 自然保护局 视察事务局 欧盟独立行业 法律事务独立部门 国际事务独立服务 公共关系和议定书的独立服务	任务：通过在现代欧洲社会的框架内利用克罗地亚共和国的自然和文化财富以及人力资源实现可持续发展目标。 目标：1. 保护环境：改进预防所有类型的环境污染，监测环境组成部分的状况，将环境保护部分纳入其他部门政策、环境监督和进展的先决条件；气候变化缓解和适应以及臭氧层保护；确保建立综合废物管理系统的先决条件；通过持续监测改善环境状况。2. 自然保护：确保物种和栖息地有利的保护状态；加强自然保护管理体系，实现保护区和 Nature 2000 区域（保护）利用的最佳模型；加强自然保护监督制度。3. 开发用于监测天气，气候和环境的系统：确保支持可持续发展、安全、气候变化适应和自然和生态事故和灾害风险的管理；管理环境的数据和信息
	环境保护局	环境监测分部 信息系统开发分部 发展，项目和国际合作分部 企业服务分部	收集，整合和处理环境数据

国家	环境主管部门	下属环境机构	环保工作领域
塞尔维亚	农业和环境保护部	* 环境保护司	环境保护；废物管理；环境影响评估；化学事故保护；水资源保护；噪声污染防护；大气和臭氧层保护；气候变化应对；自然资源保护
		* 环境规划与管理司	
		* 环境保护督查司	
波黑	农业、水管理和林业部	* 水司	联邦农业、水管理和林业部执行适用于波斯尼亚和黑塞哥维那联邦在农业、水管理、林业和兽医领域范围的法律规定的行政、专家和其他任务
		* 林业和狩猎司	
	环境和旅游部	—	环境保护和旅游事宜
黑山	可持续发展和旅游部	环境理事会	空气保护；噪声防治；工业污染和化学物质管控；自然保护；水资源管理
		废物管理和实用发展局	
		气候变化理事会	
		海洋和沿海区可持续发展和综合管理	
	环境保护局	—	环境保护相关工作
	黑山气候变化应对部门	—	主要关注气候变化问题并采取相关预防措施
阿尔巴尼亚	环境部	* 环境司	保护环境、森林和生物多样性，处理突发性生态环境问题等
		* 生物多样性与保护区司	
		* 森林保护和管理司	
		* 优先事项执行司	
		国家环境和森林督察署	
		国家环境局	
		地区环境部门	
		国家保护区管理局	
		海上作业中心	
	农业、农村发展和水资源部	* 水与土壤管理司	水资源管理和区域流域管理
		区域流域管委会	
马其顿	农业、林业和水利经济部	* 林业和狩猎司	农业，林业和水利经济；利用农田，森林和其他自然资源；狩猎和渔业；保护水和植物免受疾病和害虫的侵害；观察和研究水的情况，维持和改进水体制；水文、农业气象测量，以及预防冰雹保护；研究气象、水文和生物气象事件和过程；在其职权范围内进行监督；执行法律规定的其他活动
		* 林业警察司	
		水经济部门	
		国家森林和狩猎管理部门	
	环境和物理规划部	* 环境司	观察环境条件；保护水、土壤、植物、动物、空气；保护臭氧免受污染；保护免受噪声、辐射影响；保护生物多样性、地理多样性；管理国家公园和保护区；恢复受污染的环境区域；提出固体废物管理措施
		* 工业污染和风险防控司	
		* 自然司	
		* 水司	
		* 废物司	
		* 马其顿环境信息中心司	
		* 可持续发展和投资司	
		* 国际合作司	

国家	环境主管部门	下属环境机构	环保工作领域
保加利亚	环境和水资源部	执行环境署	主要任务是利用国家和国际经验开展工作，保护保加利亚的自然遗产，提供环境监测数据等
		流域管委会（多瑙河流域管委会；黑海流域管委会；东爱琴海流域管委会；西爱琴海流域管委会）	流域管委会具有管理、相关管理规则制定、管控、流域信息收集与发布等功能
		地方环境监察机构	确保在区域一级执行国家环境保护政策。履行环境监管，信息和控制职能
		国家公园（管理机构）	对国家公园的管理和保护，执行其管理计划，分配管理计划、发展计划和项目中规定的活动；协调和控制其他机构、组织和个人开展活动；执行教育和信息方案和项目；监测公园环境；建立公园内生态环境数据库及维护；惩罚违法者
罗马尼亚	环境和森林部	国家环境保护局	工业污染防治；空气质量和环境噪声；保护区的管理，生物多样性，生物安全；环境基础设施；废物管理；危险化学物质和制剂管理；土壤和底土；可持续发展；气候变化；水资源管理；林业部门管理；气象学；水文
		国家气象局	
		环境基金管理	

注：表中带 * 号的为部直属部门。

二、环境法律法规

目前中东欧国家的环保法律在很大程度上受欧盟体系影响，除 11 个欧盟正式成员国，其余 5 国也在很大程度上参照欧盟的法律及标准。例如，在水资源管理和保护方面，主要遵守或参照欧盟的《水框架指令》及其附属指令；在大气的污染源管控和污染防治上主要遵从《远距离越境空气污染公约》《空气质量指令》《国家排放上限指令》等公约和法令；在固废方面则以欧盟的《填埋指令》为主要依据；土壤方面有《联合国防治荒漠化公约》；生态环保领域有欧盟的《鸟指令》和《栖息地指令》等；在气候变化方面的参考基准主要为《联合国气候变化框架公约》。

表 16-17 是中东欧各国现行的一些环境领域的法律法规。

表 16-17　中东欧国家国内现行的一些重要环保法律法规

国家	法律法规（附属法律法规）	颁布时间
爱沙尼亚	环境影响评价与环境管理体系法令，*Environmental Impact Assessment and Environmental Management System Act*	2005 年
	环境监测法案，*Environmental Monitoring Act*	1999 年
	森林法案，*Forest Act*	2007 年
	狩猎法案，*Hunting Act*	—
	自然保护法案，*Nature Conservation Act*	—
	水法案，*Water Act*	—

国家	法律法规（附属法律法规）	颁布时间
拉脱维亚	污染法，*Law on Pollution*	2001 年
	水管理法，*Law on Water Management*	2002 年
	狩猎法，*Hunting Law*	2003 年
	环境保护法，*Law On Environmental Protection*	—
	化学物质和化学产品法，*Law on Chemical Substances and Chemical Products*	—
	特殊保护的自然领地法，*Law On Specially Protected Nature Territories*	1993 年
	种类和生物群落的保护法，*Law on the Conservation of Species and Biotopes*	2000 年颁布，2005 年修订
	包装法，*Packaging Law*	2002 年
	保护区法，*Protection Zone Law*	1997 年
	日内瓦公约下的 8 个协议，*Eight Protocols Were Adopted under the Geneva Convention*	1984 —1999 年
	微储存的建立，保护和管理条例，*Regulations of Establishment, Protection and Management of Microreserves*	2001 年
立陶宛	环境保护法，*Environmental Protection Law*	—
	饮用水供给和废水管理法，*Law on Drinking Water Supply and Waste Water Management*	—
	包装物和包装物废物法，*Law on the Management of Packaging and Packaging Waste*	—
	核废料管理法，*Law on the Management of Radioactive Waste*	—
	水法，*Law on Water*	1999 年颁布，2000 年修订
波兰	环境保护检查法，*Act on Inspection for Environmental Protection*	1991 年
	波兰动物保护法案，*Poland Animal Protection Act*	1997 年
	废物法案，*Act on Waste*	2001 年
	关于获取环境及其保护信息和环境影响评估的法案，*Act on Access to Information on the Environment and Its Protection and on Environmental Impact Assessments*	2000 年
	环境信息法案，*Environment Information Act*	2008 年
	废物法案，*Waste Act*	2012 年
	自然保护法案，*Nature Protection Act*	2004 年
	防止环境损害及其补救措施法案，*Act on Prevention of Environmental Damage and Its Remediation*	2007 年
捷克	自然和景观保护法案，*Act on the Protection of Nature and Landscape*	1992 年
	森林法案，*Forest Act*	1995 年
	环境影响评估法案，*Act on Environmental Impact Assessment*	2001 年
	废物法案，*Act on Waste*	2001 年
	水法案，*Water Act*	2001 年
	捷克共和国废物管理计划条例，*Regulation on the Waste Management Plan of the Czech Republic*	2003 年
斯洛伐克	自然和景观保护法案，*Act on the Preservation of Nature and Landscape*	1994 年
	化学物质和化学制剂收集法案，*Act on Collection on Chemical Substances and Chemical Preparations*	2001 年
	废物收集法案，*Act on the Collection of Waste*	1991 年

国家	法律法规（附属法律法规）		颁布时间
匈牙利	环境法案，*Environment Act*		1995 年
	行政诉讼法案，*Administrative Proceedings Act*		2004 年
	废物管理法案，*Waste Management Act*		2000 年
	危险废物法令，*Decree on Hazardous Waste*		2001 年
	包装和包装废物详细规则法令，*Decree on the Detailed Rules of Packaging and Packaging Waste*		2002 年
	公司法案，*Companies Act*		2006 年
	耕地保护法案，*Act on the Protection of Arable Land*		2007 年
	关于环境保护的一般规则法，*Act on the General Rules of Environmental Protection*		1995 年
	水管理法案，*Act on Water Management*		1995 年
	自然保护法案，*Act on Nature Conservation*		1996 年
	化学安全法案，*Act on chemical safety*		2000 年
	森林保护和管理法案，*Act on Forest Conservation and Forest Management*		2009 年
斯洛文尼亚	环境保护法案，*The Environment Protection Act*（ZVO）	空气质量法规，*Air Quality Legislation*	2004 年
		废物管理法规，*Air Quality Legislation*	
		自然保护法规，*Nature Protection Legislation*	
		土壤保护法规，*Soil Protection Legislation*	
		噪声法规，*Noise Legislation*	
		核安全和辐射防护法规，*Nuclear Safety and Radiation Protection Legislation*	
	水法案，*Waters Act*		2002 年
	自然保护法案，*The Nature Conservation Act (ZON)*		2002 年
	转基因生物管理法案，*Management of Genetically modified organisms Act*		2002 年
	关于保护电离辐射和核安全的法案，*Act on Protection Against Ionising Radiation and Nuclear Safety*		2002 年
	关于“2005—2012 年国家环境行动计划”的决议，*Resolution on The National Environmental Action Programme 2005–2012*		1998 年
	关于获取信息，公众参与环境事项决策和诉诸司法的公约，*Convention on access to information, public participation in decision-making and access to justice in environmental matters*		2004 年
克罗地亚	环境保护法案，*Environmental Protection Act*		2007 年
	空气保护法案，*Act on Air Protection*		2004 年
	废物法案，*Waste Act*		2004 年
	空气质量监测条例，*Ordinance on Air Quality Monitoring*		2005 年
	废电池和蓄电池管理条例，*Ordinance on Management of Waste Batteries and Accumulators*		2006 年
	废电子与电气设备管理条例，*Ordinance on the Management of Waste Electrical and Electronic Appliances and Equipment*		2007 年
塞尔维亚	环境影响评估法，*Law On Environmental Impact Assessment*		—
	战略环境影响评价法，*Law On Strategic Environmental Impact Assessment*		—
	环境保护法，*Law on Environmental Protection*		1991 年颁布，1995 年第 5 次修订
	环境保护基础法，*Law on Bases of Environmental Protection*		1998 年颁布，1999 年第 2 次修订

国家	法律法规（附属法律法规）	颁布时间
波黑	水法，*Law on Water*	2006 年
	电离辐射防护和辐射安全法，*Law on Ionizing Radiation Protection and Radiation safety*	1999 年
	森林法，*Law on Forestry*	2002 年
	废物管理法，*Law on Waste Management*	2003 年
	空气保护法，*Law on Air Protection*	2003 年
	环境保护法，*Law on Environmental Protection*	2003 年
	自然保护法，*Law on Protection of Nature*	2003 年
	狩猎法，*Law on Hunting*	2006 年
	国家公园 "Una" 法，*Law on National Park "Una"*	2008 年
	环境保护基金法，*Law on Fund for Environment Protection*	2003 年
黑山	环境法，*Environment Law*	2008 年
	环境影响评估法，*The law on the Assessment of the Environmental Impact*	2005 年
	环境影响战略评估法，*Law on Strategic Assessment of Environmental Impact*	2005 年颁布，2011 年第 2 次修订
	环境污染联合预防和管控法，*Law on Integrated Prevention and Control of Environmental Pollution*	2005 年颁布，2015 年第 3 次修订
	废物管理法，*Law on Waste Management*	2011 年颁布，2016 年第 1 次修订
	化学物质法，*Law on Chemicals*	2012 年
	空气保护法，*Law on Air Protection*	2010 年颁布，2015 年第 2 次修订
	环境破坏追责法，*Law on Liability for Damages in the Environment*	2014 年
	环境噪声保护法，*The Law on the Protection of Environmental Noise*	2011 年颁布，2014 年第 1 次修订
	电离辐射和辐射安全保护法，*The Law on Protection against Ionizing Radiation and Radiation Safety*	2009 年颁布，2011 年第 2 次修订
	电离辐射防护法，*The Law on Protection against Ionizing Radiation*	2013 年
	自然保护法案，*The Nature Protection Act*	2016 年
	国家公园管理法，*Law on National Parks*	2014 年制定，2016 年修订
	森林法，*Law on Forests*	2010 年颁布，2015 年第 2 次修订
	野生动物和狩猎法，*Law on Wildlife and Hunting*	2008 年颁布，2015 年第 2 次修订
	水法案，*Water Act*	2007 年颁布，2016 年第 5 次修订
	海洋法，*Law of the Sea*	2007 年颁布，2011 年第 2 次修订
	海洋资源法，*Law on Marine Resources*	1992 年颁布，2011 年最后更新
阿尔巴尼亚	环境保护法，*Law on Environmental protection*	1993 年
	野生动物保护和狩猎法，*Law on the Protection of the Wild fauna and Hunting*	1994 年
	水资源法，*Law on Water Sources*	1996 年
	关于租赁农地，林地草地和牧场等国有财产的法律，*The law on leasing the agricultural land, forest land meadows and pastures, which are state property*	—

国家	法律法规（附属法律法规）	颁布时间
马其顿	水框架指令，*Water Framework Directive*	2000 年
	城市污水处理指令，*Urban Waste Water Treatment Directive*	1991 年
	饮用水指令，*Drinking Water Directive*	1998 年
	污水污泥指令，*Sewage Sludge Directive*	1986 年
	废物指令，*Directive on Waste*	2006 年
	填埋指令，*Landfill Directive*	1999 年
	有害废物指令，*Hazardous Waste Directive*	1991 年
	包装与包装废物指令，*Directive on Packaging and Packaging Waste*	1994 年
	栖息地指令，*the Habits Directive*	1992 年
	鸟类指令，*the Bird Directive*	1979 年
	濒危物种规定，*Endangered Species Regulation*	1997 年
	动物园指令，*the Zoos Directive*	1999 年
保加利亚	水法案，*Water Act*	1999 年
	生物多样性法案，*Biological Diversity Act*	2002 年
	环境保护法案，*Environmental Protection Act*	2002 年
	森林法案，*Forestry Act*	1997 年颁布，2005 年最后修订
	环境保护法，*Law of Preservation of Environment*	—
	废物管理法，*Law on Waste Management*	2003 年
	自然保护法律，*Nature Protection Act*	—
	保护区法案，*Protected Areas Act*	1998 年
	水与土壤污染防护法案，*Protection of Waters and Soil against Pollution Act*	1963 年颁布，1996 年第 9 次修订
罗马尼亚	环境保护法，*Environmental Protection Law*	1995 年
	水法，*Water Law*	1996 年
	森林法典，*Forest Code*	1996 年颁布，2008 年修订
	狩猎法，*Law on Hunting*	2006 年

三、国家自然环境保护计划

在现行的环保法律之外，为及早行动，对国家未来的自然环境进行保护，部分中东欧国家从本国的自然生态环境状况出发，制订了一些环境保护战略或计划。如爱沙尼亚在 2007 年制定了该国在当年至 2030 年的《环境战略 2030》并为该战略的落实制订了阶段性的行动计划《国家环境行动计划 2007—2013》。捷克在 2012 年制订了《捷克共和国国家环境政策 2012—2020》，为今后一段时间的环境保护策略谋划下了蓝图。克罗地亚则定期对本国的环境状况进行调查，并每四年撰写一份国家的环境状况报告，对境内的环境状况、趋势和前景进行全面评估，对已实施的环境措施的有效性进行及时的评价，为以后的环境管理的具体实施提供参考。黑山也制订了《黑山土地保护国家行动方案》，以应对气候变化背景下可能产生的土地退化问题。

环境保护战略是立足当前，谋划将来、防患于未然的积极举措，对保护国家的生态环境和应对未来可能发生的环境问题，具有积极的意义，也是对现有的环境保护措施的重要补充。

第四节　环保国际合作

中东欧地区现有的环保合作，主要表现在三个方面：一是以欧盟为引领的生态环境保护；二是区域国家之间成立的特定领域的环保合作组织或开展的环保行动；三是国际环保组织或国际组织下辖的环保机构指导下的环保行动。

一、欧盟主导下的生态环境保护

中东欧地区 16 国中，波兰、匈牙利、捷克、爱沙尼亚、拉脱维亚、立陶宛、斯洛伐克、斯洛文尼亚、罗马尼亚和保加利亚 10 国为欧盟成员国。巴尔干半岛国家也希望早日加入欧盟，搭上这艘经济发展的快船。相比中东欧地区国家，欧盟多为发达国家，这些国家具有环境保护的经济基础和技术条件，同时具有生态环保的强烈意愿，环保政策和环保法律体系也更健全。中东欧国家在加入欧盟后，在环境政策和法律上需遵循欧盟法律，而尚未加入欧盟的国家，为能早日达到欧盟的要求，与欧盟体系接轨，也尽可能采用欧盟的相关法规。

（一）水资源管理

中东欧水政策的核心是欧盟水框架指令（Water Framework Directive，WFD）。水框架指令于 2000 年通过，其目标是采取一个开拓性的方法在自然流域的尺度上来保护水资源。该指令制定了明确的时间表，将 2015 年作为改善欧洲水质的期限。

支撑欧盟水框架指令的其他水政策包括：环境质量标准指令（2008）、海洋战略框架指令（2008）、洪水指令（2007）、地下水指令（2007）、洗浴用水指令（2006）、饮用水指令（1998）、城市污水指令（1991）、硝酸盐指令（1991），参见表 16-18。

表 16-18   欧盟水框架指令体系下的其他相关指令

指令名称	发布时间	发布机构	主要内容
硝酸盐指令（Nitrates）	1991 年	欧洲委员会	该指令主要通过阻止农业生产活动中的硝酸盐对水体的污染和改善农村生产活动方式两个方面来保护欧洲范围内的水质状况
城市污水指令（Urban Waste Water Directive）	1991 年	欧洲理事会	城市污水的收集、处理和排放，以及部分工业部门的废水的处理和排放等
饮用水指令（The Drinking Water Directive）	1998 年	欧盟委员会	可能用于人类消费的水（质）的相关标准
新的洗浴用水指令（New Bathing Water Directive）	2006 年	欧洲议会和理事会	该指令主要内容包括：对洗浴用水的水质的监测和分类；对洗浴用水的管理；将洗浴用水的水质状况公布给公众
地下水指令（The Groundwater Daughter Directive）	2006 年	欧洲议会和理事会	给定了《水框架指令》第 17 号条款中关于防止和治理地下水污染的具体办法，主要包括评价地下水的化学状况的标准和鉴别地下水的水质重大变化及水质逆转的起点的具体标准
洪水指令（The Floods Directive）	2007 年	欧洲委员会	为了建立洪水风险评估和管理框架以在欧盟国家范围内降低洪灾对人类健康、经济活动以及环境和文化遗产的不利后果
环境质量标准指令（Environmental Quality Standards Directive）	2008 年	欧洲议会和理事会	该指令为《水框架指令》的第 16 号条款中提供的优先级的物质和某些其他污染物制定环境质量标准，目标是实现地表水的良好化学状况及《水框架指令》的第 4 号条款中提到的目标
海洋战略框架指令（Marine Strategy Framework Directive）	2008 年	欧洲议会和理事会	该指令建立一个框架体系，在该框架内各成员国应该采取必要措施以确保最迟在 2020 年前实现或保持海洋环境处于较好的状况。该指令主要包括保护和保持海洋环境与阻止和减少污染物进入海洋两大主要内容

（二）空气污染治理

中东欧国家的空气污染情况研究以及治理的政策大多数依赖和参照欧盟的标准。当前的欧盟空气污染治理政策是基于 2005 年的空气污染治理主题策略（Thematic Strategy on Air Pollution, TSAP），具体目标是到 2020 年实现空气质量相对 2000 年整体改善。

TSAP 也为第六次环境行动计划（ESP）提供了需要的法律和手段基础。ESP 的主要目标是实现 2002—2012 年间，空气质量不产生大的负面影响，或给人类的健康及环境安全带来大的风险。近期第 7 次 ESP 加强了这个目标。为了实现 TSAP 的目标，欧盟空气污染治理法规遵循了一个双轨的方法，即同时在空气质量标准和减排控制上两个方面进行推进。

欧盟在空气污染防治上的主要政策工具包括《空气质量指令》（*Air Quality Directives*,2004&2008），《国家排放上限指令》（2001）。同时制定了一些针对源头的法律，如对工业排放、道路和非道路交通工具排放、燃料质量标准等。在欧洲之外，还有诸如由欧洲经济委员会主导，于 1979 年在日内瓦签署的《远距离越境空气污染公约》和《海洋污染公约》等国际公约作为欧洲国家空气污染防治的指导性和约束性文件。

2013 年，欧盟委员会提议了一个新的洁净空气政策方案，该方案旨在确保现存法律到 2020 年的有效执行和此后到 2030 年的欧洲空气质量的进一步提升。

欧盟清洁空气一揽子政策

在 2013 年年末，欧盟委员会提出了一个新的清洁空气一揽子政策。这个新的政策致力于更新现存的用于管控工业、交通、能源和农业等部门的有害物质排放的法律法规，以减小这些行业的污染物排放对居民身体健康和环境的不利影响。

该一揽子政策包括以下几个方面：

一个新的清洁空气计划，采取措施确保短期内现有目标的实现和到 2030 年新的空气量目标的实现；一揽子政策同时应该包括支持手段去帮助减少空气污染，致力于改善城市的空气质量，支持研究、创新和推动国际合作。

一个新的提议，对国家排放上限指令进行修订以对 6 种主要的空气污染物采用更加严格的国家排放上限，并将黑炭的管理纳入进来，这也将有助于减轻气候变化。

一个新的提议，目前已经被接受，减少中等规模的，即功率在 1～50 MW 之间的用于街区或大型建筑，以及小型工厂的发电厂，以减少污染物的排放。

据估计，如果以上提议获得通过并且得到了切实的实行，到 2030 年，相比现在同等的经济条件下（执行现在的法规），新的清洁空气一揽子政策可能：

避免 58 000 的过早死亡；

拯救 123 000 km² 的生态系统免予氮污染；

拯救 56 000 km² 的 2 000 多个自然保护区域免予氮污染；

拯救 190 000 km² 的森林生态系统免予酸化。

因为采取一揽子政策而避免的损失一项而带来的健康盈利预计就可能达到 400 亿欧元到 1 400 亿欧元，而在更高的劳动力和生产力上、更低的健康支出、更高的作物产量和对建筑的更少的损害可能带来 30 亿欧元的直接收益。新的清洁空气一揽子政策也会对经济的增长产生积极的网状影响：更少的工作日的损失会促进生产效率，增进竞争力和带来新的工作机会。

（三）固废处理方面

中东欧国家目前的固体废物处理的政策和法规主要参照欧盟的法律，主要包括《填埋指令》《废物框架指令》《废物焚烧指令》和明确制造商责任的相关《指令》。

1. 总体结构和原则

欧盟为固体废物处理制定了三个战略，即欧盟废物管理战略、欧盟可持续发展战略、建设资源高效欧洲路线图。废物管理战略主要明确了主要的废物处置原则，包括废物管理分等原则、污染者埋单原则、邻近原则和自给自足原则；可持续发展战略要求成员国将可持续发展放在国家政策的核心中；路线图为建设资源高效欧洲制定了行动指南。

2. 固废处理方面的重要法令

《填埋指令》（*Landfill Directive*）于 1999 年通过。其总体目标是：尽可能多地阻止或者减少固体废物在填埋处理的整个周期内对环境造成的不利影响，如对地表水、地下水、土壤和空气的污染，在全球性环境中可能造成的温室效应等，以及任何可能引发的对人类健康的威胁。《填埋指令》对成员国做出了法律上的要求，敦促成员国渐进地减少对可生物降解性固体废物的填埋比例。减少的填埋比例基于 1995 年的计算基准，考虑到各国当时的实际情况，对各成员国的可降解性固体废物的填埋比例转移目标做了规定。该目标共分为三个阶段，第一阶段希望中东欧国家成员国（保加利亚、捷克、匈牙利、波兰、罗马尼亚、斯洛伐克和斯洛文尼亚）到 2010 年实现将可降解性固体废物的填埋比例降低到 75% 以下（匈牙利的期限为 2006 年）；第二阶段目标是到 2013 年将可降解性固体废物的填埋比例降低到 50% 以下（匈牙利为 2009 年）；第三阶段是到 2020 年将可降解性固体废物的填埋比例降低到 35% 以下（匈牙利为 2016 年）。

《废物焚烧指令》于 2000 年 12 月 4 日通过，旨在最大限度地减少废物焚烧或混合燃烧处理所产生的排放物对环境的影响。

《废物框架指令》（*Waste Framework Directive*）于 2008 年通过，主要包含四个原则，一是进行废物管理分级。将固体废物管理按照治理程度从低往高分为五个级别，即：第一级：处置；第二级；废物提取能源；第三级：回收；第四级：重利用；第五级：减少固体废物的产生。级别越高，固废处理的效果就越好。二是确立了污染者付费原则，其核心思想是废物产生者承担其相关废物管理的成本。三是固废处理的邻近原则，即废物尽可能在其源地或附近处理。四是先自足原则。该原则要求成员国尽可能在本国内处理废物，除非送境外处理具有更明显的环保增益或者本国缺少废物处理的基础设施。

（四）制造商责任指令

欧盟为了进一步追究固废产生的源头，即制造商，对电器和电子设备、交通工具、包装等制定了相关的法令，如表 16-19 所示。

表 16-19　欧盟制定的部分固废指令

指令名称	发布时间	主要内容
《电池指令》	2006 年	该电池指令旨在减少在电池的制造、分发、使用、处置和恢复等环节中造成的环境影响
《欧盟废弃电器及电子设备指令》	2000 年	关于电器及电子产品的回收，处理和循环利用的相关规定
《报废交通工具指令》	2000 年	主要给汽车的提供商（制作商和进口商）规定了责任，要求其负责提供资金对结束生命周期的汽车进行回收和对报废汽车进行处理
《包装及包装废弃物指南》	1994 年	为了增加包装废物的回收、重利用和再循环，此外也包括对减少包装等方面的建议
关于轮胎的填埋规定	2003 年 2006 年	《填埋指令》于 2003 年推出了对整个轮胎的填埋禁令，并于 2006 年推出了对碎条轮胎的填埋禁令，目的是鼓励回收，再利用和对废旧轮胎进行回收

（五）生态环境保护

欧盟在生态环境保护方面最主要的法令有《鸟类指令》和《栖息地指令》以及野生动植物贸易法规。

1.《鸟类指令》

《鸟类指令》是欧盟在 2009 年为保护野生鸟类而专门通过的指令。该指令的前身是 1979 年的欧盟鸟类指令。该指令包含了欧洲范围内需要保护的 193 种野生鸟类及其亚种。法令禁止一切直接威胁鸟类的活动，特别是大规模性的或非选择性的伤害鸟类的行为，并希望促进对法令中包含的鸟类的保护、管理和利用的研究。该指令要求成员国设立特别保护区（Special Protection Areas，SPAs）以保护濒危的鸟类和它们的栖息地。指令还要求成员国每年对境内的鸟类进行数量规模和趋势以及其栖息地情况的研究和报告，并汇总到欧盟的专门保护机构以便对区域内的鸟类情况进行统计和分析，服务于保护的目的。

2.《栖息地指令》

《栖息地指令》是为了保护珍稀、濒危、地方性的生物物种的栖息地而设立的生态法令，是欧盟在 1992 年为响应《伯尔尼公约》而通过的指令。该法令包含了1 250 种动物种类及其亚种以及 233 种类型的栖息地。法令规定成员国必须设立和保护特定物种的特别保育区（Special Areas of Conservation，SACs）。指令要求成员国每年提供本国范围内的列于保护名单上的野生动物的栖息地和物种的状况信息。

在该指令的框架下，逐步构建了欧盟范围内的野生动物保护网点，即欧盟的自然 2000（Nature 2000）。

（六）欧盟野生动植物贸易法规

野生动植物贸易法规是欧盟为了防止因为区域内同一个市场、缺少国家边界系统性管控这一特点而造成内部的野生动植物自由交易而专门设立的一系列法规，它的基本依据是《濒危野生动物和植物物种国际贸易公约》（CITES）。

它主要包括基本条例、实施条例、延迟条例和委员会建议等，参见表 16-20。

表 16-20　欧盟野生动植物贸易法规包含的主要条例

条例名称	主要内容
基本条例	为该条例附属的四个附件中所列的种类的进口、出口、再出口和欧盟内部的野生动植物标本的交易提供规定，并规定活标本的转移规则。该条例也出台了具体的要求，以确保成员国切实遵守该条例并对违禁行为进行制裁
实施条例	为基本条例的实施制定详细的规则，并阐述其实施的实际方面。该条例还执行缔约方大会关于《濒危野生动物和植物物种国际贸易公约》规定的解释和实施的大多数目前适用的建议
延迟条例	用于规定延迟向特定国家引进特定物种
指导文件	主要用于在某些事件上对其他条例进行补充，如犀牛角的进出口、再出口和欧盟内交易
委员会建议	推出了一系列具体措施以帮助欧盟国家打击违法行为，包括建立国家行动计划，加大野生动植物交易的处罚力度，采用风险和情报手段侦查非法的野生动植物走私行为。建议还包括增强公众对于非法野生动植物交易的负面影响的意识，加强成员国内部和成员国之间，以及与第三方或国际组织在打击非法野生动植物交易和走私方面的合作和信息交流

虽然以上条例在欧盟成员国内可以直接使用，但是欧盟仍然要求成员国将必需的强制规定转化成成员国国内法规，以作为国家法律的补充。

二、国家间的环保合作

（一）水资源保护方面

为了应对区域的洪水、干旱、跨界水和流域生态环境保护等问题，中东欧国家共同建立合作机制或加入了相关的合作机构。

多瑙河流域保护国际委员会（ICPDR）。多瑙河沿岸的合作始于《布加勒斯宣言》，流域内新的合作关系以 1992 年的多瑙河环境保护计划（Danube Environmental Plan，

DEP）和 1992 年根据联合国欧洲经济委员会赫尔辛基公约签署的多瑙河保护公约持续双轨制管理多年，其中 DEP 最重要的成果是建立多瑙河环境事故紧急报警系统（Accident Emergency Warning System, AEWS）、跨国监测网络（Trans National Monitoring Network, TNMN）、分析质量控制系统（AQCS）。ICPDR、各学术和专业研究机构、国际组织建立的多瑙河国际研究协会、多瑙河水文服务论坛等共同形成合作网络。

1998 年 10 月多瑙河保护公约生效，公约为多瑙河流域水体（包括地表流动水体、湖泊和地下水）、生态资源保护、可持续利用的跨界合作建立了法律框架。同年，ICPDR 成立，秘书处设在维也纳。ICPDR 属于流域层次的政府间合作机制，是具有决策权的机构，负责确保多瑙河流域各国在公约框架下履行公约。2000 年 ICPDR 促成欧盟出台新的法律——《水框架指令》（WFD），该法令使整个欧盟水管理立法现代化，并在这一领域树立典范。

中东欧地区水伙伴关系（Regional Water Partnership，RWPs）。中东欧地区水伙伴关系是全球水伙伴关系（Global Water Partnership，GWP）的 13 个地区性水伙伴关系（Regional Water Relationships）中的一个，包括保加利亚、捷克、爱沙尼亚、匈牙利、拉脱维亚、立陶宛、波兰、罗马尼亚、斯洛伐克、斯洛文尼亚 10 个国家，这 10 个国家也是 GWP 的国家水伙伴关系（Country Water Partnerships）成员国。

中东欧 GWP 国家在应对气候变化的背景下与世界气象组织（WMO）在洪灾与干旱等问题上进行了合作。此外，中东欧 GWP 成员与许多的流域保护组织，如多瑙河保护国际委员会（ICPDR），易北河（Elbe）、奥得河（Oder）、萨瓦河（Sava）和蒂萨河（Tisza）等河流委员也有合作关系，RWPs 在多瑙河保护国际委员会（ICPDR）和赫尔辛基委员会（Helsinki Commission）和国际萨瓦河盆地委员会（International Sava River Basin Commission）中拥有观察员的地位。

这些合作促进了地区在水资源的平等性、有害物质和水利形态的影响等方面的跨界对话。中东欧 GWP 国家希望能在另外一些地区性的组织中发挥更大的作用，如联合国欧洲经济委员会（UNECE）、国际水资源评估中心（IWAC）、联合国开发计划署（UNDP）和地区性的非政府组织，如波罗的海清洁联盟（the Coalition for a Clean Baltic），欧洲水伙伴（the European Water Partnership）等，以更好地保护水资源。

欧洲水资源协会（European water association，EWA）。欧洲水协会是一个独立的非政府非营利性组织，专注于解决水环境的管理和改善。EWA 创立于 1981 年 6 月 22 日，在德国慕尼黑举办的国际贸易废水和废物处置展览会（IFAT）上成立，是欧洲的水污染控制协会。如今 EWA 由 23 个欧洲国家的协会组成，是欧洲一个主要的涵盖了整个水行业的专业协会，其关注内容包括废水处置以及饮用水保护、水资源浪费情况等。

EWA 的成员国包含所有的欧盟成员国，其他欧洲国家代表还有阿尔巴尼亚、塞尔维亚、挪威和瑞士。EWA 的目的是提供一个讨论影响欧洲区域发展的关键技术和政策议题的论坛。这个目的是将通过学术会议、研讨会、会谈和专家特别工作组等形式和以此形成的跨国界基础平台和定期出版物实现。EWA 推动其成员国在欧盟中的立法发展和标准化推广，并在适当的时候影响起草方案。EWA 与欧洲委员会（European Commission）、欧洲标准化委员会（the European Committee for Standardization），欧洲环境署（EEA）和欧洲议会（the European Parliament）关系密切。通过实现知识的交流，EWA 的目标在于促进可持续水资源管理、安全供水和水土环境的保护。

（二）土壤问题治理方面

20 世纪 90 年代末，中东欧 13 国在土壤脆弱性评价项目（SOVEUR）的背景下，为改进国际土壤参考资料和信息中心与联合国环境规划署的联合项目——全球人类引发的土壤退化评价（GLASOD）研制的区域土壤侵蚀图进行了合作。试图改进该项目的研究方法，以改善土壤侵蚀图的质量。

三、与国际组织的环保合作

（一）与联合国下属环境保护机构的合作

1. 世界气象组织（WMO）

在干旱的管控中，与世界气象组织（WMO）等的合作。联合干旱管控计划（Integrated Drought Management Programme，IDMP）是世界气象组织（WMO）和全球水伙伴关系组织（GWP）的联合干旱管理计划的一部分，于 2013 年 2 月开始正式实施，中东欧的 9 个国家的 40 多个机构参加了该计划。该计划的目标是为应对干旱提供政策和管理方面的建议，分享成功的干旱应对实践和知识。

2. 世界卫生组织（WHO）

在空气污染物监测和空气质量评价标准中，中东欧国家大多采用的是欧盟和世界卫生组织的标准。

3. 联合国粮食及农业组织（FAO）

20 世纪 90 年代，在由 FAO 资助的中欧和东欧土壤和地形脆弱性测绘项目（SOVEUR）框架下，由国际土壤查询资料中心（ISRIC）主导，中东欧地区的保加利亚、捷克、爱沙尼亚、匈牙利、拉脱维亚、立陶宛、波兰、罗马尼亚、斯洛伐克 9 国和白俄罗斯、俄罗斯、摩尔多瓦、乌克兰 4 国共 13 国的相关机构一起参与了中欧和东欧地区的土壤和地形数据库的开发工作。

SOVEUR 是 ISRIC 和 FAO 在国际土壤科学联合会（IUSS）的支持下开展的对世界土壤和地形数字化数据库（SOTER）项目的信息更新工作（成果）。原来的 SOTER 数据在土壤的物理数据等方面存在数据间隙和缺失，ISRIC 研制出了一种利用 ISRIC-WISE 土壤剖面数据库的物理和化学数据来填补 SOTER 的数据间隙的方法（taxotransfer rule-based procedure，TTP），基于该方法对 SOTER 的中欧和东欧地区的数据进行更新，得到了该地区的改进数据，即 SOVEUR。SOVEUR 的总体空间分辨率是 1：250 万，但是因为从地区获得的数据的详细程度和质量不同，因此不同地区的数据分辨率可能也有差异。

4. 国际原子能机构（IAEA）

中东欧 16 国都是国际原子能组织的成员国，都签署了《核不扩散条约》。

5. 联合国环境规划署（UNEP）

与联合国环境规划署在生态环境保护领域的合作。如在联合国环境规划署撰写《欧洲鸟类红色名单》报告的过程中，来自中东欧阿尔巴尼亚、波黑、克罗地亚、捷克、马其顿、黑山、塞尔维亚等国环保机构的人员提供了资料和技术的支持。

6. 国际公约

中东欧 16 国都是《联合国防治荒漠化公约》（UNCCD）的签署国。

中东欧的保加利亚、克罗地亚、捷克、爱沙尼亚、匈牙利、拉脱维亚、立陶宛、波兰、罗马尼亚、斯洛伐克、斯洛文尼亚 11 国是《联合国气候变化框架公约》（UNFCCC）的成员国，也是《京都议定书》的缔约国。2016 年，中东欧 16 国签署了《巴黎协议》。

中东欧 16 国都签署了《联合国生物多样性公约》（UNCBD），根据公约的协议，制定了本国的《国家生物多样性战略和行动计划》（NBSAPs），在《国家生物多样性战略和行动计划》的基础上，撰写并持续更新国家报告，汇报本国对生物多样性战略和行动计划的最新执行情况，现今大多数国家已经更新到第 5 版，见表 16-21。

表 16-21　中东欧国家的《国家生物多样性战略和行动计划》制定和修订情况

国家	《国家生物多样性战略和行动计划》		国家报告
	制定时间	修订时间	修订时间
爱沙尼亚	1999 年	2012 年	2014 年
拉脱维亚	2000 年	2004 年（行动计划），2014 年	2014 年
立陶宛	1998 年	尚未修订	第四版（2009 年）
波兰	2003 年	2007 年,2015 年	2014 年
捷克	2005 年	2016 年	2014 年
斯洛伐克	1998 年	2002 年（行动计划），2014 年	2014 年
匈牙利	2008 年	2015 年	2014 年
斯洛文尼亚	2001 年（行动计划）	尚未修订	2015 年
克罗地亚	1999 年	2008 年	2014 年
塞尔维亚	2011 年	尚未修订	2014 年
波黑	2011 年	2016 年	2014 年
黑山	2010 年	尚未修订	2014 年
阿尔巴尼亚	1999 年	2016 年	2014 年
马其顿	2005 年	修订中	2014 年
保加利亚	2000 年	2005 年	2009 年
罗马尼亚	1996 年	2001 年	2014 年

数据来源：《联合国生物多样性公约》网站：http://www.cbd.int/nbsap/。

中东欧 16 国都签署了《濒危野生动物和植物物种国际贸易公约》（CITES）。

（二）与 NGO 的环保合作

1. 全球水伙伴关系（GWP）

GWP 成立于 1996 年，是一个水资源合作网络，其目标是支持水资源在所有层面的可持续发展。中东欧地区的保加利亚、捷克、爱沙尼亚、匈牙利、拉脱维亚、立陶宛、波兰、罗马尼亚、斯洛伐克、斯洛文尼亚 10 国为 GWP 的国家水伙伴关系成员，这 10 个国家一起构成了 GWP 的中东欧地区水伙伴关系。中东欧地区水伙伴关系在地区的综合水资源管理方面起了积极的作用。

2. 世界自然基金组织（WWF）

世界自然基金组织在中东欧的保加利亚、克罗地亚、匈牙利、波兰、罗马尼亚、塞尔维亚、斯洛伐克和斯洛文尼亚 8 国设有办公室，与各国在野生动物保护方面建立了密切的合作关系。

四、中东欧国家与中国的环保合作现状与展望

（一）中国与中东欧国家环保合作现状

当前，中国与中东欧国家的环保合作主要还停留在政府文件层面，尚未具体到实施阶段。中国与中东欧国家领导人会晤文件中涉及环境保护的内容见表 16-22。

表 16-22　中国与中东欧国家领导人会晤文件中涉及环境保护的内容

国家领导人会晤	时间	地点	文件名称	涉及生态环保和清洁能源的内容
第一次会晤	2012 年 4 月	波兰华沙	—	会晤规划与拓展了中国与中东欧 16 国互利合作的前景与未来
第二次会晤	2013 年 11 月 26 日	罗马尼亚布加勒斯特	《中国—中东欧国家合作布加勒斯特纲要》	第六条 拓展科技创新环保能源领域合作 （三）加强中国与中东欧国家在保护森林、湿地和野生动植物、发展绿色经济和生态文化方面的合作与交流。 （四）中国愿与中东欧国家加强在环保科技领域的合作与交流，商签有关环境合作谅解备忘录，鼓励环保科研院所之间建立伙伴关系和研究网络，支持环保专家、学者的交流互访，开展水、空气、固体废物管理等领域的合作研究项目，推动在环保产业、可持续消费与生产和环境标志认证领域的交流、合作与能力建设，实现在环保科技创新方面的互利共赢。 （五）中国愿与中东欧国家加强核电、风电、水电、太阳能发电等清洁电力领域的合作，互利互惠、共促发展。中东欧国家对此表示欢迎。 （六）鼓励中国和中东欧国家在自然资源保护和可持续利用、地质、采矿和空间规划方面加强合作
第三次会晤	2014 年 12 月 16 日	塞尔维亚贝尔格莱德	《中国—中东欧国家合作贝尔格莱德纲要》	第六条 拓展科技创新环保能源领域合作 （三）加强中国与中东欧国家在保护森林、湿地和野生动植物、发展绿色经济和生态文化方面的合作与交流，分享林业发展成功经验，增进理解，促进合作。 （四）鼓励中国和中东欧国家遵循透明、负责的原则发展核能项目。认可各国有发展核能的权利，应妥善履行核安全国际义务。对中国同罗马尼亚、捷克签署有关核能合作文件并与匈牙利就核能领域合作达成共识表示欢迎。 （五）鼓励中国和中东欧国家在自然资源保护和可持续利用、地质、采矿、页岩气开发和空间规划方面加强合作
第四次会晤	2015 年 11 月 24 日	中国苏州	《中国—中东欧国家合作苏州纲要》	第七条 农林合作 （五）支持斯洛文尼亚牵头组建中国—中东欧国家林业合作协调机制。2016 年 5 月在斯洛文尼亚召开第一次中国—中东欧国家高级别林业合作会议。 （六）欢迎中国同中东欧国家签署加强水资源、农业灌溉等领域合作协议。 第八条 科技卫生合作 （三）支持中国和中东欧国家环保部门在"16+1 合作"框架下加强交流，探讨开展三方合作

国家领导人会晤	时间	地点	文件名称	涉及生态环保和清洁能源的内容
第四次会晤	2015 年 11 月 24 日	中国苏州	《中国—中东欧国家合作中期规划》	五、农林与质检合作 （三十一）支持在灌溉等农业基础设施建设、节水灌溉技术与设备等领域开展合作。 （三十二）加强防洪和水管理领域法律法规和政策交流。 （三十三）拓展合作渠道，鼓励全方位林业交流，支持建立中国—中东欧国家林业合作协调机制，定期轮流在中国和中东欧国家举办中国—中东欧国家高级别林业合作会议。 第六条 科技、研究、创新与环保合作。 （三十四）加强科技、创新与环保合作。根据联合国《2030 年可持续发展议程》，促进可持续发展。 （三十九）以可持续方式加强在地质、采矿、空间规划、城镇化以及页岩气（法律允许的前提下）等领域合作，减少这些活动对环境和气候的影响。 （四十）促进务实节能环保产业合作，探索在节能环保政策对话、自然和生物多样性保护、应对气候变化等方面的交流与合作，提高公众意识和参与度
第五次会晤	2016 年 11 月 5 日	拉脱维亚里加	—	李克强总理对下一步合作提出具体倡议：其中第三点是开拓绿色经济合作新空间，加强绿色农业、生态环保、清洁能源领域合作

（二）中国与中东欧国家环保合作展望

中国与中东欧国家的环保合作机遇与挑战并存。

1. 面临的机遇

（1）政府积极引领和推动

自 2012 年 4 月首届中国—中东欧国家首次举行国家领导人会晤以来，双方领导人每年定期举行一次会晤，共同探讨中国与中东欧地区的合作成果和合作前景。到 2016 年 11 月 5 日，双方已经举行了五次会晤，通过了包括《中国—中东欧国家合作布加勒斯特纲要》《中国—中东欧国家合作贝尔格莱德纲要》《中国—中东欧国家合作苏州纲要》和《中国—中东欧国家合作中期规划》等重要合作纲要文件，在政治、经济、文化和环境保护等各方面为双边的官方和民间合作打下了基础，谋划好了蓝图。

在领导人会晤机制下，中方设立了中国—中东欧国家合作秘书处，中东欧国家在中国派遣了协调员，确立了专门的联络部门。在高层的带动下，中国和中东欧国家的地区联系也日渐紧密。中国和中东欧国家每两年轮流举行一次中国—中东欧国家地方领导人会议。位于布拉格的中国—中东欧国家地方省州长联合会建设情势良好。到目前为止，中国各省市已经与除爱沙尼亚外的 15 个中东欧国家的 155 个省、州、市建立了"友好城市"或"友好省州"关系，其中"友好省州"58 对，"友好城市"97 对。

2013 年中国政府提出"一带一路"战略，提倡以"政策沟通、设施联通、贸易畅通、资金融通、民心相通"为主要内容，与沿线国家建立互利共赢的"利益共同体"和共同发展繁荣的"命运共同体"。中东欧 16 国作为"丝绸之路经济带"欧洲地区的国家，是"一带一路"战略欧洲部分的重要合作伙伴。2016 年 6 月，习近平总书记在讲话中提出"深化环保合作，践行绿色发展理念，加大生态环境保护力度，携手打造'绿色丝绸之路'"。节能环保和绿色发展成为"一带一路"战略的重要内容。必将为中国—中东欧国家的交流合作增添新活力，创造新机遇。

（2）经贸合作快速发展

近年来，在关系改善的大背景下，中国与中东欧国家的双边贸易迅速增长，金融合作得到加强，双边贸易结构不断优化，基础设施方面取得进展。

2003 年中国与中东欧国家贸易额约为 86.8 亿美元，2015 年，中国与中东欧国家贸易额达 562 亿美元。2003 年 2 月，中国银行在匈牙利开设第一家分行。2012 年 3 月，中国工商银行全资子公司工银欧洲在波兰开设分行。同年 11 月 22 日，中国工商银行华沙分行正式营业。2012 年 6 月 6 日，中国银行（卢森堡）有限公司波兰分行开业。2013 年 9 月 9 日，中国人民银行与匈牙利中央银行签署中匈双边本币互换协议，互换 100 亿元人民币（3 750 亿匈牙利福林）。双方贸易结构不断优化，贸易领域不断拓展。中国企业在中东欧的投资领域已经扩展到机械、电子、电信、化工、印刷、农业、汽车、物流、新能源等部门。中国在中东欧地区的基础设施建设取得进展。2009 年中海外中标波兰 A2 高速公路路段建设项目。2013 年 11 月李克强总理与匈牙利总理欧尔班、塞尔维亚总理达契奇共同宣布合作建设匈塞铁路。中国企业在中东欧的塞尔维亚贝尔格莱德跨多瑙河大桥、波黑斯坦纳里火电站、马其顿米拉蒂诺维奇—斯蒂普和基切沃—奥赫里德高速公路、黑山南北高速公路等项目进展顺利。

（3）文化艺术交流日益频繁

在政府的引导下，中国—中东欧国家文化艺术交流日渐频繁与丰富，并逐步建立了多种固定的交流机制。

"中国—中东欧国家文化合作论坛"由中方倡议发起，每两年一次，是引领中国与中东欧国家开展全方位、多层次、宽领域文化交流与合作的重要机制。首届"中国—中东欧国家文化合作论坛"于 2015 年 5 月 14 日在北京举行，与会各国一致通过了《中国—中东欧国家文化合作行动指南》。第二届"中国—中东欧国家文化合作论坛"于 2015 年 11 月 13 日在保加利亚首都索非亚举行，会后中国与中东欧 16

个国家签署了《中国—中东欧国家 2016—2017 年文化合作索非亚宣言》。

2016 年 5 月 9 日，"中国—中东欧国家艺术合作论坛"在北京开幕。论坛共邀请了来自中国与阿尔巴尼亚、波黑、保加利亚、斯洛文尼亚等 16 个中东欧国家的著名艺术家、艺术机构代表以及部分中东欧国家驻华使节等近 300 人出席，是迄今中国与中东欧国家举办的最大规模的艺术盛会，也是 2016 中国—中东欧国家人文交流年的重要活动之一。

2016 年 6 月 5 日，首届"中国—中东欧文化创意产业论坛"在塞尔维亚首都贝尔格莱德开幕，来自中国以及中东欧 16 个国家的 100 多名官员和文化界人士出席。

此外，在《中国关于促进与中东欧国家友好合作的十二项举措》文件的指导下，中国与中东欧国家商定每年举办一次"中国—中东欧国家教育政策对话"。2013 年 6 月 28 日，首届"中国—中东欧国家教育政策对话"在重庆举行。2014 年 9 月 22 日至 24 日，第二届"中国—中东欧国家教育政策对话"在天津召开。第三届"中国—中东欧国家教育政策对话"于 2016 年 9 月 21 日在波兰首都华沙举行。教育政策对话增进了中国与中东欧国家在教育领域的交流与合作搭建起了平台与桥梁。

当前，中国—中东欧国家的文化艺术交流正呈现出多层次、多领域，日渐频繁的趋势。文化和艺术的交流，必定能够增加中国与中东欧国家之间的互相理解，促进文化的互融，为环保等其他领域的合作创造条件。

（4）旅游交往为环保合作创造新可能

2014 年 5 月，中国—中东欧国家旅游促进机构和旅游企业联合会协调中心落户布达佩斯。2014 年 12 月 16 日，李克强总理在塞尔维亚召开的第三次中国—中东欧国家领导人会晤期间宣布，2015 年为中国—中东欧国家旅游合作促进年。2015 年 3 月 26 日，中国—中东欧国家旅游合作促进年启动仪式在匈牙利首都布达佩斯举行。2015 年 5 月，北京到布达佩斯的直航航班开通。2016 年 3 月 4 日，中国驻匈牙利布达佩斯旅游办事处举行开业仪式，这是中国国家旅游局在中东欧地区设立的第一个海外旅游办事处。2016 年 6 月，国家旅游局局长李金早率团访问捷克和克罗地亚等两个中东欧国家，与业界进行了广泛深入交流。

据统计，从 2003 年匈牙利正式向中国游客开放后，游客人数每年都以 15% 的增长率持续上升。目前匈牙利已成为中国游客赴东欧地区旅游的最主要目的地之一。据匈牙利驻华使馆旅游参赞介绍，2010—2014 年来匈的中国游客人数翻了一番，去年达到近 9 万，一年内增长 20%。2015 年赴捷克旅游的中国游客接近 30 万人次，同比增长 14%；到访克罗地亚的中国游客近 8.8 万人次，同比增加 39%。虽然旅游互访人数增长迅速，但是与双方的人口数量和出入境游客总量相比，互访规模还有很大提升空间，仍有许多潜力没有释放。

中国与中东欧国家的旅游业的快速发展有助于双边国家的国民领略对方的自然环境，了解对方的国情和文化，在带动经济的同时增进地方政府和民众对环境保护的重视。而旅游友好城市等机制的建立极可能带动两地的环境保护合作。

（5）双方在环保领域各有所长，环保经验具有借鉴意义

中东欧的环保合作机制，特别是跨界河流污染防治举措，值得中国学习和借鉴。而中国在西南地区治理水土流失的经验，也可以为中东欧国家提供参考。多瑙河是典型的国际河流，为了协调水资源分配和处置水污染等问题，多瑙河的沿线国家建立了区域合作组织，通过共同协商、共同治理的方式，有效化解了分歧，并提高了流域管理和保护的效率。中国国内的长江流域、黄河流域以及跨界河流的管理都可以借鉴中东欧国家在多瑙河流域管理方面的经验。中东欧国家由于地形和降雨等自然因素引起的水土流失是突出的环境问题。中国的西南部地区，如四川、云贵高原地区也面临相似的问题。中国在山地水土流失防治方面取得了一些成效，积累了一定的经验，可以与中东欧的国家分享。

2. 存在的挑战

（1）中国与中东欧国家政治文化差异大，合作起步晚

中国与中东欧国家的交往在 2003 年后明显增多。以经贸合作为先导，政府间交往为铺垫，逐渐带动了文化、艺术、教育、旅游等其他领域的交流与合作。中国与中东欧国家间的交往日益密切，初步展露出好的态势。但是，中国与中东欧国家的合作起步晚，双方在自然与文化上差异大，彼此之间认识了解不深。又因为中东欧国家与中国的政治体制不同，双方在一些治国理念上和倡导及培育的社会价值观上存在差异。受历史原因和国际上其他势力的影响，中东欧国家对华态度也有差别。当前中国与中东欧国家的交往以经贸合作等务实领域为主，虽然双方政府都表现拓展合作领域，推动交往向其他方向全面发展的积极意向，但从本质上看，当前的所有努力仍然是在为进一步的经济交往搭桥铺路，功利性明显，而中国与中东欧国家又都不是彼此的核心关注，对方不是自己最核心的利益所在。这无疑会影响双方的投入程度。

当前，除了经贸方面的合作，中国与中东欧国家在其他方面的合作有待进一步加强，合作潜力仍需继续开发。对于环保领域的合作，中国与中东欧国家目前尚无明显的需要。虽然在中国与中东欧国家领导人历次会晤发表的纲要性文件中都有提及包括农、林、水和新技术、新能源等方面的内容，但是暂时还没有具体的环保合作计划，也未建立固定的环保合作机制和平台。

（2）自然地理与地缘政治因素

中国与中东欧地区在地理位置上完全处于不同的地区，距离遥远，自然条件和生态情况差异大，彼此的自然环境相关性弱。除大气污染、碳排放和气候变化等全球性环境问题，在区域层面的水、土壤、动植物保护等生态环境问题上没有实际相关性。单纯的国家合作意向难以促成长期性的、机制性的环保合作。

中东欧国家的地理位置决定了它必然处于复杂的地缘政治关系之中。截至 2007年 7 月，中东欧 16 国中已有 11 国成为了欧盟的正式成员国，其他尚未加入的 5 个国家也在为早日加入欧盟而努力。在很大程度上，中东欧地区已经成为了欧盟的"势力范围"。另一方面，俄罗斯作为中东欧国家的近邻，对来自域外的国家，特别是像中国这样体量巨大，具有成为"潜在对手"实力的国家与中东欧国家的密切交往，也可能引起其怀疑与警惕。再者，作为中东欧国家安全倚靠机制——北约组织的主导国家美国，也不一定会欢迎"未来的挑战者"中国与其中东欧地区的盟国走得太近。

因此，中国在与中东欧国家开展环保领域和其他领域的合作时，必须在意欧盟、美国和俄罗斯可能产生的疑虑与不满。中国与中东欧国家的交往与合作，首先应该纳入"中欧关系"的框架内，避免给欧盟带来被无视的错觉。其次，中国与中东欧国家的合作最好避开美国和俄罗斯关注的敏感地区或领域，以免刺激两国，造成它们对中国与中东欧国家合作的干扰和破坏。

（3）其他因素

中东欧国家的国情差异较大，国家的发展程度不同，环境问题也不一样。且中东欧国家目前还没有包含所有国家的合作机制，中国难以同时与地区的全部国家建立环保合作关系。

而中东欧国家所在或受其影响的欧盟的法律体系较完善，科学技术先进，有丰富的环境治理和保护经验，且有强烈的生态环保合作意识，中东欧国家在生态环境保护方面在很大程度上遵照或依赖欧盟的法规和技术。中国近年来虽然在环保立法和环保实践方面也取得了一定的进步，积累了一些经验，但是与欧盟相比并不具有优势，难以使中东欧国家舍近求远，放弃欧盟的"近援"而与中国一起开展生态环保合作。此外，欧盟采用的环保标准与中国的标准不尽相同，两者难以直接对接。

3. 环保合作建议

一是以经济合作和文化交流带动环保合作。近年来，中国与中东欧国家在经贸合作上发展迅速，在文化艺术等方面的交流日益增多并逐渐机制化，中国公民赴中东欧国家旅游的人数激增。经济合作与人文交流必将加强中国与中东欧国家的联系，增进相互间的了解。以经济和文化为前导，以政府间的交往为铺垫，为推动未来中国与中东欧国家的环保合作奠定了基础。

二是借力"一带一路"战略，促进中国与中东欧国家的环保合作。"一带一路"战略致力于促进沿线国家的合作与共同发展。中东欧国家是"一带一路"战略中"丝绸之路经济带"的欧洲沿线国家，是"一带一路"战略不可缺少的重要组成部分。我国政府大力倡导建设绿色"一带一路"，必将惠及中国与中东欧国家的环保合作。

三是借助欧盟加强中国与中东欧国家的环保合作。2003年中欧全面战略伙伴关系建立后，双方各领域合作不断扩大和深化，相互依存显著提升。2015年欧盟对华贸易总额为5 207亿欧元，仅次于对美国贸易总额（6 147亿欧元），中国成为欧盟全球第二大贸易伙伴，同时欧盟成为中国第一大贸易伙伴。双方的联系更加密切。2013年11月，中国与欧盟共同制定了《中欧合作2020战略规划》，这一规划为中欧在未来数年的合作奠定了基础。中东欧国家大多是欧盟的成员国或邻国，构建以欧盟为桥梁和纽带的中国—中东欧国家的交流与合作，变得更为可能。

四是以双边交往促进环保合作。中国与中东欧地区的贸易往来和政府间交流机制带动了中国与中东欧地区国家的双边交流与合作。中国与中东欧国家在经济产业上各有所长，在国家自然风貌、民族文化等方面各具特色，双方在特色产业合作和旅游、文化交流合作方面潜力巨大。从2012年中国—中东欧国家领导人举行首次会晤以来，中国和波兰、捷克、匈牙利、拉脱维亚等国加快了在文化艺术等不同领域的交流与合作。随着中国与各国的交往增多，必将进一步拉近中国与各国的关系，为以后开展环保合作打下基础。

五是建立环保部门间的交流合作机制。在中国—中东欧国家领导人会晤机制下，我国的教育部、文化部和国家旅游局都已经跟中东欧国家对应部门建立了相关的交流机制，环保部也可以尝试通过与中东欧国家的环保部门开展对话交流或互访来建立合作关系。

下篇

加强生态环境保护
建设绿色丝绸之路

加强生态环保，共建绿色"一带一路"

周国梅　周军　解然

近日，环境保护部、外交部、发展改革委、商务部四部委联合印发《关于推进绿色"一带一路"建设的指导意见》（以下简称《指导意见》），彰显了国家在"一带一路"建设中突出生态文明理念、促进绿色发展、建设绿色丝绸之路的愿景与行动。《指导意见》提出了建设绿色丝绸之路的总体思路、基本原则、主要目标和重点任务以及保障措施等。指导意见勾画了绿色丝绸之路的建设蓝图，并提出了加强生态环境保护、促进绿色发展的路径和保障措施，是一份重要的指导性、纲领性文件。

"一带一路"沿线多为发展中国家和新兴经济体，生态环境复杂，经济发展对资源的依赖程度较高，普遍面临着工业化、城市化带来的发展与保护的矛盾。生态环保是服务、支撑、保障"一带一路"建设可持续推进的重要环节。在"一带一路"建设过程中加强生态环保相关工作，建设绿色"一带一路"，与国际绿色发展的趋势相适应，与我国大力推进生态文明建设的内在要求相契合，同时也顺应了发展中国家要求绿色发展、保护环境的现实需求，能够为"一带一路"的顺利实施提供重要支撑和坚实保障。

2016年8月17日，习近平总书记在推进"一带一路"建设工作座谈会上强调要携手打造绿色丝绸之路。《指导意见》的发布正是贯彻落实习近平总书记关于打造绿色丝绸之路精神的具体举措。作为"一带一路"总体建设的重点合作领域之一，建设绿色"一带一路"，打造"一带一路"生态环保高速路，有助于沟通民心、凝聚共识，助力沿线国家的绿色转型和可持续发展，将成为今后一段时期中国环境保护国际合作工作的首要任务。

一、"一带一路"蕴含重大绿色发展潜力

当前，全球环境治理体系进一步完善，绿色发展成为全球发展议程中的核心趋势与要求。2015 年 9 月通过的《全球 2030 年可持续发展议程》确立了 2015—2030 年经济发展与保护环境协调推进的方向，其中环境目标几乎在直接或间接体现在所有指标中，凸显了新一代全球发展议程中环境可持续的趋势和要求。

在此背景下，加强生态环境保护合作，建设绿色"一带一路"顺应了全球发展的总体趋势，为促进沿线区域绿色转型、落实 2030 年可持续发展目标提供了巨大机遇。从内涵上看，绿色"一带一路"涉及"五通"的各个方面，能够为"一带一路"建设提供切实支撑，为推动区域环保合作注入新的动力：一是作为切入点和润滑剂，增进与沿线国家的政策沟通；二是防控生态环境风险，保障与沿线国家的设施联通；三是提高产能合作的绿色化水平，促进与沿线国家的贸易畅通；四是完善投融资机制，服务与沿线国家的资金融通；五是加强环保国际合作与援助，促进与沿线国家的民心相通。

"一带一路"建设蕴含重大绿色发展潜力，主要集中在以下几个方面：

一是可为推动区域生态环保合作、落实 2030 年可持续发展议程提供更多机遇。2030 年可持续发展目标中的多个目标与绿色"一带一路"相契合，其中关于能源、水资源、气候变化等可持续发展目标都与"一带一路"相关。绿色"一带一路"相关合作有助于促进各国环保治理经验共享，推动系统整合区域环保资源，为沿线国家落实 2030 年可持续发展议程中的环境可持续目标提供公共产品。

二是通过构建"一带一路"生态环保高速路，推动区域环保信息互联互通，促进环保合作资源的区域流通与共享。"一带一路"沿线各国环保政策、法规各异，通过信息沟通和共享，一方面有助于推动环保标准的区域对接，以保证相关项目建设采用严格保障措施，确保建设项目的环境安全；另一方面有助于识别、了解各国环保合作的具体需求，提高区域环保合作资源的配置效率。

三是"一带一路"及亚洲投资银行等创新金融机制注重绿色发展理念，将会促进绿色基础设施建设。亚洲投资银行、丝路基金、金砖银行等创新型金融组织和机制更加重视绿色发展理念和生态环境保护，促进环境基础设施建设，提升绿色化、低碳化建设和运营水平。

四是通过打造区域环保技术与产业合作平台，推动形成区域绿色供应链与绿色产品市场。企业是绿色"一带一路"建设的主体，绿色产业合作是贯通"一带一路"建设的一项重要内容。绿色"一带一路"建设将推动先进适用、有利于就业和绿色

环保的产业合作，促进先进环保技术的区域转移，推动形成区域绿色供应链与绿色产品市场，为区域经济发展绿色转型创造市场机制提供有效支撑。

二、绿色"一带一路"建设取得积极成效

指导意见中提出绿色"一带一路"建设要聚焦生态文明和绿色发展理念，努力将生态环保打造为"一带一路"建设的重要支撑和坚实保障。目前"一带一路"生态环保交流合作、风险防范和服务支撑三大体系建设初见成效。

（一）做好总体谋划，强化顶层设计

一是在《"十三五"生态环境保护规划》中设置了"推进'一带一路'绿色化建设"专门章节，统筹规划未来五年"一带一路"生态环保总体工作。二是发布了《关于推进绿色"一带一路"建设的指导意见》，明确了总体思路和定位，落实生态环保对绿色"一带一路"建设的支撑、服务和保障作用。三是开展了"一带一路"生态环保专项规划研究，取得阶段性成果。

（二）开展对话交流，推动政策沟通

一是推动形成绿色"一带一路"国际共识，2016 年 12 月，环保部与联合国环境规划署签署《关于共建绿色"一带一路"的谅解备忘录》，启动"一带一路"与区域绿色发展联合研究。

二是环保部与深圳市政府联合举办"一带一路"生态环保国际高层对话会，柬埔寨、伊朗、老挝、蒙古国、俄罗斯等 16 个沿线国家以及联合国环境规划署等 4 个国际组织的高级别代表与会，有效促进了绿色"一带一路"理念对外宣传及与沿线各国绿色发展战略的进一步对接。

三是依托现有多双边环境合作机制，围绕绿色"一带一路"主题开展了形式丰富的对话交流活动，促进加深各方对绿色"一带一路"的理解和共识。

（三）加强信息支撑，防范生态环境风险，服务设施联通和贸易畅通

一是落实领导人倡议，基本完成上海合作组织环保信息共享平台中、英、俄三个版本的建设。启动中国 - 东盟环保信息共享平台的建设工作。发布"一带一路"生态环保大数据服务平台网站，推动区域环保信息的互连、互通、互用，推进实现"互联网 + 环保合作"的新局面。二是搜集整理了"一带一路"沿线 10 个多边和区域

环保合作机制、36 个国家和地区的生态环保信息，出版《"一带一路"生态环境蓝皮书》。三是推动能源、交通、制造、环保等多个领域的"走出去"重点企业发布了《履行企业环境责任 共建绿色"一带一路"》倡议，参与企业宣示将在对外投资和国际产能合作中遵守环保法规、加强环境管理，助力绿色"一带一路"建设。

（四）开展务实合作，推动环保"走出去"，促进民心相通

一是落实领导人倡议，启动中国 - 东盟生态友好城市发展伙伴关系。二是启动"绿色丝路使者计划"、"海上丝绸之路绿色使者计划"，面向"一带一路"沿线国家开展交流培训活动，推进区域环境信息共享，提高区域环保意识和环境管理水平，为区域环保能力建设以及绿色经济发展提供支撑。

三是结合相关地区在"一带一路"建设中的功能定位，充分发挥区位优势，以环保技术和产业国际合作为载体，积极探索环保技术产业"走出去"和"引进来"新模式。2016 年 12 月，在"一带一路"生态环保国际高层对话会议期间，环境保护部与深圳市政府正式启动"一带一路"环境技术交流与转移中心（深圳）建设工作。该中心定位为我国与"一带一路"沿线国家环保国际合作的高端创新载体、绿色化基础设施建设和贸易投资活动的服务机构，将积极打造"一带一路"环境技术交流合作中心、"一带一路"环境技术成果转移交易中心、"一带一路"大数据信息中心、全球先进环保产业育成孵化加速中心、高水平环境领域咨询和技术支撑中心五大平台，力争成为带动国内外环保产业优势资源集聚、推动环保产业国际交流与合作的重要基地，为建设绿色"一带一路"提供有效支撑。

同时，加快建设中国 - 东盟环保技术和产业合作交流示范基地，共同搭建环境保护"走出去"的平台并开展务实合作。2014 年 5 月，中国 - 东盟环保技术和产业合作示范基地（宜兴）正式启动。启动两年多来，基地建设以中国宜兴环保科技工业园为主体，搭建环保企业与金融机构交流合作平台。

三、落实指导意见、聚焦建设绿色丝绸之路工作建议

绿色"一带一路"的建设是一个复杂的系统工程，既涉及沿线 60 多个国家的生态环境保护，也与国内相关省份的环保工作密切相关，正是其需统筹内外两个大局的特性，"一带一路"建设已超越了发展合作的传统范畴，上升到带动国内治理与全球治理相结合的高度。通过绿色"一带一路"建设，将促进环境领域"南南"合作和"南北"合作的新局面，加快形成沿线生态环保高速路，推动地区和全球的

共同发展。指导意见已经为绿色丝绸之路建设勾画了建设蓝图和重点任务，明确了建设路线图。下一步就是要将路线图转化为施工图，落实重点任务，加强制度建设，发挥政府、企业和社会组织等主体的积极作用，发挥多双边区域环保合作机制及相关国际组织机构促进政策交流、搭建合作平台的作用，将"一带一路"建设成为生态环保高速路。

（一）按照指导意见要求，突出绿色理念先行，共享生态文明合作成果，落实有利于绿色丝绸之路建设的政策措施

目前绿色"一带一路"建设的总体思路已经确定，即通过建立生态环保交流合作、风险防范和服务支持三大体系，将生态文明与绿色发展理念全面融入"五通"全过程。生态文明建设是我国"五位一体"总体布局和"四个全面"战略布局的重要内容，我国正在通过生态文明体制改革，建立生态文明制度的"四梁八柱"，已推出了一系列"源头严防、过程严管、后果严惩"的相关制度，建议将这些制度融入绿色"一带一路"政策和制度的设计中，加快推动绿色、循环、低碳发展，形成节约资源、保护环境的生产生活方式。

一是国内相关省市地区要在"一带一路"开放合作中贯彻绿色发展理念，以供给侧结构性改革为主线，着力调整优化产业结构，积极发展生态环境友好型的发展新动能，坚决淘汰落后产能；完善激励约束制度体系，建立保护生态环境的长效机制；着力依法督察问责，严惩环境违法违规行为。按照指导意见明确的原则和任务，"一带一路"沿线省份要编制生态环保合作规划，借力"一带一路"推动产业绿色转型，提升生态环保能力，发挥好基础性、支撑性作用。

二是"南南"合作中将我国生态文明的新制度体系与沿线发展中国家共享，交流我国生态文明建设的逻辑框架和效果，制订"南南"环境合作行动纲要和计划，推动我国的生态环保理念、法律法规等"走出去"。

三是健全环境治理和生态保护市场体系，结合环境信用和绿色金融制度，促进企业在"走出去"过程中落实环保责任。

（二）以重点生态环保合作机制为载体，加强政策沟通交流，为绿色"一带一路"建设奠定合作基础

进一步甄别有利于推动绿色"一带一路"建设的合作机制，加快机制的环保合作进程，在政府层面形成良好的合作意愿，并适当投入资源，促进重要环保合作项目取得早期收获。一是在多边层面，以与相关国际组织合作为平台，形成建设绿色

丝绸之路的国际共识。二是在双边层面，继续强化中国与重要沿线国家如俄罗斯、哈萨克斯坦、蒙古、以色列等环保合作机制，与沿线国家的绿色发展及生态环保战略对接，如推动绿色"一带一路"建设与哈萨克斯坦的"绿色桥梁"倡议。三是在区域层面，重点开展中国 - 东盟、上海合作组织、中非、澜沧江 - 湄公河等环保合作，带动更多国家和地区参与绿色"一带一路"建设。

（三）加强信息服务平台建设，让产能合作企业"敢走出去"，使生态环保企业"能走出去"

目前我国部分企业在"走出去"过程中，由于不了解东道国环保法规，在环境问题上缺乏有效的风险管理与应对能力，导致相对多的企业不敢走出去。我国已启动了"一带一路"生态环保大数据服务平台建设，但收集储备的沿线地区环境基础数据和环保法规信息还不能满足为国家决策和企业需求，建议一是创新数据收集方式，加大有效数据收集，帮助企业识别"一带一路"重大项目存在的环境风险，尤其充分认识了解生态敏感脆弱区的生态环境风险，强化生态环境风险预警与防范能力。二是落实"一带一路"环保技术和产业合作平台总体建设方案，加强国内"一带一路"相关环保技术和产业合作交流示范基地能力建设，收集沿线国家在生态环保领域的市场需求，建立起综合性的包括企业管理、法律、咨询、调查等在内的服务支撑体系，在合适的国家推动建设环保产业或生态工业园区。截至 2016 年底，中国已在 20 个"一带一路"沿线国家设立了 56 个境外经贸合作区，经贸合作区已成为推进"一带一路"倡议和国际产能合作与装备制造合作的重要平台，是我国企业集群"走出去"的重要载体，可借鉴经贸合作区的成功经验，使我国环保企业能"抱团走出去"。

（四）加大社会组织"一带一路"生态环保引导力度，营造"一带一路"绿色民意氛围

由于环保社会组织的公益性质，其开展的活动能发挥更大的影响力，从而营造沿线国家"一带一路"绿色民意。建议一是加大资源投入，推动中国环保社会组织"走出去"，在重点国家广泛开展生态环保公益示范项目，特别是推动开展以社区为基础的绿色环保项目。二是与国际环保非政府组织加强沟通，加强绿色"一带一路"建设的基础性工作，如互联互通及相关基础设施的绿色转型与升级、国际产能和贸易合作中引入环境绿色标准、提高资源能源效率、加强基础设施的低碳化运行、降低污染排放、改善环境绩效等。

"一带一路"环境信息共享与
决策平台建设的总体思路

国冬梅　王玉娟　王聃同

建设"一带一路"是国家三大战略之一，是国家从战略高度审视国际发展潮流，统筹国内国际两个大局做出的重大战略决策。"一带一路"建设以政策沟通、设施联通、贸易畅通、资金融通、民心相通（简称"五通"）为主要内容，旨在与沿线各国共同打造政治互信、经济融合、文化包容的利益共同体、责任共同体和命运共同体。

2016年8月17日，习近平主席在推进"一带一路"建设工作座谈会上进一步提出要聚焦携手打造"绿色丝绸之路、健康丝绸之路、智力丝绸之路、和平丝绸之路"。2016年11月24日国务院印发《"十三五"生态环境保护规划》明确要求，要推进绿色"一带一路"建设，加强多双边环境合作，分享中国生态文明、绿色发展理念与实践经验，开展重点战略和关键项目环境评估，提高生态环境风险防范与应对能力，并将"一带一路"信息共享与决策平台建设列入"十三五"国家生态环境保护规划重大工程，服务和支撑绿色"一带一路"建设。

一、建设"一带一路"环境信息共享与决策平台的背景和意义

2013年9月和10月，中国国家主席习近平在出访中亚和东南亚国家期间，先后提出共建"丝绸之路经济带"和"21世纪海上丝绸之路"（简称"一带一路"）

的重大倡议。共建"一带一路"是党中央统筹国际国内两个大局做出的重大决策，习近平主席要求高举和平、发展、合作、共赢旗帜，秉持"亲、诚、惠、容"外交理念，以政策沟通、设施联通、贸易畅通、资金融通、民心相通（简称"五通"）为主要内容，积极推进"一带一路"建设，与沿线各国共同打造政治互信、经济融合、文化包容的利益共同体、责任共同体和命运共同体。

2015 年 3 月，我国制定并发布《推动共建丝绸之路经济带和 21 世纪海上丝绸之路（简称"一带一路"）的愿景与行动计划》，提出在投资贸易中要突出生态文明理念，加强生态环保合作，共建绿色丝绸之路。共建绿色"一带一路"，既是"一带一路"建设的内在需求，也是推动区域可持续发展，落实联合国 2030 年可持续发展议程的重要举措，符合各国的共同利益和各国人民的共同期望。

2016 年 8 月 17 日，习近平主席发表重要讲话强调，要着力深化环保合作，践行绿色发展理念，加大生态环境保护力度，携手打造"绿色丝绸之路"。2016 年 9 月环境保护部启动"一带一路"生态环保大数据服务平台门户网站。

2016 年 11 月 24 日国务院印发《"十三五"生态环境保护规划》明确要求，推进绿色"一带一路"建设，并将"一带一路"信息共享与决策平台建设列入"十三五"国家生态环境保护规划重大工程。

该平台旨在为"一带一路""五通"建设提供环保信息服务、保障和支撑，全面推动环境保护融入"一带一路"建设的各方面和全过程，为"一带一路"建设提供技术支撑和服务。具体如下：

（一）通过平台宣传生态文明和绿色发展，促进"民心相通"

"一带一路"战略提出后，各国热烈响应和支持的同时，也出现了很多质疑的声音，其中"一带一路"沿线区域生态环境安全是其中最为关注的问题。在《推动共建丝绸之路经济带和 21 世纪海上丝绸之路的愿景与行动》中，中国政府明确表示在投资贸易中要突出生态文明理念，加强生态环境、生物多样性和应对气候变化合作，共建绿色丝绸之路。中国环保部积极制定《环境保护部落实＜丝绸之路经济带和 21 世纪海上丝绸之路建设战略规划＞实施方案》，其中明确提出"建设'一带一路'生态环保信息共享、对外投资项目环境风险防范和决策支持平台"的要求。

"一带一路"环保信息共享与决策平台项目的提出和建设，一方面向沿线国家再次表明我共建绿色丝绸之路的决心和务实态度，解除其他国家顾虑，进一步夯实民意基础，展示我负责任大国形象；另一方面可以借此宣传我生态文明理念和建设成就，把中国故事讲出去，实现"一带一路"建设过程中的"民心相通"。

（二）依托平台开展国际间对话与交流，加强"政策沟通"

习近平在论述"五通"模式时，将"在政策和法律上为区域经济融合开绿灯"的政策沟通列在首位，认为它是道路联通、贸易畅通、货币流通、民心相通的基础和保障。

"一带一路"战略提出后，中国企业的海外投资项目明显增多。据商务部数字，2014 年前 11 个月，我国承接"一带一路"沿线国家服务外包合同金额和执行金额分别为 106.1 亿美元和 80.5 亿美元，同比增长分别为 22.3% 和 31.5%[①]。然而，中国企业的海外投资风险状况，并没有随着项目的增多而有根本好转。在"项目先行"的现有"一带一路"发展模式中，诸多中企是顶着风险、迎着机遇走出国门，在经常受到歧视、不公平政策的情况下艰难拓展，很多重大项目因此成本攀升，甚至导致失败。因此，实践证明，如不能进行前期政策沟通、建立互信，既无法实现合作共赢、互利互惠，更无法形成以"一带一路"为纽带的命运共同体。

"一带一路"环保信息共享与决策平台首要的一个定位就是政策沟通平台。通过平台建设，一是共享各国的法律法规、政策标准，互相了解各国政策信息，最终实现对长期制约中国企业"走出去"的环保、法律、土地、税收、社保等方面的政策标准的全面了解；二是通过开展政策对话与交流，增强互信，求同存异，消除一些带有歧视和不公平的政策，为我国企业走出去铺平道路；三是为各国决策者、政策执行者和研究者提供平台和渠道，能充分了解彼此利益需求，建立共识后开展务实项目合作。

（三）集成基础环境信息，分析环境影响，支持绿色"设施联通"

基础设施在"一带一路"建设和发展中扮演着先导性作用，"设施联通"是"一带一路"建设的优先领域。"设施联通"更本质的内涵是打通各国基础设施之间的障碍和瓶颈，疏通基础设施的理路和脉络，建立便利化和通畅化的"基础设施高速公路"。

"一带一路"设施联通的首要难题是规划，其次就是监管。依托"一带一路"环保信息共享与决策支持平台，一是为基础设施建设前期规划设计提供社会、经济、地形、生态环境等各方面底层数据支持，开发环境影响空间分析模块和系统，为合理规划提供依据；二是借助平台下的遥感监测业务系统，为基础设施建设过程中潜

[①] 李晓喻，董冠洋 . 商务部："一带一路"沿线国家服务外包合作加深 . 中国新闻网，2014 年 12 月 16 日 . http://finance.chinanews.com/cj/2014/12-16/6881530.shtml.

在的环境影响提供前期支持和后期监管保障。

（四）集成环境政策和标准，服务"贸易畅通"和"资金融通"

近年来，中国企业海外投资屡遭挫折。从中缅密松大坝工程、莱比唐铜矿项目，到中泰"高铁换大米"计划、科伦坡港口项目，种种失败案例敲响了对外直接投资的警钟[①]。随着"一带一路"战略的实施，中国海外资产结构多元化的趋势日益清晰，中国企业对外投资规模将会长期保持快速增长态势，与此同时，"一带一路"建设覆盖了东南亚、南亚、西亚、中亚、北非以及欧洲若干国家和地区，其中以新兴经济体和发展中国家居多，上述地区也是当今世界地区安全热点问题较为集中、地缘政治矛盾比较复杂的地区，这为企业对外投资带来很大的风险，这就要求中国企业提高海外投资风险防范能力。

依托"一带一路"环保信息共享与决策支持平台下对外投资环境风险防范及决策支持系统，一是建立起对外投资项目库和典型案例库，为政府监管和决策提供支持；二是建立起沿线重点国家国别、环境本底数据库，利于企业整体了解国家基本情况；三是建立重点国家重点行业市场准入要求数据库，包括政策法规、标准规范、产品质量要求、准入门槛等各方面内容，为企业走出去提供决策支持。

二、"一带一路"环境信息共享与决策平台的总体框架

（一）依托合作机制，获取海量数据，建设基础软硬件环境

一是以现有合作机制和经济走廊为依托，分步骤搭建信息共享平台。在全面实施"上海合作组织环保信息共享平台"的基础上，继续开展上合组织框架下的环保信息共享建设，并以此为模式，借鉴先进国际经验，分别针对"一带"北线、中线、东南线三个方向，"一路"西线、南线两个方向沿线重要合作机制，重点围绕中巴、孟中印缅、新亚欧大陆桥、中蒙俄等经济走廊相关国家开展环境信息共享平台建设，并逐步建成"一带一路"环境信息共享平台。

二是引入大数据、云服务等先进信息技术，对共享平台进行整体构架。例如，采用 RFID 技术、传感器等物联网底层传感技术，实现多源、异构数据信息的实时采集；在海量数据处理方面，实现海量异构数据的融合转换、数据云存储、数据实时分析及环保数据挖掘等；引入云桌面从根本上保障数据存储安全，作为数据运营

---

① 王永中，王碧珺.中国海外投资高政治风险的成因与对策.中国社会科学网，2015，2. http://3y.
uu456.com/bp_51vs99n1ie17c183740h_1.html.

的基础。

三是做好平台的软硬件基础环境建设。基于该平台的国际性特征，建立适用于该平台建设的基础环境及基本设施保障，包括网络环境、安全环境、软硬件设备、保障基地等，从而保障该平台建设的安全性、稳定性、畅通性。

（二）围绕业务需求，搭建"一带一路"环保决策支持系统

一是调查和识别"一带一路"建设面临的主要环境风险，建立跨国界水体综合管理支持系统、"一带一路"生态环境遥感监测与评估等决策、对外投资与环境保护决策平台，为政府管理跨国界环境影响、支持和监管重大跨国界基础设施、企业对外投资等提供风险评估和管理依据，并为外交谈判提供服务支撑。

二是建立"一带一路"环保产业与教育培训平台建设，促进中国与"一带一路"沿线国家环保产业发展的政策对话、产业技术交流与合作，并逐渐实现环保产业发展的信息与知识共享，在推动相关国家完善其环保产业市场的政策、制度以及相关标准的同时，强化中国制度、标准的嵌入，为我国环保产业"走出去"创造良好的商业环境。

（三）坚持"共商、共建、共享和自愿"原则，务实推动平台建设

一是平台建设需要"一带一路"沿线国家共商、共建、共享，并坚持"自愿原则"，优先在有强烈意愿的国家建设分平台，成熟一个，建设一个。

二是平台建设过程中要加大宣传和培训力度，要让相关国家从我国信息技术发展、空间技术发展、环境管理效率提高等方面切实获得收益，并愿意学习、借鉴和在自己国家推广。

三是平台建设要边建边用，要在建设过程中总结经验，逐步建立合作模式，逐步形成以我为主的建设标准。

三、下一步工作建议

（一）积极推动建立各国共建共享机制，争取纳入领导人会议文件

将重点依托东盟、上海合作组织、亚信、亚太经合组织、金砖国家组织、中阿、中非等区域合作机制以及中俄、中哈、中欧等双边环保合作机制，以中国—东盟（上海合作组织）环境保护合作中心为重要技术支撑，依据自愿原则，建议在外交部的支持下，通过签订协议或纳入领导人机制相关会议文件等方式，建立起官方合

作机制。

（二）优先启动开展"一带一路"沿线生态环境调查与评估工作

根据"一带一路"战略实施的需要，定期开展"一带一路"沿线境外生态环境调查与评估，一方面为"一带一路"环境信息共享平台建设提供数据信息支持，另一方面有利于沿线国家经济发展与环境保护的综合决策，为"一带一路"战略实施提供服务与支持。

（三）优先建设共享网站和决策支持平台

根据"一带一路"总体要求，需要了解国外相关国家和区域的环境要求和基础环境信息，需要收集整理国际组织和相关机构以及沿线各国的发展战略规划、生态环境信息、基础地理信息、贸易和投资信息、法规标准等，以便优先建设好共享门户网站，宣传生态文明和绿色发展理念，推动共建共享合作机制。

从国内跨部门信息共享角度来看，针对我国"一带一路"发展要求，环保部需要掌握来自国家测绘局、国土资源部、国家发改委、国家统计局、国家气象局、国家工信部、国家商务部等部门的区域基础地理空间数据、土地利用和土地规划数据、重点区域建设规划数据、社会经济和人口数据、气象和气候资料、产业发展及布局数据、贸易与投资、法人信息数据等，并就环境总体发展规划、生态环境状况、环境监管及评价等进行信息共享，分析"一带一路"沿线区域生态环境承载力，合理布局产业、最大限度减少生态破坏和环境污染，支持国家实施生态环保"黑名单"制度，为"一带一路"建设提供生态环境安全保障，避免因生态环保问题影响"五通"进程，避免影响国家形象。

（四）建议开辟专项经费支持，保障平台建设的可持续性

一是建议争取在"丝路基金"里分设"绿色丝路"基金，重点支持领导人环保合作倡议的落实，开展"一带一路"沿线环境综合信息调查和信息共享平台建设，有序推动重点国别、重点项目的开展和实施。

二是建议亚洲基础设施银行、金砖国家银行以及亚洲专项资金、海上合作基金、南南合作基金等加强对环保工程项目、环保规划、环境影响评价、环境政策咨询、能力建设等项目的支持。

三是建议商务部加大环保外援资金投入力度，优先支持海外分平台建设，并借助环境保护部财政资金、丝路基金以及企业资金等，采用 PPP 模式，推动我与"一

带一路"沿线国家的环保务实合作。

参考文献

[1] 《"十三五"生态环境保护规划》.

[2] 李晓喻，董冠洋. 商务部："一带一路"沿线国家服务外包合作加深. 中国新闻网，2014, 12.（http://finance.chinanews.com/cj/2014/12-16/6881530.shtml.）.

[3] 王永中，王碧珺. 中国海外投资高政治风险的成因与对策. 中国社会科学网，2015, 2.（http://3y.uu456.com/bp_51vs99n1ie17c183740h_1.html）.

"一带一路"建设要引领绿色国际标准

解然　石峰　杨昆

在"一带一路"合作中积极推动中国标准"走出去",对于打通沿线国家市场、深化国际产能合作具有深远的战略意义。中国海外投资经常被外媒指责采用低环境标准,加重发展中国家污染问题。但相关研究表明,在火电等"一带一路"产能合作的重点行业,中国的污染物排放标准已处于国际上较为严格的排放控制水平。本文以燃煤电厂烟尘、SO_2、NO_x 三项大气污染物排放标准为切入点,在对比中国与美国、欧盟的火电行业排放标准后发现,中国现行燃煤电厂排放标准已经达到世界领先水平,而中国实施超低排放标准后在三项主要污染物排放限值上均严于美国和欧盟标准。

一、我国燃煤电厂大气污染物排放标准

(一)我国现行标准与实施情况

火电行业是大气污染物的重要排放源之一。据统计,2012 年,我国火电行业排放的 SO_2、NO_x 约占全国 SO_2、NO_x 排放总量的 42%、40%。同时,火电行业还排放了烟尘 151 万 t,约占工业排放量的 20% ~ 30%。[1] 而烟尘、SO_2、NO_x 等火电厂大气污染物是雾霾的重要污染源。

我国先后多次颁布实施有关火电厂大气污染物的排放标准,分别为《工业企业"三废"排放试行标准》(GBJ 4—73)、《燃煤电厂大气污染物排放标准》(GB 13223—91)、《火电厂大气污染物排放标准》(GB 13223—1996)和《火电厂大气污染物

---

[1] 最严火电厂排放标准如何落地,新华网,http://news.xinhuanet.com/power/tt/2014-07/04/c_1111452943.htm.

排放标准》（GB 13223—2003）。现行标准为 2011 年 7 月出台的《火电厂大气污染物排放标准》（GB 13223—2011，以下简称"国标 2011"），规定了火电厂大气污染物排放浓度限值、监测和监控要求，替代了原有的 GB 13223—2003。国标 2011 的控制指标包括 SO_2 浓度、NO_x 浓度、烟尘浓度、汞及其化合物浓度以及烟气黑度。

"国标 2011"以 2012 年 1 月 1 日为界限，在此之前建成投产或环评通过审批的机组为现有机组，自此之后环评通过审批的机组新建、扩建和改建机组为新建机组。火力发电锅炉及燃气轮机组烟尘、SO_2、NO_x 和烟气黑度排放限值的执行时间为：新建机组自 2012 年 1 月 1 日起执行；现有机组自 2014 年 7 月 1 日起执行。

为防止区域性大气污染、改善环境质量、进一步降低大气污染源的排放强度、更加严格地控制排污行为，"国标 2011"还指定了适用于"重点地区"[①]的大气污染物特别排放限值，该限值的排放控制水平达到国际先进或领先程度。参见表 1 和表 2。

表 1　"国标 2011"中燃煤锅炉大气污染物排放限值

污染物项目	适用条件	限值 / （mg/m³）
烟尘	全部	30
SO_2	新建锅炉	100 200[(1)]
	现有锅炉	200 400[(1)]
NO_x（以 NO_2 计）	全部	100 200[(2)]

（1）位于广西壮族自治区、重庆市、四川省和贵州省的火力发电锅炉执行该限值。
（2）采用 W 形火焰炉膛的火力发电锅炉，现有循环硫化床火力发电锅炉，以及 2003 年 12 月 31 日前建成投产或通过建设项目环境影响报告书审批的火力发电锅炉执行该限值。

表 2　"国标 2011"中重点地区燃煤锅炉大气污染物特别排放限值

污染物项目	适用条件	限值 / （mg/m³）
烟尘	全部	20
SO_2	全部	50
NO_x（以 NO_2 计）	全部	100

①"国标 2011"对"重点地区"的定义如下：根据环境保护工作的要求，在国土开发密度较高，环境承载能力开始减弱，或大气环境容量较小、生态环境脆弱，容易发生严重大气环境污染问题而需要严格控制大气污染物排放的地区。

（二）煤电超低排放标准

煤电超低排放标准是指在现行"国标 2011"特别排放限值的基础上，提出燃煤机组达到天然气燃气轮机组的排放限值标准，即在基准氧含量 6% 条件下，烟尘排放浓度不大于 10 mg/m³，SO_2 排放浓度不大于 35 mg/m³，NO_x 排放浓度不大于 50 mg/m³。[1] 在相关讨论中，超低排放也被称为"清洁排放""超洁净排放""近零排放"等。

2014 年 5 月，国家发展和改革委员会、环境保护部及国家能源局联合印发《煤电节能减排升级与改造行动计划（2014—2020 年）》，提出到 2020 年，东部地区现役 30 万 kW 及以上公用燃煤发电机组、10 万 kW 及以上自备燃煤发电机组以及其他有条件的燃煤发电机组，改造后大气污染物排放浓度基本达到燃气轮机组排放限值。东部地区新建燃煤发电机组大气污染物排放浓度基本达到燃气轮机组排放限值，中部地区新建机组原则上接近或达到燃气轮机组排放限值，鼓励西部地区新建机组接近或达到燃气轮机组排放限值。[2]《行动计划》同时要求，各省（区、市）有关主管部门，要及时制定本省（区、市）行动计划，组织各地方和电厂制定具体实施方案，完善政策措施，加强督促检查。

2015 年 12 月 2 日召开的国务院常务会议在《行动计划》的基础上，针对燃煤电厂超低排放问题提出了更高的要求：现役燃煤机组的超低排放改造由原来的东部地区扩围至东中部地区，同时东部和中部地区的燃煤机组超低排放改造时间大大提前，由原来的 2020 年分别提前至 2017 年和 2018 年底。[3]

2015 年 12 月 11 日，环境保护部、国家发展改革委、国家能源局联合发布《全面实施燃煤电厂超低排放和节能改造工作方案》（环发 [2015]164 号），进一步鼓励和引导超低排放。该方案旨在全面实施煤电行业节能减排升级改造，在全国范围内推广燃煤电厂超低排放要求和新的能耗标准，推动建成世界上最大的清洁高效煤电体系。方案提出，到 2020 年，全国所有具备改造条件的燃煤电厂力争实现超低排放。全国有条件的新建燃煤发电机组达到超低排放水平。东部、中部、西部地区分别在 2017 年、2018 年、2020 年前完成超低排放改造。[4]

---

[1] 另有部分地方提出限值为 5mg/m³，见表 3。
[2] 关于印发《煤电节能减排升级与改造行动计划（2014—2020 年）》的通知，发改委网站，http://bgt.ndrc.gov.cn/zcfb/201409/t20140919_626242.html。
[3] 国务院重拳治霾：2020 年之前燃煤电厂全面超低排放，新浪网，http://news.sina.com.cn/c/2015-12-03/doc-ifxmhqaa9831141.shtml。
[4]《全面实施燃煤电厂超低排放和节能改造工作方案》（环发 [2015]164 号），http://www.zhb.gov.cn/gkml/hbb/bwj/201512/W020151215366215476108.pdf。

表 3　国家和部分地方燃煤电厂大气污染物排放限值

标准或文件		发文单位	发布时间	限值 / (mg/m³)			
				烟尘	SO₂	NOₓ	基准氧含量 /%
"国标 2011"特别排放限值	燃煤锅炉	环保部、国家质量监督检验检疫总局	2011 年 7 月	20	50	100	6
	天然气燃气轮机组			5	35	50	15
超低排放限值	《煤电节能减排升级与改造行动计划（2014—2020年）》	国家发改委、环保部、国家能源局	2014 年 9 月	10	35	50	6
	《广州市燃煤电厂"超洁净排放"改造工作方案》	广州市发改委	2014 年 2 月	5	35	50	6
	《关于印发浙江省统调燃煤发电机组新一轮脱硫脱硝及除尘改造管理考核办法的通知》（浙经信电力[2014]349 号）	浙江省经信委、环保厅	2014 年 7 月	5	35	50	6
	《关于推进全省燃煤发电机组超低排放的实施意见》（晋政办发 [2014]62号）	山西省人民政府办公厅	2014 年 8 月	5/10	35	50	6

二、中美欧燃煤电厂大气污染物排放标准对比

（一）美国标准[①]

　　美国于 1970 年通过的《清洁空气法》为美国历史上第一部较为完整的控制空气污染的法规。该法案针对火电排放源采用最佳示范技术，由国家统一制定新源排放标准对新建燃煤电厂进行控制，各州制定现有源排放标准对现有燃煤电厂进行控制。在该法案的指导下，美国环保局于 1970 年颁布首个燃煤电厂新源大气污染物排放标准，该标准对功率大于 73MW 的新建发电机组的 SO₂、NOₓ 和颗粒物三类污染物设置了排放限值，之后又多次对排放标准进行了修订。

　　美国的标准限值非常复杂。现行标准将 2011 年 5 月 3 日及以后新建、扩建的机组视为新建机组，将 2005 年 2 月 28 日至 2011 年 5 月 3 日期间建设的机组视为现有机组，分别执行不同的排放限值。排放标准限值与电厂燃煤煤质挂钩，一般以单位耗煤量的热值输入量的污染物排放量给出标准限值，也有以单位发电量的污染物排放给出标准限值。因此，美国的标准限值与其他国家以排放浓度表示的标准限值难以直接比较，需要对单位燃煤产生的烟气量或单位发电量产生的烟气量进行假定后

---

① 朱法华，王临清 . 煤电超低排放的技术经济与环境效益分析 [J]. 环境保护，2014（12），另参见 http://www.law.cornell.edu/cfr/tcxt/40/60.43Da。

折算。本文引用的折算方式[①]假定燃煤电厂燃烧的煤炭 1kMJ 热量产生 350 m³ 标态含氧量为 6% 的干烟气量、每 300 万 kW 机组满负荷发电时小时标态含氧量 6% 的干烟气量为 100 万 m³，参见表 4。

表 4　美国燃煤电厂大气污染物排放限值

机组状态		限值		
		烟尘	SO₂	NOx
新建（2011 年 5 月 3 日及以后新建、扩建）	发电排放	0.090 lb/MWh	1.0 lb/MWh	0.70 lb/MWh
	按排放浓度折算结果	12.3 mg/m³	136.1 mg/m³	95.3 mg/m³
现有（2005 年 2 月 28 日至 2011 年 5 月 3 日）	耗煤量热值	0.015 lb/MBtu	0.15 lb/MBtu	0.11 lb/MBtu
	按排放浓度折算结果	18.5 mg/m³	185 mg/m³	135 mg/m³

（二）欧盟标准

欧盟通过实施大型燃烧装置大气污染物排放限值指令加强燃煤电厂污染排放控制。1987 年，当时的欧洲共同体出台首部《大型燃烧企业大气污染物排放限制指令》（88/609/EEC），对新建燃煤电厂的 SO₂、NOx 和颗粒物排放进行控制。2002 年，欧盟修订出台新的《大型燃烧企业大气污染物排放限制指令》（2001/80/EC），进一步加严污染物排放限值，同时规定各成员国总量削减目标，并在成员国增加后修改指令，给出 27 个成员国的总量削减目标。

2010 年 11 月 24 日欧洲议会和欧洲理事会发布了关于工业排放的 2010/75/EU 指令（integrated pollution prevention and control），修改并整合了之前颁布的多部指令，自 2016 年 1 月 1 日起全面生效，替代原有的《大型燃烧企业大气污染物排放限制指令》（2001/80/EC）。新指令适用于总热输入额定值大于等于 50MW 的火电厂。[②]该指令将火电厂划分为两类：第一类为在 2013 年 1 月 7 日之前取得许可证，或业主在该日期之前已经提交了许可证申请材料，最迟在 2014 年 1 月 7 日投入运行的电厂；第二类为除第一类电厂以外的其他电厂。第一类电厂自 2016 年 1 月 1 日起执行规定的大气污染物排放限值；第二类电厂自 2013 年 1 月 7 日起执行规定排放限值。

对于标准适用的机组，欧盟将燃烧固态或液态燃料的机组（燃机除外）以总额定热输入（MW）划分，大致为三类：50 ～ 100 MW、100 ～ 300 MW、

---

① 朱法华，王临清 . 煤电超低排放的技术经济与环境效益分析 [J]. 环境保护，2014（12）.
② 欧盟与火电厂相关的污染排放标准主要包括三个：Ecodesign Directive（适用于小于 1 MW 的热力装置和锅炉）、Medium Combustion Plant Directive（适用于 1 ～ 50 MW 的燃烧装置）、Directive 2010/75/EU on industrial emissions（适用于 50 MW 以上的火电厂）。

> 300 MW，参见表5。

表5　欧盟燃煤电厂大气污染物排放限值

机组状态	总额定热输入	限值 / （mg/m³）		
		烟尘	SO_2	NO_x
新建	> 300 MW	10	150	150
	100 ～ 300 MW	20	200	200
	50 ～ 100 MW	20	400	300
现有	> 300 MW	20	200	200
	100 ～ 300 MW	25	250	200
	50 ～ 100 MW	30	400	300

（三）中美欧标准对比

由表6可知，中国对燃煤电厂烟尘、SO_2 和 NO_x 的排放限值要求相比美欧标准也可以说较为严格，处于国际领先水平。

对比中美标准可得出如下主要结论：①美国排放限值与其他国家以排放浓度表示的限值单位不同，难以直接比较，不同的折算假设可能影响比较结果。②按照本文引用的折算方式，总体上美国2011年5月3日及以后新建与扩建投运的煤电机组执行的标准十分严格。折算后颗粒物（我国标准中为烟尘，烟尘是颗粒物中的一部分）限值是世界各国煤电机组现行排放标准（不考虑中国的超低排放标准）中的最低限值；SO_2 排放方面，"国标2011"中的重点地区特别排放限值严于美国标准；NO_x 排放方面，美国标准与"国标2011"中的重点地区特别排放限值相当。③中国超低排放标准在三项污染物排放限值上总体严于美国标准。

对比中欧标准可得出如下主要结论：①欧盟与中国标准均适用于各种燃料类型的火电厂，不同的是欧盟以总热输入额定值来界定适用的电厂，中国则以出力值界定。②欧盟对电厂脱硫装置的最低脱硫效率有所要求，且规定电厂应预留捕集和压缩 CO_2 的空间。"国标2011"在上述两方面没有相关规定。③在 SO_2 和 NO_x 排放方面，"国标2011"重点地区特别排放限值总体严于欧盟标准。④中国超低排放标准在三项污染物排放限值上总体严于欧盟标准，具体见表6。

表 6　中国、美国、欧盟燃煤电厂大气污染物排放限值比较

单位：mg/m³

污染物	机组状态	超低排放	"国标 2011"	美国	欧盟
烟尘	新建	10	30；重点地区 20	12.3	10（> 300 MW）； 20（100～300 MW）； 20（50～100 MW）
	现有			18.5	20（> 300 MW）； 25（100～300 MW）； 30（50～100 MW）
SO_2	新建	35	100；重点地区 50	136.1	150（> 300 MW）； 200（100～300 MW）； 400（50～100 MW）
	现有		200；重点地区 50	185	200（> 300 MW）； 250（100～300 MW）； 400（50～100 MW）
NO_x	新建	50	100；重点地区 100	95.3	150（> 300 MW）； 200（100～300 MW）； 300（50～100 MW）
	现有			135	200（> 300 MW）； 200（100～300 MW）； 300（50～100 MW）

　　另外，有学者认为，从考核方式上看，"国标 2011"也可称得上是全球最严格的。美国排放标准以 30 天的滚动平均值来考核，煤矸石机组以 12 个月滚动平均值进行考核。欧盟按月均值考核，同时规定小时均值不应超过标准的 200%，日均值不超过 110%。[①]"国标 2011"没有明确火电厂大气污染物的达标考核的方式。实际考核中，有的地方政府按小时均值考核，也有按 4h 均值，或日均值，或周均值考核的。2014 年 3 月，国家发改委、环境保护部印发的《燃煤发电机组环保电价与环保设施运行监管办法》变相明确了按照浓度小时均值判断是否达标排放，是否享受环保电价和接受处罚等。可以说中国的按小时均值考核要求远严于按日、月均值考核。煤电机组受低负荷（烟气温度不符合脱硝投入运行条件）、环保设施临时故障、机组启停机等影响，都会导致污染物排放的临时性超标。按小时均值考核成为世界最严考核方式，企业的违法风险加大。[②]

　　需要说明的是，目前我国和世界各国对火电厂排放烟气中污染物的控制集中于 SO_2、NO_x 和烟尘，而美国近几年的关注重点在于对重金属的控制，如出台的美国汞及空气污染物排放标准（Mercury and Air Toxics Standards, MATS）、有毒

---

① 潘荔. 最新电力行业环保政策的深度分析：http://news.bjx.com.cn/html/20160328/719940-4.shtml.
② 中国电力工业现状与展望，中国电力企业联合会网站，http://www.cec.org.cn/yaowenkuaidi/2015-03-10/134972.html.

空气污染物国家排放标准（National Emission Standards for Hazardous Air Pollutants, NESHAP）。同时，与我国类似，部分国家和地区的地方标准也严于国家层面标准，如日本地方政府的标准及企业与地方政府签订的排放协议要比国家标准严格；欧盟某些成员国的标准也严于欧盟的总体标准。

三、推动中国环保标准走出去的必要性

"一带一路"建设伴随大量能源资源开发和基础设施建设等国际产能合作项目，这些行业领域环境风险较高，项目对当地的环境影响是部分国家用以攻击"一带一路"的工具和抓手。2015年年底《纽约时报》就已发布相关报道，称中国海外燃煤火电投资项目增加了东道国当地的污染排放，对当地造成了严重的大气污染。而事实上，上述分析已经表明，中国燃煤电厂大气污染物排放标准已达到世界领先水平。中国投资建设当地火电项目，以火电替代这些国家的其他低效率用煤，能够减少当地的污染排放，对于整体环境而言具有正面作用。

火电走出去遭遇外界环境质疑的例子已经深刻说明，中国环保标准亟须走出去，为中国海外投资的环境影响正名。当前，各国已经纷纷意识到标准走出去是掌握国际市场主导权的关键。而目前中国标准走出去滞后的局面已经对产业走出去形成制约。为推动绿色"一带一路"建设，充分发挥环保对"一带一路"战略的支撑保障作用，必须推动中国环保标准走出去，取得国际影响力和话语权。

（一）标准走出去是掌握国际市场主导权的关键

当今全球市场的竞争已不仅仅是技术的竞争，更是标准的竞争。行业标准已成为国际市场准入最大隐形门槛和软性保护壁垒。越来越多的国家和地区将主导制定国际标准作为促进产业升级、提升市场竞争力的重要手段。标准竞争优势已经成为一国在国际市场竞争中赢得利益分配权的重要基础。标准竞争的胜利者可以在相当长时期内控制相关产业的技术发展方向和市场创新方向，对国际市场产生广泛的控制力和行业领导力，依托领先的标准掌控国际市场竞争的主导权和价值分配的话语权。一国标准的国际接受度也已成为衡量该国软实力和硬实力的重要指标。因此，积极推动中国标准走出去，让更大范围的国际市场接受和采用中国标准，是提高我国国际话语权、提升整体国际竞争力的关键。

（二）标准走出去滞后已对产业走出去形成制约

总体上看，当前中国标准尚未深入国外市场，国际接受度较低，中国在标准领域的国际话语权与自身作为世界第二大经济体的实际地位并不匹配。以往中国走出去的过程中，更多的是适应国际市场的标准要求，较少推广自身的相关标准。在国际标准领域多为标准的被动接受者和使用者，较少主动参与和主导制定国际标准。中国标准作为一个整体还未在国际市场打响自身品牌。

这种行业标准走出去严重滞后的局面，已经导致出现许多中国企业在走出去时，因中国标准不被外方业主认可而付出高昂成本。以火电行业为例，由于欧美标准长期形成的垄断地位，即使在东南亚、南亚及非洲等我国火电境外主要市场，也多聘用欧美国家公司提供设计、监理等咨询服务，普遍使用欧美标准，只在我国援外及贷款项目中存在使用中国标准的火电项目。[1] 标准走出去步伐滞后，已经对产业走出去形成严重制约。

（三）推动环保标准走出去是发挥环保对"一带一路"战略支撑保障作用的必然要求

火电等行业是"一带一路"产能合作的重点领域，也是部分国家借以炒作"中国环境威胁论"的重要标靶。目前，中国部分走出去重点行业污染物排放标准已处于国际上较为严格的排放控制水平。然而，由于相关环保标准走出去步伐滞后，中国海外投资经常被外媒指责采用低环境标准，加重发展中国家污染问题。有效防范"一带一路"建设中的环境风险，塑造中国海外投资正面形象，切实发挥环境保护对"一带一路"建设的服务支撑作用，要求中国环保标准必须伴随产能和装备合作走出去，在国际标准竞争中占领高地。

四、推动中国环保标准走出去的政策建议

（一）加强"一带一路"重点国家重点行业国内外环保标准对比研究，识别优势和弱势领域，发挥优势，补齐短板

围绕装备、产能等"走出去"优先领域，优先组织开展国家、行业环保标准翻译及整理工作，摸清"一带一路"沿线重点国家环保标准情况，为"一带一路"建设提供环保标准信息服务。与国家发改委、国家标准化管理委员会等有关部委、行

---

[1] 徐进. 火电投资：电力集团"走出去"全产业链优势 [J]. 中国电力企业管理，2015(9).

业协会和走出去企业联合，针对中国标准与发达国家、世界银行及"一带一路"国家的环保标准和技术法规开展对比研究，识别国内外环保标准差异，一方面针对我国弱势领域推动补齐国内短板，科学提升国内标准，促进改善环境质量和产能升级；另一方面立足优势领域，积极谋划推广中国领先的环保标准。

（二）大力推动和宣传我国国际产能合作中的高标准行业与项目，在对外投资和对外援助中打造应用中国环保标准的示范项目

优先配合"一带一路"重点工程项目推广中国环保标准，推动国际产能合作中有条件的重点行业采取更高的绿色标准，加大宣传力度，设计打造高标准示范项目，切实发挥环境保护对"一带一路"建设的服务支撑作用。在对外投资和对外援助过程中对有意愿采用比投资属地国更高标准的项目适当给予倾斜，推动"中国标准"与"中国设计""中国生产"和"中国资本"的深度融合，全面带动中国环境标准、产品与服务的整体出口。

（三）充分发挥环保国际合作平台作用，主动推动"一带一路"环保标准互联互通

积极利用我国参与的各类环保国际合作机制及平台资源，主动谋划，在相关谈判和项目合作中宣传和推广中国标准，推动环保标准互认、区域环保标准共建等议题纳入区域环保交流合作，推动在中国—上海合作组织、中国—东盟环保合作、中非环保合作等机制平台下组建区域性绿色标准研究专家组。以区域环保合作为抓手，谋划中国环保标准走出去整体布局。

同时，还可充分利用现有国际环保合作项目渠道，加强沿线国家标准化专家交流及能力建设，开展面向"一带一路"的环保标准专家交流及人才培训项目。派遣相关专业领域的高级别顾问和专家，支持沿线国家环保标准能力建设，提升我国环保标准的海外影响。

（四）深化与沿线重点国家的环境标准相关合作，立足优势领域主动参与制定相关行业的国际环保标准，做绿色国际标准引领者

聚焦沿线重点国家和"一带一路"产业合作需求，加大与重点国家的环保标准互认力度，加快推进标准互认工作，服务关键项目的环保标准对接。鉴于中国火电大气污染物排放标准已具有国际领先优势，建议先以火电领域为突破，推动与"一带一路"国家共同制定国际标准。相关标准可以采用国际市场认可的方式组织制定，

运用国际规范术语进行表述，提供多种国际语言版本。在此基础上逐步扩展至其他我国优势领域，推动提升中国环保标准的国际化水平和能力，成为国际环保标准引领者，塑造国家形象和国际竞争力。

参考文献

[1] 火电厂大气污染物排放标准 .GB 13223—2011[EB/OL].http://kjs.mep.gov.cn/hjbhbz/bzwb/dqhjbh/dqgdwrywrwpfbz/201109/t20110921_217534.htm,2016-03-25.

[2] 火电厂大气污染物排放标准编制说明（二次征求意见稿）[EB/OL].2016-04-10，http://www.mep.gov.cn/gkml/hbb/bgth/201101/t20110120_200073.htm.

[3] 标准联通"一带一路"行动计划（2015—2017）[EB/OL].http://www.sdpc.gov.cn/gzdt/201510/t20151022_755473.html,2016-04-09.

[4] 欧盟委员会网站 [EB/OL].http://ec.europa.eu/environment/industry/stationary/ied/legislation.htm；http://ec.europa.eu/environment/industry/stationary/ied/legislation.htm；http://eur-lex.europa.eu/legal-content/EN/TXT/PDF/?uri=CELEX:32010L0075&from=EN,2016-04-05.

[5] 美国环保局网站 [EB/OL].2016-04-06,https://www.epa.gov/criteria-air-pollutants；http://www3.epa.gov/airtransport/CSAPR/actions.html；https://www.epa.gov/regulatory-information-sector/electric-power-generation-transmission-and-distribution-naics-2211；https://www3.epa.gov/airquality/sulfurdioxide/；https://www3.epa.gov/airquality/nitrogeNO$x$ides/.

[6] 美国联邦公报网站 [EB/OL].http://www.federalregister.gov/，2016-04-10.

[7] 康奈尔大学法律信息中心网站 [EB/OL].http://www.law.cornell.edu/uscode/text, 2016-04-10.

[8] 朱法华，王临清 . 煤电超低排放的技术经济与环境效益分析 [J]. 环境保护 , 2014, 42(21):28-33.

[9] 邓伟妮 . 中欧火电厂烟气排放规定对比研究 [J]. 中国电力 , 2015, 48(3): 156-160.

[10] 火电走出去　应借"一带一路"东风 [EB/OL].http://news.xinhuanet.com/politics/2015-05/26/c_127840430.htm, 2016-04-08.

[11] 侯俊军 . 让中国标准"走出去"[EB/OL].http://paper.ce.cn/jjrb/html/2014-12/04/content_224465.htm, 2016-04-08.

[12] 盛青，武雪芳，李晓倩，王宗爽，王占山，赵国华 . 中美欧燃煤电厂大气污染物排放标准的比较 [J]. 环境工程技术学报 , 2011, 1(6):512-515.

"一带一路"中蒙俄
经济走廊生态敏感区分析

王玉娟　国冬梅　俞乐

"中蒙俄经济走廊"是"一带一路"六大经济走廊之一，是与蒙古"草原之路"和欧亚经济联盟进行战略对接和落实的载体和平台。2016年9月13日，国家发改委正式公布《建设中蒙俄经济走廊规划纲要》，是六大经济走廊中优先发布的一个经济走廊规划纲要。规划纲要重点关注以下七个方面的合作领域：促进交通基础设施发展及互联互通；加强口岸建设和海关、检验检疫监管；加强产能与投资合作；深化经贸合作；拓展人文交流合作；加强生态环保合作；推动地方及边境地区合作。其中，促进交通基础设施发展及互联互通包括：建设、发展国际陆路交通走廊，实施基础设施共建项目，保障乘客、货物和交通工具的无障碍流动；提升三方铁路和公路运输潜力，包括推进既有铁路现代化和新建铁路公路项目；发展中蒙俄定期国际集装箱运输班列，建设一批交通物流枢纽等。加强生态环保合作包括：研究建立信息共享平台的可能性，开展生物多样性、自然保护区、湿地保护、森林防火及荒漠化领域的合作；积极开展生态环境保护领域的技术交流合作等。

为更好地支持中蒙俄经济走廊建设，中国—东盟（上海合作组织）环境保护合作中心基于领导人倡议的上海合作组织环保信息平台，联合清华大学，采用随机森林（Random Forest）机器学习算法[①]，对2015年国内外卫星遥感数据［环境卫星（HJ）］、高分卫星（GF）、美国陆地卫星（Landsat）和地球观测系统［（EOS）

---

① Yu, L., Wang, J., Gong, P. 2013. Improving 30 meter global land cover map FROM-GLC with time series MODIS and auxiliary datasets: a segmentation based approach, International Journal of Remote Sensing. 34(16): 5851-5867.

MODIS 卫星数据等]进行土地覆盖制图,并收集了三国范围内的保护区数据和植被敏感度数据,开展中蒙俄经济走廊沿线 100km 缓冲区开展生态敏感性分析,并从生态资源、生态限制、植被敏感度等角度分析了各段差异,为科学合理选线提供参考。

一、中蒙俄经济走廊的基本情况

中蒙俄经济走廊分为两条线路:一是从华北京津冀到呼和浩特,再到蒙古和俄罗斯;二是东北地区从大连、沈阳、长春、哈尔滨到满洲里和俄罗斯的赤塔。两条走廊互动互补形成一个新的开放开发经济带,将丝绸之路经济带同俄罗斯跨欧亚大铁路、蒙古国"草原之路"进行对接,从而成为"一带一路"建设的重要一环。①

本报告分析范围主要涉及以下三段:①天津—乌兰乌德段:从京津冀经二连浩特、乌兰巴托到乌兰乌德;②大连—乌兰乌德段:从大连经哈尔滨、满洲里、赤塔到乌兰乌德;③乌兰乌德—圣彼得堡段:从乌兰乌德经伊尔库斯克、新西伯利亚、叶卡捷琳堡、莫斯科到圣彼得堡(见图1)。

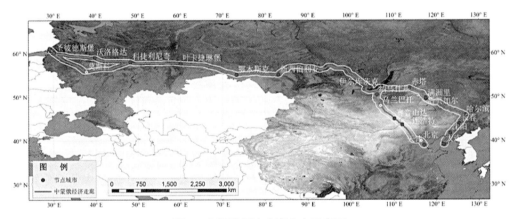

图 1　中蒙俄经济走廊分布示意图

(一)自然地理概况

"中蒙俄经济走廊"途径地区的地貌、气候和植被类型多样。地貌类型以平原和高原为主,主要经过东北平原、华北平原、内蒙古高原、蒙古高原、西西伯利亚平原和东欧平原。除蒙古段、中国内蒙古段和俄罗斯东部段地形起伏较大,海拔分布在 1 000 ～ 3 000 m 之间外,大部分区域地形较为平坦,海拔低于 500 m。受海陆

① https://zhuanlan.zhihu.com/p/20486414.

位置影响，气候带自东向西逐渐从温带湿润气候向温带沙漠气候、极端的温带大陆性气候、温和的温带大陆性气候过渡。年平均温度在-5 ～ 15℃之间，年平均降水量在 200 ～ 800 mm 之间。沿线植被呈现温带针阔混交林、温带草原、温带针叶林、泰加林的交替分布。

（二）社会经济概况

"中蒙俄经济走廊"缓冲区范围内人口总量为 1.25 亿，其中中国境内的北京、天津、大连、沈阳和哈尔滨，俄罗斯境内的莫斯科和圣彼得堡以及叶卡捷琳堡的人口分布最为密集。而在经济走廊的蒙古段和俄罗斯远东地区人口分布稀疏，人口密度不足 0.001 万人 /km²。

经济走廊缓冲区范围内 GDP 总量为 1 万亿美元，其中京津经济区和大连、哈尔滨、沈阳，莫斯科和圣彼得堡地区以及首都乌兰巴托经济发展状况较好，大部分区域大于 33 万美元 /km²；蒙古国和俄罗斯远东地区经济发展较差，缓冲区大部分区域小于 0.17 万美元 /km²。

从资源禀赋和经济结构上看，俄罗斯拥有丰富的石油和天然气资源，国民经济高度依赖石油，工业以机械、钢铁等重工业为主。蒙古国矿产资源和草地资源丰富，畜牧业、采矿业和以食品、纺织为主的轻工业是国民经济的主要组成部分。相邻的地理位置、互补的经济结构和资源禀赋为构建"中蒙俄经济走廊"打下了坚实的基础。

（三）土地利用覆被状况

1. 缓冲区范围内主要土地利用覆被类型为森林、农田和草地

缓冲区范围内主要土地利用覆被类型有农田、森林、草地、灌丛、水体、人造地表、裸地和湿地（见图 2）。森林的分布最为广阔，面积约为 48 万 km²，占廊道缓冲区范围总面积的 35%，但森林分布不均，主要分布在中国东北的大兴安岭、俄罗斯的西伯利亚和西北部地区。其次是农田和草地，面积分别为 46 万 km² 和 34 万 km²，分别占廊道缓冲区范围总面积的 33% 和 25%。农田主要分布在地势较低的平原地带，而草地除了在平原分布外，在海拔较高的山地也有分布。湿地面积约为 2.21 km²，占廊道缓冲区范围总面积的 1.61%。

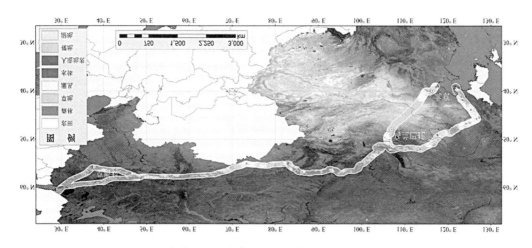

图 2　中蒙俄经济走廊土地覆盖类型空间分布示意图

2. 缓冲区范围内土地开发利用程度东西差异明显

我国京津、东北、新西伯利亚以西的区段土地开发利用强度较高，以垦殖性开发和建设性开发为主，尤其是北京、天津、大连、哈尔滨、莫斯科和叶卡捷琳堡、乌兰巴托周边人口集聚、城镇开发程度较高，大部分土地已开发为城镇居住地和农田，土地利用程度大多在 0.6 以上。新西伯利亚段以东的区段土地利用程度相对较低，除了海参崴、哈巴罗夫斯克、布拉戈维申斯克、赤塔、乌兰乌德、伊尔库茨克等城市周边土地利用程度较高外，其他大部分区域以森林和草地为主，这些区域受地形等自然要素限制，土地开发利用程度大多在 0.4 以下（见图 3）。

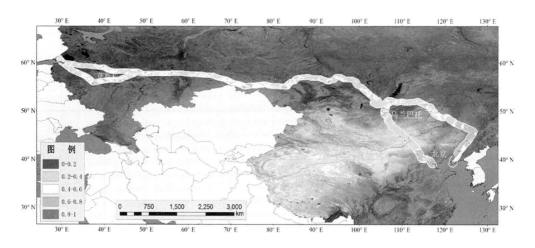

图 3　中蒙俄经济走廊土地利用程度分布示意图

二、中蒙俄经济走廊的生态敏感性评价

（一）生态资源条件

（1）森林与草地资源丰富，但草地生态系统脆弱

廊道缓冲区内森林资源丰富，林木生长茂盛，以亚寒带针叶林为主，但森林资源空间分布不均。森林主要分布在中国东北的大兴安岭、俄罗斯的西伯利亚和西北部地区。蒙古国段的森林资源稀少，主要为温带落叶阔叶林，分布在北部边缘山区。

缓冲区内草地资源丰富，草地面积约为33.83万 km²，占缓冲区面积的25%。但草地生态系统脆弱，受过度放牧、农田扩张等影响，土地荒漠化面积在不断扩大。

（2）蒙古国段水资源匮乏，荒漠化严重

蒙古国段水资源匮乏，近些年蒙古的土地沙漠化面积在不断扩大，蒙古国已被联合国列为受荒漠化威胁最严重的11个国家之一，对"中蒙俄经济走廊"在蒙古国基础设施的建设可能构成了一定的挑战。

（3）沿线自然保护区广布，而且有多个世界级保护区

"中蒙俄经济走廊"沿线穿越诸多保护区，大约有445个保护区，其中包括4个国家级自然保护区、7个国际重要湿地区和贝加尔湖世界自然遗产保护区。除了中国东北大兴安岭地区和蒙古肯特山脉的保护区外，大部分保护区主要分布在乌兰乌德—圣彼得堡段俄罗斯境内。

缓冲区湿地资源相对稀少，面积为2.21 km²，占缓冲区面积的1.61%。经济走廊穿过中国的扎龙湿地，它是世界最大的芦苇湿地，主要保护对象为丹顶鹤等珍禽及湿地生态系统，具有很高的生态价值[1]。贝加尔湖保护区拥有世界上最深的湖泊，是世界最大的淡水资源地之一，保护区面积达到 8.56×10^4 km²。该湖流域上游蒙古境内支流修建水电站事近年已经引起俄罗斯及国际社会高度关注，建设项目因此暂停，其中还涉及我方投资。

（二）生态环境约束

"中蒙俄经济走廊"横跨中国东北部、蒙古国"草原之路"和俄罗斯"跨亚欧大通道"，走廊各段建设的主要生态环境约束因素不同，主要受到地形条件，寒冷干旱的气候和自然保护区等条件限制。

---

[1] IUCN and UNEP-WCMC, 2016. The World Database on Protected Areas (WDPA) [On-line], Cambridge, UK: UNEP-WCMC. Available at: www.protectedplanet.net.

1. 气候寒冷影响基础设施建设的速度

气候严寒是中蒙俄走廊建设的重要约束因素。走廊自连云港到赤塔,沿伊尔库茨克、新西伯利亚、叶卡捷琳堡、莫斯科到圣彼得堡,气温从西向东逐渐降低,在最东部的沿海地区气温又有所增高。其中,俄罗斯段廊道以东受极地冷气团和西西伯利亚平原的寒冷大陆气候影响,年均温低于0℃,冬季平均温度达到零下20~30℃。此外,部分区域如伊尔库茨克地区分布有多年冻土带与季节冻土带,给工程建设与开发带来巨大的困难。

2. 高海拔与大坡度增加基础设施建设难度

"中蒙俄经济走廊"沿线地形西低东高,以俄罗斯段90°E为界,西部以平原为主,海拔较高、地形起伏较大的山地高原主要分布在蒙古乌兰巴托到俄罗斯伊尔库茨克段以及俄罗斯段90°E以东。其中,蒙古段范围内海拔较高,地形起伏明显,走廊沿线蒙古段约有200 km以上处于海拔高于2 000 m、坡度大于15°的地形范围内。俄罗斯境内伊尔库茨克-克拉斯诺亚尔斯克段分布有400 km以上的山地区域。高海拔与大坡度的地形特征限制了交通、通讯等基础设施建设,是"中蒙俄经济走廊"建设的主要约束因素之一。

3. 水资源短缺与荒漠化成为产能合作的硬约束

"中蒙俄经济走廊"蒙古段连接中国段与俄罗斯段,在整个廊道中的战略地位突出,但蒙古国自然条件相对恶劣,生态环境较为脆弱。受海陆位置和干旱气候影响,走廊蒙古段年均降水量低于350 mm,河流湖泊干涸严重,水资源极其匮乏,对"中蒙俄经济走廊"在蒙古国产能合作构成了一定的挑战。

此外,全球变暖、过度放牧、滥砍滥伐等因素使得土地退化日趋严重,土地沙漠化威胁了该段走廊与附近缓冲区的建设与发展空间。近年来蒙古以及中蒙交界处的土地沙漠化面积在不断扩大,蒙古国已被联合国列为受荒漠化威胁最严重的11个国家之一。

4. 各类保护区将成为经济走廊建设的重要空间约束

"中蒙俄经济走廊"缓冲区沿线保护的动物和植物分别超过300多种和80多种,其中25个物种被列入《濒危物种红皮书》。这些保护区是全世界动植物丰富的物种基因库,具有重要的生态系统服务功能。沿线主要穿越4个国家级自然保护区(陆地和海洋景观保护区)、7个国际重要湿地区和贝加尔湖世界遗产自然保护区,众多保护区的设立是对整个经济走廊的建设空间范围的重要约束。

（三）分段生态敏感性评价

1. 中国两个不同路线的生态敏感性评价

"中蒙俄经济走廊"中国接入俄罗斯的两段，"天津—乌兰乌德"和"大连—乌兰乌德"在每公里的生态资源总量较为一致，分别是 890 m^2 和 940 m^2；两段的生态敏感指数也较为一致。

但是"天津—乌兰乌德"段中的保护区、湿地、水体面积在每公里上的平均面积远小于"大连—乌兰乌德"分别是 78 m^2 和 155 m^2，表明该段生态限制较少。

"天津—乌兰乌德"蒙古境内海拔较高，地形起伏较大，海拔高于 2 000 m 的走廊长度将近 200km，分布有长约 400 km 的荒漠，200 km 长的严寒区域，该区段中国境内地形较为平坦，湿地占比为 0.4%，穿过 20 个保护区。

"大连—乌兰乌德"中国境内地势较为平坦，俄罗斯海拔较高，起伏较大。海拔高于 1 000 m 的走廊主要集中在中国的小兴安岭山脉和俄罗斯的外贝加尔高地。湿地占比为 1.27%，穿过 31 个保护区。在经济走廊建设的时候应该规避湿地和保护区，保持生态环境和社会经济发展之间的平衡。

2. 蒙古段生态敏感性评价

蒙古国地理位置优越，东、南、西与中国三面接壤，北面同俄罗斯的西伯利亚为邻，是连接中、蒙、俄最近的通道，在"中蒙俄经济走廊"建设中具有得天独厚的区位优势。

同时，蒙古是一个地广人稀的草原之国，有极其丰富的矿产、森林、水资源，具有很大的开发潜力。但是，走廊蒙古段海拔较高，地形起伏较大，高海拔与大坡度增加了该段基础设施建设与开发的难度。

此外，蒙古常年受西伯利亚高压控制，深居内陆，气候干旱，水资源短缺，土地覆盖类型相对较为单一，植被生长状况易受外界干扰，生态环境极为脆弱。

廊道的建设可能会对这些生态脆弱区的生态平衡造成威胁，因此在建设过程中需要降低人为活动对生态环境带来的影响，加强生态脆弱区的隔离与保护，正确处理生态环境保护、自然资源开发和基础设施建设的矛盾。

3. 俄罗斯段生态敏感性评价

俄罗斯境内"乌兰乌德—圣彼得堡段"，横跨东欧平原和西西伯利亚平原地势平坦，但是该区段较为寒冷，走廊缓冲区内自然保护区广布。俄罗斯段 90°E 以东的地区多山地高原，地势崎岖，坡度相对较大，险峻的地形地貌是"中蒙俄经济走廊"基础设施建设的重要限制因子。同时，廊道以东纬度较高，气候寒冷，冬季严寒漫长，部分地区有多年或季节冻土带分布。严峻的气候环境条件也是廊道建设的重大挑战。此外，俄罗斯廊道沿线分布大量自然保护区，包括贝加尔湖世界自然遗产保护区在内的若干保护区。廊道基础设施建设过程中，应充分考虑自然条件限制和生态保护，尽量避开自然保护区与恶劣的自然条件，兼顾生态资源的保护与开发利用。

三、结论与建议

（1）从廊道缓冲区生态资源来看，森林和草原资源丰富，占总面积的59.63%，建议在进行经济走廊基础设施建设时，要注意对生态资源的保护，尤其是中国内蒙古和蒙古国境内大部分为草地，而生态环境脆弱，土地荒漠化严重。

（2）从廊道缓冲区生态限制来看，一是经济走廊缓冲区内包括中国的扎龙湿地和贝加尔湖区；二是经济走廊蒙古国段水资源匮乏，土地沙漠化严重，水资源短缺；三是经济走廊缓冲区内有约 445 个保护区，其中 7 个国际重要湿地区和贝加尔湖世界遗产自然保护区。

（3）从廊道缓冲区内植被敏感性来看，中国东北黑龙江省大兴安岭和俄罗斯东部高原地区植被敏感指数偏高在 40 以上，特别是在蒙古国的蒙古草原，植被敏感指数整体大于 50，表明这些区域植被受生态环境变化影响很大。

（4）从分段生态敏感性评价来看，一是从中国接入俄罗斯的两段—"天津—乌兰乌德"和"大连—乌兰乌德"分段分析结果来看，两段生态资源总量和生态敏感指数较为一致，其中"天津—乌兰乌德"段生态限制较少，但该段蒙古境内海拔较高，地形起伏大，而且分布有较大面积的荒漠和严寒区，建议在经济走廊建设时，要综合评估各种方案的优劣，尽可能的规避湿地和保护区，保持生态环境和社会经济发展之间的平衡；二是"中蒙俄经济走廊"俄罗斯段 90°E 以东地形险峻，气候严寒，自然保护区分布众多，在建设过程中需要充分考虑自然条件限制并兼顾生态资源的保护与开发利用；三是"中蒙俄经济走廊"蒙古段高原山地多，干旱缺水，土地荒漠化严重，廊道建设过程中要加强生态脆弱区的隔离与保护。

（5）中蒙俄经济走廊建设要综合考虑生态敏感区及限制因子，合理发展三国优势产能合作。建议与俄罗斯加强在装备制造、铁路、航空等领域的技术和产能合作，与蒙古国开展装备制造、化工、建材、电力等方面合作；加强三国共同加强农业领域合作；创新三国多边合作模式；在环保合作，积极落实中蒙俄领导人机制下的环保任务，优先开展节水和水污染防治、生物多样性保护、冻土层保护等领域的技术合作，尽可能将生态环境影响降到最低，为基础设施建设和产能合作提供服务、支撑和保障。

（6）加大对"一带一路"生态敏感区研究的支持力度。中蒙俄经济走廊的生态敏感区分析还需要更全面、深入、细致地研究，以便可以为重大项目提供技术支持。"一带一路"六大经济走廊建设及相关区域开发均需要了解其生态环境约束，以便合理安排基础设施建设和产能合作，开展环境技术和标准方面的合作，加强环境风险防范加大支持力度，提供公共产品。

参考文献

[1] Yu, L., Wang, J., Gong, P. 2013. Improving 30 meter global land cover map FROM-GLC with time series MODIS and auxiliary datasets: a segmentation based approach, International Journal of Remote Sensing. 34(16): 5851-5867.

[2] IUCN and UNEP-WCMC, 2016. The World Database on Protected Areas (WDPA) [On-line], Cambridge, UK: UNEP-WCMC. Available at: www.protectedplanet.net.

[3] 蔡振伟，林永新 . 中蒙俄经济走廊建设面临的机遇、挑战及应对策略 [J]. 北方经济，2015(9):30-33.

发达国家技术转移经验
对"一带一路"环保技术国际合作研究

郭凯　段飞舟

技术转移是我国实施自主创新战略的重要内容，是推动战略性新兴产业企业实现技术创新、增强核心竞争力的关键环节，是创新成果转化为生产力的重要途径。随着"一带一路"建设的深入推进，合作也呈向全方位、深层次和新领域发展的态势，生态与环保合作成为各方共识及重要领域。开展环保技术国际合作是打造绿色丝绸之路的重要手段，也是我国引进输出环保技术的重要途径。本文研究了发达国家技术转移的主要模式和特点，研究了我国技术转移的发展及存在的问题，提出了加强"一带一路"环保技术国际合作的建议。

一、我国技术转移现状

（一）我国技术转移模式

我国技术转移模式主要是以科学技术部在借鉴欧盟创新驿站 [①] 经验，结合我国国情，实施的中国创新驿站计划。该计划是一个以企业技术需求为导向，以信息化手段为支撑，实现跨地区、跨行业、跨领域的技术转移服务体系的中小企业创新支持系统。

中国创新驿站站点分为国家、区域、基层三级站点。国家站点设在科技部火炬中心，区域、基层站点之间可以开展广泛的合作，不受地域限制。国家站点根据区域站点提供的地区和行业需求进行国家科技计划成果的筛选、信息整理和调研。负责网络工作系统的管理和日常维护工作。

[①] 欧盟创新驿站网络（Innovation Relay Center，IRC）成立于 1995 年，由欧盟委员会根据其"创新和中小企业计划"资助而建立。该网络遍布 33 个国家，有 71 家创新驿站是欧洲重要的、也是最成功的技术合作与转移中介网络。

区域站点作为省、市中心站点除具备基层站点的功能外，按照国家站点的部署，组织开展对科技计划成果的筛选、中试孵化、集成、市场化开发、投融资等服务。部分站点将作为国际站点开展国际技术转移服务工作。

基层站点是网络的基本节点，为企业提供"一站式"创新支持服务。

（二）典型技术转移机构

技术转移机构是技术转移中的重要载体。2008 年，科技部根据《国家技术转移促进行动实施方案》和《国家技术转移示范机构管理办法》，确定清华大学国家技术转移中心等 76 家机构为首批国家技术转移示范机构[①]。

1. 中国科学技术交流中心

中国科学技术交流中心是科学技术部下的国家级对外科学技术交流机构。通过对外科技交流活动，促进中国与世界其他各国和地区的科技、经济和社会发展等方面的合作与交流。交流中心作为政府成立的科学技术交流专业机构，与市场化盈利性的技术转移机构不同之处在于除进行技术交流活动外，还承担了相关科技国际合作机制、政策研究、人员交流等工作。

该中心职能包括政府间双边和多边科技合作协定或者协议框架确定的对我国科技、经济、社会发展和总体外交工作有重要支撑作用的政府间科技合作项目；围绕国民经济、社会可持续发展和国家安全的重大需求，开展的具有高层次、高水平、紧迫性特点的国际科技合作项目；与国外一流科研机构、著名大学、企业开展实质性合作研发，以"项目—人才—基地"打造科研人才基地。

目前，该中心与 40 多个国家和地区的 130 多个机构及著名企业集团建立了合作关系，形成了对美洲、大洋洲、欧洲、亚洲和非洲及港澳台地区合作交流的网络。

2. 清华大学国际技术转移中心

清华大学国际技术转移中心是于 2002 年 9 月经原国家经济贸易委员会[②]和教育部联合认定的国家级技术转移中心，主要职能定位于技术转移的实践与理论研究，为国外企业的产品和技术进入中国以及其在中国的本土化问题提供全方位的服务。

清华转移中心下设经营性实体科威国际技术转移有限公司（COWAY），是国内最早设立的以市场化方式运作的技术转移与技术商业化服务机构。该公司的运行模式市场化程度较高，在成熟的技术转移模式的基础上，为企业提供成套技术转移、咨询与融资服务，开展技术匹配、技术验证、中试放大和相关技术人员的培训等

---

① 第一批 76 家，第二批 58 家，第三批 68 家，第四批 74 家，第五批 95 家，第六批 84 家。
② 2003 年 3 月 10 日，第十届全国人民代表大会第一次会议通过了国务院机构改革方案，决定撤销外经贸部和国家经贸委，设立商务部，主管国内外贸易和国际经济合作。

服务，并针对企业的个性化需求，开展技术集成与二次开发服务使企业获得与单一技术相关的增值服务。

二、发达国家与地区的技术转移模式及特点

（一）发达国家与地区的技术转移模式

1. 欧洲——区域技术转移服务网络模式

欧洲承接国际技术转移的模式可以概括为"区域技术转移的服务网络模式"，见图 1。

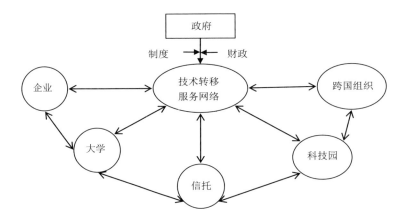

图 1 欧洲的区域技术转移服务网络模式

该服务网络按照统一的服务标准、通过统一的服务平台，为科技型中小企业提供标准化的"一站式"服务，这个网络将欧洲各国的网络成员联结，传播技术供给、技术需求和技术政策，其数据库包括欧洲最先进的技术，成员均可以直接查询、使用。成员可以加入和拥有数据库，在此发布需求或寻找适合自己的合作伙伴。网络服务平台采用全新的协同服务的理念，充分整合体系内所有服务机构的能力，以协同服务、接力服务的方式最大限度地发挥平台的服务能力。

2. 美国——多主体多层次的技术转移组织协同治理模式

美国的技术转移模式由国家、联邦、大学和企业等四个主体构成的多主体多层次的技术转移组织协同治理模式，见图 2。在美国技术转移是企业经营活动的重要内容，也是美国国家经济与贸易成分的重要组成。因此，这种多主体多层次间的协同是通过市场来实现的，技术转移依靠企业广泛参与国际技术分工与合作，如资本、技术和人员交流以及对外投资等。

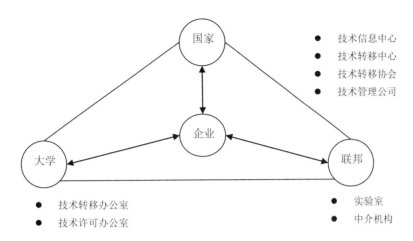

图 2 美国的技术转移模式

随着互联网在经济活动中的广泛运用，承接国际技术的途径和方式更加的空前广泛。美国大学技术经理人协会推出"全球技术门户"网站，以方便企业与大学之间的网络、合作与许可业务。

制度设计促进了美国技术转移中介组织的发展，同时也掀起了技术转移的热潮。例如，1980 年美国制定的针对公共研究机构的《拜杜法案》和针对联邦实验室的《斯蒂文森技术创新法案》。

3. 日本——基于国家和企业合作行动的技术转移模式

日本是采取国家和综合商社合作行动的技术转移模式，见图 3。

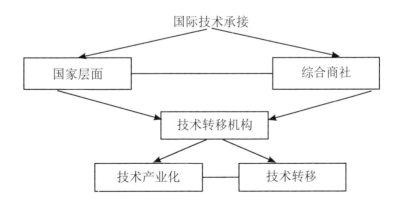

图 3 基于国家和综合商社合作行动的技术转移模式

日本是世界上最成功地运用技术转移实现经济复苏和产业结构调整的国家之一。"二战"后，日本的工业生产技术较之欧美发达国家落后约 20 ～ 30 年。

1950 年起，日本实施引进国外先进技术战略。1958 年，日本设立日本贸易振兴会（JETRO）[1]，专门负责收集整理、分析加工和传递报道国外经济和科技情报，以充分有效地获取国外技术转移信息。

日本的综合商社、大企业则开展技术跟踪和技术情报调查活动。日本跨国公司设立有专职的科技情报部门，并利用公开的出版物、数据库监视技术动向、识别未来重要技术领域。另外，还通过向海外派驻情报收集人员、与大学、研究机构等建立密切的联系来获得最新的技术情报。在"国家＋商社"合作行动的技术转移模式之下，日本企业采取"引进→消化吸收→创新→输出"的技术创新路径，即把引进的国外先进产品进行解剖等反向工程来学习国际先进技术，再到模仿创新，以至最终实现自主创新。

日本侧重"科研成果产品化"和"技术转移"，一是创办"高科技市场"，促进大学科研成果向企业转移和研究成果的产品化，提高日本企业的竞争能力。日本在每个大的地区基本上都会设立一个"高科技市场"，主要建在大学和科研机构比较集中的地方。二是启动技术转移机构发展战略（1998）[2]，依托重点大学建立技术转移机构、培训专业人才、完善支撑体系并就技术转移进行专门立法。

日本的科技成果转化机构或中介机构，一般叫"技术转移机构"（Technology Licensing Organization，TLO）。TLO 是在专利、市场性评价的基础上，在从大学等获取研究成果并实现专利化的同时，向企业提供信息，进行市场调查，通过向最合适的企业提供许可等谋求技术转让的组织。具体包括：①发掘、评价大学研究人员的研究成果；②在向专利局申请的同时使之专利权化；③让企业使用这些专利权（实施许可）；④作为对等条件从企业收取使用费，并把它作为研究费返还给大学及其研究者（发明者），见图 4。

---

① JETRO,Japan External Trade Organization. 日本总部设在东京，截至 2013 年 3 月 1 日，在国外 55 个国家设立了 73 所办事处，职员人数约 1 500 人。在中国北京、上海、大连、广州、青岛、武汉、香港设有中国办事处。

②1998 年 5 月，日本政府颁布了旨在促进大学和国立科研机构的科技成果向民间企业转让的《关于促进大学等的技术研究成果向民间事业者转让的法律》（简称《大学技术转让促进法》）。以期通过大学科技成果的转化来配合日本产业结构的调整，提高产业技术水平，创造出新的高技术企业，使大学的研究更加富有活力，为日本经济的复苏和学术研究的发展做出贡献。该法的核心内容是推进将大学的科技成果向企业转让的技术转移机构的设立，确立政府从制度与资金方面对科技成果转让机构予以支持的法律依据。

图4　日本的大学、TLO与企业之间的关系

4. 韩国——国家战略、产业集群创新与地方技术能力构建的国际技术转移模式

韩国采取的是国家战略和地方产业集群创新相结合的模式，见图5。

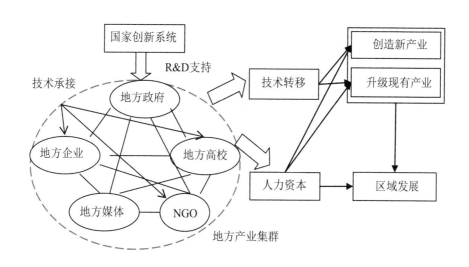

图5　韩国承接国际技术转移的发展模式

韩国技术引进的重点始终是同工业结构升级的战略目标一致的。国家动议表现在国家对整个经济结构的走向进行规划和引导，通过技术的引进实现该国家的战略。2000年，韩国在国家层面成立了韩国技术转移中心，隶属于国家产业能源部。2001年，由政府和企业共同捐款成立了一家非营利技术转移组织——韩国产业技术财团，与学术界、产业界、研究院所和政府都有密切的联系，开展各类活动如培训、技术情报收集、国际合作及政府委托合同等，见表1。

表1　韩国的国家战略与技术引进

发展阶段	技术引进的方向与重点发展的长远
20世纪60年代——出口导向战略	推进轻纺工业出口导向战略,韩国的技术引进主要集中在纺织、建材、钢铁等劳动密集型产业。1962年成立韩国贸易振兴社(KOTRA),大量收集和传递与成果转化有关的新技术、技术人才以及装备、设施等信息,为韩国出口导向型的经济发展提供了有力的支持
20世纪70年代——重化工发展战略	韩国进入以钢铁、有色金属、石油化工、造船、汽车、机械等行业为重点的重化工业发展阶段。韩国开始加强对引进技术的消化吸收,技术引进也从单一的成套设备进口转变为单项技术的引进。这段时间韩国的技术引进不仅在质上有了很大的提高,技术引进的数量也大幅增加
20世纪80年代以后——"技术立国"战略	韩国的技术引进开始转向技术密集行业。这一阶段韩国技术引进主要集中在高新技术领域,如半导体、计算机、汽车、机械以及微电子生物工程等。技术政策的重点转向技术的本地化

产业集群是韩国承接国际技术转移的重要载体。21世纪初,韩国启动了产业综合体[①]和创新集群发展战略。一方面是由于现有的产业综合体为韩国的产业结构调整、经济增长做出了显著的贡献;另一方面,现有的产业综合体是在要素驱动和批量生产经济时代形成的,存在以下问题,一是强调生产而不是创新;二是企业研发能力不强,大学—产业—企业合作关系很弱;三是政策集中在制造产业,知识服务很薄弱;四是与腹地经济联结不紧密;五是产业综合体由大企业主导,主要集中在生产环节,中小企业的技术能力提升缓慢。

(二)发达国家及地区的技术转移特点

一是以政策法律做支撑,设置相应的职能部门。美国出台的系列法律法规有针对性,可操作性强,且细节要求多,涉及技术转移过程中的各个部门和环节,包括规定了商标、专利的注册和知识产权的保护,设立了奖励政策,激励科研人员积极参与技术转移工作,推进技术成果转移。

德国也是最早建立技术转移法律制度的国家之一。德国是欧盟成员国,在遵守欧盟技术转移方面制定的法律法规基础上,制定的与技术转移有关的法律有《基本法》和《专利法》。

1999年,德国联邦政府修改了相关规定,将受到联邦教育研究部资助的研发项

---

① 产业综合体是指某个特定区位上,一组相互之间存在技术、生产和分配等多方面联系的经济活动。李孟君.产业综合体研究综述[J].商场现代化,2011(16).

目的研发成果下放给大学等公共研发机构，该规定类似于美国的《拜杜法案》①②。1967 年，法国成立国立技术转移署，支持企业、公共研究部门、大学实验室和法国科研中心进行科研成果的转化工作。

二是制定技术转移战略，给予财政资金支持。欧盟"研究、技术开发及示范框架计划"（简称"欧盟框架计划"）。该计划是欧盟成员国和联系国共同参与的中期重大科技计划，具有研究水平高、涉及领域广、投资力度大、参与国家多等特点。"欧盟框架计划"是当今世界上最大的官方科技计划之一，以研究国际科技前沿主题和竞争性科技难点为重点，是欧盟投资最多、内容最丰富的全球性科研与技术开发计划。迄今已完成实施七个框架计划，第八项框架计划——"地平线 2020"正在实施。

三是主体多元化，技术转移服务网络完善。网络由各个技术转移主体，如企业、大学、科技园区等组成。网络运用有其自身的组织性，网络覆盖范围广，有诸多不同性质的技术转移服务机构成为网络成员，见表 2。

表 2　欧洲层面的技术转移服务网络

（1）欧洲创新转移中心。它的目的在于促进欧洲地区的研发机构与中小企业间的技术转移，是一个泛欧洲的技术交易市场平台。
（2）欧洲企业网络。它旨在为中小企业提供技术创新、成果转化、经贸支持等服务的标志性机构，是全球覆盖范围最广、影响力最大的服务性平台。
（3）欧洲技术转移、创新及工业信息协会（TII）。它位于卢森堡，是面向企业提供优质的科技创新支持和技术转移服务的一个社会团体，会员来自欧洲 30 多个国家的科研机构、企业、大学、技术转移中介机构、政府部门以及知识产权机构等。
（4）泛欧知识转移机构网。它是以欧洲各国大学和公共科研机构为会员组成的一个非营利性的社会团体，目的是通过构筑更加有效的大学和公共科研机构知识转移体系，促进欧洲创新发展和社会繁荣。

---

① 《拜杜法案》由美国国会参议员 Birch Bayh 和 Robert Dole 提出，1980 年由国会通过，1984 年又进行了修改。

② 《拜杜法案》使私人部门享有联邦资助科研成果的专利权成为可能，从而产生了促进科研成果转化的强大动力。该法案的成功之处在于：通过合理的制度安排，为政府、科研机构、产业界三方合作，共同致力于政府资助研发成果的商业运用提供了有效的制度激励，由此加快了技术创新成果产业化的步伐，使得美国在全球竞争中能够继续维持其技术优势，促进了经济繁荣。

美国很多大学设有技术许可办公室（TLOs）[1]或技术转移办公室（TTOs）；一定规模以上的联邦实验室均有负责技术转移的机构，负责审视和采集联邦研究机构的研究成果，将具有申请专利潜力的成果进行专利申请，并管理机构所有专利。联邦政府的中介机构包括非营利性的法人组织、民间律师事务所和顾问公司、专利管理公司、大学基金会等。国家技术信息中心[2]负责专利和技术管理中介机构的国家技术转移中心；促成技术授权或成立新公司的技术管理公司。

四是市场机制成熟，科技成果商业化程度高。发达国家技术转移中十分注重通过市场机制构建技术转移合作网络。政府通过政策制度来规范与保障技术转移，重视发挥市场作用来调动不同主体参与技术转移活动。政府的相关政策为技术研发提供导向，企业的科技研发与技术引进围绕国家战略进行，健全的政策与法律体系与规范的市场机制保证了技术转移双方与技术中介结构的合法权益。

在此体系下，产学研政各方面衔接紧密，形成了校校合作、校企合作、跨学科合作的良好氛围，同时激发产业界参与兴趣，实现了企业深度参与的产学研合作，解决现实问题。

（三）发达国家及地区技术转移保障体系

一是良好的政策环境。为建立有序的市场竞争，制定了一系列相关法案，这些政策为技术转移服务构建了有序的市场经济以及健全的法制环境。适时调整的科技政策，在加强基础研究、普及科学教育与提高教育质量的同时，加速科技成果和新技术的商品化。美国 1982 年制定的《小企业技术创新进步法》，强化社会各界在联邦政府研究成果商品化过程中的作用。通过设立风险投资基金、贷款担保、信用及风险担保等措施，解决了中小企业技术创新所需的资金。通过给予创新企业税收优惠，给予高风险高科技企业税收优惠，鼓励企业的项目研发。

二是制定技术转移相关的法律法规。美国为提升国家竞争力，促使大学及联邦实验室技术成果的产业化，颁布了一系列有关技术转移的法案，形成了一套系统的技术转移政策。1980 年 12 月的《专利和商标法修正案》，即《拜杜法案》，1980

---

[1] 美国大学技术转移过程可描述为：广泛的、扎实的基础科学研究→科学研究基础上的技术发明→技术的评估，包括：潜在的商业价值、技术优势、保护能力、发明文件等→知识产权保护法律化过程→商业化战略与策略规划制定→形成生产产品协议或创建公司（产业孵化平台）→公司上市，学校资本退出，无形资产变现→监督技术许可的实施过程，包括技术的孵化、知识产权的保护、资金的投入等。

[2] 美国国家技术转移中心。非营利性的独立机构，是国家技术交易市场平台，提供整合性技术交易信息网站及专业咨询服务。目前已成为美国各联邦实验室、太空总署与美国各大学对企业界提供技术转移等各项服务的重要机构。整合性技术交易信息平台和提供技术交易专业服务。

年的《史蒂文森—威德勒技术创新法》，1982 年制定的《小企业技术创新进步法》，1984 年出台的《国家合作研究法》，1986 年制定的《联邦技术移转法》等。这些政策一方面强化了政府为技术转移提供服务的职责，另一方面弱化了政府参与利益的分配，政府职能定位准确，真正体现了对技术转移的促进。

三、我国与发达国家地区技术转移模式比较分析

（一）技术转移体系

我国技术转移过多地依赖于政府单方面的推动，以企业为主体的技术转移体系建设还在不断的摸索之中。

一是技术成果忽视市场需求，导致技术转化困难。由于和市场脱节和未引入市场竞争机制，很多高校、研究院所研发的项目没有市场敏感性，仅仅以完成科研项目而完成科研项目，缺乏明确的市场导向，虽然研发成果技术含量高，技术标准高，但是生产成本很高，不具备市场竞争能力，或不具备产业化生产能力，导致市场应用比较困难。

二是许多技术不成熟、不稳定，还不具备产业化的基础条件，在技术转移中存在很大的风险。自主创新的成果最初只是不成熟的创意，要变成成熟的技术、市场接受的产品，需经过实验室、中试、产业化、市场化四个阶段。很多技术没有完成小试、中试、产品定型等阶段，缺乏技术集成，离产业化还有较长的距离，并不能直接形成规模化的商品生产，不具备产业化的基础条件，导致技术转移的困难。

三是技术转移政策体系的建设与我国技术转移体系的需求仍有差距，需适时调整我国技术转移政策体系，重点在技术转移市场管理、金融贷款等方面的政策，进一步为技术转移体系的发展提供保障。我国技术市场的活力仍有释放空间，要以市场为纽带，形成技术转移政策体系与技术转移服务体系的联动，最终形成一种有序的协同运行机制。

（二）技术转移政策法律机制

我国针对科学技术相关领域，建立了相应的《中华人民共和国科学技术进步法》《中华人民共和国促进科技成果转化法》《专利法》等系列法律，但缺乏细则性指导意见与技术转移支持文件。我国还未针对技术转移制定一部专门的《技术转移法》，缺乏对建立我国整体的技术转移体系的法律依据。

（三）科研经费支出

从国际比较看，中国、韩国 R&D 经费增长大大快于全球平均速度；美国、德国 R&D 经费增长略快于全球平均速度；法国、英国 R&D 经费增长则低于全球平均增长速度；日本 R&D 经费出现了负增长。

2013 年，全球 R&D 经费约 13 958 亿美元，2010—2013 年平均增长速度为 5.2%，总体上保持平稳增长趋势。2013 年，我国 R&D 经费总量为 11 846.6 亿元，按当年平均汇率折算为 1 912 亿美元，已超过日本（约 1 709 亿美元），跃升为全球第 2 大 R&D 经费国家。但是我国 R&D 经费仍不到美国的一半（约 42%）[①]，见表 3。

我国企业 R&D 经费投入主体地位进一步增强。2013 年，我国 R&D 经费中企业投入的资金为 8 838 亿元，占 R&D 经费的 74.6%。

表 3 主要国家 R&D 经费（2010—2013 年）

单位：百万美元

国家	2010	2011	2012	2013	增长速度 /%
中国	104 318	134 443	163 148	191 205	22.38
美国	409 599	429 143	453 544		5.23
日本	178 816	199 795	199 066	170 910	−1.50
德国	92 641	104 956	101 993	109 515	5.74
法国	57 571	62 594	59 809	62 616	2.84
韩国	37 935	45 016	49 225	54 163	12.60
英国	40 734	43 868	42 607	43 528	2.24
全球	1 199 345	1 325 026	1 368 363	1 395 802	5.20

（四）技术转移机构

依托美国政府的技术转移机构主要有"国家技术转让中心"（NTTC）和"联邦实验室技术转移联合体"（FLC），是非营利技术转移机构。除上述两家政府机构以外，美国的技术转移机构大部分都依托高校和研究机构，且大都以非营利形式存在。其中，运行最为成功的是斯坦福大学首创的技术许可办公室（TLO）模式，其次还有麻省理工大学的第三方模式和威斯康星大学的 WARF 模式。

德国典型的技术转移机构有史太白技术转移中心、德国技术转移中心和佛劳恩霍夫协会。德国技术转移中心和弗朗霍夫协会都是以政府为背景，非营利的技术转

---

① 科技统计报告，2015 年 3 月 4 日，总第 569 期。

移服务机构。史太白技术转移中心是德国最大的完全市场化运作的技术转移机构，以强大的技术团队为支持，直接将企业客户的需求委托给科研机构，促成两者之间的研发合作，见表4。

表4　德国典型技术转移中心

史太白技术转移中心	由德国史太白技术转移有限公司运行。该中心拥有360多个技术转让机构、3 500多名专家，建立了覆盖全国的服务网络，以"担当政府、学术界与工业界的联系界面，专门为顾客需要服务，把研究成果转化为有竞争力的工艺与产品"为目标，吸引了大学研究中心、独立研究中心和科技型企业加入联盟，并为其提供技术咨询、研究开发、人才培训等服务
佛劳恩霍夫专利中心	德国较典型的技术转移促进机构，也是服务于德国公共研发体系最大的一个知识产权管理者。该中心扮演一个服务性中介的角色。它不从事任何基础或应用型研究，仅处理申请专利和专利许可的相关事务。不仅仅帮助实现技术转移，也提供诸如创新和技术评估、专利战略规划等多样化的知识产权管理服务。佛劳恩霍夫专利中心会在项目初期就引入意向企业，共同完成研发。同企业直接签订研究合同成为技术转移的首要方式。这一方式存在两大优势：第一，基本保证了整个研发过程以及未来技术转移的资金的需求。第二，研发主体同企业保持沟通，获得的研发成果大都针对企业，技术转移多半能顺利完成
石荷州技术转移中心	是在政府部门指导下工作，运行经费分别由石荷州的科技基金会和企业工商协会共同承担。该中心以技术服务、技术咨询和技术成果转让为服务内容，其中高新技术推广是其服务重心。服务对象以中小企业为主。"中心"从多角度、多种形式地为地区范围内的中小企业服务，例如为企业寻找合作伙伴和支持该地区的技术创新、为企业查询国内外的技术、展览会、组织的学术报告会、技术交易市场、落实财政补助、与欧盟国家进行科技合作等

由日本政府建立的技术转移中心的典型代表是科学技术振兴事业团（JST），其提供中介服务的运行费是由政府出资和社会筹集两部分组成的。日本中小企业事业团（JASMEC）是推动官产学研联合的具体项目，除了支持向企业的技术转移与技术交流活动以外，还支持风险投资，为大学和科研机构提供成果转移和技术合作平台。

我国的技术转移机构同发达国家的差别在于我国技术转移机构市场化程度偏低。市场驱动力不够，企业作为技术转移机构建设主体的市场能力偏弱。一方面是由于技术转移需要构建大规模多元化的网络，一般企业的资金难以维系；另一方面是由于企业经营的技术转移机构同技术研发单位和企业间缺乏较为成熟的服务体系。

四、对我国环保技术国际合作的思考和建议

（一）探索有利于技术合作和推广的运行机制和有效途径

构建以市场需求为导向、大学和科研院所为源头、技术转移服务为纽带、产学

研相结合的环保技术国际合作体系。建立为促进技术转移服务的组织机构和合作网络。建立国家级环保技术创新转移中心，如"一带一路"环境技术交流与合作中心，形成品牌效应，整合优化现有中小环保技术转移服务机构，形成优势互补。加强与国内外知名技术转移机构的合作，强强联合，深化合作内容，提升服务能力。

发挥大学和科研院所的知识创新源头作用，加强大学、科研院所技术转移体系的整合，支持其设立专门的环保技术转移机构，引导公共财政投入所形成的科研成果和研发能力向社会转移。利用大学和科研院所的专家、教授、院士等人才资源优势和科研基础条件优势，建立技术转移咨询机制，提高技术转移和推广应用的成功率。

发挥企业的技术创新主体作用，引导企业以环境问题为导向，加强研发投入，促进企业的技术集成与应用。推动企业以产业链集成创新为目标形成各种形式的国际合作技术联盟。

进一步发挥大学科技园、科技企业孵化基地、生产力促进中心、技术转移中心、技术交易市场等科技中介服务机构的作用，探索和创新服务模式，提升专业服务能力，树立服务品牌；整合多方资源，为技术转移提供全过程服务。

加强与国家技术创新体系中各类主体的多向互动。大学、研究机构、中介服务机构与企业等通过共建或共享实验室及中试孵化平台、合作开发、技术许可、技术入股、人员交流，企业并购、建立科技成果转化基地和技术转移联盟等方式，实现优势互补、资源共享。

进一步强化中国—亚欧博览会、中国—东盟博览会、中—阿环境合作论坛、中俄博览会、欧亚经济论坛等平台作用，研究设立以论坛、研讨会、人员技术培训、产品展示推介等多元化的国际环保技术交流模式。

（二）开展国家技术转移示范工程

结合国家级环保技术创新转移中心的建设，在我国环保产业发展水平高的地方选择符合条件的机构进行试点，重点支持其建立和完善适应市场经济要求、有利于促进技术转移的专业化服务机构，培育一批信誉良好、行为规范、综合服务能力强、起到示范带动作用的技术转移机构。

围绕环渤海、长三角、珠三角、东北、中西部等经济区域，依托中国—东盟、中国—中亚、中国—俄罗斯环保技术与产业合作交流示范基地的区位优势，不断扩展环境技术转移合作网络。准确把握环保技术与产业示范基地的技术产业特色，建立环保技术转移联盟。

以"一带一路"环境技术交流与合作中心为门户，发挥其他示范基地的区位优势和产业特色，以基地为节点，构建我国环保技术转移联盟。通过在联盟内开展环保技术与产业合作交流，实现资源互补，互利共赢。

（三）全方位启动区域环保技术国际合作战略研究

组织研究团队，包括政府有关部门、高等院校、科研机构对跨区域环保技术国际合作进行全方位的深入研究，包括技术需求、技术能力、创新水平和产业结构等各个方面。在研究成果基础上，提出针对不同区域环保技术国际合作战略和具体措施。研究制定鼓励技术国际合作网络形成的行动计划、方案、政策、措施，提供在政策、专项资金和信息等方面的策略与建议。研究编写区域环保技术国际合作互补优势及跨区域环保技术合作指导手册。开展环保技术合作专题的深入研究。结合国家环保技术国际合作需要，进行深入的具体研究，提出合作具体方案，重点对技术合作的经济效益评价，战略实施的步骤，经济回报、风险评估等方面进行研究。

（四）建立和完善技术转移的投融资服务体系

一是由中央政府财政拨款或地方政府共同出资，建立技术转移合作专用资金；二是引入市场机制，积极尝试和探索有效的融资机制。如建立风险投资创业协作网，鼓励跨地区的环保技术与资本融合。

可以按照区域开发银行的模式，先组建泛珠三角和东盟之间的区域或次区域性的开发银行，参与双方环保投资项目的开发融资。设立专门支持跨界区域重大项目建设的跨界区域发展银行，为跨区域环保技术合作提供政策性融资。此外，鼓励建立各类半官方的跨界性的地区合作组织，例如尝试建立在政府指导下的区域行业协会、大企业联合会、技术转移服务联盟、产权交易联合中心等，由这些联合机构承担投融资的纽带功能。

参考文献

[1] 司徒唯尔 , 席与亨 . 我国与发达国家技术转移机制比较研究的启示 [J]. 知识经济 , 2010(13).

[2] 叶宝忠 . 基于技术转移集合体模式的工业技术研究院创新模式研究 [D]. 西南交通大学 , 2011.

[3] 王光辉 , 王祎 . 我国技术转移的现状、问题及建议 [J]. 太原科技 , 2009(11).

[4] 邹小伟 . 产学研结合技术转移模式与机制研究 [D]. 华中师范大学 , 2013.

"一带一路"应加强
中国—东盟可持续城市合作

王语懿　张洁清

过去 150 年中，城市规模稳步扩大，城市产出占到全球 GDP 总量的 80%。包括中国和东盟在内的亚太地区的城市化进程，更是达到了前所未有的高度。城市化在提高人民生活水平和创造社会财富的同时，也导致资源消耗激增，对生态环境带来巨大压力。东盟是"21 世纪海上丝绸之路"的重点区域，与中国同处于城市化快速发展阶段，面临许多相似的挑战。在推动城市化建设、促进生态文明和绿色转型的过程中，中国和东盟各国有很大的合作空间。携手应对城市环境挑战，对中国和东盟，乃至区域和全球可持续发展都具有十分重要的现实意义。本文介绍中国—东盟可持续城市合作背景和合作现状，分析双方开展可持续城市合作的机遇与挑战，为进一步开展中国—东盟可持续城市合作提供政策建议。

一、中国—东盟可持续城市合作背景

（一）中国—东盟拥有良好的环境合作关系

自 2003 年中国与东盟签署了《面向和平与繁荣的战略伙伴关系联合宣言》以来，双边关系得到了全面发展，双方的合作从贸易、投资和金融等传统领域，逐渐拓展到科技、文化和环保等 11 个领域。环境合作是中国—东盟合作框架下优先合作领域之一。近十年来，特别是 2010 年中国—东盟环境保护合作中心成立以来，中国—东盟环境合作不断发展，已成为区域"南南"合作的一个重要平台和范例。双方积极落实《中国—东盟环境保护合作战略》与《中国—东盟环境合作行动计划》，开展了一系列卓有成效的合作活动。在中国与东盟领导人的重视下，在双方环保部门的推动下，中国—东盟环境合作活动日益增加，合作层次逐步提高，合作范围逐步扩大，朝着系统化和机制化方向发展。

（二）开展可持续城市合作符合双方的利益

当前，中国正在全面建设小康社会，东盟也在加速推进共同体建设，双方的发展都进入了一个重要的阶段。中国与东盟成员国山水相连的生态环境更是将双方紧密地结合在一起。开展可持续城市合作，建设资源节约型与环境友好型社会，符合双方的共同利益，以及自然环境和谐发展的需要。一方面，可持续城市合作有助于拓展中国—东盟环境合作范畴。2015年，在第18届中国—东盟领导人会议上，李克强总理提出"探讨建立中国—东盟生态友好城市发展伙伴关系，携手实现绿色发展"合作倡议。2016年，双方通过了新一期合作战略，即《中国—东盟环境合作战略（2016—2020）》，将环境可持续城市合作列为新的优先合作领域之一。双方正在编制的《中国—东盟环境合作行动计划（2016—2020）》也规划了可持续城市领域的合作内容。该领域的合作将进一步拓展中国—东盟环境合作的范畴，推动双方环境合作取得新的成果。

另一方面，可持续城市合作有助于促进区域可持续发展。2015年9月，联合国可持续发展峰会通过了2030可持续发展议程，其中"建设包容、安全、有韧性的可持续城市和人类居住区"被列为可持续发展目标之一（目标11）。中国与东盟在自然地理和生态环境上有着十分重要的联系，而且都面临着城市化带来的水污染、大气污染、城市生态破坏、气候变化和生物多样性丧失等日益严重的城市生态环境问题威胁。开展可持续城市合作，通过加强中国与东盟在城市建设、污染治理等方面的交流，有利于加强双方环境技术和产业的合作，降低国家间的经济贸易与自然生态成本，改善本地区的环境状况，促进经济、社会与环境的可持续发展。

二、中国—东盟可持续城市合作现状

中国和东盟大部分国家同属发展中国家，经济发展正处于城市化的阶段，面临着城市化过程中类似的问题，在可持续城市领域，双方都积累了不少的经验和教训，也开拓了一些合作项目，取得初步成效。

中国于20世纪70年代开始可持续城市的理论探索和建设实践，伴随着经济的持续发展、工业化和城市化带来的城市环境日益恶化以及人口、资源与环境矛盾日益加剧,中国可持续城市建设全面推进。为了破解环境保护与经济发展的矛盾,自2000年起,环境保护部一直致力于打造一个推进生态文明建设和绿色发展的工作载体,即生态省和生态城市建设。生态城市建设是根据资源环境条件统筹规划城乡经济社会与环境保护,通过构建合理的生态空间、发达的生态经济、先进的生态文化、完善的生态制度、适度的绿色生活,不断改善生态环境,提高生态文明水平。到目前为止,全国有福建、浙江、辽宁、江苏等16个省、自治区、直辖市正在开展生态省建设,超过1 000个市县区开展生态市县建设。此外,在推进生态城市的建设过程中,中国的环保产业也在迅速发展。据中国环保产业协会的统计数据,截至2015年,中国环保产业产值约达到2.2万亿元人民币,其中环境污染治理的产值为0.8万亿至1万亿元。目前,中国环保产业已经发展成为囊括环保产品、环境基础设施建设、环境服务、环境友好产品、资源循环利用等多领域的综合产业体系。

东盟内部的发达国家新加坡在可持续城市建设方面已走在世界前列。然而,除新加坡、马来西亚、文莱经济较发达外,其他东盟国家的发展水平仍旧较为低下,环境技术水平整体落后。东盟环境问题是在近20年才集中出现并被社会公众所关注,大部分国家水污染治理技术仍停留在初级阶段,大气污染防治技术处于起步阶段,大部分的污染治理技术还需要引进。这也为中国与东盟国家开展在可持续城市建设合作提供了契机。

中国—东盟可持续城市合作始于20世纪90年代,当时中国城市发展急需借鉴发达国家城市建设的经验,中国与新加坡签订了第一个中国—东盟政府间城市合作项目——中新苏州工业园。随着合作的深入,目前已形成苏州工业园、中新天津生态城、中马钦州产业园、马中关丹产业园区等数十个产业开发区及生态新城合作项目。这些合作项目依托不同模式,融合中国与东盟国家在可持续城市方面的经验,取得积极成效。

中新苏州工业园行政区划面积278 km²,在城市环境建设方面"按照生态宜居、紧凑集约、低碳节能、智慧智能"的要求,提升城市规划设计、承载能力、建设水准。园区坚持形象提升与内涵建设并举,促进资源精细开发、深度整合、优化配置、高效利用,推动可持续发展。园区重视生态文明建设,实施水体整治、河道疏浚、扬尘治理、绿化美化等工程,创新城市管理,营造优美环境,积极创建国家生态文明示范园区。

中新天津生态城的建设显示了中新两国政府应对全球气候变化、加强环境保护、节约资源和能源的决心,为资源节约型、环境友好型社会的建设提供积极的探讨和典型示范。生态城借鉴新加坡的先进经验,在城市规划、环境保护、资源节约、循环经济、生态建设、可再生能源利用、中水回用、可持续发展以及促进社会和谐等方面进行广泛合作。生态城指标体系依据选址区域的资源、环境、人居现状，突出以人为本的理念，涵盖了生态环境健康、社会和谐进步、经济蓬勃高效等三个方面二十二条控制性指标和区域协调融合的四条引导性指标，用于指导生态城总体规划和开发建设，为能复制、能实行、能推广提供技术支撑和建设路径。

马来西亚—中国关丹产业园面积约 1 500 英亩，所在地关丹地理位置优越，面向南中国海，直接连接到钦州深水港和其他中国东部的港口。园区建设依照环境可持续、生态结构合理、产业结构互补，建立以静脉产业为主导的生态工业园，通过静脉产业尽可能地把传统的"资源—产品—废弃物"的线性经济模式，改造为"资源—产品—再生资源"闭环经济模式，实现生活和工业垃圾变废为宝、循环利用。

三、中国—东盟可持续城市合作机遇与挑战

（一）中国—东盟可持续城市合作面临的问题与挑战

1. 合作利益诉求不统一

东盟各国经济发展水平存在阶段性差异，使得可持续城市建设在不同国家的利益排序有所不同。一方面，在中国—东盟可持续城市合作中，新加坡是发达国家，拥有相对突出的城市建设和财政能力，在可持续城市合作方面，最关心的是如何更好地将本国的资本与城市建设经验输出。而东盟地区大多数国家尚处于经济起飞阶段，最关注的是如何获得环境技术与资金援助，从而更好地解决国内城市环境问题。另一方面，尽管东盟内部马来西亚、泰国的中产阶层数量日益庞大，他们对加强宜居城市的需求越来越强烈，但这些国家在城市建设过程中重发展轻环保的旧观念依然泛滥。而剩下的国家都是发展中国家，经济落后，处理城市环境问题的经验很少。再加上各成员国关心的城市环境问题、环境法律和标准有很大的区别，所有这些差异会导致东盟各国在可持续城市合作过程中提出不同的要求，各国的城市合作目标很难协调一致，各自的利益也难以平衡。

2. 合作制度化程度较低

东盟各个国家之间的法律、政策不尽相同，很难制定出让各个国家都舒适的环境条约。因此，东南亚国家基本没有采取实际行动来协调各自的环境标准，也没有约定各国都认可的排放限量。环顾整个东南亚，多数国家都偏好宽松的合作方式，如商定共同发展的环境目标、行动计划以及合作开发环保项目。

目前，中国—东盟的合作主要是依据双边或多边的行动计划、宣言、决议、谅

解备忘录等开展的。而这些都是软法，只是制定了一些框架和原则要求相关国家遵守，缺乏实用性和可操作性，更缺乏约束力。在制度建设方面，各国主要是依赖政府首脑会议、部长级会议等组织形式开展合作，并没有建立常设的可持续城市合作机构用于协调和约束各国的合作实践。从整体上来看，中国—东盟可持续城市合作的制度化水平较低，缺乏把成员国承诺转化为国家行为的机制，区域内部的合作缺乏约束力，效果受到限制。

3. 缺乏持续可靠的资金保障

可持续城市合作中可靠的资金保障发挥着重要作用，充足的资金支持能够为合作的顺利进行提供必要保证。目前，中国—东盟可持续城市合作的资金筹措主要有如下两个途径：一是申请相关的区域基金。如亚洲区域专项合作资金、中国—东盟合作基金等。此类资金具有临时性特点，难以支撑中国—东盟可持续城市合作进程中长期的合作项目。二是获取国际组织和国际合作伙伴的资助。如何更好地运用相关的区域合作基金，争取国际机构的支持，促进企业与社会公众的参与，将是未来建立中国—东盟可持续城市合作资金保障亟待解决的具体问题。

（二）　"一带一路"为中国—东盟可持续城市合作带来新机遇

2013 年，习近平主席在出访中亚和东南亚国家期间，先后提出共建"丝绸之路经济带"和"21 世纪海上丝绸之路"合作倡议。"一带一路"秉持亲诚惠容的外交理念，发展与沿线国家的经济合作伙伴关系，以政策沟通、设施联通、贸易畅通、资金融通、民心相通为主要内容，与沿线各国共同打造政治互信、经济融合、文化包容的利益共同体、责任共同体和命运共同体。2015 年 3 月，中国政府发布的《推动共建丝绸之路经济带和 21 世纪海上丝绸之路的愿景与行动》，明确强调，要加强生态环境合作，共建绿色丝绸之路。在"一带一路"倡议背景下，大力推进区域环境合作，有助于降低环境成本和环境风险，为区域经济发展保驾护航。

东盟是"21 世纪海上丝绸之路"的重点区域。从地域上看，东盟是"21 世纪海上丝绸之路"的关键枢纽。从经济联系上看，东盟是中国建设"21 世纪海上丝绸之路"中经贸与投资总量绝对不容忽视的一部分。从国家投资的战略方向上看，亚洲基础设施投资银行与丝路基金的相继成立，无疑将东盟诸国作为重要的投资目标国。

东盟国家主要城市都分布在海上丝绸之路经济带沿线，"一带一路"带来的经济发展和互联互通，将为双方开展可持续城市合作带来重要机遇。随着经济的增长和城市化进程的加速，东盟国家对电力、道路、机场、供水和污水处理等基础设施的需求将进一步增加。而我国正处于产业结构调整优化的关键时期，部分行业产能严重过剩，借助环境基础设施建设合作，可积极拓展我国在能源、矿产、制造业等方面的国际合作领域，促进产业升级。

四、中国—东盟可持续城市合作建议

中国和东盟一衣带水，同属一个发展区域，在推动城市化建设、促进生态文明和绿色转型的过程中，中国和东盟各国都积累了不少经验和教训，有很大的合作空间和潜力。双方应携手应对城市环境挑战，抓住发展机遇，推动可持续城市合作。

（一）选取重点区域和领域开展中国—东盟可持续城市合作

中国—东盟可持续城市合作应选定重点区域，优先开展合作。按照东盟国家的经济总量、基础设施需求、投资环境、政治关系以及城市化情况，可重点选择越南、泰国、缅甸、老挝、柬埔寨、印度尼西亚和菲律宾的首都和大城市以及重点工业园区等加强合作。

据统计，目前我国与东盟国家潜在的合作产业园区有 20 余个，包括文莱双溪岭工业园、金边特别经济区、柬埔寨西哈努克特别经济区、印度尼西亚中印经贸合作区、泰国赛色塔发展特区、泰国东坡西经济特区、泰国塔銮湖经济特区、普乔经济特区、老挝他曲经济特区、维塔特别经贸园、磨丁经济特区、沙湾一色诺经济特区、万象龙滩经济特区、金三角经济特区、中马关丹产业园区、菲律宾克拉克自由港区、菲律宾巴丹自由港区、菲律宾波罗自由港、泰国万尊工业园、越南平川工业园区和越南炳山工业区。

在推动可持续城市合作过程中，中国和东盟国家可选择城市规划、水污染治理及资源化利用、大气污染控制、重金属污染防治、绿色能源开发及技术援助作为重点合作领域，鼓励开展可持续城市的法律法规、标准体系、奖励机制、金融体系与最佳实践等领域的交流合作、联合研究、试点示范等。

（二）建立中国—东盟可持续城市合作的区域合作协调机制

区域合作协调机制的建立，将为中国与东盟开展可持续城市合作提供机制性保障。当前，双方正在积极筹备建立中国—东盟生态友好城市发展伙伴关系，落实中国—东盟领导人会议相关倡议。伙伴关系将为中国和东盟成员国的城市搭建一个区域合作平台，规划和实施合作活动，利用国家和地方政府的合作资源，争取国际机构和合作伙伴的支持，鼓励企业和社会积极参与合作，将中国—东盟生态城市合作打造成一个长期性的、旗舰性的合作品牌。未来，双方将积极利用各方资金在此领域开展合作，主要合作内容包括生态城市政策与经验交流、低碳环保产业与技术合作、公众参与与环境宣传、建立中国—东盟生态城市联盟等。中国—东盟生态城市联盟将成为伙伴关系的实施载体和平台，邀请中国和东盟的城市、企业、研究机构和民间公益组织、国际机构等成为联盟的成员。联盟的管理机构为理事会，理事长和理事主要由中国和东盟成员国的城市代表、企业代表、国际机构代表和学者组成。理事会下设秘书处，负责联盟的日常管理工作。

（三）构建中国—东盟可持续城市合作的多元化主体

中国—东盟可持续城市建设合作过程中，政府组织是推动可持续城市建设和合作的首要力量，是可持续城市建设的政策制定者、实施者，是可持续城市建设管理的系统中枢和调控中心。但是，政府的管理职能是有限的，且单一主体也不能够实现可持续城市的建设。应加强中央及地方政府、研究机构、企业及国际组织等多元化主体从意识、政策、机制等方面共同参与可持续城市的建设和管理。私人资本如能积极参与到中国—东盟可持续城市合作项目建设中来，不仅有利于实现建设的成本控制，也有利于降低我国海外工程的政府背景，避免国际贸易规则的责难。

（四）完善中国—东盟可持续城市合作的金融保障体系

中国—东盟可持续城市合作离不开资金支持，我国应加强金融保障体系的建立，逐步推出一些可持续城市合作项目。应该建立中国—东盟可持续城市合作基金并实现其机制化运作。基金运作的前提是筹资。国际通行的做法主要是根据各成员国的GDP、出口额或研发预算额的比例分摊缴纳资金；或鼓励成员国政府按照自身的能力给予捐助。考虑到东盟大部分国家与中国同属发展中国家，我国应发挥援助资金的"排头兵"优势支持可持续城市合作，多支持一些在当地影响力大、社会效益好但经济效益有限的环境类重大项目，为带动其他各类资金参与投资以及建立长期互利合作关系打下坚实的基础。同时应该从多方面着手解决资金来源问题，可以考虑：一是利用丝路基金、亚洲基础设施投资银行、金砖组织开发银行等平台为相应项目提供资金支持；二是争取国际货币基金组织、世界银行以及亚洲开发银行等国际金融机构的支持；三是积极争取私人部门特别是工商部门的投资；四是努力实现项目的市场化运作，通过项目自身的成果创造经济效益等。

参考文献

[1] 蒋艳灵，刘春腊，周长青，等．中国生态城市理论研究现状与实践问题思考 [J]．地理研究，2015, 34(12): 2222-2237

[2] 宋丰产，徐伟，刘海石，等．城市化进程中的环境问题 [J]．黑龙江环境通报，2002, 26(3): 23-24.

[3] 王玉庆．当前生态城市建设中的几个突出问题 [J]．求是，2011 (4): 55-57.

[4] 刘翔，王政．国外生态城市建设经验对中国小城镇建设的启示——以中新天津生态城的建设理念创新为例 [J]．世界农业，2011 (4): 20-22.

[5] 古小松．自贸区建成后的中国—东盟合作 [J]．东南亚纵横，2010 (11): 5-8.

[6] 崔文星．2030 年可持续发展议程与中国的南南合作 [J]．国际展望，2016(1):34-55.

[7] 徐进．略论中国与东盟的环境保护合作 [J]．战略决策研究，2014(6):30-40.

[8] 陆建人．当前中国—东盟合作面临的新挑战与对策 [J]．广西大学学报（哲学社会科学版），2013, 35(4):1-4.

[9] 彭宾，刘小雪，杨镇钟，等．东盟的资源环境状况和合作潜力 [M]．社会科学文献出版社，2013.

[10] 吕余生．深化中国—东盟合作，共同建设 21 世纪海上丝绸之路 [J]．学术论坛，2013, 12: 29-35.

丝绸之路经济带新型城镇化与
绿色发展研究

—— 以西安浐灞生态区为例

涂莹燕　张洁清　国冬梅

2016 年 12 月 5 日，国务院印发《"十三五"生态环境保护规划》（以下简称《规划》），在"一带一路"建设方面，《规划》提出"推进'一带一路'绿色化建设"、"加强中俄、中哈以及中国—东盟、上海合作组织等现有多双边合作机制"、"开展全方位、多渠道的对话交流活动，加强与沿线国家环境官员、学者、青年的交流和合作"和"分享中国生态文明、绿色发展理念与实践经验"。在城镇化建设方面，《规划》提出"优化开发区域引导城市集约紧凑、绿色低碳发展，扩大绿色生态空间，优化生态系统格局"，并发布"自 2018 年起，启动省域、区域、城市群生态环境保护空间规划研究。"

中国与丝绸之路经济带沿线各国同处于工业化、城镇化中高速发展阶段，在经济发展过程中同样面临着资源环境瓶颈问题，面临经济结构优化、产业升级、转变生产方式、解决城镇化工业进程中环境保护问题。城市创造了全球约 70% 的GDP，消耗全球 60% 的能源，产生了全球约 70% 的废弃物与约 70% 的温室气体排放总额。原联合国秘书长潘基文指出，全球可持续发展的成败系于城市。自 21 世纪以来，欧亚大陆进入了城市化发展的快车道，快速的城市发展使各国面临着越来越严峻的资源环境压力。城镇化发展作为各国未来发展的关键战略问题，无疑开展绿色城镇化合作可为"丝绸之路经济带建设"提供区域合作、发展的重要纽带。

为此，本文通过剖析丝绸之路经济带典型城镇——西安浐灞生态区的绿色发展建设历程及实践经验，研究了中国绿色城镇化在丝绸之路经济带沿线的示范和推广意义，并提出立足中国先进生态示范区，开展丝绸之路经济带生态友好城市伙伴关系合作的几点建议。

一是建立丝绸之路经济带生态友好城市伙伴关系将成为绿色丝路务实合作立足点，建议积极推动倡议，建立绿色丝路主平台。立足欧亚经济论坛多层次、多领域对话与合作平台，推动形成丝绸之路经济带生态友好城市伙伴关系倡议；立足于浐灞等生态区建设实践，以绿色发展为理念，推动中国生态文明"走出去"；立足于上合框架下环保合作，面向亚信国家扩展城市生态环保合作，深入发掘域内环保技术合作潜力，通过城市生态环保合作，增进"一带一路"沿线国家环保产业交流与合作。

二是深入挖掘中国绿色城镇化有益经验，推广有益做法。立足生态城市合作，深入总结中国探索绿色城镇化建设的经验与困难，将一类具有绿色城镇建设有益经验的中国城市在"联合国绿色经济行动计划"等国际平台上推广，实现与外方特别是具有类似发展背景的国家提供经验借鉴，讲好中国故事。通过国际引智平台，让国际智囊为我所用，解决中国城市绿色发展的现实问题。

三是通过城市决策合作舞台，对外介绍我国生态城市建设有益经验，推动技术、产业走出去。推动形成绿色丝路产业示范园，务实推动环保项目合作，通过项目为环保产业技术走出去顺理成章。遵循与加强绿色投资、绿色贸易规则，创新绿色金融机制，通过设备贸易让中国环境标准"走出去"。推广区域环境保护引导性政策和相关指南，通过优化产业结构发挥绿色产业效应，带动产业集聚效应，坚持技术和管理创新，推广绿化产业链与价值链，将绿色供应链体系沿丝路延伸。发挥市场机制作用，提升龙头企业产业链整合能力。

一、丝绸之路发展生态友好城市伙伴关系的现实需求和基础

（一）城市是绿色发展的决策中心

2016年8月17日，习近平总书记在"推进'一带一路'建设工作座谈会"上指出，要总结经验、坚定信心、扎实推进，聚焦构建互利合作网络、新型合作模式、多元合作平台，聚焦携手打造绿色丝绸之路、健康丝绸之路、智力丝绸之路、和平丝绸之路。

《推动共建丝绸之路经济带和21世纪海上丝绸之路的愿景与行动》中明确提出，"根据'一带一路'走向，陆上依托国际大通道，以沿线中心城市为支撑，以重点

经贸产业园区为合作平台，共同打造新亚欧大陆桥、中蒙俄、中国—中亚—西亚……共同建设通畅安全高效的运输大通道"。因此，依托城市多元的合作平台，将绿色发展理念贯穿和渗透到"一带一路"建设的理念、经济活动、项目设计全过程中，是与沿线国家在绿色发展领域开展合作，提升区域环境承载力，防范生态环境风险的重要途径。

原联合国秘书长潘基文曾表示，全球可持续发展的成败取决于城市。城镇化既是可持续发展面临的挑战，也同时为可持续发展带来解决方案，关键取决于城镇化的路径。全球可持续发展目标（SDG）第 11 条明确指出"使城市与人类居住区具有包容性、安全性、韧性和可持续性"，此外 17 条目标中还有 7 条直接与城市环境有关。

因此，发展丝绸之路经济带生态友好城市伙伴关系，通过城市集聚效应的多元平台，将促进绿色发展理念贯穿和渗透到"一带一路"建设的理念、经济活动、项目设计全过程中，提升沿线国家绿色发展，防范生态环境风险具有重要作用。

（二）城市质量和效率的绿色发展解决方案需要国际合作

一个功能合理的城市，可以重组原有散落状的经济元素，集聚制度、资源、技术、人才。优质的城市形态，可为服务业的提升、新经济业态的萌发、绿色生产和消费提供平台，提高生产率。优质的城市形态增加"绿色"元素，绿色发展将通过城市的集聚效应向四周辐射。但如果缺乏良好的公共政策，这种集聚效应也极易被污染、交通拥堵、高涨的生活成本等拥挤成本所抵消。在经合组织国家中，城镇化人口占比较高的地区人均 GDP 水平通常高于全国平均水平。

原联合国秘书长潘基文在 20 年一届的住房和城市可持续发展大会上呼吁，各国和地方政府、城市规划者及各社区加强行动，积极建设包容、安全、有韧性和可持续的城市及人类居住区。会议还正式通过《新城市议程》，为未来城市可持续发展设定全球标准。全球范围内及区域有一系列关注城市可持续发展的合作倡议与伙伴关系，其中亚太区域是合作较为活跃的地区。合作网络各有侧重和优势，合作模式、理念、运营、资金渠道各不相同。

目前丝绸之路经济带上城市合作尚未形成，主要合作以南北合作为主。日德美韩等国城市发展领域经验丰富、技术成熟，合作网络根基深厚，南南合作局面尚未打开；一线城市参与为主的城市合作网络尚未建立，合作资源共享不足，甚至于政策交流、技术推介的合作都很少。在此背景下推进丝绸之路经济带合作网络城市很有必要，依托上合、中俄、中哈等双边机制，使其成为绿色丝路的合作品牌；通过城市合作输出我国优秀理念，引入区域城市先进发展经验；拓展多元合作资源，开展务实项目合作。

（三）丝绸之路沿线国家城市绿色发展状况分析

当前，绿色发展已经成为丝绸之路经济带沿线各国的共识，带上各国也正在积极致力于可持续城市的发展，因此，发展带上各国城市间生态友好伙伴关系具备基础。

俄罗斯、中亚、西亚是丝绸之路经济带两个重点方向的陆上国际大通道，该区域城市化水平初期、中期、后期并存，图1在一定程度上反映该国家的工业化水平，但无论这些国家工业化水平如何，绿色经济发展已经获得普遍共识。

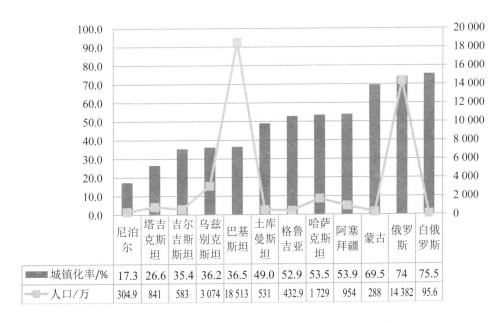

	尼泊尔	塔吉克斯坦	吉尔吉斯斯坦	乌兹别克斯坦	巴基斯坦	土库曼斯坦	格鲁吉亚	哈萨克斯坦	阿塞拜疆	蒙古	俄罗斯	白俄罗斯
城镇化率/%	17.3	26.6	35.4	36.2	36.5	49.0	52.9	53.5	53.9	69.5	74	75.5
人口/万	304.9	841	583	3 074	18 513	531	432.9	1 729	954	288	14 382	95.6

图1　丝绸之路经济带沿线部分国家城镇化率和总人口

俄罗斯政府为推动生态发展，保护生物多样性、保障生态安全，发布总统令确定 2017 年为俄罗斯生态年，并希望通过新建和改造污水、废物等处理设施，提高绿色净化技术，鼓励企业运用最佳可得技术，改善生态环境状况，降低经济活动带来的生态风险，使因过去经济活动受到污染地域的环境得到恢复。

哈萨克斯坦正在致力于发展绿色经济，还主导推动"绿色桥梁"伙伴计划，借助国际机构和私营部门力量，建立中亚国家间保障区域可持续发展的紧密联系，通过开展国际合作，促进技术知识交流，加强资金支持，实现中亚地区绿色经济增长。

2017 年在哈萨克斯坦举办的世界博览会也将以"未来能源：减少二氧化碳排放"为主题，致力于倡导清洁能源和工艺。

蒙古国"草原之路"倡议将绿色经济，走绿色发展之路列为发展目标之一。蒙古国在国际产能合作、环境保护和沙漠治理方面的合作增多，但同时也非常重视和强调绿色发展。蒙古国在能源合作、环境保护、种植业、旅游业、农牧生态保护等方面正在积极对外开展合作。此外，蒙古国与中国在可再生能源、水资源治理、空气治理、农牧生态保护等方面也达成多项共识。

由于中西亚特殊的地缘政治和丰富的能源资源，各种机制和力量在该区域互相博弈。目前，约有 60 个以上大国和组织纷纷在此布局谋篇，围绕中西亚开展环保合作的国际组织和力量主要包括联合国、欧盟、美日、欧亚经济共同体、中亚国家间的区域组织。随着环保合作日益攀升的重视程度，各种力量出于自身利益和目标考虑，在中西亚地区从资金到技术，开展项目发挥的作用开始日益显现。

近年来，中国在上海合作组织框架下积极推动与中亚各国环保对话、交流与合作。2014 年 6 月成立的中国—上海合作组织环境保护合作中心从一定程度上加强了中国与上合组织成员国，甚至欧亚大陆国家的合作。2014 年以来，该中心主办欧亚经济论坛环保分会、上海合作组织环保信息共享平台和绿色丝路使者计划专家研讨会、"一带一路"生态环保高层对话会等都受到俄罗斯、中亚、西亚国家的积极参与和支持。

二、西安浐灞生态区在绿色丝路的示范作用分析

在绿色丝路建设背景下，无论是在原有开发区，还是在产业园区基础上创建"一带一路"的生态区，都是要推动当前的产业园区转型升级，进一步综合运用国内国际两大市场、两种资源来扩大开放和深化改革，更加市场化、生态化、智慧化，以符合"一带一路"建设的要求。西安浐灞是西安重点发展的七个开发区之一，是国家战略中的重要节点——西北地区首个国家级生态区、国家水生态系统保护与修复试点区域、国家绿色生态示范城区，因此，深入考察浐灞生态区的区位辐射作用程度，考察十年建设模式对于具有可类比环境的中西亚地区的示范作用程度，具有重要意义。

（一）防止生态空间破碎化，划定生态保护红线

规划初期，浐灞生态区以"大疏大密"为布局思路，遵循"生态立区、产业兴

城"理念,按照"中心带两翼—两翼促中心—区域一体化"的发展梯度,逐步打造"中部业兴、南北秀美"的区域总体空间开发格局(图2)。规划即是在划定生态空间的预设过程。

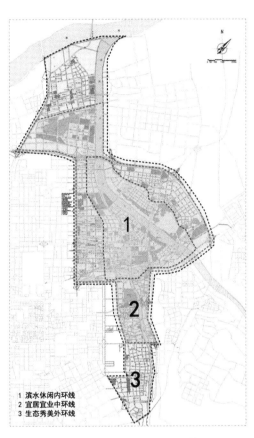

图2　浐灞生态区总体开发格局　　　　图3　浐灞生态区空间结构图

在空间布局上,划分生态保护红线区域,有限扩展城市建成区,具体构筑"滨水休闲内环线、宜居宜业中环线、生态秀美外环线"三大环带,夯实基础设施,提升城市服务功能(图3)。其中,构建生态基础设施工程,优化城市生态服务空间配置。其中,"南北"(雁鸣湖园区、湿地园区)两翼定位以生态保育和涵养为主要功能,依托河流、湿地、绿地、滩涂等现有资源,持续加大生态环境修复投入力度,保持现有禁止建设区和有条件建设区比例不降低,构建具有休憩功能的绿色开敞空间,形成适度分散的空间结构。"中部"(金融商务区、总部经济区、世园园区、商贸园区)定位以产业发展为主要功能,重点培育金融商务、商服商贸、文化会展、总部经济等产业，支撑"产业兴城战略"。通过加快现代服务业发展，提高生态区产业化发展水平，努力将该区域打造成为西安高端现代产业集聚区。同时，发展休闲旅游、健康养老等产业，通过"两翼"提升，保障"中部"产业园区发展的资金投入，落实"两翼促中心"战略。

（二）抓住生态基础设施建设重点

1. 综合治理、修复浐灞两河与生态城镇建设相结合的项目布局

建设初期，2004年生态区重点开展浐灞两河水生态系统修复与保护，截至2009年年底已累计完成环保投资65.35亿元。从截污减污、治沙修整河道、治理垃圾堆放等方面，填埋浐灞河两岸沙坑、清理垃圾，通过生态保育、植被恢复等措施改善河道水质、控制水体污染，保证河段水质达水功能区水质标准。在浐灞三角洲和广运潭生态景区的人工湖内营造小型河湾湿地，新增生态湿地5 000余亩。湿地修复和建设工程实施后，浐灞集中治理区的湿地覆盖率为13.2%，改变原有河流湿地破坏严重的状况，生态服务功能得以恢复。

（1）灞河治理。2008年浐灞生态区在灞河依次开展水系统整治与修复、污染治理与污水回用、湿地保护与修复、生态景观建设和生物工程、雨水利用试点建设、生态监测系统建设等六大治理工程。到2012年，浐灞河水环境恢复到地表III类水平，浐灞河水域累计新增湿地面积607 hm^2，恢复浐灞河河道植被30万km^2。东方白鹳、黑鹳等国家一级保护鸟类在浐灞生态区观测频次从无到有。

（2）浐河治理。作为长安八水之一，浐河城市段治理对西安整体环境有着至关重要的作用，2013年浐河城市段整治提升项目启动。目前，浐河城市段堤防改造、河道清淤、河岸绿化景观建设，浐灞河河道整治提升、生态保护、生物多样性恢复等流域综合治理的系统工程已经完成。浐灞两河的治理，使浐灞生态区开创了在西部缺水城市建设水生态文明的经验，生态治理与城市建设相结合的治理经验值得推广。目前，浐灞绿化面积1 447.84 hm^2，绿化覆盖率41.1%。拥有湿地及景观水面1.7万亩，河流湿地覆盖率达13.2%；栽种乔木30.5万株，形成林地1371.6 hm^2，人均公共绿地面积达13.63 m^2。

2006—2009年，群众反映较强烈的垃圾乱堆放等影响浐灞河环境质量和景观问题也得到了有效解决。生态区环境保护工作的成效得到了市民的认可，西安市环保局网站的公众调查结果显示，西安市民对浐灞生态区环保工作及环境质量的满意率均达到90%以上。

2. 浐灞生态区水污染防治工程项目组成与投资

（1）生态区污水管网改造提升项目

市政污水设施是城市重要的基础设施之一，关系到城市功能的正常运转。浐灞生态区根据整体规划、分期建设的原则，按照远期规模规划污水管道；考虑现状，尽量利用和发挥原有的污水设施的作用，使规划排水系统与现有排水系统合理地结合，避免污水外溢，减少污水对城市环境的污染，改善河流水体质量。截至目前，浐灞生态区已建成污水管网 59 104 m。生态区污水管网改造提升项目总投资为 32 758.47 万元。配套建设污水管网与 74 条道路建设同步铺设，约 70.65 km，为浐灞生态区内污水处理厂建设污水管道和改造老旧管道。

浐灞生态区污水管网改造提升项目的建设，将分期完善城市基础设施，形成污水管网系统，提高污水入网率，避免对附近环境及浐灞河流造成污染，从源头上解决城市污水污染问题。

（2）河道治理工程

河道治理工程作为西安市实施"大水大绿"工程的集中体现，浐灞河生态区内已建设完成浐河、灞河生态化堤防建设 34 km，新增橡胶坝 8 座，新增水面面积 7 000 余亩，累计实现水面 13 000 亩，区域生态环境、生态景观形象得以改善，为河道内湿地生态系统的恢复奠定基础。

为充分发挥河道生态走廊的功能，恢复河道自然生态景观，减少人工化痕迹，生态区在现有河道连续水面的基础上降低蓄水位，为河道湿地植被的自然恢复创造条件，与生态堤防护岸及相关生态修复工程共同形成涵养地下水源，水绿相间、错落有致的半湿地半水面河道景观。此外加强水生动植物保护，丰富物种多样性，充分挖掘浐灞河河道走廊的生态功能和生态效益。

（3）浐河城市段生态景观综合整治提升项目

浐河在西安城市段流经灞桥、雁塔、未央三个行政区的边缘，处在城市建设组团间的灰色地带，长久以来缺乏关注，成为城市的排水、纳污河流、生态、景观不断退化，城市功能远离河流，城市空间与河流割裂，是名副其实的"城市角落"。滨水地带缺乏活力，河流生态不佳，滨水建设向河流过度逼近。在此背景下，浐灞生态区启动浐河城市段综合治理项目。项目建设包括浐河城市段堤防改造工程、桃花潭工程，构建城市与自然和谐共生的城市内河景观。建设规模为长 17.65 km 的整治河道，河道沿途景观工程主要包括水系景观调整、堤防景观生态化改造、滨河游憩休闲景观建设、滨河慢行系统建设、堤顶道路建设及废弃橡胶坝改造等。项目总投资 8.7 亿元。

其中，桃花潭工程占地 1 200 多亩（水面 860 多亩，岛屿 220 亩）。该项目对原有浐河两岸垃圾山进行无害化检测和治理，对浐河河道内保存完整的水生植物群落进行保护与恢复，利用建筑垃圾在河道内修筑人工岛，新建堤防 6 km，完成绿化450 亩，在人工岛上修建生态酒店及配套设施，形成独具特色的循环经济型商务休闲、度假场所，彻底改善了该区域的景观环境。

3. 浐灞生态区大气污染防治工程项目与投资

浐灞生态区按照西安市《大气污染防治条例》规定，拆除污染大、热效率低的燃煤锅炉 10 余台。加快集中供热配套及配套工程建设，累计实现新增供热面积 296 万 m²，提高能源利用率。扬尘治理方面，制定《浐灞生态区扬尘污染防治实施方案》和《考核办法》，控制区内施工扬尘污染。沿三环路、滨河路、陇海铁路等主要交通干线建设防护林带，降低噪声影响。

在新能源方面，生态区鼓励新建项目采用可再生能源，积极推广太阳能供热、照明及地源热泵中央空调等节能技术，建立示范工程，新建项目中可再生能源使用率达 7.7%。促进中水产业化、市场化发展，利用中水进行工业冷却、绿化浇灌、道路清洗、水系景观和建筑施工、扬尘控制等使用，提高水资源利用率，年节约自来水 900 万 t。在全区范围内开展节能建筑建设，新建项目均须达到节能建筑标准，已建成多处节能建筑示范工程。利用建筑垃圾进行回填沙坑、河堤建设和土方造型，重塑景观，建筑垃圾回用率达到 100%。

生态区目前已与中科院地环所签署战略协议和委托合同，中科院地环所已针对生态区现状开展区域空气质量监测分析工作，建立观测网络，进而开展大气源解析，分析生态区大气污染来源。通过利用近几年监测结果，分析大气污染来源，建立观测网络；分析受体样品化学组成，建立受体化学组分数据库；根据大气颗粒物主要排放源特点，研究筛选控制重点排放源，提出适合浐灞生态区有针对性的大气颗粒物污染防治对策和建议。

通过污水截流，建设运营污水处理厂，拆除区内燃煤锅炉，建设清洁能源工程、集中供热工程及燃气管网工程，清理区内随意堆置的垃圾，建设垃圾转运站，严格控制施工场地噪声，建设防护林带等一系列污染综合防治措施的实施，积极推进生态区的节能减排工作，使得区内水环境、大气环境、声环境质量及生态环境质量得到了明显改善，人居环境的舒适性和适宜性得到极大增强。

（三）提供生态服务产品，优化城市生态服务空间配置

大水大绿是浐灞生态区绿化生态主要特色，生态区绿化景观工程项目为三种

类型：

1. 带状绿色生态廊道

沿浐灞河两河四岸形成 100～500 m 不等的连续滨河绿带，沿铁路线和快速道路同样形成 100～500 m 的宽阔生态廊道，构建第一级带状生态林。生态廊道作为连续的生态开放空间，将郊野新鲜空气引向城市纵深的主要通道。

其中，以雁鸣湖水环境生态治理示范工程最为典型。雁鸣湖位于浐河咸宁桥以南，紧邻浐河西侧堤防，南北长约 6 km。生态治理工程主要修建浐河西岸一级堤防 3.5 km，利用堤外原有沙坑自浐河引水，形成五个首尾相接的串形湖泊，着力营造大水大绿工程。雁鸣湖水系从浐河中挖渠引水设计，经五年建设形成长 6 km、宽 0.5 km，总面积达 3 km² 的湖泊湿地，其中水面面积 0.66 km²。

雁鸣湖治理项目一方面通过人工湖的净化过滤有效改善浐河水质，降低泥沙含量，补充地下水源的同时保障下游地表水厂的用水安全，实现浐河"人工肾"的功能。另一方面通过水生植物种植、垃圾清运、景观绿化、村落改造、人工湿地建设等治理措施形成千余亩的湖泊性湿地，极大地改善了周边的生态环境，是生态区水环境治理的试验和展示区域。

2. 面状生态湿地公园

在浐灞河进入生态区的上游区域，依山就势营造生态绿地，成为生态区典型生态景观区，为区域生态化提供良好环境和景观背景。该区域 2011 年以"天人长安·创意自然"为主题举办世界园艺博览，世园会占地 418 hm²，其中水域面积 188 hm²。

（1）广运潭湿地公园项目。该项目位于灞河城市段中下游，史称"灞上"地区文化积淀深厚，是盛唐时期主要的港口之一，曾一度因非法采砂而满目疮痍。浐灞生态区通过对水资源、水质、防渗、泥沙、水生植物生长适应性等课题进行深入研究，开展湿地技术、水质净化、可再生能源利用等应用试验，在原有因挖沙而造成的大片沙坑、滩地上，引入灞河水源，建成大小不一的人工湖泊，建成我国北方地区罕有的集生态湿地保护、河道景观、游览观光为一体的生态湿地公园，成为集生态性、历史性与文化性和谐统一的灞上明珠。

（2）西安浐灞国家湿地公园项目。该项目位于灞河与渭河的交界处，沿灞河大堤两侧分布，面积约 5.81 km²。浐灞国家湿地公园不仅解决灞渭交汇处水环境污染问题，更通过人工湿地等生态技术的应用改善水质，恢复湿地风貌，有效降低灞河对渭河的污染输送量，促进西安市泾渭湿地自然保护区建设。同时还将结合实际加强生态农业、观光休闲、科普教育等生态产业的发展和规划，树立渭河流域效益化治理范例区域，为整个渭河流域治理创建新思路、新方法、新模式。

3. 网状生态绿廊

主要的交通干道两侧均宽达 30 ~ 50 m 的绿化带，在与滨河绿地交汇处则放大绿化空间，使滨河水景能通过侧向廊道引入地块纵深；核心区面积比较大的区域通过 60 m 景观大道控制总宽达 100 m 的绿化走廊，形成地块纵深的特色亚生态系统，与滨河绿廊和防护林带一起构成网络状绿色生态走廊。以上系统叠加，形成多层次、疏密有致的绿地生态体系。

4. 绿色交通体系建设项目

为了进一步完善浐灞生态区城市服务功能，切实满足生态区城市公共交通需求，促进区域城市化进程，根据浐灞生态区总体规划及区域发展情况，西安世园旅游汽车有限公司拟建设实施浐灞旅游 2 号线、3 号线区域公共交通项目。本项目工程总投资为 3.5 亿元。

浐灞旅游 2 号线主要建设内容为：①在港务大道南段，临新筑收费站建设约 13.19 亩的世园旅汽公交基地（设置相关管理职能办公室以及职工休息室、食堂、维修保养工间、洗车间等服务用房），停车场 3 000 m²；配套建设充电、给排水等公共工程。②购置性能先进的纯电动公交车 15 辆，配备自动刷卡系统、投币机、电子报站器和车载监控等现代化的公交服务设施。③在设定的公交站点建设港湾式停靠站，配套站台、候车亭等设施。

浐灞旅游 3 号线主要建设内容为：①在欧亚大道跨三环桥下建设约 12.5 亩的公交站场（设置相关管理职能办公室以及职工休息室、食堂、维修保养工间、洗车间等服务用房），停车场 7 500 m²；配套建设充电、给排水等公共工程。②购置性能先进的插电式公交车 21 辆，配备自动刷卡系统、投币机、电子报站器和车载监控等现代化的公交服务设施。③在设定的公交站点建设港湾式停靠站，配套站台、候车亭等设施。

本项目工程总投资为 35 000 万元，其中车辆购置费用为 1 520 万元，工程建设其他费用 2 950 万元。项目运营后，将初步形成东西南北横竖贯通、四通八达的区域公共交通网络，预计年客运量约 130 万人次，年可实现运营收入约 270 万元。

（四）生态文明制度建设

西安浐灞生态区在城镇化建设中的绿色化问题不能孤立地、局部地运用和依靠某种单一的手段或方法来解决，其全面地综合运用各种方式，多层次的综合约束和控制才能使得浐灞十年改观的重要保障。

一是建立用以约束土地利用、资源利用以及生态环境等规章和制度。城镇化发展的节点在于城市发展的结构、布局及质量等重要因素是否对生存环境产生重要的影响。因此，浐灞生态区在城镇化发展的规划节点上建立了用以约束土地利用、资源利用以及生态环境等规章和制度，开展对环境影响的评价和预估，保障发展节点的科学、权威和稳定。在基础设施建设工作及规划上做好必要性和可行性分析，降低基础设施建设对当地原有生态环境的破坏，加大保护城市自然要素的成本，减少基础设施建设活动中引起的噪声、大气、水及固废污染，改善城市空气质量，降低生产生活各领域能源资源消耗，减少污染排放和水污染，控制城镇固体废物污染，发展循环经济，提高城市生存环境的绿色化水平。

二是建立相应制度生成多种生存环境保护力量。在经济领域，建立相应制度尊重市场规律，充分利用好市场机制，做到资源能源使用付费制，同时提倡节约、鼓励创新，生成生存环境经济性保护力量。在社会领域，建立相应制度做到注重社会基本公共服务均等化，促进全社会正义公平，缩小社会贫富差距，完善公民环境权益保障机制，着力促进公民参与环境保护、自觉节约资源，生成生存环境社会性保护力量。在政治领域，建立相应制度做到保障城镇化建设绿色化决策议程，各种环境保护力量得到充分重视，严格环境监管工作，实行环境信息公开，推行环境影响评价和环境问责，确保政府作用的发挥。在文化领域，建立相应制度做到既能加强好宣传教育，又能树立起尊重自然、顺应自然、保护自然的生态文明理念，并能将尊重自然、顺应自然、保护自然的生态文明理念全面融入城镇化建设，倡导和激励绿色生产、绿色生活和绿色消费，生成生存环境文化性保护力量。

三是强化绿色制度化的有效性和执行度。浐灞生态区的绿色发展必须充分遵循客观规律，特别要尊重和关注生态环境演化、社会系统演化以及生态环境与社会系统相互作用等规律，如果制度违背了这些规律就是不科学的制度，更是难以落实执行的制度。有制度不执行等于零，执行制度与建立制度需要并重，执行制度在保障制度实施方面会起着更为直接和更为重要的作用。

在转变和增强政府职能提高生态绿色环境管理水平方面，浐灞生态区管委会主导作用非常关键。首先，浐灞生态区依靠行政手段实行严格的土地问责制和生态绿色环保目标责任制，把耕地和生态绿色环境保护工作全部纳入相应政府的议事日程，依照社会经济和生态绿色经济规律办事；其二，浐灞生态区运用税收、补贴、排污权交易等绿色经济手段进行调节，建立良性绿色经济运行机制，推行有利于城市发展和生态环境保护的绿色经济政策；其三，浐灞生态区建立了适应小城镇特点和环保工作实际需要的法律法规，建立健全奖惩制度，在对保护城市环境的企业、单位和个人进行奖励的同时，尽快加大对污染和破坏环境的行为进行惩戒。

三、关于立足中国先进生态示范区，开展丝绸之路经济带生态城市伙伴关系合作的几点思考

目前，我国与丝绸之路经济带沿线国家环境合作与交流不断深入发展，合作领域需要聚焦，落实到"一带一路"生态环保合作项目内容；同时，国内在推动生态文明各项改革进程中正积极推动生态文明建设试点示范与带动作用。因此，本文在深入考察西安浐灞生态区建设过程，提出以下建议。

（一）建立丝绸之路经济带生态城市伙伴关系将成为绿色丝路务实合作立足点，建议积极推动倡议，建立绿色丝路主平台

一是立足欧亚经济论坛多层次、多领域对话与合作平台，推动形成丝绸之路经济带生态城市伙伴关系倡议。西安浐灞是欧亚经济论坛主办地，多年来在促进欧亚地区各国相互了解，探求和发展新型区域对话与合作模式具备平台基础。2016年9月，海上丝绸之路主场——中国—东盟环保合作已经启动生态城市伙伴关系倡议，丝绸之路经济带生态城市伙伴关系建立将与之遥相呼应，定位于政府主导、各方参与区域合作，致力于推动政策对话、适用技术推广、建立产业合作网络。

二是立足于浐灞生态区十年建设实践，以绿色发展为理念，推动中国生态文明走出去。总结政府管理、企业建设、新技术开发利用、社会参与等优秀经验，借助国际平台开展多形式、多方位、多层面的宣传。

三是立足于上合框架下环保合作，面向亚信国家扩展城市生态环保合作。深入发掘域内环保技术合作潜力，通过城市生态环保合作，增进"一带一路"沿线国家环保产业交流与合作，推动环保协同发展合作新格局等内容。面向中西亚、俄罗斯等亚欧国家，以充分交流对话为引导，互相学习和分享成功经验，共同提高政策制定和实施能力，探索科技创新、建设模式创新、管理创新等合作，推动区域绿色发展。

（二）深入挖掘中国绿色城镇化有益经验，推广有益做法

一是立足生态城市合作，深入总结中国探索绿色城镇化建设的经验与困难，将一类具有绿色城镇建设有益经验的中国城市在"联合国绿色经济行动计划"等国际平台上推广，实现与外方特别是具有类似发展背景的国家提供经验借鉴，讲好中国故事。例如，浐灞两河的治理，开创中国西部缺水城市建设水生态文明的经验，生

态区通过建立生态空间保障体系、划定并严守生态保护红线，加强自然保护区监督管理；深化大气污染治理和水污染防治，实施《土壤污染防治行动计划》加大环境治理力度；同时建立资源节约、环境友好的生态经济体系，鼓励全民参与，推动生产方式和生活方式绿色化。

二是通过国际合作平台，让国际智囊为我所用，解决中国城市绿色发展的现实问题。产业发展方面，从产业创新的角度拓宽城市决策视野，寻找生态环境友好型工业，降低高污染、高排放的传统工业比重，对部分关乎国计民生的重大传统工业，通过创新环境治理责任制度，提高城市生态化，着实提高现代人的生活品位和生活质量。构建绿色发展制度体系，构建激励绿色产业及生态城市发展的绿色金融体系。

（三）对外宣传我生态城市建设有益经验，推动产业、技术走出去

一是推动形成绿色丝路产业示范园，务实推动环保项目合作，通过项目为环保产业技术"走出去"顺理成章。通过优秀城市成功经验的示范效用，让成熟的项目通过技术援助渠道"走出去"；同时打造产业与技术转让合作平台，以先进、适用的环保产业和技术为依托，开展低碳环保产业与技术合作，提高企业环境与社会责任意识，加强低碳环保技术的研发和运用，共同提升域内环境发展。

二是完善绿色投资、绿色贸易规则，创新绿色金融机制，通过设备产品贸易让中国环境标准"走出去"。推广区域环境保护引导性政策和相关指南，通过优化产业结构发挥绿色产业效应，带动产业集聚效应，坚持技术和管理创新，推广绿化产业链与价值链，将绿色供应链体系沿丝路延伸。

参考文献

[1] UN-HABITAT, UN ESCAP, Pro-poor Urban Climate Resilience in Asia and the Pacific [R]. Bangkok: 2014

[2] UN- HABITAT. UN Habitat III [EB/OL]. [2016-7-20]. http://unhabitat.org/unep-and-un-habitat-Greener-cities-partnership.

[3] 中国—东盟（上海合作组织）环境保护合作中心 . "一带一路"生态环境蓝皮书——沿线重点国家生态环境状况报告 . 北京：中国环境出版社 . 2015.

"一带一路"中国—中亚绿色
产业合作分析及建议

奚旺　段飞舟

"一带一路"愿景与行动，将加强生态环境保护合作列为积极推动务实合作的八大领域之一，提出要推进中国与"一带一路"国家的环保产业合作，通过建设国际技术转移中心、各类跨境产业园区等手段，促进新兴产业、清洁技术的交流与合作，共建绿色丝绸之路。中亚地区地处欧亚大陆腹地，是重要的资源能源产地，也是中欧贸易的重要陆上通道，发展潜力广阔。同时，中亚国家也面临着工业化、城市化带来的环境污染和生态退化等诸多亟待解决的问题。"一带一路"建设强调在投资贸易中突出生态文明理念，加强生态环境领域合作，为拓展和深化中亚区域绿色技术与产业合作提供了新的契机。本文通过从国家政策、工业园区发展以及环境治理需求三个方面分析了中亚各国绿色产业发展的形势，结合我国新疆地区绿色产业发展的实践，提出充分利用新疆"一带一路"核心区优势，促进中国—中亚绿色产业合作的建议。

一、中亚国家的绿色转型

以中亚国家为代表的"丝绸之路经济带"沿线国家，光热资源丰富、传统能源富集、土地沙化严重，具有发展绿色环保产业的地理和资源优势。近年来，中亚各国开始向绿色经济转型，颁布了一系列政策，以期通过生态环境建设、鼓励发展绿色技术和相关产业来实现绿色增长。

（一）各国绿色经济政策

绿色产业的发展需要政府利用经济和规制手段，对相关企业进行经济激励及补贴，使得绿色产业成为政府驱动、市场化运作的产业，国家规划、标准的制定成为绿色产业发展的重要驱动力。中亚各国在绿色经济发展方面，均积极推动制定相关政策、法规，以促进本地区生态环境质量改善和可持续发展。

哈萨克斯坦早在 2012 年提出"绿色桥梁伙伴计划"倡议，在 2013 年颁布了哈萨克斯坦向绿色经济过渡的行动纲要（2013—2020），在 2014 年相继颁布水资源管理和治理、生活固体垃圾改造和回收系统的国家纲要，并成立了向绿色经济过渡的委员会。

乌兹别克斯坦颁布的《关于 2015—2019 年在经济和社会领域降低能耗、应用节能技术的行动纲领》，指出在发展经济过程中引进和应用先进的环保清洁技术，保护生物多样性和生态系统。吉尔吉斯斯坦、塔吉克斯坦及土库曼斯坦相继制定了水资源管理、发展清洁技术及绿色经济的国家政策，其中吉尔吉斯斯坦已成为"绿色桥梁伙伴计划"成员之一。

中亚国家在绿色经济领域已形成共识，制定了一系列政策、规划，加大了对清洁技术、环保基础设施、污染治理的投资，并严格污水排放、垃圾处置等环境标准，鼓励政策和行业监管的双重措施，释放绿色技术和环保需求的同时，推动中亚各国绿色产业的加速发展。

（二）环境治理和生态修复

近年来，中亚各国环境污染情况日益显著，加之各国地理、气候等因素的不利影响，水资源短缺和水质污染、大气污染、固体废弃物污染、土地退化、生物多样性损失等生态环境问题频繁出现，已成为影响中亚国家经济社会发展，甚至影响地区稳定的主要障碍之一。而开展能力建设、提高环保标准、发展清洁技术、生产环保产品、开发生态资源、普及环保意识等，成为促进中亚国家绿色发展和改善民生的重要方式之一。

中亚国家由于自身经济条件和技术力量的限制，环境治理经验、技术力量以及资金严重不足，亟需国际社会通过各种形式帮助解决各国的环境污染问题。在环保技术方面，中亚国家在环保科技领域的投入较晚，环保技术及设备多是来自俄罗斯、欧盟以及美日的援助项目，今后利用国际环保技术治理本国环境问题将是其发展趋势。在基础设施建设方面，中亚国家污水处理设施、垃圾处置设施以及相关配套设施的建设严重滞后，亟需国际社会资金和技术力量填补国内空白。

（三）工业园区建设

中亚各国依托工业园区，积极培育和发展产业集群，重点提高矿产开采冶炼、石油深加工、机械制造、纺织、农产品加工等行业的竞争力。工业园区的主导产业的集聚也带动了新能源、节能环保、农业高新技术、新材料的高速发展，为各国园区的绿色发展和技术创新带来了新的活力。

哈萨克斯坦 2004 年启动了在卡拉干达市、阿特劳市和阿拉木图市的三个工业园区建设，主要行业涉及矿产冶金、机械制造、石油天然气深加工、新能源开发等。经过十多年政策、资金的倾斜，园区已拥有完备的基础设施、高新技术、人才体系等。乌兹别克斯坦将工业区视为提升国家实力和发展地区经济的重要推手，积极推进纳沃伊自由工业区、吉扎克工业特区等工业区建设。

我国与中亚五国在工业园区的合作是"一带一路"中的亮点，我国绿色发展的理念也充分融入中亚各国的工业园区建设中。目前，乌兹别克斯坦的吉扎克工业特区已成为中乌经贸合作的重要平台，制定了针对中国企业入驻的各项优惠措施和扶持政策；吉尔吉斯斯坦与陕西建工集团就建设比什开课工业园区签订了合作意向；土库曼斯坦与青海绒业集团共建"阿什哈巴德工业园"；塔吉克斯坦与新疆中泰集团正在推进建设农业纺织园项目，我国与中亚各国合作建设工业园区项目如火如荼。

二、新疆与中亚地区绿色产业合作的基础

2012 年，新疆就将绿色产业作为优先发展产业之一，并提出了绿色产业发展思路和目标，表示将推动新能源、新材料、节能环保等产业的发展。近年来，新疆积极打造国际合作平台、开展境外园区建设等，为开展"一带一路"绿色产业合作奠定了坚实的基础。

（一）将中亚合作作为绿色产业发展的重点

在绿色"一带一路"建设背景下，新疆前瞻性地提出要进一步加强区域生态环保合作，建设面向中亚的生态环保合作基地，打造创新驱动的试验基地和国际生态环保公共科技服务平台，承担起环保技术交流与合作的先行区功能，以生态环保产业国际化发展促进绿色经济转型，服务新疆"五大中心"建设，为推动建设绿色"一带一路"提供重要抓手。

面向中亚的生态环保合作基地将通过构建中国—中亚生态环保国际合作网络，提升中亚地区绿色产业的信息收集能力；借力绿色使者计划，推动区域内各国绿色技术交流、人员培训以及示范项目的开展；完善新疆绿色产业国际合作公共服务体系，为企业绿色发展提供创新、金融、法律、保险、物流信息等全方位综合服务；重点发展节能环保产业，促进新能源、新材料、环保装备及服务业的壮大，使之成为新疆新的经济增长极，实现经济发展提质增效。

（二）积极推动中亚"境外园"建设

哈萨克斯坦中国工业园作为丝绸之路经济带的重要项目，是中国在哈萨克斯坦建设的首个"境外园"。园区位于哈萨克斯坦曼吉斯套州阿克陶海港经济特区，由新疆三宝集团和乌鲁木齐经济开发区投资公司共同开发，重点聚焦石油运输设备、机械制造、金属制品、化学工业、建材工业五大核心产业。境外园项目立足于哈萨克斯坦本国市场，以满足哈萨克斯坦市场需求为核心，同时，借助境外园的平台，实现企业全面拓展中亚市场的战略格局。

中哈境外园在帮助企业拓展境外市场的同时，重点关注园区的绿色发展，以高起点、高标准、高要求推进节能减排、循环经济发展等工作，引导企业加快实施中水回用、余热利用、清洁生产等节能减排项目，鼓励企业加快生产技术和生产装备的升级改造，以期打造成为哈萨克斯坦工业园区的"绿色名片"。新疆在哈萨克斯坦推动建立的境外工业园，为我国绿色技术和产业走向中亚国家提供了良好的服务平台，将积极促进相关绿色产业的项目落地，推动"一带一路"绿色产业项目的实施。

三、中国—中亚绿色产业合作建议

中亚国家是我国推进丝绸之路经济带建设的核心区域，加强与中亚国家的绿色产业合作不仅是国际产能合作的重要内容之一，也是我国建设绿色丝绸之路经济带的务实行动。为扩大与中亚国家绿色技术和环保产业领域的交流合作力度，发挥新疆"一带一路"的核心区优势，探索开展深层次的务实合作，有效服务于绿色丝路建设，提出以下合作建议：

（一）搭建中国—中亚绿色产业合作网络，促进政府、智库、企业间的对话与合作，建立多层次、高成效的伙伴关系

上海合作组织框架下中国与中亚各国已有良好的环境合作基础，建议未来推动

开展政府间双边、多边绿色产业高层对话，分享各国绿色发展理念、绿色标准及促进政策等，为各国绿色产业务实合作提供指引，构建政府间交流合作渠道，探索搭建绿色技术和产业双边合作机制。同时，依托中国—亚欧博览会、绿色使者计划等机制性活动，充分发挥新疆的区位优势，开发一批多方参与的产业交流与对话活动，分享我国先进的绿色技术和环保产品，与中亚各国的产业和环境部门与企业间，建立固定、长效的联络交流机制，不断加强双方在人员、政策、产业等领域的交流，实现双方的信息交流与共享，不断探索和挖掘潜在合作机遇。此外，充分发挥中国与中亚地区国家环保产业协会、商会的桥梁纽带作用，以企业为主体，建立中国与中亚环保行业协会、商会间的交流合作网络。

（二）探索建立中亚绿色产业信息中心，提高中亚绿色产业信息收集能力，服务我国绿色产业向中亚"走出去"

目前，新疆积极打造的新疆软件园和天山云计算产业园，拥有 3.2 万台机柜数规模的云计算数据中心，是集合信息服务、数据存储以及面向中亚及上合组织的离岸云计算数据中心。开展与中亚各国的绿色技术和产业合作，需要获取中亚各国最新的政策与市场动态信息，但是我国企业在开拓中亚市场中存在不熟悉目标国政策标准、投资环境、法律法规以及工程招标信息缺乏等实际问题。因此，建议依托新疆天山云计算产业园，探索建立中亚绿色产业信息中心，广泛收集和发布中亚各国的环境信息、绿色产业政策、行业动态、规范标准、产品介绍等内容，为政府、企业提供及时有效的信息支持与服务。

同时，通过充分利用信息收集中心的平台作用，积极推介宣传我国优秀的绿色技术和企业，提升中国绿色企业在中亚各国的知名度，引导并组织中国绿色企业结合自身需求参加中亚各国的各类论坛、展览、贸易投资促进团体等。此外，通过对中亚各国绿色产业信息数据的汇总和整理，形成动态的政策汇编手册、办事流程以及相关专项资金的申报指南等，切实服务于我国绿色产业向中亚各国"走出去"。

（三）推动中国—中亚生态环保合作基地创建，打造成为"一带一路"绿色产业智慧园区

乌鲁木齐经济技术开发区依托其区位、政策优势和市场环境，积极拓展与中亚国家的绿色技术和产业合作，探索建设面向中亚的生态环保合作基地。为推动合作基地建设成为绿色产业智慧园区，服务"一带一路"绿色产业合作。一是建议合作基地加强绿色产业的科研合作，通过共建联合实验室（研究中心）、国际技术转移

中心、产业合作中心，新产品孵化中心等，促进绿色技术的学术与科技攻关，共同提升科技创新能力；二是建议合作基地加快完善人才智库建设，聚合大量有关金融专家、经济专家、国别研究专家、咨询专家、律师、会计师、国际媒体公关等新型智库专家，有针对性地为企业经营者带来系统的、综合的目标国政策、投资环境、投资风险等各种海外投资的指引和服务；三是建议扶持基地内企业建立绿色产业基金，尝试让企业自身创新融资渠道，吸引国内及国际优秀绿色企业共同出资，开展面向中亚的绿色合作项目。

此外，建议探索在中亚国家设立境外绿色产业园区，与新疆生态环保合作基地进行对接，为我国开展面向中亚国家的人员能力建设、联合研究项目、环境信息收集、环保示范项目等提供有效支撑，服务绿色丝绸之路经济带建设。

参考文献

[1] 周国梅."一带一路"战略背景下环保产业"走出去"的机遇与路径探讨 [J].环境保护，2015(08).

[2] 洪联英，张云.我国境外经贸合作区建设与企业"走出去"战略 [J].国际经贸探索，2011(03).

[3] 艾志红.基于绿色技术创新的激励性规制 [J].湖北经济学院学报（人文社会科学版），2010(02).

"一带一路"背景下
东北亚环境合作战略分析

张楠　　彭宾

　　东北亚地区是"一带一路"战略覆盖区域之一。历史上，该区域国家之间交流促成了东北亚海上丝绸之路的形成。其交通道路大体有如下五条：一是明州道（今宁波）—韩国、日本，二是扬州、海州（今连云港）—韩国，三是登州（今烟台）—朝鲜、日本，四是大连、丹东—朝鲜半岛西海岸—日本，五是图们江—滨海地区—朝鲜、日本。这五条道路又通过中国东部和南部海岸的交通与其他地区互相联系，其道路和港口组成了古代东北亚地区海上的交通网，也促进了各国经济和文化的发展。

　　东北亚环境合作机制尚处于十分稚嫩的阶段，对于中国而言，这个领域充满机遇；同时，该地区复杂的政治、文化和安全等因素，又使得合作不时面临挑战。如果中国能够积极地参与和引领环境合作，树立绿色发展的形象，必然有利于产能合作。

　　环境合作要符合国家总体外交战略，同时，环境合作具有的优势是其稳定性。在外部条件顺利时，我们要沿着既定战略积极推进；在外部条件艰难时，仍可作为维系区域合作的纽带桥梁。本报告从加强东北亚地区环境合作的战略意义出发，深入分析影响东北亚地区环境合作的主要因素，在归纳地区环境合作现状基础上，提出了我国参与和引领东北亚环境合作战略及具体政策建议，为政府决策提供支持。

一、加强东北亚地区环境合作的战略意义

　　东北亚六国中国、俄罗斯、日本、韩国、朝鲜、蒙古历史恩怨复杂，遗留历史

问题对国家之间当代政治关系仍然发挥着重要影响。六国在国际社会上的政治地位不同，在区域内的政治利益和外交政策也有很大差异。六国的经济和社会发展水平总体相差极大，经济整合的程度也不同，而且受政治因素影响巨大，中日韩自贸区的建设短期内难以有大的进展。

虽然各国在东北亚地区的利益诉求和政策的优先选择各不相同，但各国政府对区域内的环境合作持积极态度。东北亚各国生态相连、地缘相接，大部分国家都面临着快速工业化和城镇化给环境带来的压力，或者资源有限制约发展产生，东北亚很多环境问题，如大气污染、海洋污染、生物多样性减少、土地退化与沙尘暴等，已经不再仅仅是某个国家的问题，而扩展为区域问题，各国形成了环境问题命运共同体。

习近平主席提倡的"睦邻、安邻、富邻"外交政策对中国与东北亚国家的合作战略尤其有重要的指导意义。东北亚合作可秉承"先易后难"的原则，率先推进环境合作。这一合作具有重要意义。

（一）最大程度地凝聚共识

东北亚各国之间的政治和经济利益均有明显不同，过去几十年里，并没有发展出能够整合地区利益的机制，各方之间合作基础并不敦厚。环境保护是目前各方均表示愿意参加，同时也表示愿意扩展范围和加深合作程度的一个最有希望取得有价值的合作成果的领域。虽然各方在如何开展环境合作及合作的具体内容方面，也存在不同的利益选择和主张，但大家都有进行环境合作的政治意愿，这是我们能够凝聚的共识，也是行动的基础。

（二）在环境合作中发展中国的领导力

随着中国国力增强，国家正在寻求提升我国国际地位和发挥领导力的机会。而东北亚环保合作正是给我国提供了这样的机遇。长期以来，亚洲几个大国，如日本、中国和印度均寻求在亚洲的领导力。在东北亚地区，领导力的竞争明显存在于中国和日本之间。日本一直寻求在东北亚环境合作方面的领导力，为此也为该地区的环境保护从资金和技术方面做出了很多贡献。韩国自知无法成为地区领袖，所以在外交上强调东北亚和平合作不必由任何国家主导，而是所有参与国都要有"主人翁精神"。虽然东北亚各国都认同合作的价值，但由于政治和历史的原因，各国能真正开展合作的领域非常有限。目前各国表达愿意开展合作的领域主要是环境保护和经济。经济上的合作实际上只是在某些成员之间以双边形式得以深入，如中国和韩国，中国和俄罗斯，日本和蒙古等，更广泛的区域合作，虽然已讨论多年，但并无实质进展。在这一背景下，大家在环境领域的合作意愿尤其显得宝贵，可能成为东北亚地区发展更广泛和高层次合作的先锋领域。中国应该及时捕捉到这样的信息，有效地参与东北亚地区环境合作，同时树立自己在该地区的重要地位。

中国过去在东北亚环境合作方面比较被动，一些人主张东北亚环境合作也要坚持"共同但有区别的责任原则"，在与日本和韩国的环境合作中，把获得对方的技术援助和资金援助作为重要合作目标。事实证明，如果把自己定位为受援对象，是很难成为合作中的领导者。

实际上，随着中国经济实力的增长，以及环保技术的快速提高，中国完全可以以更加平等和积极的态度参与东北亚环境合作，这并不是主张中国应该放弃对技术援助和资金援助的期待，而是说目光应该更广阔和高远，在对方的技术比我国先进，而且愿意合作的情况下，当然可以寻求技术的帮助，同时也要看到，我国也有很多可以解决环境问题的技术，可以用来帮助区域内的其他国家。在这一点上，韩国的政策既务虚又务实：韩国首先梳理了自己在环保产业方面的竞争力，然后，在环境合作中，积极寻求能够发挥韩国企业长处的合作领域，并优先与其他国家在这些领域开展合作。这样做的结果是：既帮助其他国家解决了一些环境问题，也拓展了韩国环保产业在海外的市场。日本也有类似的做法，突出表现为日本在环境合作中对节能和污染控制及废物处理技术的推广。所以，我国也应该调整战略，从单纯的环保技术输入方，走向环境技术输入和输出的双向流动。

在为环保合作提供资金支持上，也可以考虑新的思路。首先，共同但有区别的责任原则是气候变化领域内国家合作的重要原则，但并非环保合作中普遍可以适用的原则。在气候变化领域，发达国家和发展中国家承担区别性责任的原因主要有①发达国家历史上排放的温室气体较多，对环境产生的压力大，②发达国家有更多的资金和技术，有能力减排。在东北亚地区，至少现在我们共同面临的环境问题，如空气和海洋的污染，沙尘暴和酸雨、生物多样性减少等。

其次，即使可以主张共同但有区别的责任原则，需要考虑是否要继续将自己在东北亚环境合作中定位为受援国？目前，在东北亚六国环境合作中，日本和韩国是明确的资金和技术的提供国，中国实际上也提供了很多的资金和技术，特别是在对朝鲜和蒙古的合作中，但在提供资金和技术方面，我国还可以考虑更加积极的作为。如果继续坚持在环保合作中得到资金和技术支持，这将非常不利于我国在东北亚环境合作中发展领导力，而会使日本的领导力相对而言，会更突出一些。我国可以考虑更加平等地与日本和韩国进行环境合作，同时，在与蒙古、朝鲜和俄罗斯的环境合作中，视具体情况，承担更多的资金支持。这不一定意味着对我国财政资金的更大压力，可以效仿日本的做法，把我国的对外援助资金的一部分援助东北亚国家用于开展环境保护合作。

如果我国可以在东北亚环境合作中，考虑更加积极的和灵活的资金及技术政策，那么我国就非常有希望成为东北亚环境合作的领导者。就目前的情况而言，可以说，东北亚的任何一个主要的环境挑战，没有中国的积极参与和合作，都是很难解决的，这是历史给予我们的机会。

（三）为经济和贸易合作提供支撑和铺路

环境保护是东北亚经济发展的一部分，这个地区的环境容量已经不再允许不考虑环境因素的经济发展了。我们不能一边生产 GDP，一边制造需要消耗大量 GDP 才能解决的环境问题。如果不注重环境保护，中国自身也会受到来自域内他国的国际政治压力。

换一个环保的角度看，环境合作中实际上蕴含重要的经济和商业机会，可以借助东北亚环境合作，带动我国环保产业"走出去"。韩国就利用经济绿色转型的机会，积极发展环境技术、生态产品，利用环境合作渠道，向多个国家推广自己的产品、服务和技术，其中一个方式是在有合作关系的国家设立环境中心，作为合作和传播环境技术及服务的一个据点，如韩国分别在中国、越南、印度尼西亚、哥伦比亚和阿尔及利亚等国设立了韩国与这些国家的环境合作中心。再如日本的节能技术和废物监测、处理技术和设备等也在对外环境合作中得到推广。

环境保护与贸易和投资的联系被日益承认和重视。我国在实施"一带一路"战略时，应该在东北亚地区推动环境友好的区域经济合作模式，无论是在贸易，还是在投资领域，都应该考虑尽可能采纳较高的环境标准，而不应该把高环境标准一律视为贸易或者投资壁垒。如果中国在高环境标准面前一直犹豫不决，甚至采取抵制态度，很可能不利于国家的长远发展。采取低环保标准只能为国家赢得短期利益，所以，作为一种长远战略，中国应该积极地面对东北亚环境保护和合作所呈现的挑战，使我国不但是经济上不再落后的国家，而且在环境保护上，也不再落后于我们的近邻。

（四）为我国开展绿色外交提供支撑

以东北亚为依托，在区域国家间就环境问题协调立场、促进共识，共同提升区域绿色竞争力，积累经验，为我国在更广泛的区域内开展绿色外交提供支撑。中国作为一个正在兴起的经济大国,很多国家都盼望我们能够在国际环境合作领域发挥更大的作用,这种期盼对于我国的外交工作,既是机会,也是压力。东北亚各国之间的利益诉求差异大,如何找寻一些各方都能接受的长期而有效的合作模式,是该区域各国共同面临的难题。如果我国能够成功地推进东北亚地区的环境合作,就能找寻到一些可以推广的经验,对于我国在更大的舞台上发挥国际环境合作的领导作用,将会有重要帮助。新的东北亚合作战略中,我国应该以更积极的姿态参与环境合作,影响、主导和制定相关合作规则,争取更多的合作话语权,积极宣传我国生态文明建设理念。

二、影响东北亚地区环境合作的主要因素

(一)政治因素

1. 日本的"历史问题"

日本一直寻求在国际上的领导地位,日本现任政府在外交上非常积极,包括修改宪法,成为一个"正常"国家,以及推动联合国改革,以便使自己能加入联合国安理会,成为常任理事国。日本的这些理想,基本得到美国的支持。不过日本与域内他国的"历史问题",日韩慰安妇问题、日俄北方四岛问题、日中历史渊源,日本与邻国间的战略分歧和邻国对日本的军事力量扩大的担心,一直困扰着日本与韩国、中国和俄罗斯的双边关系。

2. 朝鲜未来的不确定因素

很多研究朝鲜政治的智库都认为这个国家的未来是很难预测的,同时对于地区和平稳定构成一个不确定的因素。在中国、美国和韩国之间,朝鲜与后两者都没有完全的外交关系。从朝中关系来讲,中国是朝鲜最重要的盟国。在联合国安理会,中国数次反对对朝鲜采取严厉的制裁措施。中国是朝鲜食品和能源物资的最主要的供应国,2013 年中朝贸易额大约为 65 亿美元,比 2012 年增长 10%。朝鲜同时也是中国对外援助的最大受援国之一。在 2014 年乌克兰危机后,俄罗斯与朝鲜的往来增多,朝鲜乐于在两个大国之间取得某种平衡,以免过分依赖其中一个,同时,也乐于同时靠近两个大国来一起抵御来自西方阵营的影响。

3. 蒙古外交政策的调整

20 世纪 60 年代中苏关系破裂后,蒙古选择了站在苏联一边,国内的反中国情绪开始滋生和发展。蒙古的经济全面依赖苏联和华约组织国家。在这些国家的帮助

下，蒙古发展了自己的工业，包括规模巨大的俄蒙铜矿，20 世纪 70—80 年代，经济增长曾经保持在大约 5% ～ 6%。

苏联解体后，苏联驻蒙古的军队被撤回，同时也撤回了对蒙古的经济支持，这些来自苏联的经济支持大约占蒙古 GDP 的 37%。蒙古经济立刻陷入困境，大量人口失业。蒙古在苏联垮台后，开始寻求与"第三邻国"发展友好关系，即苏联和中国以外的国家，如欧盟国家、美国和日本等，而美国和日本都分别加强了对蒙古的双边关系。

4. 俄罗斯实施"向东看"战略

近年来，俄罗斯地缘政治形势的变动对于远东地区发展十分有利，俄罗斯"向东看"战略正在逐步深入、持续发力。2014 年 4 月，俄罗斯出台《远东跨越式经济开发区相关法规》，其中包括一整套远东发展的优惠措施，远东正在实施交通、能源、社保、基础设施等一揽子发展计划。俄罗斯建议在东北亚区域内建设东进西连的交通走廊，以交通走廊的建设带动经济走廊的形成，从而促进东北亚区域经济共同繁荣。目前，中、俄、韩陆海联运大通道和珲春经俄罗斯扎鲁比诺港到日本新泻的跨国陆海联运航线虽已开通，但由于俄罗斯在远东地区的港口存在吞吐能力不足以及基础设施薄弱等问题，其潜力仍然没有充分发挥。而铁路、港口等基础设施建设投入大，对环境的潜在影响需要评估，这使得环境合作必须伴随经济发展同时进行。

（二）经济因素

1. 东北亚经济概览

东北亚地区的经济在中日韩之间具有非常大的相互依赖性，三国都是外向型经济，对出口都有较大的依赖，对方国家的市场对自己都非常重要。当然，就经济规模而言，中国的经济总量大约是日韩之和，不过，就国内社会总体的经济发展水平而言，日本和韩国的发达程度都不在中国之下。根据美国预测，到 2030 年，中国的经济总量大约是 22.2 万亿元，日本、俄罗斯和韩国将分别达到 6.4 万亿元、2.4 万亿元和 1.9 万亿元，四国都将进入世界最大二十经济体。中国无疑在地区经济上占有明显的优势，中国的经济成就成为很多发展中国家的羡慕之处，中国成为该地区各国纷纷优先考虑的经济合作对象。

2. 东北亚经济聚焦

（1）俄罗斯关于东北亚经济发展的设想

自从美国和欧盟联合对俄罗斯实施经济制裁，以及国际油价持续走低，俄罗斯的经济遭遇了很大的困难。俄罗斯的经济在 2015 年大约缩水了 4.6%，2015 年上半年的通货膨胀率达到 16.9%。鉴于与西方的经济关系在短期内难以复苏，俄罗斯期待与中国、蒙古和朝鲜等国家发展经济合作。由于俄罗斯远东地区基础设施较落后，制约了经济的发展，所以急需基础建设方面的投资。在此背景下，2014 年 9 月，由中国进出口银行、俄罗斯外经贸银行、韩国进出口银行、蒙古开发银行组成的东北亚进出口银行联盟成立。该联盟未来将东北亚各国的自由资金、银行及其他金融机构、企业等的融资渠道进行整合，提升融资能力支持基础设施建设，进而促进该地区经济发展和一体化进程。

俄罗斯积极倡议同中国、蒙古、韩国、朝鲜、日本在东北亚区域内拓宽合作领域，特别是在农业生产、农产品加工、机械制造、信息通信、跨境发电输电项目，以及在生态环境方面的工业废物回收等领域提出强烈的合作意向。提出打造涵盖蒙古、中国东北、俄罗斯远东地区等在内的国家间海、陆、空三维立体运输通道网络应成为大图们倡议以及东北亚进出口银行联盟优先支持发展的项目之一。

另外，在大图们倡议框架内，俄罗斯建议在中国临近俄罗斯的边境城市珲春建立辐射东北亚地区的多路线、全方位的旅游中心，进一步促进各国游客数量增加，拓展东北亚国家间人文和文化联系。中俄关系在最近几年取得了非常快的发展，双方在能源和运输、基础设施、金融、农业、水资源管理、空间技术、地区安全等领域的合作都有加强。

（2）蒙古

随着中国经济的发展，中国已经取代前苏联和现在的俄罗斯，成为蒙古最大的投资国。不过，蒙古对于与中国合作，一直保持某种谨慎的态度。在中国和俄罗斯之间，蒙古似乎更倾向于选择俄罗斯。蒙古经济的最大希望在那些埋藏于戈壁下的铜矿和金矿中，这些矿产吸引了很多跨国公司的兴趣。经济学家们猜测，一旦这些矿产得到开采，蒙古经济将很快转好。蒙古一方面希望能够借助外资，开采这些矿产，另一方面又担心外资控制了国家经济命脉。如中国铝业在 2011 年成功与蒙古国有公司 ErdenesTavanTolgoi 签署了 2.5 亿美元的供煤合同，2012 年 4 月，中国铝业与持有蒙古 TavanTolgoi 煤矿大部分开采权的一家加拿大公司谈成了兼并交易，可望由中国铝业取得该煤矿的开采权，但蒙古政府不想让这个大型煤矿的开采权落入中国公司手中，特别是，中国公司已经取得了煤的购买权，这项兼并交易最终没有执行。

日本于 2012 年开始与蒙古开始自由贸易区协议谈判，两国最终于 2014 年签署了《日蒙自由贸易区协议》，日本同时对蒙古提供巨额援助，其金额约占蒙古每年所得外援的三分之一，来源主要有三个渠道：①日本直接的对外援助；②日本通过亚洲开发银行对蒙古提供项目支持；③积极组织世界援助蒙古会议，为蒙古的发展募集资金。

（3）朝鲜

2014 年乌克兰危机后，俄罗斯加强与朝鲜的经济联系。2014 年，俄罗斯注销了朝鲜在苏联时代欠下的 110 亿美元债务中的 100 亿美元。2015 年 1 月，俄罗斯宣布，俄朝贸易已经可以直接经朝鲜银行以卢布结算。但俄罗斯自身经济的困境，使得它的对朝经济政策成为"口惠而实不至"，至今俄罗斯的对朝投资非常有限，而且也没有对朝的粮食或能源援助。

朝日贸易处于完全冻结状态。2006 年 10 月，在朝鲜试射导弹之后，日本禁止了来自朝鲜的进口；2009 年 6 月，在朝鲜第二次试射导弹之后，日本禁止了向朝鲜的出口。2009 年 4 月，日本还严格限制了在日朝鲜人向朝鲜汇款。现在日本已经没有跟朝鲜进行谈判的筹码，除了朝鲜放弃核武器试验所可能得到的经济援助。

（三）社会因素

中国的经济成就改善了中国及中国人在韩国社会的地位，大量韩国家庭将子女送到中国留学。2006 年，在中国的韩国留学生为 54 000 人，到 2009 年上升为 66 806 人。

根据《中国日报》2014 年 8 月进行的一项调查，93% 的日本人对中国没有好印象，而 86.8% 的中国人对日本没有好印象。同时，韩国的东亚学院（East Asia Institute）在本国进行了公共意见调查，结果显示只有 31.1% 的日本人对韩国人有好感，相应地，只有 12.2% 的韩国人对日本人有好感。

日本对蒙古多年的援助极大地改善了日本在蒙古人心中的形象，日本成为蒙古民众心中最受欢迎的、最亲近的和对蒙古最好的国家，日语成为蒙古人最喜欢的外语之一。两国在人文领域的合作非常频繁和密切。

（四）安全因素

1. 环境安全

环境和资源本身有可能制约一个国家的经济发展。国际社会在过去几十年里的实践也为我们揭示了环境与安全的联系。具体到东北亚地区，我们不能无视环境问题引发国家之间争端的可能性。如韩国学者认为，虽然空气污染问题现在还没有发展成两国之间的争端，但该问题"潜在地影响和平稳定除非得到解决"。

最近十几年国际环境条约发展的一个新特点是不倾向于允许国家对条约内容的保留。这样某些条约下的环境问题的解决就有可能更加司法化，国家能够左右的情况变得少起来。而且，环境问题可以用作一个外交工具来解决其他问题，例如，已经有人建议中国南海沿岸国家以中国的填海工程破坏了该海域的环境为由，根据中国加入的《联合国海洋法公约》，对中国提起诉讼。

2. 朝鲜发展核武器

朝鲜从未表示要放弃其核武器计划，而美国预测，任其发展，朝鲜早晚将制造出可以发射的核武器。对于来自朝鲜对韩国的潜在的核威胁，美国的解决方案是把导弹防御体系（Terminal High Altitude Area Defense）部署到韩国，但中国和俄罗斯政府都不欢迎这种做法，认为对地区的和平构成威胁。

朝鲜于 2016 年 1 月 6 日进行了第四次核试验，核试验地点距离周边国家直线距离都不远，尤其是距我国直线距离最近处仅 100 km 左右，周边的土壤和水源（鸭绿江和图们江）极有可能受到长期影响。相关各国都高度关注朝鲜进行的此次核试验。

3. 钓鱼岛问题

中日关于钓鱼岛的争议将持续成为该地区的不稳定因素之一。根据中国外交部公布的 1978 年中日建交时对该问题的立场是"搁置争议，共同开发"。2012 年 9 月，日本决定对钓鱼岛实施国有化管理，这一行为是对钓鱼岛现状的改变，破坏了中日建交时达成的关于维持钓鱼岛现状的安排，导致两国在钓鱼岛问题上的对立加剧。

由于日本长期依赖日美同盟来保障日本安全，日本寻求美国在钓鱼岛问题上更加清晰的表态，特别是《日美安全防卫条约》是否适用于钓鱼岛。美国表示，该条约的防务范围包括"日本管理的所有领土"。这等于表示，如果日本与中国之间因钓鱼岛问题发生战争，美国可能卷入，并站在日本一边。鉴于关于钓鱼岛的武装冲突可能引发严重的大国之间的武力对抗，这是任何一方都不愿意看到的事情，所以，观察家们分析，虽然各方的态度都很强硬，但同时也会保持克制，不使事态失控。

4. 南海问题

南海问题虽然表面上不是事关东北亚的安全问题，但无疑将对东北亚的安全局势产生影响。美国国内一些政策分析人士认为，美国和中国在南海发生冲突的可能性是现实存在的。日本十分关心中国的南海纠纷，从中国对南海岛屿纠纷的解决办法，可以推测中国对于钓鱼岛纠纷未来的态度。

三、我国参与东北亚地区环境合作现状分析

（一）中国参加东北亚地区所有重要的多边合作机制

中国积极而全面地参加了东北亚地区环境合作，主要体现见表1：

表1　中国参加的东北亚地区环境合作内容

	大图们GTI	东北亚次区域NEASPEC	三方部长会议TEMM	东亚酸雨沉降EANET	西北太平洋行动NOWPAP	东盟10+3ASEAN+3
中国	√	√	√	√	√	√
韩国	√	√	√	√	√	√
日本	√	√	√	√	√	√
蒙古	√	√	×	√	×	×
俄罗斯	√	√	×	√	√	×
朝鲜	√	√	×	×	×	×

注：√代表参加；×代表没有参加。

（二）中国与东北亚其他五个国家均签署了环境保护协定

中国与东北亚其他五国签订了一些涉及具体环保事项的合作协议，如表2所示。

表2　中国与东北亚其他五国签订的环保合作协议

	与中国的双边协议下环境合作范围	机构建设
韩国	环境合作[1]、渔业[2]、候鸟[3]	环境合作联合委员会[4]
日本	环境保护[5]、节能环保[6]；候鸟[7]；地方政府间（东京都与北京、神户与天津、富山县与辽宁、川崎市与沈阳市、兵库县与广东、四日市与天津市、北九州与大连[8]	环保联委会[9]、中日环境保护中心
俄罗斯	环境保护[10]、兴凯湖[11]、界河保护[12]、野生虎豹[13]、环境信息[14]	环保合作分委会[15]
蒙古	环境保护[16]、森林草原[17]、防沙治沙	
朝鲜	环境保护[18]	中朝联委会（不定期）

总体而言，我国与俄罗斯之间的双边环境合作的范围和深度均超过了其他四个国家。具体表现在：①合作水平高：双方的环保分委会直接隶属于总理级双边定期会晤机制之下；②合作范围除了野生动物生态走廊建设、界河界水保护以外，还建立了跨界突发环境事件通报和信息交换机制，这一点是与其他几个国家之间没有的合作内容，凸显其独特性。

日本在与中国进行环境合作方面最为积极，表现在：①与其他四国相比，日本在与中国的双边环境合作上投入的资金最多，包括建设了中日友好环境保护中心并提供了一些环保设备；②除了日本中央政府以外，另有其个地方省市与中国省市直接建立了环境合作关系；③除了官方以外，数个日本的民间机构也非常热衷于与中

国的环境合作，如在大气污染治理领域，日中经济协会在中国创立了中国大气污染改善合作网络，向中国介绍日本改善大气质量的经验和技术；日本国际协力机构联合中日友好中心，出资于 2013 年在北京举办了日中大气污染研讨会；日本国立环境研究所与清华大学等中方研究机构共同进行大气污染研究。

（三）中国在东北亚的环境合作中的作用还有较大提升空间

现在东北亚环境合作平台比较分散，需要整合，环境合作工作还处于初级阶段。中国在实施"一带一路"战略时，环境合作是无法回避的重要课题。中国如果可以在环境合作上由被动变主动，非常有可能推动东北亚环境合作迈上一个新台阶，在此过程中，还可以加固和提升自己在东北亚的领导地位，同时也改善了东北亚的环境，包括解决我国自身存在的一些环境问题，是一举多得多赢之策。

四、对我国参与东北亚地区环境合作的建议

（一）指导思想

1. 平等合作，照顾经济落后的成员

在东北亚现有的几个环境合作机制设立初期，中国还没有把环境保护提到今天

1《中华人民共和国环境保护部与大韩民国环境部环境合作谅解备忘录》。
2《中华人民共和国与大韩民国渔业协议》。
3《中韩候鸟保护协定》。
4 由中国环境保护部国和韩国环保部轮流举办，每年一次。
5《中日环境保护合作协议》。
6 日本经济产业省、日中经济协会、中国国家发展和改革委员会、中国商务部共同举办，部长级论坛。
7《中日保护候鸟及其栖息环境的协定》。
8 同 7。
9 日本环境部与中国环保部轮流举办，司级。
10《中俄环境保护合作协定》。
11《中俄兴凯湖保护协定》。
12《中华人民共和国和俄罗斯联邦共和国关于合理利用和保护跨界水的合作》。
13《中俄野生老虎保护协议》；以及珲春—汪清—绥阳—东宁—豹地公园跨国界保护区协议。
14《中华人民共和国环境保护部和俄罗斯联邦自然资源与生态部关于建立跨界突发环境事件通报和信息交换机制的备忘录》。
15 隶属中俄总理定期会晤委员会，由中国环保部和俄罗斯自然资源与生态部轮流召开。
16《中华人民共和国和蒙古共和国关于保护自然环境的合作协定》。
17《中蒙森林、草原防火联防协定》和《中蒙林业保护谅解备忘录》。
18《中华人民共和国环境保护局和朝鲜民主主义人民共和国环境保护及国土管理总局合作协定》。

这样的高度，当时我国在对外环境合作中，非常需要外部财政支持和技术支持。自20世纪90年代初后很长一段时间，中国都是日本和韩国环境合作援助的对象。然而，这种状况不应该再延续下去，主要有两点原因：

第一，中国的经济力量增长，经济规模已经超过日本，日本已经决定减少对中国的经济援助。2014年中日韩三国的 GDP 总额分别为 92 402.7 亿美元、49 010 亿美元和 13 045.5 亿美元，在这种情况下，坚持在东北亚的环境合作中得到日本或韩国的财政援助已经越来越不现实。

第二，中国在国家发展规划中，提高了对环境保护的重视程度。已经开始从经济优先的发展模式向经济和环境并重的发展模式过渡。况且，东北亚环境压力，有很大一部分来自中国，中国如果想在该地区打造负责任大国形象，甚至寻求成为地区领袖型国家，应该放弃在环境保护中以得到日本和韩国财政援助为条件的政策取向。

2. 环境保护和经济发展并重

东北亚地区的经济奇迹，大幅提升了该地区人口的生活水平，东北亚国家在经济合作过程中，如大图们倡议、自由贸易区建设以及双边投资和金融合作中，都应该有具体可循的环境标准。随着亚洲基础建设银行逐步开始制定和公布其融资或投资规范性文件，以中国为主导的投资或融资活动中的环境标准问题将得到进一步澄清。这将有利于其他国家了解中国对外投资所愿意遵循的环境标准，也有利于我们在东北亚地区建立区域内各国在贸易和投资活动中，愿意共同遵守或者参照的环境标准。

为了实际落实经济和环境保护并重的指导思想，东北亚各国应该商议彼此愿意采纳的工具性措施，如环境影响评价、信息通报、联合监测，以及在决定采取可能引发严重跨界环境影响的措施前的协商等。

3. 国家主导，广泛参与，发挥各自特长，合作互利

环保是一项需要很大投入的事业，如果这项宏大的事业完全依赖国家，不仅会进展缓慢，也很可能错失宝贵的机会。环保在今天同时又是新的经济增长点，其中孕育着大量的商业机会。因此，东北亚地区环境合作，应该采取国家主导，各界广泛参与的政策，使得各利益主体都能够发挥各自特长，合作互利。

除了中央政府以外，要鼓励地方政府积极参与，并提供方便它们参与的政策和机制。例如在大图们倡议中，可以为地方政府提供更多的参与讨论制度制定的机会，允许地方政府在合作中获得较大利益。

除了政府以外，还应该为企业提供参与机会，并努力创造保障企业利益的制度。

很多环保事项通常是需要长期投入和经营的，所以，保持激励制度和政策的长期稳定，才能吸引企业放心地投入和规划。国家要积极为本国的环保产业做宣传和创造条件。

最后，科研机构和非政府组织在环境保护中也通常发挥着非常重要的作用。政府要持开放的心态，欢迎他们提出建议和意见。在国际合作中，一方成员因不开放而透明度低的行为，不一定得到另外一方的配合，常常一方没有公布的信息，在另外一方却可以公开获得，这种不平衡情况的经常性出现，使得国际公众可能更加信任透明度高的一方，从而使透明度低的一方的声誉受损。实践证明，开放的政府更加容易获得非政府组织的帮助。

（二）总体目标

1. 主要环境问题得到监测和治理

环境合作目标是为了解决环境问题。东北亚环境合作成功与否的一个重要标志就是主要环境问题是否得到处理，包括得到监测和治理。

从现阶段来看，东北亚地区应该优先进行合作的领域有：大气污染、酸雨、沙尘暴、海洋环境污染和生物多样性丧失问题。这五个领域内，已经存在不同程度的合作机制，但仍需要加强合作，需要从交换监测数据、联合科研开始，使得这些问题能够得到初步解决，或者各方之间，就如何解决这些环境问题，达成一个方案或者规划。

2. 建立或整合区域环境合作机制

鉴于现有各机制是基于不同成员间的协议而建立，各自目标和授权都不尽相同，将它们整合在一起的困难很大，但可以通过网络把它们连接在一起。合作可以是一种行为，也可以是一种为了达成合作的策略，合作的策略通常顺着合作的路线图来实施。

虽然现有各合作机制是在不同背景下创设，并且具体的运行方式也不尽相同。但几个主要机制的重要参加国和出资方目前都是区域内的国家，这使得机制整合具有可行性。一个思路是把专门性的机制整合在综合性机制下，实行纵向的整合；同时还可以考虑横向的整合，即把目标和职能相同或相近的综合机制进行整合，例如可以考虑把中日韩三方环境部长会议扩大为四方、五方，吸收蒙古和俄罗斯加入，如果有可能则继续扩大为六方。

（三）合作策略

1. 首推中日韩环境合作

在东北亚政局基本稳定的情形下，中国在东北亚的环境合作应该主要依赖中日韩三国环境部长会议机制，同时积极扶持大图们区域环境合作。该策略的主要考虑是：

（1）日韩是东北亚地区倡导环境合作较早的国家，多年来对该地区的环境合作持续地做出贡献，广泛地参与了东北亚地区的各主要环境合作机制，具有最强的环境合作政治意愿。

（2）日韩在东北亚环境合作中，是最主要的捐款国或资金贡献国，其本身的经济发展水平在东北亚地区处于高位，有能力继续为环境合作提供财政支持。现在也未表示可以为环境合作提供更多的财政资源。

（3）中日韩环境部长机制级别高，各方平等，有利于中国在该地区开展环境合作。中日韩环境部长会议机制目前采取在各成员国轮流开会讨论问题的方式，这一方式使该机制暂时不受控于任何一方，甚至也没有来自秘书处一类常设机构的影响，是开展进一步深化合作很理想的平台。

如果中日韩环境部长机制运行顺利，三国应该商议①进一步扩大参与的国家，如吸收蒙古和俄罗斯、朝鲜参加，使其成为东北亚环境合作的"领导"机制；②制定环境合作的基本原则，使该机制能够在大家的共识之上，逐步走向规范化；③建立常设机构，如秘书处、中日韩环境合作联合研究中心，来服务该机制的运行。

2. 助推东北亚次区域环境合作

东北亚次区域环境合作计划（NEASPEC）有组织机构，如决策机构——高官会议和行政机构——秘书处，可以说更成熟一些，而且成员范围也比中日韩环境部长机制广泛，东北亚六国全部是成员。之所以没有将该机构作为首先的合作战略的实施途径，主要是因为参加该计划的各国官员的级别参差不齐，使得该机制实际上仍停留在对话的层次上，当然也有一些零散的合作项目。其次是因为该计划的秘书处设立于韩国，使得韩国更容易对该计划发挥影响。

东北亚次区域环境合作计划受到 UNEP、UNDP 等国际机构的支持，并且也有一定的在该区域内开展环境合作的经验，某些环境项目，如保护迁徙鸟类等，有非常不错的成果。可以成为中国推动东北亚环境合作的重要平台。中国应积极寻求推动该机制环境保护合作，这才能彰显中国作为一个负责任的大国支持环境保护的立场和决心，这对于树立中国在东北亚的主导地位至关重要。

3. 借"一带一路"战略之东风，整合东北亚环境合作机制

目前，东北亚环境合作机制在目标和任务上互相重叠的情况比较严重。虽然各机制之间不能像国内的机构改革一般轻易实施合并和重组，但各机制的核心成员是大体一致的，大家的目标也基本是相同的，所以，并非没有整合的可能，关键是如何整合。

由于各机制都是根据不同的协议或条约创立的，所以简单地将机构或机制合并是很困难的，但建立工作网络，互相连接在一起是十分可能的，而且也是比较容易的。例如，专业环境合作机制，如酸雨沉降监测、沙尘暴项目等，可以作为总体的环境合作规划中的一部分发挥作用；综合性的合作机制，可以建立机制之间的观察和合作关系，如东北亚环境会议（Northeast Asia Environmental Conference）可以作为中日韩环境部长会议召开期间的一个边会（side event）。因为中日韩环境部长会议的成员目前只有三个国家，所以还要依赖东北亚次区域计划，将三国部长会议达成一致的合作内容再在更广泛的成员间征询意见，力争得到更多国家的认同和参与。

中国现在正大力推动"一带一路"上的国家合作，根据国家发改委和外交部等部门制定的《推动共建丝绸之路经济带和 21 世纪海上丝绸之路的愿景与行动》，中国政府与丝绸之路国家的一个重点合作领域就是政策沟通方面，中国希望加强政府间合作，积极构建多层次政府间宏观政策的沟通和交流机制，使得沿线国家可以就发展与合作问题进行充分交流对接，共同制定推进区域合作的措施。

在各机制之间的合作关系建立之后，将有可能避免更多的重复讨论和资源浪费，同时，各机制的优势也可能被突出出来。例如大图们倡议无疑是讨论图们江经济开发区内环境保护和图们江保护的最佳论坛；而东北亚海洋保护则可以考虑与西北太平洋行动计划合作。

（四）重点方向

1. 主要环境问题的治理

（1）大气污染

大气污染已经成为东北亚地区各国共同关切的环境污染问题。中国正在为大气污染付出沉重代价。世界银行估计，大气污染每年给中国造成的损失大约是 GDP 的 3.8%。大气污染问题已经引起了东北亚地区国家的深切担心，中日韩环境部长会议机制下三国对此已经开展了联合科研和调查。中日韩于 2015 年签署了《中日韩环境合作联合行动计划（2015—2019）》，其中大气污染治理是其中的重要合作领域之一。大气污染问题还包括酸雨的治理，虽然这项工作在过去取得了一些成绩，

但治理工作必须持续不停，才有望在经济继续发展的背景下不发展成另外一个灾难性的环境问题。

（2）海洋污染

主要是应该在沿海国之间就陆源海洋污染的排放达成一些规则。中国、日本、韩国和俄罗斯都参加了联合国教科文组织政府间海洋委员会西太分委会（IOC WESTPAC）和联合国环境规划署西北太平洋海洋和海岸地区环境保护、管理和开发行动计划，可以以这两个多边机制达成的行动计划为基础，结合东北亚海洋的特殊问题，实施海洋保护措施。第一步可能还是要对区域海洋环境质量进行评估，收集海洋环境数据和信息；第二步可以是协调管理措施，包括海洋保护、维护、恢复和可持续利用方法等，还可以建立海洋污染突发事件后的合作机制。

（3）生物多样性

东北亚地区快速的经济发展给生物多样性的维持带来了巨大的挑战，这一地区濒危的动植物物种数量和速度明显高于全球平均水平。该地区国家应该收集生物多样性的信息，分析造成特定动植物物种或者物种群落数量减少的原因，树立明确并易实施的目标，持续地确保生物多样性的保护被融入经济发展的总体政策和规划之中。

2. 确定环境合作的规则或原则

长久稳定和高水平的合作都是建立在合作方的共识和共同遵守的规则之上。没有规则约束、也没有原则指导的合作是不稳定的，无法预期长远，从而不利于合作各方筹划长远的合作计划。规则不是某一方需要的，也不是仅对某一方有利，而是"合作"这一事业本身需要规则。所以，我国不仅应该重视环保合作项目，也应该把与有关合作方就合作的规则进行讨论作为工作重点之一。

3. 机构建设

如果东北亚各国可以就环境合作的规则达成某些共识，接下来还应致力于合作的组织机构建设。这种机构可以依托现有机制，考虑设立决策机构，如部长会议，以及专门的执行机构，如理事会，在原有的联络点或者工作组的基础上整合为秘书处作为行政服务机构。欧美的类似机构建设通常还包括争端解决机构，如联合委员会等，考虑到亚洲国家在争议解决实践方面的特点，我们可以暂时不考虑设立争议解决机构。

（五）支持保障体系

从我国国内来讲，重视东北亚的环境合作，是最重要的支持和保障。具体而言，可考虑下列措施：

1. 增加对东北亚环境合作的财政支持

我国应该改变在东北亚环保合作中以寻求日本和韩国财政帮助为合作条件的合作模式，本着平等原则开展环境合作。国家为此应该增加财政投入，同时可参考日本的做法，考虑将一部分对外发展援助用于对蒙古和朝鲜的环境合作项目中，使得我国在区域环境合作中，既是受援国，也是施援国，这样才能培育我国负责任的大国地位。

2. 应鼓励环境科学家开展联合研究

以往的经验证明，国家之间对于某一跨界污染或环境问题的认识经常存在分歧，而这些关于事实问题的分歧，又常常阻碍合作和有效措施的制定及实施。建议东北亚国家可以就某些共同关心的具体的环境问题成立联合小组，这样有利于各方首先在科学问题上达成共识，如某一环境问题是否存在，产生的原因，如何监测、评价方法和标准，以及可能的治理措施等。目前中日韩已经开始在大气污染和酸雨领域开展科学家之间的联合研究，中俄也建立了跨界水水质的联合监测。这些联合监测和研究成果，更容易被成员接受，从而减少分歧，为采取联合行动提供科学支撑。

联合研究在早期可以是以项目为基础的临时性研究，待研究任务完成，研究团队即可解散。也可以考虑为联合研究成立一个常设的研究机构，吸纳相关问题的各国科学家在一起工作，为环境政策的制定和环境措施的实施及效果评估提供科学支持。

3. 建立东北亚环境合作信息平台

随着中国对东北亚环境合作的贡献的增加，应该建立东北亚环境信息合作平台，以便①使该地区的公众了解中国对区域环境保护的贡献；②便于公众和学者查询该地区的环境保护原则和规划等信息，包括已经完成的非保密的研究报告、会议报道和倡议书等。由于韩国和日本（特别是日本）的英语教育和普及的情况弱于中国，日本和韩国在传播东北亚地区的环境信息方面处于劣势。我国应该利用国内英语、韩语和日语人才较多的优势，积极建设东北亚环境合作信息平台，掌握话语和宣传的优势。

参考文献

[1] 刘国斌. 东北亚海上丝绸之路经济带建设研究 [J]. 学习与探索, 2015(6).

[2] 解淑艳, 王瑞斌, 郑皓皓. 2005—2011 全国酸雨状况分析 [J]. 环境监测与预警, 2012,

4(5).

[3] 冯东明 . 中日韩三国开展东北亚海洋污染合作研究 [J]. 重庆交通大学学报 , 2011(4).

[4] 金正九 . 东北亚海域的环境污染防治的国际合作 [D]. 大连海事大学 2011 届博士毕业
生论文 , 2011.

[5] 敖仁其，娜琳 . 蒙古国生态环境及其东北亚区域合作 [C]. 内蒙古社会科学院俄罗斯与
蒙古研究所科研成果 , 2011.

[6] 郭锐 . 国际机制视角下的东北亚环境合作 [J]. 中国人口 • 资源与环境 , 2011, 21(8).

[7] 赵景华，李宇环 . 公共战略学的学科构建与发展趋势 [J]. 中国行政管理 , 2010(8).

中国—东盟生物多样性保护与合作

庞骁　彭宾　张洁清

东南亚国家拥有着丰富的生物多样性资源，并在东盟成立后不断加强此领域合作，建立了东盟生物多样性中心等合作机构与东盟遗产公园、东盟环境信息交换机制等一系列合作机制。生物多样性是中国—东盟环境合作的重点领域，双方高度关注。近年来，双方在此领域合作不断深化，并利用多方资源打造了"中国—东盟生物多样性与生态保护合作计划"等旗舰合作项目，并在制定和实施国家生物多样性保护战略、推动实现爱知目标、生态友好城市发展、遗传资源惠益分享等领域开展了一系列卓有成效的合作活动。未来，建议以"一带一路"环境合作为契机，在以下几个方面推动此领域合作：①继续依托旗舰品牌影响力，深化生多领域合作内容与形式；②根据东盟国家关切和需求，加强生多领域能力建设合作；③持续跟踪区域合作热点问题，开展生多保护与合作趋势分析。

一、东盟国家生物多样性保护合作

（一）东盟国家生物多样性保护合作基本情况

东南亚国家生态系统丰富、生物多样性资源极为丰富。尽管东盟国土面积仅占世界陆地面积的 3%，但却拥有世界自然保护联盟（IUCN）动植物名录中的 18%。全世界 17 个生物多样性大国中有 3 个都位于东盟地区（即印度尼西亚、马来西亚和菲律宾）。这三个国家的国土面积仅为地球表面积的 10%，但具有全球 70% 以上的生物多样性。东盟的生态系统主要包括森林、淡水、沿海及海洋、泥炭地、农业和自然保护区六大类型。东盟拥有世界上约三分之一的红树林、珊瑚礁和海草。东南亚地区泥炭地总面积约为 250 000 km²，是世界热带地区泥炭地面积的 60%，是全球泥炭地总面积的 1/10。东南亚国家复杂多样的生态系统中还有更多我们尚未发现的生物物种，是地球的一座生物多样性与基因资源宝库，必须加以珍惜和保护。

20 世纪七八十年代以来，东盟很多国家开始了经济快速发展，人类活动对东盟地区的生物多样性资源造成的压力逐渐加重。在东南亚，生物多样性减少的主要驱动因素包括生态系统和环境变化、过度开采和利用、外来物种入侵、气候变化、水源和土地利用变化、污染和贫穷。根据 IUCN 红色名录，表 1 对中国与东盟国家受威胁物种进行了对比。可以看出，同样作为生物多样性大国，我国受威胁物种数量与印尼、马来西亚等国处于同一数量级，但陆地面积远远大于东南亚国家。在生态保护方面，东南亚国家的生态系统比我国更加脆弱。双方合作潜力巨大。

表 1　中国与东盟国家受威胁物种数量对比 [1]

国别	哺乳动物	鸟类	爬行动物*	两栖动物	鱼类*	软体动物*	其他无脊椎动物*	植物*	总计
文莱	34	24	8	3	8	0	8	104	189
柬埔寨	36	27	19	4	44	1	76	36	243
印尼	185	131	32	32	150	6	284	426	1 246
老挝	45	24	17	9	55	16	5	41	212
马来西亚	70	50	29	48	75	35	227	721	1 255
缅甸	46	48	30	2	43	3	74	61	307
菲律宾	39	89	39	48	77	3	234	239	768
新加坡	12	17	5	0	26	0	173	58	291
泰国	54	51	27	4	99	15	196	150	596
越南	54	46	44	30	76	18	109	199	576
东盟合计	575	507	250	180	653	97	1 386	2 035	5 683
中国	74	89	43	88	131	15	61	568	1 069

注：* 对植物、爬行动物、鱼类、软体动物及无脊椎动物等类别尚未完全统计。

东盟成立后，各国领导人与科学家们均意识到了这一严峻问题，并推动了一系列共同保护措施，以提高各国生物多样性保护水平。东盟地区的生物多样性损失，直接原因包括由某些社会和制度问题造成的栖息地改变、气候变化、外来入侵物种、过度开发、污染和贫穷。意识到这些威胁后，东盟成员国采取了"万象行动计划"（2004—2010），建立了全面的可持续发展机制，以打造洁净绿色的东盟、保护地区环境、可持续利用资源并保持公民良好的生活质量标准。

东盟纲领性文件"东盟社会文化共同体（ASCC）蓝图"中，将环境作为东盟社会文化共同体建设的重要部分，明确要保护该地区丰富的生物多样性，进行可持

---

[1]　国际自然保护联盟濒危物种红色名录（2015 年 11 月更新），http://www.iucnnredlist.org.

续的开发和管理，巩固生态系统在地区社会、经济和环境福利方面的基础性作用。十个东盟成员国都是生物多样性公约的缔约方，同时还签署了另外几份多边环境协议，见表 2。

表 2　东盟成员国签署的多边环境协议

国家	CBD《生物多样性公约》	Ramsar《拉姆萨尔公约》	CITES《濒临绝种野生动植物国际贸易公约》	WHC《世界遗产公约》	CMS《保护迁徙野生动物物种公约》	ITPGRFA《粮食和农业植物遗传资源国际条约》
Brunei Darussalam 文莱达鲁萨兰国	√		√			
Cambodia 柬埔寨	√	√	√	√		√
Indonesia 印尼	√	√	√	√		√
Lao PDR 老挝人民民主共和国	√	√	√	√		√
Malalysia 马来西亚	√	√	√	√		
Myanmar 缅甸	√	√	√	√		
Philippines 菲律宾	√	√	√	√	√	√
Singapore 新加坡	√		√			
Thailand 泰国	√	√	√	√		√
Viet Nam 越南	√	√	√	√		

东盟国家中，负责自然资源和生物多样性可持续管理的主体是东盟自然保护和生物多样性工作组（东盟沿海和海洋生态系统工作组也参与海洋领域生物多样性保护工作），该工作组在东盟环境高官会（ASOEN）统一指导下开展相关领域的规划指导工作。东盟自然保护和生物多样性工作组为采取具体行动提供了一个咨询平台，确保该地区丰富的生物多样性得到保护、保存和可持续性管理。同时，东盟自然保护和生物多样性工作组指导开发共享的东盟平台，适用于与自然保护和生物多样性有关的国际性和区域性公约与协议。此类东盟组织与其他领域的工作组（如东盟气候变化工作组（AWGCC））共同推动"东盟社会文化共同体蓝图"相关目标的实现。

东盟国家在生物多样性领域主要的区域性协议包括：《东盟跨界霾污染协议》《东盟生物多样性中心成立协议》《2014—2018 东盟环境教育行动计划》《2008—2012 东盟环境教育行动计划》《东盟水资源管理行动战略计划》《东盟气候变化联合行动计划》《东盟遗产公园宣言》等。

通过东盟生物多样性中心和其他区域性举措，东盟成员国不断提高区域性努力和承诺，以停止生物多样性的损失。在《生物多样性公约（CBD）》第 12 次缔约方大会（COP 12）中，缅甸代表东盟国家发表了声明，重申了其对于生物多样性保护的承诺，以及东盟国家实施《生物多样性公约》三个目标的承诺。

（二）东盟生物多样性合作主要机制

1. 东盟生物多样性中心

2005 年，东盟成员国建立了东盟生物多样性中心（ASEAN Centre for Biodiversity）。该中心自成立以来，开展了一系列促进区域生物多样性保护和管理的工作。该中心成为东盟环境合作的主要执行与支持机构，很多支持"2011—2020 生物多样性战略计划"（包括"爱知生物多样性目标"在内）实施的东盟举措都是通过东盟生物多样性中心来执行的。东盟生物多样性中心具体负责东盟遗产公园（ASEAN Heritage Parks）及东盟信息交换机制（Clearing-House Mechanism）两大合作机制的秘书处工作，并牵头开展东盟区域生物多样性相关的研究及合作工作，如编写《东盟生物多样性展望》，组织召开东盟生物多样性大会等。2016 年，东盟生物多样性中心时隔数年再次组织举办了东盟生物多样性大会，并准备于年内发布新一期东盟生物多样性展望报告。在可见的未来，东盟生物多样性中心将继续在东盟环境合作领域发挥重要作用。

2. 东盟遗产公园

1978 年，东盟创始成员国（印度尼西亚、马来西亚、菲律宾、新加坡和泰国）环境专家首次聚首，就东盟地区环境问题进行讨论。此次会议上，各国专家将生物多样性保护推上议事日程，提出建立东盟遗产公园与保护区（AHPRs），即东盟遗产公园前身，并将 AHPRs 定义为"有针对性地选出具有突出野生动植物及其他价值的国家公园与自然保护区"，并应当"被赋予最高级别的地区关注，并致其获得国际认可"。

1981 年，东盟环境专家会议向联合国环境规划署与国际自然保护联盟（IUCN）申请了对成立首批 10 个 AHPR 公园的资金申请并获批准。此后，东盟于 1983 年起编制出台了公园的相关准入标准、目标、导则等。1984 年，文莱正式加入东盟，当年 11 月 29 日，东盟 6 个成员国签署了《东盟遗产公园与保护区宣言》，启动了 AHPR 项目，11 个国家公园被纳入首批名单（其中，文莱在加入东盟后贡献了 1 个国家公园）。

2003 年 12 月 18 日，东盟国家环境部长在缅甸仰光重新签署了《东盟遗产公园宣言》，进一步扩大了东盟遗产公园数量。根据《东盟遗产公园宣言》，东盟成员国将实时更新东盟遗产公园名单，并同意"开展共同合作，推动东盟遗产公园的保护与管理，以推动区域性保护和管理行动计划、机制的实施以及各国对保护自然环境的努力"。

　　《东盟遗产公园宣言》中，明确将东盟遗产公园定位为"东盟地区具有较高保护价值，具有完整的、有代表性的生态系统的保护区"。其建立的意义在于"通过一个有影响力的合作网络，在东盟国家内普及环保意识，建立认同感、自豪感，通过欣赏自然获得快乐，并推动对东盟国家共同的丰富自然遗产的保护"。

　　此后，东盟各国陆续不断申报遗产公园，公园数量也在持续扩大。截至 2016 年 3 月，东盟遗产公园数量已扩大为 37 个（表 3）。

表 3　东盟遗产公园名录

序号	公园名称	参考译名	类型	国家
1	Tasek Merimbun Heritage Park	墨林本湖遗产公园	陆地	文莱
2	Preah Monivong (Bokor) National Park	波哥国家公园	陆地	柬埔寨
3	Virachey National Park	维拉查国家公园	陆地	柬埔寨
4	Gunung Leuser National Park	留泽火山国家公园	陆地	印度尼西亚
5	Kerinci-Seblat National Park	柯林茨 - 塞拉特国家公园	陆地	印度尼西亚
6	Lorentz National Park	洛伦兹国家公园*	陆地	印度尼西亚
7	Way Kambas National Park	威肯巴斯国家公园	陆地	印度尼西亚
8	Nam Ha National Protected Area	南哈国家自然保护区	陆地	老挝
9	Kinabalu National Park*	神山国家公园	陆地	马来西亚
10	Gunung Mulu National Park*	姆鲁山国家公园	陆地	马来西亚
11	Taman Negara National Park	塔曼国家公园	陆地	马来西亚
12	Alaungdaw Kathapa National Park	阿朗道卡塔帕国家公园	陆地	缅甸
13	Indawgyi Lake Wildlife Sanctuary	印多吉湖野生动物保护区	湿地	缅甸
14	Inle Lake Wildlife Sanctuary	茵莱湖野生动物保护区	湿地	缅甸
15	Hkakaborazi National Park	开加博峰国家公园	陆地	缅甸
16	Lampi Marine National Park	兰匹国家海洋公园	海洋	缅甸
17	Meinmahla Kyun Wildlife Sanctuary	梅马拉岛野生动物保护区	湿地	缅甸
18	Nat Ma Taung National Park	拿马山国家公园	陆地	缅甸
19	Mt. Apo Natural Park	阿波山自然公园	陆地	菲律宾
20	Mts. Iglit-Baco National Park	伊格利特 - 巴科山国家公园	陆地	菲律宾
21	Mt. Kitanglad Range Natural Park	齐唐拉德山自然公园	陆地	菲律宾
22	Mt. Malindang Range Natural Park	马林当山自然公园	陆地	菲律宾
23	Mt. Makiling Nature Reserve	马吉岭山自然保护区	陆地	菲律宾
24	Mt. Hamiguitan Range Wildlife Sanctuary*	哈密吉坦山野生动物保护区	陆地	菲律宾
25	Tubbataha Reefs Natural Park*	图巴塔哈群礁自然公园	海洋	菲律宾
26	Mount Timpoong-Hibok-Hibok Natural Monument	提鹏 - 西波西波火山自然公园	陆地	菲律宾
27	Sungei Buloh Wetland Reserve	双溪布洛湿地公园	湿地	新加坡
28	Bukit Timah Nature Reserve	武吉知马自然保护区	陆地	新加坡

序号	公园名称	参考译名	类型	国家
29	Ao Phang-Nga - Mu Ko Surin - Mu Ko Similan Marine National Park	攀牙湾 - 素林岛 - 斯米兰岛国家海洋公园	海洋	泰国
30	Kaeng Krachan Forest Complex	岗卡章森林公园	陆地	泰国
31	Khao Yai National Park*	考艾国家公园	陆地	泰国
32	Tarutao National Park	达鲁岛国家公园	海洋	泰国
33	Kon Ka Kinh National Park	孔卡京国家公园	陆地	越南
34	Chu Mom Ray National Park	楚穆雷国家公园	陆地	越南
35	Ba Be National Park	巴贝国家公园	陆地	越南
36	Hoang Lien Sa Pa National Park	黄连沙巴国家公园	陆地	越南
37	U Minh Thuong National Park	乌明上国家公园	湿地（泥炭地）	越南

注：* 列入联合国教科文组织世界遗产名录（本表格根据东盟生物多样性中心网站、联合国世界遗产名录等资料整理）。

作为秘书处，东盟生物多样性中心负责遗产公园机制下的各项合作活动与项目的管理支持工作，主要包括：审核新遗产公园的申请，开展遗产公园管理者与员工的能力建设培训，组织东盟遗产公园会议，开展各项宣传工作，并协助遗产公园管理者参与区域保护区合作交流网络。

3. 东盟环境信息交换机制

东盟环境信息交换机制（CHM）的秘书处设在东盟生物多样性中心，旨在通过提供有关生物多样性的信息加强保护区的管理。其主要网站平台设在东盟秘书处网站，是东南亚地区唯一的综合性官方环境信息交换平台。为了管理东盟信息交换机制下的生物多样性信息，东盟生物多样性中心已建立了如下功能：

（1）与物种有关的自动摘要；

（2）附带录入通道的外来入侵物种（IAS）数据库；

（3）可下载至平板电脑和移动手机的电子图书馆网站界面；

（4）平板电脑和移动手机的"东盟文化遗产公园"应用软件；

（5）交互式绘图工具，根据国际自然保护联盟（IUCN）和世界保护区数据库（WDPA）的数据以及东盟成员国提供的信息为物种在保护区的出现情况绘图，参见图1。

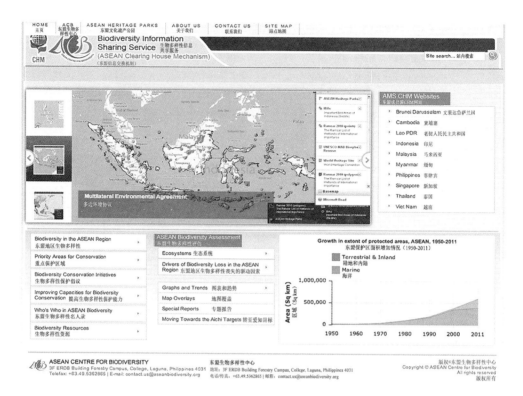

图 1　东盟信息交换机制网页截图

（三）东盟生物多样性展望

《东盟生物多样性展望》（ABO）是东盟生物多样性中心牵头编写的东盟生物多样性综合性报告。第一版报告简要介绍了东盟成员国生物多样性保护措施与合作行动。ABO 1 的信息来源为东盟成员国，"第四次生物多样性公约国家报告"和其他国家级报告与行动计划，以及来自东盟生物多样性中心和其他国际和区域性组织的全球和区域性数据集。

第二版《东盟生物多样性展望》将介绍东盟地区生物多样性保护进展，总结生物多样性现状和趋势、普遍问题以及东盟成员国在完成"爱知目标"方面的经验教训，制定区域性政策建议，为采取实现 2020 目标的区域性行动提供指导。东盟生物多样性中心目前正在起草 ABO 2。

（四）其他合作机制

除以上主要合作机制外，东盟生物多样性保护还以东盟生物多样性中心为主体，通过宣传研究、次区域性合作以及一些主题方法研究开展合作。

东盟成员国成为生物多样性公约的缔约方以后，发布声明："东盟国家作出以下承诺：①加强和鼓励理解生物多样性保护所需措施的重要性，加强和鼓励通过媒体和教育计划进行传播；②与其他国家和国际组织恰当合作，制定与生物多样性的保护和可持续利用相关的教育和公众意识计划。"此项承诺已经通过缔约方"国家生物多样性战略和行动计划"之中的"沟通、教育和公众意识（CEPA）计划"得以切实执行。

"爱知生物多样性目标"第 1 个目标指出"最晚到 2020 年，人们应意识到生物多样性的价值以及他们可以采取哪些措施对其进行保护和可持续性利用"。生物多样性公约的所有缔约方都承诺要实现"爱知生物多样性目标"。

在宣传方面，为支持生物多样性沟通、教育和公众意识计划，东盟生物多样性中心开展了一系列宣传、教育和公众意识方面工作，增强人们对于生物多样性保护价值的认识。同时，设立了"东盟生物多样性领军奖"，表彰那些来自青年团体、媒体和商界的为东盟地区生物多样性保护和可持续管理做出卓越贡献的个人和集体。通过宣传先进人物事迹，推动决策者和社会各方的生物多样性保护工作进程。

在次区域合作方面，东盟开展或参与开展了"文莱婆罗洲之心倡议"、关于珊瑚礁、渔业和食品安全的"珊瑚三角区倡议"、龟岛自然遗产跨境保护区、全球海洋物种评估（GMSA）等一系列次区域合作倡议与合作活动。

此外，东盟生物多样性中心还参与支持了不同领域、主题的区域性措施，如生物多样性公约相关的东盟获取与惠益分享 （ABS）、濒危野生动植物物种国际贸易公约（CITES）、气候变化和生物多样性、减少毁林和森林退化造成的排放（REDD+）、生态系统服务付费（PES）、生物多样性与生态系统经济学（TEEB）等领域研究与合作的开展。

二、中国—东盟生物多样性合作情况

（一）合作背景

生物多样性保护合作是中国与东盟合作的重点领域，也是合作成果十分突出的领域之一。中国是世界上生物多样性最丰富的国家之一，也是世界八大作物起源中心和四大遗传资源中心之一，有高等植物 3 万多种，脊椎动物 6 000 多种，分别约占世界总数的 10% 和 14%；陆生生态系统类型有近 600 类。东盟地区面积虽仅占世界土地面积的 3%，但却拥有全世界 20% 的生物多样性资源，约 6 万多种物种存于这一地区。双方在生物多样性领域的合作具有巨大的潜力。

2009 年，中国与东盟制定了《中国—东盟环境保护合作战略 2009—2015 年》，将生物多样性保护合作列为双方此阶段六大合作领域之一，并明确了中国—东盟环境保护合作中心的主要实施机构职责，以及与东盟生物多样性中心的合作。

2010 年 10 月，双方领导人在第十三次中国—东盟领导人会议上共同发表了《中国和东盟领导人关于可持续发展的联合声明》。声明中明确提出："支持发挥中国—东盟环保合作中心的作用，积极落实《中国—东盟环保合作战略 2009—2015 年》，特别是在通过与东盟生物多样性中心合作保护生物多样性和生态环境、清洁生产、环境教育意识等领域开展合作……共同努力实现人与自然和谐发展。"将生物多样性合作列为双方环境合作的首要领域。

2016 年，双方通过了第二期中国—东盟环境合作战略（2016—2020），再次将生物多样性与生态保护列为 9 大优先合作领域之一，并将合作目标定为"与东盟生物多样性中心合作，进一步开发和实施《中国—东盟生物多样性与生态保护合作计划》，提高中国和东盟成员国在开发生物多样性保护政策、战略或行动计划方面的能力和意识，履行《生物多样性公约》和其他国际义务，促进生物资源的保护、管理和可持续利用。"战略中涵盖的合作范围既包括了传统的生物多样性保护能力建设、经验分享、联合研究、示范项目合作，也包括了沿海生态环境保护、生态系统与生物多样性经济学、遗传资源与传统知识惠益分享、私营部门参与等新的合作领域。

（二）合作活动

自环境合作开启以来，中国与东盟在生物多样性领域推动开展了一系列卓有成效的合作活动，通过政策交流、专题研讨、联合研究、人员交流等不同形式加强交流互信，推动了各自的生物多样性保护进展。下面介绍一些主要的合作项目与活动。

1. 中国—东盟生物多样性与生态保护第一期合作计划

2012 年，中国与东盟共同制定实施了中国—东盟生物多样性与生态保护第一期合作计划。在此项目下，双方于 2012 年 9 月 17—18 日召开了"中国—东盟环境合作论坛（2012）：生物多样性和区域绿色发展"和"生物多样性保护及合作成功实践研讨会"，并组织双方专家共同编写了《中国—东盟生物多样性和生态保护成功实践案例报告》、开展了生物多样性管理与保护经验及人员交流活动。通过有关活动的开展，双方对于各自重点关注和感兴趣的领域加深了解，为进一步开展中国—东盟生物多样性和生态保护合作打下了基础。

2. 中国—东盟生物多样性与生态保护第二期合作计划

2015—2016 年初，双方再次设计实施了中国—东盟生物多样性与生态保护第二期合作计划，在城市生态环境保护领域的规划与实施能力，生物多样性保护与可持续利用领域的人员与机构能力建设等方面开展了合作。具体活动包括：① 2015 年 6 月，举办中国—东盟生物多样性人员交流活动，来自东盟生物多样性中心及东盟国家的代表来华，就中国—东盟生物多样性和生态保护合作开展交流、学习与考察，并赴贵阳参加了生态文明贵阳国际论坛 2015 年年会相关活动。② 2015 年 11 月，举办中国—东盟生态友好城市发展伙伴关系研讨会，开展了城市生态环境保护领域交流，就生态城市合作有关议题开展了深入的交流与探讨。与会代表还共同通过了《建立中国—东盟生态友好城市伙伴关系的建议》。

3. 加强东南亚国家制定和实施生物多样性保护战略和实现爱知目标能力项目

该项目为联合国环境规划署中国信托基金项目，旨在通过知识和经验分享，运用生物多样性保护政策工具等方式，促进东南亚国家制定和实施 2011—2020 生物多样性保护战略和实现爱知目标的能力。

项目主要活动包括：① 2013 年 7 月在昆明召开中国—东盟制定和实施生物多样性保护战略和爱知目标能力建设研讨会。来自东盟 10 个成员国和秘书处、东盟生物多样性中心、相关国际机构以及我国环境保护部、外交部、广西、云南等地方环保部门代表等 80 余人出席会议，就全球和区域实施生物多样性保护公约的现状和进展，国家层面实施生物多样性保护公约的现状、挑战与机遇等问题进行交流研讨。②组织中国与东盟方面专家及国际专家共同编写《中国—东盟生物多样性保护政策工具和最佳实践报告》，并将其翻译为中文版。③在柬埔寨、老挝和缅甸分别召开制定和实施生物多样性保护战略国家研讨会，在泰国曼谷举办知识分享研讨会等。

4. 支持东南亚国家批准与实施遗传获取与惠益分享名古屋协定项目

该项目为联合国环境规划署中国信托基金项目，旨在通过知识分享与交流推动东盟国家加入或批准实施名古屋议定书，开展生物多样性遗传资源获取与惠益分享（ABS）合作。项目于 2016 年 2 月在泰国曼谷举办了区域 ABS 知识分享研讨会，来自中国、东盟国家及国际组织的 80 余名专家代表参会，就区域 ABS 的相关知识、案例与合作需求开展了交流讨论。

5. 滨海湿地生态保护合作

2016 年 3 月 1—2 日，中国环境科学研究院与中国—东盟环保合作中心在深圳共同举办了"中国—东盟滨海湿地生态保护与修复技术合作论坛"。来自中国、东盟、国际组织、科研院所等近 100 名代表围绕滨海湿地保护现状与战略、滨海湿地保护与修复技术、滨海湿地保护政策与案例交流经验，论坛通过了《关于加强中国—东盟海岸带生态系统保护合作的建议》。

（三）未来合作建议

近年来，中国与东盟国家在生物多样性领域开展的合作内容丰富、成果丰硕，打造了一些旗舰品牌。目前，双方已在新一期合作战略中确定了生多领域合作重点。未来，双方将在传统生物多样性保护以及生态城市发展、生物多样性数据与信息共享、泥炭地保护、滨海湿地与红树林保护以及相关政策工具等领域开展合作，进一步推动区域生物多样性保护与可持续发展。

与东盟国家开展生物多样性领域合作，需要牢牢抓住东盟生物多样性中心这条主线，通过共同开展项目合作或支持其现有合作机制，了解并回应东盟国家最迫切的合作需求，避免闭门造车、自说自话。具体而言，建议在以下几个方面开展进一步合作：

一是依托旗舰品牌影响力，拓展生物多样性保护的合作形式与内容。目前，中方与东盟生物多样性中心共同开发的《中国—东盟生物多样性与生态保护合作计划》已成功实施了两期，在东盟国家具有了一定影响力与知名度；中国—东盟生态友好城市发展伙伴关系、中国—东盟环境信息共享平台等新的合作品牌也陆续获得东盟国家关注。应利用这一有利形势，不断夯实合作基础，根据合作需求不断丰富合作内容与形式，将这些合作品牌打造为区域南南合作的经典案例。

二是切实回应东盟国家关切，加强生物多样性领域能力建设合作。东盟成员国以发展中国家为主，在合作过程中对具体领域的能力建设合作需求十分强烈。在合作中，应充分响应其合作需求，支持东盟遗产公园、信息交流机制等东盟生多现有合作机制，与我国保护区、国家公园建设工作以及中国—东盟环境信息共享平台建设等对接，进一步开展针对具体问题的经验交流与人员培训。

三是跟踪区域合作热点问题，开展生物多样性保护合作趋势分析。近年来，涌现出一些生物多样性领域的区域新热点问题，如滨海湿地与海洋生态保护、城市生物多样性与生态保护、企业参与生物多样性保护、遗传资源惠益分享、生物多样性与生态系统经济学等。这些国际生物多样性领域的热点议题逐渐被东盟国家所重视，很多国家也开展了相应研究工作与政策制定工作。未来，应紧紧跟踪东盟相应政策走向，开启合作趋势分析与合作热点预判，做好合作的谋划设计，在区域合作中占据主动。

参考文献

[1] China-ASEAN Environmental Cooperation Center, Experiences and Good Practices in China and ASEAN on Biodiversity Planning and Implementation [M]. China Environment Press, Beijing. 2016.

[2] Yu Wenxuan. Research on Biodiversity Policies and Legislation [M]. Beijing,Intellectual Property Press, 2013.

[3] 彭宾，刘小雪，杨镇钟，等 . 东盟的资源环境状况和合作潜力 [M]. 北京 : 社会科学文献出版社 , 2013.

[4] 宫阿都，方媛妍，王丽 . 不同国家级生态功能保护区的差异及其管理协调探析 [J]. 环境保护 , 2014 年 12 期 .

[5] 侯一蕾，吴伟玲，万夏林，等 . 基于履约视角的中国生物多样性保护障碍评价 [J]. 世界林业研究 , 2014(5).

[6] 薛达元 .《生物多样性公约》下传统知识保护的国际进程 [J]. 贵州社会科学 , 2014(4).

[7] 薛达元，武建勇，赵富伟 . 中国履行《生物多样性公约》二十年 : 行动、进展与展望 [J]. 生物多样性 , 2012(5).

[8] 贾引狮 . 中国—东盟生物多样性廊道内遗传资源的知识产权保护 [J]. 开放导报 , 2011(6).

加强上海合作组织环保合作，
服务绿色丝绸之路建设

王玉娟　国冬梅　侯立鹏

上海合作组织是第一个在中国境内宣布成立，第一个以中国城市命名的国际合作组织，是维护地区安全稳定，促进成员国共同发展的重要合作机制。2016 年是上海合作组织（简称上合组织）成立 15 周年。上合组织不断发展成熟，从成立时的 6 个成员国发展为拥有 18 个国家（含成员国、观察员国和对话伙伴国）的地区性组织，涵盖中亚、南亚、西亚、东南亚，人口接近世界一半。2016 年 6 月 23—24 日，上海合作组织成员国元首理事会第十六次会议在乌兹别克斯坦首都塔什干成功举行，这是一次承上启下、继往开来的重要会议。会议通过了《上海合作组织成立十五周年塔什干宣言》《〈上海合作组织至 2025 年发展战略〉2016—2020 落实行动计划》、印度和巴基斯坦加入上合组织义务的备忘录等多份重要文件。与会领导人纷纷支持"一带一路"倡议，希望将本国发展战略与"一带一路"倡议对接，推动上合组织多边经贸合作。

峰会上习近平主席发表《弘扬上海精神巩固团结互信全面深化上海合作组织合作》重要讲话，建议各方共同促进上海合作组织在环保领域的信息共享、技术交流和能力建设。峰会前夕，习主席于 22 日在塔什干乌兹别克斯坦最高会议立法院发表题为《携手共创丝绸之路新辉煌》重要演讲时提出，我们要着力深化环保合作，践行绿色发展理念，加大生态环境保护力度，携手打造"绿色丝绸之路"。

上合组织成员国所在区域国际合作机制众多，各国根据自身国情特点，选择多元化发展战略，积极开展对外合作，既利用区域合作实现自己的发展目标，也利用"多边制衡"最大限度地维护本国的利益。

为落实领导人要求，本文重点梳理了上合组织成员国参与的 6 个主要区域合作机制（独联体、欧亚经济联盟、亚行"中亚区域经济合作机制"、联合国"中亚经济专门计划"、南亚区域合作联盟、南亚环境合作计划）的基本情况，分析各区域机制的重点环保合作领域与共同关注的环保合作领域，提出加强上合组织环保合作顶层设计和总体规划的建议：

（1）明确上合组织环保合作定位和策略。一是要服从我国的总体外交需要。领导人曾多次强调加强环保合作，未来开展环保合作势在必行，它关系到中国西北、西南地区的安全和稳定，关系到"一带一路"建设的可持续发展。二是要服从我国参与上合组织合作的需要。当前，要平衡好俄罗斯、中亚国家、印巴等新成员的关切。三是要根据我国当前形势，采取"适时主导、稳步推进、发挥作用"等更积极主动的合作策略，推动环保产能"走出去"，服务绿色丝绸之路经济带建设。

（2）确定上合组织环保合作应遵循的原则。一是可持续发展原则，以可持续发展2030为指导，交流环保政策经验，彼此学习、互为借鉴，共同提高环境管理能力；二是合作共赢原则，在合作中坚持求同存异、寻求共识，尽快推动区域环保合作达成更多共识，促进企业层面加强合作，推动具体项目层面的实质性合作；三是友好协商、共建共享原则，以环境交流与合作促进传统友谊，着力实施信息共享、技术交流和人员培训方面的合作，服务绿色丝绸之路建设。

（3）加强上合组织环保合作的多双边统筹。一是加强双边机制建设，及早与印度、巴基斯坦、吉尔吉斯斯坦、塔吉克斯坦、乌兹别克斯坦等成员国签署双边环保合作协议，并积极推动与蒙古、白俄罗斯、阿塞拜疆、斯里兰卡等观察员国和对话伙伴国的环保合作，为区域合作提供基础支撑。二是要加强多边机制建设，充分发挥好上合组织专家会作用，注意妥善处理各方关切，并根据需要采取"能者先行"（1+X或2+X）的务实合作模式。三是继续跟踪和研究上合国家相关区域环保合作，妥善处理好与其他区域合作机制的合作关系。

（4）确定上合组织环保合作重点领域和重点项目。重点领域包括环保政策对话、环境污染防治、生态恢复与生态多样性保护、环保技术交流和产业合作、环保能力建设等。重点项目包括：开放型环境信息共享平台建设、"绿色丝路使者计划"实施、环保产能合作项目落实。

（5）拓展上合组织环保合作资金渠道。建议加大对上海合作组织环保合作的财政投入，积极推动建立"绿色丝路基金"，扩大气候基金、对外援助资金的投入，并广泛吸引民间资本投入。

一、上合组织机制与环保合作情况

（一）上海合作组织基本情况

上合组织作为第一个在中国境内宣布成立、第一个以中国城市命名的国际合作组织，2001 年成立时面临着复杂的国际环境，但在其发展的 15 年时间里，紧紧抓住各成员国关切，将稳定和发展作为第一要务，努力维护区域政权和社会稳定、主权独立、经济发展和民生改善，以自己的实际行动，实践了"上海精神"新安全观（大小国家一律平等、结伴而不结盟）和新经济合作观（互利双赢、尊重多样文明）。

上合组织的常设机构有两个，分别是设在北京的秘书处和设在乌兹别克斯坦首都塔什干的地区反恐机构。上合组织的非常设机构（上合组织的会议机制）可划分为四个层次：元首理事会；政府首脑（总理）理事会；各部门会议机制（外交部长、总检察长、国防部长、经贸部长、交通部长、文化部长等）；国家协调员理事会。

元首理事会是上合组织的最高决策机构，每年举行一次会议，确定上合组织合作与活动的战略、优先领域和基本方向，通过重要文件，就组织内所有重大问题做出决定和指示。政府首脑（总理）理事会每年举行一次，重点研究组织框架内多边合作战略与优先方向，解决经济合作等领域的原则和迫切问题，并批准组织年度预算。

当前上合组织发展的内部和外部环境均已发生较大改变，大国在中亚的合作与竞争格局已基本定型，各成员国实力差距决定了本组织今后不同的合作需求。2015 年 7 月在俄罗斯乌法召开的上合组织成员国元首理事会第十五次会议上，习近平主席与各国元首一致通过了《上海合作组织至 2025 年发展战略》，决定启动印度和巴基斯坦加入上合组织的程序，并同意接纳白俄罗斯成为观察员国，阿塞拜疆、亚美尼亚、柬埔寨、尼泊尔成为对话伙伴国，即上合组织将拥有 8 个成员国（哈萨克斯坦、中国、吉尔吉斯斯坦、俄罗斯、塔吉克斯坦、乌兹别克斯坦、印度、巴基斯坦）、4 个观察员国（阿富汗、白俄罗斯、伊朗、蒙古）、6 个对话伙伴国（阿塞拜疆、亚美尼亚、柬埔寨、尼泊尔、土耳其、斯里兰卡）。其中，仅成员国人口总数就将占到世界人口总数的近一半，所涵盖地域范围将拓展到西亚、南亚，上合组织的国际影响力将进一步提升。

面对"扩员"压力，上合组织在政治、安全、经济领域的合作已满足不了组织今后的需求，组织内合作领域遭遇瓶颈、合作资金融资难度较大等问题，成为上合组织需要改进和调整的基础。但正是这些因素的存在，上合组织积极寻求更宽领域和更深层次的合作，必将给组织内的合作提供新的发展机遇。

（二）上海合作组织环境保护合作

随着上合组织各成员经济的快速发展和人类活动的加剧，地区环境污染和破坏加重，加上组织内特别是中亚国家所处地区生态环境相对恶劣，该地区已成为世界上生态环境恶化最为严重的地区之一。上合组织自成立之初，环保合作就是组织内的重要领域之一，虽然组织内环保合作整体处于起步阶段，但组织区域内的环境问题，特别是各国因经济快速发展带来的生态恶化现象，越来越受到组织内各国的重视，各成员国志愿在上合组织框架下开展环保合作，以此避免或摆脱环境污染和破坏带来的巨大损失。

在上合组织各国领导人的高度重视下，2003—2008 年连续召开了 5 次上合组织环保专家会议，共同讨论《上合组织环境保护合作构想草案》，但一直未取得实质性进展。2014 年 3 月，上合组织环保专家会再次重启，对《上合组织环境保护合作构想草案》进行进一步磋商。会议取得积极进展，但构想草案还有待最终达成一致。主要分歧集中在水资源问题上，尤其是位于上游的塔吉克斯坦、吉尔吉斯斯坦和位于下游的乌兹别克斯坦之间的矛盾异常尖锐。

为推动上合组织环保务实合作，各成员国共同制定了《〈上合组织成员国多边经贸合作纲要〉落实措施计划》《2017—2021 年上合组织进一步推动项目合作的措施清单》《上海合作组织至 2025 年发展战略》等文件。《上海合作组织至 2025 年发展战略》中明确指出："成员国重视环保、生态安全、应对气候变化消极后果等领域合作，将继续制定上合组织成员国环保合作构想及行动计划草案，举办成员国环境部长会议，为交流环保信息、经验与成果创造条件"，为上合组织环保合作领域未来发展提供了依据。

我国领导人高度重视上合组织生态环保合作，加强了机构和能力建设，逐渐呈现引领态势。2012 年 12 月 5 日，在吉尔吉斯斯坦比什凯克举行的上海合作组织成员国总理第十一次会议上，时任国务院总理温家宝提出成立"中国—上海合作组织环境保护合作中心，依托该中心同各成员国开展环保政策研究和技术交流、生态恢复与生物多样性保护合作，协助制定本组织环保合作战略，加强环保能力建设"。为此，2013 年中国政府根据领导人在上海合作组织峰会上提出的要求，批准成立了"中国—上海合作组织环境保护合作中心"。在 2013 年 11 月 28—29 日召开的上海合作组织成员国总理第十二次会议上，李克强总理提出："推进生态和能源合作。各方应共同制定上合组织环境保护合作战略，依托中国—上海合作组织环境保护中心，建立信息共享平台。"在 2014 年 9 月 13 日召开的上海合作组织成员国元首理事会第 14 次会议上，习近平主席建议"借助中国－上海合作组织环保合作中心，加快环保信息共享平台建设"。在 2015 年 7 月 9 日召开的上海合作组织成员国元首理事会第十五次会议上，习近平主席强调"加快推动环保信息平台建设，实施好丝绸之路经济带同欧亚经济联盟对接，促进欧亚地区平衡发展。"2015 年 12 月 15 日在上海合作组织成员国总理第 14 次会议上李克强总理提出，"上合组织环保信息平台将正式投入运营，我们愿同各方共同推进'绿色丝路使者计划'制定实施"。

可见，中国正在成为上合组织的积极推动者和主要成员，希望在坚持"上海精神"（即"互信、互利、平等、协商、尊重多样文明、谋求共同发展"）的原则下，在推动地区经济平稳增长的同时，维护地区可持续性发展，积极推进上合组织框架下的生态环境保护合作，旨在改善和保护本地区人类生存的生态环境，促进地区经济、社会和环境全面均衡发展，不断提高各国人民的生活水平，改善人民的生活条件。

二、上合组织相关区域合作机制和优先领域

（一）独立国家联合体（CIS）

独立国家联合体（Commonwealth of Independent States）简称独联体（CIS），于 1991 年 12 月 8 日成立，其协调机构设在白俄罗斯首都明斯克。目前，CIS 有 9 个成员国：俄罗斯、白俄罗斯、摩尔多瓦、亚美尼亚、阿塞拜疆、塔吉克斯坦、吉尔吉斯斯坦、哈萨克斯坦、乌兹别克斯坦。CIS 的合作领域涉及经济、财政金融、人文、社会、科技、安全、司法、边境、议会等多个方面。

CIS 环保事务由 "跨国生态委员会" 负责，主要以会议活动为主，基本没有具体的务实项目。该委员会于 1992 年 2 月 8 日成立，向成员国政府首脑理事会汇报工作，主要职能是协调成员国环保领域合作、协调环保法律规范和环保标准、制定区域环保合作规划、应对环境灾害、开展科研和培训、交流信息、环保评估评价等。委员会下设"跨国生态基金"，为项目开展提供支持，但因经费缺乏，实际上鲜有活动。委员会还下设秘书处"常设协调小组"，负责维持日常联系。独联体成员国跨国生态委员会成立之初共有成员 11 名（由独联体各成员国环保部长组成），但到 2015 年上半年只剩下成员 4 人：白俄罗斯环保部长（委员会主席）、俄罗斯自然资源与生态部部长、亚美尼亚环保部长、哈萨克斯坦能源部副部长，其他国家环保部长已很少出席生态委员会活动。

CIS 环保领域合作范围广泛，涉及环保各个部分，尤其是土壤、矿产、森林、水、大气、臭氧层、气候、动植物、废弃物、紧急救灾、环保评价、环保法律法规、环

保技术标准等。近年环保合作关注的重点有：跨境污染治理、环保法律和标准、建立环保数据库。

CIS 已签署的环保合作协议主要包括：《环保合作协议》《植物检疫合作协议》《在预防和消除自然和技术突发事件后果方面相互协助的协议》《保护濒危野生动植物红色清单》《在合理利用和保护跨界水体领域相互协作的基本原则》《生态监管领域合作协议》《在生态和自然环境保护领域的信息合作协议》《生态安全构想》。

（二）欧亚经济联盟（EEU）

欧亚经济联盟（Eurasian Economic Union, EEU）成立于 2015 年 1 月 1 日，其前身为欧亚经济共同体，总部设在莫斯科，法院设在白俄罗斯首都明斯克，金融监管机构设在哈萨克斯坦首都阿斯塔纳。目前，EEU 有 5 个成员国：俄罗斯、白俄罗斯、哈萨克斯坦、亚美尼亚、吉尔吉斯斯坦。

EEU 现有环保合作主要是继承欧亚经济共同体的环保合作成果，由欧亚经济共同体"环保合作委员会"负责。因中亚地区已存在"拯救咸海委员会"环保合作机制，欧亚经济共同体的环保合作起步较晚。共同体成立 11 年后，一体化委员会才决定建立"环保合作委员会"（相当于环保部长会议），并于 2012 年 4 月 13 日在哈萨克斯坦首都阿斯塔纳召开第一次会议。成员国环保部长第五次会议于 2014 年 5 月 16 日在俄罗斯索契举行，第六次会议于 2014 年 9 月 26 日在吉尔吉斯斯坦伊塞克湖举行。

EEU 成员关心的环保问题主要涉及环保合作方向、环保合作协议草案等，主要包括：制定合作发展战略、规划与措施；研究机构和数据库建设；应对具体环保问题。

第一，制定合作发展战略、规划与措施。包括：制定成员国《环保合作协议》；制定成员国《环保合作基本方向及其落实措施计划》；制定《合理利用自然资源和环境保护各项要求的清单》；制定《为改善空气质量、为"欧亚清洁空气"创造良好条件的国际合作纲要》；制定有关大气治理以及废气排放监测办法，讨论《成员国境内向大气排放的废气量监测办法，以及监测清单和评估程序的实施办法》草案，主要涉及热电站、热力中心，以及油气和其他矿产生产企业等；制定《创新生物技术跨国专项合作纲要》的落实措施计划和指标；讨论关于哈萨克斯坦的"绿色之桥"可持续发展战略构想。

第二，研究机构和数据库建设。包括：环保信息交换和经验交流；建立有关环保研究中心，共同体框架内首个环保研究机构是在 2014 年 5 月 16 日成立的"欧亚大气保护研究中心"。

第三，应对具体环保问题。包括：铀尾矿危害处理；油气开采对环境的影响；

跨国动物和水生物保护；大气保护与污染治理。

截至 2015 年 1 月，欧亚经济共同体框架内已通过的涉及环保的合作文件和协议主要是 2008 年 7 月通过的《创新生物技术跨国专项合作纲要》，其目的和任务是应对工农业和生活污染，保护环境和民众健康；发展生物技术；防治传染病；协调成员国生物技术领域的科研、法律法规、技术标准等；收集动植物和微生物的分子信息，建立国家和整个欧亚地区的生物信息基因库。

（三）亚行"中亚区域经济合作机制"（CAREC）

亚行"中亚区域经济合作机制"（Central Asia Regional Economic Cooperation, CAREC）成立于 1996 年。截至 2015 年年初，亚行"中亚区域经济合作机制"包括 10 个成员国：中国（由新疆维吾尔自治区和内蒙古自治区作为地域代表）、蒙古、阿富汗、巴基斯坦、哈萨克斯坦、吉尔吉斯斯坦、乌兹别克斯坦、塔吉克斯坦、土库曼斯坦、阿塞拜疆。另外，有 6 个多边机构为该机制提供各种支持：亚洲开发银行、欧洲复兴开发银行、国际货币基金组织、伊斯兰发展银行、联合国开发计划署和世界银行。

总体上，CAREC 在环境保护问题上并未十分关注。亚行中亚区域经济合作计划实行"双轨并进"模式，交通、能源和贸易等三项优先部门组成第一层级，其他领域的"特别倡议"则列入"第二层级"，如卫生医疗、土地管理、灾害风险管理和气候领域等。在 2006 年发布的《中亚区域经济合作：综合行动计划》中，虽有综合论述，但也只是把环境放在附录 3 的特别举措中提及。相对于优先部门范围内的计划，"特别倡议"是针对第二层级提出的具体项目，根据中亚区域经济合作机制参加国的兴趣和关心的问题而制定，是未来可以进一步拓展和深化，但不影响交通、贸易和能源等重点计划的活动。

CAREC 在环保领域的合作重点主要分为三部分：倡导"可持续发展"理念、加强知识管理与信息共享的制度建设、加强跨国共有环境资源管理方面的合作。

第一，倡导"可持续发展"理念。在向有关机构提供贷款和援助，以及开展项目论证时，要求将环境纳入区域经济发展规划中，在发展的同时保护环境。认为环境是发展过程中不可忽视的重要问题，需将其纳入区域发展规划中统筹考虑，防止在发展的同时破坏生态环境，努力实现可持续发展。

第二，加强知识管理与信息共享的制度建设。认为信息在决策中起着至关重要的作用。通过开发信息资源，以及设计此类信息的传播与利用方式，亚行 CAREC 目前正在实施的一些项目及其诊断性研究成果，显示出各地环境监测系统的薄弱现状，表明有必要采取区域性措施，进行环境能力建设，具体措施包括：一是提高环保能力，加强环境影响评估、环境政策制定、环境标准、环境执法与检查等。二是建立起各种环境与社会数据库，同时鉴别 CAREC 地区内较为敏感的环境问题和热点地区。三是帮助各国利用多边环境协议（即《联合国气候变化框架公约》《联合国生物多样性公约》《联合国防治沙漠化公约》）所提供的机遇，履行其在协议中所应承担的责任。

第三，加强跨国共有环境资源管理方面的合作。包括跨国的水资源—能源、灾害管理、土壤退化等。在初期，重点放在灌溉方式和水资源管理等方面，加强社会参与，改善水资源管理并解决或缓解水资源—能源矛盾，促进土地可持续管理和防止土地退化。目前难点在于，CAREC 的参与只能在所涉及国家的要求下进行。在上述任何地区开展项目之前，均须有政府、捐赠者机构、非政府组织和其他方面对近期和当前计划的分析。为确定优先项目，需要与所在国进行商讨。

CAREC 框架下已签署的环保合作协议主要有：2006 年 4 月《环境：概念文件》；2006 年 10 月《中亚区域经济合作综合行动计划》；2003 年《中亚国家实施联合国防治沙漠化公约战略合作协议》；2006 年《中亚国家土地管理倡议》《中亚和高加索地区灾害风险管理倡议》。CAREC 框架内正在落实执行的环保合作项目主要有："咸海盆地工程"；中亚国家土地管理倡仪；《气候变化实施计划》《区域环境行动计划》。

（四）联合国"中亚经济专门计划"（SPECA）

联合国"中亚经济专门计划"（The UN Special Programme for the Economies of Central Asia, SPECA）成立于 1998 年，由联合国经济及社会理事会（ECOSOC）下属的欧洲经济委员会（ECE）和亚太经济社会委员会（ESCAP）两个地区委员会主持，联合国秘书处和联合国驻中亚的各个办事处等机构协助实施。成员除上述几个机构外，共包括 7 个成员国：哈萨克斯坦、吉尔吉斯斯坦、塔吉克斯坦、土库曼斯坦、乌兹别克斯坦中亚五国（1998 年创始成员国），以及阿塞拜疆（2002 年加入）、阿富汗（2005 年加入）。

SPECA 框架内的具体行动或项目总体上分为"确定行动项目"和"待定项目"两大类。确定行动项目是指正在进行或计划执行的项目或行动，资金较有保障（已确定或可预期），一般以互补方式落实，并接受合作伙伴的额外支持，扩大受益面。在 SPECA 框架下，资金来源除国际组织或国家投入外，合作伙伴支持至关重要。在基础建设领域内，SPECA 预算所提供资金一般只能支持项目启动，而项目在中长期内运行及最终完成，很大程度上依靠私人领域投资。待定项目是指根据联合国有关机构的建议，具有一定落实可能性，但意向出资人尚未决定是否支持的项目或行动。待定项目既可独立于确定行动，又可与其协调落实。

SPECA 环保领域合作主要集中在制度建设、水资源与能源三方面。制度建设涉及地区与国家环境政策、国内立法与国际公约制定；水资源涉及其利用、分配与管理、水利设施建设、水质监测；能源涉及其采集、利用，与常规能源技术改良及新能源技术开发。

截至 2015 年年初，中亚经济专门计划框架内尚未签署任何环保合作协议，原因主要在于联合国欧经委自身国际环境公约体系比较完备，已经为中亚各国与欧洲各国创立比较详细规则体系。尤其是联合国欧洲经济委员制定的 5 项环保公约：《长期跨国空气污染公约》《跨国条件下环境影响评价公约》《工业事故跨国影响公约》《保护和利用跨国水道与国际湖泊公约》《在环境问题上获得信息、公众参与决策和诉诸法律的公约》。

SPECA 当前在环保领域的执行项目主要有 10 项：中亚水坝安全：能力建设与分区合作；楚河与塔拉斯河合作发展；提高楚河—塔拉斯河跨国流域应对气候变化合作；中亚水资源管理地区对话与合作；中亚水质；强化阿富汗与塔吉克斯坦之间阿姆河上游跨界集水区管理合作；中亚第四级低压水工系统评估方法发展；能源持续发展：北亚与中亚合作机遇政策对话；为减缓气候变化与持续发展提高能效投资；北亚与中亚国家能源与再生能源来源持续利用政策和规范数据库。

（五）南亚区域合作联盟（SAARC）

南亚区域合作联盟（South Asian Association for Regional Cooperation，SAARC）简称"南盟"，成立于 1985 年 12 月 8 日，秘书处设在尼泊尔首都加德满都。截至 2015 年年初，南盟共有 8 个成员国（不丹、孟加拉、印度、马尔代夫、斯里兰卡、尼泊尔、巴基斯坦、阿富汗），9 个观察员国（澳大利亚、中国、欧盟、伊朗、日本、毛里求斯、缅甸、韩国、美国）。另外，印尼、南非和俄罗斯三国已表示愿意成为观察员。

环保是 SAARC 的合作领域之一，主要合作机制有两个方面：一是环保部长会议；二是环境技术委员会，负责审查区域研究的相关提议，确定紧急行动的手段方法，决定相关决议落实执行方式。环境技术委员会授权监督气象和森林两个区域研究中心的建议或提议。

SAARC 环保合作重点主要有 6 大部分：自然灾害管理；海岸管理；森林；气

候变化；垃圾处理；生物多样性保护等。

截至 2015 年年初，SAARC 已签署的与环保有关或涉及环保的合作协议主要有 10 份：《南盟环境行动计划》《新德里环境宣言》《马累宣言》《南亚灾害管理：2006—2015 年地区综合行动框架》《达卡宣言》《南盟气候变化行动计划》《德里环境合作声明》《廷布气候变化声明》《南盟环境合作公约》《南盟应对自然灾害快速反应协议》。

截至 2015 年年初，SAARC 正在执行的环保项目主要是"南亚疾病管理：2006—2015 行动的全面区域框架"。该项目依据 2006 年通过的《马累宣言》，旨在通过改善环境，满足南亚地区降低疾病风险和进行有效管理的特殊需求。该项目确认了 19 项环境和可持续发展领域的合作。这些合作在与环境有关的领域内更广泛地交换环保方式、方法和知识，进行能力构建，促进环境友好型技术的转移。

（六）南亚环境合作计划（SACEP）

南亚环境合作计划（South Asia Cooperative Environment Programme, SACEP）是一个政府间国际组织，由南亚各国政府于 1982 年成立，秘书处设在斯里兰卡首都科伦坡，旨在促进和支持该地区的环境保护、管理和改善。截至 2015 年年初共有 8 个成员国：阿富汗、孟加拉国、不丹、印度、马尔代夫、尼泊尔、巴基斯坦、斯里兰卡。

成立 SACEP，主要基于以下三种共识：第一，认识到贫困、人口过剩、过度消费、浪费式生产等因素造成环境恶化威胁经济增长和人类生存；第二，协调环境与发展是可持续发展必不可少的先决条件；第三，南亚地区许多生态和发展问题超越了国界和行政边界。

SACEP 的法律基础有《科伦坡宣言》和《章程》。这两份文件确定 SACEP 的目标是：促进南亚地区在环境、自然与人类的可持续发展等领域的区域合作；支持南亚地区自然资源保护与管理；与各国、区域、国际的政府和非政府机构以及相关专家开展密切合作。

SACEP 的资金来源主要包括成员国的年度捐款；秘书处所在地的斯里兰卡政府提供设施；资助机构（多边机构：联合国环境规划署、联合国开发计划署、国际海事组织、亚洲开发银行和亚太经社会；双边机构：挪威开发合作署和瑞典国际开发署）提供资金支持，以实施项目和计划。

SACEP 工作重点集中于 6 个方面：海洋资源和海岸管理；生物多样性保护；大气污染；固体废弃物处理；教育与培训；环境数据库。

截至 2015 年年初，SACEP 框架内与环保有关的协议、宣言、备忘录主要有：《关于南亚防治空气污染及其潜在越境影响的马累宣言》《加德满都宣言》《南亚倡议打击非法野生动植物贸易的斋浦尔宣言》《2010 年后南亚生物多样性决议》《清洁能源和车辆决议》。

2008—2015 年初，SACEP 框架内正在落实执行的项目主要有 11 项，分别是：清洁能源和车辆合作伙伴关系；可持续的环保交通；南亚防治空气污染及其潜在跨国影响的《马累宣言》；南亚海洋计划；环境数据和信息管理系统；废弃物管理；南亚生物多样性信息交换机制；建立南亚的《巴塞尔公约》区域中心；环保教育与培训项目；南亚区域压载水管理战略；适应气候变化。

另外，SACEP 还计划未来实施以下 11 个项目（见表 1）。SACEP 机制权力分散，每个国家负责不同的重点问题领域：孟加拉国负责淡水资源管理、气候变化；印度负责生物多样性保护、能源与环境、环境立法、教育和培训、垃圾废物管理、气候变化；马尔代夫负责珊瑚岛生态系统管理、旅游业的可持续发展；尼泊尔负责林业管理；巴基斯坦负责空气污染、土地荒漠化、科学技术促进可持续发展议题；斯里兰卡负责可持续农业和土地利用、可持续人类居住区的发展议题。

表 1　SACEP 未来的 11 个项目

序号	合作领域	项目
1	生物多样性	南亚生物多样性信息交换机制
2	生物多样性	保护和综合管理海龟及其在南亚海洋区域栖息地
3	气候变化	适应和减弱气候变化影响
4	珊瑚礁	珊瑚礁管理
5	海岸管理	南亚蓝旗海滩认证计划
6	数据与信息管理	国家 / 区域环境数据信息管理机制
7	化学品管理	国际化学品管理战略方针
8	能源	加速推广具有成本效益的可再生能源技术
9	危险废弃物	建立南亚巴塞尔公约次区域中心
10	保护区	世界遗产保护区管理
11	湿地	在次区域层面实施《拉姆萨尔战略计划》

三、上合组织区域环保合作机制与重点关注领域分析

（一）环保合作制度规则建设

CIS、EEU、CAREC、SPECA 均重视环保合作制度规则建设。其中，CIS 协调成员国环保法律和标准，旨在使成员国法律与国际普遍接受的环保国际公约相协调，逐渐与国际接轨；EEU 制定了合作发展战略、规划与措施；CAREC 重视加强知识管理与信息共享的制度建设；SOECA 重视加强环境影响评价、国家环境政策咨询、

国际环境法普及、国际环境争议解决平台等制度建设。

（二）环保信息化与数据共享建设

CIS、EEU、CAREC、SPECA、SACEP 均重视环保信息化与数据共享建设。其中，CIS 开展了环保数据库建设工作，在前苏联时期已有资料基础上，将成员国的有关环保数据资料收集入库，便于成员合作；EEU 重视环保信息交换和经验交流，开展了有关环保研究中心等研究机构和数据库建设工作；CAREC 重视知识管理与信息共享的制度建设，认为信息在决策中起着至关重要的作用；SPECA 开展了水资源信息库建设和管理工作，旨在借信息透明化与管理合作化，支持国家与地区决策，促进科学研究教育，提高各国国际合作能力，发展完善各国水资源信息系统；SACEP 重视环保信息化与数据共享，开展了环境数据库建设工作。

（三）跨国界环境问题研究

CIS、EEU、CAREC、SPECA、SACEP 均重视跨国界环境问题研究。其中，CIS 国家由于领土接壤，上游国家污染危及下游国家生态安全的案例时常发生，成员国希望独联体能够制定出统一的处置方案和标准，既利于合作，也便于处理纠纷，开展了在跨界河流、大气污染、动植物疫病、土壤沙化等跨境污染治理方面的工作；CAREC 开展了包括跨国的水资源—能源、灾害管理、土壤退化等跨国共有环境资源管理方面的合作；SPECA 关注跨国河流与湖泊的环保合作；SACEP 为了应对空气污染以及进行跨界治理，在成立之初就策划实施了关于南亚地区防治空气污染及其潜在跨境影响的《马累宣言》，并制定了阶段实施计划。

四、加强上合组织环保合作顶层设计和总体规划的建议

推动上合组织环保合作是建设绿色"一带一路"的需要，是落实领导人承诺的实际行动。通过对多个区域环保合作机制的分析发现，环保合作制度规则的制定是一个机制顺利推进的首要任务之一。当前，需要深入研究国际上现有的制度规则，以区域环保合作协议为蓝本，加强上合组织框架下规则、制度、合作战略等顶层设计，统筹好多双边合作机制建设，加大投入力度，加强务实合作，服务绿色丝绸之路建设。具体建议如下：

（一）明确上合组织环保合作定位

一是服从我国总体外交需要。环境合作是我国外交的组成部分，应服从于国家总体外交战略和周边外交政策——其核心思想是"与邻为善，以邻为伴"和"睦邻、安邻、富邻"。坚持中国的共同安全、相互安全、以合作求安全的新安全观和"互信、互利、平等、协商、尊重多样文明、谋求共同发展"的"上海精神"。上合组织国家是中国实施其周边政策和建立良好的周边环境的重要组成部分，对中国的周边政策和周边环境有着实质性影响，关系到中国西北、西南地区的安全和稳定，关系"一带一路"建设可持续发展，并对中国整体外交布局有直接影响。

二是服从我国参与上合组织合作的需要。中国对上合组织的定位在逐渐演变，赋予它越来越重要和广泛的战略功能，把它视为越来越重要的战略平台。上合组织领导人多次强调环保合作，未来开展环境合作势在必行。我国当前开展环境合作，要平衡好俄罗斯、中亚国家、印巴等新成员的关切，要注意获取与给予的平衡。唯有兼顾这种平衡，合作才可能持续发展。上合组织国家之间关系盘根错节，利益相互勾连，一些从双边角度看来是正确和有益的合作，在第三国可能会有不同的理解。因此，中国与一国的关系要考虑到与第三国的关系，对一国的支持要注意到第三国的政策，与一国的合作项目要考虑对第三国利益的影响。

（二）制定上合组织环保合作策略

上合组织合作旨在为破除我国目前面临的东海、南海的领土争端和海洋安全问题，维护好我国重大核心利益，稳定上合组织各成员既是维护地区安全、稳定，保障资源、能源供给，又是整体战略的重要组成部分，避免我国出现腹背受敌的局面。环保合作作为政治、外交合作的重要组成部分，是建设"绿色丝绸之路"的主要抓手。

面对新形势、新要求，我国参与上合组织环保合作要采取以下策略：

一是适时主导。在与上合组织机制下开展区域环保合作时，要充分考虑到各国对于中国快速崛起的复杂心态，要通过主动相关合作和实际行动消除其担忧。同时，发挥好我国在上合组织机制下所拥有的话语权，发挥好我国环保工作已经取得的政策和技术优势。

二是稳步推进。在设计具体环境合作项目时，以我国环境保护的重点工作为主，适当照顾上合组织国家的诉求，从不敏感领域开始，从容易实施的项目开始，逐步引导整个区域的环境合作不断深入开展。

三是发挥作用。要切实将环保合作落到实处，使周边国家得到实惠，同时有利于我国整体国家利益，推动环保合作与我国"一带一路"建设结合起来，加强西部地区的环境管理能力建设，推动地方层面的环境交流与合作，促进地方环境保护工作。

（三）确定上合组织环保合作原则

一是协商一致原则。这是上合组织宪章确定的合作原则必须遵守。由于中亚国家独立时间短，对独立和主权的要求高于一切，必须实行"协商一致"的平等原则，否则他们将陷入更加弱势的恶性循环中。同时，这一原则旨在要约束大国行为。

二是权利与义务对等原则。协商一致是当前最适合环保合作的原则。依照表决权比重的合作机制中，权重大的国家责任和付出也多，还要承担因合作失败而荣誉受损的风险。

三是互利共赢、尊重多样文明原则。当前上合组织各国的最大利益是和平与发展，需要在平等互利基础上实现双赢，各国间需要加强合作，避免地区局势紧张和冲突。所以，要求上合组织各国坚持"上海精神"大旗，为区域发展创造良好的周边环境。

在总体原则的基础上，上合组织环保合作应遵循以下具体原则：

一是可持续发展原则，以可持续发展 2030 为指导，交流环保政策经验，彼此学习、互为借鉴，共同提高环境管理能力；

二是合作共赢原则，在合作中坚持求同存异、寻求共识，尽快推动区域环保合作达成更多共识，促进企业层面加强合作，推动具体项目层面的实质性合作；

三是友好协商、共建共享原则，以环境交流与合作促进传统友谊，着力实施信息共享、技术交流和人员培训方面的合作，服务区域绿色发展，服务绿色丝绸之路建设。

从务实角度讲，要坚持并灵活运用"协商一致"原则，采取"多边与双边相结合"及"能者先行"的合作模式。不束缚自己手脚，寻找机会，促进官方、民间多渠道合作，扩大合作。

（四）加强上合组织环保合作机制建设

一是加强双边机制建设，为区域合作提供有力支撑。继续发挥好中俄、中哈双边环保合作机制的作用，除发挥好官方合作机制的作用外，要进一步推动民间环保合作；同时，尽快与印度、巴基斯坦、吉尔吉斯斯坦、塔吉克斯坦、乌兹别克斯坦等成员国签署双边环保合作协议，并积极推动与蒙古、白俄罗斯、阿塞拜疆、斯里兰卡等观察员国和对话伙伴国的环保合作。

二是要加强多边机制建设，妥善处理各方关切。积极推动上合组织环保合作构想等合作文件尽快达成一致并顺利签署，以便及早召开环境部长级会议；充分发挥好上合组织专家组的作用，积极推动秘书处成立环保合作部门，落实好领导人提出的合作任务和协调员会议要求专家组磋商的各项内容，以及各成员国提出的提案；发挥好中国—上合组织环保合作中心作用，建成统筹官方和民间合作的独特机构。

三是妥善处理好与其他区域合作机制的合作关系。上合组织要加强与其他区域合作机制的合作与交流，广泛学习和借鉴优秀经验及具体实践，共同促进区域或国家环保能力建设和环境质量改善，同时，可以与联合国机构、世界银行、亚投行等国际金融机构，拯救咸海国际基金等开展环保合作，一是可扩大融资渠道，二是可形成合力，满足成员国现实需求，落实领导人关于建设绿色丝绸之路的要求。

（五）明确上合组织环保合作优先领域

上合组织环保合作内容可从成员国环保部门职能、已签署的协议、其他区域合作机制的环保合作内容等多维度综合衡量确定。

一是从成员国环保部门的机构设置及其职能看，成员国环保部门的共同职能有：保护生物多样性；自然资源保护；水资源治理和利用；土壤保护；应对气候变化；制定环保和生态安全政策；环境监察。

二是与区域其他国际合作机制的环保合作内容比较来看，与《〈上海合作组织成员国多边经贸合作纲要〉的落实措施计划》规定的环保项目一致的地方有：水污染治理和节水技术开发；应对气候变化；土壤改良；生物多样性保护；技术和经验交流；信息通报；人员培训等。

三是通过对其他国际合作机制的分析，跨国界环境合作是大部分合作机制下的重要合作领域之一。在上合组织框架下，开展跨国界环境合作是区域环境问题解决的必由出路，需要予以高度关注，并加大投入力度，提前和深入开展研究，以确保我国在区域合作中发挥引导作用，并避免处于被动。

由此，建议上合组织下环保合作的领域如下：一是环保政策对话与协调，如环保立法、环保标准、环评机制、环保资料数据库等。二是开展环境污染防治，如大气、水、固体废弃物污染防治等方面的交流和合作，提高区域污染防治能力，减轻区域环境压力。三是生态恢复与生态多样性保护，如组织内生态环境信息共享与服务平台建设、生物多样性保护、监测和生态系统修复、示范等合作研究，交流最佳实践交流。四是环保技术交流和产业合作，如开展环保技术信息与经验交流，促进环境无害化技术开发和应用，推动环境标志与清洁生产，建立区域环境产品和服务市场。五是加强环保能力建设，如加强环境管理经验和人员交流、综合管理能力培训等，推动公众环保意识的提高，加强组织环境保护管理能力建设；加强环境保护科学技术的共同合作研究，提高本地区环境保护科研水平等。

（六）抓好上合组织环保合作重点项目

上合组织环保合作项目目前主要以我国为主开展，重点依托中国—上海合作组织环境保护合作中心展开。具体包括信息共享平台和"绿色丝路使者计划"等重点项目。

一是加快建设开放型环境信息共享平台建设。环境信息是有效开展环保合作的基础，通过前面对其他合作机制的分析，环保信息化与数据共享建设是各个机制下的一项重要合作领域，开展的大量项目都针对环境信息化的制度与能力建设。建议以"一带一路"战略为契机，依托上合组织环保信息共享平台，建设开放型环境信息系统，开展信息收集与分析，加强环境信息共享。注意培养成员国环保合作能力，提高各成员国环保部门的环保意识与环保政策制定能力，缩小各成员国之间环保意识和环保政策的差距，共同提高区域环保能力。

二是加快推动"绿色丝路使者计划"。根据领导人在上合组织领导人峰会上提出的建议，加快对上合组织国家的政府官员、企业家代表和青年的培训和能力建设，为绿色丝路建设培养人才。

三是加快推动环保产能合作项目。通过充分吸引地方政府和企业的参与，积极申请外援项目和金融机构资金，优先推动固废处理、水处理领域的示范工程和技术合作等项目，服务国际产能合作。

（七）拓展上合组织环保合作资金渠道

上合组织国家基本都属于发展中国家，自身的人力、物力和财力有限，需借助外部援助，尤其是国际组织的援助，包括资金、技术、合作模式等各方面。实践证明，针对具体项目进行长期和持续的小额资金投入，效果大于大额资金投入。建议我国政府通过建立"绿色丝路基金"，扩大气候基金、对外援助资金和中央财政环保专项的投入，并广泛吸引民间资本投入。

附件：上合组织国家参与相关区域环保合作机制情况

国家		独联体（CIS）	欧亚经济联盟（EEU）	亚行"中亚区域经济合作机制"（CAREC）	联合国"中亚经济专门计划"（SPECA）	南亚国家合作联盟（SAARC）	南亚合作环保规划署（SACEP）
成员	哈萨克斯坦	✓	✓	✓	✓		
	中国			✓			
	吉尔吉斯斯坦	✓	✓	✓	✓		
	俄罗斯	✓	✓				
	塔吉克斯坦	✓	✓	✓	✓		
	乌兹别克斯坦	✓		✓	✓		
	印度					✓	✓
	巴基斯坦			✓		✓	✓
观察员	阿富汗			✓	✓	✓	
	白俄罗斯	✓	✓				
	伊朗						
	蒙古			✓			
对话伙伴	阿塞拜疆	✓		✓	✓		
	亚美尼亚	✓	✓				
	柬埔寨						
	尼泊尔					✓	✓
	土耳其						
	斯里兰卡					✓	✓

参考文献

[1] 独立国家联合体（CIS）官方网站：http://www.cis. minsk. by/.

[2] 欧亚经济联盟（EEU）官方网站：http://www.eurasiancommission. org/en/Pages/default.aspx.

[3] 亚行"中亚区域经济合作机制"（CAREC）官方网站：http://www.carecprogram. org/.

[4] 联合国"中亚经济专门计划"（SPECA）官方网站：www.unece.org/speca/welcome.html.

[5] 南亚区域合作联盟（SAARC）官方网站：http://www.saarc-sec.org/.

[6] 南亚环境合作计划（SACEP）官方网站：http://www.sacep.org/.

大图们次区域环境合作战略分析

刘平　彭宾

图们江流域泛指其所辐射到的中国、朝鲜、俄罗斯三国交界地区，这一流域处于东北亚六国日本、韩国、朝鲜、俄罗斯、蒙古和中国的中心地带，是东北亚的重要枢纽。在大图们倡议框架下，找到推动周边各国紧密合作的重点方向，尤其是找到在环境合作方面的突破口，对于周边各国的稳定与可持续发展方面，以及逐步形成完整的东北亚国际合作区域机制方面，都具有深远的意义。

图们江地区土地地貌类型多样，河网密集，水系十分发达，水能资源丰富且开发条件好，而且矿产资源、生物资源极为丰富。然而，周边各国在多年的经济发展过程中，对于资源的需求量越来越大，污染物排放也越来越多，造成图们江流域水、大气和土壤环境不同程度的恶化，图们江也面临着生态环境质量下降，生物多样性和安全受到威胁。

面对跨国界区域的环境问题，图们江流域各国采取了一定程度的合作手段。自20世纪90年代起，中国政府先后与蒙古、朝鲜、韩国、日本和俄罗斯签订了双边环境合作协议；而日韩、日蒙、韩俄也相继签订了政府间的双边环境合作协议。一系列双边环境合作协定的签署不仅为图们江区域环境合作提供了政策保证，也为将来的区域环境制度化合作指明了发展方向并提供了基本框架。1997年，成立了TRADP 环境工作组（TRADP Working Group on Environment，WGE）。2005年9月2日，第八次协商委员会决定延长 TRADP 协议，并推动 TRADP 升级为 GTI，同时确定了环境为其优先合作领域之一。2009年，在蒙古召开的第十次协商委员会上，GFE 被重新命名为 GTI 环境委员会。但总体上讲，这一区域目前基本上还处于各自开发的阶段，由于遇到了资金、合作等方面问题，近年来各国合作进展不大。

鉴于此，中国参与图们江环境合作的总体思路应是，增信释疑，最大限度地减轻东北亚国家对中国的担忧和外交压力，最大限度地借鉴和利用日韩等国的先进环保技术和经验，通过治标为治本赢得时间，最终实现中国国内的环境治理行动与图们江环境合作的平稳对接。在合作内容上，应有双边的跨界环境问题合作，也应有针对区域性或全球性环境问题的合作；从合作对象上看，应有政府间的高层合作，也应有企业或民间组织间的非官方合作；从合作方式上看，应有纯粹的理论和学术研究，也应有以技术开发为目的的应用型研究合作，以此推动东北亚各国专家之间的交流与沟通；合作项目可以考虑涵盖环境状况调查、节能减排技术开发、生物多样性保护、生态环境修复、环保产业发展、环保知识宣教，以及环境政策与法规制定等各个方面。最终建立起"多渠道、多层次、多领域"的合作格局。

一、大图们倡议合作的基本背景

大图们倡议（GTI）由联合国开发计划署发起和支持，秘书处设在中国北京，是东北亚地区一个重要的政府间合作平台。自成立以来，中国、俄罗斯、韩国和蒙古国作为大图们倡议框架内的四个成员国，在交通、贸易投资、旅游、能源及环境保护等议题上开展地区间双边或多边务实合作，促进东北亚各国互联互通、共同繁荣。环境是 GTI 最早开展合作的领域，同时为了推动区域环境合作，"大图们倡议"于 1997 年成立了图们江地区开发项目环境工作组（WGE），并于 2007 年达成了环境合作框架，2009 年成立 GTI 环境委员会，致力于协调成员国政府间的环境合作和项目执行。第一次 GTI 环境委员会会议在 2011 年中国北京举行，会议回顾了东北亚地区环境保护方面的进步，并就促进 GTI 下的环境合作交换了意见。第二次会议在 2015 年蒙古乌兰巴托举行，会议讨论了新的项目建议和 2015—2016 年工作计划。环境委员会旨在协调区域活动以促进环境可持续发展，并在 GTI 成员国之间寻求进一步环境合作的可能，并确定合作的适当方法。

大图们倡议环境委员会框架下的跨境区域环境合作，主要研究"大图们倡议"区域内的环境问题、环境保护合作的现状、图们江流域水资源保护及资源管理、生物多样性及环保产业与环境教育等，指出存在的问题，明确未来潜在的合作领域、合作战略和重点方向，研究旨在促进东北亚地区，特别是大图们江区域在自然资源与环境保护领域的合作。

二、图们江区域自然资源及环境状况

（一）丰富的自然资源

图们江流域自然资源丰富，具有河流、湿地、森林等多种生态系统，总面积为 3.32 万 km² 以上，中国一侧面积为 2.26 万 km²，干流全长 525km，中朝界河段 510km。

图们江地区具有丰富的生物资源，是丹顶鹤等世界濒危迁徙鸟类的中间停歇地，是多种珍稀植物和东北虎等世界濒危动物的分布区，担负着东北亚生态网络的核心地位。中国境内野生动植物达 2 200 多种，其中经济植物 1 460 余种，包括人参、灵芝、天麻等药用植物 800 多种。长白山区还栖息着 550 多种野生动物。同时，湿地分布特征明显。图们江上游湿地面积相对较小，但类型很多，如森林沼泽，草丛沼泽和灌丛沼泽等。中游地区由于河谷狭窄，水流较急，所以没有湿地分布。其下游河谷宽，河曲发达，因而与上游情况恰恰相反，该区域内湿地面积较大，但类型少，如敬信的湖泊潜水湿地和草本沼泽。俄罗斯滨海边疆区岩石林立的海岸以及为数众多的沿岸岛屿是成千上万只海鸟筑巢栖息之地。日本海以海洋植物丰富著称，鱼类丰富多样，在俄近海中位居第一，而储备量则仅次于鄂霍次克海。韩国江原道盛产野菜和菌类。蒙古东方省境内有 50 余种野生动物，鱼类资源丰富，有狗鱼、鲤鱼、鲇鱼等 20 多种鱼类。

根据卫星监测数据，该流域土地覆盖主要以林地为主，耕地主要分布在河流沿岸。2013 年，林地面积达到 24 607.76km²，农用地 6 527.41km²，永久湿地 3.01km²。中国境内图们江流域是吉林省森林资源最丰富的地区之一，现有森林面积 348.2hm²，其中敦化、汪清和安图森林资源相对比较丰富。俄罗斯滨海疆边区也有大面积的森林覆盖，森林覆盖率达到 75%，森林面积为 1 230 万 hm²，森林总储量为 10.8 亿 m³。而韩国江原道山林面积占总面积的五分之四以上，居韩国首位。蒙古东方省自然区域的 70% 为平坦的草原地带，30% 为森林地带，森林面积达 1 000km²，主要生长落叶松、桦树和其他杂松。

图们江区域具有丰富的矿产资源。我国境内图们江流域矿产资源极为丰富，目前已发现有煤、金、银、铜、铅、锌、铀、硅石、硅灰石、大理石、黏土、砂砾石、硅藻土、珍珠岩、耐酸石等 85 种矿产，其中已探明的有 55 种，可开发利用的 39 种。在俄罗斯滨海边疆区有大约 100 个煤炭产地，30 个锡产地，在这些地区集中了 15 个富含铅、锌、矿物质的多金属矿，根据勘测，还有大约 50 个金矿，主要集中在边疆区的南部与北部。韩国江原道也具有丰富的矿产，境内重要矿藏为煤、铁、钨、萤石、石灰石等，其储量占全国矿产储量的 60%，是韩国煤炭、钨矿的主要基地。

蒙古东方省已探明 85 种矿藏和 142 个矿产地，其中大型矿藏有察布、乌兰混合金属、银矿藏、察干图勒特金矿、阿敦朝伦、桑金达菜盐矿、沙尔布尔德、沙尔沃斯湖盐礁、阿尔泰河玻璃砂子、石油等矿藏，同时还有丰富的褐煤、石灰石、钼、钢、红铜、水晶石、岩纹水晶、铁矿、有机盐、陶结块黏土和其他建筑材料。

（二）复杂的环境问题

2013 年，联合国组织专家前往图们江流域考察后形成共识，认为此地在发展经济过程中有五个问题比较严重：一是当地农业发展无序，二是森林毁坏比较严重，三是土地开发混乱导致出现了严重的沙漠化，四是水质的污染，五是野外生态环境即物种的破坏比较严重。

图们江地区生物资源丰富，但由于生态环境质量日益下降，使许多生物的正常生存安全受到越来越严重的威胁。据统计，图们江地区被列入国家保护或省一类保护的高等珍稀濒危植物共 29 科 94 种，其中人参被列为国家一级保护植物，20 多种植物被列为重要的濒危植物。仅残存分布在图们江下游地段的珍稀植物野玫瑰灌丛也正在逐年减少，与 1960 年相比其分布数量已减少 80%。过去曾有一些罕见和珍稀的动物在图们江地区栖息或经过，然而近年来，许多动物分布范围日渐缩小，种类和数量有明显下降的趋势，种源在逐渐衰退。东北虎等一些珍贵动物已濒临灭绝的危险。水污染使流域内主要经济鱼类的产卵、索饵场所遭到破坏。到目前为止，曾经在图们江流域盛产的马苏大马哈、驼背大马哈和滩头鱼已基本绝迹。目前，在图们江地区已经被列为国家级保护的动物种类有 63 种，省级保护种类有 4 种，37 种动物已经列入中国濒危动物红皮书。

俄罗斯也面临生物多样性威胁。作为世界上最大的森林国家，俄罗斯森林面积占世界森林面积的 20% 以上，其中针叶林面积占 60% 以上，2010 年森林覆盖率为 49.40%（世界银行，2011）。目前针叶林蓄积量正快速减少，主要原因是森林采伐和森林火灾。进入 20 世纪 90 年代，可换取外汇的森林遭到集中采伐，非法采伐现象严重。哈巴罗夫斯克地区较早进行采伐的地方森林资源枯竭，陷入不能持续采伐的状况。2006 年俄罗斯林业部门登记了 2.5 万多起森林火灾，受灾面积达 130 万 hm^2。由于无规则的森林采伐和森林火灾，使得俄罗斯古老的原生林遭到严重破坏，生活多样性锐减。例如乌苏里地区因为人为放火和开垦湿地，破坏了这里的生态环境，蝴蝶、白鹤等稀有物种数量大幅减少。据世界银行公布的数据显示，俄罗斯的生物多样性效益指数从 2005 年的 37.13 下降到 2008 年的 34.13。此外，在第 17 次东北亚环境合作（NEASPEC）高官会上，俄罗斯也曾提出开展"保护东北虎和远东豹伙伴关系"项目的建议。

蒙古国的基础产业是草原游牧畜牧业，这一传统产业的生产方式，长期以来同其生态脆弱性相适应。转入市场经济体制后，由于草牧场的产权制度没有做出相应的变革，即草牧场的产权不明确，导致对草牧场的无计划利用，致使草牧场退化现象严重。近40余年来，由于定居、人口密度增加，蒙古国土面积的42.5%已经不同程度荒漠化，而且正以每年13%～18%的速度扩展。蒙古自然环境部2009年最新调查显示，截至目前蒙古已有72.1%的土地遭受不同程度的荒漠化，其中荒漠类草原受损程度最为严重，植物种类由33种下降到18种，每公顷植物产量由320kg下降到230kg，生物多样性效益指数由2005年的4.44下降到2008年的4.16。从目前来看，蒙古国增加经济收入的主要通道是增加矿产资源的出口。然而，在矿产资源的开发利用过程中，不能按严格的科学技术规程开采，无计划乱采现象屡见不鲜，成为政府和民众关注的焦点问题。因此，如何科学、适度、可持续地利用矿产资源，是蒙古国环境政策与外资引入政策所面临的巨大挑战。

图们江水质问题是各国最关注的问题之一。据监测分析，延边晨鸣纸业有限公司、延边石岘白麓纸业股份有限公司是造成图们江干流有机污染的主要污染源，虽然经治理做到达标排放，但长达半年的冬季枯水季，排污总量超过图们江的环境容量，图们江开山屯以下水质尚未得到彻底改善。2013年图们江干流统计5个监测断面，崇善断面为Ⅱ类水质，水质状况为优，达到水质控制目标；南坪断面为Ⅴ类水质，为中度污染，主要污染指标为总磷，浓度为0.303mg/L；图们断面为Ⅲ类水质，水质状况为良好，达到水质控制目标；河东断面为Ⅳ类水质，为轻度污染，主要污染指标为高锰酸盐指数和化学需氧量，浓度分别为8.6mg/L和24mg/L；圈河断面为Ⅳ类水质，为轻度污染，主要污染指标为高锰酸盐指数，浓度为6.04mg/L。

大气污染一直是各国的主要关切点，尤其近年来大气环境问题频发，东北亚各国围绕大气环境展开的讨论和合作也愈来愈多。我国图们江流域的大气污染主要来自火力发电厂、工业锅炉、采暖炉、民用炉等。目前主要影响本地区环境质量的是降尘和颗粒污染物。降尘是本地区头号污染物，各地普遍超标。超标率最大的是和龙市，超标率为70.7%。颗粒物是流域内的第二号污染物，超标率为32.5%～60.0%。第三号污染物是二氧化硫和氮氧化物。二氧化硫超标率最大的是龙井市，约为33.3%。氮氧化物超标率最大的是延吉市，超标率为32.5%。俄联邦气象环境监督局的定期调查显示，近年来俄罗斯大气污染不断攀升，在定期检测的253个城市中，有145个城市的大气污染处于较高水平。俄罗斯还出现41座大气中毒污染城市，有些城市的个别有害物质超过最高容许度10倍以上。电厂和汽车排放为俄罗斯空气污染的主要来源。图们江地区大气降水的酸化也比较严重。位于该地区中、东部的延吉、图们和珲春市降水 pH 年平均值小于 5.6。

虽然朝鲜已经退出大图们倡议合作机制，但其位于图们江右岸，对图们江水质的影响不容忽视。利用高分辨率卫星影像，提取图们江朝鲜境内的城镇和农村的分布及面积，发现图们江朝鲜境内人口密度较低，但主要沿图们江干流集聚分布，因其生活污水处理能力可能较弱，由此对图们江可能带来较大生活污水污染，对其产生的生活污染应予以重视。利用卫星影像，对图们江流域朝鲜境内土地利用类型进行分类，分析图们江流域农业用地面积、分布等情况，耕地主要分布在河流沿岸。根据卫星影像，发现环境敏感点主要有矿山、疑似加工厂、水坝、疑似水产养殖点、主要工业区等。从遥感解译图上看，定位的疑似矿山、工厂建筑均分布于河流附近。一旦出现事故，将对河流水质带来巨大影响。此外，图们江流域朝鲜境内植被覆盖情况良好，生态环境较为稳定。

三、图们江区域环境合作现状

（一）双边环境合作

签订双边环境合作协议是东北亚区域国家开展环境合作的最主要形式。20 世纪 90 年代起，中国政府先后与蒙古、朝鲜、韩国、日本和俄罗斯签订了双边环境合作协议；而日韩、日蒙、韩俄也相继签订了政府间的双边环境合作协议。一系列双边环境合作协定的签署不仅为东北亚区域环境合作提供了政策保证，也为将来的区域环境制度化合作指明了发展方向并提供了基本框架。

1. 中俄环境合作

中俄两国在地理上相互毗邻：在陆地上，从中亚到远东拥有绵延数千公里的边界线；同时，也有黑龙江、乌苏里江和兴凯湖等界河、界湖；公共水系统与森林、草原生态系统相互连接，在防治跨界污染与保护生态多样性上拥有广阔合作前景。中国与俄罗斯之间的环境合作，始于 20 世纪 80 年代中国与前苏联的一系列环保科技与学术交流，而这一领域的合作一直沿袭至今。中国与俄罗斯政府间的环境合作开始于 1992 年中俄关于相互关系基础的联合声明，其中包含加强两国环保合作交流的内容。1997 年，中俄两国正式签署了《中华人民共和国政府与俄罗斯联邦政府环境保护合作协定》。协定进一步明确了中俄两国环境合作的领域，包括：酸雨和大气污染防治、水污染防治与水体综合利用、海洋环境保护、危险废弃物的储运与处理、环境监测预报和评价、生物多样性保护、城市与工业区环境保护、环保知识的宣传与教育、环境法规与政策制定等诸多方面。2015 年 9 月 10—12 日，中国环境保护部部长周生贤出席中俄总理定期会晤委员会环境保护合作分委会第九次会议。双方听取并审议了污染防治和环境灾害应急联络、跨界水体水质监测与保护、跨界自然保护区和生物多样性保护工作组的工作报告。

2. 中蒙环境合作

与俄罗斯相似，中国与蒙古共和国也拥有广阔的地理交界，其中大部分为草原畜牧区，少部分为森林和荒漠。中蒙两国共同面临的环境问题包括草原沙化、植被退化与荒漠化、沙尘天气、病虫害与生物多样性保护等。中国与蒙古的环境合作始于 1990 年的《中华人民共和国政府和蒙古人民共和国政府关于保护自然环境的合作协定》；协议约定的合作内容包括：流沙与土壤风化防治、戈壁地区植被恢复与病虫害防治、草原牧场的合理使用与保护、大气与土壤环境监测、防止地面水资源枯竭、建立自然保护区域禁猎区、自然环境评估、环保基础研究与人才培养，以及联合国环境公约框架下的协调行动等。中蒙环境合作的主要方式包括建立实验室与联合研究中心、出版相关环保文献与其他研究成果、召开两国环境学术等。

3. 中韩环境合作

中韩两国隔黄海相望。自 20 世纪 80 年代两国工业化发展，酸雨、沙尘天气和海洋污染等一系列跨界环境问题困扰着两国，韩国引起地理位置的特殊性而饱受其苦。因此，自 1992 年中韩两国正式建立外交关系以来，环境合作与跨界污染治理就成为了两国政府所共同关注的议题。1993 年，中韩两国外长正式签署了《中华人民共和国政府与大韩民国政府环境合作协定》。协议共分 8 条 14 项，主要内容包括：环保信息交流、技术经验交流、举办专题研讨会等。1994 年，在"合作协定"的基础上，中韩两国进一步建立了联合委员会，并约定定期召开会议。会议主要围绕中韩两国较为关注的议题展开，主要包括跨界污染合作治理和两国国内环保产业发展。其中，对于跨界污染问题主要围绕中国大气污染物（酸雨、沙尘）向韩国境内的扩散、中韩两国公共海域——黄海污染的共同治理，以及韩国对中国的固体废弃物非法运输等。截至 2015 年，已成功召开 20 届。2015 年 11 月 6 日，第 20 次中韩环境合作联委会会议在北京召开。"中韩环境技术与产业合作"项目获得批准。

4. 中朝环境合作

中国是东北亚区域内唯一与朝鲜签订环境合作协议的国家。中朝两国地理上毗邻、隔鸭绿江相望，又有长白山与黄海这样的共有山地与海洋。因此，生态环境保护与跨界污染防治对两国来说都至关重要。1992 年，时任中国国家环保总局局长解振华首次出访朝鲜；1998 年，朝鲜环境保护及国土管理总局访华，并与中国国家环境保护总局共同签署了中朝环境合作协定。2014 年，朝鲜环境部代表访华，双方就环境问题召开了部长会见和协调员会议。截至 2015 年，中国共有 20 余人驻扎在朝鲜罗先管理委员会，负责环境合作相关问题的研究。

（二）多边环境合作

东北亚区域多边环境合作从形式上看主要分为两类：一类是由东北亚国家共同参与的政府间高层会谈，如东北亚环境合作会议、东北亚区域环境合作（NEASPEC）高官会议、中日韩三国环境部长会议等；另一类是由区域内国家发起，或由其他区域性、国际型组织牵头，围绕某一专项环境问题开展的专项环境合作行动。其中比较有代表性的包括东亚酸沉降监测网、东北亚沙尘暴防治项目、西北太平洋行动计划等。

1. 东北亚区域环境合作高官会议

截至 2015 年，东北亚区域环境合作高级官员会议共举办了 21 届。会议汇集了各与会国国内环境政策、应对气候环境变化的措施与取得成果，并对区域内气候环境合作项目的执行情况进行了汇报，对潜在的、新的环境合作计划提供资金支持，建立新的研究机制等。可以说，该会谈是东北亚区域建立高层次、制度化环境合作的努力尝试，对于加强各国环境领域交流、推动环境合作开展起到了积极的作用。

2. 中日韩环境部长会议

第十七次中日韩环境部长会议于 2015 年 4 月 29—30 日在中国上海召开。会议签署了《中日韩环境合作联合行动计划（2015—2019）》，确定了三国环境合作的九大优先领域：空气质量改善；生物多样性；化学品管理与环境应急；资源循环管理 / 减少原料、重新利用和物品回收（3R）/ 电子废弃物越境转移；应对气候变化；水与海洋环境保护；环境教育、公众意识和企业社会责任；农村环境管理；绿色经济转型。

3. 东亚酸沉降监测网

网络旨在加强东亚区域酸沉降监测技术合作交流与研究，以便使用统一监测方法，对东亚地区酸沉降的信息进行准确评估，为进一步削减大气中污染物、降低跨界酸雨威胁提供科学依据。2015 年，东亚酸沉降监测网分别于 6 月 16—18 日在泰国罗勇举行了第 14 次未来发展工作组会议、于 11 月 24—25 日在泰国曼谷举行了第 17 次政府间会议。主要审议了 2015 年网络中心和秘书处的财务报告和工作报告、秘书处机构转制安排框架文件、网络扩展可研报告、网络节省开支的办法、秘书处和网络中心行政和财务管理导则修订，通过了网络下一个五年中期计划（2016—

2020年）、2016年网络中心和秘书处的工作计划和工作预算等事项。

4. 西北太平洋行动计划

西北太平洋行动计划全称为"西北太平洋区域海域及海岸环境保护、管理与发展行动计划"（NOWPAP）。计划确定了四个有限行动项目，商定了在四国首都轮流举办政府级会议，并且规定了信托基金的各国捐资比例。计划决定将"综合数据库及管理信息系统项目区域中心"设在中国北京，海洋环境监测中心设在俄罗斯海参崴、海洋污染防治中心设在韩国大田，特别监测及沿海环境评价中心设在日本富士山。

5. 东北亚沙尘暴防治技术援助项目

东北亚区域的沙尘天气近年来已成顽疾，为解决这一问题。在中国国家林业局和国家环保总局的倡议下，亚洲开发银行（ADB）、联合国环境规划署（UNEP）和全球环境基金批准了一项沙尘暴区域技术援助项目。其中，亚洲开发银行（ADB）筹措资金100万美元，包括联合国环境规划署（UNEP）、亚太经社会（UNESCAP）、联合国防治荒漠化公约（UNCCD）秘书处、亚洲开发银行（ADB）四个国际组织，以及中国、日本、韩国、蒙古四国有关部门共同参与。该项目于2003年正式启动，共分为两个阶段：第一阶段由联合国环境规划署负责，目的是要建立沙尘暴地区监测和早期预警系统；第二阶段由联合国亚太经济和社会委员会负责，目的是项目示范地点选择和投资战略制定。2015年7月7—8日，东北亚防治荒漠化、土地退化国际磋商活动在北京举办，活动回顾了东北亚各国政府、国际组织、民间社团和私营企业为防治荒漠化和沙尘暴所开展的防治工作，在此基础上讨论并形成了《东北亚多方防治荒漠化联合行动计划》框架。

（三）各国开展环境合作的战略

1. 韩国

韩国国土面积狭小，人口基数少，加之已经完成了经济转型、国内的能源需求有限，其环境污染问题早已得到了有效控制。相比其国内环境问题，韩国更关心跨境的区域环境污染，同时对输出韩国的环境技术和产品兴趣日浓。此外，在半岛南北关系上，韩国希望通过各种平台，提升在区域中的重要性，以为自身争取更多的"王牌"，作为政治军事平衡的底气。韩国较早开始推动区域环境合作，当下环境问题在区域合作中的重要性越来越大，韩国对环境合作的推动仍然会继续积极进行。

2. 俄罗斯

俄罗斯正处于经济振兴的阶段，由于人少地大，环境污染有充分的环境容量，短期内环境没有成为其主要关心的议题。但俄罗斯正通过各种途径提升自身在区域中的重要性，而大气污染问题又与能源生产和使用相关。俄罗斯可以借助大气污染治理的议题，加强与周边国家的能源合作，为自身未来的发展奠定基础，同时可以"搭顺车"走一条绿色发展之路。同时，俄罗斯一向认为东北亚地区在 21 世纪无疑将成为最重要的世界经济和政治中心之一。因此，俄罗斯对东北亚的环境合作，经济政治关注远大于环境利益关注。此外，俄罗斯也在更加积极地推动大气污染治理的合作，2014 年 9 月召开的东北亚次区域环境合作项目会议，俄罗斯作为东道国组织召开 19 次高官会议，并出资开展东北亚地区跨界大气污染评估和减缓的技术、政策框架研究项目。

俄罗斯在现有的东北亚环境合作机制中更关注 NEASPEC。可能由于 NEASPEC 是目前唯一覆盖东北亚全部区域的较为高级别的官方合作形式，同时由于韩国作为主导国家在其中的"弱主导性"，俄罗斯认为自身能有更多的机会在其中发挥更大作用。

3. 蒙古国

蒙古是一个自然条件比较恶劣，但资源丰富的国家。近些年对自然的过度开发，导致较为严重的环境问题，荒漠化、水资源短缺，空气污染、水污染、土壤污染等日益突出。尤其矿产业成为该国的支柱产业，对环境造成了较大的破坏。蒙古国政府的环境意识正在提升，在参加全球及区域的环境合作中表现积极。但在东北亚地区的环境合作中，蒙古总是寻求帮助的角色，因此在各类合作机制中都是采取"随大流""搭顺车"的策略，对各类合作机制没有特别的倾向。

4. 朝鲜

朝鲜近年来逐渐参与到全球和区域的环境合作中。金正恩在 2013 年新年讲话中，提出"经济强国建设是今天社会主义强盛国家建设中面临的最重要任务"。2013 年 11 月，朝鲜发布政令将在各道建立经济开发区；2014 年，朝鲜更是在国际上发起集中外交攻势，通过"体育外交"、人文交流、"政党外交"直至最近的"联合国外交"、"亚运会外交"，着力改善其外部环境。朝鲜国内经济发展及对外经济合作方面所发生的积极变化必将进一步提升其对图们江区域合作的参与热情。

出于政治谨慎，朝鲜与外界的环境合作很少，偶尔发生的合作也以资金捐助为主要方式。而对东北亚区域的环境合作机制，朝鲜基本以观望心态为主。同时，复杂的周边环境影响朝鲜的参与方式并仍将以双边合作为主。如前所述，朝鲜将进一步提升图们江区域合作的参与热情，但在今后的一段时间里朝鲜仍将以双边合作为主。朝韩紧张关系依旧持续，朝韩和解成果几近完全丧失，影响朝鲜对外经济合作布局展开，北向加强对中、俄合作将是朝鲜今后一段时间对外合作的重点。总之，朝鲜并不会很快回归图们江区域多边合作机制，未来一段时期内其在图们江区域的对外合作仍将偏重于同中、俄两国间的双边合作。

（四）存在的问题

图们江流域是一个特别而敏感的地区，区域内中、韩、蒙、俄在联合国的指导和资助下开发图们江流域已有十多年，但基本上还处于各自开发的阶段，由于遇到了资金、合作等方面问题，近年来进展不大。

1. 国际环境总体形势复杂

"冷战"结束后，东北亚地区的国际环境一直就处于复杂多变的局面。而这其中，与图们江地区相邻的朝鲜半岛的局势走向直接影响地区的开发进程。

从近些年尤其是 2010 年朝鲜半岛局势走向来看，东北亚地区的安全环境显得尤为复杂。围绕朝鲜半岛的局势，由于紧张局面短期内难以完全缓解，在这种情况下谈经济开发、国际合作无异于是徒劳。也就是说，图们江地区的开发面临东北亚地区各国参与态度不明确或反应冷淡的局面。而图们江地区与朝鲜半岛相邻，相关各方在朝鲜半岛都有着各自的利益，图们江地区的开发不可能不受朝鲜半岛因素的影响。退一步讲，即使各方参与其中，其参与程度和方式也难以预料。复杂多变的国际形势将使得图们江地区的开发与合作所面临的外部环境很不理想。

2. 整体经济发展程度不高

图们江地区相邻的朝鲜处于不开放状态，其封闭状态是交流互动困难的重要原因，对中国而言，图们江区域开发涉及的吉林省由于边境线大部分是与朝鲜接壤，处在实际上被封锁的境地。缺乏与外界的有效交流一直困扰着图们江地区乃至东北地区的发展。俄罗斯其战略中心地区远在欧洲，而日韩两国投资的主要目标又在中国沿海地区，因此各方对参与图们江地区的开发合作难以形成合力。在这种情况下，除中国外的其他各方是否会加大对图们江区域开发力度还很难说。

从整个东亚看，图们江地区并不是东亚地区核心的经济区域。没有良好的地区国际环境，难以吸引资金和技术，而经济发展程度低又限制了经济提升幅度和空间。最为重要的是，朝鲜的封闭状态和俄罗斯的态度直接对图们江地区的开发产生消极影响。因此尽快走出这些困境，改善图们江地区的环境，将对图们江地区的开发起着积极的作用。

3. 缺乏有效的合作机制

就目前的图们江流域环境双、多边合作机制而言，在过去的二十年间还是发挥了一定作用，为东北亚区域环境改善和未来的制度化合作埋下了伏笔。但总的来说，东北亚区域环境合作仍然处于初始阶段、合作层次较低；现有的合作机制多以"对话""论坛"等不具强制执行力的"软法"形式存在，而且在形式和功能上存在重叠，合作关系相对松散；一些具体的合作项目也由于资金的缺乏而难以为继，导致合作进展缓慢甚至中途夭折；同时，由于缺乏整合应急体系，缺少相关机构对各国力量和资源的有效整合，在遭遇突发性跨界污染威胁时，分散在各国的资源很难被有效利用，在处理跨界污染问题上，上述机制明显效能不足。

4. 环境目标不一致

图们江地区汇集了处于不同发展阶段的国家类型，处于发达国家的韩国、世界上最大的发展中国家中国、转轨经济国家俄罗斯，以及相对落后的蒙古和朝鲜。发达国家在其工业化进程中对区域环境造成了一定破坏，但随着经济发展水平的不断提高，国内环境状况相应改善，因此更加关注区域环境状况和跨界污染问题；而发展中国家则更侧重于经济发展而非环境改善。由于区域内各国在发达程度或发展阶段上存在异质性，对跨界污染治理理念或参与环境合作的积极性方面可能会存在较大差异。如在东北亚的环境问题中，日本最为关心的问题是酸雨等跨国境大气污染以及海上油污泄漏、核废气物倾倒等海洋污染问题；而中国则更关注发达国家以环境为由设立的贸易壁垒；俄罗斯、蒙古和朝鲜则更多的是关注国内环境问题。区域内各国在环境合作中的关注点不一致，严重影响了区域内各国间共同利益的绑定，从而阻碍了图们江区域内各国在环境领域的合作。

四、图们江区域环境合作的发展机遇

（一）国家"一带一路"战略的提出

国家发展改革委、外交部、商务部联合发布了《推动共建丝绸之路经济带和 21 世纪海上丝绸之路的愿景与行动》，即通称的"一带一路"国家战略。在终极版面中，明确了我国各省在"一带一路"中的定位及对外合作重点方向，其中图们江流域中的吉林省将是建设向北开放的重要窗口。"一带一路"战略的提出有利于推进图们江区域内的跨境运输通道建设，通过开辟陆上通道与海上通道，加强交通基础设施建设，实现区域内的互联互通。吉林省积极利用境外港口，借助俄罗斯扎鲁比诺港打造借港出海的重要通道。同时修建中国珲春至俄罗斯海参崴高等级公路、中国珲春至俄罗斯海参崴高速铁路和中蒙大通道"两山"铁路东端铁路。中国可以把丝绸之路经济带同俄罗斯跨欧亚大铁路、蒙古国草原之路互联对接，打造中蒙俄经济走廊。"北丝绸之路"也就是东北亚丝绸之路，珲春可以作为起点，路经满洲里或者阿尔山，一直延伸到俄罗斯和欧洲。在国家"一带一路"战略布局中，对外，打通向东出海口，对内，向西拓展，构筑起开发开放的战略新格局。

在东北亚丝绸之路的建设下，基础设施及对外通道建设必然会对环境造成一定的影响，形成跨界环境问题，建设过程中涉及的环境与资源保护问题必定会成为我们新的关注方向。各国推动经济走廊与生态环境和谐发展，对此必然要加强环境合作。图们江流域环境合作发展是推动区域内经济发展与生态保护和谐统一的进程中的重要组成部分。

（二）区域经济融合助推环境合作

实施"一带一路"战略构想的根本目的，是通过加强各国之间的经济联系，推动区域经济融合，实现共同发展。图们江流域具有重要的交通区位优势，东可经珲春、图们口岸通往朝鲜、韩国、日本、俄罗斯，北可通过黑龙江省向俄罗斯等国家拓展，西可与蒙古交往。中、俄、朝三国交界的图们江流域周边分布着俄罗斯的波谢特、扎鲁比诺、海参崴和朝鲜的罗津、清津等众多的天然不冻港，是东北亚国际陆海联运的最佳结合点和巨大经济链条上的物流中心。依托便捷的物流通道和区位优势，使得图们江区域经济增长潜力巨大。

图们江区域经济发展，一方面为环境保护合作提供了巨大的市场需求，尤其是推动环保产业的国际化，另一方面，如果区域环境合作程度过低，会制约区域内各国解决共同面对环境问题的能力，长期来看，不仅会阻碍图们江区域环境状况的改善，并有可能影响图们江区域经济的发展。因此，在政策支持下要以经济发展促进环境保护，同时利用环境合作推动经济协调发展。

（三）中韩自贸协定的签署

中韩自贸协定是中韩两国经贸关系发展中的一件大事。协定生效后，将为深化中韩双边经贸合作、推动两国经济增长注入强劲动力，为全面提升中韩战略合作伙伴关系奠定坚实的共同利益基础。按中韩自贸协定的规定，中韩双方超过90%的产品在过渡期后进入到零关税时代。协定生效后，贸易规模有望显著增加。

随着双方经贸往来的密切，中韩一致认为，自贸协定签订后，有必要加强环境保护合作，在环境教育、环境意识和公众参与、气候变化、生物多样性保护、沙尘暴、污染控制、电子废物越境转移、化学品无害管理、环境保护产业和环境保护技术等多方面进行切实有效的合作。同时双方将紧密合作，支持自然保护国际联盟的世界自然保护大会；双方将合作加强地区海洋环境保护，努力提升公众减少海洋垃圾的意识；双方将加强在沙尘暴检测方法、预防技术和能力建设方面的合作；双方将提升危险废物特别是电子废物方面的合作，交流信息，共同打击非法跨国转移，加强立法执法方面的能力建设；双方会注意在港口建设过程中，尽量减小对环境的影响，让港口的扩建对中韩自由贸易起到积极促进作用的同时，又不会对环境产生不可修复的影响。中韩两国环境合作的全面升级，将有效推动图们江流域的环境合作，为环境合作提供新的发展机遇。

五、中国参与大图们倡议环境合作的战略分析

（一）总体思路

图们江流域东邻俄罗斯，南接朝鲜，是我国内陆直抵日本海的唯一通道，其资源环境的保护将对我国东北地区以及东北亚区域的经济社会可持续发展产生重要影响。需要强调的是，中国环境污染问题的严重性和在图们江地区政治地位的重要性，注定在图们江环境合作方面起着重要的决定作用。未来图们江环境合作机制的发展，缺少中国的参与，其意义将大大降低。因此在预判合作机制的未来发展时，中国的因素要兼顾其中。

中国正处于经济增长转型和上升期，国内环境污染非常严重。与此同时，中国的区域政治地位正在上升。中国在东北亚区域环境合作方面，既需要进行环境利益考量，通过合作获得环境技术、管理经验及资金等的支持，以更快解决自身发展中遇到的环境问题；也有经济方面的利益诉求，希望在东北亚地区通过绿色产品和技术的出口扩大其绿色环保产业。同时，中国参与东北亚环境合作还有政治和外交上的考量，希望通过环境合作交流，缓解周边对中国环境污染担忧的情绪，缓和政治紧张（与日本），促进政治互信（与其他国家），塑造中国负责任的大国形象。中日韩三国环境部长会议（TEMM）是中国在东北亚地区参与级别最高和最重视的环境合作机制。基于良好的合作基础，中国在东北亚的环境合作中仍可将 TEMM 作为核心机制来推动。但 TEMM 是一个次区域合作机制，在整体推动区域环境合作方面的作用有限。因此，在重视 TEMM 作用的同时，中国还应考虑在覆盖全区域的角度，选择 NEASPEC 加以重点推动。

以往的研究认为，在东北亚区域环境治理合作方面，中日韩的主导性较强，这一特征，目前来看并没有改变。韩国、日本分别是中日韩三国环境部长会议、东亚酸沉降监测网和东北亚次区域环境合作项目秘书处所在地，而大图们倡议（GTI）

的秘书处设在中国北京，其对机制运行的决定性影响可以想象。

因此，中国参与图们江环境合作的总体思路应是，增信释疑，最大限度地减轻东北亚国家对中国的担忧和外交压力，最大限度地借鉴和利用日韩等国的先进环保技术和经验，通过治标为治本赢得时间，最终实现中国国内的环境治理行动与图们江环境合作的平稳对接。在合作内容上，应有双边的跨界环境问题合作，也有针对区域性或全球性环境问题的合作；从合作对象上看，应有（地方、中央）政府间的高层合作，也有企业或民间组织间的非官方合作；从合作方式上看，应有纯粹的理论和学术研究，也有以技术开发为目的的应用型研究合作，推动东北亚各国专家之间的交流与沟通；合作项目可以考虑涵盖环境状况调查、节能减排技术开发、生物多样性保护、生态环境修复、环保产业发展、环保知识宣教以及环境政策与法规制定等各个方面。最终建立起"多渠道、多层次、多领域"的合作格局。

（二）重点方向

1. 开展生物多样性保护工作并建立生物遗传资源库

建立自然保护区是生物多样性保护的有效途径，是图们江流域各国之间进行自然资源管理的有效整合。由于东北亚地区的特有物种——东北虎的栖息环境越来越恶化，由我国完达山脉、俄罗斯的斯特特尔尼克夫山脉和维亚当姆斯克山脉所构成的乌苏里江沿岸地区对野生东北虎的保护起着至关重要的作用。同时，由于这里独特的地理位置和区位优势，起到了联系中、俄、朝三国虎豹种群自由迁徙，维持种群繁衍的生态通道作用。以东北虎自然保护区为窗口，保护并建设好重要生态屏障区，全面保护好保护区内野生东北虎、野生东北豹等濒危物种及其栖息地，保护珍稀鸟类的重要迁徙地和繁殖地，确保图们江下游湿地生态系统的完整性。

加大法制建设力度，制定"图们江流域的有关生物多样性保护公约"，加强生态建设，禁止实施一切可能导致自然生态系统退化，植物、动物及其他生物体遗传基因改变和丧失，自然资源衰竭和其他不良环境变化的方案。

建立生物多样性资源基因库，加强对生物多样性保护的基础研究，实现图们江流域生物多样性的信息交换及共享。图们江流域各国可依托各自在生物技术方面的优势，建设生物多样性资源基因库。采集图们江流域一带稀有物种的遗传资源，各类组织样本及基因样本，开展保种工作，加强珍稀特有物种的保护和人工繁育基地建设。

建立长效、稳定的专项资金渠道，专门用于跨界自然保护区和生物廊道的建设与维护，以及对利益受损的当地居民进行补偿。可以尝试建立由次区域各国或其他国际性组织共同组成的次区域自然保护区和生物廊道建设与维护专项基金，由各成员国政府的定期财政投入以及接受国际社会的捐赠作为主要资金来源。

2. 推进环保产业的合作与发展

日、韩等发达国家具有先进的环保产业发展经验，而蒙古等发展中国家具有较大需求，尤其是我国“一带一路”战略将涉及大量项目投资，蒙古国作为“一带一路”沿线国家，其国内的市场需求也将给我国环保产业带来了新的机遇。加强图们江区域环保产业合作，需要从以下几个方面入手，一是国家层面高度重视，确立环境立国的目标，从而推动环保产业深度发展。二是强化市场机制的作用和地位，完善环保激励机制，形成政府推动、市场驱动、公众行动的良好局面。三是把技术发展视为环保产业核心竞争力，鼓励和扶持环保技术研究与开发。

3. 加强环保宣传教育，强化企业社会责任

与大多数国家一样，图们江地区各国都经历了“先污染后治理”的过程。随着各国人们环保意识和政府重视的提高，环境宣传、环境教育以及企业的社会责任逐渐被人们所关注。

我国图们江流域延边州的环境宣传教育，一是体现在加强对领导干部的环境教育和培训工作，在各级党校开设环境保护课程。二是组织广播、电视、报刊和网络等新闻媒体大力宣传环境保护方针政策和法律法规，开展公益性宣传，及时播放、报道、表扬环境保护先进典型，公开曝光环境违法行为，不断增强公民的环境保护意识和法制观念。第三，完善环境信息公开制度，进一步提高环境信息网站的质量，推进环保政务公开。建立图们江流域水环境质量监测资料、图们江水系河流水文资料库，定期发布图们江流域水环境质量信息，逐步推进企业环境信息公开，鼓励和引导公众和社会团体有序地参与环境保护。第四，各级环保部门增加环境管理的透明度，充分发挥 12369 环保举报热线的作用，拓宽和畅通群众举报投诉渠道。第五，加强生态文化建设，促进形成绿色消费方式。为提高社区居民环境保护意识，普及绿色理念、倡导绿色生活。韩国公众参与环保运动，以蔚山污染案件的爆发和处理成为一个里程碑。1987 年，韩国举行首次民选总统的选举，韩国环保团体开始在政府政策制定过程中发表意见和施加影响，并努力促使各种环境问题的解决，而韩国政府也开始接受韩国民间团体和公众对环境问题的监督。各国在信息分享、相互借鉴的基础上，可以积极开展合作。

4. 借助“一带一路”国家战略打造东北亚区域绿色跨境交通走廊

图们江区域有着丰富的资源、巨大的市场、强烈的共同开发愿望。在“一带一路”国家战略背景下，有着得天独厚的优势，应该充分利用好 GTI 这一重要的政府

间合作平台，在口岸建设、商贸投资等行业寻求突破，增强互联互通，打造东北亚交通和经济走廊。在口岸建设中，吉林省与俄罗斯苏玛集团签订了扎鲁比诺港合作建设的框架协议。2018 年新港建成后，年吞吐量将达到 6 000 万 t，扎鲁比诺港距珲春 60 km，建设完成后可以开辟新的陆海联运航线，将极大地改善这一地区的物流运输状况。俄罗斯扎鲁比诺港口位于滨海边疆区南部波谢特湾内，港口的出口狭窄，湾内的海流不畅，港口的扩大很容易使水体的污染加重。而港口东部的戈莫夫半岛是俄罗斯最早开辟的梅花鹿和紫貂的野外养殖场，半岛以西的"南滨海地区"是一个始建于 1916 年的自然保护区，区内生活着 700 多种动物和一些俄罗斯境内只在这个地区生存的野禽、阔叶乔木、厥类植物。戈莫夫半岛外侧海域和散落的群岛即是国家海洋保护区和岛屿生物保护区。从波谢特湾向南又是一个国家海洋保护区，沿岸则是图们江河口左岸的大面积湿地保护区，是一个极其重要的候鸟迁徙路线上的栖息地。因此，港口扩建的过程中的周围环境的保护是必须面临的严峻问题，这些问题都会成为中国和俄罗斯进行环境保护合作的契合点。

交通线路会割裂原来以河道、山区谷地等为廊道的物质、生物交换的通道，并对动物（包括大型动物、两栖类和鸟类）的迁徙形成障碍，破坏当地的原始植被。因此，从图们江流域全局的角度，做好设计和规划，制定有利于经济与环境协调发展的政策措施，发展过程中如何将环境的破坏降低到最小，是各国环境保护合作的兴趣点。在未来，让经济发展和环境保护合作互相促进，实现双赢，才是最佳的发展道路。

5. 重点治理跨界水污染问题

图们江为中国与朝鲜的界河，临近入海的部分则是朝鲜与俄罗斯的界河，作为界河，一旦污染，界河两侧的国家都会蒙受损失。所以，跨界水污染的治理非常重要。

图们江流域水污染治理应从以下几个方面着手：首先，根据风险预防原则，建立流域水质的共同监测网络，实现有关监测数据的共享。其次，根据国际合作原则引入共同执法机制，并与水域对应的国家进行协调。最后，应建立和完善跨界水污染的多维协调机制，最终实现水资源整体性综合规划和配置。

参考文献

[1] 李铁，高玉龙，朱显平，等 . 图们江区域合作发展报告 (2015)[M]. 北京 : 社会科学文献出版社 , 2015.

[2] 朱卫红，孙鹏，付婧，等 . 近 50 年图们江流域湿地景观格局动态变化过程及生态环

　　　境效应研究 [C]. 中国地理学会 2013 年（东北地区）学术年会论文集 . 2013.

[3] 牛泽刚 . “大图们倡议” 推进图们江环境保护与合作 [N]. 延边日报 , 2010.07.28 (A02)

[4] 徐伟 . 无序开发蚕食图们江脆弱的生态环境 [N]. 中国经济时报 , 2006.06.13.

[5] 敖仁其，娜琳 . 蒙古国生态环境及其东北亚区域合作 [J]. 内蒙古财经学院学报 ,
　　2010(3):34-37.

[6] 金永焕，李太兴，崔长寿 . 图们江地区生态安全与区域可持续发展的思考 [J]. 沈阳农
　　业大学学报（社会科学版）, 2005,7(2):205-208.

"走出去"战略可持续发展分析

刘婷　　卢笛音　　李霞

　　"走出去"战略又称国际化经营战略，即中国企业充分利用国内和国外"两个市场、两种资源"，通过对外直接投资、对外工程承包、对外劳务合作等形式积极参与国际竞争与合作，实现我国经济可持续发展的现代化强国战略。通常意义上的"走出去"战略主要指经济的对外投资和合作。

　　"走出去"战略是党中央、国务院根据经济全球化新形势和国民经济发展的内在需要做出的重大决策，是我国对外开放基本国策的重要组成部分。党的十八大报告中提出，要继续加快转变对外经济发展方式、创新开放模式、加快"走出去"步伐。企业"走出去"发展，不仅可以提高我国企业在国际市场的核心竞争力，拓展企业国际发展空间，在全球范围内优化配置资源和生产要素，缓解国内产能过剩，推动产业升级，而且有利于解决贸易顺差不断增加所带来的国际收支不平衡问题，有利于减少贸易摩擦。当前，无论从开拓市场空间，优化产业结构，获取经济资源，争取技术来源，还是突破贸易保护壁垒，培育中国具有国际竞争力的大型跨国公司，"走出去"都是一种必然选择。

　　随着全球和区域环境问题与国家政治、经济和安全等领域的相关性逐渐加大，环境利益的重要性也受到越来越多的关注。世界各国环境保护意识不断增强，环保要求不断提高，环境治理进程明显加快，我国承担更大国际环境责任和义务的压力增加，提升我国"走出去"总体战略可持续性的重要性和迫切性日益突出。

一、我国"走出去"概况

　　近年来，我国"走出去"的规模和效益不断提升，对外投资合作取得跨越式发展，呈现出以下特点。一是对外直接投资增速显著，分布广泛。2015 年，中国对外直接投资（FDI）流量创下了 1 456.7 亿美元的历史新高，实现连续 13 年快速增长，首次位列世界第二（仅次于美国），已成为净对外投资国。中国 2.02 万家境内投资者在国（境）外设立 3.08 万家对外直接投资企业，分布在全球 188 个国家（地区），覆盖全球国家和地区总数的 81%。二是"走出去"地区差距显著。中国"走出去"地区分布不均衡，其中亚洲是中国对外直接投资流量最集中的地区。2015 年中国企业向中国香港、荷兰、开曼群岛、英属维尔京群岛、百慕大群岛的投资共计 1 164.4 亿美元，占当年流量总额的 79.7%，至 2015 年年末中国对外直接投资存量的八成以上（83.9%）分布在发展中经济体。三是涉及领域广泛，国际产能和装备制造合作步伐加快。截至 2015 年年底，中国对外直接投资覆盖了国民经济所有行业类别，制造业、金融业、信息传输 / 软件和信息服务业同比分别增长了 108.5%、52.3%、115.2%。流向装备制造业的投资 100.5 亿美元，同比增长 158.4%，占制造业投资的 50.3%，带动了装备、技术、标准和服务"走出去"。四是"走出去"主体多元化发展。地方企业、非国有企业"走出去"数量不断扩大，成为中国对外投资的主要力量。2015 年，地方企业对外非金融类直接投资流量达 936 亿美元，同比增长 71%，占全国非金融类对外直接投资流量的 77%。东部、中部、西部地区分别实现 78.2%、84.7%、14.2% 的较高增长；上海、北京、广东 2015 年流量均突破百亿美元，位列地方投资前三。

二、我国"走出去"可持续发展面临的挑战

中国企业在"走出去"的过程中，一方面为东道国提供了新技术、新工艺，提高了其发展质量和水平，另一方面也为其带来了工业污染和环境退化等问题，引起国际社会的广泛关注甚至争议。尽管从商业角度看，经济活动的本质就是承担风险，"走出去"就是驾驭风险的过程，但和平崛起过程中，中国企业面对的国际化风险，在资源竞争加剧、环境压力严峻等背景下，显得"前所未有"。对此，我们应该有着客观、清醒和足够的认识，既要对正面的环境影响加以推广、大力宣传，也要对负面的环境影响加以削弱和控制。

一般来说，境外投资与国内投资在对环境产生影响方面并无实质性的区别。但境外投资的环境影响有着复杂性、敏感性和综合性的特点。集中表现为资金的来源国与流向国面临着不同的政治、经济、法律与外交背景，在环境标准、环境管理和环境意识等方面都有所不同，投资行为所引起的环境问题更容易引起投资所在国家、

民众甚至国际社会的注意。这些问题处理不好，不单会影响"走出去"的可持续性，甚至可能会影响国家间关系，引起国际社会的巨大关注与指责。

（一）绿色发展成共识，"走出去"可持续发展受关注

随着全球生态环境的不断恶化和环保呼声的日益高涨，实现可持续发展成为各国共同追求的目标，发达国家对环保问题的关注空前高涨，纷纷推出新的法律、法规，不断提高本国的环境标准，并设立越来越高的绿色壁垒，限制发展中国家进口对其环境造成的损害，带领全球投资行为进入一个对环境更友善的新纪元。发展中国家，甚至最不发达国家也逐渐意识到发展经济不能以牺牲环境为代价，开始推行可持续发展政策，因地制宜地发展特色经济，注重环境保护，这对我国"走出去"企业提出了新挑战。

中国在走向亚非拉美等较为贫困落后地区的过程中，不仅仅带去了投资活动产生的技术外溢效应，大大提升了这些国家和地区的经济水平，也为他们带去了先进的环保理念，让当地人民在求得温饱的生活之余，也开始了解环保对生活品质的重要性，对当地企业的环境保护起到了直接的促进作用，对提升当地政府和居民的环境意识水平、激发当地政府提升其环境标准起到了良好的提振效果。

（二）地区和行业不平衡，导致局部环境问题突出

根据商务部的统计数据，我国企业对外投资目的地相对集中，主要集中在东南亚和拉丁美洲，最近几年，对非洲投资增长迅猛，上述地区多为发展中国家，是中国建设"一带一路"、开展南南合作的主要目的国。这些国家和地区自然资源丰富，但环境敏感度较高，使中国企业在当地投资活动承担着较高的风险性。同时，这些国家和地区特有的政治、经济、文化和社会情况都与中国有较大差异，特别是部分国家政局复杂、社会动荡、不稳定因素较多，各方势力容易利用环保议题作为筹码进行操控，使得投资企业被动卷入当地的政治斗争，进而带来不必要的损失；部分国家环境法律和管理体系不成熟、不健全，其不确定性大大增强了企业进行投资风险评估和运营成本评估的难度。

同时，中国对外投资的行业分布也较不均衡，主要集中在采矿、建筑、木材和基础设施建设等行业。随着中国经济的不断发展，在政府"走出去"政策的不断鼓励下，中国公司积极地在世界各地采购木材、矿产、石油和天然气等自然资源，近些年，采矿业等资源寻求性投资比重更是呈现日益上升的趋势，从结构效应分析，投资于环境资源密集产业，极易带来比较严重的环境问题，因此，当前的投资结构

使中国对外投资活动常常饱受"环境威胁论"的指责。

（三）部分企业责任意识淡薄，对东道国环境产生负面影响

在发展中国家投资的早期，我国对外投资企业对当地经济增长做出了突出的贡献，然而，经济发展与环境保护是传统社会发展模式中的一对固有矛盾，我国对各国直接投资的增加，在促进当地经济发展的同时，也增大了当地对相关资源的开发，增加了废水及废料的排放，产生了负面的环境作用。

虽然大部分"走出去"的企业都能够很好处理追求利润和保护环境之间的平衡关系，但仍然有部分企业缺乏对当地环境保护的社会责任感，只顾片面地追求经济利益，无视当地环境保护，有些企业在对外经济活动过程中，常常采用原始方法，有的企业几乎不处理废水、废物，对当地环境造成极坏影响，在当地招致反对之声，一定程度上引起了东道国政府及其居民的"愤恨和排斥"，并逐渐成为了一个比较敏感的"公共问题"。欧美对中国的指责也随之产生。一些非政府组织更是借机批评中国"走出去"企业"严重"缺乏社会责任感，有"新西方殖民列强""掠夺资源""生态倾销"之嫌。也有一些企业信息公开程度不够，与当地居民交流不充分，投资活动得不到当地民众的理解。在当地社会非政府组织和公众的监督下，环境问题容易被关注甚至放大，给中国的国际形象乃至实际利益造成不小的冲击。

（四）"走出去"企业对环境保护投入不足

与国际大型跨国公司相比，我国"走出去"企业投资规模较小，远远低于世界平均水平，大大低于发达国家 600 万美元的水平，也低于发展中国家 450 万美元的水平，企业分布也较为分散。相比大企业而言，中小企业对环境保护的投入额度不够，加之资金和管理的不配套，往往在环境保护方面节省成本，从而使其效果大打折扣。此外，部分环保企业由于技术水平不够、创新能力有限、服务意识不强、运作模式不符合国际规范等，不能有效支持、配合"走出去"企业达到东道国的环境要求，也成为制约我国"走出去"可持续发展的因素之一。

（五）政府监管不到位，缺乏有针对性的规范和约束

中国"走出去"过程中所引发的国际社会对"中国生态环境热钱"的忧虑有着深刻的国内根源。这种根源在国家政府的层面表现为缺乏对外投资配套的环境法律法规政策指导，在地方政府和企业表现为片面强调短期经济利益而忽视环境保护，共同表现为对于"走出去"的环境影响问题重视不够、措施不全、约束不力。

中国政府部门与大型国有企业乃至国有上市公司坚持"投资遵循属地原则"，导致企业依据与投资属地政府的关系好坏判断是否投资，在发展中国家进行投资时环境保护的随意度较大。当企业投资导致环境风险时，国内无相应措施对企业进行惩处，造成了较坏的国际影响与企业直接经济损失。

三、　我国推动"走出去"可持续发展的政策措施

为配合国家"走出去"战略，规范我国"走出去"企业的经济和社会行为，近年来，我国政府相关部门出台了一系列的法律法规、规章制度、政策措施、规划指南等，不断完善"走出去"环境管理和保障体系。

其中，2013 年 2 月由商务部、环境保护部联合发布的《对外投资合作环境保护指南》是我国政府部门首次专门针对企业对外投资合作环境保护行为进行规范的指导性文件，倡导企业树立环保理念，履行环境影响评价、达标排放、环保应急管理等环保法律义务，建立环境管理和污染预防制度，引导企业依法履行环保责任，遵守东道国环保法规，鼓励企业加强沟通和环保宣传，积极与国际接轨，支持东道国的可持续发展。该指南的发布实施，加强了对"走出去"企业环境保护的指导，有助于企业与东道国在法律法规框架内共同做好环境保护工作，促进东道国可持续发展，实现互利共赢、共同发展的目标，也有利于帮助企业提高跨国经营能力，加快融合进程，实现自身长远发展，对推动对外投资合作可持续发展具有重大意义。

此外，2007 年和 2009 年，国家林业局和商务部先后联合发布了《中国企业境外可持续森林培育指南》和《中国企业境外森林可持续经营利用指南》，开创了企业境外从事森林培育和经营活动的行业指导规范的先河，向国际社会表明了中国促进全球森林可持续发展的决心和努力。

在绿色金融信贷政策措施方面，为了更好地了解、规避存在的风险，作为政策性银行的国家开发银行和中国进出口银行在对外贷款活动中提高了环保和社会方面的保障，对其海外经营活动已经设置了一系列的环保和社会准则，其中有些准则甚至尚未被其他国际金融机构纳入其贷款项目之中。表 1 对国家开发银行、中国进出口银行的环保准则与相关的区域性国际金融机构进行了比较。

表 1　不同国际金融机构环保准则对照表

环保准则	世界银行	国际金融公司	国家开发银行	美国进出口银行	中国进出口银行
事前环境影响评估	√	√	√	√	√
环境影响评估的项目审核	√	√	√	√	√

环保准则	世界银行	国际金融公司	国家开发银行	美国进出口银行	中国进出口银行
特定行业适用的社会与环境标准	√	√	未公开	√	未公开
符合东道国环境法律及法规的要求	√		√	√	√
符合国际环境法律及法规的要求	√		未公开	√	未公开
与受项目影响的社区进行公开磋商	√	√	未公开	√	√
申诉机制	√	√	未公开	√	未公开
独立监督与审核	√		未公开	√	未公开
订立与合规相关的契约	√	√	未公开	√	√
事后环境影响评估			√	√	√

国家开发银行使用的四条准则是各大国际金融机构普遍接受的社会和环境准则，其中事后环境影响评估是区域性开发银行唯一的一家，其要求甚至在现有国际金融机构的准则之上更进了一步。但是与国内利害方开展磋商、建立申诉机制、符合国际环境法律及法规的要求、开展独立审核与评估、订阅与例规相关的契约等五大公认国际惯例尚未纳入国家开发银行准则体系。此外，国家开发银行实施的环保标准总体而言属于东道国标准。在大多数情况下，这些标准与国际环境法律及法规相比水平还比较低，限制欠严格。

中国进出口银行也在其社会和环境准则中纳入了环境影响评估、项目审核、与受项目影响的社区开展公共磋商以及事后环境影响评估等内容，与国家开发银行相比，中国进出口银行的准则更进一步，包括了要求在贷款实施期内进行公众磋商和项目审核，并订立与合规有关的契约。但中国进出口银行对开展环境影响评估并未设置任何资金门槛，且未要求项目贷款符合国际性环境法律及法规，也未要求设立申诉机制或进行独立审核与评估。

四、我国"走出去"可持续发展政策体系存在的问题

通过对我国对外投资环境管理相关政策措施的梳理可以发现，目前，支撑我国"走出去"可持续发展的政策体系还不够完善，存在着以下一些问题。

一是对外投资管理整体与国内体系割裂，缺少国内责任主体追溯机制。由于国内环境污染事故不断，导致吸收外资的东道国政府对中国投资格外关注，一有问题经常上升到国际社会或国内政治层面。

二是各政府部门对"走出去"战略的可持续发展重视关注程度较高，但各个部门之间的统筹协调性不足。一些政策措施系统性不强，未能发挥多部门协同联动的优势，文件中的相关要求和内容琐碎而零散，覆盖面不广、权威性不强，无法发挥应有的效力。

三是各层次政策措施发展不平衡，管理体系化建设有待加强。目前出台的相关管理文件多以部门规章和政策文件为主，法律法规层面的文件较少，导致很多文件要求只能以鼓励引导为主，缺乏强制约束力。

四是相关管理政策文件中的要求宏观内容较多，实施细则较为缺乏，配套的指标、标准、指南或者手册等文件不齐备，适用的管理工具也不具备，导致实施层面的可操作性不强。即使像《对外投资合作环境保护指南》这样的专门性文件，对企业境外投资活动中环境保护方面的规范也以原则性和普遍性的要求为主，针对性和可操作性不强。

五是在政策实施过程中，还存在着重视前期核准、忽视中后期监管的现象，缺乏跟踪和监测，某些环节管理缺位，使得政策文件的落实效果大打折扣。此外，在管理过程中，受惯常的管理思维影响，也由于缺乏相应调查研究和数据信息的支撑，往往容易出现注重行政权力而忽视市场服务的问题，推动我国"走出去"可持续发展的政策手段还有待开发。

五、促进我国"走出去"可持续发展的政策建议

综上所述，针对我国在对外投资中面临的主要环境问题，考虑到我国对外投资环境管理的主要发展方向，应加强政策机制、能力培养以及服务体系三个平台的建设，全面推动我国"走出去"战略的可持续发展。

（一）加强机制平台建设，促进"走出去"战略的可持续性

第一，逐渐完善对外投资环境管理相关法规政策体系。在借鉴发达国家立法经验基础上，逐步建立符合国际规范和世界其他国家通用做法的对外投资环境管理法律法规体系，以《对外投资管理办法》为基础，补充完善与企业投资环境行为相关的细节，颁布配套的执行细则，为企业提供国际环境政策法规指导，约束其在对外投资中的环境行为。

第二，促进制度化管理手段创新，引进绿色信贷理念。完善现有的《关于落实环保政策法规防范信贷风险的意见》，适度加入非强制执行的对外经济合作项目的绿色信贷内容，引导中国银行在对外投资中充分考虑环境风险和影响，树立我国政府顺应国际可持续发展潮流和关注企业社会责任的正面形象。

第三，针对重点行业开发对外投资绿色考核与评价指标体系。选取重点行业，以自然资源类行业为重点，以国有大中型企业为契机开发对外投资绿色考核与评价

指标体系，客观审视中国对外投资中面临的或可能面临的资源与环境问题。

第四，建立国内投资与对外投资联动的环境污染追溯机制。针对国内投资本身不断引发环境污染事件或事故的企业，对其对外投资行为进行严格限制或禁止。

（二）加强能力平台建设，为"走出去"可持续发展提供保障

一方面，积极开展环境培训，培养高素质的跨国环境管理人才。针对企业投资过程中，环境信息不透明，缺乏国际经营过程中的环境管理人才的现状，开展"走出去"国际环境政策和技术培训。进一步发挥国内外高校、行业协会和中介组织的作用，通过政府资助和企业自我培养相结合的形式，打造精品培训课程，造就一批通晓国际经济运行规则、熟悉当地环境法律法规、具备先进环境管理理念和意识的复合型环境管理人才。

另一方面，建立对外投资宣传平台，为推动中国对外投资绿色化发展服务。针对当前国际上"中国环境威胁论"的言论，应积极开展国际环境外交，扩大对外宣传力度，开发中国境外投资环境风险管理领域旗舰型出版物，对我国在海外经营成功并注重环境保护的企业，将其树立成环境典范，设立"环保明星企业"，并做好在国际宣传工作。搭建政府与企业间对话沟通桥梁，组织召开相关领域研讨会。适时组织开展中国对外投资环境行为和环境贡献研究，用事实和数据对不实言论进行反驳。

（三）加强服务平台建设，为对外投资企业提供环境信息支持

搭建对外投资环境信息与管理平台，通过提供投资目的地国家或地区投资政策及指南、环境政策、环境标准、绿色技术、环境管理经验及优秀案例等相关资料，系统整合海外不同地区的资源，建立绿色管理数据库、知识库及信息系统，实现信息共享，建立集数据处理、数据分析、数据可视化综合管理为一体的交互式平台，为企业提供丰富的环境资源信息和定制化的对外投资环境与社会风险综合管理方案，提高"走出去"企业环境管理能力和效率。

参考文献

[1] 胡海 . 我国对外直接投资现状及发展策略 .2011.

[2] IPCC. Climate Change 2014: Mitigation of Climate Change. Contribution of Working Group III to the Fifth Assessment Report of the International Panel on Climate Change [M]. Cambridge, United Kingdom and New York, USA: Cambridge University Press, 2014.

泛美开发银行可持续基础设施战略与
实践及其启示

卢笛音　李霞

近年来，中国对拉美的投资不断增长，成为双边经贸活动的热点。商务部数据显示，2014 年，中国对拉美直接投资为 105 亿美元，占当年中国对全球直接投资的 8.5%。截至 2014 年年底，中国在拉美地区各类直接投资存量已达 1 061 亿美元，占中国对外各类直接投资总存量的 12%。中国对拉美投资类型丰富，投资领域广泛，从石油、矿产、农业到制造业、电力、交通和金融等均有合作。

国家主席习近平在 2014 年 7 月出席中国—拉美和加勒比国家领导人会晤时宣布启动中拉合作基金，总规模 100 亿美元。中拉合作基金将通过股权、债权等方式投资于拉美地区能源资源、基础设施建设、农业、制造业、科技创新、信息技术、产能合作等领域，支持中国和拉美各国间的合作项目，同拉美地区的社会、经济和环境发展需求及可持续发展愿景相适应，服务中拉全面合作伙伴关系。国务院总理李克强在 2015 年 5 月中国巴西工商峰会上提出重点以国际产能合作为突破口，推动中拉经贸转型，打造中拉合作升级版，并宣布设立总额为 300 亿美元的中拉产能合作专项基金，支持中拉产能合作项目。中拉产能合作基金秉承商业运作、互利共赢、开放包容的理念，尊重国际经济金融规则，通过股权、债权等多种方式，投资于拉美地区制造业、高新技术、农业、能源矿产、基础设施和金融合作等领域，实现基金中长期财务可持续。

目前，中国已经是泛美开发银行集团的正式成员，巴西也成为亚洲基础设施投资开发银行的创始成员。为支持中国和拉美国家开展合作，加强中拉在水利、电力、交通、新能源等基础设施投资领域的合作，推动中国"走出去"战略的可持续实施，报告特别介绍了拉美与加勒比地区最大的区域开发银行——泛美开发银行在这一领域的最新战略和实践。了解泛美银行在基础设施领域的经验和举措、学习其最佳实践案例，不仅对中国企业投资拉美具有重要启示，更对中国推动"一带一路"可持续基础设施建设具体高度借鉴意义。为此，报告提出了如下建议：第一，需高度关注中国对外投资，特别是"一带一路"可持续基础设施建设，构建环境与社会配套服务体系；第二，借助多边机制平台，做好"一带一路"国家以及其他区域的国别投资环境与社会战略分析。第三，重视投资对象国的环境与社会发展问题，确立国际环境发展规则及战略理念。

一、拉美地区基础设施概况

拉美和加勒比地区在基础设施领域与发达国家和地区差距显著，有研究表明，要把该地区 5% 的 GDP 投入到基础设施领域中，才能填补这一差距。此外，拉美与加勒比地区基础设施使用者获得服务的质量也比较低。根据世界经济论坛的指数进行评估，2011—2012 年，拉美与加勒比地区与其他发展中国家基础设施服务质量水平相似，但是要远远低于 OECD 国家。

随着拉美与加勒比地区近年来经济的快速增长，对能源的需求也不断升高。对不可再生能源不断增加的开发使用和温室气体排放的剧增给地区和全球环境可持续性带来了巨大挑战。地区贸易自由化的进程加速了价值链的地理分化，拉美和加勒比国家正在通过减少贸易壁垒促进地区经济融入新的全球贸易之中，但是更大的挑战则是这一地区远高于发达地区的交通物流成本。在发展中国家之中，拉美和加勒比的城镇化速率是最高的，但是城市地区普遍面临着缺乏安全和有效基本服务设施的问题。24% 的城市居民居无定所，大多是生活在高风险且生态脆弱的区域，这些都阻碍了城市的健康发展。而另一方面，城市中产阶级的增长也对基础设施服务提出了更高的需求，特别是亟须更高覆盖率和更优质量的城市交通、电力与清洁水管网、电信与城市固废处理等设施。拉美地区车辆拥有水平持续上涨带来了越来越严重的城市交通阻塞、尾气排放以及道路安全问题。地区每年因交通事故造成到损失约占总 GDP 的 1% ~ 3%。此外，在所有地区中，拉美与加勒比是最容易遭受自然灾害影响的地方。这一地区因灾害受到的平均经济损失为世界最高，且受影响的主要是最贫困脆弱的人群。灾害的影响同时伴随着环境退化、在危险地区快速而无规划的城市化进程以及不良治理。拉美与加勒比地区在世界粮食安全议题中也扮演着主要角色。这一地区从总体上看是食品出口地区，南美国家更是农产品出口的引领者，然而中美与加勒比地区却要进口大量的食品才能满足人民生活所需。提供农业基础设施，包括灌溉、农村道路还有改善物流系统降低交易成本，是提高农产品产出、缩小地区同发达国家差距的关键。

增长的趋势与发展的需求把拉美基础设施推向了地区、区域与全球各种挑战的风口。为了应对这些挑战需要采取多行业协作与交叉的途径。气候变化、自然灾害、快速城镇化以及对能源和食品的需求要求决策者在规划阶段就考虑到基础设施各个行业之间的交叉与协调。由于基础设施投资一般数额庞大，长期影响不可逆转，在概念阶段就采取全方位的思考对实现可持续的增长至关重要。

二、泛美开发银行的可持续基础设施战略

泛美开发银行（简称泛美银行，IDB）是美洲国家组织的跨国开发银行，其宗旨是"集中各成员国的力量，对拉丁美洲国家的经济、社会发展计划提供资金和技术援助"，并协助这些国家"单独地和共同地为加速经济发展和社会进步做出贡献"。其他地区的国家也可加入，但非拉美国家不能利用该行资金，只可参加该行组织的项目投标。泛美银行较早关注经济增长以外的社会发展、社会公平、环境保护、气候变化等可持续发展性议题，是第一个引入环境条款的多边开发银行。早在1979年，泛美银行就发布了环境保护政策，之后又积极支持和接受了可持续发展原则，将其融入自身的环境条款，将环境、减贫和社会平等作为银行的优先资助领域。

（一）IDB 可持续基础设施战略目标

为支持拉美与加勒比地区基础设施投资与建设，改善人民生活水平，提高区域的竞争力，促进包容性、可持续性增长，IDB 提出了可持续基础设施战略。战略设定的目标是：支持这一地区各个国家以一种全新的视野看待基础设施行业。这一视野中，基础设施的规划、建设与保养都是为了给促进可持续和包容性增长提供高质量的服务。

（二）IDB 在拉美与加勒比基础设施可持续投资的挑战和机遇

拉美与加勒比地区在可持续基础设施行业面临的主要挑战与机遇有：

强化与其他组织的合作伙伴关系，最大化筹资能力、达到开发目标、分享经验并在地区国家中推广。银行的融资能力与区域的需求还有很大差距，IDB 需要与其他贷款机构共同合作，促进投资影响最大化。

通过各种途径，促进担保在 PPP 项目中得到更加广泛的应用。担保是吸引私营

行业、撬动公共行业投资发展中国家基础设施建设的重要工具，因此 IDB 需要在这一方面采取更多的行动。

深入分析工作，加强数据库开发，传播实际工作中获得的经验。制约拉美与加勒比地区基础设施行业发展的一个主要短板就是缺少数据信息。没有数据信息，投资的需求量、提供服务者的绩效、比例结构和趋势等问题都得不到解答。得益于在南美广阔的活动范围与实践经验，IDB 有机会引导区域基础设施数据采集与数据库建立，并把在项目执行与监管方面获得的经验与各个国家分享。

推进跨行业协同工作。在过去，援助与开发机构并不会考虑跨行业协同作用，不同行业专家之间也缺少有效对话。IDB 采取措施，鼓励跨行业合作并支持多行业项目的开发。2012 年，IDB 开始实行"双重预约"，允许两个或两个以上部门参与同一个项目，形成跨行业的项目团队，促进不同行业创造协同增效。

进一步重视对结果的评估。从 2008 年起，IDB 正式引入了对产品进行测量和评估的系统，对成果（如消除疾病、降低交通成本、提高收入）的关注高于对产出（输水管网、道路里程）的关注。要确保贷款被妥善执行，除了进行经济分析之外还要重视对结果的监测和测量。然而这一地区在基础设施领域对结果的评估还非常得少，IDB 所面临的挑战就是需要建立起对基础设施产生影响进行分析的完整体系，分享经验，为改进公共政策提供相关信息。

（三）IDB 可持续基础设施战略原则

IDB 经过会议和网上问卷等一系列公开参与和咨询过程制定了拉美与加勒比地区可持续基础设施战略，战略有两条基本原则：

1. 第一个战略原则：促进拉美区域与全球一体化战略

IDB 应持续提供资金与技术援助，确保基础设施对经济增长的支撑作用，促进地区与全球一体化，同时为私人金融提供机会来参与填补拉美和加勒比地区基础设施的缺口。

2. 第二个战略原则：促进拉美地区的环境可持续发展

IDB 特别明确应帮助拉美国家在可持续基础设施的规划、建设、运营以及提供有质量的服务上形成一个整体设想，促进区域可持续与包容性增长。

（四）IDB 可持续基础设施战略优先行动领域

针对每一条战略原则，IDB 都识别了若干优先行动领域。与第一条战略原则有关的优先行动领域包括：

1. 优先行动领域 1：改善可持续的基础设施服务渠道

2010 年，地区 21% 的人口需要改善卫生条件，6% 缺少安全饮用水，7% 没有电力服务。要实现全覆盖需要在水与健康增加 500 亿美元投资，在电力方面增加 600 亿美元投资。此外，信息与通讯技术以及道路网络也是 IDB 行动的一个优先领域。

2. 优先行动领域 2：支持可持续基础设施，促进区域与全球一体化

区域与全球一体化需要有效的地区基础设施来实现市场的拓展并融合，达到规模经济，促进私营行业参与以及吸引外资，在这一区域遇到的主要挑战有：①区域各个国家地理多样性；②经济水平，特别是基础设施网络的参差不齐；③基础设施成本的不对称分布；④规划与融资的协同程度不同；⑤多个国家在硬件和软件设施的大额投资与同时投资需要协调起来。

由于 IDB 在拉美与加勒比地区长期与广泛的工作经验，对区域的政治、经济、技术问题、其所主导的基础设施与贸易行动以及管理的产品组合都有着深入的理解，故而对区域的一体化进程有着高水平的推动作用。IDB 推动地区基础设施发展区域与全球一体化的战略的基础有三：项目融资、战略参与以及分析工作。具体措施包括：

第一，交通、能源、通讯、环境领域的国家和区域基础设施建设提供融资，加强与推进一体化；

第二，在区域一体化方案中促进战略参与，IDB 扮演的角色应是：①公正的中间人，现有和未来区域平台的协调员；②帮助国家间、机构间、组织间进行对话的多边机构主持人；③对拉美与加勒比地区一体化和可持续发展进程具有促进作用的推动者。

3. 优先行动领域 3：采取创新机制，促进可持续基础设施融资，撬动私营行业参与

在发展区域中，拉美与加勒比在可持续基础设施建设与管理中引入私营行业参与方面位于前列。1990—2011 年期间，共吸引了超过 6 720 亿美元的私营行业投资。战略认为地区应进一步加强私有行业在可持续基础设施投资的份额。IDB 致力于持续加强和促进更多更好的 PPP 可持续合作模式，进而提高地区基础设施的质量水平。近年来的经验显示，IDB 每花在 PPP 上的 1 美元，撬动了私营行业的 5 美元，极大地显示出了 PPP 模式的优越性，特别是在新兴的可再生能源行业成效尤为突出。为了进一步支持这方面工作，IDB 内部的主权和非主权担保借贷部门会在 PPP 全周期所有阶段发挥协调作用，优先考虑以下几方面的行动：

（1）制度框架。IDB 同国家一起创造和维持环境与发展的法律管理框架，促

进 PPP 模式的成型和尽可能吸引最大数量的投资者。

（2）开发金融工具，增加环境与社会民生的 PPP 项目。IDB 2013 年的研究显示，拉美与加勒比地区缺乏合适的工具来把各个国家的国内结余引入到可持续基础设施项目中。因此必须设立议程，开发创新型金融工具、深化资本市场来提高银行的渗透力和推动养老金参与可持续基础设施投资。

（3）结构化。PPP 项目能够产生的影响取决于项目设计，而设计又很大程度上是：正确的风险分摊、对财政影响的测量、选择最好的投资者、合适的担保配置、在透明和一体化背景下创造促进基础设施建设和运营的激励措施几个方面的结果。因此，无论各个国家所认为的最合适的 PPP 管理制度框架是什么，当务之急都是要提高公共行业的能力。

（4）监管。PPP 模式一般会签订长度超过 20 年的长期协议，以确保私营行业运营者最终取得效益。但是长期协议会降低应对不可预测的事件的灵活性。为确保 PPP 项目的经济与财政可持续性，达到其应有的效果，经济管理者需要有良好的管理工具。最基本的是要强化各个利益相关方的制度能力，建立良好的治理体系。拉美与加勒比地区在这个方面还有很长的路要走。

（5）评估与持续学习。PPP 模式重新谈判的比例很高，在拉美与加勒比地区达到 30%。这就强调了需要从已有的项目中学习，为新的项目设计提供借鉴。PPP 是相对较新的公共政策工具，即使是最发达国家也在不断探索途径、提高这一模式。IDB 会支持地区国家的探索过程，同时也会重点关注对 PPP 项目的评估和与不同国家地区分享相关经验。

IDB 在 PPP 方面的重点关注对象是较小的国家和地方政府。PPP 项目趋势显示，这一地区不同国家间有着很大差异。巴西和墨西哥占到了总投资的 65%，加上哥伦比亚、秘鲁和智利，就达到了 80%。尽管在未来，IDB 还会持续支持这些已经拥有合适制度框架的大经济体的 PPP 项目，但是会把重点转向小国家和地方政府层面的 PPP 开发。

与第二条原则有关的优先行动领域包括：

1. 优先行动领域 1：采取并推行多行业议程

采用多行业议程首先要有激励措施。IDB 与国家一起，在项目的起始阶段就建立多行业渠道，并把其作为基础设施规划的核心元素。这份战略的语境中，多行业意味着：不同基础设施项目之间的相互作用、基础设施项目与环境的相互作用、基础设施项目之间的包容性。

2.优先行动领域 2：支持社会与环境可持续的基础设施建设与运营，改善生活质量

基础设施是促进社会包容性的关键载体。为了促进拉美与加勒比在基础设施与社会包容性，银行必须在基础设施服务的性别和残疾人包容性方面采取措施。

由于拉美和加勒比地区易受气候变化和地理灾害的影响，而穷人与原住民是这类事件的主要受害人，IDB 确定了 2012—2015 年，25% 的贷款要支持气候变化、可再生能源以及环境可持续性项目。

3.优先行动领域 3：改善基础设施治理，加强设施服务效率

拉美与加勒比地区基础设施治理还有很大的提升空间，需要各个领域的共同努力，包括：提高行业治理；对项目的全周期保持一个全面的构想，加强各个阶段的制度能力；开发基础设施中私营行业的能力；提高技术创新；优化对基础设施的管理；为企业的有效管理提供激励、开发和实行稳固的资产维护政策、提高基础设施使用效率；根据使用者的需求，提高透明度和责任制。

（五）IDB 推动可持续基础设施战略的具体案例

在可持续基础设施战略框架下，IDB 在拉美与加勒比地区推行了一系列项目和行动并在实践中取得了成功经验。

案例一：新兴与可持续城市行动 ESCI（多行业交叉工作）

ESCI 运用快速评估方法学，对一个城市的可持续性进行评价，分析的三个主要领域包括：①环境可持续性与气候变化；②城市发展；③财政可持续性与善治。通过评估和利益相关方（市政团体、地方政府、私营行业、学术界）的参与形成了一个对提高城市可持续性所需要的不同项目的整体构想。ESCI 的目标是形成一个跨行业且各方达到共识的行动计划。计划可以为应对拉美与加勒比地区快速城镇化挑战提供解决方案，通过以下行动达成可持续的城市基础设施转型：

（1）可持续交通系统的扩张与保养，要给予经济社会包容性活动特殊关注；

（2）借助现有的非正式体系中最有效的手段，提高家庭、社区和地区不同层面的污水处理与再利用、水资源利用效率；

（3）减小废物产生，强调回收与再利用，形成非正式的回收体系；

（4）增加可再生技术产能，提高生产和消费过程中的能效，鼓励创新型解决方案，特别是在服务网络不能覆盖的城市外围区域；

（5）在现有和新的城市建筑中，使用新政策规章所鼓励的可持续型建筑材料和建筑方法；

（6）加强基础设施的设计与维保，关注财政可持续性，提高单位土地利用的生产力水平。

2011 年 ESCI 已经完成了第一个行动方案，在秘鲁 Trujillo 市进行了诊断评估和提出了优先列表。2013 年，又为玻利维亚、阿根廷、墨西哥、巴西等 8 个国家 11 个城市制定了 ESCI 行动方案

案例二：基础设施项目环境与社会影响管理的良好实践

IDB 重视基础设施项目的环境与社会影响管理，并尽可能地为业主提供相关技术支持与援助，表 1 是两个良好管理的实践经验。

表 1　两个良好管理的实践经验

	哥斯达黎加水电项目	巴西阿克里州可持续开发计划
背景	项目为一个水电大坝的建设提供资金。大坝的修建会给一个生态廊道造成阻碍，该廊道连接了两个大型保护区，对自然栖息地有重要意义。大坝还会导致河流水栖地的变化	项目是一个打包了社会与环境（包括土地利用规划）与基础设施投资的一揽子计划，目标在于提高阿克里人民生活质量和保护该州的自然资源财富
良好实践	银行为提高项目的社会环境评价提供技术援助，包括对累积影响的评估与管理。项目支持巩固和提高生态廊道的管理，建立了确保河流生态保护的生态补偿机制。项目是一个私营与公共行业投资合作共同实现长期可持续性的例子	项目使土地占有制度合法化，支持建立保护区，提高了阿克里州实施环境法律的能力，并且对依赖于森林产品的原住群体和地方社区等方面社会文化背景有了清晰认识。项目是一个基础设施建设与区域投资共同支持有规划的土地利用和提升基础设施使用的能力的例子

三、IDB 可持续基础设施战略与实践的启示

可持续基础设施投资建设已经成为中国企业投资拉美以及其他区域的重点领域之一。中国对原材料的需求减少，国内制造业产能难以消化，而拉美国家希望增加中拉经济关系的可持续性，利用中国的投资提升其在全球产业链分工中的地位，获取全球价值链的更高附加值。在这样的背景下，基础设施建设将是中国企业"走出去"，到拉美投资的重要议题。

拉美国家发展水平不均衡，巴西、乌拉圭、智力、秘鲁、阿根廷等整体环境基础设施建设运营要求与发达国家相似；哥伦比亚、哥斯达黎加、厄瓜多尔等由于生物多样性丰富，其环境基础设施建设要求被国际社会广泛关注。可以说，拉美国家

的投资吸引力加强，但其环境与社会管理风险的控制要求却较高，中国企业对拉进行可持续基础设施投资领域虽有机遇，但也必须要清醒认识到其中的问题与挑战。

目前，中资企业在投资拉美时常常面临着已经扎根当地的西方企业的有力竞争。拉美市民社会的环境保护意识普遍很强，中国企业因为环境问题和不良管理在拉美遭遇抵制，造成项目延期、停工屡屡发生，了解泛美银行在基础设施领域的经验和举措、学习其最佳实践案例，不仅对中国企业投资拉美具有重要启示，更对中国推动"一带一路"可持续基础设施建设具体高度借鉴意义。

第一，需高度关注中国对外投资，特别是"一带一路"可持续基础设施建设，构建环境与社会配套服务体系。泛美开发银行在拉美可持续基础设施的设计和评估中，构建环境与社会综合评价体系，确立了环境与社会风险管控框架，并明确提出了可持续基础设施建设战略目标。我国"一带一路"构想以基础设施建设为核心，推动沿路沿岸国家共同实现经济增长和可持续发展。我国应进一步提出"一带一路"可持续基础设施建设环境与社会发展战略构想，明确"一带一路"建设的可持续发展理念，最大程度地发挥基础设施促进经济社会与环境的可持续发展作用。

第二，借助多边机制平台，做好"一带一路"国家以及其他区域的国别投资环境与社会战略分析。中国对外投资的主要目的地国家投资情况复杂，拉美地区国家更是具有特殊的政治、经济、社会文化背景，与国内存在较大差异，如果投资前期准备不足，缺少必要的环境社会风险调研与分析，将使中国投资处于高风险之中。目前，亚洲开发银行和亚洲基础设施投资银行均在亚洲地区推行其环境与社会保障体系，泛美开发银行也在拉美国家不断完善其环境与社会保障框架，拉美国家更是对环境与社会议题"紧盯不放"，如巴西新环境监管措施、厄瓜多尔新劳动保障标准、秘鲁透明化措施和本土保护措施将经济投资与环境议题紧密挂钩。为了保障中国投资安全，确保中国"一带一路"及"走出去"战略的顺利实施，应充分借助区域合作机制平台，进一步选取中国对外投资的主要对象国开展环境与社会风险战略研究。

第三，重视投资对象国的环境与社会发展问题，确立国际环境发展规则及战略理念。拉美国家环境与社会非政府组织网络庞大，公众参与成为投资拉美不可或缺的组成部分，在项目开发过程中，社区发展也是当地政府的主要政策关注措施和投资谈判的核心议题之一。中国企业应充分关注非政府组织与社区公众的环境与社会权益，建立畅通的沟通渠道。更为重要的是，应理解国际社会在可持续基础设施建设领域主要以提高社会包容性、改善人民，特别是贫困人口的生活质量为目标，实现经济利益与环境和社会议题的可持续发展融合，真正建立中国企业参与国际公平竞争的规则意识。

参考文献

[1] Inter-American Development Bank (2013). Rethinking Reforms: How Latin America and the Caribbean Can Escape Suppressed World Growth. Latin American and Caribbean Macroeconomic Report. Washington, D.C.: Inter-American Development Bank.

[2] Andres, L., Guasch, J., &Guasch, J.L (2013). Uncovering the Drivers of Utility Performance. Lessons from Latin America and the Caribbean on the Role of the Private Sector, Regulation and Governance in the Power, Water and Telecommunication Sectors. Director in Development. Infrastructure. Washington, D.C.: World Bank.

[3] Inter-American Development Bank (2013). Sustainable Infrastructure for Competitiveness and Inclusive Growth. Washington, D.C.: Inter-American Development Bank.

附　录

关于推进绿色"一带一路"建设的指导意见

（环国际 [2017]58 号）

推进"一带一路"建设工作领导小组各成员单位：

丝绸之路经济带和 21 世纪海上丝绸之路（以下简称"一带一路"）建设，是党中央、国务院着力构建更全面、更深入、更多元的对外开放格局，审时度势提出的重大倡议，对于我国加快形成崇尚创新、注重协调、倡导绿色、厚植开放、推进共享的机制和环境具有重要意义。为深入落实《推动共建丝绸之路经济带和 21 世纪海上丝绸之路的愿景与行动》，在"一带一路"建设中突出生态文明理念，推动绿色发展，加强生态环境保护，共同建设绿色丝绸之路，现提出以下意见。

一、重要意义

（一）推进绿色"一带一路"建设是分享生态文明理念、实现可持续发展的内在要求。绿色"一带一路"建设以生态文明与绿色发展理念为指导，坚持资源节约和环境友好原则，提升政策沟通、设施联通、贸易畅通、资金融通、民心相通（以下简称"五通"）的绿色化水平，将生态环保融入"一带一路"建设的各方面和全过程。推进绿色"一带一路"建设，加强生态环境保护，有利于增进沿线各国政府、企业和公众的相互理解和支持，分享我国生态文明和绿色发展理念与实践，提高生态环境保护能力，防范生态环境风险，促进沿线国家和地区共同实现 2030 年可持续发展目标，为"一带一路"建设提供有力的服务、支撑和保障。

（二）推进绿色"一带一路"建设是参与全球环境治理、推动绿色发展理念的重要实践。绿色发展成为各国共同追求的目标和全球治理的重要内容。推进绿色"一带一路"建设，是顺应和引领绿色、低碳、循环发展国际潮流的必然选择，是增强经济持续健康发展动力的有效途径。推进绿色"一带一路"建设，应将资源节约和环境友好原则融入国际产能和装备制造合作全过程，促进企业遵守相关环保法律法规和标准，促进绿色技术和产业发展，提高我国参与全球环境治理的能力。

（三）推进绿色"一带一路"建设是服务打造利益共同体、责任共同体和命运共同体的重要举措。全球和区域生态环境挑战日益严峻，良好生态环境成为各国经济社会发展的基本条件和共同需求，防控环境污染和生态破坏是各国的共同责任。推进绿色"一带一路"建设，有利于务实开展合作，推进绿色投资、绿色贸易和绿色金融体系发展，促进经济发展与环境保护双赢，服务于打造利益共同体、责任共同体和命运共同体的总体目标。

二、总体要求

（一）总体思路

按照党中央和国务院决策部署，以和平合作、开放包容、互学互鉴、互利共赢的"丝绸之路"精神为指引，牢固树立创新、协调、绿色、开放、共享发展理念，坚持各国共商、共建、共享，遵循平等、追求互利，全面推进"五通"绿色化进程，建设生态环保交流合作、风险防范和服务支撑体系，搭建沟通对话、信息支撑、产业技术合作平台，推动构建政府引导、企业推动、民间促进的立体合作格局，为推动绿色"一带一路"建设作出积极贡献。

（二）基本原则

——理念先行，合作共享。突出生态文明和绿色发展理念，注重生态环保与社会、经济发展相融合，积极与沿线国家或地区相关战略、规划开展对接，加强生态环保政策对话，丰富合作机制和交流平台，促进绿色发展成果共享。

——绿色引领，环保支撑。推动形成多渠道、多层面生态环保立体合作模式，加强政企统筹，鼓励行业和企业采用更先进、环境更友好的标准，提高绿色竞争力，引领绿色发展。

——依法依规，防范风险。推动企业遵守国际经贸规则和所在国生态环保法律法规、政策和标准，高度重视当地民众生态环保诉求，加强企业信用制度建设，防范生态环境风险，保障生态环境安全。

——科学统筹，有序推进。加强部门统筹和上下联动，根据生态环境承载力，推动形成产能和装备制造业合作的科学布局；依托重要合作机制，选择重点国别、重点领域有序推进绿色"一带一路"建设。

（三）主要目标

根据生态文明建设、绿色发展和沿线国家可持续发展要求，构建互利合作网络、新型合作模式、多元合作平台，力争用 3-5 年时间，建成务实高效的生态环保合作交流体系、支撑与服务平台和产业技术合作基地，制定落实一系列生态环境风险防范政策和措施，为绿色"一带一路"建设打好坚实基础；用 5-10 年时间，建成较为完善的生态环保服务、支撑、保障体系，实施一批重要生态环保项目，并取得良好效果。

三、主要任务

（一）全面服务"五通"，促进绿色发展，保障生态环境安全

1. 突出生态文明理念，加强生态环保政策沟通，促进民心相通。按照"一带一路"建设总体要求，围绕生态文明建设、可持续发展目标以及相关环保要求，统筹国内国际现有合作机制，发挥生态环保国际合作窗口作用，加强与沿线国家或地区生态环保战略和规划对接，构建合作交流体系；充分发挥传统媒体和新媒体作用，宣传生态文明和绿色发展理念、法律法规、政策标准、技术实践，讲好中国环保故事；支持环保社会组织与沿线国家相关机构建立合作伙伴关系，联合开展形式多样的生态环保公益活动，形成共建绿色"一带一路"的良好氛围，促进民心相通。

2. 做好基础工作，优化产能布局，防范生态环境风险。了解项目所在地的生态环境状况和相关环保要求，识别生态环境敏感区和脆弱区，开展综合生态环境影响评估，合理布局产能合作项目；加强环境应急预警领域的合作交流，提升生态环境风险防范能力，为"一带一路"建设提供生态环境安全保障。

3. 推进绿色基础设施建设，强化生态环境质量保障。制定基础设施建设的环保标准和规范，加大对"一带一路"沿线重大基础设施建设项目的生态环保服务与支持，推广绿色交通、绿色建筑、清洁能源等行业的节能环保标准和实践，推动水、大气、土壤、生物多样性等领域环境保护，促进环境基础设施建设，提升绿色化、低碳化

建设和运营水平。

4. 推进绿色贸易发展，促进可持续生产和消费。研究制定政策措施和相关标准规范，促进绿色贸易发展。将环保要求融入自由贸易协定，做好环境与贸易相关协定谈判和实施；提高环保产业开放水平，扩大绿色产品和服务的进出口；加快绿色产品评价标准的研究与制定，推动绿色产品标准体系构建，加强国际交流与合作，推广中国绿色产品标准，减少绿色贸易壁垒。加强绿色供应链管理，推进绿色生产、绿色采购和绿色消费，加强绿色供应链国际合作与示范，带动产业链上下游采取节能环保措施，以市场手段降低生态环境影响。

5. 加强对外投资的环境管理，促进绿色金融体系发展。推动制定和落实防范投融资项目生态环保风险的政策和措施，加强对外投资的环境管理，促进企业主动承担环境社会责任，严格保护生物多样性和生态环境；推动我国金融机构、中国参与发起的多边开发机构以及相关企业采用环境风险管理的自愿原则，支持绿色"一带一路"建设；积极推动绿色产业发展和生态环保合作项目落地。

（二）加强绿色合作平台建设，提供全面支撑与服务

1. 加强环保合作机制和平台建设，完善国际环境治理体系。以绿色"一带一路"建设为统领，统筹并充分发挥现有双边、多边环保国际合作机制，构建环保合作网络，创新环保国际合作模式，建设政府、智库、企业、社会组织和公众共同参与的多元合作平台，强化中国－东盟、上海合作组织、澜沧江－湄公河、亚信、欧亚、中非合作论坛、中国－阿拉伯等合作机制作用，推动六大经济走廊的环保合作平台建设，扩大与相关国际组织和机构合作，推动国际环境治理体系改革。

2. 加强生态环保标准与科技创新合作，引领绿色发展。建设绿色技术银行，加强绿色、先进、适用技术在"一带一路"沿线发展中国家转移转化。鼓励相关行业协会制定发布与国际标准接轨的行业生态环保标准、规范及指南，促进先进生态环保技术的联合研发、推广和应用。加强环保科技人员交流，推动科研机构、智库之间联合构建科学研究和技术研发平台，为绿色"一带一路"建设提供智力支持。

3. 推进环保信息共享和公开，提供综合信息支撑与保障。加强环保大数据建设，发挥国家空间和信息基础设施作用，加强环境信息共享，合作建设绿色"一带一路"生态环保大数据服务平台，推动环保法律法规、政策标准与实践经验交流与分享，加强部门间统筹合作与项目生态环保信息共享与公开，提升对境外项目生态环境风险评估与防范的咨询服务能力，推动生态环保信息产品、技术和服务合作，为绿色"一带一路"建设提供综合环保信息支持与保障。

（三）制定完善政策措施，加强政企统筹，保障实施效果

1. 加大对外援助支持力度，推动绿色项目落地实施。以生态环保、污染防治、环保技术与产业、人员培训与交流等为重点领域，优先开展节能减排、生态环保等基础设施及能力建设项目，探索在境外设立生态环保合作中心。发挥南南合作援助基金作用，支持社会组织开展形式多样的生态环保类项目，服务"一带一路"建设。

2. 强化企业行为绿色指引，鼓励企业采取自愿性措施。鼓励环保企业开拓沿线国家市场，引导优势环保产业集群式"走出去"，借鉴我国的国家生态工业示范园区建设标准，探索与沿线国家共建生态环保园区的创新合作模式。落实《对外投资合作环境保护指南》，推动企业自觉遵守当地环保法律法规、标准和规范，履行环境社会责任，发布年度环境报告；鼓励企业优先采用低碳、节能、环保、绿色的材料与技术工艺；加强生物多样性保护，优先采取就地、就近保护措施，做好生态恢复；引导企业加大应对气候变化领域重大技术的研发和应用。

3. 加强政企统筹，发挥企业主体作用。研究制定相关文件，规范指导相关企业在"一带一路"建设过程中履行环境社会责任。完善企业对外投资审查机制，有关行业协会、商会要建立企业海外投资行为准则，通过行业自律引导企业规范环境行为。

（四）发挥地方优势，加强能力建设，促进项目落地

1. 发挥区位优势，明确定位与合作方向。充分发挥各地在"一带一路"建设中区位优势，明确各自定位。加快在有条件的地方建设"一带一路"环境技术创新和转移中心以及环保技术和产业合作示范基地，建设面向东盟、中亚、南亚、中东欧、阿拉伯、非洲等国家的环保技术和产业合作示范基地；推动和支持环保工业园区、循环经济工业园区、主要工业行业、环保企业提升国际化水平，推动长江经济带、环渤海、珠三角、中原城市群等支持环保技术和产业合作项目落地，支撑绿色"一带一路"建设。

2. 加大统筹协调和支持力度，加强环保能力建设。推动绿色"一带一路"建设融入地方社会、经济发展规划、计划，科学规划产业空间布局，制定严格的环保制度，推动地方产业转型升级和经济绿色发展。重点加强黑龙江、内蒙古、吉林、新疆、云南、广西等边境地区环境监管和治理能力建设，推动江苏、广东、陕西、福建等"一带一路"沿线省份提升绿色发展水平；鼓励各地积极参加双多边环保合作，推动建立省级、市级国际合作伙伴关系，积极创新合作模式，推动形成上下联动、政企统筹、智库支撑的良好局面。

四、组织保障

（一）加强组织协调。建立健全综合协调和落实机制，加强政府部门之间、中央和地方之间、政府与企业及公众之间多层次、多渠道的沟通交流与良性互动，分工负责，统筹推进，细化工作方案，确保有关部署和举措落实到各部门、各地方以及每个项目执行单位和企业。

（二）强化资金保障。鼓励符合条件的"一带一路"绿色项目按程序申请国家绿色发展基金、中国政府和社会资本合作（PPP）融资支持基金等现有资金（基金）支持。发挥国家开发银行、进出口银行等现有金融机构引导作用，形成中央投入、地方配套和社会资金集成使用的多渠道投入体系和长效机制。发挥政策性金融机构的独特优势，引导、带动各方资金，共同为绿色"一带一路"建设造血输血。继续通过现有国际多双边合作机构和基金，如丝路基金、南南合作援助基金、中国 - 东盟合作基金、中国 - 中东欧投资合作基金、中国 - 东盟海上合作基金、亚洲区域合作专项资金、澜沧江 - 湄公河合作专项基金等对"一带一路"绿色项目给予积极支持。

（三）加强人才队伍建设。构建绿色"一带一路"智力支撑体系，建设"绿色丝绸之路"新型智库；创新、完善人才培养机制，重点培养具有国际视野、掌握国际规则、熟悉环保业务的复合型人才，提高对绿色"一带一路"建设的人才支持力度。

环境保护部　外交部　发展改革委　商务部

2017 年 4 月 24 日